“十二五”普通高等教育本科国家级规划教材
普通高等教育“十一五”国家级规划教材
电气工程、自动化专业系列教材

计算机仿真技术与CAD

——基于MATLAB的控制系统

（第5版）

李国勇　主　编　　程永强　副主编

電子工業出版社
Publishing House of Electronics Industry
北京·BEIJING

内容简介

本书为普通高等教育"十一五"和"十二五"国家级规划教材。

本书全面论述控制系统计算机仿真的基本概念和原理,系统介绍当前国际控制界最为流行的面向工程与科学计算的高级语言 MATLAB 及其动态仿真集成环境 Simulink,并以 MATLAB/Simulink 为平台,详细阐述控制系统的数学模型及其转换、连续系统和离散系统的仿真方法、控制系统的计算机辅助分析与设计;特别介绍基于图形界面的 MATLAB 工具箱的线性和非线性控制系统设计方法。本书取材先进实用,讲解深入浅出,各章均有大量的例题,并提供了相应的仿真程序,便于读者掌握和巩固所学知识。

本书可作为高等院校自动化及其他控制类各专业本科生和研究生教材,也可作为自动控制及相关专业技术人员的参考用书。

图书在版编目(CIP)数据

计算机仿真技术与 CAD:基于 MATLAB 的控制系统 / 李国勇主编 . —5 版 . —北京:电子工业出版社,2022. 1
ISBN 978-7-121-42404-5

Ⅰ. ①计… Ⅱ. ①李… Ⅲ. ①自动控制系统-计算机辅助设计-Matlab 软件-高等学校-教材 Ⅳ. ①TP273

中国版本图书馆 CIP 数据核字(2021)第 240250 号

责任编辑:韩同平
印 刷:北京虎彩文化传播有限公司
装 订:北京虎彩文化传播有限公司
出版发行:电子工业出版社
北京市海淀区万寿路 173 信箱 邮编:100036
开 本:787×1092 1/16 印张:22. 5 字数:720 千字
版 次:2003 年 9 月第 1 版
2022 年 1 月第 5 版
印 次:2024 年 8 月第 6 次印刷
定 价:69. 90 元

凡所购买电子工业出版社图书有缺损问题,请向购买书店调换。若书店售缺,请与本社发行部联系,联系及邮购电话:(010)88254888, 88258888。

质量投诉请发邮件至 zlts@ phei. com. cn,盗版侵权举报请发邮件至 dbqq@ phei. com. cn。

本书咨询联系方式:88254525,hantp@ phei. com. cn。

第5版前言

本书自2003年9月初版和2008年1月、2012年2月及2016年2月的三次再版以来，深得广大读者的关心和支持，被国内多所高等学校选为教材，累计发行6万余册，并先后入选普通高等教育"十一五"和"十二五"国家级教材规划。

这次修订在保持前四版内容系统、实用、易读的特点，以及框架结构基本不变的基础上，重点对第1章、第2章、第6章和第9章内容进行了修订和完善，增加了与MATLAB有关的新内容，替换了每章的习题解答，提供了配套的教学网站，并且充分考虑能适应新形式下计算机仿真技术类课程教学和适用于不同层次院校的选学需要，体现宽口径专业教育思想，反映先进的技术水平，强调教学实践的重要性，有利于学生自主学习和动手实践能力的培养，适应卓越工程师和新工科人才培养的要求。同时也符合自动化专业培养目标、反映自动化专业教育改革方向、满足自动化专业教学需要和多学科交叉背景学生的教学需求、符合学校推进高等教育国家级一流本科课程"双万计划"建设和实现特色化发展的需要。

本书在叙述MATLAB通用功能时，对内容是精心挑选的，但在书后的索引中罗列了通用功能的几乎全部指令，以备读者查阅需要。面对MATLAB 6. x/7. x/8. x/9. x部分功能的较大变化，针对本书所涉及的部分，第5版分别撰写了MATLAB 6. x、MATLAB 7. x、MATLAB 8. x和MATLAB 9. x四个不同经典版本的内容，以满足不同读者的需求。

本次修订后从内容上来说，涉及面更广，几乎包括了计算机仿真、控制系统计算机辅助分析与设计、MATLAB和Simulink的所有基本内容和使用方法。对于涉及本课程内容的MATLAB较大变化，本书都分别按其版本进行了介绍。各部分内容力求精而简，且各章均配有适当的例题和习题，并提供了相应的用MATLAB编写的仿真程序。

本书适用学时数为32~64(2~4学分)，各章节编排具有相对的独立性，使教师与学生便于取舍，便于不同层次院校的不同专业选用，以适应不同教学学时的需要；内容完善、新颖、有利于学生能力的培养。

本书由李国勇主编，程永强副主编。全书共包括11章和2个附录，其中第0章由程永强编写；第1章和第9章由李国勇编写；第2章由任密蜂编写；第3章由丁洁编写；第4章和附录由成慧翔编写；第5章由续欣莹编写；第6章由杨丽娟编写；第7章由郭红戈编写；第8章由李晔编写；第10章由崔亚峰编写。全书由李国勇统编定稿。李虹教授主审了全书，提出了许多宝贵的意见和建议，在此深表谢意。

本书可作为高等院校自动化和控制类各专业本科生和研究生教材。鉴于本书的通用性和实用性较强，故也可作为自动控制及相关专业的教学、研究、设计人员和工程技术人员的参考用书。

本书提供配套的电子课件，可登录华信教育资源网：www. hxedu. com. cn，注册后免费下载。

本书提供的配套教学网站网址为

http://mooc1.chaoxing.com/course/204210881.html

http://www.icourse163.org/spoc/course/TYUT-1449768162? tid=1450215449

与本书对应的课程，2016年入选电子工业出版社“信息技术专业内容资源库建设”（慕课视频课程建设）项目，2019年被认定为山西省高等学校精品共享课程，如欲了解其课程内容及教学思路等，请扫描右面二维码，便可观看相应的视频录像。

课程简介

由于作者水平有限，书中难免有遗漏与不当之处，故恳请有关专家、同行和广大读者批评指正。

编　者

目　　录

第 0 章　绪论 ………………………………… 1

0.1　仿真技术简介……………………………… 1

0.2　计算机仿真技术的发展概况………… 3

0.3　计算机仿真技术的应用……………… 4

0.4　控制系统计算机辅助设计的主要内容及其应用…………………… 5

0.5　基于 MATLAB 的控制系统仿真的现状………………………………… 6

习题 ……………………………………… 7

第 1 章　仿真软件——MATLAB ………… 8

1.1　MATLAB 的功能特点……………………… 8

1.1.1　语言简介…………………………… 8

1.1.2　操作界面 ………………………… 10

1.2　MATLAB 的基本操作 ………………… 14

1.2.1　语言结构 ………………………… 15

1.2.2　窗口命令的执行及回调 ……… 16

1.2.3　窗口变量的处理……………………… 17

1.2.4　窗口命令的属性……………………… 18

1.2.5　数值结果显示格式 ……………… 19

1.2.6　基本输入输出函数 ……………… 19

1.2.7　外部程序调用 ………………… 20

1.3　MATLAB 的程序设计 ……………… 21

1.3.1　磁盘文件 ………………………… 21

1.3.2　控制语句 ………………………… 23

1.4　MATLAB 的图形处理 ……………… 27

1.4.1　二维图形 ………………………… 27

1.4.2　三维图形 ………………………… 33

1.4.3　四维图形 ………………………… 38

1.4.4　图像与动画 …………………… 39

1.5　MATLAB 的数值运算 ……………… 42

1.5.1　矩阵运算 ………………………… 42

1.5.2　向量运算 ………………………… 48

1.5.3　关系和逻辑运算…………………… 50

1.5.4　多项式运算 …………………… 51

1.6　MATLAB 的符号运算 ……………… 53

1.6.1　符号表达式的生成 ……………… 53

1.6.2　符号表达式的基本运算 ……… 55

1.6.3　符号表达式的微积分 ………… 57

1.6.4　符号表达式的积分变换 ……… 60

1.6.5　符号表达式的求解 …………… 61

1.7　MATLAB 的矩阵处理 ……………… 63

1.7.1　矩阵行列式 ……………………… 63

1.7.2　矩阵的特殊值 ………………… 64

1.7.3　矩阵的三角分解…………………… 65

1.7.4　矩阵的奇异值分解 …………… 65

1.7.5　矩阵的范数 ……………………… 66

1.7.6　矩阵的特征值与特征向量 …… 67

1.7.7　矩阵的特征多项式、特征方程和特征根 ……………………………… 67

1.8　MATLAB 的数据处理 ……………… 68

1.8.1　数据插值 ………………………… 68

1.8.2　曲线拟合 ………………………… 70

1.8.3　数据分析 ………………………… 71

1.9　MATLAB 的方程求解 ……………… 73

1.9.1　代数方程求解 ………………… 73

1.9.2　微分方程求解 ………………… 74

1.10　MATLAB 的函数运算……………… 75

1.10.1　函数极值 ……………………… 75

1.10.2　函数积分 ……………………… 76

1.11　MATLAB 的文件处理……………… 78

1.11.1　处理二进制文件 …………… 78

1.11.2　处理文本文件 ……………… 81

1.12　MATLAB 的图形界面……………… 82

1.12.1　启动 GUI Builder ………… 82

1.12.2　对象设计编辑器 …………… 83

1.13　MATLAB 编译器…………………… 84

1.13.1　创建 MEX 文件……………… 84

1.13.2　创建 EXE 文件 …………… 86

小结……………………………………… 88

习题……………………………………… 88

第 2 章　控制系统的数学模型及其转换…… 90
2.1　线性系统数学模型的基本描述方法 …………………… 90
2.2　系统数学模型间的相互转换 ……… 94
2.3　系统模型的连接 ……………… 99
2.4　典型系统的生成……………………… 109
2.5　系统的离散化和连续化……………… 110
2.6　系统的特性值………………………… 113
本章小结 ……………………………… 114
习题 …………………………………… 114
第 3 章　连续系统的数字仿真 …………… 116
3.1　数值积分法………………………… 116
3.2　面向系统传递函数的仿真………… 120
3.3　面向系统结构图的仿真…………… 122
3.4　连续系统的快速仿真……………… 126
本章小结 ……………………………… 128
习题 …………………………………… 129
第 4 章　连续系统按环节离散化的数字仿真 ……………………… 130
4.1　连续系统的离散化………………… 130
4.2　典型环节的离散系数及其差分方程………………………… 131
4.3　非线性系统的数字仿真方法……… 133
4.4　连续系统按环节离散化的数字仿真程序…………………… 135
本章小结 ……………………………… 138
习题 …………………………………… 138
第 5 章　采样控制系统的数字仿真 ……… 139
5.1　采样控制系统……………………… 139
5.2　模拟调节器的数字化仿真方法…… 139
5.3　采样控制系统的数字仿真程序…… 140
5.4　关于纯滞后环节的数字仿真……… 144
本章小结 ……………………………… 146
习题 …………………………………… 146
第 6 章　动态仿真集成环境——Simulink ……………………… 147
6.1　Simulink 简介 …………………… 147
6.1.1　Simulink 的启动 ………………… 147
6.1.2　Simulink 库浏览窗口的功能菜单 … 148
6.1.3　仿真模块集 …………………… 149
6.2　模型的构造………………………… 162
6.2.1　模型编辑窗口 …………………… 162
6.2.2　对象的选定 ……………………… 164
6.2.3　模块的操作 ……………………… 165
6.2.4　模块间的连线 …………………… 166
6.2.5　模型的保存 ……………………… 166
6.2.6　模块名字的处理 ………………… 167
6.2.7　模块内部参数的修改 …………… 168
6.2.8　模块的标量扩展 ………………… 169
6.3　连续系统的数字仿真……………… 169
6.3.1　利用 Simulink 菜单命令进行仿真 … 170
6.3.2　利用 MATLAB 的指令操作方式进行仿真………………………… 179
6.3.3　模块参数的动态交换 …………… 181
6.3.4　Simulink 调试器 ………………… 183
6.4　离散系统的数字仿真……………… 184
6.5　仿真系统的线性化模型…………… 187
6.6　创建子系统………………………… 190
6.7　封装编辑器………………………… 192
6.7.1　参数(Parameters)页面 ………… 193
6.7.2　图标(Icon)页面 ………………… 195
6.7.3　初始化(Initialization)页面……… 196
6.7.4　描述(Documentation)页面……… 196
6.7.5　功能按钮………………………… 197
6.8　条件子系统………………………… 198
本章小结 ……………………………… 203
习题 …………………………………… 204
第 7 章　控制系统的计算机辅助分析 …… 206
7.1　控制系统的时域分析……………… 206
7.1.1　控制系统的稳定性 ……………… 206
7.1.2　控制系统的时域响应 …………… 209
7.1.3　控制系统的稳态误差 …………… 215
7.2　根轨迹分析………………………… 216
7.2.1　根轨迹的绘制 …………………… 216
7.2.2　根轨迹的分析 …………………… 216
7.3　控制系统的频域分析……………… 218
7.3.1　连续控制系统的频域分析………… 219
7.3.2　离散控制系统的频域分析………… 223
7.3.3　时间延迟系统的频域分析………… 224
7.3.4　基于频率特性的系统辨识………… 225
7.4　系统的能控性和能观测性分析…… 227
7.4.1　系统的能控性和能观测性………… 227

7.4.2 将系统按能控性和不能控性进行分解 …… 229
7.4.3 将系统按能观测性和不能观测性进行分解 …… 230
7.5 系统模型的降阶 …… 230
7.5.1 平衡实现 …… 231
7.5.2 模型降阶 …… 232
本章小结 …… 233
习题 …… 234
第8章 控制系统的计算机辅助设计 …… 235
8.1 频率法的串联校正 …… 235
8.1.1 基于频率响应法的串联超前校正 … 235
8.1.2 基于频率响应法的串联滞后校正 … 238
8.1.3 基于频率响应法的串联滞后-超前校正 …… 242
8.2 根轨迹法的串联校正 …… 245
8.2.1 基于根轨迹法的串联超前校正 …… 245
8.2.2 基于根轨迹法的串联滞后校正 …… 247
8.2.3 基于根轨迹法的串联滞后-超前校正 …… 249
8.3 状态反馈和状态观测器的设计 …… 251
8.3.1 状态反馈 …… 251
8.3.2 状态观测器 …… 254
8.3.3 带状态观测器的状态反馈系统 …… 257
8.3.4 离散系统的极点配置和状态观测器 …… 258
8.3.5 系统解耦 …… 259
8.3.6 系统估计器 …… 261
8.3.7 系统控制器 …… 262
8.4 最优控制系统设计 …… 262
8.4.1 状态反馈的线性二次型最优控制 … 263
8.4.2 输出反馈的线性二次型最优控制 … 267
本章小结 …… 268
习题 …… 269
第9章 基于MATLAB工具箱的控制系统分析与设计 …… 270
9.1 控制系统工具箱简介 …… 270
9.2 线性时不变系统的对象模型 …… 271
9.2.1 LTI对象 …… 271
9.2.2 模型建立及模型转换函数 …… 272
9.2.3 LTI对象属性的存取和设置 …… 276
9.3 线性时不变系统浏览器 …… 278
9.4 线性控制系统设计器 …… 282
9.4.1 MATLAB 6.x的SISO Design Tool … 282
9.4.2 MATLAB 7.x的SISO Design Tool … 286
9.4.3 MATLAB 8.x/9.x版的Control System Designer …… 291
9.5 非线性控制系统设计 …… 295
9.5.1 NCD Blockset模块及其应用 …… 296
9.5.2 Signal Constraint模块及其应用 …… 301
9.5.3 Check Step Response Characteristics模块及其应用 …… 306
9.5.4 其他非线性控制系统的设计问题 … 313
本章小结 …… 315
习题 …… 315
第10章 Simulink的扩展工具——S-函数 …… 316
10.1 S-函数简介 …… 316
10.2 S-函数的建立 …… 318
10.2.1 用M文件创建S-函数 …… 320
10.2.2 用C语言创建S-函数 …… 329
10.3 S-函数编译器 …… 336
10.4 S-函数包装程序 …… 337
本章小结 …… 338
习题 …… 338
附录A MATLAB函数一览表 …… 339
附录B MATLAB函数分类索引 …… 347
参考文献 …… 352

第0章　绪　　论

控制系统的数字仿真是计算机应用的重要方面。它为控制系统的分析、研究和设计，以及自动控制的教育和训练提供了快速而又经济的手段。计算机辅助设计是在仿真技术的基础上发展起来的一门应用型技术。控制系统的数字仿真和计算机辅助设计是控制理论、计算数学和计算机科学三者有关方面的统一。它已成为自动控制学科的一个分支，并在自动控制技术的发展中起着重要的作用。

0.1　仿真技术简介

1. 仿真的意义

仿真技术是一门利用物理模型或数学模型模拟实际环境进行科学实验的技术，它具有经济、可靠、实用、安全、灵活和可多次重复使用的优点，目前已被广泛地应用于几乎所有的科学技术领域，成为分析、综合各种复杂系统的一种强有力的工具和手段。

在工业自动化领域，控制系统的分析、设计和系统调试、改造，大量应用仿真技术。例如，在设计前期，利用仿真技术论证方案，进行经济技术比较，优选合理方案；在设计阶段，仿真技术可帮助设计人员优选系统结构，优化系统参数，以期获得系统最优品质和性能；在调试阶段，利用仿真技术分析系统响应与参数关系，指导调试工作，可以迅速完成调试任务；在运行阶段，利用仿真技术可以在不影响生产的条件下分析系统的工作状态，预防事故发生，寻求改进薄弱环节，以提高系统的性能和运行效率。

2. 仿真的定义

对于比较简单的被控对象，可以直接在实际系统上进行实验和调整来获得较好的整定参数。但是在实际生产过程中，大部分的被控对象是比较复杂的，并且要考虑安全性、经济性以及进行实验研究的可能性等，这在现场实验中往往不易做到，甚至根本不允许这样做。例如研究导弹飞行、宇航、反应堆控制等系统时，不经模拟仿真实验就进行直接实验，将对人类的生命和健康带来很大的危险，这时，就需要利用实际系统的物理模型或数学模型进行研究，然后把对模型实验研究的结果应用到实际系统中去，这种方法就叫做模拟仿真研究，简称仿真。因此，仿真就是用模型（物理模型或数学模型）代替实际系统进行实验和研究。仿真所遵循的基本原则是相似原理，即几何相似、环境相似和性能相似。

3. 仿真的分类

依据相似原理，仿真可分为物理仿真、数学仿真和混合仿真。物理仿真就是应用几何相似原理，制作一个与实际系统相似但几何尺寸较小或较大的物理模型（例如飞机模型放在气流场相似的风洞中）进行实验研究。数学仿真是应用数学相似原理，构建数学模型在计算机上进行研究。它由软硬件仿真环境、动画、图形显示、输出打印设备等组成。在仿真研究中，数学仿真只要有一台数学仿真设备（如计算机等），就可以对不同的控制系统进行仿真实验和研究，而且，进行一次仿真实验研究的准备工作也比较简单,主要是被控系统的建模、控制方式的确立和计算机编程。而物理仿真则需要进行大量的设备制造、安装、接线及调试工作,其投资大、周期长、灵活性差、改变参数困难、模型难以重用,且实验数据处理也不方便。数学仿真实验所需的时间比物理仿真大大缩短,实验数据的处理也比物理仿真简单的多。但由于物理仿真具有信号连续、运算速度快、直观形象、可信度高等特点,故至今仍然广泛使用。混合仿真又称数学物理仿真,它是为了提高仿真的可信度或者针对一些难以建模的实体,在系统研究中往往把数学仿真、物理仿真和实体结合起来组成一个复杂的仿真系统,这种在仿真环节中有部分实物介入的混合仿真也称为半实物仿真或者半物理仿真。

由于数学仿真的主要工具是计算机,因此一般又称为"计算机仿真"。计算机仿真根据被研究系统的特征可分为两大类:连续系统仿真和离散事件系统仿真。前者可对系统建立用微分方程或差分方程等描述的数学模型,并将其放在计算机上进行试验;后者面对的是由某种随机事件驱动引发状态变化的系统的数学模型(非数学方程式描述,通常用流程图或网络图描述),并将它放在计算机上进行试验。本书主要讨论非离散事件系统的计算机仿真。

4. 计算机仿真过程

计算机仿真能够为许多实验提供方便、灵活的"活的数学模型",因此,凡是可以用模型进行实验的,几乎都可以用计算机仿真来研究被仿真系统本身的各种特性,选择最佳参数和设计最合理的系统方案。所以随着计算机技术的发展,计算机仿真越来越广泛地得到应用。计算机仿真流程图如图 0-1 所示。

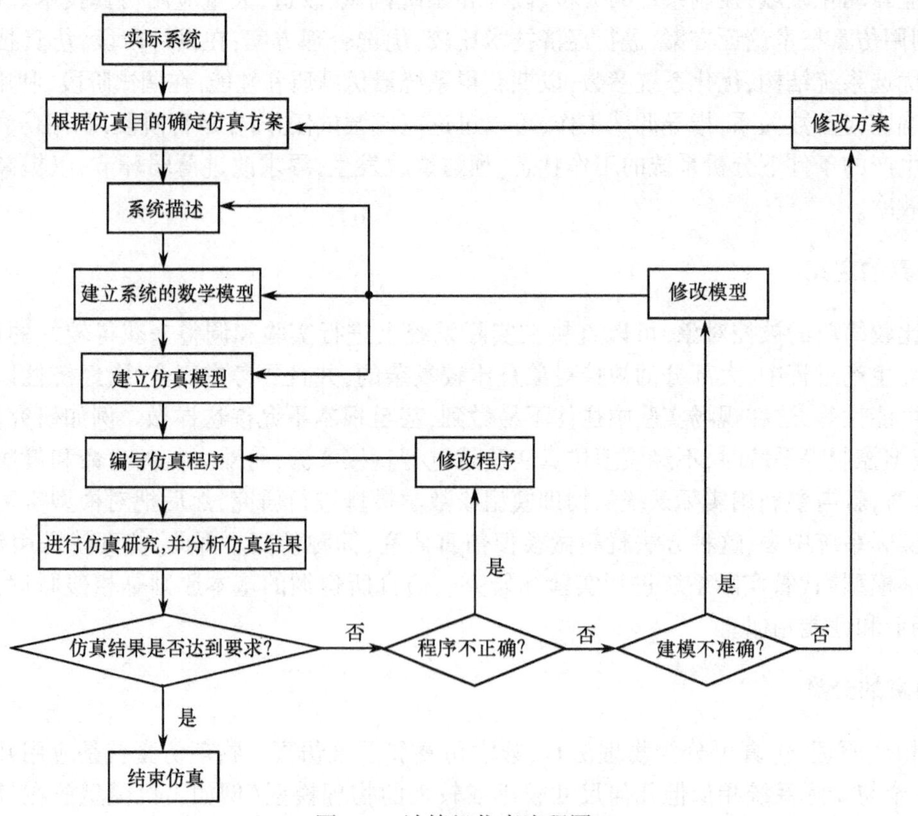

图 0-1　计算机仿真流程图

由图 0-1 所示的计算机仿真流程图,计算机仿真的一般过程可描述如下。

(1) 根据仿真目的确定仿真方案

根据仿真目的确定相应的仿真结构和方法,规定仿真的边界条件与约束条件。

(2) 建立系统的数学模型

对于简单的系统,可以通过某些基本定律来建立数学模型。而对于复杂的系统,则必须利用实验方法通过系统辨识技术来建立数学模型。数学模型是系统仿真的依据,所以数学模型的准确性十分重要。

(3) 建立仿真模型

就连续系统而言,就是通过一定算法对原系统的数学模型进行离散化处理,即建立相应的差分方程。

(4) 编写仿真程序

对于非实时仿真,可用一般高级语言或仿真语言。对于快速的实时仿真,往往需要用汇编语言。

(5) 进行仿真实验

设定实验环境、条件,进行实验,并记录仿真数据。

(6) 仿真结果分析

根据实验要求和仿真目的对仿真结果进行分析处理,以便修正数学模型、仿真模型及仿真程序,或者修正/改变原型系统,以进行新的实验。模型是否能够正确地表示实际系统,并不是一次完成的,而是需要比较模型和实际系统的差异,通过不断地修正和验证而完成的。

通常,将实际系统抽象为数学模型,称之为一次模型化,它涉及系统辨识技术问题,又称为建模问题。将数学模型转化为可以在计算机上运行的仿真模型,称之为二次模型化,它涉及仿真编程、运行、修改参数等技术,又称为系统仿真技术。

0.2 计算机仿真技术的发展概况

1. 硬件发展

计算机仿真技术的发展,就硬件而言,大致经历了以下几个阶段。

20 世纪 40 年代出现了模拟计算机,这时的计算机大都是用来设计飞机的专用计算机。20 世纪 50 年代初,出现了通用的模拟计算机。20 世纪 50 年代末,数字计算机有了很大发展,加上这一时期在微分方程数值解的理论方面又有很大的发展,所以在几种高级语言(如 FORTRAN,ALGOL 等)出现以后,在 20 世纪 50 年代末期,数字计算机便在非实时仿真方面开始得到广泛的应用。1958 年为满足高速动态系统仿真的要求,出现了第 1 台专用的模拟/数字混合计算机,用来解决导弹轨迹的计算问题。20 世纪 60 年代初期,出现了混合计算机商品。

近年以来,由于计算机技术的飞速发展,数字计算机已有可能解决高速动态系统的实时仿真问题,所以模拟/数字混合计算机将被数字计算机所取代。

2. 软件发展

在计算机硬件飞速发展的同时,仿真软件也有很大的发展。近几十年来,仿真软件充分吸收了仿真方法学、计算机、网络、图形/图像、多媒体、软件工程、系统工程、自动控制、人工智能等技术成果,从而得到了很大发展。仿真软件也从初期的机器代码,历经较高级的编程语言、面向问题描述的仿真语言,发展到模块化概念,并进而发展到面向对象编程、图形化模块编程等。人机环境也由初期的图形支持,到动画、交互式仿真,进一步发展到矢量的图形支持,并向虚拟现实发展。仿真软件的发展基本经历了以下 5 个阶段。

(1) 通用程序设计语言

1960 年左右的 FORTRAN,以及具有适应并行处理功能的 Ada,C++等语言。

(2) 初级仿真语言阶段

1960—1970 年面向框图的 MIDAS(Modified Digital Analog Simulator);面向大型连续系统的仿真规范的 CSSL(Continuous System Simulation Language);CSMP(Continuous System Modeling Program);基于差分方程模型的 DYNAMO(Dynamic Models);基于离散事件的 SIMLIB 和 CSL(Control and Simulation Language);还有以过程为基础的通用仿真系统 GPSS(General purpose Simulation System)等。

(3) 高级仿真语言阶段

1970—1980 年商用的连续系统仿真语言 SSLIV,DAREP,ACSL,以及离散事件系统仿真语言 GPSSIV,SIMCRIPⅢ和 SLAM 等。

(4) 一体化建模与仿真环境软件

如美国 Pritsket 于 1989 年推出的 TESS,它是具有数据库,而且能将数据存储与检索,脚本仿真/数据采集,数据分析报告和图形生成,脚本动画,网络模型输入,运行控制,数据管理八个部分组成一体化仿真软件环境。

(5) 智能化仿真软件环境

它于 20 世纪 80 年代后期问世,由一体化仿真软件环境、专家系统、智能接口等几部分组成,并具有知识库、模型库、方法库、实验程序库和数据库,该软件充分利用了 FORTRAN,C,Ada,LISP 等语言的优良特性。

到目前为止,已形成了许多各具特色的仿真语言。其中美国 MathWorks 软件公司的动态仿真集成软件 Simulink 与该公司著名的 MATLAB 软件集成在一起,成为当今最具影响力的控制系统应用软件。

0.3 计算机仿真技术的应用

计算机仿真技术的应用范围十分广泛。它不仅被应用于工程系统,如控制系统的设计、分析和研究,电力系统的可靠性研究,化工流程的模拟,造船、飞机、导弹等研制过程;而且还被应用于非工程系统,如用于研究社会经济、人口、污染、生物、医学系统等。仿真技术具有很高的科学研究价值和巨大的经济效益。由于其应用广泛且卓有成效,在国际上成立了国际仿真联合会(International Association for Mathematic and Computer in Simulation,IAMCS)。我国也于 1989 年成立了系统仿真学会。国内外高等学校的工科专业普遍开设了计算机仿真类课程,我国高等学校自动化学科更是在 2006 年的教学大纲中,将计算机仿真类课程列为自动化专业的一门必修课程。

计算机仿真在系统研究中的重要性在于它不仅经济而且安全可靠。首先,由于仿真技术在应用上的安全性,使得航空、航天、核电站等成为仿真技术最早的和最主要的应用领域。特别是在军事领域,新型的武器系统、大型的航空航天飞行器在其设计、定型过程中,都要依靠仿真试验进行修改和完善。导弹、火箭的设计研制,空战、电子战、攻防对抗等演练也都离不开仿真技术。其次,从仿真的经济性考虑,由于仿真往往是在计算机上模拟现实系统过程,并可多次重复运行,使得其经济性十分突出。据美国对“爱国者”等三个型号导弹的定型试验统计,采用仿真试验可减少实弹发射试验次数约 43%,节省费用达数亿美元。我国某种型号导弹在设计和定型过程中,通过仿真试验就缩短研制时间近两年。我国电力系统应用火电厂单元机组模型仿真装置培训值班长和运行人员,大大缩短了岗前培训时间并提高了人员的专业素质。采用模拟装置培训工作人员,经济效益和社会效益也十分明显。另外,从环境保护的角度考虑,仿真技术也极具价值。例如,现代核试验多数在计算机上进行仿真,固然是由于计算机技术的发展使其得以在计算机上模拟,但政治因素和环境因素才是进行核试验仿真的主要原因。通过仿真研究还可以预测系统的特性,以及外界干扰的影响,从而可以对制订控制方案和控制决策提供定量依据。

仿真技术在许多复杂工程系统的分析和设计研究中越来越成为不可缺少的工具。系统的复杂性主要体现在复杂的环境、复杂的对象和复杂的任务上。然而只要能够正确地建立系统的模型,就能够对该系统进行充分的分析研究。另外,仿真系统一旦建立就可重复利用,特别是对计算机仿真系统的修改非常方便。经过不断的仿真修正,逐渐深化对系统的认识,以采取相应的控制和决策,使系统处于科学的控制和管理之下。

近年来,由于问题域的扩展和仿真支持技术的发展,出现了一批新的研究热点:(1)面向对象的仿真方法,从人类认识世界的模式出发提供更自然直观的系统仿真框架;(2)分布式交互仿真通过计算机网络实现交互操作,构造时空一致合成的仿真环境,可对复杂、分布、综合的系统进行实时仿真;(3)定性仿真以非数字手段处理信息输入、建模、结果输出,建立定性模型;(4)人机和谐的仿真环境,发展可视化仿真、多媒体仿真和虚拟现实等。这些新技术、新方法必将孕育着仿真方法的新突破。

当前仿真研究的前沿课题主要有仿真与人工智能技术结合,以实现智能化的仿真系统、分布式仿真与仿真模型的并行处理、图形与动画仿真、面向用户、面向问题、面向实验的建模与仿真环境以及仿真支持系统等。

仿真是以相似性原理、控制论、信息技术及相关知识为基础,以计算机为工具,借助系统模型对真实系统进行实验研究的一门综合性技术。它涉及相似论、控制论、计算机科学、系统工程理论、数值计算、概率论、数理统计、时间序列分析等多种学科。就控制系统的仿真而言,它是一门涉及控制理论、计算数学和计算机技术的综合性科学。

0.4 控制系统计算机辅助设计的主要内容及其应用

计算机辅助设计(Computer Aided Design,CAD)技术是随着计算机技术的发展应运而生的一门应用型新技术,它涉及数字仿真、计算方法、显示与绘图及计算机等诸多内容,至今已有近40年的历史。CAD技术是在仿真技术的基础上发展起来的,最早使用的CAD软件包大部分是数字仿真软件包的推广。

1. 控制系统CAD的主要内容

控制系统CAD作为CAD技术在自动控制理论及自动控制系统分析与设计方面的应用分支,是本门课程的另一个重要内容。CAD技术为控制系统的分析与设计开辟了广阔天地,它使得原来被人们认为难以应用的设计方法成为可能。根据所使用的数学工具,控制系统的分析与设计方法可以分为如下的两大类。

(1) 变换法(频域法)

变换法属经典控制理论范畴,主要适用于单输入单输出系统。变换法借助于传递函数,利用代数的方法(如Routh判据)判断系统的稳定性,并根据系统的根轨迹、Bode图和Nyquist图等概念与方法来进一步分析控制系统的稳定性和动静态特性。也可在此基础上,根据对系统品质指标的要求，选定一种校正装置的结构形式，利用参数优化的方法确定系统校正装置的参数。

(2) 状态空间法(时域法)

状态空间法为现代控制理论内容，适用于多变量控制系统的分析与设计。利用状态空间法设计控制系统的方法主要有两种。一种是最优设计方法，它包括最优控制规律的设计及状态的最优估计两个方面。另一种是基于对闭环系统的极点配置。

利用状态空间法对控制系统进行分析和设计的主要内容有：① 系统的稳定性、能控性和能观测性的判断；② 能控及能观测子系统的分解；③ 状态反馈与状态观测器的设计；④ 闭环系统的极点配置；⑤ 线性二次型最优控制规律与卡尔曼滤波器的设计。

2. 控制系统 CAD 的应用

(1) 控制系统 CAD 可以广泛地应用于工业生产部门。利用它来帮助设计实际的控制系统，不仅可以缩短设计周期，而且能够设计出性能较好的控制系统，从而有助于改进产品质量和提高劳动生产率。

(2) 控制系统 CAD 对于从事自动控制的研究人员来说也是必不可少的工具和手段。借助于 CAD 程序，研究人员可以很方便地对控制系统进行不同方法的分析和研究。这样不仅可以验证控制系统理论，而且可以进一步完善并发展控制系统的设计方法。

(3) 控制系统 CAD 在控制系统教学中的应用也是十分明显的，借助于控制系统 CAD 程序，可以加深学生对控制系统理论的学习和理解。同时由于减少了许多繁杂的手工计算，从而可以提高学习效率。过去在课堂学习中只能举一些低阶系统和简单参数的例子，以便于手工能够计算。今天借助于计算机，更为接近实际的高阶系统也可作为学生的练习内容。从而使他们能得到更多的实际训练，较早地获得实际控制系统设计的经验。

为使控制系统 CAD 程序的使用更加方便和灵活，并进一步促进它的应用，很多国家都有计算机辅助设计控制系统的软件包。这些软件包不仅包括了控制系统的各方面的应用程序，而且通过软件包的管理程序，可以对所有程序和数据进行统一管理，并提供人机交互的功能。比较著名的软件包有：美国的 CSMP/360、加拿大的 GEMCOPE、英国的 UMIST、罗马尼亚的 SPIAC、日本的 DPACSP 和美国的 MATLAB 等。

0.5 基于 MATLAB 的控制系统仿真的现状

作为一种面向科学与工程计算的高级语言，MATLAB 由于使用极其方便、而且提供丰富的矩阵处理功能，所以很快引起控制理论领域研究人员的高度重视，并在此基础上开发了控制理论与 CAD 和图形化、模块化设计方法相结合的控制系统仿真工具箱，目前它已成为国际控制界最流行的计算机仿真与 CAD 语言。

MATLAB 可以在各种类型的机型上运行，如 PC 及兼容机、Macintosh 及 Sun 工作站、VAX 机、Apollo 工作站、HP 工作站、DEC 工作站、SGI 工作站、RS/6000 工作站、Convex 工作站及 Cray 计算机等。使用 MATLAB 语言进行编程，可以不做任何修改直接移植到这些机器上运行，它与机器类型无关。这大大拓宽了 MATLAB 语言的应用范围。

MATLAB 语言除可以进行传统的交互式编程来设计控制系统以外，还可以调用它的控制系统工具箱来设计控制系统。许多使用者还结合自己的研究领域将擅长的 CAD 方法与 MATLAB 结合起来，制作了大量的控制系统工具箱，如控制系统工具箱、系统辨识工具箱、鲁棒控制工具箱、模型预测控制工具箱、神经网络工具箱、优化工具箱、模糊逻辑工具箱和遗传算法与直接搜索工具箱等。

可以说伴随着控制理论的不断发展和完善,MATLAB 的工具箱也在不断地增加和完善。MATLAB 的 Simulink 和 Stateflow 功能的增加使控制系统的设计更加简便和轻松,而且可以设计更为复杂的控制系统。用 MATLAB 设计出控制系统进行仿真后,可以利用 MATLAB 的工具在线生成 C 语言代码,用于实时控制。可以毫不夸张地说,MATLAB 已不仅是一般的编程工具,而是作为一种控制系统的设计平台出现的。目前,许多工业控制软件的设计就明确提出了与 MATLAB 的兼容性。

MATLAB 及其工具箱将一个优秀软件包的易用性、可靠性、通用性和专业性,以及以一般目的应用和高深的专业应用完美地集成在一起,并凭借其强大的功能、先进的技术和广泛的应用,使其逐渐成为国际性的计算标准,被世界各地数十万名科学家和工程师所采用。今天,MATLAB 的用户团体几乎遍及世界各大学、公司和政府研究部门,其应用也已遍及现代科学和技术的方方面面。

习　题

0-1　什么是仿真?它所遵循的的基本原则是什么?

0-2　仿真的分类有几种?为什么?

0-3　比较物理仿真和数学仿真的优缺点。

0-4　简述计算机仿真的过程。

0-5　什么是 CAD 技术?控制系统 CAD 可解决哪些问题?

本章习题解答,请扫以下二维码。

习题 0 解答

第1章　仿真软件——MATLAB

MATLAB是由美国MathWorks公司发布的主要面对科学计算、可视化以及交互式程序设计的高科技计算环境。它将数值分析、矩阵计算、科学数据可视化以及非线性动态系统的建模和仿真等诸多强大功能集成在一个易于使用的视窗环境中,为科学研究、工程设计以及必须进行有效数值计算的众多科学领域提供了一种全面的解决方案,并在很大程度上摆脱了传统非交互式程序设计语言(如C、FORTRAN)的编辑模式,代表了当今国际科学计算软件的先进水平。

1.1　MATLAB的功能特点

MATLAB是一种用于算法开发、数据可视化、数据分析以及数值计算的高级技术计算语言和交互式环境。使用它可以较使用传统的编程语言(如C、C++和FORTRAN)更快地解决技术计算问题。它的应用范围非常广,包括工程计算、系统设计、数值分析、信号和图像处理、通信、测试和测量、财务与金融分析以及计算生物学等众多应用领域。附加的工具箱扩展了MATLAB环境,以解决这些应用领域内特定类型的问题。

1.1.1　语言简介

在科学研究和工程应用中,为了克服一般语言对大量的数学运算,尤其当涉及矩阵运算时,编程难、调试麻烦等困难,美国MathWorks公司于1967年构思并开发了"Matrix Laboratory"(缩写MATLAB,即矩阵实验室)软件包。经过不断更新和扩充,该公司于1984年推出了正式版的MATLAB 1.0。特别是1992年推出了具有划时代意义的MATLAB 4.0版,并于1993年推出了其微机版,以配合当时日益流行的Microsoft Windows一起使用。到2021年,先后推出了微机版的MATLAB 4.x、MATLAB 5.x、MATLAB 6.x、MATLAB 7.x、MATLAB 8.x和MATLAB 9.x,使之应用范围越来越广。欲查看MATLAB版本更新一览表请扫描右边二维码。

版本一览表

用MATLAB编程运算与人进行科学计算的思路和表达方式完全一致,使用MATLAB进行数学运算就像在草稿纸上演算数学题一样方便。因此,在某种意义上说,MATLAB既像一种万能的、科学的数学运算"演算纸",又像一种万能的计算器一样方便快捷。MATLAB大大降低了对使用者的数学基础和计算机语言知识的要求,即使用户不懂C或FORTRAN这样的程序设计语言,也可使用MATLAB轻易地再现C或FORTRAN语言几乎全部的功能,设计出功能强大、界面优美、稳定可靠的高质量程序来,而且编程效率和计算效率极高。

尽管MATLAB开始并不是为控制理论与系统的设计者们编写的,但以它"语言"化的数值计算、强大的矩阵处理及绘图功能、灵活的可扩充性和产业化的开发思路很快就为自动控制界研究人员所瞩目。目前,在自动控制、电气工程、图像处理、信号分析、语音处理、振动理论、优化设计、时序分析、工程计算、生物医学工程和系统建模等领域,由著名专家与学者以MATLAB为基础开发的实用工具箱极大地丰富了MATLAB的内容。

MATLAB包括拥有数百个内部函数的主包和几十种工具箱。工具箱又可以分为功能性工具箱和学科性工具箱。功能性工具箱用来扩充MATLAB的符号计算,可视化建模仿真,文字处理及实时控制等功能。学科性工具箱是专业性比较强的工具箱,如控制系统工具箱(Control System Toolbox)、神经网络工具箱(Neural Network Toolbox)、模糊逻辑工具箱(Fuzzy Logic Toolbox)和动态仿真工具箱(Simulink Toolbox)等。开放性使 MATLAB 广受用户欢迎,除内部函数外,所有 MATLAB 主包文件和各种工具箱都是可读可修改的文件,用户通过对源程序的修改或加入自己编写的程序构造新的专用工具箱。较为常用的 MATLAB 工具箱主要有:

(1) Aerospace Toolbox——航空航天工具箱;
(2) Antenna Toolbox——天线工具箱;
(3) Automated Driving System Toolbox——自动驾驶系统工具箱;
(4) Bioinformatics Toolbox——生物信息工具箱;
(5) Communications System Toolbox——通信系统工具箱;
(6) Computer Vision System Toolbox——计算机视觉系统工具箱;
(7) Control System Toolbox——控制系统工具箱;
(8) Curve Fitting Toolbox——曲线拟合工具箱;
(9) Data Acquisition Toolbox——数据采集工具箱;
(10) Database Toolbox——数据库工具箱;
(11) Datafeed Toolbox——数据馈送工具箱;
(12) Deep Learning Toolbox——深度学习工具箱;
(13) DSP System Toolbox——DSP 系统工具箱;
(14) Econometrics Toolbox——经济计量学工具箱;
(15) Filter Design Toolbox——滤波器设计工具箱;
(16) Financial Instruments Toolbox——金融工具箱;
(17) Financial Toolbox——财务工具箱;
(18) Fixed-Point Blockset——定点运算模块集;
(19) Fuzzy Logic Toolbox——模糊逻辑工具箱;
(20) Gauges Blockset——仪表模块集;
(21) Genetic Algorithm and Direct Search Toolbox——遗传算法与直接搜索工具箱;
(22) Global Optimization Toolbox——全局优化工具箱;
(23) Higher-Order Spectral Analysis Toolbox——高阶谱分析工具箱;
(24) Image Acquisition Toolbox——图像采集工具箱;
(25) Image Processing Toolbox——图像处理工具箱;
(26) Instrument Control Toolbox——仪器控制工具箱;
(27) LMI Control Toolbox——线性矩阵不等式工具箱;
(28) LTE System Toolbox——LTE 系统工具箱;
(29) Mapping Toolbox——绘图工具箱;
(30) Model Predictive Control Toolbox——模型预测控制工具箱;
(31) Model-Based Calibration Toolbox——基于模型的标定工具箱;
(32) Neural Network Toolbox——神经网络工具箱;
(33) OPC Toolbox——OPC 开发工具箱;
(34) Optimization Toolbox——优化工具箱;
(35) Parallel Computing Toolbox——并行计算工具箱;
(36) Partial Differential Equation Toolbox——偏微分方程工具箱;

(37) Phased Array System Toolbox——相控阵系统工具箱;
(38) Powersys Toolbox——电力系统工具箱;
(39) Reinforcement Learning Toolbox——强化学习工具箱;
(40) Robotics Toolbox——机器人工具箱;
(41) Robust Control Toolbox——鲁棒控制工具箱;
(42) Sensor Fusion and Tracking Toolbox——传感器融合和跟踪工具箱;
(43) Signal Processing Toolbox——信号处理工具箱;
(44) Simulink Toolbox——动态仿真工具箱;
(45) Spline Toolbox——样条工具箱;
(46) Statistics Toolbox——统计工具箱;
(47) Statistics and Machine Learning Toolbox——统计和机器学习工具箱;
(48) Symbolic Math Toolbox——符号数学工具箱;
(49) System Identification Toolbox——系统辨识工具箱;
(50) Trading Toolbox——贸易工具箱;
(51) Vehicle Network Toolbox——运输网络工具箱;
(52) Wavelet Toolbox——小波工具箱;
(53) μ-Analysis and Synthesis Toolbox——μ 分析和综合工具箱;
(54) 5G Toolbox——5G 工具箱。

模型输入与仿真环境 Simulink 更使 MATLAB 为控制系统的仿真与 CAD 中的应用打开了崭新的局面,并使得 MATLAB 成为目前国际上最流行的控制系统计算机辅助设计的软件工具。MATLAB 不仅流行于控制界,在电气工程、图像处理、信号分析、语音处理、雷达工程、数学计算、金融统计、生物医学工程和计算机技术等各行各业中都有极广泛的应用。

1.1.2 操作界面

一台计算机上可以同时安装多种 MATLAB 版本,各种版本之间相互独立运行互不干扰。从 MATLAB 7.1 开始,MATLAB 7.x/8.x 同时支持 32 和 64 位操作系统,安装包 win32 和 win64 两个文件夹分别与之对应。MATLAB 9.x 仅支持 64 位操作系统,与 Windows 10 兼容。使用 Windows XP 系统的用户需要安装 MATLAB 6.5 及以上的版本,否则不能正常使用。MATLAB 7.8(R2009a)及以上的版本基本都兼容 Windows 7 及以上操作系统。

目前较为常用的 MATLAB 6.x/7.x/8.x/9.x 版本启动后的操作界面如图 1-1 所示。

由图 1-1 可知,MATLAB 各种版本的操作界面略有不同。MATLAB 6.5 以前版本的操作界面通常由工作窗口、功能菜单和工具栏等组成。在 MATLAB 6.5 和 MATLAB 7.x 操作界面的左下角中新增加了开始(Start)按钮。而在 MATLAB 8.x/9.x 操作界面中,又新设置了主页(HOME)、绘图(PLOTS)和应用程序(APPS/APP)3 个页面,同时取消了左下角的开始按钮并将其主要操作命令合并到应用程序(APPS/APP)页面中。其中主页(HOME)中包含一些常用的功能菜单和快捷按钮;绘图(PLOTS)页面中包含所有绘图函数;应用程序(APPS/APP)页面包含常用工具箱中的各种交互操作界面命令,使其更加方便、实用和灵活。

随着 MATLAB 的迅速变化,尽管目前最新版本与 MATLAB 7.x 相比,其内容和功能急剧扩充,但就本教材所涉及的内容而言,它们并无本质性变化,且常用功能的使用方法基本相同。另外,最新版本安装程序大,且运行速度慢,尤其是启动初始化时特慢。特别指出的是,MATLAB 9.10(R2021a)等虽已将主操作界面汉化,并支持中文,便于读者自学,但其大多子操作界面和子菜单仍为英文,且主要功能的使用方法仍同于 MATLAB 7.x。故本书仍以目前流行的经典版本 MATLAB 7.5(R2007b)为基础来进行叙述,但增加了新版本与以前版本有较大变化且涉及本课程内容的部分,使得本书所述内容对使用最新版本的用户仍可完全适用,同时也兼顾了当前仍在较低配置计算机上使用较低版本的用户。

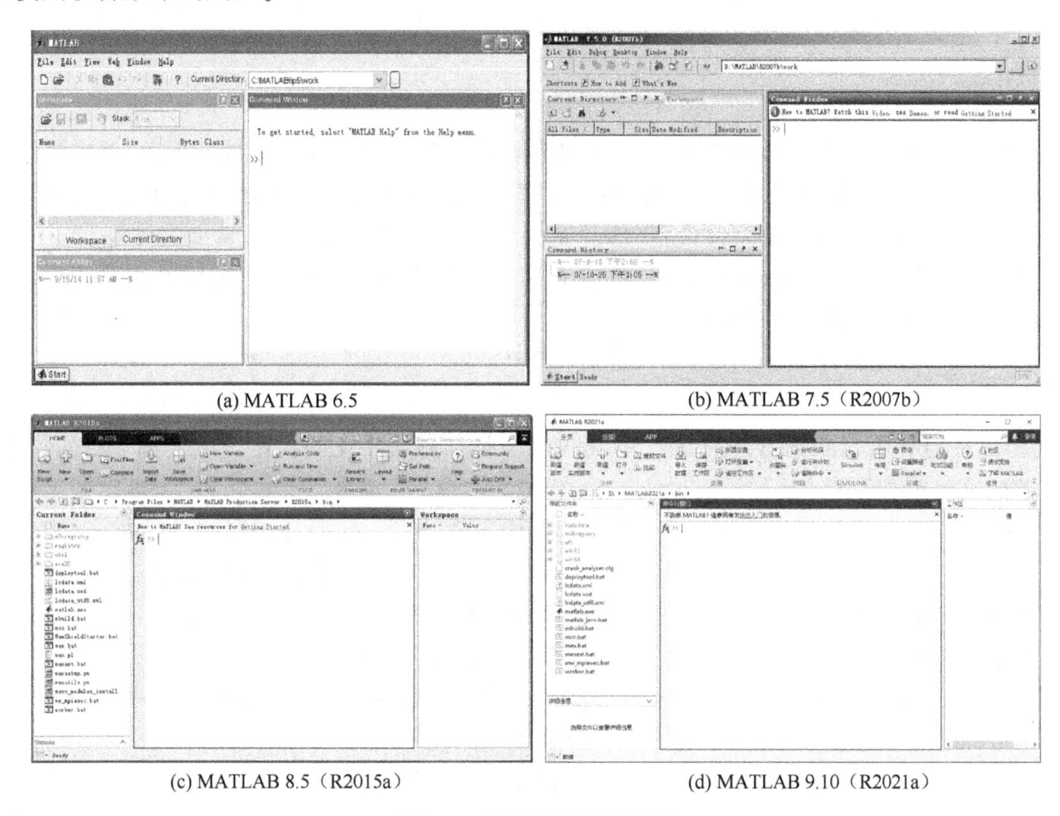

(a) MATLAB 6.5　　(b) MATLAB 7.5（R2007b）

(c) MATLAB 8.5（R2015a）　　(d) MATLAB 9.10（R2021a）

图 1-1　MATLAB 操作界面

1. MATLAB 的工作窗口

由图 1-1 所示 MATLAB 的操作界面可知,在默认状态下,MATLAB 通常包含以下几个工作窗口。

(1) 命令窗口(Command Window)

MATLAB 的命令窗口位于 MATLAB 操作界面的右方或中间,它是 MATLAB 的主要操作窗口,MATLAB 的大部分操作命令和结果都需要在此窗口中进行操作和显示。

MATLAB 命令窗口中的“>>”标志为 MATLAB 的命令提示符,“|”标志为输入字符提示符。命令窗口中最上面的提示行是显示有关 MATLAB 的信息介绍和帮助等命令的。如果用户是第一次使用 MATLAB,则建议首先在命令提示符后键入 demo 命令,它将启动 MATLAB 的演示程序,用户可以在这些演示程序中领略到 MATLAB 所提供的强大的运算和绘图功能。

(2) 历史命令(Command History)窗口

在默认状态下,该命令窗口出现在 MATLAB 操作界面的左下方。这个窗口记录用户已经操作过的各种命令,用户可以对这些历史信息进行编辑、复制和剪切等操作。

(3) 当前工作目录(Current Directory)窗口

在默认状态下,该窗口出现在 MATLAB 操作界面的左上方的前台或上方。在这个窗口中,用户可以设置 MATLAB 的当前工作目录,并展示目录中的 M 文件等。同时,用户可以对这些 M 文件进行编辑等操作。

(4) 工作空间(Workspace)浏览器窗口

在默认状态下,该窗口出现在 MATLAB 操作界面的左上方的后台或右边。在这个窗口中,用户可以查看工作空间中所有变量的类别、名称和大小。用户可以在这个窗口中观察、编辑和提取这些变量。

2. 开始按钮

在 MATLAB 6.5 和 MATLAB 7.x 中,开始按钮(Start)位于其操作界面的左下角,单击这个按钮后,会出现 MATLAB 的操作菜单。这个菜单上半部分的选项包含 MATLAB 的各种交互操作命令,下半部分的选项的主要功能是窗口设置、访问 MATLAB 公司的网页和查看帮助文件等。

但在 MATLAB 8.x/9.x 操作界面中,取消了左下角的开始按钮(Start),并将其主要操作命令合并到应用程序(APPS/APP)页面中。

3. 功能菜单

为了更好地利用 MATLAB,在 MATLAB 6.x/7.x 操作界面中主要设置了以下多个功能菜单。

- File 文件操作菜单

New	新建 M 文件、图形、模型和图形用户界面
Open	打开 .m,.fig,.mat,.mdl,.cdr 等文件
Close Command Window	关闭命令窗口
Import Data	从其他文件导入数据
Save Workspace As	保存工作空间数据到相应的路径文件中
Set Path	设置工作路径
Preferences	设置命令窗口的属性
Page Setup	页面设置
Print	设置打印机属性
Print Selection	选择打印机
Exit MATLAB	退出 MATLAB 操作界面

- Edit 编辑菜单

Undo	撤消上一步操作
Redo	重新执行上一步操作
Cut	剪切
Copy	复制
Paste	粘贴
Pasteto Workspace…	粘贴到工作空间
Select All	全部选定
Delete	删除所选对象
Find	查找所需对象
Find Files	查找所需文件
Clear Command Window	清除命令窗口的内容
Clear Command History	清除历史窗口的内容
Clear Workspace	清除工作区的内容

- Debug 调试菜单

Open M-Files when Debugging	调试时打开 M 文件
Step	单步调试
Step In	单步调试进入子函数
Step Out	单步调试跳出子函数
Continue	连续执行到下一断点
Clear Breakpoints in All Files	清除所有文件中的断点
Stop if Errors/Warnings	出错或报警时停止运行
Exit Debug Mode	退出调试模式

- Desktop 桌面菜单

Minimize Command Window	命令窗口最小化
Maximize Command Window	命令窗口最大化
Unlock Command Window	解锁命令窗口
Move Command Window	移动命令窗口
Resize Command Window	调整命令窗口
Desktop Layout	桌面设计
Save Layout	保存桌面设计
Organize Layouts	组织桌面设计
Command Window	显示命令窗口
Command History	显示历史窗口
Current Directory	显示当前工作目录
Workspace	显示工作空间
Help	帮助窗口
Profiler	轮廓图窗口
Editor	编辑器
Figures	图形编辑器
Web Brower	Web 浏览器
Array Editor	矩阵编辑器
File Comparisons	文件比较器
Toolbar	显示/隐藏工具栏
Shortcuts Toolbar	显示/隐藏快捷工具栏
Titles	显示/隐藏标题

- Window 窗口菜单

Close All Documents	关闭所有文档
Command Window	选定命令窗口为当前活动窗口
Command History	选定历史窗口为当前活动窗口
Current Directory	选定当前工作目录为当前活动窗口
Workspace	选定工作空间为当前活动窗口
Editor	选定编辑器窗口为当前活动窗口

但在 MATLAB 8.x/9.x 操作界面中，取消了功能菜单，并将其主要操作命令合并到主页(HOME)中，或在其操作界面中利用鼠标右键弹出的菜单中。

4. 工具栏

MATLAB 操作界面工具栏中的按钮“ ”分别用来建立 M 文件编辑窗口和打开编辑文件窗口；按钮“ ”对应的功能与 Windows 操作系统类似；按钮“ ”分别用来快捷启动 Simulink 库浏览窗口、GUIDE 模板窗口和轮廓图窗口；按钮“ ”分别用来快捷设置当前目录和返回到当前目录的父目录。

5. 帮助系统

MATLAB 的各种版本都为用户提供非常详细的帮助系统，可以帮助用户更好地了解和运用 MATLAB。因此，不论用户是否使用过 MATLAB，是否熟悉 MATLAB，都应该了解和掌握 MATLAB 的帮助系统。

(1) 纯文本帮助

在 MATLAB 中，所有执行命令或者函数的 M 源文件都有较为详细的注释。这些注释都是用纯文本的形式来表示的，一般都包括函数的调用格式或者输入参数、输出结果的含义。

在 MATLAB 的命令窗口中，用户利用以下命令可以查阅不同范围的纯文本帮助。

```
help help            %查阅如何在 MATLAB 中使用 help 命令，如图 1-2 所示；
help                 %查阅关于 MATLAB 系统中的所有主题的帮助信息；
help 命令或函数名     %查阅关于该命令或函数的所有帮助信息。
```

(2) 演示(demo)帮助

在 MATLAB 中，各个工具包都有设计好的演示程序，这组演示程序在交互界面中运行，操作非常简便。因此，如果用户运行这组演示程序，然后研究演示程序的相关 M 文件，对 MATLAB 用户而言是十分有益的。这种演示功能对提高用户对 MATLAB 的运用能力有着重要的作用。特别对于那些初学者而言，不需要了解复杂的程序就可以直观地查看程序结果，可以加强用户对 MATLAB 的掌握能力。如果用户是第一次使用 MATLAB，则建议首先在命令提示符“>>”后键入 demo 命令，它将启动 MATLAB 演示程序的帮助对话框，如图 1-3 所示，用户可以在这些演示程序中领略到 MATLAB 所提供的强大的运算和绘图功能。

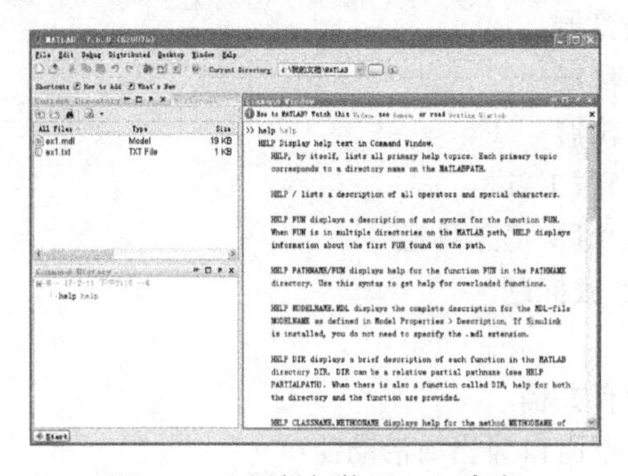

图 1-2　查阅如何使用 help 命令

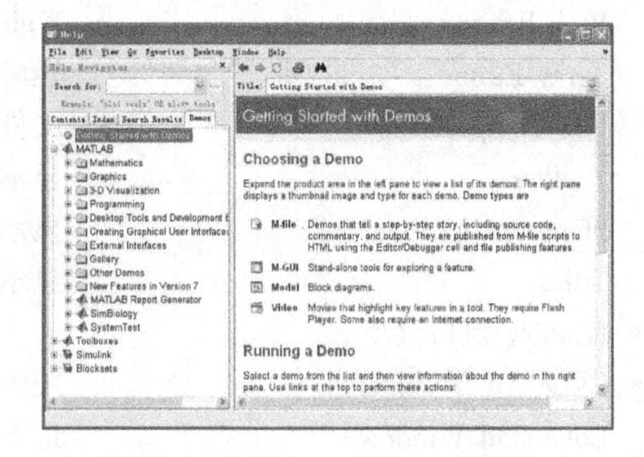

图 1-3　MATLAB 中的 demo 帮助

1.2　MATLAB 的基本操作

MATLAB 最基本的操作就是在 MATLAB 的命令窗口中直接输入 MATLAB 语句。MATLAB 命令窗口就是 MATLAB 语言的工作空间，因为 MATLAB 的各种功能的执行必须在此窗口下才能实现。所谓窗口命令，就是在上述命令窗口中输入的 MATLAB 语句，并直接执行它们完成相应的运算等。

1.2.1 语言结构

MATLAB 语句的一般形式为

变量名=表达式

其中，等号右边的表达式可由操作符或其他字符、函数和变量名组成，它可以是 MATLAB 允许的数学或矩阵运算，也可以包含 MATLAB 下的函数调用；等号左边的变量名为 MATLAB 语句右边表达式的返回值语句所赋值的变量的名字。

在调用函数时，MATLAB 允许一次返回多个结果，这时等号左边的变量名需用[ ]括起来，且各个变量名之间用逗号分隔开。MATLAB 语句结构形式中的等号和左边的变量名也可以缺省，此时返回值自动赋给变量 ans。

1. MATLAB 的变量名

在 MATLAB 中变量名必须以字母开头，之后可以是任意字母、数字或者下画线（不能超过 19 个字符），但变量中不能含有标点符号。变量名区分字母的大小写，同一名字的大写与小写被视为两个不同的变量。一般说来，在 MATLAB 下变量名可以为任意字符串，但 MATLAB 保留了一些特殊的字符串，如表 1-1 所示。

表 1-1 MATLAB 中的特殊字符串

特殊字符串	取 值	特殊字符串	取 值	特殊字符串	取 值
ans	默认变量名	nan 或 NaN	不定量，如 0/0，∞/∞，0*∞	realmin	系统所能表示的最小数值
pi	圆周率（π=3.1415926…）	eps	浮点相对精度	realmax	系统所能表示的最大数值
i 或 j	基本虚数单位	nargin	函数的输入变量数目	lasterr	存放最新的错误信息
inf 或 Inf	无限大，如 1/0	nargout	函数的输出变量数目	lastwarn	存放最新的警告信息

2. MATLAB 的算术运算符

MATLAB 中的算术运算符如表 1-2 所示。对于矩阵来说，这里左除和右除表示两种不同的除数矩阵和被除数矩阵的关系。对于标量，两种除法运算的结果相同，如 1/4 和 4\1 有相同的值 0.25。常用的十进制符号如小数点、负号等，在 MATLAB 中也可以同样使用，表示 10 的幂次要用符号 e 或 E，如：3、-99、0.0001、1.6e-20、6.2e23。

表 1-2 MATLAB 中的算术运算符

算术运算符	意 义	算术运算符	意 义	算术运算符	意 义
+	加	*	乘	/	右除
-	减	\	左除	^	幂

3. MATLAB 的基本数学函数

为了方便用户，MATLAB 提供了丰富的库函数，库函数是根据系统已经编制好了的，提供用户直接使用的函数，MATLAB 中常用的基本数学函数，如表 1-3 所示。

表 1-3　MATLAB 的基本函数

函数名	含　义	函数名	含　义	函数名	含　义
sin()	正弦函数	atan2()	四象限反正切函数	sign()	符号函数
cos()	余弦函数	abs()	绝对值或幅值函数	rand()	随机数
tan()	正切函数	sqrt()	平方根	gamma()	伽吗函数
asin()	反正弦函数	exp()	自然指数	angle(z)	复数 z 的相位函数
acos()	反余弦函数	pow2()	2 的指数	real(z)	复数 z 的实部
atan()	反正切函数	log()	以 e 为底的对数,即自然对数	imag(z)	复数 z 的虚部
sinh()	双曲正弦函数	log2()	以 2 为底的对数	conj(z)	复数 z 的共轭复数
cosh()	双曲余弦函数	log10()	以 10 为底的对数	rat(x)	将实数 x 化为多项分数展开
tanh()	双曲正切函数	floor()	舍去正小数至最近整数	rats(x)	将实数 x 化为分数表示
asinh()	反双曲正弦函数	ceil()	加入正小数至最近整数	rem(x,y)	求 x 除以 y 的余数
acosh()	反双曲余弦函数	round()	四舍五入至最近整数	gcd(x,y)	整数 x 和 y 的最大公因数
atanh()	反双曲正切函数	fix()	舍去小数至最近整数	lcm(x,y)	整数 x 和 y 的最小公倍数

除了基本函数外,不同版本的 MATLAB 还增加了具有不同功能的库函数,也称工具箱或模块集。例如控制系统工具箱、模糊逻辑工具箱、神经网络工具箱和模型预测控制工具箱等。

对于各种函数的功能和调用方法可使用 MATLAB 的联机帮肋 help 来查询,例如:

```
>>help sin      %得到正弦函数的使用信息;
>>help [        %显示如何使用方括号。
```

1.2.2　窗口命令的执行及回调

1. 窗口命令的执行

MATLAB 命令语句能即时执行,它不是输入完全部 MATLAB 命令语句经过编译、连接形成可执行文件后才开始执行的,而是每输入完一条命令,MATLAB 就立即对其处理,并得出中间结果,完成了 MATLAB 所有命令语句的输入,也就完成了它的执行,直接便可得到最终结果。从这一点来说,MATLAB 清晰地体现了类似“演算纸”的功能。例如,在 MATLAB 的命令窗口中直接输入以下 4 条命令:

```
>>a=5;
>>b=6;
>>c=a*b,
>>d=c+2
```

其中由逗号结束的第 3 条命令和直接结束的第 4 条命令执行后,其结果分别显示如下:

```
c=
    30
d=
    32
```

注意,以上各命令行中的“>>”标志为 MATLAB 的命令提示符,其后的内容才是用户输入的命令语句。每行命令输入完后,只有当用回车键进行确定后,命令才会被执行。

MATLAB 命令语句既可由分号结束,也可由逗号或直接结束,但它们的含义是不同的。如果用分号“;”结束,则说明除了这一条命令外还有下一条命令等待输入,MATLAB这时将不立即显示运行的中间结果,而等待下一条命令的输入,如以上前两条命令;如果以逗号“,”或直接结束,则将左边返回的内容全部显示出来,如以上后两条命令。

在MATLAB中,几条命令语句也可出现在同一行中,但同一行中的两条命令之间必须用分号或逗号分割开。例如:

```
>>a=5;b=6;c=a*b,d=c+2
```

这时可得与上面相同的结果。

2. 窗口命令的回调

在MATLAB命令窗口中,利用上下方向键可以回调已输入的命令,向上和向下方向键“↑”和“↓”分别用于回调上一行和下一行命令。回调后的命令也可再进行编辑等操作。

1.2.3 窗口变量的处理

1. 变量的保存

MATLAB工作空间中的变量在退出MATLAB时会丢失,如果在退出MATLAB前想将工作空间中的变量保存到文件中,则可以调用save命令来完成,该命令的调用格式为

save　文件名　变量列表　其他选项

注意,这一命令中不能使用逗号,不同的元素之间只能用空格来分隔。例如,想把工作空间中的a,b,c变量存到mydat.mat文件中去,则可用下面的命令来实现。

```
>>save mydat a b c
```

这里将自动地使用文件扩展名“.mat”。如果想将整个工作空间中所有的变量全部存入该文件,则应采用下面的命令。

```
>>save mydat
```

当然这里的mydat也可省略,这时可将工作空间中的所有变量自动地存入文件matlab.mat中。应该指出的是,这样存储的文件均是按照二进制的形式进行的,所以得出的文件往往是不可读的;如果想按照ASCII码的格式来存储数据,则可以在命令后面加上一个控制参数-ascii,该选项将变量以单精度的ASCII码形式存入文件中;如果想获得高精度的数据,则可使用控制参数:-ascii　-double。

2. 变量的调取

MATLAB提供的load命令可以从文件中把变量调出并重新装入MATLAB的工作空间中,该命令的调用格式与save命令相同。

当然工作空间中变量的保存和调出也可利用菜单项中的File→Save Workspace As …和File→Open命令来完成;或利用MATLAB 8.x/9.x主页(HOME)页面中的快捷按键“ ”和“ ”来完成。

3. 变量的查看

如果想查看目前的工作空间中都有哪些变量名,则可以使用who命令来完成。例如当MATLAB的工作空间中有a、b、c、d四个变量名时,使用who命令将得出如下的结果。

```
>>who
  your variable are:
   a  b  c  d
```

想进一步了解这些变量的详细情况,则可以使用 whos 命令来进一步查看。

4. 变量内容的查看

在 MATLAB 中,如需查看某个变量的具体内容,只要输入相应的变量名即可。例如:

```
>>a
```

结果显示:

```
a=
   5
```

5. 变量的删除

了解了当前工作空间中的现有变量名之后,则可以使用 clear 命令来删除其中一些不再使用的变量名,这样可使得整个工作空间更简洁,节省一部分内存。例如想删除工作空间中的 a,b 两个变量,则可以利用以下命令

```
>>clear a b
```

如果想删除整个工作空间中所有的变量,则可以使用以下命令

```
>>clear
```

1.2.4 窗口命令的属性

在 MATLAB 操作界面中,用户可以根据自己的需要,对窗口命令的字体风格、大小和颜色等进行自定义设置。

利用 MATLAB 6.x/7.x 操作界面中的菜单命令 File→Preferences 可打开 Preferences 参数设置窗口,用户可以在此设置字体格式等,如图 1-4 所示。选择 Preferences 参数设置窗口左栏中的"Fonts"选项,在设置窗口的右侧会显示 MATLAB 不同类型的窗口字体参数的属性。在默认的情况下,MATLAB 将命令窗口(Command Window)、历史命令窗口(Command History)和 M 文件编辑器窗口(Editor)中的字体属性均设置为:字体类型为 Monospaced、字体形状为 Plain、字体大小为 10;而将帮助导航(Help Navigator)、HTML 文本文字(HTML Proportional)、当前目录(Current Directory)、工作空间浏览器(Workspace)和内存数组编辑器(Array Editor)中的字体属性均设置为:字体类型为 SansSerif、字体形状为 Plain、字体大小为 10,如图 1-4 所示。当然用户也可以利用左侧的对话框,在对应选项的下拉菜单中选择新的字体属性,单击参数设置窗口中的"OK"按键,完成参数的设置。

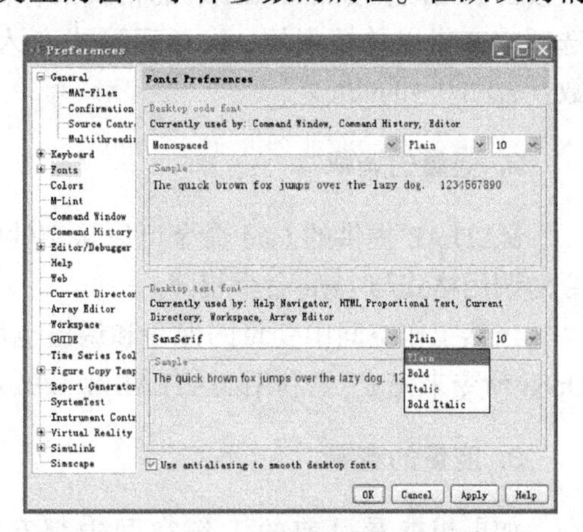

图 1-4 参数设置窗口

与设置字体属性类似,用户也可以利用参数设置窗口左栏中的“Colors”选项,来为不同类型的变量设置颜色,以示区别。

但在 MATLAB 8. x/9. x 中,需利用其主页(HOME)中快捷工具“ ”打开 Preferences 参数设置窗口,来设置页面属性。或利用鼠标右键弹出的菜单,快捷设置页面的属性。

1.2.5 数值结果显示格式

尽管 MATLAB 计算中所有的数值结果为双字长浮点数,但为了方便显示应遵循下面的规则。在默认情况下,当结果为整数时,MATLAB 将它作为整数显示;当结果为实数时,MATLAB 以小数点后 4 位的精度近似显示,如果结果中的有效数字超出了这一范围,MATLAB 以科学计数法显示结果。MATLAB 可以使用 format 命令来改变显示格式,其调用格式为

format　控制参数

其中,控制参数决定显示格式,控制参数如表 1-4 所示。

表 1-4　format 命令的控制参数

控制参数	意　　义	例　100/3
short	5 位有效数字,同默认显示	33. 3333
long	长格式,15 位有效数字	33. 33333333333334
short e	短格式,5 位有效数字的浮点数	3. 3333e+001
long e	长格式,15 位有效数字的浮点数	3. 333333333333334e+001
hex	十六进制格式	4040aaaaaaaaaaab
bank	2 个十进制位	33. 33
+	正、负或零	+
rat	有理格式	100/3

1.2.6 基本输入输出函数

MATLAB 的输入与输出函数包括命令窗口输入与输出及图形界面的输入与输出。除上面提到的用于机器间交换数据的函数语句 save 和 load 外,MATLAB 还允许计算机和用户之间进行数据交换,允许对文件进行读写操作。

1. 输入函数

如果用户想在计算的过程中给计算机输入一个参数,则可以使用 input( )函数来进行,该函数的调用格式为

变量名=input(提示信息,选项)

这里提示信息可以为一个字符串显示,它用来提示用户输入什么样的数据,input( )函数的返回值赋给等号左边的变量名。

例如,用户想输入 x 的值,则可以采用下面的命令来完成:

```
>>x=input('Enter matrix x=>')
```

执行该命令时首先给出 Enter matrix x=>提示信息,然后等待用户从键盘按 MATLAB 格式输入值,并把此值赋给 x。

如果在 input( )函数调用时采用了's'选项,则允许用户输入一个字符串,此时需用单引号将所输字符串括起来。

2. 输出函数

MATLAB 提供的命令窗口输出函数主要有 disp( )函数,其调用格式为

disp(变量名)

其中,变量名既可以为字符串,也可以为变量矩阵。例如

```
>>s='Hello World'
```

结果显示：

```
s=
   Hello World
>>disp(s)
```

结果显示：

```
    Hello World
```

可见用 disp()函数显示的方式，和前面有所不同，它将不显示变量名字而其格式更紧密，且不留任何没有意义的空行。

3. 字符串转换函数

MATLAB 提供了较实用的字符串处理及转换的函数，例如 int2str()函数就可以方便地将一个整型数据转换成字符串形式，该函数的调用格式为

cstr=int2str(n)

其中，n 为一个整数，而该函数将返回一个相关的字符串 cstr。

例如 num 的数值为 num=15，而在输出中还想给出其他说明性附加信息，则可利用下面的语句

```
>>num=15;disp (['The value of num is ',int2str(num), '! ok'])
```

结果显示：

```
    The value of num is 15 ! ok
```

与 int2str()函数的功能及调用方式相似，MATLAB 还提供了 num2str()函数，可以将给出的实型数据转换成字符串的表达式，最终也可以将该字符串输出。例如给绘制的图形赋以数字的标题时可采用下面的命令

```
>>c=(70-32)/1.8;title(['Room temperature is ',num2str(c), 'degrees C'])
```

则会在当前图形上加上题头标注：

```
    Room temperature is 21.1111 degrees C
```

1.2.7 外部程序调用

MATLAB 允许在其命令窗口中调用可执行文件，其调用方法是在 MATLAB 提示符下键入惊叹号!，后面直接跟该可执行文件即可。MATLAB 也允许采用这样的方式来直接使用 DOS 命令，如磁盘复制命令 copy 可以由!copy 来直接使用，而文件列表命令 dir 可以由!dir 来调用。事实上，为了给用户提供更大的方便，MATLAB 已经把一些常用的 DOS 命令做成了相应的 MATLAB 命令，表 1-5 列出了 MATLAB 中提供的一些文件管理

表 1-5 文件管理命令

命　令	注　释
what	列出当前目录下所有的 M 文件
dir	列出当前目录下所有的文件
ls	与 dir 命令相同
type myfile	在命令窗口中显示文件 myfile. m 的内容
delete myfile	删除文件 myfile. m
cd path	进入子目录 path
which myfile	显示文件 myfile. m 所在的路径

命令。

当然由 C 或 FORTRAN 编译产生的可执行文件可采用上述方法直接调用,但此时 MATLAB 和该程序之间的数据传递是由读写文件的方式来完成的,这种调用格式虽然直观,但其缺点是速度相当慢,此外由于调用方式的原因,使用起来不是特别规范。故 MATLAB 还提供了对 C 或 FORTRAN 语言编写的程序的另一种调试方式,它是通过 MATLAB 提供的 MEX 功能来实现的。它由所调用的 C 或 FORTRAN 源码编译连接而成 MEX 文件或 EXE 文件,这种可执行文件的速度较快,因为它和 MATLAB 之间的数据传递是通过指针来完成的,而不涉及对文件的读写,且其调用格式和 MATLAB 本身的函数调用格式完全一致,就如同这些子程序是 MATLAB 本身的程序一样。

1.3 MATLAB 的程序设计

MATLAB 语言仅靠一条一条地输入语句,难以实现复杂功能,为了实现诸如循环、条件和分支等功能,就要像其他计算机语言一样进行程序设计。MATLAB 语言的程序设计,则利用了 M 文件,而 M 文件是由一系列的 MATLAB 语句组成的。

1.3.1 磁盘文件

因为 MATLAB 本身可以被认为是一种高效的语言,所以用它可编写出具有特殊意义的磁盘文件来,这些磁盘文件由一系列的 MATLAB 语句组成,它既可以是由一系列窗口命令语句构成的文本文件(也称为脚本文件,简称为 MATLAB 的程序),又可以是由各种控制语句和说明语句构成的函数文件(简称为 MATLAB 的函数)。由于它们都是由 ASCII 码构成的,其扩展名均为“. m”,故统称为 M 文件。

由于 M 文件具有普通的文本格式,因而可以用任何编辑器建立和编辑。但一般最常用、而且最为方便的是使用 MATLAB 自带的编辑器。

在 MATLAB 6. x/7. x 中,利用其操作界面中的菜单命令 File→New→M-File 和 File→Open,可打开 M 文件编辑窗口对 M 文件进行建立和编辑。为了进一步方便用户对 M 文件的建立和编辑,在其窗口中也设置了快捷工具“ ”和“ ”。

在 MATLAB 8. x/9. x 中,则利用其主页(HOME)中新建(New)菜单下的脚本(Script)命令或主页(HOME)中新建脚本(New Script)快捷工具“ ”打开 M 文本文件编辑窗口。利用其主页(HOME)中新建(New)菜单下的函数(function)命令,打开 M 函数文件编辑窗口。

1. 文本文件

文本文件(脚本文件)是由一系列的 MATLAB 语句组成的,它类似于 DOS 下的批处理文件,在 MATLAB 命令窗口的提示符下直接键入文本文件名,回车后便可自动执行文本文件中的一系列命令,直至给出最终结果。文本文件在工作空间中运算的变量为全局变量。

【例 1-1】 利用 MATLAB 的文本文件,求以下方程

$$\begin{cases} y_1 = 3x_1 + x_2 + x_3 \\ y_2 = 3x_1 - x_2 - x_3 \end{cases}$$

在 $x_1=-2, x_2=3, x_3=1$ 时的值。

解 ① 首先在 MATLAB 6. x/7. x 的操作界面中,利用菜单命令 File→New→M-File,打开 M 文件编辑器,然后在编辑器中根据例中所给方程编写以下文本文件,并以 ex1_1_1 为文件名进行保存(后缀 . m 自动追加)。

```
%ex1_1_1.m
x1=-2;x2=3;x3=1;
y1=3*x1+x2+x3
y2=3*x1-x2-x3
```

其中,带%的语句为说明语句,不被 MATLAB 所执行,它可以在命令窗口中利用 help ex1_1_1 命令来显示%后的内容。

对于 MATLAB 8.x/9.x,则利用其主页(HOME)中新建(New)菜单下的脚本(Script)命令或主页(HOME)中新建脚本(New Script)快捷工具""打开 M 文本文件编辑窗口。

② 当以上文本文件 ex1_1_1.m 建立后,在 MATLAB 命令窗口中输入

```
>>ex1_1_1
```

回车后显示:

```
y1=
    -2
y2=
    -10
```

由于文本文件中的变量为全局变量,故以上变量 x_1,x_2,x_3 的值,也可在文本文件外先给定,此时的文本文件为

```
%ex1_1_2.m
y1=3*x1+x2+x3
y2=3*x1-x2-x3
```

当以上文本文件 ex1_1_2.m 建立后,利用以下命令,同样可以得到以上结果。

```
>>x1=-2;x2=3;x3=1;ex1_1_2
```

以上两种方式下,文本文件中变量的值都被保存下来,这与下面的函数文件是不同的。

2. 函数文件

函数文件的功能是建立一个函数,且这个函数可以同 MATLAB 的库函数一样使用,它与文本文件不同,在一般情况下不能单独键入函数文件的文件名来运行一个函数文件,它必须由其他语句来调用,函数文件允许有多个输入参数和多个输出参数值。其基本格式如下

```
function [f1,f2,f3,…]=fun(x,y,z,…)
注释说明语句
函数体语句
```

其中,x,y,z,…是形式输入参数;而 f1,f2,f3,…是返回的形式输出参数;fun 是函数名。

实际上,函数名一般就是这个函数文件的磁盘文件名,注释语句段的内容同样可用 help 命令显示出来。

调用一个函数文件只需直接使用与这个函数一致的格式

```
[y1,y2,y3,…]=fun(a,b,c,…)
```

其中,a,b,c,…是相应的实际输入参数;而 y1,y2,y3,…是相应的实际输出参数。

【例 1-2】 利用 MATLAB 的函数文件,求以下方程

$$\begin{cases}y_1=3x_1+x_2+x_3\\y_2=3x_1-x_2-x_3\end{cases}$$

在 $x_1=-2, x_2=3, x_3=1$ 时的值。

解 ① 由于函数文件的建立与文本文件完全一样，故与例 1-1 一样首先根据例中所给方程在 MATLAB 6.x/7.x 的 M 文件编辑器下，建立以下函数文件 ex1_2.m。

```
%ex1_2.m
function [b1,b2]=ex1_2(a1,a2,a3)
b1=3*a1+a2+a3;
b2=3*a1-a2-a3;
```

对于 MATLAB 8.x/9.x，则利用其主页（HOME）中新建（New）菜单下的函数（function）命令，打开 M 函数文件编辑窗口，它与 MATLAB 的 M 文本文件编辑窗口略有不同，区别在于已经设置其为第一行由 function 开头，最后一行由 end 结尾的标准函数文件格式（如同 MATLAB 6.x/7.x 一样，这里的 end 也可删除不要）。

② 当以上函数文件 ex1_2.m 建立后，在 MATLAB 命令窗口中输入以下命令

```
>>x1=-2;x2=3;x3=1;[y1,y2]=ex1_2(x1,x2,x3)
```

结果显示：

```
y1=
     -2
y2=
     -10
```

函数文件中定义的变量为局部变量，也就是说它只在函数内有效。即在该函数返回后，这些变量会自动在 MATLAB 工作空间中清除掉，这与文本文件是不同的，但可通过命令

global<变量>

来定义一个全局变量。

函数文件与文本文件另一个区别在于其第一行是由 function 开头，且有函数名和输入形式参数与输出形式参数，没有这一行的磁盘文件就是文本文件。

由上可知，实际上可以认为 MATLAB 是一种解释性语言，用户可以在 MATLAB 工作环境下一条一条地键入命令，也可以直接键入用 MATLAB 的语言编写的 M 文件名，或将它们结合起来使用，这样 MATLAB 语言对此命令或 M 文件中各条命令进行翻译，然后在 MATLAB 环境下对它进行处理，最后返回运算结果。所以说 MATLAB 语言的一般结构为：

MATLAB 语言=窗口命令+M 文件

1.3.2 控制语句

MATLAB 是一个功能极强的高度集成化的程序设计语言，它具备一般程序设计语言的基本语句结构，并且它的功能更强，由它编写出来的程序结构简单，可读性强。同其他高级语言一样，MATLAB 也提供了条件转移语句、循环语句和一些常用的控制语句，从而使得 MATLAB 语言的编程显得十分灵活。

1. 循环语句

在实际计算中，经常会遇到许多有规律的重复计算，此时就要根据循环条件对某些语句重复执

行。MATLAB 中包括两种循环语句:for 语句和 while 语句。

(1) for 语句的基本格式

在 MATLAB 中,for 语句的基本命令格式为:

```
for    循环变量=表达式 1:表达式 3:表达式 2
          循环语句组
end
```

在 MATLAB 的循环语句基本格式中,循环变量可以取任何 MATLAB 变量,表达式 1、表达式 2 和表达式 3 的定义和 C 语言相似,即首先将循环变量的初值赋成表达式 1 的值,然后判断循环变量的值,如果此时循环变量的值介于表达式 1 和表达式 2 的值之间,则执行循环体中的语句,否则结束循环语句的执行。执行完一次循环体中的语句之后,则会将循环变量自增一个表达式 3 的值,然后再判断循环变量是否介于表达式 1 和表达式 2 之间,如果满足仍再执行循环体直至不满足为止,这时将结束循环语句的执行,而继续执行后面的语句。如果表达式 3 的值为 1,则可省略表达式 3。

【例 1-3】 求 $\sum_{i=1}^{100} i$ 的值。

解 MATLAB 程序 ex1_3_1. m 如下

```
%ex1_3_1.m
mysum=0;
for i=1:100
   mysum=mysum+i;
end
mysum
```

根据以上方法编写 MATLAB 的程序文件 ex1_3_1. m,其运行结果显示:

```
mysum =
      5050
```

实际编程中,在 MATLAB 下采用循环语句会降低其执行速度,所以上面的程序可以由下面的命令来代替,以提高运行速度。

```
>>i=1:100; mysum=sum(i)
```

其中,sum( )为内部函数,其作用是求出 i 向量的各个元素之和。

(2) while 语句的基本格式

在 MATLAB 中,while 语句的基本命令格式为:

```
while  (条件式)
          循环体条件组
end
```

其执行方式为,若条件式中的条件成立,则执行循环体的内容,执行后再判断表达式是否仍然成立,如果表达式不成立,则跳出循环,向下继续执行。

例如,对于上面的例 1-3,如果改用 while 循环语句,则可以写出下面的程序

```
%ex1_3_2.m
mysum =0;i=1;
while (i<=100)
```

```
    mysum = mysum +i; i=i+1;
end
mysum
```

MATLAB 提供的循环语句 for 和 while 是允许多级嵌套的，而且它们之间也允许相互嵌套，这和 C 语言等高级程序设计语言是一致的。

2. 程序流语句

在程序设计语言中，经常会遇到提前终止循环、跳出子程序、显示执行过程等，此时就要用到以下控制程序流命令。

(1) echo 命令

一般来说当一个 M 文件运行时，文件中的命令不在屏幕上显示出来，而利用 echo 命令可以使 M 文件在运行时把其中的命令显示在工作空间中，这对于调试、演示等很有用。其命令格式为

```
echo on                %显示其后所有执行的命令文件的指令；
echo off               %不显示其后所有执行的命令文件的指令；
echo                   %在上述两种情况下进行切换；
echo filename on       %显示由 filename 指定的 M 文件的执行命令；
echo filename off      %不显示由 filename 指定的 M 文件的执行命令；
echo on all            %显示其后的所有 M 文件的执行命令；
echo off all           %不显示其后的所有 M 文件的执行命令。
```

(2) break 命令

在 MATLAB 中，break 命令经常与 for 或 while 等语句一起使用，其作用就是终止本次循环，跳出最内层的循环。使用 break 命令可以不必等到循环的自然结束，而是根据条件，遇到 break 命令后强行退出循环过程。

(3) continue 命令

在 MATLAB 中，continue 命令也经常与 for 或 while 等语句一起使用，其作用是结束本次循环，即跳过循环体下面尚未执行的命令，接着进行下一次是否执行循环的判断。

(4) pause 命令

pause( )命令使用户暂停运行程序，当再按任一键时恢复执行。其中 pause(n)中的 n 为等待的秒数。

(5) return 命令

return 命令能使当前正在运行的函数正常退出，并返回调用它的函数，继续运行。

3. 条件转移语句

在程序设计中，经常要根据一定的条件来执行不同的命令。当某些条件满足时，只执行其中的某个命令或某些命令。在 MATLAB 中，条件转移语句包括：if-else-end 语句和 switch-case-otherwise 语句。

(1) if-else-end 语句的基本格式

在 MATLAB 中，最简单的条件结构：if-end 语句命令格式为

```
if expression
    statements
end
```

当给出的条件式 expression 成立时，则执行该条件块结构中的语句内容 statements，执行完之后

继续向下执行,若条件不成立,则跳出条件块而直接向下执行。

【例 1-4】 求满足 $\sum_{i=1}^{m} i > 1000$ 的最小 m 值。

解 MATLAB 程序 ex1_4. m 如下。

```
%ex1_4. m
mysum=0;
for m=1:1000
    mysum=mysum+m;
    if (mysum>1000) break; end
end
m
```

运行结果显示:

```
m =
    45
```

MATLAB 还提供了其他两种条件结构:if-else-end 格式和 if-else if-end 格式,这两种格式的调用方法分别为

```
if   expression
         statements1
else
         statements2
end
```

和

```
if   expression1
         statements1
else if   expression2
         statements2
else if   expression3
         statements3
         ⋮
end
```

【例 1-5】 如果想对一个变量 x 自动赋值。当从键盘输入 y 或 Y 时(表示是),x 自动赋为 1 值;当从键盘输入 n 或 N 时(表示否),x 自动赋为 0 值;输入其他字符时终止程序。

解 要实现这样的功能,则可由下列的 while 循环程序来执行。

```
%ex1_5. m
ikey=0;
while(ikey==0)
  s1=input('若给 x 赋值请输入[y/n]?','s');
  if(s1=='y'|s1=='Y')
     ikey=1; x=1
  else if (s1=='n'|s1=='N') ikey=1; x=0, end
     break
  end
end
```

(2) switch-case-otherwise 语句的基本格式

MATLAB 中 switch-case-otherwise 语句的调用格式为

```
switch switch-expression
case case-expression1
        statements1;
case case-expression2
        statements2;
case case-expression3
        statements3;
      ⋮
otherwise
        statementsn;
end
```

switch-case-otherwise 语句中,switch-expression 给出了开关条件,当有 case-expression 与之匹配时,就执行其后的语句,如果没有 case-expression 与之匹配,就执行 otherwise 后面的语句。在执行过程中,只有一个 case 命令被执行。当执行完命令后,程序就跳出分支结构,执行 end 后面的命令。

例如,对于以下 MATLAB 函数文件 myfun. m。

```
function f=myfun(n)
switch n
  case 0
    f=1;
  case 1
    f=2;
  otherwise
    f=8;
end
```

在 MATLAB 命令窗口输入以下命令

```
>>y=myfun(1)
```

结果显示:

```
y =
     2
```

1.4 MATLAB 的图形处理

MATLAB 得到控制界广泛接受的另一个重要原因是,它提供了十分方便的一系列绘图命令。例如线性坐标、对数坐标、半对数坐标及极坐标等命令,它还允许用户同时打开若干图形窗口,对图形进行标注文字说明等,使得图形绘制和处理的复杂工作变的简单得令人难以置信。

1.4.1 二维图形

在 MATLAB 中,二维图形和三维图形在绘制方法上有较大的差别。相对而言,绘制二维图形比三维图形要简单。

1. 二维图形的绘制

(1) 利用函数绘制二维曲线

在 MATLAB 中,最基本的二维曲线的绘图函数为 plot( ),其他的绘图函数都是以 plot( )为基础的,而且调用格式都和该函数类似。因此,下面首先将详细介绍 plot( )的使用方法。

① 基本形式

如果 y 是一个 n 维行向量或列向量,那么 plot(y)绘制一个 y 元素和 y 元素排列序号 1,2,…,n 之间关系的线性坐标图。如果 y 是一个 $n\times m$ 维矩阵,那么 plot(y)将同时绘制出每列元素与其排列序号 1,2,…,n 之间关系的 m 条曲线。例如

```
>>y=[0 0.48 0.84 1 0.91 0.6 0.14]; plot(y)
```

则显示如图 1-5 所示的简单曲线。

如果 x 和 y 是两个等长向量,那么 plot(x,y) 将绘制一条 x 和 y 之间关系的线性坐标图。例如利用以下命令可显示如图 1-6 所示正弦曲线。

```
>>x=0:0.01:2*pi;y=sin(x);plot(x,y)
```

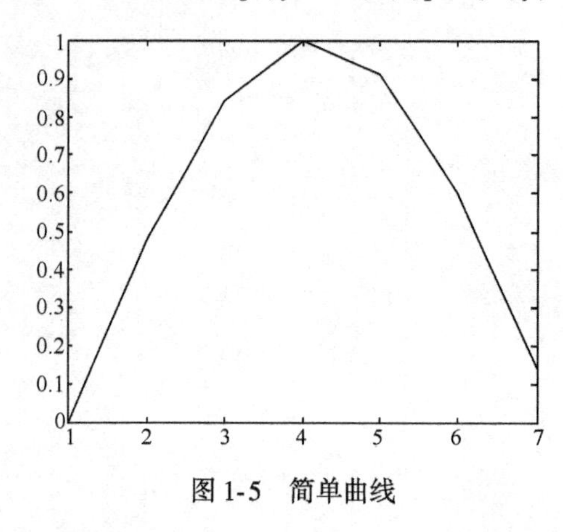

图 1-5　简单曲线

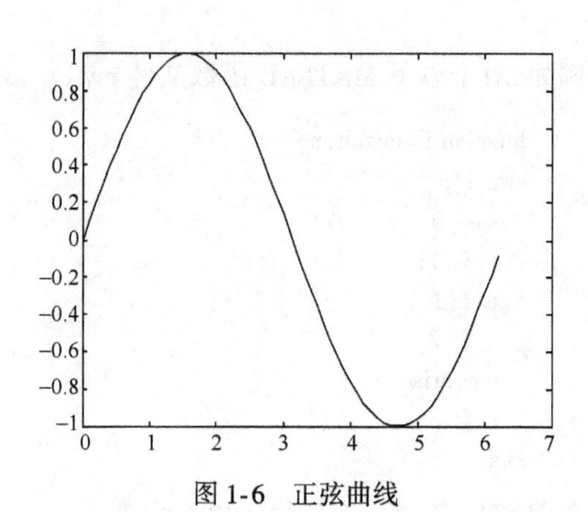

图 1-6　正弦曲线

② 多重线型

在同一图形中可以绘制多重线型,其基本命令格式为

$$\text{plot}(x_1,y_1,x_2,y_2,\cdots,x_n,y_n)$$

其中,向量 $x_1,x_2,\cdots,x_n$为横轴变量;向量 $y_1,\ y_2,\cdots,\ y_n$为纵轴变量。

以上命令可将 x_1对 y_1,x_2对 y_2,…,x_n对 y_n的曲线绘制在同一个坐标系中,而且分别采用不同的颜色或线型。例如利用以下命令可显示如图 1-7 所示正余弦曲线。

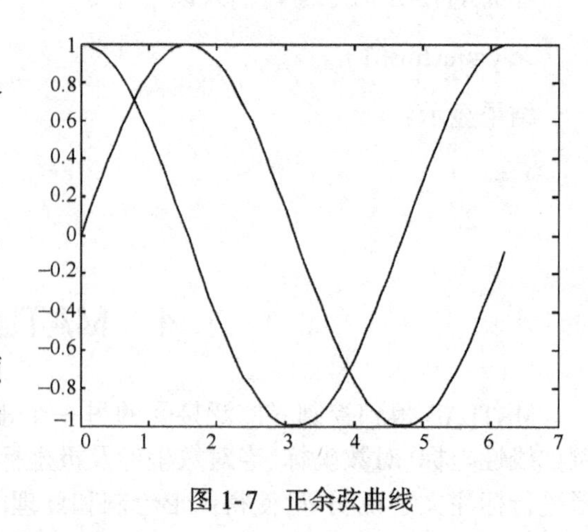

图 1-7　正余弦曲线

```
>>x=0:0.1:2*pi;plot(x,sin(x),x,cos(x))
```

当 plot( )命令作用于复数数据时,通常虚部是忽略的,然而有一个特殊情况,即当 plot( )只作用于单个复变量 z 时,则实际绘出实部对应于虚部的关系图形(复平面上的一个点)。即这时 plot(z)

等价于 plot(real(z),image(z)),其中 z 为矩阵中的一个复向量。

除了利用 plot()绘制二维曲线外,MATLAB 还允许在图形窗口的位置利用 line()函数画直线,它的调用格式为

$$line(x,y)$$

其中,x 和 y 均为同维向量。

函数 line()在给定的图形窗口上绘制一条由向量 x 和 y 定义的折线,即由点 x(i)和 y(i)用线段依次连接起来的一条折线。

(2) 利用鼠标绘制二维图形

MATLAB 允许利用鼠标来点选屏幕点,命令格式为

$$[x,y,button]=ginput(n)$$

其中,n 为选择点的数目,返回的 x,y 向量分别存储被点中的 n 个点的坐标,而 button 亦为一个 n 维向量,它的各个分量为鼠标键的标号,如 button(i)= 1,则说明第 i 次按下的是鼠标左键,而该值为 2 或 3 则分别对应于中键和右键。

【例 1-6】 用鼠标左键绘制折线,同时在鼠标左键点中的位置输出一个含有该位置信息的字符串,利用鼠标中键或右键中止绘制。

解 MATLAB 程序 ex1_6. m 如下。

```
%ex1_6. m
clf;axis([0,10,0,5]);hold on             %清除图形窗口,并定义坐标轴范围和保护窗口内容不被删除
x=[ ]; y=[ ];
for i=1:100
    [x1,y1,button]=ginput(1);
    chstr=['(',num2str(x1),',',num2str(y1),')'];    %将实型数据转换成字符串 chstr
    text(x1,y1,chstr);                               %在点(x1,y1)处写一个字符串 chstr
    x=[x,x1];y=[y,y1]; line(x,y)
    if (button~=1);break;end
end
hold off                                             %取消窗口保护
```

2. 二维图形的修饰

(1) 图形修饰及文本标注

在 MATLAB 中,利用 plot()函数对于同一坐标系中的多重线,不仅可分别定义其线型,而且可分别选择其颜色,带有选项的曲线绘制命令的调用格式为

$$plot(x_1,y_1,选项1,x_2,y_2,选项2,\cdots,x_n,y_n,选项n)$$

其中,向量 $x_1,x_2,\cdots,x_n$为横轴变量;向量 $y_1,y_2,\cdots,y_n$为纵轴变量,选项如表 1-6 所示。

表 1-6 MATLAB 的绘图命令的各种选项

选项	意义	选项	意义	选项	意义	选项	意义
-	实线	.	用点号绘制各数据点	b	蓝	k	黑
--	虚线	×	叉号线	c	青色	m	洋红色
-.	点画线	。	圆圈线	g	绿	w	白
:	点线	*	星号线	r	红	y	黄色

表 1-6 中的线型和颜色选项可以同时使用,例如

```
>>x=0:0.1:2*pi; plot(x,sin(x),'-g', x,cos(x),'-.r')
```

绘制完曲线后,MATLAB 还允许用户使用它提供的特殊绘图函数来对屏幕上已有的图形加注释、题头或坐标网格。例如

```
>>x=0:0.1:2*pi;y=sin(x);plot(x,y)
>>title('Figure Example')            %给出题头
>>xlabel('This is x axis')           %横轴的标注
>>ylabel('This is y axis')           %纵轴的标注
>>grid                               %增加网格
```

除了在标准位置书写标题和轴标注,MATLAB 还允许在图形窗口的位置利用 text( )命令写字符串,它的调用格式为

text(x,y,chstr,选项)

其中,text( )函数是在指定的点(x,y)处写一个 chstr 绘出的字符串,而选项决定 x,y 坐标的单位,如选项为'sc',则 x,y 表示规范化的窗口相对坐标,其范围为 0 到 1,即左下角坐标为(0,0),而右上角的坐标为(1,1)。如省略选项,则 x,y 坐标的单位和图中是一致的。例如

```
>>text(2.5,0.7,'sin(x)')
```

用 text( )命令可以在图形中的任意位置加上文本说明,但是必须知道其位置坐标,而利用另一个函数 gtext( ),则可以用鼠标来对要添加的文本字符串定位。在 MATLAB 的工作空间中键入下列命令:

```
>>gtext('sin(x)')
```

则在图形中会出现一个十字叉,用鼠标将它移动到添加文本的位置,单击鼠标,gtext('sin(x)')命令中的文本字符串"sin(x)"就自动添加到指定的位置。

(2) 图形控制

MATLAB 允许将一个图形窗口分割成 n×m 部分,对每一部分可以用不同的坐标系单独绘制图形,窗口分割命令的调用格式为

subplot(n,m,k)

其中,n,m 分别表示将这个图形窗口分割的行、列数;k 表示每一部分的代号,例如将窗口分割成 4×3 个部分,则右下角的代号为 12,MATLAB 最多允许 9×9 的分割。

尽管 MATLAB 可以自动根据要绘制曲线数据的范围选择合适的坐标系,使得曲线能够尽可能清晰地显示出来,但是,如果觉得自动选择的坐标还不合适时,则可以用手动的方式来选择新的坐标系,调用函数的格式为

$$\text{axis}([x_{min},x_{max},y_{min},y_{max}])$$

另外,MATLAB 还提供了清除图形窗口命令 clf、保持当前窗口的图形命令 hold、放大和缩小窗口命令 zoom 等。

3. 二维特殊图形

除了基本的绘图命令 plot( )和 line( ),MATLAB 还允许绘制极坐标曲线、对数坐标曲线、条形图和阶梯图等,其常用的绘制函数如表 1-7 所示。

表 1-7　特殊二维曲线绘制函数

函数名	意　义	常用调用格式	函数名	意　义	常用调用格式
polar( )	极坐标图	polar(x,y)	comet( )	彗星状轨迹图	comet(x,y)
semilogx( )	x-半对数图	semilogx(x,y)	quiver( )	向量场图	quiver(x,y)
semilogy( )	y-半对数图	semilogy(x,y)	feather( )	羽毛图	feather(x,y)
loglog( )	对数图	logog(x,y)	compass( )	罗盘图	compass(x,y)
stairs( )	阶梯图	stairs(x,y)	stem( )	针图	stem(x,y)
errorbar( )	图形加上误差范围	errorbar(x,y,ym,yM)	fill( )	实心图	fill(x,y,c)
area( )	面积图	area(x)或 area(x,y)	hist( )	累计图	hist(y,n)
contour( )	等高线	contour(y,n)	pie( )	饼图	pie(x)
bar( )	垂直条形图	bar(x,y)	barh( )	水平条形图	barh(x,y)

表 1-7 中参数 x,y 分别表示横、纵坐标绘图数据;c 表示颜色选项;ym,yM 表示误差图的上下限向量;n 表示直方图中的直条数,默认值为 10。

(1) 极坐标曲线

极坐标曲线绘制函数的调用格式为

polar(theta,rho,选项)

其中,theta 和 rho 分别为长度相同的角度向量和幅值向量;选项的内容和 plot( )函数基本一致。

(2) 对数和半对数曲线

对数和半对数曲线绘制函数的调用格式分别为

```
semilogx(x,y,选项)    %绘制横轴为对数标度的图形,选项同 plot( );
semilogy(x,y,选项)    %绘制纵轴为对数标度的图形,选项同 plot( );
loglog(x,y,选项)      %绘制两个轴均为对数标度的图形,选项同 plot( )。
```

函数 semilogx( )仅对横坐标进行对数变换,而纵坐标仍保持线性坐标;semilogy( )只对纵坐标进行对数变换,而横坐标仍保持线性坐标;loglog( )则分别对横、纵坐标都进行对数变换(最终得出全对数坐标的曲线来)。选项的定义与 plot( ) 函数完全一致。

【例 1-7】 利用图形窗口分割方法将下列极坐标方程

$$\rho=\cos(\theta/3)+1/9$$

用四种绘图方式画在同一窗口的 4 个不同坐标系中。

解 MATLAB 程序 ex1_7. m 如下

```
%ex1_7. m
theta=0:0.1:6*pi;
rho=cos(theta /3)+1/9;
subplot(2,2,1);polar(theta, rho);
subplot(2,2,2);plot(theta,rho);
subplot(2,2,3);
semilogx(theta,rho);grid
subplot(2,2,4);hist(rho,15)
```

则显示如图 1-8 所示曲线。

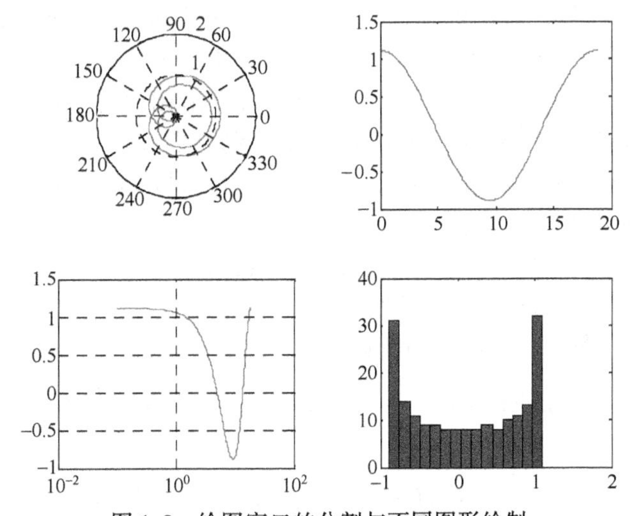

图 1-8　绘图窗口的分割与不同图形绘制

与线性坐标向量的选取不同,在

MATLAB 下还给出了一个实用的函数 logspace( ),按对数等间距的分布来产生一个向量,该函数的调用格式为

x=logspace(n,m,z)

其中,10^n和 10^m分别表示向量的起点和终点;而 z 表示需要产生向量点个数,当该参数忽略时,z 将采用默认值 50。

4. 二维函数图形

前面读者已经对 plot( )函数有了比较详细的了解,其实 MATLAB 对于图形不同的数据来源提供了不同的绘图函数。其中比较常见的函数还有 fplot( )或 ezplot( ),这两种函数的使用范围互不相同。

简单来说,前面介绍的 plot( )是将函数得到的数值矩阵转化为连线图形。在实际应用中,如果不太了解某个函数随自变量变化的趋势,而使用 plot( )绘制该函数图形时,就有可能因为自变量的范围选取不当而使函数图形失真。针对这种情况,可以根据微分的思想,将图形的自变量间隔取得足够小来减小误差,但是这种方法会增加 MATLAB 处理数据的负担,降低效率。因此,在 MATLAB 中,提供了 fplot( )函数来解决以上问题。该函数的调用格式为

fplot(function,limits,tol,LineSpec)

其中,function 为需要绘制曲线的函数名,它既可以为自定义的任意 M 函数,也可以为基本数学函数;limits 为绘图图形的坐标轴范围,可以有两种方式:[Xmin,Xmax]表示 x 坐标轴的取值范围,[Xmin,Xmax,Ymin,Ymax]表示 x,y 坐标轴的取值范围;tol 为函数相对误差容忍度,默认值为 2e-3;LineSpec 为图形的线型、颜色和数据等。

例如绘制如图 1-6 所示的正弦函数在一个周期内的曲线,也可采用如下命令

```
>>fplot('sin',[0,2*pi])
```

函数 ezplot( )是 MATLAB 为用户提供的简易二维图形函数。其函数名称前面的两个字符“ez”的含义就是“Easy to”,表示对应的函数是简易函数。这个函数最大的特点就是,不需要用户对图形准备任何数据,就可以直接画出字符串函数的图形。该函数的调用格式为

ezplot(function,[min,max])

其中,function 为需要绘制曲线的函数名,它既可以为自定义的符号函数,也可以为基本数学函数;[min,max]为自变量范围,默认值为[-2π,2π]。

另外,利用函数 ezplot( )可以直接绘制隐函数曲线,隐函数即满足 $f(x,y)=0$ 方程的 x,y 之间的关系式。因为很多隐函数无法求出 x,y 之间的关系,所以无法先定义一个 x 向量再求出相应的 y 向量,从而不能采用 plot( )函数来绘制其曲线。另外,即使能求出 x,y 之间的显式关系,但不是单值绘制,则绘制起来也是很麻烦的。

【例 1-8】 试绘制隐函数 $f(x,y)=x^2\sin(x+y^2)+y^2e^{x+y}+5\cos(x^2+y)$ 的曲线。

解 MATLAB 命令如下。

```
>>ezplot('x^2*sin(x+y^2)+y^2*exp(x+y)+5*cos(x^2+y)')
```

执行以上 MATLAB 命令,结果显示如图 1-9 所示曲线。

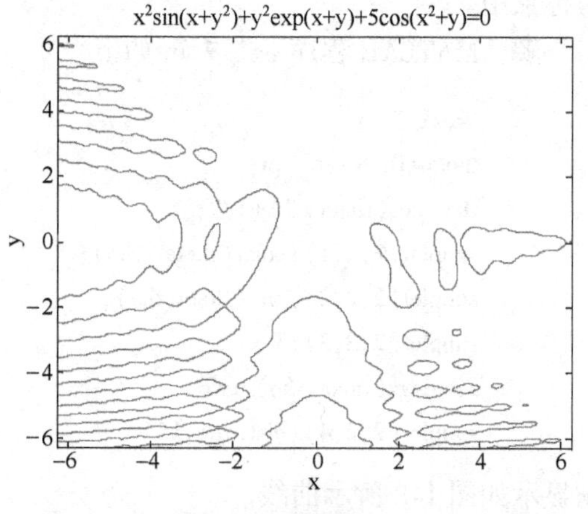

图 1-9 隐函数曲线

1.4.2 三维图形

在 MATLAB 中,尽管二维绘图和三维绘图在很多地方是一致的,但是三维图形在很多方面是二维图形没有涉及的。因此,下面将详细介绍三维图形的绘制方法。

1. 三维图形的绘制

(1) 三维曲线的绘制

与二维曲线相对应,MATLAB 提供了 plot3()函数,它允许在一个三维空间内绘制三维曲线,该函数的调用格式为

plot3(x,y,z,选项)

其中,x,y,z 为维数相同的向量,分别存储曲线的三个坐标的值,选项的意义同二维函数 plot()。

例如利用以下命令,可得到如图 1-10 所示三维曲线。

```
>>t=0:pi/50:10*pi;plot3(sin(t),cos(t),t)
```

在 MATLAB 中,函数 plot3()主要用来绘制单参数的三维曲线,对于有多个参数的曲线,需要使用其他的绘图命令,如 mesh()函数和 surf()函数等。

(2) 三维曲面的绘制

在绘制三维曲线时,除了需要绘制单根曲线外,通常还需要绘制三维曲线的网格图和表面图,即三维曲面图。在 MATLAB 中,它们对应的函数分别为 mesh()和 surf()。

如果已知二元函数 $z=f(x,y)$,则可以绘制出该函数的三维曲线的网格图和表面图。在绘制三维图之前,应该先调用 meshgrid()函数生成网格矩阵数据 x 和 y,然后按函数公式用点运算的方式计算出 z 矩阵,最后就可以用 mesh()函数和 surf()函数进行三维图形绘制了。它们的调用格式分别为

mesh(x,y,z,c)　和　surf(x,y,z,c)

其中,x,y,z 分别构成该曲面的 x,y 和 z 向量;c 为颜色矩阵,表示在不同的高度下的颜色范围,如果省略此选项,则会自动地假定 c=z,亦颜色的设定是正比于图形的高度的,这样就可以得出层次分明的三维图形来。

【例 1-9】 试绘制二元函数 $z=f(x,y)=(x^2-2x)e^{-x^2-y^2-xy}$ 的曲线。

解 MATLAB 命令如下。

```
>>[x,y]=meshgrid(-3:0.1:3,-2:0.1:2);
>>z=(x.^2-2*x).*exp(-x.^2-y.^2-x.*y);mesh(x,y,z)
```

执行以上命令便可得到图 1-11 所示曲线。

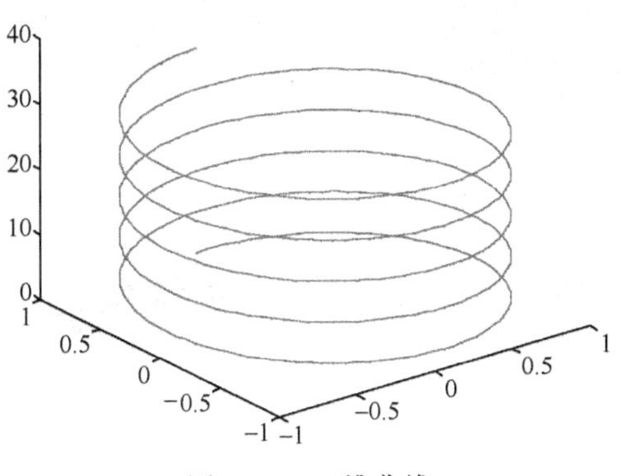

图 1-10 三维曲线

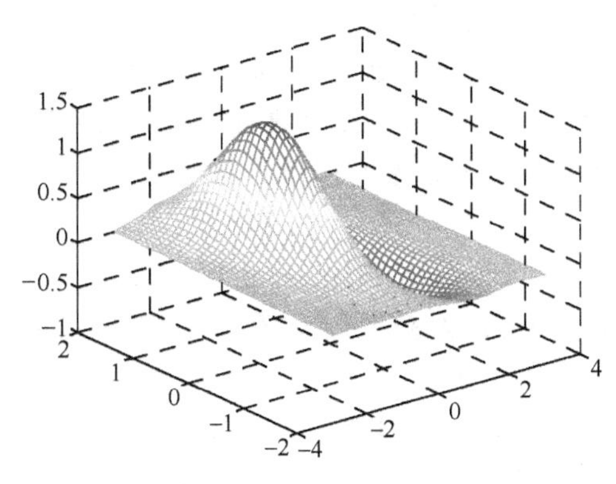

图 1-11 三维网格图

在 MATLAB 中，还有很多与 mesh( )和 surf( )相互联系的函数，例如 meshc( )、meshz( )、surfc( )和 surfl( )等。这些函数的调用格式都与 mesh( )和 surf( )相似，只是在功能上有些区别，如：

```
meshc(x,y,z,c)     %绘制带有等高线的三维网格图形
meshz(x,y,z,c)     %绘制带有阴影的三维网格图形
surfc(x,y,z,c)     %绘制带有等高线的三维表面图形
surfl(x,y,z,c)     %绘制带有阴影的三维表面图形
```

2. 三维图形的修饰

对于三维图形，除了可以像二维图形那样编辑线型、颜色，还可以编辑三维图形的视角、材质和照明等。

(1) 三维图形的旋转

MATLAB 三维图形显示中提供了修改视角的功能，允许用户从任意的角度观察三维图形。实现视角转换有两种方法。其一是使用图形窗口工具栏中提供的三维图形转换按钮来可视地对图形进行旋转；其二是用 view( )函数和 rotate( )函数有目的地进行旋转。

① 视角控制函数 view( )

可以利用函数 view( )来改变图形的观察点，该函数的调用格式为

view(Az,El)

其中，方位角 Az 为视点在 x-y 平面投影点与 y 轴负方向之间的夹角，默认值为-37.5°；仰角 El 为视点和 x-y 平面的夹角，默认值为 30°。例如，俯视图可以由 view(0,90)来设置；正视图可以由 view(0,0)来设置；侧视图可以由 view(90,0)来设置。

【例 1-10】 试在同一窗口中绘制二元函数 $z=f(x,y)=(x^2-2x)e^{-x^2-y^2-xy}$ 的三视图和三维曲面图。

解 MATLAB 命令如下。

```
>>[x,y]=meshgrid(-3:0.1:3,-2:0.1:2);z=(x.^2-2*x).*exp(-x.^2-y.^2-x.*y);
>>subplot(2,2,1);surf(x,y,z);view(0,90);title('俯视图');
>>subplot(2,2,2);surf (x,y,z);view(90,0);title('侧视图')
>>subplot(2,2,3);surf(x,y,z);view(0,0);title('正视图');
>>subplot(2,2,4);surf (x,y,z);title('曲面图')
```

执行以上命令便可得到图 1-12 所示曲线。

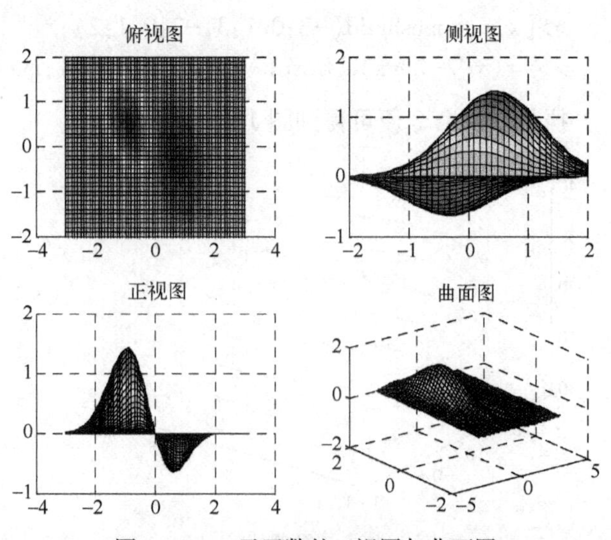

图 1-12 二元函数的三视图与曲面图

② 旋转控制函数 rotate( )

和前面的函数 view( )不同，函数 rotate( )则通过旋转变换改变原来图形对象的数据，将图形旋转一个角度。而函数 view( )则没有改变原始数据，只是改变视角。函数 rotate( )的调用格式为

rotate(h,diretion,alpha)

其中，参数 h 为被旋转对象。参数 diretion 有两种设置方法：球坐标设置法，将其设置为[theta,phi]，其单位是"°"(度)；直角坐标法，其设置为[x,y,z]。参数 alpha 为旋转角度，方向按照右手法。

【例 1-11】 试在 MATLAB 中利用函数 rotate( )旋转三维图形。

解 MATLAB 命令如下。

```
>>subplot(1,2,1);z=peaks(25);surf(z);title('Default');
>>subplot(1,2,2);h = surf(z);title('Rotated');rotate(h,[-2,-2,0],30,[2,2,0]);
colormap cool
```

执行以上命令便可得到图 1-13 所示曲线。

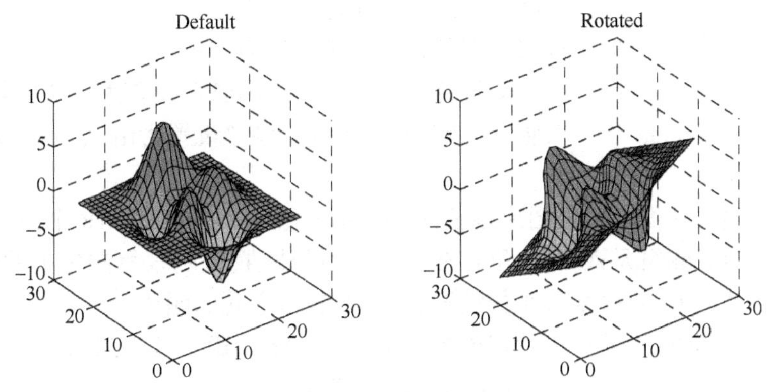

图 1-13 旋转三维图形

由以上两例可知,使用函数 view( )旋转的是坐标轴,而使用函数 rotate( )旋转的是图形对象本身,其坐标轴保持不变。

③ 动态旋转控制命令 rotate3d

在 MATLAB 中,还提供了一个动态旋转命令 rotate3d。使用该命令可以动态调整图形的视角,直到用户觉得合适为止,而不自行给定输入视角的角度参数。下面通过一个简单的例子来说明如何使用该命令。

【例 1-12】 试在 MATLAB 中利用命令 rotate3d 旋转三维图形的视角。

解 MATLAB 命令如下。

```
>>surf(peaks(40));rotate3d;
```

执行前一条命令 surf(peaks(40))便可得到图 1-14(a)所示三维图形。执行后一条命令 rotate3d,则在图 1-14(a)中出现一个旋转的图标,此时可在图形窗口的区域中,按住鼠标左键来调节图形的视角,并将当前图形的视角数值显示在图形窗口的下方,如图 1-14(b)所示。旋转后的方位角和仰角,由图 4-14(b)可知,分别为 Az=40,E1=-8。

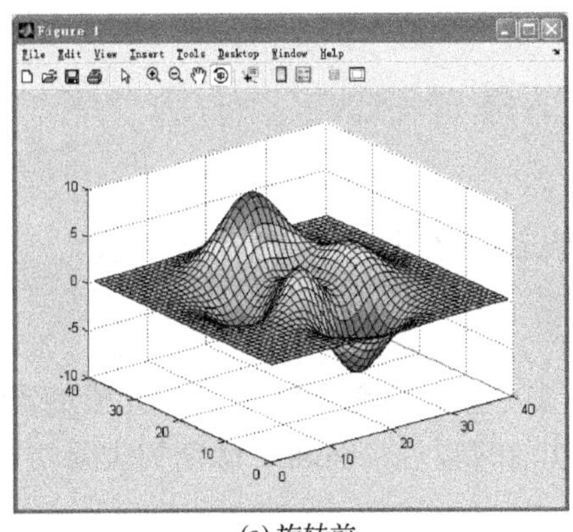

(a) 旋转前

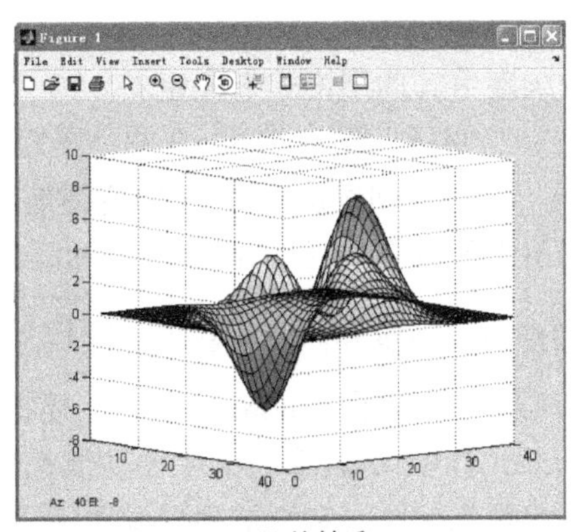

(b) 旋转后

图 1-14 三维图形

(2) 三维图形的颜色控制

图形的色彩是图形的主要表现因素，丰富的颜色变化可以让图形更具有表现力。在 MATLAB 中，提供了多种色彩控制命令，这些命令分别适用于不同的环境，可以对整个图形中的所有因素进行颜色设置。

① 背景颜色设置

在 MATLAB 中，设置图形背景颜色的函数是 colordef( )，该命令的调用格式为

```
colordef white                  %将图形的背景颜色设置为白色;
colordef black                  %将图形的背景颜色设置为黑色;
colordef none                   %将图形背景和图形窗口的颜色设置为默认的颜色;
colordef(fig,color_option)      %将图形句柄 fig 的背景颜色设置为由 color_option 设置的颜色。
```

② 图形颜色设置

MATLAB 采用颜色映像来处理图形颜色，就是 RGB 色系。在 MATLAB 中，每种颜色都是由三个基色的数组表示的。数组元素 R、G 和 B 在[0,1]区间取值，分别表示颜色中的红、绿、蓝三种基色的相对亮度。通过对 R、G 和 B 大小的设置，可以调制出不同的颜色。

当调制好相应的颜色后，就可以使用函数 colormap( )来设置图形的颜色，其调用格式为

colormap([R,G,B])

其中，[R,G,B]是一个三列矩阵，行数不限，这个矩阵就是所谓的色图矩阵。在 MATLAB 中每一个图形只能有一个色图。色图可以通过矩阵元素的直接赋值来定义，也可以按照某个数据规律产生。

MATLAB 中预定义了一些色图矩阵 CM，如表 1-8 所示。

表 1-8 色图矩阵 CM

名 称	意 义	名 称	意 义
autumn	红、黄色图	bone	红、黄色图
cool	青、品红浓淡色图	copper	纯铜色调浓淡色图
gray	灰色调浓淡色图	hot	黑红黄白色图
hsv	饱和色图	jet	蓝头红尾饱和色图

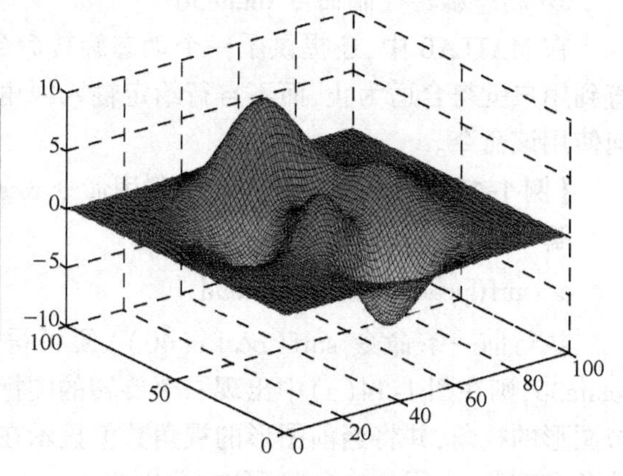

图 1-15 颜色为青品红浓淡色的三维图形

它们的维度由其调用格式来决定：

```
CM          %返回维度为 64×3 的色图矩阵;
CM(m)       %返回维度为 m×3 的色图矩阵。
```

例如利用以下命令，就可以设置图形的颜色为青、品红浓淡色，如图 1-15 所示。

```
>>surf(peaks(100));colormap(cool(512));
```

在 MATLAB 中，除了 colormap( )函数，还提供了多个用于设置图形中其他元素的函数命令，如 caxis 和 colorbar，其中 caxis 命令的主要功能是设置数轴的颜色；colorbar 命令的主要功能是显示指定颜色刻度的颜色标尺。它们常用的调用格式为

```
caxis([cmin,cmax])   %在[cmin,cmax]范围内与色图矩阵中的色值相对应,并依次为图形着色;
```

```
caxis auto            %自动计算出色值的范围；
caxis manual          %按照当前的色值范围来设置色图范围；
colorbar              %在图形右侧显示一个垂直的颜色标尺；
colorbar('vert')      %添加一个垂直的颜色标尺到当前的坐标系中；
colorbar('horiz')     %添加一个水平的颜色标尺到当前的坐标系中。
```

③ 图形着色设置

在 MATLAB 中，除了可以为图形设置不同的颜色，还可以设置颜色的着色方式。对于绘图命令 mesh、surf、pcolor 和 fill 等创建的图形的着色，可利用 shading 命令，其调用格式为

```
shading flat          %使用平滑方式为图形着色；
shading interp        %使用插值方式为图形着色；
shading faceted       %使用面方式为图形着色。
```

另外在 MATLAB 中，除了使用函数 alpha( )设置曲面数据点的透明度，MATLAB 还提供了函数 alim( )来设置透明度的上下限。

(3) 三维图形的消隐与透视

在三维空间中绘制多个图形时，由于图形之间要相互覆盖，涉及消隐与透视问题，消隐是指图形间相互重叠的部分不再显示，透视是指相互重叠的部分互不妨碍，全面显示。MATLAB 命令如下。

```
hidden on      %图形间消隐，为默认值
hidden off     %图形间透视
```

例如利用以下命令，就可以得到如图 1-16 所示的图形。

```
>>sphere;[x0,y0,z0]=sphere;x=2*x0;
>>y=2*y0;z=2*z0;surf(x0,y0,z0);
>>hold on;mesh(x,y,z);hidden off;axis equal
```

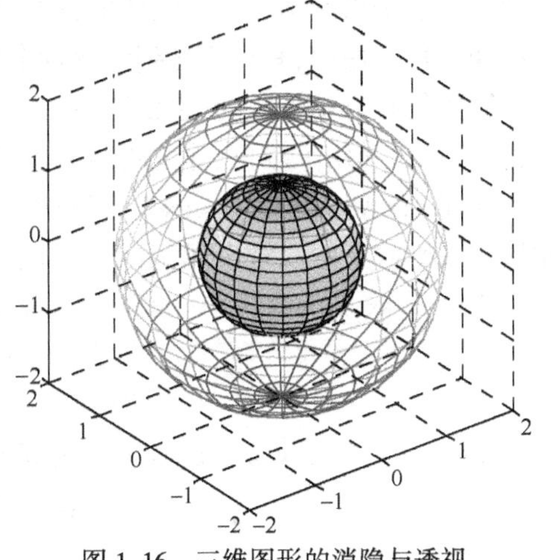

图 1-16　三维图形的消隐与透视

3. 三维特殊图形

除了基本的绘图命令 plot3( )，mesh( )和 surf( )，MATLAB 还提供很多绘制三维特殊图形的函数，其常用的函数如表 1-9 所示。

表 1-9　常用的三维特殊图形绘制函数

函数名	意　义	函数名	意　义	函数名	意　义
bar3( )	三维垂直条形图	contour3( )	三维等高线	contourslice( )	三维切面等位线图
bar3h( )	三维水平条形图	stem3( )	三维针图	streamslice( )	三维流线切面线图
pie3( )	三维饼图	slice( )	三维切片图	waterfall( )	三维瀑布形图

4. 三维函数图形

与绘制二维函数图形类似，在 MATLAB 中，绘制三维函数图形，同样也有一些简易命令。和二维绘图常见的各种命令相对应，三维图形的简易函数包括 ezmesh( )，ezmeshc( )，ezsurf( )和 ezsurfc( )等。它们的调用格式与二维图形的简易函数调用格式相似。

【例 1-13】 试绘制$f(x,y)=\frac{y}{1+x^2+y^2}$的曲面线及等高线。

解 MATLAB 命令如下。

```
>>ezmeshc('y/(1+x^2+y^2) ',[-5,5,-2*pi,2*pi])
>>colormap cool
```

执行以上 MATLAB 命令,结果显示如图 1-17 所示曲线。

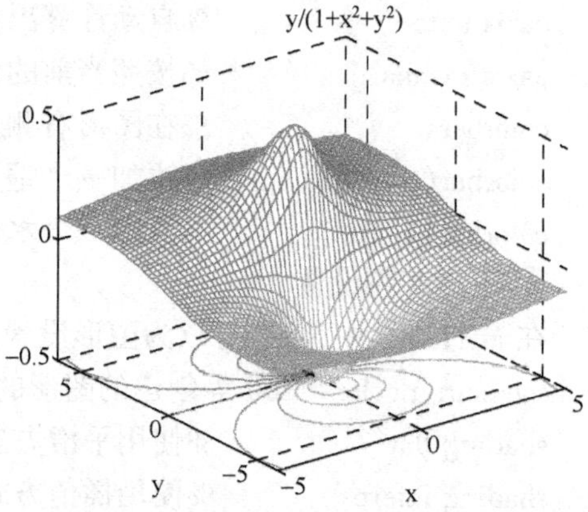

图 1-17 三维图形网格线及等高线

1.4.3 四维图形

对于三维图形,在 MATLAB 中可以利用$z=z(x,y)$的函数关系来绘制图形。该函数的自变量只有两个,从自变量的角度来讲,就是二维的。但在实际生活和工程应用中,有时会遇到自变量个数为 3 的情况,这时自变量的定义域就是整个三维空间。而计算机是有显示维度的,它仅能显示三维空间变量,不能表示第四维空间变量。对于这种矛盾关系,MATLAB 采用了颜色、等位线等手段来表示第四维变量。

在 MATLAB 中,使用 slice( )等相关函数来显示三维函数的切面图和等位线图,它们可以很方便地实现函数上的四维表现,slice( )函数的常用调用格式为

slice(v,sx,sy,sz) %显示三元函数$v=v(x,y,z)$所确定的超立体形,在 x,y 和 z 三个坐标轴方向上的若干点的切片图,各点坐标轴由数量向量 sx,sy 和 sz 来指定;

slice(x,y,z,v,sx,sy,sz) %显示三元函数$v=v(x,y,z)$所确定的超立体形,在 x,y 和 z 三个坐标轴方向上的若干点的切片图。也就是说,如果函数$v=v(x,y,z)$有一个变量x取值x_0,则函数$v=v(x_0,y,z)$变成一立体曲面的切片图。各点坐标轴由数量向量 sx,sy 和 sz 来指定;

slice(v,XI,YI,ZI) %显示由参数矩阵 XI,YI 和 ZI 确定的超立体图形的切片图。参数矩阵 XI,YI 和 ZI 定义了一个曲面,同时会在曲面的点上计算超立体 v 的值。

slice(…,'method') %参数 method 用来指定内插值的方法。常见的方法包括 linear,cubic 和 nearest 等,分别对应不同的插值方法。

与 slice( )相关的函数还有 contourslice( )和 streamslice( )等,它们分别可绘制出不同的切片图形。下面以三个例子来说明它们的使用方法。

【例 1-14】 在 MATLAB 中,绘制水体水下射流速度数据 flow 的切片图。

解 MATLAB 命令如下。

```
>>[x,y,z,v]=flow;x1=min(min(min(x)));x2=max(max(max(x)));
>>sx=linspace(x1+1.5,x2,4);slice(x,y,z,v,sx,0,0)
>>shading interp;colormap hsv;alpha('color');colorbar
```

执行以上 MATLAB 命令,结果显示如图 1-18 所示曲线。

【例 1-15】 在 MATLAB 中,绘制水体水下射流速度数据 flow 的切面等位线图。

解 MATLAB 命令如下。

```
>>[x,y,z,v]=flow;x1=min(min(min(x)));x2=max(max(max(x)));
>>v1=min(min(min(v)));v2=max(max(max(v)));
>>cv=linspace(v1+1,v2,20);sx=linspace(x1+1.5,x2,4);
>>contourslice(x,y,z,v,sx,0,0,cv);
>>view([-12,30]);colormap cool;box on;colorbar
```

执行以上 MATLAB 命令,结果显示如图 1-19 所示曲线。

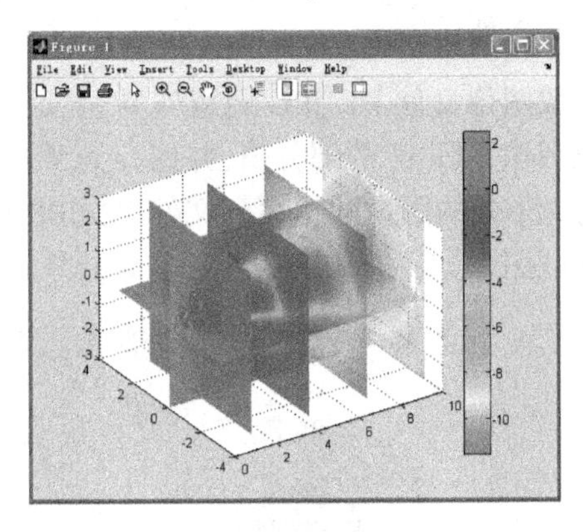

图 1-18 切片图

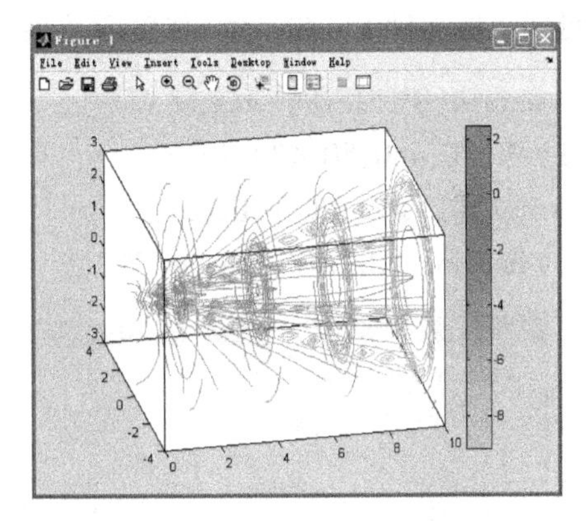

图 1-19 切面等位线图

【例 1-16】 在 MATLAB 中,绘制函数 peaks 的流线切面图。

解 MATLAB 命令如下。

```
>>clear;z=peaks;surf(z);shading interp;hold on;
>>[c ch]=contour3(z,20);set(ch,'edgecolor', 'b');
>>[u,v]=gradient(z);h=streamslice(-u,-v);set(h,'color', 'k');
>>for i=1:length(h);zi=interp2(z,get(h(i),'x'),get(h(i),'y'));set(h(i),'z',zi);end
>>colormap hsv;view(30,50);axis tight;colorbar
```

执行以上 MATLAB 命令,结果显示如图 1-20 所示曲线。

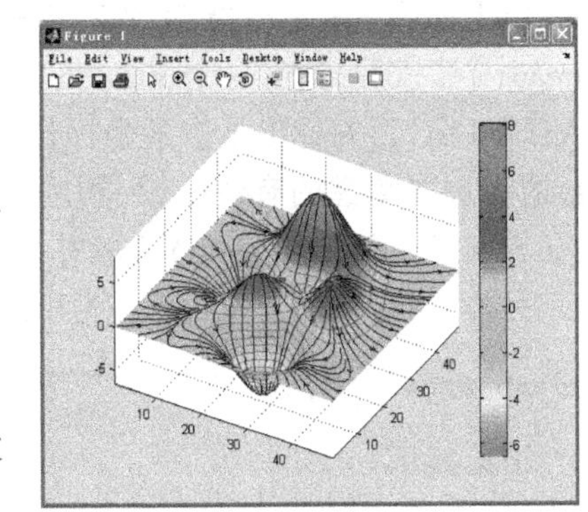

图 1-20 流线切面图

1.4.4 图像与动画

MATLAB 提供了强大的图像与动画处理函数,这里由于篇幅限制,仅介绍简单的入门知识。

1. 图像处理

在 MATLAB 中,图像处理工具箱提供了图像处理的强大功能。下面仅简单介绍几个常用的函数。

(1) 读图像文件

图像文件读取函数为 imread(),其调用格式为

W=imread(文件名)

该命令将文件中的图像读入 MATLAB 工作空间,生成 8 位无符号整型三维数值数组 W,其中 W(:,:,1),W(:,:,2)和 W(:,:,3)分别对应于彩色图像的红色、绿色和蓝色分量。如果文件中存储的是灰度图像,则 W 为数值矩阵,存储图像的像素值。

(2) 图像显示

MATLAB 及其图像处理工具箱中提供了多个图像显示函数,如 image(),imview(),imshow()

和 imtool( ),它们各有特色。

(3) 图像写回到文件

MATLAB 可利用函数 imwrite( )把数值矩阵代表的图像数据写成标准格式的图像文件,其调用格式为

imwrite(W,文件名)

例如利用以下 MATLAB 命令,可以读取图像文件 P1. JPG,并将其数值矩阵 W 代表的部分图像数据,写回到图像文件 P2. JPG 中,其显示结果如图 1-21 所示。

```
>>W=imread('P1. JPG');image(W)          %读取图像文件 P1. JPG 到矩阵 W,显示
>>W1=W(70:480,80:470,:);               %取图像矩阵 W 的部分值,并保存为 W1
>>imwrite(W1,'P2. JPG');figure;        %将 W1 中的图像数据写到文件 P2. JPG 中
>>W2=imread('P2. JPG');image(W2)       %读取图像文件 P2. JPG 到矩阵 W2,并显示
```

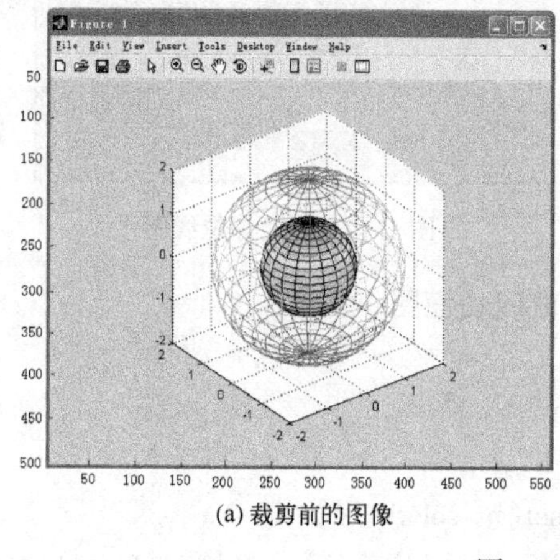

(a) 裁剪前的图像

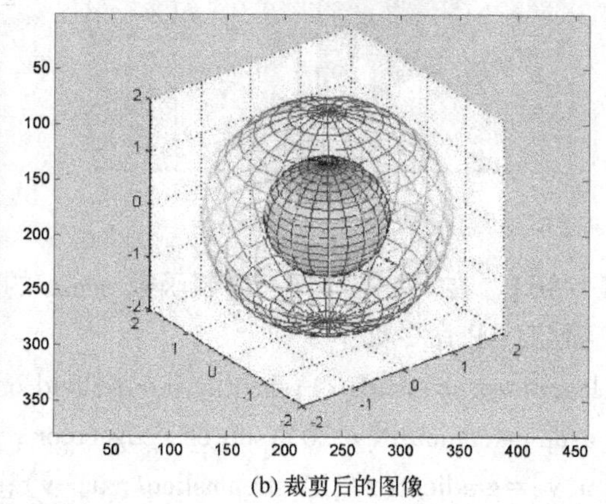

(b) 裁剪后的图像

图 1-21　彩色图像

以上命令,首先将宽为 502 像素,长为 568 像素的真彩模式的图像文件 P1. JPG 经由函数 imread( )读入后,产生一个 502×568×3 的三维数组 W,W 通过函数 image( )将其代表的图像显示在 MATLAB 窗口,并标出了像素坐标位置,如图 1-21(a)所示;然后根据图 1-21(a)中的像素坐标范围,适当选取图像的有效区域,利用函数 imwrite( )得到裁剪后的图像文件 P2. JPG;最后再利用函数 imread( )和函数 image( )读取并显示放大后的图像文件 P2. JPG,如图 1-21(b)所示。

另外,当以上命令执行后,利用 whos 命令,也可得到以上结果产生的各矩阵维数。

```
>> whos
```

结果显示:

Name	Size	Bytes	Class	Attributes
W	502×568×3	855408	uint8	
W1	381×461×3	526923	uint8	
W2	381×461×3	526923	uint8	

由以上结果可知,W 是一个 502×568×3 的三维数组;W1 和 W2 均为一个 381×461×3 的三维数组。

(4) 图像颜色空间转换

彩色图到灰度图的转换可以由函数 rgb2gray( )完成。另外,不同颜色空间的图像可以通过

rgb2hsv(),hsv2rgb()等进行转换。

例如利用以下 MATLAB 命令可以将彩色图像文件 P2. JPG 转换为黑白图像,其显示结果如图 1-22 所示。

```
>>W=imread('P2. JPG');w1=rgb2gray(W);
>>imshow(w1)
```

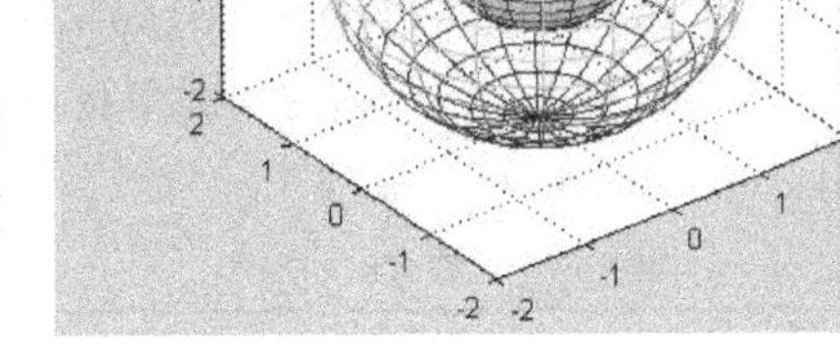

图 1-22　黑白图像

(5) 图像边缘提取

图像边缘提取是图像识别的重要基础工作。利用 MATLAB 中的 edge()函数,可以提取图像边缘,该函数的调用格式为

W1=edge(W,m)

其中,W 为灰度图像矩阵;m 为提取算法,可以选择 canny 和 sobel 等不同算法,默认算法为 Canny 算法。

例如利用以下 MATLAB 命令可以提取彩色图像文件 P1. JPG 的黑白图像的边缘。

```
>>W=imread('P2. JPG');w1=rgb2gray(W);w2=edge(w1);imtool(w2)
```

2. 声音处理

MATLAB 能够支持 NeXT/SUN SPARC station 声音文件(.au)、Microsoft WAVE 声音文件(.wav)、各种 Windows 兼容的声音设备、录音和播音对象,以及线性法则音频信号和 mu 法则音频信号。MATLAB 可以对声音进行读、写、获取信息、录制等操作。

MATLAB 声音操作函数如表 1-10 所示。

表 1-10　声音操作函数

函数名	意　义	函数名	意　义
audioplayer()	创建一个音频播放器对象	auread()	读 NeXT/SUN SPARC station 声音文件(.au)
audiorecorder()	创建一个音频录制器对象	auwrite()	写 NeXT/SUN SPARC station 声音文件(.au)
mmfileinfo()	获取多媒体文件信息	aufinfo()	获取 NeXT/SUN SPARC station 声音文件(.au)信息
wavread()	读 Microsoft WAVE 声音文件(.wav)	beep	响铃
wavwrite()	写 Microsoft WAVE 声音文件(.wav)	lin2mu()	将线性法则的音频信号转换为 mu 法则的音频信号
wavinfo()	获取 Microsoft WAVE 声音文件(.wav)信息	lin2mu()	将线性法则的音频信号转换为 mu 法则的音频信号
wavplay()	通过音频输出设备播放声音	sound()	将向量转换为音频信号
wavrecord()	通过音频输入设备录制声音	soundsc()	自动缩放将向量转换为音频信号

通常,MATLAB 通过函数 sound()和 soundsc()将向量转换为音频信号,或者通过函数 auread()和 wavread()读取文件,获得 MATLAB 音频信号,或者利用函数 wavrecord()从音频输入设备录制声音信号,然后以这些音频信号为输入参数,并利用函数 audioplayer()创建一个音频播放器对象,最后就可以操作音频播放器来实现声音的播放、暂停、恢复播放和终止等。

3. 动画处理

MATLAB 中的视频对象称为 MATLAB movie。通过读入 avi 视频文件得到 MATLAB movie 数据,并对其进行写出文件或播放等操作。也可以把图像转换为视频帧,进而创建 MATLAB movie 视频帧。

MATLAB 中对视频操作的函数,如表 1-11 所示。

表 1-11　视频操作函数

函数名	意　义	函数名	意　义
mmfileinfo( )	获取多媒体信息	avifile( )	创建 avi 视频文件
aviinfo( )	获取 avi 视频文件信息	im2frame( )	将 MATLAB 图像转换为 MATLAB movie
aviread( )	获取 avi 视频文件得到 MATLAB movie	frame2im( )	将 MATLAB movie 转换为 MATLAB 图像
mov2avi( )	将 MATLAB movie 转换为 avi 视频文件	getframe( )	获取 MATLAB movie 视频帧
movie( )	播放 MATLAB movie	addframe ( )	向 avi 视频文件中添加 MATLAB movie
moviein( )	建立一个足够大的列矩阵	close( )	关闭 avi 视频文件

一般情况下,用户可以通过 aviread( )函数读取 avi 视频文件,得到 MATLAB movie 视频帧,或者通过 im2frame( ),getframe( )等函数获取 MATLAB movie 视频帧,再以这些视频帧组成的数组作为输入参数,通过 movie( )函数播放 MATLAB movie;或者用户可以通过 avifile( )函数创建 avi 视频文件,然后通过 addframe( )函数把前述方法得到的 MATLAB movie 视频帧添加到 avi 视频文件,添加修改完成后通过 close 命令关闭 avi 文件;也可以直接通过 mov2avi( )直接把视频帧数组代表的 MATLAB movie 转换为 avi 视频文件。

例如利用以下命令可产生一个半径不断变化的球面,图 1-23 为静止后的情况。

```
>>[x,y,z]=sphere;m=moviein(50);
>>for i=1:50;surf(i*x,i*y,i*z);m(:,i)=
getframe();end
>>movie(m,10)
```

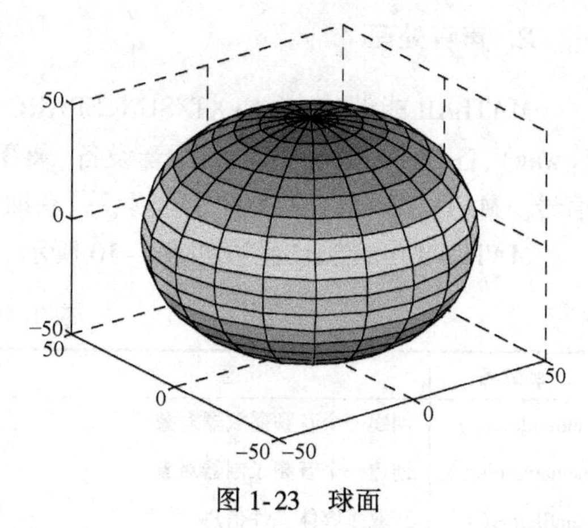

图 1-23　球面

其中,moviein(n)用来建立一个足够大的 n 列矩阵,该矩阵用来存放 n 幅画面的数据;getframe( )可截取每一幅画面的信息而形成一个很大的列向量;movie(m,n) 以每秒 n 幅画面的速度播放由矩阵 m 形成的画面。

1.5　MATLAB 的数值运算

MATLAB 具有强大的数值运算能力,它不仅能对矩阵和向量进行相应的运算,而且也可进行关系运算、逻辑运算和多项式运算等。

1.5.1　矩阵运算

MATLAB 的基本数据单元是不需要指定维数的复数矩阵,它提供了各种矩阵的运算与操作,因它既可以对矩阵整体地进行处理,也可以对矩阵的某个或某些元素单独进行处理,所以在 MATLAB 环境下矩阵的操作同数的操作一样简单。

1. 矩阵的实现

在 MATLAB 语言中不必描述矩阵的维数和类型,它们是由输入的格式和内容来确定的,例如

在 MATLAB 中，当

$\boldsymbol{A}=\begin{bmatrix}1 & 2\\3 & 4\end{bmatrix}$时，把$\boldsymbol{A}$自动当作一个 2×2 维的矩阵；

$\boldsymbol{A}=[1\quad 2]$时，把$\boldsymbol{A}$自动当作一个 2 维行向量；

$\boldsymbol{A}=\begin{bmatrix}1\\2\end{bmatrix}$时，把$\boldsymbol{A}$自动当作一个 2 维列向量；

$A=5$ 时，把 A 自动当作一个标量；

$A=1+2\mathrm{j}$ 时，把 A 自动当作一个复数。

(1) 矩阵的赋值

在 MATLAB 中，矩阵可以用以下几种方式进行赋值：

* 直接列出元素的形式；
* 通过命令和函数产生；
* 建立在文件中；
* 从外部的数据文件中装入。

① 简单矩阵的输入

对于比较小的简单矩阵可以使用直接排列的形式输入，把矩阵的元素直接排列到方括号中，每行内的元素间用空格或逗号分开，行与行的内容用分号隔开。例如矩阵

$$\boldsymbol{A}=\begin{bmatrix}1 & 2 & 3\\4 & 5 & 6\\7 & 8 & 9\end{bmatrix}$$

在 MATLAB 下的输入方式为

```
>>A=[1,2,3;4,5,6;7,8,9]
```

或

```
>>A=[1 2 3;4 5 6;7 8 9]
```

都将得到相同的结果：

```
A=
    1  2  3
    4  5  6
    7  8  9
```

对于比较大的矩阵，可以用回车键代替分号，对同一行的内容也可利用续行符号“…”，把一行的内容分两行来输入。例如前面的矩阵还可以等价地由下面两种方式来输入。

```
>>A=[1  2  3;4  5  6
            7  8  9]
```

或

```
>>A=[1  2  3;4  5 …
     6;7  8  9]
```

输入后 A 矩阵将一直保存在工作空间中，除非被替代或清除，在 MATLAB 的命令窗口中可随时输入矩阵名查看其内容。

② 利用语句产生

在 MATLAB 中，一维数组可利用下列语句来产生

$$\mathrm{s}_1:\mathrm{s}_2:\mathrm{s}_3$$

其中，s_1为起始值；s_3为终止值；s_2为步矩。

使用这样的命令就可以产生一个由 s_1开始，以步距 s_2 自增，并终止于 s_3的行向量，如

```
>>y=[0:pi/4:pi;0:10/4:10]
```

结果显示：

```
y=
    0   0.7854   1.5708   2.3562   3.1416
    0   2.5000   5.0000   7.5000   10.0000
```

如果 s_2 省略，则认为自增步距为 1。例如利用以下命令可产生一个行向量

```
>>x=1:5
```

结果显示：

```
x=
   1  2  3  4  5
```

③ 利用函数产生

利用 linspace()函数也可产生一维数组，该函数的调用格式为

x=linspace(n,m,z)

其中，x 为产生的等间隔行一维数组；参数 n 和 m 分别为行向量中的起始和终止元素值；z 为需要产生一维数组的元素数。例如对于以下命令

```
>>x=linspace(0,2*pi,5)
```

结果显示：

```
x =
    0   1.5708   3.1416   4.7124   6.2832
```

(2) 矩阵的测取

利用 size()函数可测取一个矩阵的维数，该函数的调用格式为

[n,m]=size(A)

其中，A 为要测试的矩阵名；而返回的两个参数 n 和 m 分别为 A 矩阵的行数和列数。

当要测试的变量是一个向量时，仍可由 size()函数来得出其大小；更简洁地，用户可以使用 length()函数来求出，该函数的调用格式为

n=length(x)

其中，x 为要测试的向量名；而返回的 n 为向量 x 的元素个数。

如果对一个矩阵 A 用 length(A)函数测试，则返回该矩阵行列的最大值，即该函数等效于 max(size(A))。

(3) 矩阵的元素

MATLAB 的矩阵元素可用任何表达式来描述，它既可以是实数，也可以是复数。例如

```
>>B=[-1/3  1.3;sqrt(3)  (1+2+3)*j]
```

结果显示：

```
B=
    -0.3333 + 0.0000i   1.3000 + 0.0000i
     1.7321 + 0.0000i   0.0000 + 6.0000i
```

MATLAB 允许把矩阵作为元素来建立新的矩阵。例如

```
>>A=[1  2  3;4  5  6;7  8  9];C=[A;[10  11  12]]
```

结果显示：

```
C=
    1     2     3
    4     5     6
    7     8     9
   10    11    12
```

MATLAB 还允许对一个矩阵的单个元素进行赋值和操作，例如将 A 矩阵的第 2 行第 3 列的元素赋为 100，则可通过下面的语句来完成

```
>>A=[1  2  3;4  5  6;7  8  9];A(2,3)=100
```

这时将只改变此元素的值，而不影响其他元素的值。

如果给出的行数或列数大于原来矩阵的范围，则 MATLAB 将自动扩展原来的矩阵，并将扩展后未赋值的矩阵元素置为 0。例如想把以上矩阵 A 的第 4 行第 5 列元素的值定义为 8，就可以通过下面的语句来完成。

```
>>A(4,5)=8
```

结果显示：

```
A=
    1    2      3    0    0
    4    5    100    0    0
    7    8      9    0    0
    0    0      0    0    8
```

上面的语句除了可对单个矩阵元素进行定义，MATLAB 还允许对子矩阵进行定义和处理。例如：

```
A(1:3,1:2:5)     %表示取 A 矩阵的第一行到第三行内，且位于 1,3,5 列上的所有元素构成的子矩阵；
A(2:3,:)         %表示取 A 矩阵的第二行和第三行的所有元素构成的子矩阵；
A(:,j)           %表示取 A 矩阵第 j 列的全部元素构成的子矩阵；
B(:,[3,5,10])= A (:,1:3)   %表示将 A 矩阵的前 3 列，赋值给 B 矩阵的第 3,5,10 列；
A(:,n:-1:1)      %表示由 A 矩阵中取 n 至 1 反增长的列元素组成一个新的矩阵。
```

特别当 A(:)在赋值语句的右边时，表示将 A 的所有元素按列在一个长的列向量中展成串，例如：

```
>> A=[1 2;3 4],B= A(:)
```

结果显示：

```
B =
     1
     3
```

2

4

(4) 特殊矩阵的实现

在 MATLAB 中特殊矩阵可以利用函数来建立。

① 单位矩阵函数 eye( )。基本格式：

```
A=eye(n)          %产生一个 n 阶的单位矩阵 A
A=eye(size(B))    %产生与 B 矩阵同阶的单位矩阵 A
A=eye(n,m)        %产生一个主对角线的元素为 1,其余全部元素全为 0 的 n×m 矩阵。
```

② 零矩阵函数 zeros( )。基本格式：

```
A=zeros(n,m)        %产生一个 n×m 零矩阵 A
A=zeros(n)          %产生一个 n×n 零矩阵 A
A=zeros(size(B))    %产生一个与 B 矩阵同阶的零矩阵 A
```

③ 1 矩阵函数 ones( )。基本格式：

A=ones(n,m) 或 A=ones(n) 或 A=ones(size(B))

④ 随机元素矩阵函数 rand( )。随机元素矩阵的各个元素是随机产生的,如果矩阵的随机元素满足[0,1]区间上的均匀分布,则可以由 MATLAB 函数 rand( )来生成,该函数的调用格式为

A=rand(n,m) 或 A=rand(n) 或 A=rand(size(B))

⑤ 对角矩阵函数 diag( )。如果用 MATLAB 提供的方法建立一个向量 $V=[a_1,a_2,\cdots,a_n]$,则可利用函数 diag(V)来建立一个对角矩阵。例如

```
>>V=[1,2,3,4];A=diag(V)
```

如果矩阵 A 为一个方阵,则调用 V=diag(A)将提取出 A 矩阵的对角元素来构成向量 V,而不管矩阵的非对角元素是何值。

⑥ 伴随矩阵函数 compan( )。假设有一个多项式

$$p(s)=s^n+a_1s^{n-1}+a_2s^{n-2}+\cdots+a_{n-1}s+a_n$$

则可写出一个伴随矩阵

$$\boldsymbol{A}=\begin{bmatrix} -a_1 & \cdots & -a_{n-1} & -a_n \\ 1 & \cdots & 0 & 0 \\ \vdots & \ddots & \vdots & \vdots \\ 0 & \cdots & 1 & 0 \end{bmatrix}$$

生成伴随矩阵函数的调用格式为

A=compan(p)

其中,$p=[1,a_1,a_2,\cdots,a_n]$为一个多项式向量。

例如 p=[1 2 3 4 5],则可通过下面的命令构成一个伴随矩阵

```
>>p=[1  2  3  4  5];A=compan(p)
```

⑦ 上三角矩阵函数 triu( )和下三角矩阵函数 tril( )。调用格式为

A=triu(B) 和 A=tril(B)

其中,B 为一矩阵。例如

```
>>B=[1  2  3;4  5  6;7  8  9];A=tril(B)
```

2. 矩阵的基本运算

矩阵运算是 MATLAB 的基础,MATLAB 的矩阵运算功能十分强大,并且运算的形式和一般的数学表示十分相似。

(1) 矩阵的转置

矩阵转置的运算符为“ ' ”。例如

```
>>A=[1  2  3;4  5  6];B=A'
```

如果 A 为复数矩阵,则 A'为它们的复数共轭转置,非共轭转置使用 A.',或者用 conj(A)实现。

(2) 矩阵的加和减

矩阵的加减法的运算符为“+”和“-”。只有同阶矩阵方可进行加减运算,标量可以和矩阵进行加减运算,但应对矩阵的每个元素施加运算。例如

```
>>A=[1  2  3;4  5  6;7  8  9];B=A+1
```

(3) 矩阵的乘法

矩阵的乘法运算符为“ * ”。当两个矩阵中前一矩阵的列数和后一矩阵的行数相同时,可以进行乘法运算,这与数学上的形式是一致的。例如

```
>>A=[1  2  3;4  5  6;7  8  9];B=[1  1;1  1;1  1];C=A*B
```

在 MATLAB 中还可将矩阵和标量相乘,其结果为标量与矩阵中的每个元素分别相乘。

(4) 矩阵的除法

矩阵的除法有两种运算符“\”和“/”,分别表示左除和右除。一般地讲,x=A\B 是 A*x=B 的解,x=B/A 是 x*A=B 的解,通常 A\B≠B/A,而 A\B=inv(A)*B,B/A= B*inv(A)。

(5) 矩阵的乘方

矩阵的乘方运算符为“^”。一个方阵的乘方运算可以用 A^P 来表示。P 为正整数,则 A 的 P 次幂即为 A 矩阵自乘 P 次。如果 P 为负整数,则可以将 A 自乘 P 次,然后对结果求逆运算,就可得出该乘方结果。如果 P 是一个分数,例如 P=m\n,其中 n 和 m 均为整数,则首先应该将 A 矩阵自乘 n 次,然后对结果再开 m 次方。例如

```
>>A=[1  2  3;4  5  6;7  8  9];B=A^2, C=A^0.1
```

(6) 矩阵的翻转

MATLAB 还提供了一些矩阵翻转处理的特殊命令,对 n×m 维矩阵 A。例如

B=fliplr(A)　　%命令将矩阵 A 进行左右翻转再赋给 B,即 $b_{ij}=a_{i,m+1-j}$,

C=flipud(A)　　%命令将矩阵 A 进行上下翻转再赋给 C,即 $c_{ij}=a_{n+1-i,j}$,

D=rot90(A)　　%命令将矩阵 A 旋转 90°后赋给 D,即 $d_{ij}=a_{j,m+1-i}$,

例如

```
>>A=[1  2  3;4  5  6;7  8  9];B=fliplr(A),C=flipud(A)
```

(7) 矩阵的超越函数

MATLAB 中 exp(),sqrt(),sin(),cos()等基本函数命令可以直接使用在矩阵上,这种运算只定义在矩阵的单个元素上,即分别对矩阵的每个元素进行运算。超越数学函数,可以在基本数学函数后加上 m 而成为矩阵的超越函数,例如 expm(A),sqrtm(A),logm(A)分别为矩阵指数、矩阵开方和矩阵对数。矩阵的超越函数要求运算的矩阵必须为方阵。例如

```
>>A=[1  2  3;4  5  6;7  8  9]; B=expm(A),C=sqrtm(A)
```

1.5.2 向量运算

虽然向量和矩阵在形式上有很多的一致性，但在 MATLAB 中它们实际上遵循着不同的运算规则。MATLAB 向量运算符由矩阵运算符前面加一点“.”来表示，如“.*”、“./”和“.^”等。

在 MATLAB 中，两个维数相同的矩阵也可以采用向量运算符，但与采用以上矩阵运算符的结果是不一样的，它与向量运算结果一致，均为对应元素之间的运算。实际上向量就是矩阵的一种特殊形式，即仅有一行或一列元素的矩阵，因此 MATLAB 中的向量运算又被称为矩阵元素运算或矩阵的点积运算。

1. 向量的加减

向量的加、减运算与矩阵的运算相同，所以“+”和“-”既可被向量接受又可被矩阵接受。

2. 向量的乘法

向量乘法的操作符为“.*”。如果 x,y 两向量具有相同的维数，则 x.*y 表示向量 x 和 y 单个对应元素之间的相乘。例如

```
>>x=[1  2  3];y=[4  5  6];z=x.*y
```

结果显示：

```
z=
   4  10  18
```

可见向量的输入和输出与矩阵具有相同的格式，但它们的运算规则不同。例如，如果 x 是一个向量，则求取向量 x 平方时不能直接写成 x*x，而必须写成 x.*x，否则将给出错误信息。

但是对于矩阵可以使用向量运算符号，这时实际上就相当于把矩阵看成了向量对应元素间的运算。例如对于两个维数相同的 A 和 B 矩阵，C=A.*B 表示 A 和 B 矩阵的对应元素之间直接进行乘法运算，然后将结果赋给 C 矩阵，把这种运算称为矩阵的点积运算，两个矩阵之间的点积是它们对应元素的直接运算，它与矩阵的乘法是不同的。例如

```
>>A=[1  2  3;4  5  6;7  8  9]; B=[2  3  4;5  6  7;8  9  0];C=A.*B
```

结果显示：

```
C=
     2     6    12
    20    30    42
    56    72     0
```

3. 向量的除法

向量除法的操作符为“./”或“.\”。它们的运算结果一样。例如

```
>>x=[1  2  3];y=[4  5  6];z=y./x
```

结果显示：

```
z=
     4.0000   2.5000   2.0000
```

对于向量除法运算,x.\y 和 y./x 一样,将得到相同的结果,这与矩阵的左、右除是不一样的,因向量的运算是它们对应元素间的运算。

对于矩阵也可使用向量的除法操作符,这时就相当于把矩阵看成向量对应元素间的运算。

4. 向量的乘方

向量乘方的运算符为“.^”。向量的乘方是对应元素的乘方,在这种底与指数均为向量的情况下,要求它们的维数必须相同。例如

```
>>x=[1  2  3]; y=[4  5  6];z= x.^y
```

结果显示:

```
z=
     1   32   729
```

它相当于:$z=[1\quad 2\quad 3].\hat{}[4\quad 5\quad 6]=[1^4\quad 2^5\quad 3^6]$

若指数为标量时,例如

```
>> x=[1  2  3]; z= x.^2
```

结果显示:

```
z=
     1   4   9
```

以上运算相当于:$z=[1\quad 2\quad 3].\hat{}2=[1^2\quad 2^2\quad 3^2]$

若底为标量时,例如

```
>>x=[1  2  3];y=[4  5  6];z=2.^[x  y]
```

结果显示:

```
z=
     2   4   8   16   32   64
```

以上运算相当于:$z=2.\hat{}[1\quad 2\quad 3\quad 4\quad 5\quad 6]=[2^1\quad 2^2\quad 2^3\quad 2^4\quad 2^5\quad 2^6]$

同样对于矩阵也可以采用运算符“.^”,例如

```
>>A=[1  2  3;4  5  6;7  8  0];B=A.^A
```

结果显示:

```
B=
            1            4           27
          256         3125        46656
       823543     16777216            1
```

即矩阵 B 中的每个元素都是矩阵 A 元素的相应乘方。如 3125=5^5。

可见如果对矩阵使用向量运算符号,实际上就相当于把矩阵看成了向量对应元素间的运算,即矩阵元素运算。

1.5.3 关系和逻辑运算

1. 关系运算

MATLAB 常用的关系操作符如表 1-12 所示。

表 1-12 关系操作符

关系操作符	意 义	关系操作符	意 义	关系操作符	意 义
<	小于	>	大于	==	等于
<=	小于等于	>=	大于等于	~=	不等于

MATLAB 的关系操作符可以用来比较两个大小相同的矩阵,或者比较一个矩阵和一个标量。比较两个元素大小时,结果是 1 表明为真,结果是 0 表明为假。函数 find( )在关系运算中很有用,它可以在矩阵中找出一些满足一定关系的数据元素。例如

```
>>A=1:9;B=A>4
```

结果显示:

```
B=
  0  0  0  0  1  1  1  1  1
```

```
>>A=1:9;C=A(A>4)
```

或

```
>>A=1:9;C=find(A>4)
```

结果显示:

```
C=
    5  6  7  8  9
```

2. 逻辑运算

MATLAB 的逻辑操作符有 &(与)、|(或)和~(非)。它们通常用于元素或 0-1 矩阵的逻辑运算。

与和或运算符可比较两个标量或两个同阶矩阵,对于矩阵,逻辑运算符是作用于矩阵中的元素。逻辑运算结果信息也用“0”和“1”表示,逻辑操作符认定任何非零元素都表示为真。给出 1 为真,0 为假。

非是一元操作符,当 A 非零时,~A 返回的信息为 0,当 A 为零时,~ A 返回的信息为 1。因而就有:P|(~ P)返回值为 1,P&(~ P)返回值为 0。例如

```
>>A=1:9;C=~(A>4)
```

结果显示:

```
C=
  1  1  1  1  0  0  0  0  0
```

若

```
>>A=1:9;C=(A>4)&(A<7)
```

结果显示:

```
C=
  0 0 0 0 1 1 0 0 0
```

3. 关系和逻辑运算函数

除了上面介绍的关系和逻辑运算符,MATLAB 中还提供了一些关系和逻辑运算函数,如表 1-13 所示。

对于矩阵,any( )和 all( )命令按列对其处理,并返回带有处理列所得结果的一个行向量。

表 1-13 关系和逻辑运算函数

函数名	说 明
xor(x,y)	异或
any(x)	向量 x 中的任一元素非零,返回 1
all(x)	向量 x 中的所有元素非零,返回 1
isnan(x)	当 x 是 NaN 时,返回 1
isinf(x)	当 x 是 inf 时,返回 1
finite(x)	当 x 属于(-∞,+∞)时返回 1,而当 x =NaN 时,返回零

1.5.4 多项式运算

多项式运算是数学中最基本的运算之一。在 MATLAB 中同样可对多项式进行相应的一系列运算。

1. 多项式的表示

多项式一般可表示成以下形式

$$f(x)=a_0x^n+a_1x^{n-1}+\cdots+a_{n-1}x+a_n$$

其中,$a_0,a_1,\cdots,a_n$称为多项式的系数。

所以多项式很容易用其系数组成的行向量$\boldsymbol{p}=[a_0\quad a_1\quad \cdots\quad a_n]$来表示,其中行向量是按其系数降幂排列组成的系数向量。在 MATLAB 中,构造多项式正是采用把多项式的各项系数依降幂次序排放在行向量的对应元素位置,直接输入其系数向量的方法来实现的。对于缺项的系数一定要进行补零。例如对于多项式

$$f(x)=x^4+5x^3+3x+2$$

可用以下 MATLAB 命令来表示。

```
>>p=[1 5 0 3 2]
```

在 MATLAB 中,利用函数 poly2str( )可将多项式的系数向量表示成相应多项式的习惯表示形式,该函数的调用格式为

f=poly2str(p,'s')

其中,p 为多项式的系数向量;s 为多项式的变量名;f 为相应的多项式。例如

```
>>p=[1 5 0 3 2];f=poly2str(p,'x')
```

结果显示:

```
f =
  x^4 + 5 x^3 + 3 x + 2
```

2. 多项式的四则运算

多项式的四则运算是指多项式的加、减、乘和除运算。其中多项式的加、减运算要求两个相加、减多项式的系数向量维数的大小必须相等。

(1) 多项式的加减

在 MATLAB 中,当两个相加、减的多项式阶次不同时,低阶多项式的系数向量必须用首零填补,使其与高阶多项式的系数向量有相同维数。

【例 1-17】 求以下两个多项式的和。

$$f_1(x)=x^4+5x^3+3x+2,\quad f_2(x)=x^2+6x+5$$

解 MATLAB 命令如下

```
>>p1=[1 5 0 3 2];p2=[0 0 1 6 5];p=p1+p2
```

结果显示:

```
p =
   1   5   1   9   7
```

(2) 多项式的乘法

在 MATLAB 中,多项式的乘法运算,利用函数 conv( )来实现,函数 conv( )相当于执行两个数组的卷积,其调用格式为

$$p=conv(p1,p2)$$

其中,p1,p2 为多项式的系数按降幂排列构成的系数向量;p 为多项式 p1 和 p2 的乘积多项式,按其系数降幂排列构成的多项式积的系数向量。

【例 1-18】 求以下两个多项式的乘积。

$$f_1(x)=x^4+5x^3+3x+2,\quad f_2(x)=x^2+6x+5$$

解 MATLAB 命令如下

```
>>p1=[1 5 0 3 2];p2=[1 6 5];p=conv(p1,p2)
```

结果显示:

```
p =
    1   11   35   28   20   27   10
```

需要说明的是,当对多个多项式执行乘法运算时,可重复使用 conv( )函数。

【例 1-19】 求多项式 $f(x)=(x+1)^2(x^2+6x+5)$ 的展开式。

解 MATLAB 命令如下

```
>>p=conv([1 1],conv([1 1],[1 6 5]))
```

结果显示:

```
p =
    1   8   18   16   5
```

(3) 多项式的除法

在 MATLAB 中,多项式的除法运算,利用函数 deconv( )来实现,其调用格式为

$$[p,r]=deconv(p_1,p_2)$$

其中,p_1,p_2 为多项式的系数按降幂排列构成的系数向量;p 为多项式 p_1 被 p_2 除的商多项式,按其系数降幂排列构成的多项式商的系数向量,而余多项式为 r。

函数 deconv( )相当于两个数组的解卷运算,使 $p_1=conv(p_2,p)+r$ 成立。

3. 多项式的值及其导数

如果 $f(x)$ 函数为如下形式的多项式

$$f(x)=a_0x^n+a_1x^{(n-1)}+\cdots+a_{n-1}x+a_n$$

则可以求出该函数的导数函数为

$$f'(x)=n\,a_0x^{n-1}+(n-1)a_1x^{n-2}+\cdots+a_{n-1}$$

在 MATLAB 中提供了多项式求值函数 polyval( )和多项式求导函数 polyder( ),它们的调用格式分别为

$$f_0=\mathrm{polyval}(p,x_0) \quad 和 \quad dp=\mathrm{polyder}(p)$$

其中,p 为多项式系数降幂排列构成的系数向量;x_0为求值点的 x 值。该函数将返回多项式在 $x=x_0$ 的值 f_0;函数 polyder(p)返回多项式导数的系数向量,亦即向量

$$dp=[na_0 \quad (n-1)a_1 \quad \cdots \quad a_{n-1}]$$

同样,MATLAB 也提供了多项式矩阵的求值函数 polyvalm( ),其调用格式为

$$fA=\mathrm{polyvalm}(p,A)$$

其中,p 为矩阵多项式函数降幂排列构成的向量,即

$$p=[a_0 \quad a_1 \quad \cdots \quad a_n]$$

而 A 为一个给定矩阵,返回值 fA 为下面的矩阵多项式的值。

$$f(\boldsymbol{A})=a_0\boldsymbol{A}^n+a_1\boldsymbol{A}^{n-1}+\cdots+a_{n-1}\boldsymbol{A}+a_n\boldsymbol{I}$$

4. 多项式的求解

MATLAB 中多项式的求解运算可利用函数 roots( )来实现,其调用格式为

$$r=\mathrm{roots}(p)$$

其中,p 为多项式的系数向量;r 为多项式的解。

【例 1-20】 求方程 $f(x)=x^2+5x+6=0$ 的解。

解 MATLAB 命令如下

```
>>p=[1  5  6];x=roots(p)
```

结果显示:

```
x=
   -3.0000
   -2.0000
```

1.6 MATLAB 的符号运算

MATLAB 的优点不仅在于其强大的数值运算功能,而且也在于其强大的符号运算功能。MATLAB 的符号运算是通过集成在 MATLAB 中的符号数学工具箱(Symbolic Math Toolbox)来实现的。它可完成几乎所有符号表达式的运算功能,如符号表达式的生成、复合和化简;符号矩阵的求解;符号微积分的求解;符号函数的画图;符号代数方程的求解;符号微分方程的求解等。

1.6.1 符号表达式的生成

在 MATLAB 中的符号数学工具箱中,符号表达式是指代表数字、函数和变量的 MATLAB 字符串或字符串数组,它不要求变量有预先确定的值。

符号表达式可以是符号函数或符号方程。其中,符号函数没有等号,而符号方程必须有等号。MATLAB 在内部把符号表达式表示成字符串,以与数字区别。符号表达式可用以下三种方法生成。

1. 用单引号生成符号表达式

在 MATLAB 中,符号表达式如同字符串一样也可利用单引号来直接设定。如

```
>>fun='sin(x)'
```

结果显示:

```
fun=
    sin(x)
```

若

```
>>fun='a*x^2+b*x+c=0'
```

结果显示:

```
fun=
    a*x^2+b*x+c=0
```

2. 用函数 sym( )或 str2sym( )生成符号表达式

在 MATLAB 可自动确定变量类型的情况下,不用函数 sym( )或 str2sym( )来显式生成符号表达式。但在某些情况下,特别是在建立符号数组时,必须要用函数 sym( )或 str2sym( )来将字符串转换成符号表达式。如

```
>>A=sym('[sin(x)  b;c  d]')
```

结果显示:

```
A=
  [ sin(x),  b]
  [      c,  d]
```

表示 A 为一个 2×2 的符号矩阵。但以下命令

```
>>A='[sin(x)  b;c  d]'
```

结果显示:

```
A=
  [sin(x)  b;c  d]
```

表示 A 为一字符串。

3. 用命令 syms 生成符号表达式

在 MATLAB 中,利用命令 syms 只能生成符号函数,而不能生成符号方程。例如

```
>>syms K t T;fun=K*(exp(-t/T))
```

结果显示:

```
fun =
    K*exp(-t/T)
```

另外,在 MATLAB 中,利用函数 symvar( )可知道符号表达式中哪些变量为符号变量。同时

MATLAB 会自动把 i,j,pi,inf,nan,eps 等特殊字母不当成符号变量。如

```
>>symvar('5 * pi+j * K * (exp(-t/T)')
```

结果显示：

```
ans =
    'K'
    'T'
    't'
```

1.6.2 符号表达式的基本运算

在 MATLAB 的符号工具箱中，利用相关函数，可对符号表达式进行分子/分母的提取、基本代数运算、相互转换、化简和替换等基本运算。

1. 符号表达式的提取分子/分母运算

在 MATLAB 中，如果符号表达式为有理分式的形式或可展开为有理分式的形式，则可通过函数 numden()来提取符号表达式中的分子与分母。其调用格式如下：

[num,den]=numden(f)

其中，f 表示所求符号表达式；num 和 den 表示返回所得的分子与分母。例如

```
>>f=sym('(x+d)/(a * x^2+b * x+c)'); [num,den]=numden(f)
```

运行结果：

```
num =
    x+d
den =
    a * x^2+b * x+c
```

2. 符号表达式的基本代数运算

在 MATLAB 中，符号表达式的加、减、乘、除四则运算及幂运算等基本的代数运算，分别由函数 symadd(),symsub(),symmul(),symdiv()及 sympow()来实现。其中求和函数 symadd()的调用格式为：

h=symadd(f,g)

式中，f,g 表示待运算的符号表达式；h 表示结果符号表达式。其中，当 f,g 为符号矩阵时，以上四则运算及幂运算的命令仍然成立。以上其他函数的调用格式均与求和函数 symadd()的调用格式相同。

3. 符号表达式与数值表达式的相互转换

在 MATLAB 中，利用函数 numeric()（仅适用于 MATLAB6.5 及以前的版本）或 eval()可将符号表达式转换成数值表达式。反之，函数 sym()可将数值表达式转换成符号表达式。例如

```
>>f='abs(-1)+sqrt(1)/2',p=eval(f),n=sym(p)
```

运行结果：

```
f =
    abs(-1)+sqrt(1)/2
p =
    1.5000
n =
    3/2
```

若已知数值多项式系数向量,则可以通过符号运算工具箱提供的函数 poly2sym()将其转换成多项式表达式。若已知多项式表达式,则可以由函数 sym2poly()将其转换成系数向量形式。它们的调用格式为

f=poly2sym(p) 和 p=sym2poly(f)

其中,p 为多项式系数降幂排列构成的系数向量;f 为多项式表达式。

```
>>syms x;p=sym2poly(x^2+3*x+2),f=poly2sym(p)
```

运行结果:

```
p=
  1   3   2
f=
  x^2+3*x+2
```

4. 符号表达式的化简

在 MATLAB 中,函数 simple()或 simplify()可按有关数学规则把符号表达式化简成最简形式,其调用格式如下:

[y,how]=simple(f) 或 y=simplify(f)

其中,f 表示化简前的符号表达式;y 表示按有关规则化简后的符号表达式;how 为化简过程中使用的一种方法,how 有以下几种形式:① simplify 函数对表达式进行化简;② radsimp 函数对含根式的表达式进行化简;③ combine 函数将表达式中以求和、乘积、幂运算等形式出现的项进行合并;④ collet 函数用于合并同类项;⑤ factor 函数实现因式分解;⑥ convert 函数完成表达式形式的转换。例如

```
>>f=sym('a*sin(x)*cos(x)'),y=simple(f)
```

运行结果:

```
f =
    a*sin(x)*cos(x)
y =
    1/2*a*sin(2*x)
```

另外,在 MATLAB 的符号数学工具箱中提供的符号表达式化简函数还有:

```
pretty()      %将符号表达式转换成与公式编辑器显示的符号表达式相类似的形式;
collect()     %将符号表达式的同类项进行合并;
horner()      %将一般的符号表达式转换成嵌套形式的符号表达式;
factor()      %对符号表达式进行因式分解;
```

```
expand()      %对符号表达式进行展开;
simplify(f)   %利用各种类型的代数恒等式对符号表达式进行化简。
```

5. 符号表达式的替换

在 MATLAB 的符号数学工具箱中,函数 subexpr()和函数 subs()可以进行符号表达式的替换。其中函数 subexpr()用于把复杂表达式中所含的多个相同子表达式用一个符号代替,使其表达简洁,其调用格式如下:

```
g=subexpr(f,'S')
```

其中,f,g 分别表示置换前后的符号表达式;S 表示置换复杂表达式中子表达式的符号变量。复杂表达式中被置换的子表达式是自动寻找的,只有比较长的子表达式才被置换,至于比较短的子表达式,即便多次重复出现,也不被置换。例如

```
>>f=solve('x^3+a*x+1');r=subexpr(f,'ss')
>>f=solve('a*x^2+b*x+c');r=subexpr(f,'ss')
```

函数 subs()除具有与函数 subexpr()一样的可以用一个符号变量替换复杂表达式中所含的多个相同子表达式的作用外,还可以求解被替换的复杂符号表达式的值,其调用格式如下:

```
g=subs(f,old,new)   %表示用 new 置换符号表达式 f 中的 old 后产生 g;
g=subs(f,new)       %表示用 new 置换符号表达式 f 中的自由变量后产生 g
```

例如对于符号表达式 $f(x)=a\sin(x)+5$ 可进行下列替代运算。

```
>>syms a x;f=a*sin(x)+5;
>>g1=subs(f,'sin(x)', 'y'),g2=subs(f,a,9)
>>g3=subs(f,{a,x},{2,sym(pi/3)}),g4=subs(f,{a,x},{2,pi/3})
>>g5=subs(subs(f,a,2),x,0:pi/6:pi),g6=subs(f,{a,x},{0:6,0:pi/6:pi})
```

1.6.3 符号表达式的微积分

MATLAB 的符号工具箱中,符号表达式的微积分包括符号序列求和、符号极限、符号微分和符号积分等。

1. 符号序列求和

对于求解 $y=\sum_{x=a}^{b} f(x)$ 问题,可用符号序列求和函数 symsum()来实现,其调用格式为:

```
y=symsum(f,'x',a,b)   %求符号表达式 f 在指定变量 x 取遍[a,b]中所有整数和 y
y=symsum(f,'x')       %求符号表达式 f 在指定变量 x 取遍[0,x-1]中所有整数和 y
y=symsum(f,a,b)       %求符号表达式 f 对独立变量从 a 到 b 的所有整数和 y
```

【例 1-21】 求 $y=\sum_{t=0}^{t-1}[t \quad k^3]$ 和 $y=\sum_{k=1}^{\infty}\left[\frac{1}{(2k-1)^2} \quad \frac{(-1)^k}{k}\right]$ 的值。

解 MATLAB 命令如下

```
>>syms t k;f1=[t, k^3];f2=[1/(2*k-1)^2, (-1)^k/k];
>>y1=simple(symsum(f1,'t')),y2=simple(symsum(f2,1,inf))
```

运行结果:

```
y1 =
    [ 1/2 * t * (t-1),    k^3 * t]
y2 =
    [ 1/8 * pi^2,   -log(2) ]
```

2. 符号极值

在 MATLAB 中,符号极值由函数 limit( )来实现,其调用格式为:

```
y=limit(f,'x',a)              %求符号表达式 f 对变量 x 趋于 a 时的极值 y
y=limit(f,a)                  %求符号表达式 f 对独立变量趋于 a 时的极值 y
y=limit(f)                    %求符号表达式 f 对独立变量趋于 0 时的极值 y
y=limit(f,'x',a,'right')      %求符号表达式 f 对变量 x 从右边趋于 a 时的极值 y
y=limit(f,'x',a,'left')       %求符号表达式 f 对变量 x 从左边趋于 a 时的极值 y
```

对于多变量函数的极值可以嵌套使用函数 limit( )来求取。

【例 1-22】 求符号表达式$f(x)=(a-2x)^2x$,在 $x\to a/6$ 的极值。

解 MATLAB 命令如下

```
>>syms a x; f=(a-2 * x)^2 * x;y=limit(f,'x',1/6 * a)
```

运行结果:

```
y =
    2/27 * a^3
```

【例 1-23】 求二元函数 $\lim\limits_{\substack{x\to 1/\sqrt{y}\\ y\to\infty}} =\mathrm{e}^{-1/(y^2+x^2)}\dfrac{\sin^2x}{x^2}\left(1+\dfrac{1}{y^2}\right)^{x+a^2y^2}$ 的极限值。

解 MATLAB 命令如下

```
>>syms a x y; f=exp(-1/(y^2+x^2)) * sin(x)^2/x^2 * (1+1/y^2)^(x+a^2 * y^2);
>>L=limit(limit(f,'x',1/sqrt(y)),'y',inf)
```

运行结果:

```
L =
    exp(a^2)
```

3. 符号微分

在 MATLAB 中,符号微分由函数 diff( )来实现。函数 diff( )可同时计算数值微分与符号微分,MATLAB 能根据其输入参数的类型(数值或符号字符串),自动对其进行数值微分或符号微分。其调用格式为:

```
y=diff(f)             %求符号表达式 f 对独立变量的微分 y
y=diff(f,n)           %求符号表达式 f 对独立变量的 n 次微分 y
y=diff(f,'x')         %求符号表达式 f 对变量 x 的微分 y
y=diff(f,'x',n)       %求符号表达式 f 对变量 x 的 n 次微分 y
```

【例 1-24】 求$f(x)=3ax-x^3$ 的一阶微分和二阶微分。

解 MATLAB 命令如下

```
>>syms a x;f=3 * a * x-x^3;dfdx=diff(f,'x'),ddfx=diff(f,'x',2)
```

运行结果：

```
dfdx=
    3 * a-3 * x^2
ddfx=
    -6 * x
```

对于多元函数的偏导数也可以嵌套使用函数 diff( )来求取。

【例 1-25】 已知二元函数 $f(x,y)=3x^3y^2+\sin(xy)$，试求 $\partial f/\partial x$，$\partial f/\partial y$，$\partial y/\partial x$ 和 $\partial^2 f/\partial x\partial y$。

解 MATLAB 命令如下

```
>>syms x y;f=3 * x^3 * y^2+sin(x * y);
>>dfdx=simple(diff(f,x)),dfdy=diff(f,y)
>>dydx=simple(diff(f,x))/diff(f,y),dfdxy=diff(dfdx,y)
```

运行结果：

```
dfdx =
    9 * x^2 * y^2+cos(x * y) * y
dfdy =
    6 * x^3 * y+cos(x * y) * x
dydx =
    (9 * x^2 * y^2+cos(x * y) * y)/(6 * x^3 * y+cos(x * y) * x)
dfdxy =
    18 * x^2 * y-sin(x * y) * x * y+cos(x * y)
```

除了利用以上函数求解偏微分方程，MATLAB 还提供了偏微分方程工具箱，它可以比较规范地求解各种常见的二阶偏微分方程。在 MATLAB 环境下键入 pdetool，将启动偏微分方程求解界面。另外微分方程也可以利用 Simulink 进行求解。由于篇幅和内容原因，这里不作介绍，具体内容可参考有关文献。

4. 符号积分

在 MATLAB 中，符号积分由函数 int( )来实现。因为积分比微分复杂得多，故在很多情况下，积分不一定能成功。当 MATLAB 进行符号积分找不到原函数时，它将返回未经计算的函数。函数 int( )的调用格式为：

```
y=int(f)              %求符号表达式 f 对独立变量的不定积分 y
y=int(f,'x')          %求符号表达式 f 对变量 x 的不定积分 y
y=int(f,a,b)          %求符号表达式 f 对独立变量从 a 到 b 的定积分 y
y=int(f,'x',a,b)      %求符号表达式 f 对变量 x 从 a 到 b 的定积分 y
```

【例 1-26】 试求以下函数的定积分

$$y=\int_{-\infty}^{\infty}\frac{a}{\sqrt{2}}e^{-\frac{x^2}{2}}dx$$

解 通过下面的 MATLAB 语句可求出所需函数的定积分

```
>>syms a;f=a/sqrt(2) * exp(-x^2/2);y=int(f,'x',-inf,inf)
```

或 >>syms a;y=int(a/sqrt(2) * exp(-x^2/2), 'x', -inf, inf)

结果显示：

```
y=
   pi^(1/2) * a
```

【例 1-27】 求积分方程 $\int_1^2\int_{\sqrt{x}}^{x^2}\int_{\sqrt{xy}}^{x^2y}(x^2+y^2+z^2)\mathrm{d}z\mathrm{d}y\mathrm{d}x$。

解 MATLAB 命令如下

```
>>syms x y z;f=int(int(int(x^2+y^2+z^2,'z',sqrt(x * y),x^2 * y),'y',sqrt(x),x^2),'x',1,2)
>>p=eval(f)
```

结果显示：

```
f =
   1610027357/6563700-6072064/348075 * 2^(1/2)+14912/4641 * 2^(1/4)+64/225 * 2^(3/4)
p =
   224.9215
```

1.6.4 符号表达式的积分变换

MATLAB 的符号工具箱中，符号表达式的积分变换包括：

1. Laplace 变换及其反变换

在 MATLAB 中，给出了求解 Laplace 变换及其反变换的函数 laplace( )和 ilaplace( )，其调用格式分别为：

F=laplace(f,t,s) 和 f=ilaplace(F,s,t)

其中，f 表示时域函数 f(t)；t 表示时间变量；F 表示频域函数 F(s)；s 表示频域变量。例

```
>>syms k t s;f=k * t^0;F=laplace(f,t,s),f1=ilaplace(F)
```

结果显示：

```
F=
   k/s
f1=
   k
```

若 >>syms k T t s;f=k * exp(-t/T);F=laplace(f,t,s),f1=ilaplace(F)

结果显示：

```
F=
   k/(s+1/T)
f1=
   k * exp(-t/T)
```

2. Z 变换及其反变换

在 MATLAB 中，给出了求解 Z 变换及其反变换的函数 ztrans( )和 iztrans( )，其调用格式分

别为：

F=ztrans(f,n,z) 和 f=iztrans(F,z,n)

其中，f 表示时域序列 f(n)或时间函数 f(t)；n 表示时间序列；F 表示 Z 域函数 F(z)；z 表示 Z 域变量。

```
>>syms k t z;f=k * t^1;F= ztrans(f,t,z),f1=iztrans(F)
```

结果显示：

```
F =
   k * z/(z-1)^2
f1 =
   k * n
```

3. Fourier 变换及其反变换

在 MATLAB 中，给出了求解 Fourier 变换及其反变换的函数 fourier( )和 ifourier( )，其调用格式分别为：

F=fourier(f,t,ω) 和 f=ifourier(F,ω,t)

其中，f 表示时间函数 f(t)；t 表示时间变量；F 表示频域函数 F(ω)；ω表示频域变量。

1.6.5 符号表达式的求解

1. 符号代数方程求解

在 MATLAB 中，符号代数线性方程、符号代数非线性方程以及符号超越方程均可用函数 solve( )进行求解。函数 solve( )的调用格式为

[x,y,z,…]=solve('eq_1','eq_2','eq_3',…,'a', 'b','c',…)

或 [x,y,z,…]=solve('eq_1,eq_2,eq_3,…','a, b,c,…')

[x,y,z,…]=solve(exp_1, exp_2,exp_3,…,'a','b','c',…)

其中，eq_1,eq_2,eq_3,…表示符号方程，或不含“等号”的符号表达式（或称为函数）（此时函数是对 eq_1=0，eq_2=0，eq_3=0，…求解）；exp_1,exp_2,exp_3,…仅表示符号表达式；a,b,c,…是符号方程的求解变量名；x,y,z,…是符号方程的解赋值的变量名。

【例 1-28】 求方程 $3x^2-3a^2=0$ 的解。

解 MATLAB 命令如下

```
>>x=solve('3 * x^2-3 * a^2=0','x')
```

或

```
>>x=solve('3 * x^2-3 * a^2','x')
>>f='3 * x^2-3 * a^2=0';x=solve(f,'x')
>>f='3 * x^2-3 * a^2';x=solve(f,'x')
```

结果显示：

```
x =
   -a
   a
```

【例 1-29】 求方程组$\begin{cases}3x+y=a\\x-y=a\end{cases}$的解。

解 MATLAB 命令如下

```
>>[x,y]=solve('3*x+y=a', 'x-y=a','x','y')
```

或
```
>>f='3*x+y=a';g='x-y=a';[x,y]=solve(f,g,'x','y')
```

结果显示：

```
x =
   1/2*a
y =
   -1/2*a
```

【例 1-30】 求非线性方程组的解

$$\begin{cases}\sin x+y^2+\ln z-7=0\\3x+2y-z^3+1=0\\x+y+z-5=0\end{cases}$$

解 可利用以下命令

```
>>f='sin(x)+y^2+ln(z)-7=0';g='3*x+2^y-z^3+1=0';
>>h='x+y+z-5=0';[x1,y1,z1]=solve(f,g,h,'x','y','z')
```

结果显示：

```
x1 =
    0.5991
y1 =
    2.3959
z1 =
    2.0050
```

注意，对于例 1-30 的非线性方程组，在不同的 MATLAB 版本中其解可能略有不同。

2. 符号微分方程求解

在 MATLAB 中，符号微分方程可利用函数 dsolve( ) 对其进行求解。函数 dsolve( ) 的调用格式为：

$$[y_1,y_2,\cdots]=\text{dsolve}('eq_1','eq_2',\cdots,'cond_1','cond_2',\cdots,'x')$$

或

$$[y_1,y_2,\cdots]=\text{dsolve}('eq_1,eq_2,\cdots','cond_1,cond_2,\cdots', 'x')$$

$$[y_1,y_2,\cdots]=\text{dsolve}(\exp_1,\exp_2,\cdots,'cond_1,cond_2,\cdots', 'x')$$

其中，eq_1，eq_2，…表示所求符号微分方程，或不含“等号”的符号微分表达式（此时函数是对 $eq_1=0$，$eq_2=0$，…求解）；$\exp_1$，$\exp_2$，…仅表示符号微分表达式；$cond_1$，$cond_2$，…表示初始条件或边界条件；x 表示独立变量，当 x 省略时，表示独立变量为 t；y_1，y_2，…表示输出量。微分方程的表示规定：当“y”是因变量时，用“Dny”表示 y 对 x 的 n 阶导数，例如：Dny 表示形如$\frac{d^n y}{dx^n}$的导数。

【例 1-31】 求微分方程$-2\ddot{x}+12at=0$，在边界条件：$x(0)=0$；$x(1)=1$ 的解。

解 MATLAB 命令如下

```
>>f='-2 * D2x+12 * a * t=0';x=dsolve(f,'x(0)=0,x(1)=1','t')
```

运行结果：

```
x =
   a * t^3+(-a+1) * t
```

【例 1-32】 求一阶非线性微分方程 $\dot{x}(t)=x(t)(1-x^2(t))$ 的解。

解 MATLAB 命令如下

```
>>x=dsolve('Dx=x * (1-x^2)')
```

运行结果：

```
x =
   [  1/(1+exp(-2 * t) * C1)^(1/2)]
   [ -1/(1+exp(-2 * t) * C1)^(1/2)]
```

即该非线性微分方程的解为：

$$x(t)=\pm 1/\sqrt{1+C_1 e^{-2t}}$$

注意，对于例 1-32 的非线性微分方程，在不同的 MATLAB 版本中其解可能略有不同。

【例 1-33】 求微分方程组

$$\begin{cases} \ddot{x}_1-x_2=0 \\ \ddot{x}_2-x_1=0 \end{cases}$$

在边界条件：$x_1(0)=0$，$x_1(\pi/2)=1$，$x_2(0)=0$，$x_2(\pi/2)=-1$ 的解。

解 MATLAB 命令如下

```
>>f='D2x1-x2=0,D2x2-x1=0';
>>[x1,x2]=dsolve(f,'x1(0)=0,x1(pi/2)=1,x2(0)=0,x2(pi/2)=-1','t')
```

运行结果：

```
x1 =
     sin(t)
x2 =
     -sin(t)
```

1.7 MATLAB 的矩阵处理

以矩阵为基础的线性代数已在许多技术领域得到应用。在 MATLAB 中，矩阵的处理通常包括以下内容。

1.7.1 矩阵行列式

矩阵 $\boldsymbol{A}=\{a_{ij}\}$ 的行列式定义为

$$|\boldsymbol{A}|=\det(\boldsymbol{A})=\sum(-1)^k a_{1k_1}a_{2k_2}\cdots a_{nk_n}$$

式中，$k_1,k_2,\cdots,k_n$ 是将序列 $1,2,3,\cdots,n$ 的元素交换 k 次所得出的一个序列，每个这样的序列称为一个置换,而$\sum$表示对 $k_1,k_2,\cdots,k_n$取遍 $1,2,3,\cdots,n$ 所有的排列的求和。

MATLAB 求矩阵行列式函数的调用格式为

det(A)

计算矩阵的行列式有多种算法,在 MATLAB 中采用的方法为三角分解法。

1.7.2 矩阵的特殊值

1. 矩阵的逆

对于一个已知的 $n\times n$ 维非奇异方阵 $\boldsymbol{A}$ 来说,如果有一个同样大小的 $\boldsymbol{C}$ 矩阵满足

$$\boldsymbol{AC}=\boldsymbol{CA}=\boldsymbol{I}$$

式中,$\boldsymbol{I}$ 为单位阵,则称 $\boldsymbol{C}$ 为 $\boldsymbol{A}$ 的逆矩阵,并记作 $\boldsymbol{C}=\boldsymbol{A}^{-1}$。

矩阵求逆的算法是多种多样的,比较常用的有行(列)主元素高斯消去法、LU 分解法和基于奇异值分解的方法等,MATLAB 提供了一个求取逆矩阵的函数 inv( ),其调用格式为

inv(A)

如果 A 矩阵为奇异的或接近奇异的,则利用此函数有可能产生错误的结果。

2. 矩阵的迹

假设一个方阵为 $\boldsymbol{A}=\{a_{ij}\},(i,j=1,2,\cdots,n)$,则 $\boldsymbol{A}$ 的迹定义为

$$\mathrm{tr}(\boldsymbol{A})=\sum_{i=1}^{n}a_{ii}$$

即矩阵的迹为该矩阵对角线上各个元素之和。由代数理论可知矩阵的迹和该矩阵的特征值之和是相同的。在 MATLAB 中提供了求取矩阵迹的函数 trace( ),其调用方法为

trace(A)

3. 矩阵的秩

对于 $n\times m$ 维的矩阵 $\boldsymbol{A}$,若矩阵所有的列向量中共有 r_c个线性无关,则称矩阵的列秩为 r_c,如果 $r_c=m$,则称 $\boldsymbol{A}$ 为列满秩矩阵;相应地,若矩阵 $\boldsymbol{A}$ 的行向量中有 r_r个是线性无关的,则称矩阵 $\boldsymbol{A}$ 的行秩为 r_r,如果 $r_r=n$,则称 $\boldsymbol{A}$ 为行满秩矩阵。可以证明,矩阵的行秩和列秩是相等的,记

$$\mathrm{rank}\{\boldsymbol{A}\}=r_c=r_r$$

这时矩阵的秩为 $\mathrm{rank}\{\boldsymbol{A}\}$。矩阵的秩也表示该矩阵中行列式不等于 0 的子式的最大阶次,所谓子式,即为从原矩阵中任取 k 行及 k 列所构成的子矩阵。

矩阵求秩的算法也是多种多样的,其区别是有的算法是稳定的,而有的算法可能因矩阵的条件数变化不是很稳定,MATLAB 采用基于矩阵的奇异值分解的算法,首先对矩阵 $\boldsymbol{A}$ 做奇异值分解得出 n 个奇异值 $\sigma_i(i=1,2,\cdots,n)$,在这 n 个奇异值中找出大于给定误差限 ε 的个数 r,这时 r 就可以认为是 $\boldsymbol{A}$ 的秩。

MATLAB 提供了一个内部函数 rank( ),用数值方法求取一个已知矩阵的秩,其调用格式为

k=rank(A,tol)

其中,A 为要求秩的矩阵;k 为所求矩阵 A 的秩;而 tol=ε 为判 0 用的误差限,一般可以取默认值 eps,这样调用格式就可以简化为

k=rank(A)

这里的判 0 用误差限就取作机器中的默认值 eps。如果 eps 取的不合适,则求出的数值秩可能

和原矩阵的秩不同,所以在使用数值秩时应当引起注意。

1.7.3 矩阵的三角分解

矩阵的三角分解又称为 LU 分解,它的目的是将一个矩阵 $\boldsymbol{A}$ 分解成一个下三角矩阵 $\boldsymbol{L}$ 和一个上三角矩阵 $\boldsymbol{U}$ 的乘积,亦即可以写成 $\boldsymbol{A}=\boldsymbol{LU}$,其中 $\boldsymbol{L}$ 和 $\boldsymbol{U}$ 矩阵分别可以写成

$$\boldsymbol{L}=\begin{bmatrix} 1 & & & \boldsymbol{0} \\ l_{21} & 1 & & \\ \vdots & \vdots & \ddots & \\ l_{n1} & l_{n2} & \cdots & 1 \end{bmatrix},\quad \boldsymbol{U}=\begin{bmatrix} u_{11} & u_{12} & \cdots & u_{1n} \\ & u_{22} & \cdots & u_{2n} \\ & & \ddots & \vdots \\ \boldsymbol{0} & & & u_{nn} \end{bmatrix}$$

这样产生的矩阵与原来的 $\boldsymbol{A}$ 矩阵的关系可以写成

$$\begin{gathered} a_{11}=u_{11},a_{12}=u_{12},\cdots,a_{1n}=u_{1n}, \\ a_{21}=l_{21}u_{11},a_{22}=l_{21}u_{12}+u_{22},\cdots,a_{2n}=l_{21}u_{1n}+u_{2n} \\ \vdots \\ a_{n1}=l_{n1}u_{11},a_{n2}=l_{n1}u_{12}+l_{n2}u_{22},\cdots,a_{nn}=\sum_{k=1}^{n-1}l_{nk}u_{kn}+u_{nn} \end{gathered}$$

其中,$\boldsymbol{A}=\begin{bmatrix} a_{11} & a_{12} & \cdots & a_{1n} \\ a_{21} & a_{22} & \cdots & a_{2n} \\ \vdots & \vdots & \ddots & \vdots \\ a_{n1} & a_{n2} & \cdots & a_{nn} \end{bmatrix}$。

由上式可以立即得出求 l_{ij} 和 u_{ij} 的递推计算公式

$$l_{ij}=\frac{a_{ij}-\sum_{k=1}^{j-1}l_{ik}u_{kj}}{u_{jj}},j<i \quad \text{和} \quad u_{ij}=a_{ij}-\sum_{k=1}^{i-1}l_{ik}u_{kj},j\geqslant i$$

该公式的递推初值为:$u_{1i}=a_{1i},i=1,2,\cdots,n$。

注意,在上述的算法中并未对主元素进行任何选取,因此该算法并不一定数值稳定,在 MATLAB 下也给出了矩阵的 LU 分解函数 lu( ),该函数的调用格式为

[L,U]=lu(A)

其中,L,U 分别为变换后的下三角和上三角矩阵,在 MATLAB 的 lu( ) 函数中考虑了主元素选取的问题,所以该函数一般会给出可靠的结果。由该函数得出的下三角矩阵 L 并不一定是一个真正的下三角矩阵。因为选取它可能进行了一些元素行的交换,这样主对角线的元素可能不是 1。例如

```
>>A=[1 2 3;4 5 6;7 8 0];[L,U]=lu(A)
```

LU 分解使用的算法是高斯变量消去法,这种分解是矩阵求逆、矩阵求行列式和线性方程求解的基础,也是方阵"/"或"\"两种矩阵除法的基础。

1.7.4 矩阵的奇异值分解

矩阵的奇异值也可以看成矩阵的一种测度,对任意的 $n\times m$ 矩阵 $\boldsymbol{A}$ 来说,总有 $\boldsymbol{A}^{\mathrm{T}}\boldsymbol{A}\geqslant 0,\boldsymbol{A}\boldsymbol{A}^{\mathrm{T}}\geqslant 0$,且有

$$\operatorname{rank}\{\boldsymbol{A}^{\mathrm{T}}\boldsymbol{A}\}=\operatorname{rank}\{\boldsymbol{A}\boldsymbol{A}^{\mathrm{T}}\}=\operatorname{rank}(\boldsymbol{A})$$

进一步可以证明,$\boldsymbol{A}^{\mathrm{T}}\boldsymbol{A}$ 与 $\boldsymbol{A}\boldsymbol{A}^{\mathrm{T}}$ 有相同的非零特征值 λ_i,且相同的非零特征值总是为正数。在数学上把这些非零的特征值的平方根称作矩阵 $\boldsymbol{A}$ 的奇异值,记

$$\sigma_i\{A\}=\sqrt{\lambda_i\{A^TA\}}$$

矩阵的奇异值大小通常决定矩阵的性态,如果矩阵的奇异值变化特别大,则矩阵中某个参数有一个微小的变化将严重影响到原矩阵的参数,如其特征值的大小,这样的矩阵又称为病态矩阵,有时也称为奇异矩阵。

假设 $\boldsymbol{A}$ 为 $n\times m$ 矩阵,且 $\text{rank}\{\boldsymbol{A}\}=r$,则 $\boldsymbol{A}$ 可以分解为

$$\boldsymbol{A}=\boldsymbol{L}\begin{bmatrix}\Delta & 0\\0 & 0\end{bmatrix}\boldsymbol{M}$$

其中,$\boldsymbol{L}$ 和 $\boldsymbol{M}$ 为正交矩阵;$\boldsymbol{\Delta}=\text{diag}\{\boldsymbol{\sigma}_1,\cdots,\boldsymbol{\sigma}_r\}$ 为对角矩阵,且其对角元素均不为 0。

MATLAB 提供了直接求取矩阵奇异值分解的函数,其调用方式为

[U,S,V]=svd(A)

其中,A 为原始矩阵;S 为对角矩阵,其对角元素就是 A 的奇异值;而 U 和 V 均为正交矩阵,并满足

$$A=USV^T$$

矩阵最大奇异值 $\sigma_{\max}$ 和最小奇异值 $\boldsymbol{\sigma}_{\min}$ 的比值又称为该矩阵的条件数,记作 $\text{cond}\{\boldsymbol{A}\}$,即 $\text{cond}\{\boldsymbol{A}\}=\boldsymbol{\sigma}_{\max}/\boldsymbol{\sigma}_{\min}$,矩阵的条件数越大,则对参数变化越敏感。在 MATLAB 下也提供了求取矩阵条件数的函数 cond( ),其调用格式为

cond(A)

1.7.5 矩阵的范数

矩阵的范数也是对矩阵的一种测度,在介绍矩阵的范数之前,首先要介绍向量范数的基本概念。

如果对线性空间中的一个向量 $\boldsymbol{x}$ 存在一个函数 $\rho(\boldsymbol{x})$,满足下面三个条件

① $\rho(\boldsymbol{x})\leqslant 0$ 且 $\rho(\boldsymbol{x})=0$ 的充要条件是 $\boldsymbol{x}=0$;

② $\rho(a\boldsymbol{x})=|a|\rho(\boldsymbol{x})$;$a$ 为任意标量;

③ 对向量 $\boldsymbol{x}$ 和 $\boldsymbol{y}$ 有 $\rho(\boldsymbol{x}+\boldsymbol{y})\leqslant\rho(\boldsymbol{x})+\rho(\boldsymbol{y})$。

则称 $\rho(\boldsymbol{x})$ 为 $\boldsymbol{x}$ 向量的范数。

范数的形式是多种多样的,可以证明,下面给出的一组式子都满足上述的三个条件

$$\|\boldsymbol{x}\|_p=(\sum_{i=1}^{n}|x_i|^p)^{\frac{1}{p}},\quad p=1,2,\cdots$$

且
$$\|\boldsymbol{x}\|_\infty=\max_{1\leqslant i\leqslant n}|x_i|$$

这里用到了向量范数的记号 $\|\boldsymbol{x}\|_p$。

对于任意的非零向量 $\boldsymbol{x}$,矩阵 $\boldsymbol{A}$ 的范数为

$$\|\boldsymbol{A}\|=\sup_{s\neq 0}\frac{\|\boldsymbol{Ax}\|}{\|\boldsymbol{x}\|}$$

和向量的范数一样,矩阵的范数定义如下

$$\|\boldsymbol{A}\|_1=\max_{1\leqslant j\leqslant n}\sum_{i=1}^{n}|a_{ij}|,\quad \|\boldsymbol{A}\|_2=\sqrt{s_{\max}\{\boldsymbol{A}^T\boldsymbol{A}\}},\quad \|\boldsymbol{A}\|_\infty=\max_{1\leqslant i\leqslant n}\sum_{j=1}^{n}|a_{ij}|$$

其中,$s\{\boldsymbol{A}\}$ 为 $\boldsymbol{A}$ 的特征值,而 $s_{\max}\{\boldsymbol{A}^T\boldsymbol{A}\}$ 即为 $\boldsymbol{A}$ 的最大奇异值的平方。换句话说,$\|\boldsymbol{A}\|_2$ 为 $\boldsymbol{A}$ 的最大奇异值。

MATLAB 提供了求取矩阵范数的函数 norm( ),它允许求各种意义下矩阵的范数,该函数的调用格式为

N=norm(A,选项)

其中,选项如表 1-14 所示。

表 1-14　矩阵范数函数的选项

选　项	意　　义
无	矩阵的最大奇异值,即 $\|A\|_2$
2	与默认方式相同,亦为 $\|A\|_2$
1	矩阵的 1-范数,即 $\|A\|_1$
inf 或'inf'	矩阵的无穷范数,即 $\|A\|_\infty$
'fro'	矩阵的 F-范数,即 $\|A\|_F$ =sqrt($\sum(A^TA)_{ii}$)
-inf	只可用于向量, $\|A\|_{-\infty}=\min(\sum a_i)$
数值 p	对向量可取任何整数,而对矩阵只可取 1,2,inf 或'fro'

1.7.6　矩阵的特征值与特征向量

对一个矩阵 A 来说,如果存在一个非零的向量 x ,且有一个标量 λ 满足

$$Ax=\lambda x$$

则称 λ 为 A 的一个特征值,而 x 为对应于特征值 λ 的特征向量,严格说来,x 应该称为 A 的右特征向量。如果 A 的特征值不包含重复的值,则对应的各个特征向量为线性独立的,这样由各个特征向量可以构成一个非奇异的矩阵,如果用它对原始矩阵做相似变换,则可以得出一个对角矩阵。

矩阵的特征值与特征向量由函数 eig( )可以很容易地求出,该函数的调用格式为

[V,D]=eig(A)

其中,A 为要处理的矩阵;D 为一个对角矩阵,其对角线上的元素为 A 的特征值,而每个特征值对应的 V 矩阵的列为该特征值的特征向量,该矩阵是一个满秩矩阵,它满足 AV=VD,且每个特征向量各元素的平方和(即 2 范数)均为 1。如果调用该函数时只给出一个返回变量,则将只返回矩阵 A 的特征值。即使 A 为复数矩阵,也同样可以由 eig( )函数得出其特征值与特征向量矩阵。

1.7.7　矩阵的特征多项式、特征方程和特征根

对于给定的 $n\times n$ 阶矩阵 A,称多项式

$$f(s)=\det(sI-A)=a_0s^n+a_1s^{n-1}+\cdots+a_{n-1}s+a_n$$

为 A 的特征多项式,其中 $a_0,a_1,\cdots,a_n$ 为矩阵的特征多项式系数。

MATLAB 提供了求取矩阵特征多项式系数的函数 poly( ),其调用格式为

p=poly(A)

其中,A 为给定的矩阵;返回值 p 为一个行向量,其各个分量为矩阵 A 的降幂排列的特征多项式系数。即 $p=[a_0,a_1,\cdots,a_n]$

令特征多项式等于零所构成的方程称为该矩阵的特征方程,而特征方程的根称为该矩阵的特征根。MATLAB 中根据矩阵特征多项式求特征根的运算,同样可利用前面介绍过的多项式求解函数 roots( )来实现,其调用格式为

r=roots(p)

其中,p 为特征多项式的系数向量;而 r 为特征多项式的解,即原始矩阵的特征根。

【例 1-34】　求 $A=\begin{bmatrix}1&2&3\\4&5&6\\7&8&9\end{bmatrix}$ 的特征多项式、特征根及其模值。

解　MATLAB 命令如下

```
>>A=[1  2  3;4  5  6;7  8  9];p=poly(A), r=roots(p)',abs(r)
```

结果显示:

```
p=
    1.0000   -15.0000   -18.0000   -0.0000
```

```
r =
      16.1168   -1.1168   -0.0000
ans =
      16.1168    1.1168    0.0000
```

1.8 MATLAB 的数据处理

数据处理中,通常遇到的问题就是数据的导入。一般用于处理的数据规模都比较大,在利用 MATLAB 进行数据处理前,需要把这些数据导入到 MATLAB 工作区。MATLAB 提供了数据输入向导,使得这一过程变得十分容易。单击 MATLAB 主界面中的 File→Import Data 命令,就会打开数据输入向导窗口,按照该窗口提示进行操作,就可以很方便地把文件中的数据导入到 MATLAB 工作空间中。另外,许多图形界面的分析工具也有数据输入向导。

在工程领域根据有限的已知数据对未知数据进行预测时,经常需要用到数据插值和曲线拟合。

1.8.1 数据插值

数据插值就是根据已知一组离散的数据点集,在某两个点之间预测函数值的方法。插值运算是根据数据的分布规律,找到一个函数表达式可以连接已知的各点,并用这一函数表达式预测两点之间任意位置上的函数值。

插值运算可以分为内插和外插两种。只对已知数据点集内部的点进行的插值运算称为内插,内插可以根据已知数据点的分布,构建能够代表分布特性的函数关系,比较准确地估计插值点上的函数值;当插值点落在已知数据外部时的插值称为外插,利用外插估计的函数值一般误差较大。

在 MATLAB 中,数值插值方法包括一维线性插值、二维线性插值、三维线性插值和三次样条插值等。

(1) 一维线性插值

对于一维线性数据,可以通过插值或查表来求得离散点之间的数据值。在 MATLAB 中,一维线性插值可用函数 interp1( )来实现,其调用格式为

yi=interp1(x,y,xi,'method','extrap') 或 yi=interp1(x,y,xi,'method',extrapval)

其中,返回值 yi 为在插值向量 xi 处的函数值向量,它是根据向量 x 与 y 插值而来的。如果 y 是一个矩阵,那么对 y 的每一列进行插值,返回的矩阵 yi 的大小为 length(xi)×length(y,2)。如果 xi 中有元素不在 x 的范围内,则与之相对应的 yi 返回 NaN。如果 x 省略,表示 x=1:n,此处 n 为向量 y 的长度或为矩阵 y 的行数,即 size(y,1)。参数'method'表示插值方法,它可采用以下方法:最近插值('nearest')、线性插值('linear')、三次多项式插值('cubic')和三次样条插值('spline')。'method'的默认值为线性插值。参数'extrap'指明该插值方法用于外插值运算,当没有指定外插值运算时,对已知数据集外部点上函数值的估计都返回 NaN;参数 extrapval 为直接对数据集外函数点上的赋值,一般为 NaN 或者 0。

另外,已知数据点不等间距分布时,函数 interp1q( )比函数 interp1( )执行速度快,因为前者不检查已知数据是否等间距,不过函数 interp1q( )要求 x 必须单调递增。

当 x 为单调且等间距时,可以使用快速插值法,此时可将'method'参数的值设置为'nearest','linear'或'cubic'。例如

```
>>x=linspace(0,2*pi,80);y=sin(x);x1=[0.5,1.4,2.6,4.2],y1=interp1(x,y,x1,'cubic')
```

结果显示：

```
x1 =
     0.5000    1.4000    2.6000    4.2000
y1 =
     0.4794    0.9855    0.5155   -0.8716
```

(2) 二维线性插值和三维线性插值

与一维线性插值一样，二维线性插值也可以通过插值或查表来求得离散点之间的数据值。在MATLAB中，二维线性插值可用函数interp2()来实现，其调用格式为

zi = interp2(x,y,z,xi,yi,'method')

其中，返回值zi为在插值向量xi,yi处的函数值向量，它是根据向量x,y与z插值而来的。x,y和z也可以是矩阵。如果xi,yi中有元素不在x,y的范围内，则与之相对应的zi返回NaN。如果x,y省略，表示x=1:m，y=1:n，此处n与m为矩阵z的行数和列数，即[n,m]=size(z)。参数'method'的定义同上。

二维插值中已知数据点集(x,y)必须是栅格格式，一般用函数meshgrid()产生。函数interp2()要求(x,y)必须是严格单调的，即单调递增或者单调递减。另外，若已知点集(x,y)在平面上分布不是等间距时，函数interp2()首先通过一定的变换将其转换为等间距的。若输入点集(x,y)已经是等间距分布的话，可以在method参数前加星号“*”，如'*cubic'，这样输入参数可以提高插值速度。例

```
>>[x,y]=meshgrid(-5:0.5:5);z=peaks(x,y);          %产生已知数据的栅格点及其函数值
>>[x1,y1]=meshgrid(-5:0.1:5);z1=interp2(x,y,z,x1,y1);%产生更精细数据栅格点及其插值
>>subplot(1,2,1);mesh(x,y,z);                     %绘制(x,y,z)已知数据的栅格图
>>subplot(1,2,2);mesh(x1,y1,z1);                  %绘制(x1,y1,z1)插值数据的栅格图
```

结果显示如图1-24所示。

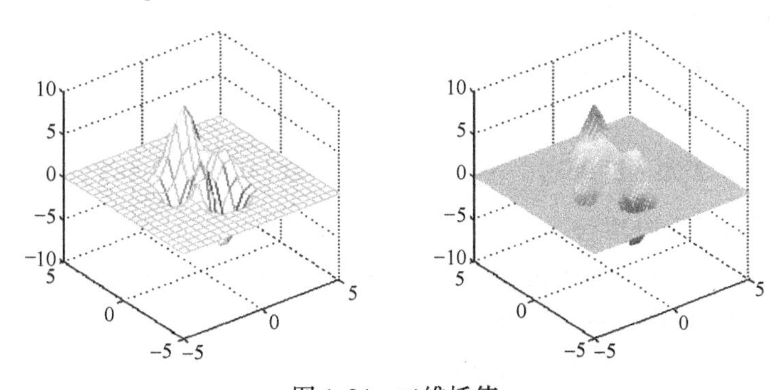

图1-24　二维插值

与一维线性插值和二维线性插值一样，三维线性插值也可以通过插值或查表来求得离散点之间的数据值。在MATLAB中，三维线性插值可用函数interp3()来实现，其使用方法与函数interp1()和函数interp2()基本类似，这里就不详细介绍了。

(3) 三次样条插值

使用高阶多项式的插值常常会产生病变的结果，而三次样条插值能消除这种病变。在三次样条插值中，要寻找3次多项式，以逼近每对数据点之间的曲线。在MATLAB中，三次样条插值利用函数spline()来实现，其调用格式为

$$yi=spline(x,y,xi)$$

其中,返回值 yi 为在插值向量 xi 处的函数值向量,它是根据向量 x 与 y 插值而来的。此函数的作用等同于 interp1(x,y,xi,'spline')。

1.8.2 曲线拟合

曲线拟合的主要功能是寻求平滑的曲线来最好地表现测量数据,从这些测量数据中寻求两个函数变量之间的关系或者变化趋势,最后得到曲线拟合的函数表达式。

用线性回归模型对已知数据进行拟合分析,是数据处理中重要的方法。很多非线性拟合问题也可以转化成线性回归问题。

线性回归模型可以表示为

$$y=a_0+a_1 f_1(x)+a_2 f_2(x)+\cdots+a_n f_n(x)$$

其中,$f_1(x)$,$f_2(x)$,…,$f_n(x)$可以通过自变量 x 计算得到;a_0,a_1,a_2,…,a_n是待拟合的系数,它们在模型中都是线性形式的。

最常用的线性回归是多形式函数回归,即$f_1(x)$,$f_2(x)$,…,$f_n(x)$是 x 的幂函数。在 MATLAB 中,多项式函数的拟合可用函数 polyfit()来实现,其调用格式为

```
[p,s]=polyfit(x,y,n)
```

其中,x,y 为利用最小二乘法进行拟合的数据;n 为要拟合的多项式的阶次;p 为要拟合的多项式的系数向量;s 为使用该函数获得的错误预估计值。一般来说,多项式拟合的阶数越高,拟合的精度就越高。

【例 1-35】 用 6 阶多项式对[0,2 * pi]区间上的$f(x)=\sin(x)$函数进行拟合。

解 MATLAB 命令如下

```
>>x=linspace(0,2*pi,80);y=sin(x);
>>p=polyfit(x,y,6),y1=polyval(p,x);plot(x,y,'ro',x,y1)
```

执行后可得如下结果和如图 1-25 所示的曲线。

```
p =
     -0.0000   -0.0056   0.0878   -0.3970   0.2746   0.8733   0.0122
```

因此所求正弦函数的 6 阶拟合多项式为

$$f(x)=-0.0056x^5+0.0878x^4-0.3970x^3+0.2746x^2+0.8733x+0.0122$$

另外,在图 1-25 中,利用 Tools(工具)→Basic Fitting(基本拟合)命令,可打开曲线拟合图形界面,用户可以在该界面上直接利用最小二乘法进行曲线拟合。在该界面中,不仅可以选择待拟合的数据集、拟合方式、中心化和归一化数据,而且还可以选择在图形中显示拟合函数和残差分布图,以及进行数据预测等。

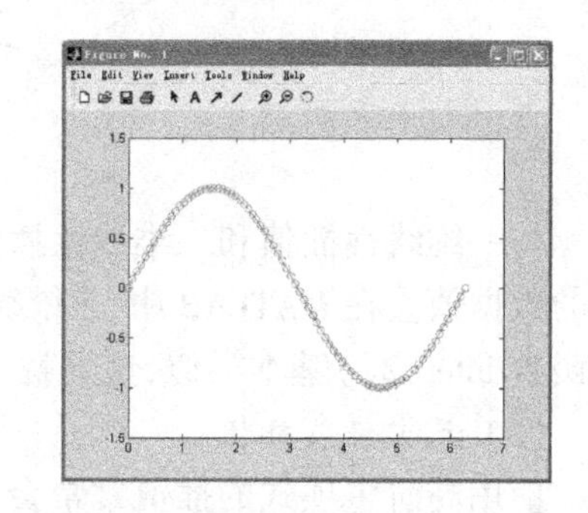

图 1-25 正弦曲线及 6 阶拟合曲线

例如利用曲线拟合图形界面,采用 6 阶多项式拟合方法对例 1-35 所给函数在[0,2 * pi]区间上进行拟合,并显示拟合函数和残差分布图,以及预测在[2 * pi,3 * pi]区间上数值。其曲线拟合图形界面参数的选择和拟合曲线及结果,分别如图 1-26 和图 1-27 所示。

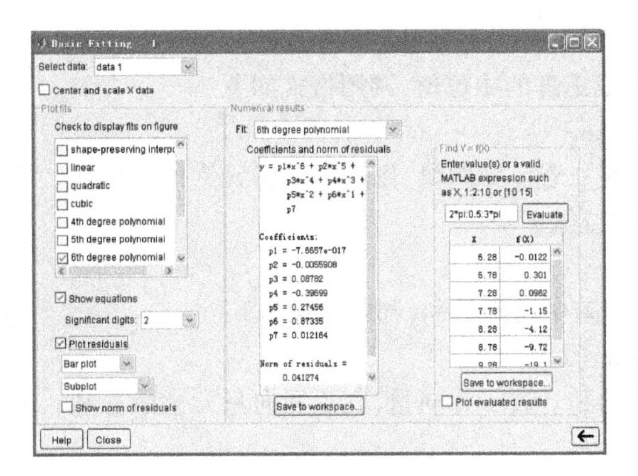

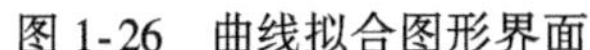

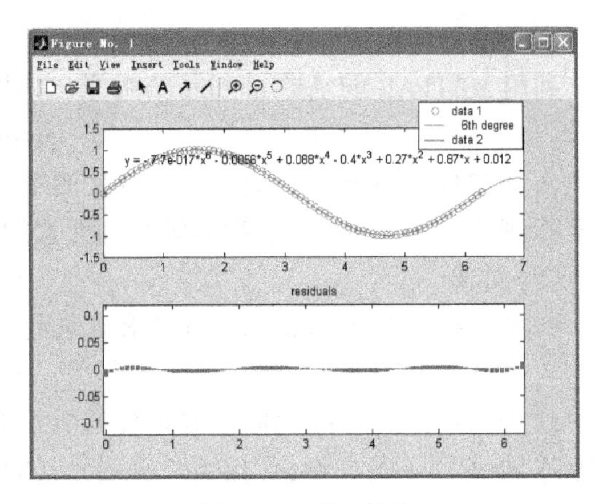

图 1-26　曲线拟合图形界面　　　　图 1-27　拟合曲线

1.8.3　数据分析

MATLAB 强大的数组运算功能,决定了它很容易对一大批数据进行数据分析以获得数据特征,如数据的极值、平均值、中值、和、积、标准差、方差、协方差和排序等。

(1) 随机数

在 MATLAB 中提供了两个用来产生随机数组的函数 rand( )和 randn( )。其调用格式为

A=rand(n,m) 和 A=randn(n,m)

其中,n 和 m 分别为将要产生随机数组的行和列;A 为 n×m 维的随机数组。函数 rand(n,m)用来产生一个 n×m 维在[0,1]区间上均匀分布的随机数组;函数 randn(n,m)用来产生一个 n×m 维的均值为 0 标准差为 1 的正态分布的随机数组。

(2) 最大值和最小值

如果给定一组数据$\{x_i\}$,$i=1,2,\cdots,n$,则可利用 MATLAB 将这些数据用一个向量表示出来,即

$$\boldsymbol{x}=[x_1,x_2,\cdots,x_n]$$

利用 MATLAB 的函数 max( )和 min( )便可求出这组数据的最大值和最小值,调用格式如下

[xmax,i]=max(x) 和 [xmin,i]=min(x)

其中,返回的 xmax 及 xmin 分别为向量 x 的最大值和最小值,而 i 为最大值或最小值所在的位置,当然这两个函数均可以只返回一个参数,而不返回 i。如果给出的 x 不是向量而是矩阵,则采用 min( )和 max( )函数得出的结果将不是数值,而是一个向量。它的含义是得出由每一列构成的向量的最大值或最小值所构成的行向量。当 x 为复数时,通过计算 max(abs(x))返回结果。

对于函数 max( )和 min( )也可以采用以下格式:

z=max(x,y) 和 z=min(x,y)

其中,x 与 y 为向量或矩阵,它们的大小一样;返回结果 z 是一个包含最大或最小元素,且与它们大小一样的向量或矩阵。

(3) 平均值

利用 MATLAB 的函数 mean( )可求出向量或矩阵的平均值,调用格式如下

y=mean(x)

其中,x 为向量或矩阵;y 为向量或矩阵 x 的平均值。若 x 为向量,则返回向量元素的平均值。若 x 为矩阵,则返回一行向量,包括矩阵每列元素的平均值。

(4) 中位值

利用 MATLAB 的函数 median( )可求出向量或矩阵的中位值,调用格式如下

y=median(x)

其中,x 为向量或矩阵;y 为向量或矩阵 x 的中位值。若 x 为向量,则返回向量元素的中位值。若 x 为矩阵,则返回一行向量,包括矩阵每列元素的中位值。

(5) 求和

利用 MATLAB 的函数 sum( )可求出向量或矩阵中元素的和,调用格式如下

y=sum(x)

其中,x 为向量或矩阵;y 为向量或矩阵 x 中元素的和。若 x 为向量,则返回向量元素的总和。若 x 为矩阵,则返回一行向量,包括矩阵每列元素的和。

(6) 求积

利用 MATLAB 的函数 prod( )可求出向量或矩阵中元素的积,调用格式如下

y=prod(x)

其中,x 为向量或矩阵;y 为向量或矩阵 x 中元素的积。若 x 为向量,则返回向量元素的积。若 x 为矩阵,则返回一行向量,包括矩阵每列元素的积。

(7) 标准差

利用 MATLAB 的函数 std( )可求出向量或矩阵中元素的标准差,调用格式如下

y=std(x)

其中,x 为向量或矩阵;y 为向量或矩阵 x 中元素的标准差。若 x 为向量,则返回向量元素的标准差。若 x 为矩阵,则返回一行向量,包括矩阵每列元素的标准差。

(8) 方差

利用 MATLAB 的函数 var( )可求出向量或矩阵中元素的方差,调用格式如下

y=var(x)

其中,x 为向量或矩阵;y 为向量或矩阵 x 中元素的方差。若 x 为向量,则返回向量元素的方差。若 x 为矩阵,则返回一行向量,包括矩阵每列元素的方差。

(9) 协方差

利用 MATLAB 的函数 cov( )可求出向量或矩阵中元素的协方差,调用格式如下

y=cov(x)

其中,x 为矩阵;y 为矩阵 x 中各列间的协方差阵。

函数 cov(x,y)相等于 cov(x(:),y(:))。

(10) 相关性

分析多组数据之间的相关性,也是数据统计分析的重要部分。利用 MATLAB 的函数 corrcoef( )可求出两组向量或矩阵的相关系数或相关系数阵,调用格式如下

z=corrcoef(x,y) 或 z=corrcoef(A)

其中,x,y 为向量;A 为矩阵;z 为两组向量或矩阵的相关系数或相关系数阵。

(11) 按实部或幅值对特征值进行排序

利用 MATLAB 中的函数 esort( )和 dsort( ),可对特征值按实部或幅值进行排序,函数的调用格式为

[s,ndx]=esort(p) 和 [s,ndx]=dsort(p)

其中,esort(p)针对连续系统,根据实部按递减顺序对向量 p 中的复特征值进行排序;ndx 为索引矢量,对于连续特征值,先列出不稳定特征值。dsort(p)针对离散系统,根据幅值按递减顺序对向量 p

中的复特征值进行排序;ndx 为索引矢量。对于离散特征值,先列出不稳定特征值。

函数 sort( )用于对元素按升序进行排序。

另外,在 MATLAB 的图形窗口中,利用 Tools→Data Statistics 命令,也可打开数据分析图形界面。在该界面中,不仅显示了待分析的数据集,而且显示了数据的最小值、最大值、平均值、中位值、标准差和范围等。选中该界面中各项统计量后的复选框,则可以将它们显示到绘图窗口中。

1.9 MATLAB 的方程求解

1.9.1 代数方程求解

利用 MATLAB 中求函数 $f(.)$ 零点的函数 fzero( ) 和 fsolve( ),可以方便地求得非线性方程 $f(.)=0$ 的解,它们的调用格式分别为

[x,fval] = fzero(fun,x_0)　和　[x,fval] = fsolve(fun,x_0)

其中,fun 表示函数名,函数名定义同前;x_0表示函数零点的初值,为求解过程所假设的起始点,当 x_0为标量时,该命令将在它两侧寻找一个与之最靠近的解,当 x_0为二元向量[a,b]时,该命令将在区间[a,b]内寻找一个解;x 为所求的零点;fval 为所求零点对应的函数值,此项可省略。fzero( )用来对一元方程求解,fsolve( )用来对多元方程求解。当然利用函数 fzero( )和 fsolve( )也可对线性方程求解。

【例 1-36】 试求函数 $f=\sin(x)$ 在数值区间[0,2*pi]中的零点。

解 ① 为了更好地选择函数在[0,2*pi]之间零点的初值,首先利用以下 MATLAB 命令,绘制函数的曲线,如图 1-28 所示。

```
>>x=0:0.01:2*pi;y=sin(x);plot(x,y);
>>hold on;line([0,7],[0,0])
```

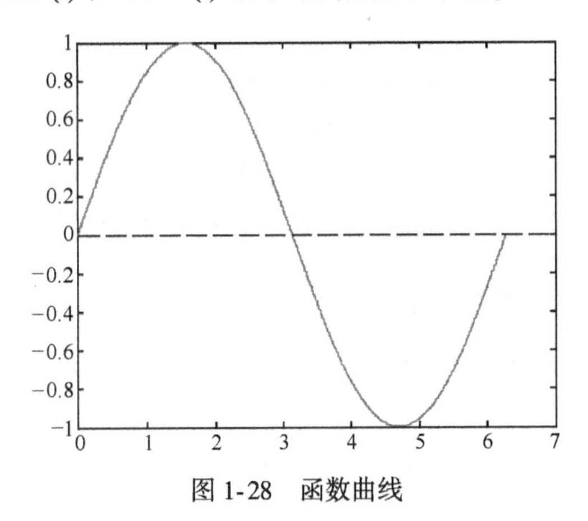

图 1-28　函数曲线

② 由图 1-28 可知,在区间[0,2*pi]上,函数的零点有 3 个,分别位于 0、3 和 6 附近,求解这 3 个零点的 MATLAB 命令如下

```
>>x1=fzero('sin(x)',0);x2=fzero('sin(x)',[2,4]);
>>x3=fzero('sin(x)',6);x=[x1,x2,x3]
```

结果显示:

```
x =
     0     3.1416     6.2832
```

结果表明,函数 $f=\sin(x)$ 在[0,2*pi]范围内有 3 个零点,它们分别为 0、3.1416 和 6.2832。

一般来讲,多元函数的零点问题比一元函数的零点问题更难解决,但当零点大致位置和性质比较好预测时,也可以使用数值方法搜索精确的零点。

【例 1-37】 试求以下非线性方程组在(1,1,1)附近的数值解。

$$\begin{cases}\sin x+y^2+\ln z-7=0\\3x+2y-z^3+1=0\\x+y+z-5=0\end{cases}$$

解 首先根据三元方程编写一个函数 ex1_37. m

```
%ex1_37. m
function q=ex1_37(p)
q(1)=sin(p(1))+p(2)^2+log(p(3))-7;
q(2)=3*p(1)+2*p(2)-p(3)^3+1;
q(3)=p(1)+p(2)+p(3)-5;
```

然后利用下面的命令在初值 $x_0=1, y_0=1, z_0=1$ 下调用 fsolve( )函数直接求出方程的解。

```
>>x=fsolve('ex1_37',[1  1  1])
```

结果显示：

```
x =
    0.6331    2.3934    1.9735
```

【例 1-38】 试求线性方程组的解。

$$\begin{cases}x-y=0\\x+y-6=0\end{cases}$$

解 首先根据两元方程编写一个函数 ex1_38. m

```
%ex1_38. m
function z=ex1_38(p)
z(1)=p(1)-p(2);
z(2)=p(1)+p(2)-6;
```

然后利用下面的命令在任意给的初值 $x_0=0, y_0=0$ 下调用 fsolve( )函数直接求出方程的解。

```
>>xy=fsolve('ex1_38',[0  0])
```

结果显示：

```
xy =
    3.0000    3.0000
```

特别指出，对线性方程组

$$\boldsymbol{Ax}=\boldsymbol{B}$$

在 $\boldsymbol{A}$ 的逆存在的条件下，有更简单的求解方法。在 MATLAB 下对以上线性方程组，可利用以下命令进行求解。

$$x=\mathrm{inv}(A)*B$$

例如对于例 1-38 也可利用以下命令，得到以上结果。

```
>>A=[1  -1;1  1];b=[0;6];x=inv(A)*b
```

当然例 1-38 也可利用前面介绍过的符号代数方程的求解函数 solve( )对其进行求解，同样可以得到以上结果，即 x=3，y=3。

1.9.2 微分方程求解

MATLAB 中提供了求解常微分方程的函数 ode45( )，其调用格式为

$$x=\mathrm{ode45}(\mathrm{fun},[t0,tf],x0,tol)$$

其中,fun 为函数名,其定义同前;[t0,tf]为求解时间区间;x0 为微分方程的初值;tol 用来指定误差精度,其默认值为 10^{-3};x 为返回的解。

【例 1-39】 求微分方程

$$\ddot{x}-(1-x^2)\dot{x}+x=0$$

在初始条件:$x(0)=1$;$\dot{x}(0)=0$ 下的解。

解 首先将微分方程写成一阶微分方程组,令 $x_1=x$,$x_2=\dot{x}$,则可得

$$\begin{cases}\dot{x}_1=x_2\\ \dot{x}_2=(1-x_1^2)x_2-x_1\end{cases},\begin{cases}x_1(0)=1\\ x_2(0)=0\end{cases}$$

然后根据以上微分方程组编写一个函数 ex1_39. m。

```
%ex1_39. m
function dx=ex1_39(t,x)
dx=[x(2);(1-x(1)^2)*x(2)-x(1)];
```

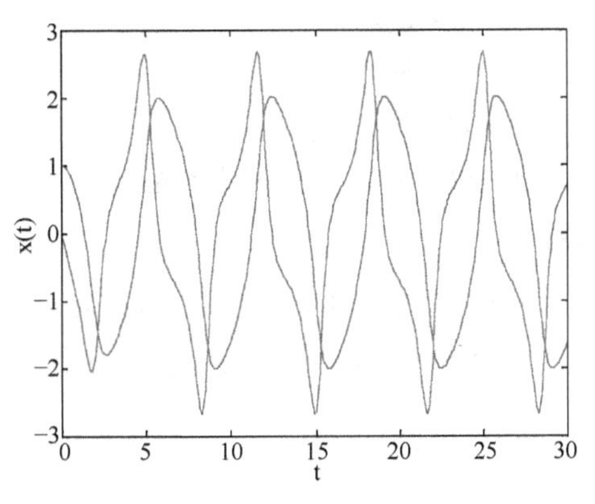

图 1-29 解曲线

最后利用以下的 MATLAB 命令,即可求出微分方程在时间区间[0,30]上的解曲线,如图 1-29 所示。

```
>>[t,x]=ode45('ex1_39',[0,30],[1;0]);
>>plot(t,x(:,1),t,x(:,2));xlabel('t');ylabel('x(t)')
```

1.10 MATLAB 的函数运算

1.10.1 函数极值

在 MATLAB 中,提供了两个基于单纯形算法求解多元函数极小值的函数 fmins()(仅适用于 MATLAB6. 5 及以前的版本)、fminsearch()和 fminbnd(),以及一个基于拟牛顿法求解多元函数极小值的函数 fminunc(),其调用格式分别为

[x,fval]=fmins(fun,x0,options) 和 [x,fval]=fminsearch(fun,x0,options)

[x,fval]=fminbnd(fun,x0,xf,options) 和 [x,fval]=fminunc(fun,x0,options)

其中,fun 表示函数名;x0 表示函数极值点的初值,其大小往往能决定最后解的精度和收敛速度;xf 表示函数极值点的终值;options 表示选项,它是由一些控制变量构成的向量,比如它的第一个分量不为 0 表示在求解时显示整个动态过程(其默认值为 0),第二个分量表示求解的精度(默认值为 1e-4);x 为所求极小值点;fval 为所求极小值点对应的函数值,此项可省略。可以指定这些参数来控制求解的条件。在调用以上函数时,首先应该写一个描述 f(·)的函数,其格式为

y=fun(x)

【例 1-40】 求函数 $f(x)=3x-x^3$ 在区间(-3,3)的极小值。

解 ① 为了更好地选择函数极值点处的初值,首先利用以下 MATLAB 命令,在区间(-3,3)绘制例题所给函数曲线,如图 1-30 所示。

```
>>x=-3:0.1:3;y=3.*x-x.^3;plot(x,y)
```

由图 1-30 可见,函数在区间(-3,3)中仅有 1 个极小值,且位于-1 附近,因此-2,-1 或 0 均可选作极小值点的初值,其结果均是一样的。同理,0,1 或 2 均可选作极大值点的初值。

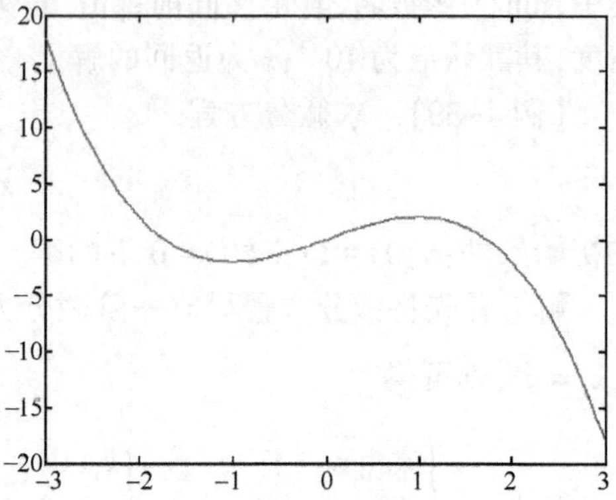

② 根据方程编写一个函数 ex1_40. m

```
%ex1_40. m
function y=ex1_40(x)
y=3 * x-x^3;
```

③ 利用下面的命令调用 fminsearch( ) 函数求方程的解。

图 1-30 函数曲线

```
>>[x,fmin]=fminsearch('ex1_40',0)
```

或

```
>>x=fminsearch('ex1_40',0),fmin =ex1_40(x)
```

运行结果:

```
x=
    -1.0000
fmin=
    -2
```

结果表明,函数在 x=-1 时有极小值 fmin=-2。

以上函数的极值问题,也可直接利用以下命令得到与上面相同的结果。

```
>>f='3 * x-x^3',[x,fmin]=fminsearch(f,0)
```

或

```
>>[x,fmin]=fminsearch('3 * x-x^3',0)
>>[x,fmin]=fminbnd('ex1_40',-2,0)
>>[x,fmin]=fminbnd('3 * x-x^3',-2,0)
```

因为函数$f(x)$的极小值问题等价于函数$-f(x)$的极大值问题,所以函数 fminsearch( )也可用来求解函数$f(x)$的极大值,这时只需在所求函数前加一负号即可。例如求函数$f(x)=3x-x^3$ 的极大值,可利用以下命令

```
>>f='-(3 * x-x^3)',[x,fmin]=fminsearch(f,0);x,fmax=-fmin
```

或

```
>>f='-(3 * x-x^3)',x=fminsearch(f,0),fmax=3 * x-x^3
```

运行结果:

```
x =
    1.0000
fmax=
    2
```

结果表明,函数在 x=1 时有极大值 fmax=2。

1.10.2 函数积分

对于定积分

$$y=\int_a^b f(x)\,dx$$

在被积函数$f(x)$相当复杂时，一般很难采用解析的方法求出定积分的值来,而往往要采用数值方法来求解,求解定积分的数值方法是多种多样的,如简单的梯形法、Simpson 法和 Romberg 法等,它们的基本思想都是将整个积分空间$[a,b]$分割成若干个子空间$[x_i,x_{i+1}]$,$i=1,2,\cdots,n$。其中$x_1=a$,$x_{n+1}=b$,这样整个积分问题就分解为下面的求和形式：

$$\int_a^b f(x)\,\mathrm{d}x = \sum_{i=1}^{n}\int_{x_i}^{x_{i+1}} f(x)\,\mathrm{d}x$$

而在每一个小的子空间上都可以近似求解出来,例如可以采用下面给出的 Simpson 方法来求解出$[x_i,\ x_{i+1}]$上积分近似值。

$$\int_{x_i}^{x_{i+1}} f(x)\,\mathrm{d}x \approx \frac{h_i}{12}\left[f(x_i) + 4f\left(x_i + \frac{h_i}{4}\right) + 2f\left(x_i + \frac{h_i}{2}\right) + 4f\left(x_i + \frac{3h_i}{4}\right) + f(x_i + h_i)\right]$$

式中,$h_i=x_{i+1}-x_i$

MATLAB 基于此算法,采用自适应变步长方法给出了 quad( ) 函数来求取定积分,该函数的调用格式为

y=quad(fun,a,b,tol)

其中,fun 为函数名,其定义和其他函数一致;a,b 分别为定积分的上、下限;tol 为变步长用的误差限,如不给出误差限,则将自动地假定 tol=10^{-3};y 为返回的值。

【例 1-41】 试求以下积分的值

$$y = \frac{1}{\sqrt{2\pi}}\int_{-\infty}^{\infty} \mathrm{e}^{-\frac{x^2}{2}}\mathrm{d}x$$

解 这一无穷积分可以由有限积分来近似,一般情况下,选择积分的上、下限为±15 就能保证相当的精度。

首先根据给定的被积函数编写下面的函数 ex1_41. m

```
%ex1_41. m
function f=ex1_41(x)
f=1/sqrt(2 * pi) * exp(-x. ^2/2);
```

然后通过下面的 MATLAB 语句可求出所需函数的定积分

```
>>format long; y=quad('ex1_41',-15,15)
```

结果显示：

```
y=
   1.000000072473564
```

以上函数的积分问题,也可直接利用以下命令得到与上面相同的结果。

```
>>format long; y=quad('1/sqrt(2 * pi) * exp(-x. ^2/2)',-15,15)
```

或

```
>>format long;f='1/sqrt(2 * pi) * exp(-x. ^2/2)';y=quad(f,-15,15)
```

另外,MATLAB 给出一种利用插值运算来更精确更快速地求出所需要的定积分的函数 quadl( ),该函数的调用格式为

y=quadl(fun,a,b,tol)

其中,tol 的默认值为10^{-6},其他参数的定义及使用方法和 quad( ) 几乎一致。该函数可以更准确地求出积分的值,且一般情况下函数调用的步数明显小于 quad( )。

对于例 1-41,使用 quadl( ) 函数。

```
>>format long;f='1/sqrt(2*pi)*exp(-x.^2/2)';y=quadl(f,-15,15)
```

结果显示：

```
y=
  1.000000000003378
```

在二维情况下求积分实质上是求函数曲线与坐标轴之间所夹的封闭图形的面积，故利用 MATLAB 的 trapz()函数，也可求取定积分。

例如，对例 1-41 有

```
>>format long;x=-15:0.01:15;y= ex1_41(x);area=trapz(x,y)
```

结果显示：

```
area=
     1.00000000000000
```

当然例 1-41 也可利用前面介绍过的符号积分函数 int()进行求解。

1.11 MATLAB 的文件处理

在 MATLAB 中，提供了许多有关文件的输入和输出函数，它们具有直接对磁盘文件进行访问的功能，使用这些函数可以很方便地实现各种格式的读取工作，不仅可以进行高层次的程序设计，也可以对低层次的文件进行读写操作，这样就增加了 MATLAB 程序设计的灵活性和兼容性。

1.11.1 处理二进制文件

对于 MATLAB 而言，二进制文件是相对比较容易处理的。和后面介绍的文本文件相比较，二进制文件是比较容易和 MATLAB 进行交互的。

对于和 MATLAB 同等层次的文件，可以使用 load、save 等命令对该文件进行操作，具体的操作方法前面已经介绍。这里将主要介绍在 MATLAB 中读取低层次数据文件的函数，这些函数可以对多种类型的数据文件进行操作，常用的函数如表 1-15 所示。

表 1-15 二进制文件 I/O 函数

函 数	说 明	函 数	说 明
fopen()	打开文件或获取已打开文件的信息	fscanf()	按指定格式读入文件中数据
fclose()	关闭文件	fprintf()	按指定格式将数据写回文件
feof()	测试光标是否到达文件末尾	fread()	以二进制方式读入文件中数据
ferror()	查询文件操作错误	fwrite()	以二进制方式将数据写回文件
ftell()	返回文件中光标位置	fgetl()	返回不包括行尾终止符的字符串
fseek()	设置文件中光标位置	fgets()	返回包括行尾终止符的字符串
frewind()	将文件中光标位置移动到文件头		

1. 文件的打开和关闭

在对文件进行处理的所有工作当中，打开文件或者关闭文件都是十分基础的工作。

MATLAB 利用函数 fopen()打开或获取低层次文件的信息，该函数的调用格式为

[fid,message]=fopen('filename','mode')

其中,filename 表示打开的文件名;mode 表示打开文件的方式,“r”表示以只读方式打开,“w”表示以只写方式打开,并覆盖原来的内容,“a”表示以增补方式打开,在文件的尾部增加数据,“r+”以读写方式打开,“w+”表示创建一个新文件或删除已有的文件内容,并进行读写操作,“a+”表示以读取和增补方式打开;message 为打开文件的信息;fid 为文件句柄(或文件标识),如果该文件存在,则返回的文件句柄 fid 的值为非-1,以后就可以对该句柄指向的文件进行直接操作了,如果该文件不存在,则返回的句柄值为-1,但不会中断运行。

在默认的情况下,函数 fopen()会选择使用二进制的方式打开文件,而在该方式下,字符串不会被特殊处理。如果用户需要用文本形式打开文件,则需要在上面的 mode 字符串后面填加“t”,例如,“rt”、“rt+”等。

打开文件后,如果完成了对应的读写操作,应该利用 fclose()函数来关闭该文件,否则打开过多的文件,将会造成系统资源的浪费。该函数的调用格式为

status=fclose(fid)

其中,fid 为使用 fopen()函数得到的文件句柄(或文件标识);status 为使用 fclose()函数得到的结果,如 status=0 表示关闭文件操作成功,否则得到的结果为 status=-1。

例如用户想新建一个名为 myfile. txt 的文件,对其进行读写操作,则可以利用以下 MATLAB 命令

```
>>[myfid,message]=fopen('myfile. txt', 'w')
```

结果显示:

```
myfid =
        3
message =
          ''
```

完成了对该文件的读取操作后,用户可以调用 fclose(myfid)命令来关闭该文件。

2. 读取 M 文件

常见的二进制文件包括 . m 和 . dat 等文件,在 MATLAB 中可以使用函数 fread()来读取对应的文件,该函数的调用格式为

[A,count] =fread(fid,size,'precision')

其中,fid 为打开文件的句柄;size 表示读取二进制文件的大小,当 size 为 n 时表示读取文件前面的 n 个整数并写入到向量中,size 为 inf 时表示读取文件直到结尾,size 为[m,n]时表示读取数据到 m ×n 矩阵中(按照列排列,仅 n 可以为 inf);precision 用来控制二进制数据转换成 MATLAB 矩阵时的精度,如可取 precision 为 uchar、schar、int8、int16、int32、int64、uint8、uint16、uint32、uint64、single、float32、double 或 float64;A 为存放数据的向量或矩阵;count 表示 A 中存放数据的数目。

【例 1-42】 利用函数 fread()读取 M 文件的内容。

解 首先利用 MATLAB 的 M 文件编辑器编写具有以下内容的 M 文件,并将其以 ex1_42. m 保存。

```
%ex1_42. m
a=3;b=6;c=a*b
```

然后利用以下 MATLAB 命令读取该文件。

```
>>fidex1_42=fopen('ex1_42.m','r+');A=fread(fidex1_42)
```

结果显示：

```
A =
    97
    61
    …
    42
    98
```

从上面的结果可以看出，尽管打开的文件中是程序代码，但是使用 fread()读取该文件后，得到的是数值数组。

利用以下命令可以得到该文件的程序代码。

```
>>disp(char(A'));
```

结果显示：

```
a=3;b=6;c=a*b
```

从结果的角度来看，上面的命令代码和“type ex1_42.m”是相同的，相当于将该文件中的所有代码都显示出来。

3. 读取 TXT 文件

TXT 文件也是比较常见的二进制文件，以下通过一个简单的例子来介绍如何在 MATLAB 中读取 TXT 文件。

【例 1-43】 在 MATLAB 中读取 ex1_43.txt 文件的内容。

解 首先将以上 M 文件 ex1_42.m 更名为 ex1_43.txt，然后利用以下 MATLAB 命令

```
>>fidex1_43=fopen('ex1_43.txt','r');A=fread(fidex1_43,'*char');sprintf(A)
```

结果显示：

```
ans =
    a=3;b=6;c=a*b
```

或利用以下命令

```
>>fidex1_43=fopen('ex1_43.txt','r');A1=fread(fidex1_43,9,'*char');
>>A2=fread(fidex1_43,5,'*char');A3=fread(fidex1_43,4,'*char');
>>A4=fread(fidex1_43,6,'*char');sprintf('%c',A1,A2,'+',A3,'+',A4)
```

结果显示：

```
ans =
    a=3; b=6; c=a*b
```

4. 写入二进制文件

在 MATLAB 中，如果用户希望按照指定的二进制文件格式，将矩阵的元素写入文件中，可以使

用函数 fwrite( )来完成。该函数的调用格式为

fwrite(fid,A,'precision')

其中,fid 为打开文件的句柄;A 表示写入数据的向量或矩阵;precision 用来控制将二进制数据转换成 MATLAB 矩阵时的精度。

【例 1-44】 在 MATLAB 中使用函数 fwrite( )来写入二进制文件。

解 MATLAB 命令。

```
>>fidex1_44=fopen('ex1_44.txt','w');A=[1 2 3;4 5 6]
>>fwrite(fidex1_44,A,'int32');fclose(fidex1_44);
>>fidex1_44=fopen('ex1_44.txt','r');B=fread(fidex1_44,[2,3],'int32'),fclose(fidex1_44);
```

结果显示:

```
A =
     1     2     3
     4     5     6
B =
     1     2     3
     4     5     6
```

1.11.2 处理文本文件

MATLAB 的数据 I/O 操作支持多种数据格式,包括文本数据、图形数据、音频和视频数据、电子表格数据和科学数据。针对不同数据类型的数据文件,提供了多种处理函数。其中文本文件的读取函数如表 1-16 所示。文本文件中数据是按照 ASCII 码存储的字符或数字,它们可以显示在任何文本编辑器中。

表 1-16 文本文件的读取函数

函数	说明
csvread( )	以逗号为分隔符,将文本文件数据读入 MATLAB 工作区
csvwrite( )	以逗号为分隔符,将 MATLAB 工作区变量写入文本文件
dlmread( )	以指定的 ASCII 码为分隔符,将文本文件数据读入 MATLAB 工作区
dlmwrite( )	以指定的 ASCII 码为分隔符,将 MATLAB 工作区变量写入文本文件
textread( )	按指定格式,将文本文件数据读入 MATLAB 工作区
textwrite( )	按指定格式,将 MATLAB 工作区变量写入文本文件

1. 读取文本文件

在 MATLAB 中,提供了多个函数来读取文本文件中的数据,其中比较常见的函数有 csvread( )、dlmread( )和 textread( ),这些函数有各自的使用范围和特点。它们的调用格式分别为

A=csvread('filename',row,col)

A=dlmread('filename',delimiter)

A =textread('filename','format',N)

其中,filename 为打开的文本文件名;row 和 col 分别为需要读取的数据行和列;delimiter 为用户自定义的分隔符;format 表示读取文件的变量格式;N 表示读取数据的循环次数;A 表示存放数据的

向量或矩阵。

2. 写入文本文件

利用函数 csvwrite( )和 dlmwrite( )可将数据写入文本文件,它们的调用格式分别为

csvwrite('filename',A,row,col)

dlmwrite('filename',A,'-append',delimiter)

其中,filename 为数据写入的文本文件名;A 表示写入数据存放的向量或矩阵;row 和 col 分别表示在原始数据基础上添加的数据行和列数;delimiter 为用户自定义的分隔符。

【例 1-45】 在 MATLAB 中使用函数 csvwrite( )或 dlmwrite( )来写入文本文件。

解 MATLAB 命令。

```
>>A=[1 2 3;4 5 6];csvwrite('ex1_45. dat',A);type ex1_45. dat
>>B=csvread('ex1_45. dat'),C=dlmread('ex1_45. dat')
```

或
```
>>A=[1 2 3;4 5 6];dlmwrite('ex1_45. txt',A);type ex1_45. txt;
>>B=csvread('ex1_45. txt',0,0),C=dlmread('ex1_45. txt')
```

结果显示:

```
1,2,3
4,5,6
B =
     1     2     3
     4     5     6
C =
     1     2     3
     4     5     6
```

1.12 MATLAB 的图形界面

作为强大的科学计算软件,MATLAB 也提供了图形用户界面(GUI)的设计和开发功能。MATLAB 中的基本图形用户界面对象分为 3 类:用户界面控件对象(uicontrol)、下拉式菜单对象(uimenu)和内容式菜单对象(uicontextmenu)。其中,函数 uicontrol( )能建立按钮、列表框、编辑框等图形用户界面对象;函数 uimenu( )能建立下拉式菜单和子菜单等图形用户界面对象;函数 uicontextmenu( )能建立内容式菜单用户界面对象。利用上述函数,通过命令行方式,进行精心的组织,就可设计出一个界面良好、操作简单、功能强大的图形用户界面。

另外,为了能够像 Visual Basic,Visual C++等程序设计软件一样简单、方便地进行 GUI 的设计与开发,MATLAB 提供了一套方便、实用的 GUI 设计工具。GUI 设计工具比较直观,适宜进行被设计界面上各控件的几何安排。但从总体上讲,GUI 设计工具远不如直接使用指令编写程序灵活。由于篇幅所限,本文仅简单介绍 GUI 设计工具 GUI Builder。

1.12.1 启动 GUI Builder

在 MATLAB 中,可以用以下几种方法启动 GUI Builder。

(1) 在 MATLAB 操作界面的命令窗口中直接键入 guide 命令;

(2) 在 MATLAB 6. x/7. x 操作界面中,利用菜单命令 File→New→GUI,或单击左下角“Start”菜单中,“MATLAB”子菜单中的“GUIDE(GUI Builder)”选项;或在 MATLAB 8. x/9. x 操作界面的主页(HOME)中,利用新建(New)菜单下的图形用户界面(GUI)命令。

选择以上任意一种方法,便可打开 GUI 设计工具的模板界面,如图 1-31 所示。

MATLAB 为 GUI 设计准备了 4 种模板:Blank GUI(默认)、GUI with Uicontrols(带控件对象的 GUI 模板)、GUI with Axes and Menu(带坐标轴与菜单的 GUI 模板)、Modal Question Dialog(带模式问话对话框的 GUI 模板)。不同的设计模板,在对象设计编辑器中的显示结果是不同的。在 GUI 设计模板界面中选择一种模板,单击[OK]按钮,就会显示对象设计编辑器(Layout Editor)。图 1-32 为选择 Blank GUI 模板后显示的对象设计编辑器界面。

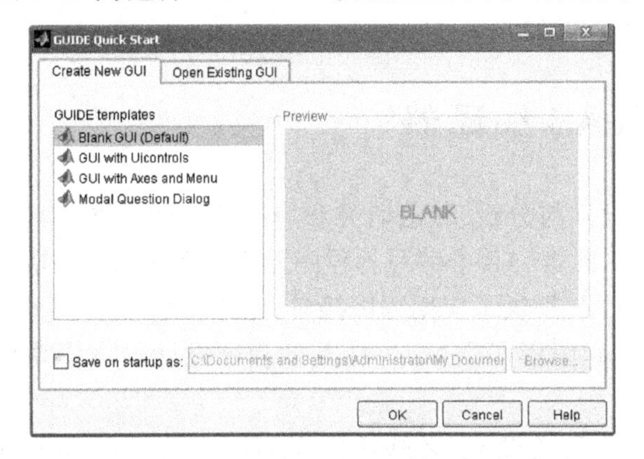

图 1-31　GUI 设计模板界面

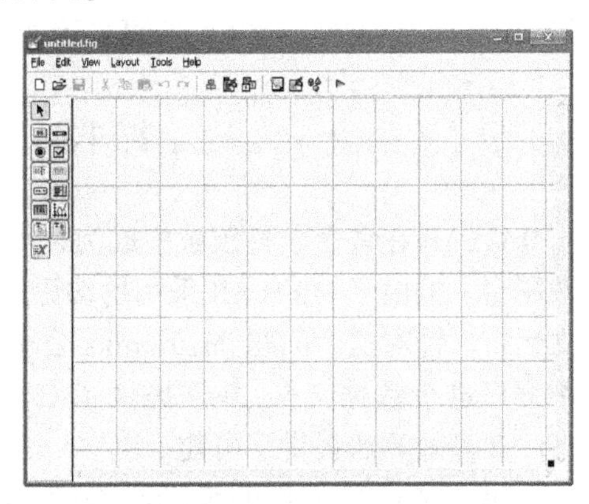

图 1-32　对象设计编辑器界面

1.12.2　对象设计编辑器

在对象设计编辑器界面的顶端工具栏中,特别给出了以下快捷工具:对齐对象(Align Objects)按钮“ ”、菜单编辑器(Menu Editor)按钮“ ”、Tab 顺序编辑器(Tab Order Editor)按钮“ ”、M 文件编辑器(M-file Editor)按钮“ ”、属性检查器(Property Inspector)按钮“ ”、对象浏览器(Object Browser)按钮“ ”和显示设计结果(Run)按钮“ ”。用菜单编辑器,可以创建、设置、修改下拉式菜单和内容式菜单。另外,利用菜单编辑器窗口界面左下角的第一个按钮[Menu Bar]也可创建下拉式菜单;第二个按钮[Context Menu]用于创建内容式菜单。而菜单编辑器界面左上角的第一个按钮用于创建下拉式菜单的主菜单;第三个按钮用于创建内容式菜单的主菜单;第二个按钮分别用于创建下拉式菜单和内容式菜单的子菜单。利用 Run 工具按钮可以随时查看设计的图形用户界面的显示结果。

用鼠标拖拉对象设计区(Layout Area)左边的按钮“ ”,便可在对象设计区依次生成 Push Button(按钮)、Slider(滑块)、Radio Button(单选按钮)、Check Box(复选框)、Edit Text(可编辑文本)、Static Text(静态文本)、Pop-up Menu(弹出式菜单)、ListBox(列表框)、Toggle Button(切换按钮)、Table(表)、Axes(轴)、Panel(面板)、Button Group(按钮组)和 ActiveX Control(ActiveX 控件)等图形控件对象。创建对象后,利用鼠标右键可显示所选对象的一个弹出式菜单,可从中选择某一个子菜单项进行相应的设计。通过双击该对象,也会显示该对象的属性检查器(Property Inspector),并对其属性值进行设置。

在对象设计区右击鼠标,会显示与编辑、设计整个图形窗口有关的弹出式菜单。

【例 1-46】　利用图形用户界面生成一个按钮,来执行例 1-7 中的 ex1_7. m 程序。

解　① 利用 Blank GUI 模板,用鼠标拖拉图标“ ”,在对象设计区生成一个“Push Button(按钮)”图标。

② 双击“Push Button(按钮)”图标,显示该图标的属性检查器(Property Inspector),并将“String”的属性值“Push Button(按钮)”改为“绘制极坐标方程曲线”。

③ 利用鼠标右键单击“Push Button(按钮)”图标,显示该图标的弹出式菜单,执行菜单中的View Callbacks(查看回调)→Callback 命令,按要求给定一个.fig 文件名,如 ex1_46 后,自动打开一个同名的 M 文件,同时光标指向该图标的回调函数 function pushbutton1_Callback(…)命令处。

④ 在 ex1_46.m 文件中的回调函数 function pushbutton1_Callback(…)命令后,增加一条命令:ex1_7。保存 ex1_46.m 文件后,同时也将对象设计编辑器中的文件自动保存为 ex1_46.fig。

⑤ 在 MATLAB 命令窗口中,直接输入命令 ex1_46,打开图形用户界面 ex1_46.fig 后,单击其“绘制极坐标方程曲线”图标,便可显示如图 1-8 所示的结果。

1.13 MATLAB 编译器

MATLAB 在许多学科领域中成为计算机辅助设计与分析、算法研究和应用开发的基本工具和首选平台。但由于 MATLAB 采用伪编译的形式,在 MATLAB 中编写的程序无法脱离其工作环境而独立运行。针对这个问题,Mathworks 公司为 MATLAB 提供了应用程序接口,允许 MATLAB 和其他应用程序进行数据交换,并且提供了 C/C++数学和图形函数库,为在其他程序设计语言中调用 MATLAB 高效算法提供了可能。

如果要完成 M 文件的编译或 MATLAB 与 C 语言的交互,必须建立 MATLAB 的 mex,mcc 和 mbuild 三个编辑器。mex 编译命令可以将 C 语言编写的 C 文件转换成在 MATLAB 环境下能运行的各种 MATLAB 文件的形式。mcc 编译命令可以将 MATLAB 编写的 M 文件转换成各种形式的 C 语言或 MEX 文件。如果是将 M 文件转换为可执行文件,mcc 先将 M 文件转换成 Win32 格式程序代码,再利用 mbuild 命令将其编译为 EXE 程序。如果是将 M 文件转换成 MEX 文件,mcc 先将 M 文件转换成 MEX 格式的 C 代码,再调用 mex 命令将其编译成 MEX 文件。

利用 MATLAB 编译器,不仅可以把 M 文件编译成 MEX 文件(扩展名为.dll)或独立应用的 EXE 程序(扩展名为.exe),减少对语言环境本身的依赖性;而且可以通过编译,隐藏自己开发的算法,防止修改其内容。

1.13.1 创建 MEX 文件

利用 MATLAB 编辑器 mex 或 mcc 可把 C 源代码文件(扩展名为.c)或 M 文件(扩展名为.m)经由 C 源代码编译成 MEX 文件。当程序变量为实数,或向量化程度较低、或含有循环结构时,采用 MEX 文件可提高运行速度。另外,MEX 文件采用二进制代码生成,能更好地隐藏文件算法,使之免遭非法修改。MEX 文件可直接在 MATLAB 环境下运行,它的使用方法与 M 文件相同,但同名文件中的 MEX 文件被优先调用。MEX 文件最简便的创建方法是利用 MATLAB 内装的 MEX 编辑器(MATLAB Compiler)进行转换。

如果系统仅安装了一个标准编译器,在 MATLAB 环境下首次利用命令“mex”或“mcc”运行编辑器时,MATLAB 将自动完成配置;而如果系统安装了多个标准编译器,MATLAB 将提示用户指定一个默认编辑器。另外,也可利用命令“mex -setup”改变配置。

1. 利用 C 文件创建 MEX 文件

如果要在 MATLAB 的当前工作目录中,生成一个与 C 源代码程序同名的 MEX 文件,只需要在

MATLAB 命令窗口输入以下命令：

```
>>mex filename.c
```

其中 filename.c 为当前工作目录中将要创建 MEX 文件的 C 源代码程序名。

【例 1-47】 将 MATLAB 的自带文件 yprime.c 编译成 MEX 文件。

解 首先将子目录 matlab\extern\examples\mex 中的 yprime.c 文件复制到 MATLAB 的当前工作目录中，并更名为 ex1_47.c，然后在 MATLAB 命令窗口中输入以下命令：

```
>>mex ex1_47.c
```

编译成功后，便可在 MATLAB 的当前工作目录中，生成一个 MEX 文件 ex1_47. mexw32（MATLAB6.5 为 ex1_47.dll）。此时在 MATLAB 命令窗口输入以下命令：

```
>>y=ex1_47(1,1:4)
```

结果显示：

```
y =
    2.0000    8.9685    4.0000    -1.0947
```

2. 利用 M 文件创建 MEX 文件

对于 MATLAB 6.5 及以前的版本，如果要在 MATLAB 的当前工作目录中，生成一个与 M 文件同名的 MEX 文件，只需要简单地在 MATLAB 命令窗口输入以下命令：

```
>> mcc -x filename.m
```

其中 filename.m 为在 MATLAB 当前工作目录中将要创建 MEX 文件的 M 文件名；-x 为选项，表示由 M 文件创建 MEX 文件。在此，mcc 指令在把 M 文件变成 C 语言源代码文件之后，会自动调用 mex 指令把 C 源代码文件转换为 MEX 文件。如果将选项-x 换成-S 或-B pcode，则表示用于创建 MEX S 函数或 P 码文件。

值得注意的是，在将 M 文件转换成 MEX 文件时，M 文件中的函数文件和文本文件的转换过程略有不同。

（1）由 MATLAB 函数文件生成 MEX 文件

当 MATLAB 的 M 文件为函数文件 funname.m 时，在 MATLAB 命令窗口中，利用以下命令可直接在当前目录中生成与函数文件同名的 MEX 函数文件。

```
>>mcc -x funname.m
```

【例 1-48】 将以下函数文件 ex1_48.m 生成 MEX 文件。

```
%ex1_48.m
function y=ex1_48(x)
y=3*x+x.^3;
```

解 在 MATLAB 命令窗口中，输入以下命令：

```
>>mcc -x ex1_48.m
```

编译成功后，同样在 MATLAB 的当前工作目录中，生成一个 MEX 文件 ex1_48.dll 和其他许多无用的中间文件。为了确保 ex1_48.dll 文件的正确运行，将当前目录中的 ex1_48.m 文件和中间文件删除后，在 MATLAB 命令窗口输入以下命令：

```
>>x=-1;y=ex1_48(x)
```

结果显示：

```
y=
  -4
```

（2）由 MATLAB 文本文件生成 MEX 文件

当 MATLAB 的 M 文件为文本文件 filename. m 时，首先要在文本文件的开头加一行“function filename”变为函数文件，然后再在 MATLAB 命令窗口中，利用以下命令生成与文件同名的 MEX 文件。

```
>>mcc -x filename. m
```

【例 1-49】 将以下文本文件 ex1_49. m 生成 MEX 文件。

```
%ex1_49. m
a=5;b=6;c=a*b
```

解 首先要将文本文件改写为函数文件

```
%ex1_49. m
function ex1_49
a=5;b=6;c=a*b
```

然后再在 MATLAB 命令窗口中，输入以下命令：

```
>>mcc -x ex1_49. m
```

编译成功后，同样在当前工作目录中，生成一个 MEX 文件 ex1_49. dll 和其他许多中间文件。将该目录中的 ex1_49. m 和无用的中间文件删除后，在 MATLAB 命令窗口输入以下命令：

```
>>ex1_49
```

结果显示：

```
c=
  30
```

在 MATLAB 7. x 及以上版本中，编译器 mcc 的选项-x 已经不支持了。因为 MATLAB 7. x 及以上版本的 JIT 加速器已经可以把 M 文件的执行效率增加许多，它们已不应用 MEX 格式来加速程序的执行速度了。尽管 MATLAB 7. x 及以上版本无法利用编译器 mcc 的选项-x 编译 MEX 格式文件，但其编译器 mcc 仍有很多选项参数可以使用，而且有多种方法，具体细节可在 MATLAB 工作窗口中利用命令“help mcc”进行查看。

1. 13. 2 创建 EXE 文件

前面介绍的 MEX 文件虽然编码形式与 M 文件不同，但 MEX 文件仍是只能在 MATLAB 环境中运行的文件，它与 MATLAB 其他指令的作用依靠动态链接实现。MATLAB 编辑器 mbuild 或 mcc 可使 C 源代码文件或 M 文件经由 C 或 C++源代码生成独立的外部应用程序（扩展名为 . exe），即 EXE 文件。EXE 文件可以独立于 MATLAB 环境运行，但是往往需要 MATLAB 提供的数学函数库

(MATLAB C/C++ Math Library)和图形函数库(MATLAB C/C++ Graphics Library)的支持。

如果系统仅安装有一个标准 C/C++编辑器,MATLAB 将在首次执行编译时自动完成配置;如果系统安装了多个标准编译器,那么在首次执行编译任务时,MATLAB 将提示用户指定一个默认编辑器。另外,也可利用命令“mbuild -setup”改变配置。

独立外部程序或完全由 M 文件转换产生,或完全由 C/C++文件转换产生,或由它们的混合文件转换产生,但不能由 MEX 文件转换得到。

1. 利用 C 文件创建 EXE 文件

如果要在 MATLAB 的当前目录中,生成一个与 C 源代码程序同名的 EXE 文件,只需要在 MATLAB 命令窗口输入以下命令:

```
>>mbuild filename. c
```

其中,filename. c 为将要编译成 EXE 文件的 C 源代码程序名。

2. 利用 M 文件创建 EXE 文件

MATLAB 在对 M 文件转换时,它首先被编译器翻译成 C/C++源代码文件。然后自动调用命令 mbuild,对产生的 C/C++源代码文件连同那些本来就是 C/C++的源代码文件一起再进行编译,并链接生成最终的可执行外部 EXE 文件。

如果要在 MATLAB 的当前目录中,生成一个与 M 文件同名的 EXE 文件,只需要在 MATLAB 命令窗口输入以下命令:

```
   >>mcc -m filename. m          %创建 C 独立应用程序
或 >>mcc -p filename. m          %创建 C++独立应用程序
```

以上命令中的 filename. m 为当前目录中将要编译成 EXE 文件的 M 文件名;选项-m 表示产生 C 语言的可执行外部应用程序;选项-p 表示产生 C++语言的可执行外部应用程序,但此时要确保系统已经安装有关 C++编译器(因 MATLAB 仅自带一个 Lcc C 编译器),否则无法正常建立。在此,mcc 在把 M 文件变成 C 或 C++源代码文件之后,会自动调用 mbuild 指令把 C 或 C++源代码文件转换为可独立执行的 EXE 文件。如果在创建 C 或 C++语言的独立应用程序时,需要用到图形函数库,则需要利用以下命令:

```
   >>mcc -B sgl filename. m          %创建带绘图函数的 C 独立应用程序
或 >>mcc -B sglcpp filename. m       %创建带绘图函数的 C++独立应用程序
```

与创建 MEX 文件类似,在创建 EXE 文件时,当 M 文件为文本文件 filename. m 时,同样首先要在文本文件的开头加一行“function filename”,然后再利用以上命令进行转换。

【例 1-50】 将以下 M 文件 ex1_50. m 创建成独立应用程序 EXE 文件。

```
%ex1_50. m
function ex1_50
a=5;b=6;c=a+b
t=0:0.01:2*pi;plot(t,sin(t))
```

解 在 MATLAB 命令窗口中,输入以下命令:

```
>>mcc -B sgl ex1_50. m
```

编译成功后，同样在当前目录中，生成一个 EXE 文件 ex1_50. exe 和一个有用的 ex1_50. ctf 文件(MATLAB6. 5 及以前版本为 bin 文件夹)，以及其他许多无用的中间文件。利用鼠标双击 ex1_50. exe 文件，便可得到以下结果和如图 1-6 所示的正弦曲线。

```
c =
    11
```

小　　结

本章主要叙述了当前国际控制界最为流行的应用软件——MATLAB 的功能特点及其使用方法。为提高读者对 MATLAB 的兴趣，MATLAB 中提供了许多有趣的实例，具体内容可扫描右边二维码。通过本章学习应重点掌握以下内容：

有趣实例

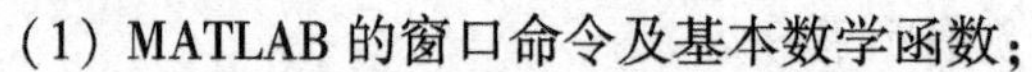

(1) MATLAB 的窗口命令及基本数学函数；

(2) MATLAB 的基本输入/输出函数和外部命令调用；

(3) MATLAB 的 M 文件的建立与使用；

(4) MATLAB 的条件转移语句、循环语句等常用控制语句的使用；

(5) MATLAB 的基本绘图、字符添加、图形控制和图形修饰命令；

(6) MATLAB 的数值运算及符号运算方法；

(7) MATLAB 的数据处理及方程求解方法；

(8) MATLAB 的函数运算及文件处理方法；

(9) MATLAB 图形用户界面(GUI)的简单设计；

(10) MATLAB 编译器的基本应用方法。

由于 MATLAB 的功能十分强大，不可能对 MATLAB 的所有函数一一介绍，本章仅介绍了 MATLAB 的一些常用函数及其使用方法，为了完整及方便读者查阅，将 MATLAB 下的基本常用函数以附录 A 和附录 B 两种形式给出，关于各个函数的详细使用方法，可以在 MATLAB 的命令窗口中利用以下命令获得该函数的联机帮助。

```
>>help 函数名          %注意这里的函数名后不加括号。
```

习　　题

1-1　利用 MATLAB 窗口命令、文本文件和函数文件三种方式求函数

$$\begin{cases} y_1 = 3x_1^2 + |x_2| + \sqrt{x_3} \\ y_2 = 3x_1^2 - x_2 - x_3 \end{cases}$$

在 $x_1=-2$，$x_2=-3$，$x_3=4$ 时的值。

1-2　某班级 30 名学生在期末数学考试中，成绩分布如表题 1-1 所示。

表　题 1-1

成　绩	100~90	89~80	79~70	69~60	59~0
人数	4	15	7	3	1

试分别采用二维饼图、三维饼图和条形图表示各个分数段人数所占的百分比。

1-3　对于矩阵$\boldsymbol{A}=\begin{bmatrix}1 & 2\\3 & 4\end{bmatrix}$,MATLAB 以下四个指令:A.^(0.5), A^(0.5), sqrt(A), sqrtm(A)所得结果相同吗?它们中哪个结果是复数矩阵,为什么?

1-4　已知方程组$\begin{cases}x=t\sin t\\y=t(1-\cos t)\end{cases}$,求$\frac{\mathrm{d}y}{\mathrm{d}x}$。

1-5　求$f(k)=ke^{-\lambda kT}$的 Z 变换表达式。

1-6　求方程$(\cos^2 t)e^{-0.1t}=0.5t$ 的解。

1-7　求解方程组$\begin{cases}x^2+y^2=1\\xy=2\end{cases}$的解。

1-8　设$\ddot{y}-3\dot{y}+2y=x$,$y(0)=1$,$\dot{y}(0)=0$,求 $y(0.5)$的值。

1-9　求边值问题$\frac{\mathrm{d}f}{\mathrm{d}x}=3f+4g$,$\frac{\mathrm{d}g}{\mathrm{d}x}=-4f+3g$,$f(0)=0$,$g(0)=1$ 的解。

1-10　某城市在 1930—2020 年中,每隔 10 年统计一次该城市的人口数量(单位是百万)如表题 1-2 所示。

表　题 1-2

年份	1930	1940	1950	1960	1970	1980	1990	2100	2010	2020
人口	75.995	91.972	101.1111	123.203	131.669	150.697	179.323	203.212	226.505	249.633

以表题 1-2 中的数据为基础,分别使用不同的插值方法,对没有进行人口统计年份的人口数量进行预测。

1-11　求方程组$\begin{cases}\sin(x-y)=0\\\cos(x+y)=0\end{cases}$的解。

1-12　求函数 $y(t)=e^{-t}|\sin[\cos t]|$的极大值和最大值($0\leq t<\infty$)。

1-13　已知 $y(t)=e^{-t}\cos 10t$,求 t_s,使对于 $t>t_s$,有 $|y(t)|<0.05$。

本章习题解答,请扫以下二维码。

习题 1 解答

第 2 章　控制系统的数学模型及其转换

控制系统计算机仿真是建立在控制系统数学模型基础之上的一门技术。对系统进行仿真,首先应该知道系统的数学模型,然后才可以在此基础上设计一个合适的控制器,使得原系统的响应达到预期的效果。本章将着重介绍常见的控制系统数学模型、系统数学模型间的相互转换及其 MATLAB 的实现。

2.1　线性系统数学模型的基本描述方法

根据系统数学描述方法的不同,系统可建立不同形式的数学模型。

1. 传递函数

单输入单输出系统可以用高阶微分方程来表示,其一般形式为

$$\frac{\mathrm{d}^n}{\mathrm{d}t^n}y(t)+a_1\frac{\mathrm{d}^{n-1}}{\mathrm{d}t^{n-1}}y(t)+\cdots+a_{n-1}\frac{\mathrm{d}}{\mathrm{d}t}y(t)+a_ny(t)$$

$$=b_0\frac{\mathrm{d}^m}{\mathrm{d}t^m}u(t)+b_1\frac{\mathrm{d}^{m-1}}{\mathrm{d}t^{m-1}}u(t)+\cdots+b_mu(t)\tag{2-1}$$

对此系统的微分方程做拉普拉斯变换,则在初始条件为零时,可得单输入单输出系统的传递函数为

$$G(s)=\frac{Y(s)}{U(s)}=\frac{b_0s^m+b_1s^{m-1}+\cdots+b_m}{s^n+a_1s^{n-1}+\cdots+a_n}\tag{2-2}$$

传递函数在 MATLAB 下可以方便地由其分子和分母多项式系数所构成的两个向量唯一确定出来,即

$$\mathrm{num}=[b_0\quad b_1\cdots\ b_m];\ \mathrm{den}=[1\quad a_1\quad a_2\cdots\ a_n]$$

可见,在这样的表示方法下,分子和分母向量的内容分别是传递函数的分子和分母系数的降幂排列。

【例 2-1】　若给定系统的传递函数为

$$G(s)=\frac{Y(s)}{U(s)}=\frac{6s^3+12s^2+6s+10}{s^4+2s^3+3s^2+s+1}$$

解　在MATLAB 命令窗口中,可将以上系统用下列 MATLAB 命令表示

```
>num=[6 12 6 10];den=[1 2 3 1 1];printsys(num,den)
```

执行后结果显示:

```
num/den =

     6 s^3 + 12 s^2 + 6 s + 10
   ----------------------------
   s^4 + 2 s^3 + 3 s^2 +  s + 1
```

当传递函数的分子或分母由若干个多项式的乘积表示时,它可由 MATLAB 提供的多项式乘法运算函数 conv( )来处理,以获得分子和分母多项式向量。此函数的调用格式为

p=conv(p1,p2)

其中,p1 和 p2 分别为由两个多项式系数构成的向量;而 p 为 p1 和 p2 多项式的乘积多项式系数向量。conv( )函数的调用是允许多级嵌套的。

【例 2-2】 若给定系统的传递函数为

$$G(s)=\frac{4(s+2)(s^2+6s+6)}{s(s+1)^3(s^3+3s^2+2s+5)}$$

解 在 MATLAB 命令窗口中,可将以上系统用下列 MATLAB 命令表示

```
>>num=4*conv([1,2],[1,6,6])
>>den=conv([1,0],conv([1,1],conv([1,1],conv([1,1],[1,3,2,5]))))
```

执行后结果显示:

```
num =
     4    32    72    48

den =
     1     6    14    21    24    17     5     0
```

相应地,离散时间系统的动态模型一般是以差分方程来描述的。假设在采样 k 时刻系统的输入信号为 $u(kT)$,且输出信号为 $y(kT)$, 其中 T 为采样周期,则此系统相应的差分方程可以写成

$$\begin{aligned}&y[(k+n)T]+g_1y[(k+n-1)T]+\cdots+g_{n-1}y[(k+1)T]+g_ny(kT)\\&=h_0u[(k+m)T]+h_1u[(k+m-1)T]+\cdots+h_mu(kT)\end{aligned} \tag{2-3}$$

对上述差分方程进行 z 变换,在初始条件为零时,可得系统的脉冲传递函数为

$$G(z)=\frac{Y(z)}{U(z)}=\frac{h_0z^m+h_1z^{m-1}+\cdots+h_m}{z^n+g_1z^{n-1}+\cdots+g_{n-1}z+g_n} \tag{2-4}$$

这种系统在 MATLAB 下也可以由其分子和分母系数构成的两个向量来唯一确定,即

$$\text{num}=[h_0 \quad h_1 \quad h_2\cdots\ h_m]\ ;\ \text{den}=[1 \quad g_1 \quad g_2\cdots\ g_n]$$

对具有 r 个输入和 m 个输出的多变量系统,可把 $m\times r$ 的传递函数矩阵 $\boldsymbol{G}(s)$ 写成和单变量系统传递函数相类似的形式,即

$$\boldsymbol{G}(s)=\frac{\boldsymbol{B}_0s^n+\boldsymbol{B}_1s^{n-1}+\cdots+\boldsymbol{B}_{n-1}s+\boldsymbol{B}_n}{s^n+a_1s^{n-1}+\cdots+a_{n-1}s+a_n} \tag{2-5}$$

式中,$\boldsymbol{B}_0,\boldsymbol{B}_1,\cdots,\boldsymbol{B}_n$ 均为 $m\times r$ 实常数矩阵,分母多项式为该传递函数矩阵的特征多项式。

在 MATLAB 控制系统工具箱中,提供了表示单输入多输出系统的表示方法,即

$$\text{num}=[B_0 \quad B_1\cdots\ B_n];\ \text{den}=[1 \quad a_1 \quad a_2\cdots\ a_n]$$

其中,分子系数包含在矩阵 num 中,num 行数与输出的维数一致,每行对应一个输出,den 是行向量,为传递函数矩阵的分母多项式的系数。

因此,系统的传递函数矩阵在 MATLAB 命令下也可以用两个系数向量来唯一确定。

【例 2-3】 对于单输入多输出系统

$$G(s)=\frac{\begin{bmatrix}3s+2\\s^3+2s+5\end{bmatrix}}{3s^3+5s^2+2s+1}$$

解 在 MATLAB 命令窗口中,可将以上系统用下列 MATLAB 命令表示

```
>>num=[0,0,3,2;1,0,2,5];den=[3,5,2,1];printsys(num,den)
```

执行后结果显示:

```
num(1)/den =
        3 s + 2
   -----------------------
   3 s^3 + 5 s^2 + 2 s + 1

num(2)/den =
        s^3 + 2 s + 5
   -----------------------
   3 s^3 + 5 s^2 + 2 s + 1
```

2. 零极点增益形式

单输入单输出系统的零极点模型可表示为

$$G(s)=K\frac{\prod_{j=1}^{m}(s-z_j)}{\prod_{i=1}^{n}(s-p_i)}=K\frac{(s-z_1)(s-z_2)\cdots(s-z_m)}{(s-p_1)(s-p_2)\cdots(s-p_n)} \tag{2-6}$$

式中,$z_j(j=1,2,\cdots,m)$ 和 $p_i(i=1,2,\cdots,n)$称为系统的零点和极点,它们既可以为实数又可以为复数,而 K 称为系统的增益。

在 MATLAB 下,零极点模型可以由增益 K 和零极点所构成的列向量唯一确定出来。即

$$\boldsymbol{Z}=[z_1;\ z_2;\cdots;\ z_m];\ \boldsymbol{P}=[p_1;\ p_2;\cdots;\ p_n];\ K=K$$

零极点模型实际上是传递函数模型的另一种表现形式,其原理是分别对原系统传递函数的分子和分母进行分解因式处理,以获得系统的零极点表示形式。系统的增益 K 即为原传递函数分子的最高项系数与分母最高项系数的比值。

系统的零极点模型可以被直接用来判断系统的稳定性。如果系统的所有极点都位于左半 s 平面,即 $\mathrm{Re}\{p_i\}<0,\ i=1,2,3,\cdots,n$,则称该系统是稳定的,否则称系统是不稳定的。如果稳定系统所有的零点都位于左半 s 平面,即 $\mathrm{Re}\{z_j\}<0, j=1,2,\cdots,m$,则称该系统为最小相位系统,否则称为非最小相位系统。如果系统的某个零点的值恰好等于其中一个极点的值,则它们之间可以对消,直接获得一个完全等效的低阶系统。

对于式(2-4)所表示的脉冲传递函数来说,也可用类似的方法直接获得其零极点表示的模型。这时若系统的全部极点都位于单位圆内,即 $|p_i|<1, i=1,2,\cdots,n$,则称该系统为稳定系统,否则称为不稳定系统。同样若稳定系统的全部零点均位于单位圆内,则称系统为最小相位系统。

对于单输入多输出系统,列向量 $\boldsymbol{P}$ 中储存系统的极点;零点储存在矩阵 $\boldsymbol{Z}$ 中,$\boldsymbol{Z}$ 的列数等于输出向量的维数,每列对应一个输出,对应增益则在列向量 $\boldsymbol{K}$ 中。

因此,系统的零极点模型在 MATLAB 命令下可用一个增益向量、零点向量和极点向量来唯一确定。

【例 2-4】 已知单输入双输出系统的零极点模型

$$G(s)=\frac{\begin{bmatrix}3(s+12)\\4(s+1)(s+2)\end{bmatrix}}{(s+3)(s+4)(s+5)}$$

解 在 MATLAB 命令窗口中,可将以上系统用下列 MATLAB 语句表示

```
>>K=[3;4],Z=[-12  -1;inf  -2],P=[-3;-4;-5]
```

在此多输出系统中,第一分子比第二分子的阶次低,因此,要使用 inf 来将第一分子在无穷远处拓展一个零点,使之与第二分子阶次相同。

MATLAB 工具箱中的函数 poly( )和 roots( )可用来实现多项式和零极点间的转换。例如,在 MATLAB 命令窗口中进行如下操作可实现互相转换。

```
>>P=[1  3  5  2];R=roots(P),P1=poly(R)
```

结果显示:

```
R =
  -1.2267 + 1.4677i
  -1.2267 - 1.4677i
  -0.5466
```

```
P1 =
     1.0000    3.0000    5.0000    2.0000
```

对于离散系统,零极点增益模型为

$$G(z)=K\frac{(z-z_1)(z-z_2)\cdots(z-z_n)}{(z-p_1)(z-p_2)\cdots(z-p_n)} \tag{2-7}$$

可记为 $\boldsymbol{Z}=[z_1;z_2;\cdots;z_n]$, $\boldsymbol{P}=[p_1;p_2;\cdots;p_n]$, $K=K$

3. 部分分式形式

传递函数也可表示成部分分式或留数形式,即

$$G(s)=\sum_{i=1}^{n}\frac{r_i}{s-p_i}+h(s) \tag{2-8}$$

式中,$p_i(i=1,2,\cdots,n)$为该系统的 n 个极点,与零极点形式的 n 个极点是一致的;$r_i(i=1,2,\cdots,n)$是对应各极点的留数;$h(s)$则表示传递函数分子多项式除以分母多项式的余式。若分子多项式的阶次与分母多项式的相等,$h(s)$为标量;若分子多项式阶次小于分母多项式,该项不存在。

在 MATLAB 下它也可由系统的极点、留数和余式系数所构成的向量唯一确定,即

$$\boldsymbol{P}=[p_1;p_2;\cdots;p_n];\boldsymbol{R}=[r_1;r_2;\cdots;r_n];\boldsymbol{H}=[h_0;h_1;\cdots;h_{(m-n)}]$$

因此,系统的部分分式模型在 MATLAB 命令下可用一个极点向量、留数向量和余式系数向量来唯一确定。

4. 状态空间表达式

状态空间表达式是描述控制系统的一种常用的方式。对多输入多输出(MIMO)系统而言,状态空间表达式是唯一方便的模型描述方法。由于它是基于系统的不可见的状态变量,所以又称为系统的内部模型。传递函数和微分方程都只描述了系统输入与输出之间的关系,而没有描述系统内部的情况,所以这些模型称为外部模型。从仿真的角度来看,为在计算机上对系统的数学模型进行试验,就要在计算机上复现(实现)这个系统,有时,仅仅复现输入量及输出量是不够的,还必须复现系统的内部变量——状态变量。

设线性定常连续系统的状态空间表达式为

$$\begin{cases}\dot{\boldsymbol{x}}(t)=\boldsymbol{Ax}(t)+\boldsymbol{Bu}(t)\\ \boldsymbol{y}(t)=\boldsymbol{Cx}(t)+\boldsymbol{Du}(t)\end{cases} \tag{2-9}$$

式中,$\boldsymbol{A}$、$\boldsymbol{B}$、$\boldsymbol{C}$ 和 $\boldsymbol{D}$ 均为实常数矩阵,其中 $\boldsymbol{A}:n\times n;\boldsymbol{B}:n\times r;\boldsymbol{C}:m\times n;\boldsymbol{D}:m\times r$

如果传递函数(阵)各元素为严格真有理分式,则 $\boldsymbol{D}=0$,此时上式可写为

$$\begin{cases}\dot{\boldsymbol{x}}(t)=\boldsymbol{Ax}(t)+\boldsymbol{Bu}(t)\\ \boldsymbol{y}(t)=\boldsymbol{Cx}(t)\end{cases} \tag{2-10}$$

它们可分别简记为$\sum(\boldsymbol{A},\boldsymbol{B},\boldsymbol{C},\boldsymbol{D})$ 和$\sum(\boldsymbol{A},\boldsymbol{B},\boldsymbol{C})$

因此,系统的状态方程在 MATLAB 下可以用一个矩阵组$\sum(\boldsymbol{A},\boldsymbol{B},\boldsymbol{C},\boldsymbol{D})$或$\sum(\boldsymbol{A},\boldsymbol{B},\boldsymbol{C})$来唯一确定。

【例 2-5】 设系统的状态空间表达式为

$$\begin{cases}\dot{\boldsymbol{x}}(t)=\begin{bmatrix}0 & 0 & 1\\ -3/2 & -2 & -1/2\\ -3 & 0 & -4\end{bmatrix}\boldsymbol{x}(t)+\begin{bmatrix}1 & 1\\ -1 & -1\\ -1 & -3\end{bmatrix}\boldsymbol{u}(t)\\ \boldsymbol{y}(t)=\begin{bmatrix}1 & 0 & 0\\ 0 & 1 & 0\end{bmatrix}\boldsymbol{x}(t)\end{cases}$$

解 此系统在 MATLAB 命令窗口中,可由下面的 MATLAB 命令唯一地表示出来

```
>>A=[0  0  1;-3/2  -2  -1/2;-3  0  -4]
>>B=[1  1;-1  -1;-1  -3],C=[1  0  0;0  1  0],D=zeros(2,2)
```

对于离散系统,状态空间表达式可表示为

$$\begin{cases}\boldsymbol{x}[(k+1)T]=\boldsymbol{Gx}(kT)+\boldsymbol{Hu}(kT)\\ \boldsymbol{y}(kT)=\boldsymbol{Cx}(kT)+\boldsymbol{Du}(kT)\end{cases} \tag{2-11}$$

或

$$\begin{cases}\boldsymbol{x}[(k+1)T]=\boldsymbol{Gx}(kT)+\boldsymbol{Hu}(kT)\\ \boldsymbol{y}(kT)=\boldsymbol{Cx}(kT)\end{cases} \tag{2-12}$$

它们分别简记为$\sum(\boldsymbol{G},\boldsymbol{H},\boldsymbol{C},\boldsymbol{D})$或$\sum(\boldsymbol{G},\boldsymbol{H},\boldsymbol{C})$

2.2 系统数学模型间的相互转换

在系统仿真研究中,在一些场合下需要用到系统的一种模型,而在另一场合下可能又需要系统的另外一种模型,而这些模型之间又有某种内在的等效关系,所以了解由一种模型到另外一种模型的转换方法也是很必要的。在 MATLAB 控制系统工具箱中提供了大量的控制系统模型相互转换的函数,如表 2-1 所示。

表 2-1 模型转换函数

函数名	功能	函数名	功能
ss2tf()	由状态空间形式转化为传递函数形式	zp2tf()	由零极点形式转化为传递函数形式
ss2zp()	由状态空间形式转化为零极点形式	residue()	传递函数与部分分式间的相互转换
tf2ss()	由传递函数形式转化为状态空间形式	ss2ss()	状态空间形式的相似变换
tf2zp()	由传递函数形式转化为零极点形式	minreal()	最小实现
zp2ss()	由零极点形式转化为状态空间形式		

1. 状态空间表达式到传递函数的转换

如果系统的状态空间表达式为

$$\begin{cases}\dot{\boldsymbol{x}}=\boldsymbol{Ax}+\boldsymbol{Bu}\\ \boldsymbol{y}=\boldsymbol{Cx}+\boldsymbol{Du}\end{cases} \tag{2-13}$$

式中,$\boldsymbol{A}:n\times n;\boldsymbol{B}:n\times r;\boldsymbol{C}:m\times n;\boldsymbol{D}:m\times r$

则系统的传递函数可表示为

$$\boldsymbol{G}(s)=\boldsymbol{C}(s\boldsymbol{I}-\boldsymbol{A})^{-1}\boldsymbol{B}+\boldsymbol{D}=\frac{\boldsymbol{B}_0s^m+\boldsymbol{B}_1s^{m-1}+\cdots+\boldsymbol{B}_m}{s^n+a_1s^{n-1}+\cdots+a_n} \tag{2-14}$$

式中,$\boldsymbol{B}_0,\boldsymbol{B}_1,\cdots,\boldsymbol{B}_m$ 均为 $m\times r$ 实常数矩阵。

在 MATLAB 控制系统工具箱中,给出一个根据状态空间表达式求取系统传递函数的函数 ss2tf(),其调用格式为

```
[num,den]=ss2tf(A,B,C,D,iu).
```

其中,A,B,C 和 D 为状态空间形式的各系数矩阵;iu 为输入的代号,用来指定第几个输入。对于单变量系统 iu=1,对多变量系统,不能用此函数一次求出对所有输入信号的整个传递函数矩阵,而必须对各个输入信号逐个地求取传递函数子矩阵,最后获得整个的传递函数矩阵;返回结果 den 为传

递函数分母多项式按 s 降幂排列的系数；传递函数分子系数则包含在矩阵 num 中。num 的行数与输出 y 的维数一致，每行对应一个输出。

【例 2-6】 对于例 2-5 中给出的多变量系统，可以由下面的命令分别对各个输入信号求取传递函数向量，然后求出这个传递函数矩阵。

解 在 MATLAB 命令窗口中，利用下列 MATLAB 命令

```
>>[num1,den1]=ss2tf(A,B,C,D,1),[num2,den2]=ss2tf(A,B,C,D,2)
```

结果显示：

```
num1 =
        0    1.0000    5.0000    6.0000
        0   -1.0000   -5.0000   -6.0000

den1 =
        1    6    11    6

num2 =
        0    1.0000    3.0000    2.0000
        0   -1.0000   -4.0000   -3.0000

den2 =
        1    6    11    6
```

从而可求得系统的传递函数矩阵为

$$\boldsymbol{G}(s)=\frac{1}{s^3+6s^2+11s+6}\begin{bmatrix} s^2+5s+6 & s^2+3s+2 \\ -(s^2+5s+6) & -(s^2+4s+3) \end{bmatrix}=\begin{bmatrix} \dfrac{1}{s+1} & \dfrac{1}{s+3} \\ \dfrac{-1}{s+1} & \dfrac{-1}{s+2} \end{bmatrix}$$

2. 状态空间形式到零极点形式的转换

MATLAB 函数 ss2zp( )的调用格式为

$$[Z,P,K]=\mathrm{ss2zp}(A,B,C,D,iu)$$

其中，A，B，C，D 为状态空间形式的各系数矩阵；iu 为输入的代号。对于单变量系统 iu=1，对于多变量系统 iu 表示要求的输入序号；返回量列矩阵 P 储存传递函数的极点；而零点储存在矩阵 Z 中，Z 的列数等于输出 y 的维数，每列对应一个输出；对应增益则在列向量 K 中。

【例 2-7】 对于例 2-5 中给出的状态空间表达式，试根据以上函数求取系统的传递函数矩阵。

解 在 MATLAB 命令窗口中，利用下列 MATLAB 命令

```
>>[Z1,P1,K1]=ss2zp(A,B,C,D,1),[Z2,P2,K2]=ss2zp(A,B,C,D,2)
```

结果显示：

```
Z1 =
   -3.0000   -2.0000
   -2.0000   -3.0000

P1 =
   -2
   -1
   -3

K1 =
    1
   -1

Z2 =
   -1.0000   -3.0000
   -2.0000   -1.0000

P2 =
   -2
   -1
   -3

K2 =
    1
   -1
```

从而可求得系统的传递函数矩阵为

$$\boldsymbol{G}(s)=\frac{1}{(s+1)(s+2)(s+3)}\begin{bmatrix} (s+2)(s+3) & (s+1)(s+2) \\ -(s+2)(s+3) & -(s+3)(s+1) \end{bmatrix}$$

3. 传递函数到状态空间表达式的转换

已知系统的传递函数模型，求取系统状态空间表达式的过程称为系统的实现。由于状态变量可以任意选取，所以实现的方法并不是唯一的。这里只介绍一种比较常用的实现方法。

对于单输入多输出系统

$$\boldsymbol{G}(s)=\frac{\boldsymbol{B}_1 s^{n-1}+\boldsymbol{B}_2 s^{n-2}+\cdots+\boldsymbol{B}_n}{s^n+a_1 s^{n-1}+\cdots+a_n}+d_0 \tag{2-15}$$

适当地选择系统的状态变量,则系统的状态空间表达式可以写成

$$\begin{cases}\dot{\boldsymbol{x}}=\begin{bmatrix}-a_1 & \cdots & -a_{n-1} & -a_n\\ 1 & \cdots & 0 & 0\\ \vdots & \ddots & \vdots & \vdots\\ 0 & \cdots & 1 & 0\end{bmatrix}\boldsymbol{x}+\begin{bmatrix}1\\0\\ \vdots\\0\end{bmatrix}u\\ \boldsymbol{y}=[\boldsymbol{B}_1 \quad \boldsymbol{B}_2 \quad \cdots \quad \boldsymbol{B}_n]\boldsymbol{x}+d_0 u\end{cases} \tag{2-16}$$

在 MATLAB 控制系统工具箱中称这种方法为能控标准型实现方法,并给出了直接实现函数。该函数的调用格式为

[A,B,C,D]=tf2ss(num,den)

其中,num 的每一行为相应于某输出的按 s 的降幂顺序排列的分子系数,其行数为输出的个数;行向量 den 为按 s 的降幂顺序排列的公分母系数;返回量 A,B,C,D 为状态空间形式的各系数矩阵。

【例 2-8】 将以下系统变换成状态空间形式

$$\boldsymbol{G}(s)=\frac{\begin{bmatrix}2s+3\\ s^2+2s+1\end{bmatrix}}{s^2+0.4s+1}$$

解 在 MATLAB 命令窗口中,利用下列 MATLAB 命令

```
>>num=[0  2  3; 1  2  1];den=[1  0.4  1];[A,B,C,D]=tf2ss(num,den)
```

结果显示:

```
A =                                B =
   -0.4000   -1.0000                   1
    1.0000         0                   0

C =                                D =
    2.0000    3.0000                   0
    1.6000         0                   1
```

在 MATLAB 的多变量频域设计(MFD)工具箱中,对多变量系统的状态空间表达式与传递函数矩阵间的相互转换给出了更简单的转换函数。它们的调用格式分别为

[num,dencom]=mvss2tf(A,B,C,D)

及

[A,B,C,D]=mvtf2ss(num,dencom)

4. 传递函数形式到零极点形式的转换

MATLAB 函数 tf2zp( )的调用格式为

[Z,P,K]=tf2zp(num,den)

【例 2-9】 若已知系统的传递函数为

$$G(s)=\frac{6s^3+12s^2+6s+10}{s^4+2s^3+3s^2+s+1}$$

求其零极点和增益,并写出系统的零极点形式。

解 在 MATLAB 命令窗口中,利用下列 MATLAB 命令

```
>>num=[6  12  6  10];den=[1  2  3  1  1];[Z,P,K]=tf2zp(num,den)
```

结果显示:

```
Z =
  -1.9294
  -0.0353 + 0.9287i
  -0.0353 - 0.9287i

P =
  -0.9567 + 1.2272i
  -0.9567 - 1.2272i
  -0.0433 + 0.6412i
  -0.0433 - 0.6412i

K =
   6
```

变换后所得的零极点模型为

$$G(s)=6\frac{(s+1.9294)(s+0.0353\pm 0.9287\mathrm{i})}{(s+0.9567\pm 1.2272\mathrm{i})(s+0.0433\pm 0.6412\mathrm{i})}$$

5. 零极点形式到状态空间表达式的转换

MATLAB 函数 zp2ss( )的调用格式为

[A,B,C,D]=zp2ss(Z,P,K)

6. 零极点形式到传递函数形式的转换

MATLAB 函数 zp2tf( )的调用格式为

[num,den]=zp2tf(Z,P,K)

【例 2-10】 设系统的零极点增益模型为

$$G(s)=\frac{6(s+3)}{(s+1)(s+2)(s+5)}$$

求系统的状态空间模型及传递函数模型。

解 在 MATLAB 命令窗口中,利用下列 MATLAB 命令

```
>>K=6;Z=[-3];P=[-1;-2;-5];
>>[A,B,C,D]=zp2ss(Z,P,K),[num,den]=zp2tf(Z,P,K)
```

结果显示:

```
A =
   -1.0000         0         0
    2.0000   -7.0000   -3.1623
         0    3.1623         0

B =
   1
   1
   0

C =
   0   0   1.8974

D =
   0

num =
   0   0   6   18

den =
   1   8   17   10
```

因此,系统的状态空间表达式为

$$\begin{cases}\dot{\boldsymbol{x}}(t)=\begin{bmatrix}-1 & 0 & 0\\ 2 & -7 & -3.1623\\ 0 & 3.1623 & 0\end{bmatrix}\boldsymbol{x}(t)+\begin{bmatrix}1\\1\\0\end{bmatrix}u(t)\\ y(t)=\begin{bmatrix}0 & 0 & 1.8974\end{bmatrix}\boldsymbol{x}(t)\end{cases}$$

传递函数模型为

$$G(s)=\frac{6s+18}{s^3+8s^2+17s+10}$$

7. 传递函数形式与部分分式间的相互转换

MATLAB 的转换函数 residue( )调用格式为

[R,P,H]=residue(num,den)

或

[num,den]=residue(R,P,H)

其中,列向量 P 为传递函数的极点,对应各极点的留数在列向量 R 中;行向量 H 为原传递函数中剩余部分的系数;num,den 分别为传递函数的分子分母系数。

【例 2-11】 对例 2-9 中给出的传递函数模型,通过下面语句将可以直接获得系统的部分分式模型。

解 在 MATLAB 命令窗口中,利用下列 MATLAB 命令

```
>>num=[6 12 6 10];den=[1 2 3 1 1];[R,P,H]=residue(num,den)
```

结果显示:

R =	P =	H =
3.4447 - 1.7233i	-0.9567 + 1.2272i	[]
3.4447 + 1.7233i	-0.9567 - 1.2272i	
-0.4447 - 1.8113i	-0.0433 + 0.6412i	
-0.4447 + 1.8113i	-0.0433 - 0.6412i	

则可得系统的部分分式为

$$G(s)=\frac{3.4447-1.7233i}{s+0.9567-1.2272i}+\frac{3.4447+1.7233i}{s+0.9567+1.2272i}+\frac{-0.4447-1.8113i}{s+0.0433-0.6412i}+\frac{-0.4447+1.8113i}{s+0.0433+0.6412i}$$

8. 相似变换

由于状态变量选择的非唯一性,因此系统传递函数的实现不是唯一的,即系统的状态空间表达式也不是唯一的。在实际应用中,常常根据所研究问题的需要,利用相似变换将状态空间表达式化成相应的几种标准形式。

假设线性定常系统的状态空间表达式为

$$\begin{cases}\dot{\boldsymbol{x}}(t)=\boldsymbol{Ax}(t)+\boldsymbol{Bu}(t)\\ \boldsymbol{y}(t)=\boldsymbol{Cx}(t)+\boldsymbol{Du}(t)\end{cases} \tag{2-17}$$

若引入一个非奇异线性变换

$$\boldsymbol{x}(t)=\boldsymbol{P}^{-1}\overline{\boldsymbol{x}}(t)$$

则可以将上述系统变换成

$$\begin{cases}\dot{\overline{\boldsymbol{x}}}(t)=\overline{\boldsymbol{A}}\,\overline{\boldsymbol{x}}(t)+\overline{\boldsymbol{B}}\boldsymbol{u}(t)\\ \boldsymbol{y}(t)=\overline{\boldsymbol{C}}\,\overline{\boldsymbol{x}}(t)+\overline{\boldsymbol{D}}\boldsymbol{u}(t)\end{cases} \tag{2-18}$$

式中,$\overline{\boldsymbol{A}}=\boldsymbol{PAP}^{-1}$,$\overline{\boldsymbol{B}}=\boldsymbol{PB}$,$\overline{\boldsymbol{C}}=\boldsymbol{CP}^{-1}$,$\overline{\boldsymbol{D}}=\boldsymbol{D}$。

MATLAB 控制系统工具箱给出了一个直接完成线性变换的函数 ss2ss(),该函数的调用格式为

[A1,B1,C1,D1]=ss2ss (A,B,C,D,P)

通过上式不仅可求得系统的各种标准型实现,也可利用系统的结构分解来求取系统的最小实现。

9. 最小实现

最小实现是一种模型的实现,它消除了模型中过多的或不必要的状态。对传递函数或零极点增益模型,这等价于将彼此相等的零极点对进行对消。利用 MATLAB 控制系统工具箱提供的 minreal()函数可直接求出一个给定系统状态空间表达式的最小实现。该函数的调用格式为

[Am,Bm,Cm,Dm]=minreal(A,B,C,D,tol)

其中,A,B,C,D 为原状态空间表达式的各系数矩阵;tol 为用户任意指定的误差限,如果省略此参数,则会自动地取为 eps;Am,Bm,Cm,Dm 为最小实现的状态空间表达式的各系数矩阵。

如果原系统模型由传递函数形式 num,den 或零极点形式 z,p 给出,则可以直接调用 minreal( )函数来获得零极点对消最小实现的传递函数形式 NUMm,DENm 或零极点形式 Zm,Pm。调用格式为

```
[NUMm,DENm]=minreal(num,den,tol)
[Zm,Pm]=minreal(z,p,tol)
```

【例 2-12】 已知系统的状态空间表达式为

$$\begin{cases}\dot{\boldsymbol{x}}=\begin{bmatrix}-5&8&0&0\\-4&7&0&0\\0&0&0&4\\0&0&-2&6\end{bmatrix}\boldsymbol{x}+\begin{bmatrix}4\\-2\\2\\1\end{bmatrix}u\\ y=\begin{bmatrix}2&-2&-2&2\end{bmatrix}\boldsymbol{x}\end{cases}$$

求出系统最小实现的状态空间表达式的各系数矩阵。

解 在 MATLAB 命令窗口中,利用下列 MATLAB 命令

```
>>A=[-5 8 0 0;-4 7 0 0;0 0 0 4;0 0 -2 6];B=[4;-2;2;1];C=[2 -2 -2 2];D=0;
>>[Am,Bm,Cm,Dm]=minreal(A,B,C,D)
```

结果显示:

```
2 states removed.

Am =                    Bm =        Cm =                  Dm =
   -1.0000   0.0000       4.2426       2.8284   -0.8944      0
   -0.0000   2.0000       2.2361
```

【例 2-13】 对于例 2-12 中给出的状态空间表达式,可以容易地得出系统的传递函数,然后由传递函数直接进行最小实现运算。

解 在 MATLAB 命令窗口中,利用下列 MATLAB 命令

```
>>A=[-5,8,0,0;-4,7,0,0;0,0,0,4;0,0,-2,6];B=[4;-2;2;1];C=[2,-2,-2,2];D=0;
>>[num,den]=ss2tf(A,B,C,D,1),[NUMm,DENm]=minreal(num,den)
```

结果显示:

```
num =                                                  den =
      0   10.0000  -96.0000  302.0000 -312.0000            1    -8    17     2   -24

2 pole-zero(s) cancelled

NUMm =                                                 DENm =
      0   10.0000  -26.0000                                1.0000   -1.0000   -2.0000
```

可得出零极点对消后的传递函数

$$G(s)=\frac{10s-26}{s^2-s-2}$$

2.3 系统模型的连接

在一般情况下,控制系统常常由若干个环节通过串联、并联和反馈连接的方式组合而成,若要对在各种连接模式下的系统进行分析,就需要对系统的模型进行适当的处理。在 MATLAB 的控制系统工具箱中提供了大量的对控制系统的简单模型进行连接的函数,如表 2-2 所示。

表 2-2 模型连接函数

函数名	功能
series( )	系统的串联连接
parallel( )	系统的并联连接
feedback( )	系统的反馈连接
cloop( )	单位反馈连接
augstate( )	将状态增广到状态空间系统的输出中
append( )	两个状态空间系统的组合
connect( )	对分块对角的状态空间形式按指定方式进行连接
blkbuild( )	把用方块图表示的系统转化为分块对角的状态空间形式
ssselect( )	从大状态空间系统中选择一个子系统
ssdelete( )	从状态空间系统中删除输入输出或状态

1. 串联连接

当系统 $\sum_1(\boldsymbol{A}_1,\boldsymbol{B}_1,\boldsymbol{C}_1,\boldsymbol{D}_1)$ 和$\sum_2(\boldsymbol{A}_2,\boldsymbol{B}_2,\boldsymbol{C}_2,\boldsymbol{D}_2)$如图 2-1所示连接时,有

$$\boldsymbol{u}_1=\boldsymbol{u},\ \boldsymbol{y}=\boldsymbol{y}_2,\ \boldsymbol{u}_2=\boldsymbol{y}_1$$

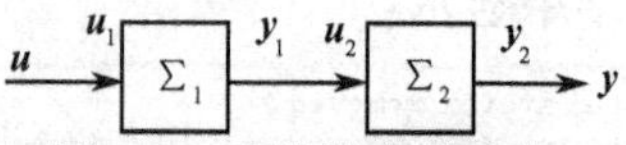

这时可得串联后系统总的状态空间表达式为

图 2-1 系统的串联连接

$$\begin{cases}\begin{bmatrix}\dot{\boldsymbol{x}}_1\\ \dot{\boldsymbol{x}}_2\end{bmatrix}=\begin{bmatrix}\boldsymbol{A}_1 & 0\\ \boldsymbol{B}_2\boldsymbol{C}_1 & \boldsymbol{A}_2\end{bmatrix}\begin{bmatrix}\boldsymbol{x}_1\\ \boldsymbol{x}_2\end{bmatrix}+\begin{bmatrix}\boldsymbol{B}_1\\ \boldsymbol{B}_2\boldsymbol{D}_1\end{bmatrix}\boldsymbol{u}\\ \boldsymbol{y}=[\boldsymbol{D}_2\boldsymbol{C}_1\quad \boldsymbol{C}_2]\begin{bmatrix}\boldsymbol{x}_1\\ \boldsymbol{x}_2\end{bmatrix}+\boldsymbol{D}_2\boldsymbol{D}_1\boldsymbol{u}\end{cases}$$

或

$$\begin{cases}\dot{\boldsymbol{x}}=\boldsymbol{A}\boldsymbol{x}+\boldsymbol{B}\boldsymbol{u}\\ \boldsymbol{y}=\boldsymbol{C}\boldsymbol{x}+\boldsymbol{D}\boldsymbol{u}\end{cases}$$

串联后系统总的传递函数矩阵为

$$\boldsymbol{G}(s)=\boldsymbol{C}(s\boldsymbol{I}-\boldsymbol{A})^{-1}\boldsymbol{B}+\boldsymbol{D}=\boldsymbol{G}_2(s)\boldsymbol{G}_1(s)$$

其中,$\boldsymbol{G}_1(s)$为系统$\sum_1(\boldsymbol{A}_1,\boldsymbol{B}_1,\boldsymbol{C}_1,\boldsymbol{D}_1)$的传递函数阵;$\boldsymbol{G}_2(s)$为系统$\sum_2(\boldsymbol{A}_2,\boldsymbol{B}_2,\boldsymbol{C}_2,\boldsymbol{D}_2)$的传递函数阵。

在 MATLAB 的控制系统工具箱中提供了系统的串联连接处理函数 series( ),它既可处理由状态方程表示的系统,也可处理由传递函数矩阵表示的单输入多输出系统,其调用格式为

[A,B,C,D]=series(A1,B1,C1,D1,A2,B2,C2,D2)

和　　[num,den]=series(num1,den1,num2,den2)

其中,(A1,B1,C1,D1)和(A2,B2,C2,D2)分别为系统 1 和系统 2 的状态空间形式的系数矩阵;(A,B,C,D)为串联连接后系统的整体状态空间形式的系数矩阵;num1,den1 和 num2,den2 分别为系统 1 和系统 2 的传递函数的分子和分母多项式系数向量;num,den 则为串联连接后系统的整体传递函数矩阵的分子和分母多项式系数向量。

【例 2-14】 求下列两系统串联后的系统模型

$$\sum_1:\begin{cases}\dot{\boldsymbol{x}}_1=\begin{bmatrix}2 & 3\\ -1 & 4\end{bmatrix}\boldsymbol{x}_1+\begin{bmatrix}1\\ 0\end{bmatrix}u\\ y_1=[2\quad 4]\boldsymbol{x}_1+u\end{cases},\quad \sum_2:\begin{cases}\dot{\boldsymbol{x}}_2=\begin{bmatrix}0 & 3\\ -3 & -1\end{bmatrix}\boldsymbol{x}_2+\begin{bmatrix}0\\ 1\end{bmatrix}u\\ y_2=[1\quad 3]\boldsymbol{x}_2+2u\end{cases}$$

解　在 MATLAB 命令窗口中,利用下列 MATLAB 命令

```
>>A1=[2,3;-1,4];B1=[1;0];C1=[2,4];D1=1;
>>A2=[0,3;-3,-1];B2=[0;1];C2=[1,3];D2=2;
>>[A,B,C,D]=series(A1,B1,C1,D1,A2,B2,C2,D2)
```

结果显示:

```
A =                      B =        C =                  D =
     0    3    0    0         0          1    3    4    8       2
    -3   -1    2    4         1
     0    0    2    3         1
     0    0   -1    4         0
```

当系统$\sum_1(\boldsymbol{A}_1,\boldsymbol{B}_1,\boldsymbol{C}_1,\boldsymbol{D}_1)$和系统$\sum_2(\boldsymbol{A}_2,\boldsymbol{B}_2,\boldsymbol{C}_2,\boldsymbol{D}_2)$如图 2-2 所示连接时,series( ) 函数的调用格式为

[A,B,C,D]=series((A1,B1,C1,D1,A2,B2,C2,D2,outputs1,inputs2)

其中,outputs1 和 inputs2 用于指定系统 1 的部分输出和系统 2 的部分输入进行连接的编号。

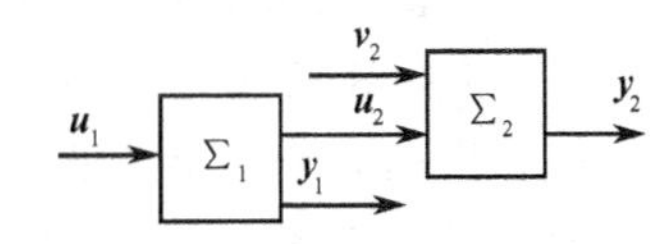

图 2-2　部分串联连接

若系统$\sum_1(\boldsymbol{A}_1,\boldsymbol{B}_1,\boldsymbol{C}_1,\boldsymbol{D}_1)$具有 4 输入 4 输出,系统$\sum_2(\boldsymbol{A}_2,\boldsymbol{B}_2,\boldsymbol{C}_2,\boldsymbol{D}_2)$具有 3 输入 3 输出,将系统 1 的输出 2 和输出 4 串联至系统 2 的输入 2 和输入 3,则可以采用如下命令。

```
>>outputs1=[2  4];inputs2=[2  3];
>>[A,B,C,D]=series(A1,B1,C1,D1,A2,B2,C2,D2,outputs1,inputs2)
```

2. 并联连接

当系统$\sum_1(\boldsymbol{A}_1,\boldsymbol{B}_1,\boldsymbol{C}_1,\boldsymbol{D}_1)$和系统$\sum_2(\boldsymbol{A}_2,\boldsymbol{B}_2,\boldsymbol{C}_2,\boldsymbol{D}_2)$如图 2-3 所示连接时有

$$\boldsymbol{u}_1=\boldsymbol{u}_2=\boldsymbol{u},\quad \boldsymbol{y}=\boldsymbol{y}_1+\boldsymbol{y}_2$$

这时可得并联后系统总的状态空间表达式

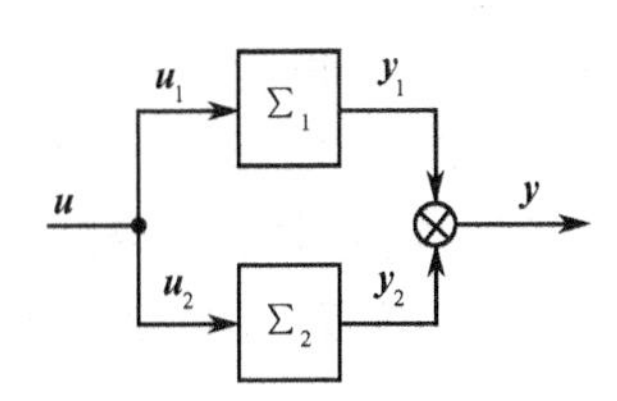

图 2-3　系统并联连接

$$\begin{cases}\begin{bmatrix}\dot{\boldsymbol{x}}_1\\ \dot{\boldsymbol{x}}_2\end{bmatrix}=\begin{bmatrix}\boldsymbol{A}_1 & 0\\ 0 & \boldsymbol{A}_2\end{bmatrix}\begin{bmatrix}\boldsymbol{x}_1\\ \boldsymbol{x}_2\end{bmatrix}+\begin{bmatrix}\boldsymbol{B}_1\\ \boldsymbol{B}_2\end{bmatrix}\boldsymbol{u}\\ \boldsymbol{y}=[\boldsymbol{C}_1\quad \boldsymbol{C}_2]\begin{bmatrix}\boldsymbol{x}_1\\ \boldsymbol{x}_2\end{bmatrix}+(\boldsymbol{D}_2+\boldsymbol{D}_1)\boldsymbol{u}\end{cases}$$

或

$$\begin{cases}\dot{\boldsymbol{x}}=\boldsymbol{A}\boldsymbol{x}+\boldsymbol{B}\boldsymbol{u}\\ \boldsymbol{y}=\boldsymbol{C}\boldsymbol{x}+\boldsymbol{D}\boldsymbol{u}\end{cases}$$

并联后系统的传递函数矩阵为

$$\boldsymbol{G}(s)=\boldsymbol{C}(s\boldsymbol{I}-\boldsymbol{A})^{-1}\boldsymbol{B}+\boldsymbol{D}=\boldsymbol{G}_1(s)+\boldsymbol{G}_2(s)$$

在 MATLAB 的控制系统工具箱中提供了系统的并联连接处理函数 parallel( ),该函数的调用格式为

[A,B,C,D]=parallel(A1,B1,C1,D1,A2,B2,C2,D2)

和　　[num,den]=parallel(num1,den1,num2,den2)

其中前一式用来处理由状态方程表示的系统,后一式仅用来处理由传递函数(阵)表示的系统。

【例 2-15】　求下列两系统并联后的系统模型。

$$G_1(s)=\frac{3}{s+4},\qquad G_2(s)=\frac{2s+4}{s^2+2s+3}$$

解 在 MATLAB 命令窗口中,利用下列 MATLAB 命令

```
>>num1=3;den1=[1,4];num2=[2,4];den2=[1,2,3];
>>[num,den]=parallel(num1,den1,num2,den2)
```

结果显示:

num =	den =
0 5 18 25	1 6 11 12

可得并联后的系统模型为

$$G(s)=G_1(s)+G_2(s)=\frac{5s^2+18s+25}{s^3+6s^2+11s+12}$$

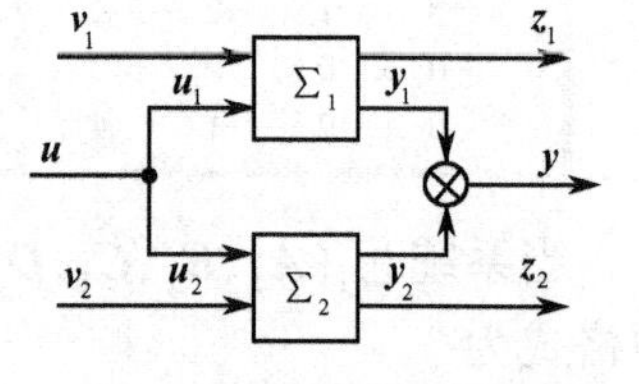

图 2-4 部分并联连接

当系统$\sum_1(\boldsymbol{A}_1,\boldsymbol{B}_1,\boldsymbol{C}_1,\boldsymbol{D}_1)$ 和系统$\sum_2(\boldsymbol{A}_2,\boldsymbol{B}_2,\boldsymbol{C}_2,\boldsymbol{D}_2)$如图 2-4 所示连接时,函数parallel() 的调用格式为

```
[A,B,C,D]=parallel (A1,B1,C1,D1,A2,B2,C2,D2,inp1,inp2,out1,out2)
```

其中,inp1 和 inp2 分别指定两系统要连接在一起的输入端编号;out1 和 out2 分别指定要进行相加的输出端编号。这样系统将具有$[\boldsymbol{v}_1\ \boldsymbol{u}\ \boldsymbol{v}_2]$输入,$[z_1\ \boldsymbol{y}\ z_2]$输出。

另外,两个系统中,若一个系统模型用状态方程表示,另一个系统模型用传递函数阵表示,求它们串联或并联连接后的系统模型,一般有两种方法:一是将二者变成同样结构形式的数学模型后,再按以上方法计算;另一种是首先利用函数 ss( )与 tf( )将系统模型转换成 LTI 对象(见第 9 章),然后将系统模型直接相乘或相加。即两系统串联连接后的系统模型为:$G=G_2*G_1$,两系统并联连接后的系统模型为:$G=G_1+G_2$,这里的 G_1 和 G_2 分别为两系统的 LTI 对象数学模型。如果 G_1 和 G_2 都是传递函数阵形式,则结果为传递函数阵形式;如果有一个模型为状态空间形式,则结果为状态空间形式。后一种方法无须事先转换不一致的系统模型,并可以直接处理多变量系统。但对于多变量系统的串联连接,一定要注意前后两个系统的运算顺序。

【例 2-16】 已知两多变量系统的方框图如图 2-5 所示,求系统串联连接后的数学模型。

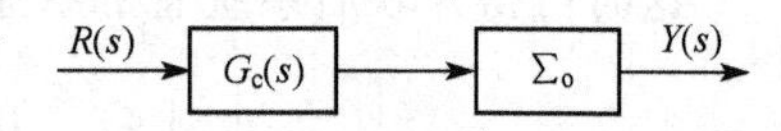

图 2-5 多变量系统的方框图

其中,控制器 $\boldsymbol{G}_c(s)$的数学模型为以下传递函数阵

$$\boldsymbol{G}_c(s)=\begin{bmatrix}\frac{2s+1}{s} & 0\\ 0 & \frac{5s+2}{s}\end{bmatrix}$$

被控对象$\sum_o$的数学模型为以下状态空间表达式

$$\begin{cases}\dot{\boldsymbol{x}}=\begin{bmatrix}0 & 3\\ -3 & -1\end{bmatrix}\boldsymbol{x}_1+\begin{bmatrix}1 & 0\\ 0 & 1\end{bmatrix}\boldsymbol{u}\\ \boldsymbol{y}=\begin{bmatrix}2 & 1\\ 0 & 1\end{bmatrix}\boldsymbol{x}\end{cases}$$

解 在 MATLAB 命令窗口中,利用下列 MATLAB 命令

```
>>num1=[2,1];den1=[1,0];num2=[5,2];den2=[1,0];
>>g11=tf(num1,den1);g22=tf(num2,den2);
>>A=[0,3;-3,-1];B=[1,0;0,1];C=[2,1;0,1];Go=ss(A,B,C,0);
>>Gc=[g11,0;0,g22];G=Go * Gc
```

结果显示：

```
a =                  b =          c =                d =
     0   3   1   0        2   0      2   1   0   0       0   0
    -3  -1   0   1        0   5      0   1   0   0       0   0
     0   0  -0   0        1   0
     0   0   0  -0        0   2
```

3. 反馈连接

当系统$\Sigma_1(\boldsymbol{A}_1, \boldsymbol{B}_1, \boldsymbol{C}_1, \boldsymbol{D}_1)$ 和系统$\Sigma_2(\boldsymbol{A}_2, \boldsymbol{B}_2, \boldsymbol{C}_2, \boldsymbol{D}_2)$如图 2-6 所示连接时有

$$\boldsymbol{u}_1=\boldsymbol{u}\pm\boldsymbol{y}_2, \boldsymbol{u}_2=\boldsymbol{y}_1, \boldsymbol{y}=\boldsymbol{y}_1$$

这时可得反馈连接后系统的总状态空间表达式为

$$\begin{cases}\begin{bmatrix}\dot{\boldsymbol{x}}_1\\ \dot{\boldsymbol{x}}_2\end{bmatrix}=\begin{bmatrix}\boldsymbol{A}_1\pm\boldsymbol{B}_1(\boldsymbol{I}-\boldsymbol{D}_1\boldsymbol{D}_2)^{-1}\boldsymbol{D}_2\boldsymbol{C}_1 & \pm\boldsymbol{B}_1(\boldsymbol{I}-\boldsymbol{D}_1\boldsymbol{D}_2)^{-1}\boldsymbol{C}_2\\ \pm\boldsymbol{B}_2(\boldsymbol{I}\pm\boldsymbol{D}_1(\boldsymbol{I}-\boldsymbol{D}_1\boldsymbol{D}_2)^{-1}\boldsymbol{D}_2)\boldsymbol{C}_1 & \boldsymbol{A}_2\pm\boldsymbol{B}_2\boldsymbol{D}_1(\boldsymbol{I}-\boldsymbol{D}_1\boldsymbol{D}_2)^{-1}\boldsymbol{C}_2\end{bmatrix}\begin{bmatrix}\boldsymbol{x}_1\\ \boldsymbol{x}_2\end{bmatrix}+\begin{bmatrix}\boldsymbol{B}_1(\boldsymbol{I}-\boldsymbol{D}_1\boldsymbol{D}_2)^{-1}\\ \boldsymbol{B}_2\boldsymbol{D}_1(\boldsymbol{I}-\boldsymbol{D}_1\boldsymbol{D}_2)^{-1}\end{bmatrix}\boldsymbol{u}\\ \boldsymbol{y}=[\pm(\boldsymbol{I}-\boldsymbol{D}_1(\boldsymbol{I}-\boldsymbol{D}_1\boldsymbol{D}_2)^{-1}\boldsymbol{D}_2)\boldsymbol{C}_1 \pm\boldsymbol{D}_1(\boldsymbol{I}-\boldsymbol{D}_1\boldsymbol{D}_2)^{-1}\boldsymbol{C}_2]\begin{bmatrix}\boldsymbol{x}_1\\ \boldsymbol{x}_2\end{bmatrix}+[\boldsymbol{D}_1(\boldsymbol{I}-\boldsymbol{D}_1\boldsymbol{D}_2)^{-1}]\boldsymbol{u}\end{cases}$$

或

$$\begin{cases}\dot{\boldsymbol{x}}=\boldsymbol{A}\boldsymbol{x}+\boldsymbol{B}\boldsymbol{u}\\ \boldsymbol{y}=\boldsymbol{C}\boldsymbol{x}+\boldsymbol{D}\boldsymbol{u}\end{cases}$$

总的传递函数矩阵为

$$\boldsymbol{G}(s)=\boldsymbol{C}(s\boldsymbol{I}-\boldsymbol{A})^{-1}\boldsymbol{B}+\boldsymbol{D}=[\boldsymbol{I}\mp\boldsymbol{G}_1(s)\boldsymbol{G}_2(s)]^{-1}\boldsymbol{G}_1(s)$$

在 MATLAB 的控制系统工具箱中提供了系统反馈连接处理函数 feedback( )，其调用格式为

[A,B,C,D]=feedback(A1,B1,C1,D1,A2,B2,C2,D2,sign)

和　　[num,den]=feedback(num1,den1,num2,den2,sign)

其中，前一式用来处理由状态方程表示的系统；后一式用来处理由传递函数表示的系统；sign 为反馈极性，对于正反馈 sign 取 1，对负反馈取-1 或默认。

【例 2-17】 对于如下两系统

$$\Sigma_1: G(s)=\frac{2s^2+5s+1}{s^2+2s+3}, \qquad \Sigma_2: H(s)=\frac{5(s+2)}{s+10}$$

求按图 2-6 所示方式连接的闭环传递函数。

图 2-6　系统的反馈连接

解　在 MATLAB 命令窗口中，利用下列 MATLAB 命令

```
>>numg=[2 5 1];deng=[1 2 3];numh=[5 10];denh=[1 10];
>>[num,den]=feedback(numg,deng,numh,denh); printsys(num,den)
```

结果显示：

```
num/den =
    2 s^3 + 25 s^2 + 51 s + 10
   ----------------------------
   11 s^3 + 57 s^2 + 78 s + 40
```

当系统$\Sigma_1(\boldsymbol{A}_1,\boldsymbol{B}_1,\boldsymbol{C}_1,\boldsymbol{D}_1)$ 和系统$\Sigma_2(\boldsymbol{A}_2,\boldsymbol{B}_2,\boldsymbol{C}_2,\boldsymbol{D}_2)$如图 2-7 所示方式连接时，函数 feedback( )的调用格式为

[A,B,C,D]=feedback(A1,B1,C1,D1,A2,B2,C2,D2,out1,inp1,sign)

上式表示将系统 1 的指定输出 out1 连接到系统 2 的输入,系统 2 的输出连接到系统 1 的指定输入 inp1。

图 2-7 部分反馈连接

特别地,对于单位反馈系统,MATLAB 提供了更简单的处理函数 cloop( ),其调用格式为

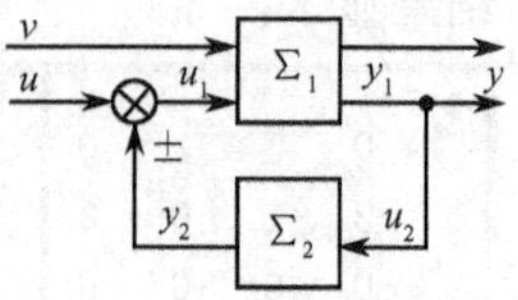

[A,B,C,D]=cloop(A1,B1,C1,D1,sign)

和 [num,den]=cloop(num1,den1,sign)

[A,B,C,D]=cloop(A1,B1,C1,D1,outputs,inputs)

其中,第三式表示将指定的输出 outputs 反馈到指定的输入 inputs,以此构成闭环系统。outputs 指定反馈的输出序号;inputs 指定输入反馈序号。

例如,状态系统$\sum(\boldsymbol{A}_1,\boldsymbol{B}_1,\boldsymbol{C}_1,\boldsymbol{D}_1)$具有 8 输入 5 输出,现将第 1,3,5 输出负反馈到第 2,8,7 输入中,以此构成闭环系统。则可利用下列命令

```
>>outputs=[1  3  5];inputs=[-2  -8  -7]
>>[A, B, C, D]=cloop(A1,B1,C1,D1,outputs,inputs)
```

【例 2-18】 已知系统的方框图如图 2-8 所示,求系统的传递函数。

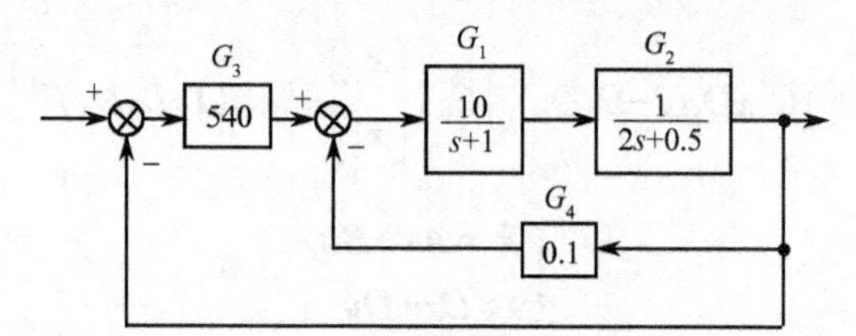

图 2-8 某系统的方框图

解 在 MATLAB 命令窗口中,利用下列 MATLAB 命令

```
>>num1=[10];den1=[1 1];num2=[1];den2=[2  0.5]; num3=[540];den3=[1];
>>num4=[0.1];den4=[1];[na,da]=series(num1,den1,num2,den2);
>>[nb,db]=feedback(na,da,num4,den4,-1);[nc,dc]=series(num3,den3,nb,db);
>>[num,den]=cloop(nc,dc,-1);printsys(num,den)
```

结果显示:

```
num/den =
              5400
   ----------------------
   2 s^2 + 2.5 s + 5401.5
```

如果系统方框图中包含未知数或符号函数,利用 MATLAB 求解时需首先编写以下函数:

```
function GB=feedbacksym(G, H,sign)
if nargin==2;sign=-1;end
GB=G/(sym(1)-sign * G * H);
GB=simplify(GB);
```

其中,G 为系统或环节前向通道的传递函数之积;H 为系统或环节反向通道传递函数之积;sign 为反馈极性,对于正反馈 sign 取 1,对负反馈取-1 或缺省;GB 为系统或环节的闭环传递函数。

【例 2-19】 已知多变量系统的方框图如图 2-9 所示,求系统的数学模型。

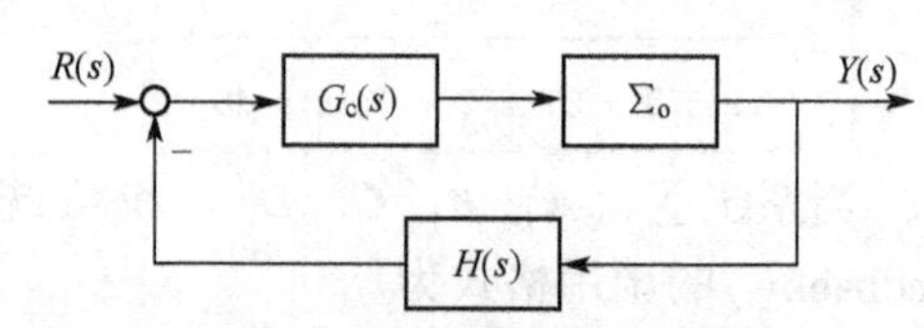

图 2-9 多变量系统的方框图

其中,控制器 $\boldsymbol{G}_c(s)$ 与被控对象 $\sum_o$ 的数学模型如

例 2-16 中所示,反馈环节 $\boldsymbol{H}(s)$ 为单位传递函数阵。

解　在 MATLAB 命令窗口中,利用下列 MATLAB 命令

```
>>s=tf('s');g11=(2*s+1)/s;g22=(5*s+2)/s;Gc=[g11,0;0,g22];
>>A=[0,3;-3,-1];B=[1,0;0,1];C=[2,1;0,1];Go=ss(A,B,C,0);
>> H=eye(2);GG=feedback(Go*Gc,H)
```

结果显示:

```
a =                 b =          c =                 d =
   -4   1   1   0       2   0       2   1   0   0        0   0
   -3  -6   0   1       0   5       0   1   0   0        0   0
   -2  -1   0   0       1   0
    0  -2   0   0       0   2
```

【例 2-20】　已知系统的方框图如图 2-10 所示,求系统的传递函数。

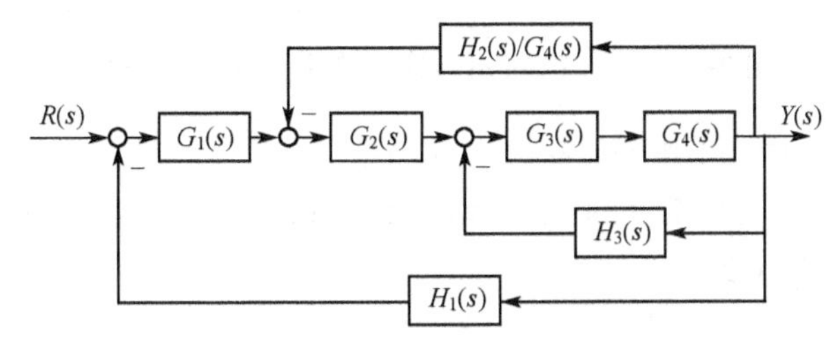

图 2-10　系统的方框图

解　在 MATLAB 命令窗口中,首先编写以上函数 feedbacksym(),然后利用下列 MATLAB 命令

```
>>syms G1 G2 G3 G4 H1 H2 H3;
>>GG1=feedbacksym(G4*G3,H3);GG2=feedbacksym(GG1*G2,H2/G4);
>>G=feedbacksym(GG2*G1,H1); pretty(G)
```

结果显示:

```
                 G1 G2 G4 G3
------------------------------------
 1 + G4 G3 H3 + G3 G2 H2 + G2 G4 G3 G1 H1
```

【例 2-21】　直流电机拖动系统的方框图如图 2-11 所示,求系统的数学模型。

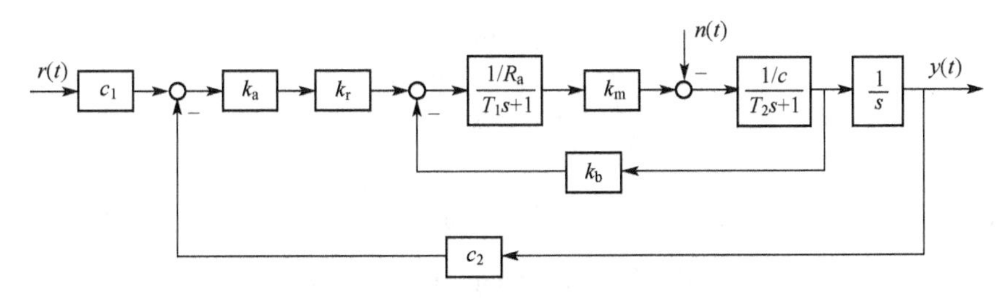

图 2-11　直流电机拖动系统的方框图

解　(1) 给定信号 $r(t)$ 单独作用时,首先编写以上函数 feedbacksym(),然后在 MATLAB 命令窗口中,利用下列 MATLAB 命令

```
>>syms Ka Kr c1 c2 c Ra T1 T2 Km Kb s
>>Ga=feedbacksym(1/Ra/(T1*s+1)*Km*1/c/(T2*s+1),Kb);
>>G1=c1*feedbacksym(Ka*Kr*Ga/s,c2);G1=collect(G1,s)
```

结果显示：

G1 =

c1 * Km * Ka * Kr/(Ra * c * T1 * s^3 * T2+(Ra * c * T2+Ra * c * T1) * s^2+(Km * Kb+Ra * c) * s+Ka * Kr * Km * c2)

即直流电机拖动系统，在给定信号 $r(t)$ 单独作用时，输出 $y(t)$ 与 $r(t)$ 的传递函数如上述所示。

(2) 扰动信号 $n(t)$ 单独作用时，首先将系统在 $n(t)$ 信号单独作用时的方框图变化成如图 2-12 所示。

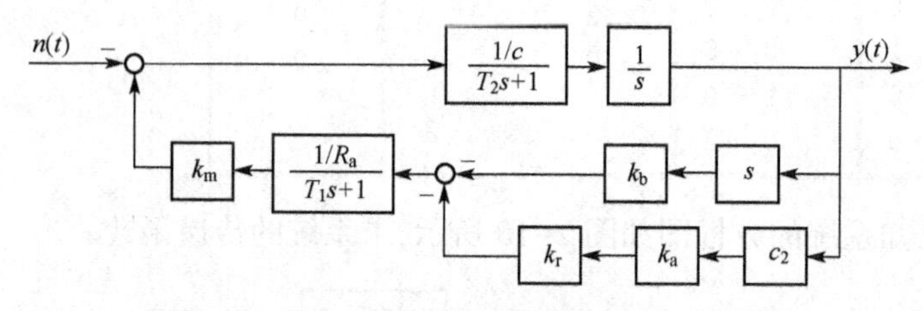

图 2-12　系统的在 $n(t)$ 信号单独作用时的方框图

然后在 MATLAB 命令窗口中，利用下列 MATLAB 命令

```
>>G2=-feedbacksym(1/c/(T2*s+1)/s,Km/Ra/(T1*s+1)*(Kb*s+c2*Ka*Kr));
>>G2=collect(simplify(G2),s)
```

结果显示：

G2 =

-(T1 * s+1) * Ra/(Ra * c * T1 * s^3 * T2+(Ra * c * T2+Ra * c * T1) * s^2+(Km * Kb+Ra * c) * s+Ka * Kr * Km * c2)

即直流电机拖动系统，在扰动信号 $n(t)$ 单独作用时，输出 $y(t)$ 与 $n(t)$ 的传递函数如上述所示。

4. 将状态增广到状态空间系统的输出中

对于系统

$$\begin{cases}\dot{\boldsymbol{x}}=\boldsymbol{Ax}+\boldsymbol{Bu}\\ \boldsymbol{y}=\boldsymbol{Cx}+\boldsymbol{Du}\end{cases} \tag{2-19}$$

若将状态增广到系统的输出中则可表示为

$$\begin{cases}\dot{\boldsymbol{x}}=\boldsymbol{Ax}+\boldsymbol{Bu}\\ \begin{bmatrix}\boldsymbol{y}\\ \boldsymbol{x}\end{bmatrix}=\begin{bmatrix}\boldsymbol{C}\\ \boldsymbol{I}\end{bmatrix}\boldsymbol{x}+\begin{bmatrix}\boldsymbol{D}\\ \boldsymbol{0}\end{bmatrix}\boldsymbol{u}\end{cases} \tag{2-20}$$

利用 MATLAB 的 augstate( )函数，便可由式(2-19)直接求出式(2-20)，其调用格式为

[Ab,Bb,Cb,Db]=augstate(A,B,C,D)

其中，(A,B,C,D)为原系统的系数矩阵；(Ab,Bb,Cb,Db)为状态增广后系统的系数矩阵。

5. 系统的组合

当系统 $\sum_1(\boldsymbol{A}_1,\boldsymbol{B}_1,\boldsymbol{C}_1,\boldsymbol{D}_1)$ 和系统 $\sum_2(\boldsymbol{A}_2,\boldsymbol{B}_2,\boldsymbol{C}_2,\boldsymbol{D}_2)$ 如图 2-13 所示的方式进行组合时有

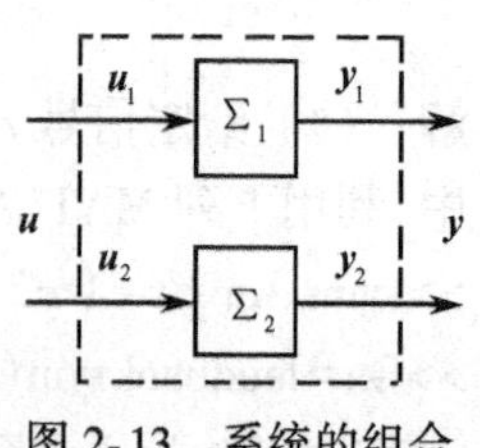

图 2-13　系统的组合

$$\begin{cases}\begin{bmatrix}\dot{\boldsymbol{x}}_1\\ \dot{\boldsymbol{x}}_2\end{bmatrix}=\begin{bmatrix}\boldsymbol{A}_1 & \boldsymbol{0}\\ \boldsymbol{0} & \boldsymbol{A}_2\end{bmatrix}\begin{bmatrix}\boldsymbol{x}_1\\ \boldsymbol{x}_2\end{bmatrix}+\begin{bmatrix}\boldsymbol{B}_1 & \boldsymbol{0}\\ \boldsymbol{0} & \boldsymbol{B}_2\end{bmatrix}\begin{bmatrix}\boldsymbol{u}_1\\ \boldsymbol{u}_2\end{bmatrix}\\ \begin{bmatrix}\boldsymbol{y}_1\\ \boldsymbol{y}_2\end{bmatrix}=\begin{bmatrix}\boldsymbol{C}_1 & \boldsymbol{0}\\ \boldsymbol{0} & \boldsymbol{C}_2\end{bmatrix}\begin{bmatrix}\boldsymbol{x}_1\\ \boldsymbol{x}_2\end{bmatrix}+\begin{bmatrix}\boldsymbol{D}_1 & \boldsymbol{0}\\ \boldsymbol{0} & \boldsymbol{D}_2\end{bmatrix}\begin{bmatrix}\boldsymbol{u}_1\\ \boldsymbol{u}_2\end{bmatrix}\end{cases}$$

MATLAB 的组合函数 append( ) 的调用格式为

[A,B,C,D]=append(A1,B1,C1,D1, A2,B2,C2,D2)

6. 根据框图建模

利用 connect( )函数,可以根据系统的方框图按指定方式求取系统模型。其函数调用格式为

[A1,B1,C1,D1]=connect(A,B,C,D,Q,inputs,outputs)

其中,(A,B,C,D)为由函数 append( )生成的无连接对角方块系统的状态空间模型系数矩阵;Q 矩阵用于指定系统(A,B,C,D)的内部连接关系,Q 矩阵的每一行对应于一个有连接关系的输入,其第一个元素为输入编号,其后为连接该输入的输出编号,如采用负连接,则以负值表示;inputs 和 outputs 用于指定系统(A1,B1,C1,D1)的输入和输出的编号;(A1,B1,C1,D1)为在指定输入和输出并按要求的内部连接关系下所生成的系统。

【例 2-22】 以方框图表示的系统的连接关系如图 2-14 所示。求以 u_1,u_2 为输入,y_2,y_3 为输出的系统。

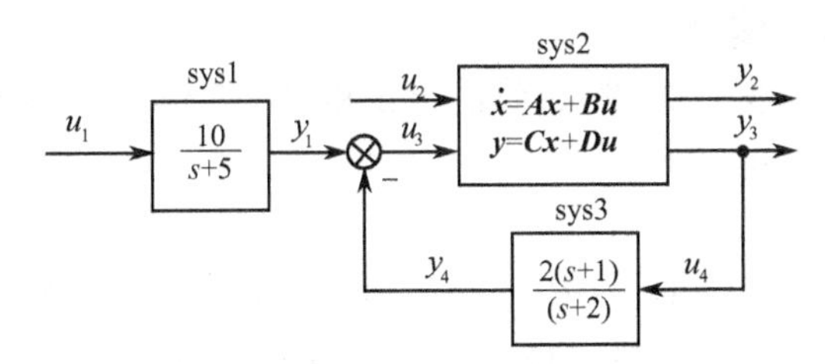

图 2-14 用方框图表示系统的连接关系

其中 $\boldsymbol{A}=\begin{bmatrix}-9.0201 & 17.7791\\ -1.6943 & 3.2138\end{bmatrix}$, $\boldsymbol{B}=\begin{bmatrix}-5.5112 & 0.5362\\ -0.0020 & -1.8470\end{bmatrix}$

$$\boldsymbol{C}=\begin{bmatrix}-3.2897 & 2.4544\\ -13.5009 & 18.0745\end{bmatrix},\ \boldsymbol{D}=\begin{bmatrix}-0.5476 & -0.1410\\ -0.6459 & 0.2958\end{bmatrix}$$

解 ① 定义方框图中各子系统,并对各子系统的输入和输出进行编号。

将单输入单输出子系统 sys_1 的输入、输出定义为输入 1 和输出 1;双输入双输出子系统 sys_2 的输入、输出定义为输入 2,3 和输出 2,3;单输入单输出子系统 sys_3 的输入、输出定义为输入 4 和输出 4。

② 建立无连接的状态空间模型。

利用 append( )函数形成一个由所有无连接关系的子系统构成的对角块状态空间模型(A,B,C,D),MATLAB 命令如下所示

```
>>num1=10;den1=[1  5];[A1,B1,C1,D1]=tf2ss(num1,den1);
```

```
>>A2=[-9.0201  17.7791;-1.6943  3.2138];
>>B2=[-5.5112  0.5362;-0.0020  -1.8470];
>>C2=[-3.2897  2.4544;-13.5009  18.0745];
>>D2=[-0.5476  -0.1410;-0.6459  0.2958];
>>[A,B,C,D]=append(A1,B1,C1,D1,A2,B2,C2,D2);
>>Z3=-1;P3=-2;K3=2;[A3,B3,C3,D3]=zp2ss(Z3,P3,K3);
>>[Aa,Ba,Ca,Da]=append(A,B,C,D,A3,B3,C3,D3)
```

结果显示：

```
Aa =
   -5.0000         0         0         0
         0   -9.0201   17.7791         0
         0   -1.6943    3.2138         0
         0         0         0   -2.0000

Ba =
    1.0000         0         0         0
         0   -5.5112    0.5362         0
         0   -0.0020   -1.8470         0
         0         0         0    1.0000

Ca =
   10.0000         0         0         0
         0   -3.2897    2.4544         0
         0  -13.5009   18.0745         0
         0         0         0   -2.0000

Da =
         0         0         0         0
         0   -0.5476   -0.1410         0
         0   -0.6459    0.2958         0
         0         0         0    2.0000
```

③ 指定方框图间的连接关系。

因为本例输入 3 与输出 1 和输出 4 有连接关系（其中与输出 4 是负连接关系）；输入 4 与输出 3 有连接关系；其他的输入与任何输入输出均无连接关系。所以在 MATLAB 下采用以下命令定义 Q 矩阵

```
>>Q=[3  1  -4;4  3  0];
```

④ 选择系统的输入/输出编号。

因为将输入 1 和输入 2 作为外部输入；将输出 2 和输出 3 作为外部输出，所以在 MATLAB 下采用以下命令定义 inputs 和 outputs

```
>> inputs=[1  2]; outputs=[2  3];
```

⑤ 最后在 MATLAB 命令窗口中，利用以下命令便可得到所求系统。

```
>>[Ac,Bc,Cc,Dc]=connect(Aa,Ba,Ca,Da,Q,inputs,outputs)
```

结果显示：

```
Ac =
   -5.0000         0         0         0
    3.3689    0.0766    5.6007    0.6738
  -11.6047  -33.0290   45.1635   -2.3209
    1.8585   -8.4826   11.3562   -1.6283

Bc =
    1.0000         0
         0   -5.0760
         0   -1.5011
         0   -0.4058

Cc =
   -0.8859   -5.6818    5.6568   -0.1772
    1.8585   -8.4826   11.3562    0.3717

Dc =
         0   -0.6620
         0   -0.4058
```

7. 化简系统

在 MATLAB 中使用 ssselect( ) 函数，可根据系统指定的输入和输出产生一个子系统，其函数调用格式为

```
[A1,B1,C1,D1]=ssselect(A,B,C,D,inputs,outputs)
```

或

```
[A1,B1,C1,D1]=ssselect(A,B,C,D,inputs,outputs,states)
```

其中,(A,B,C,D)为给定的状态空间模型系数矩阵;inputs 和 outputs 用于指定作为子系统的输入和输出的编号;states 用于指定作为子系统的状态的编号。

例如,对一个具有 5 输出 4 输入的状态空间系统($\boldsymbol{A},\boldsymbol{B},\boldsymbol{C},\boldsymbol{D}$),若以输入 1 和 2,输出 2,3 和 4 构成一个子系统,则可利用下列命令

```
>>inputs=[1  2];outputs=[2  3  4 ];
>>[A1, B1,C1,D1]=ssselect(A,B,C,D,inputs,outputs)
```

利用 MATLAB 的 ssdelete()函数也可产生一个系统,不过它的用法和 ssselect()函数刚好相反,该函数的调用格式为

[A1,B1,C1,D1]=ssdelete(A,B,C,D,inputs,outputs)

或　[A1,B1,C1,D1]=ssdelete(A,B,C,D,inputs,outputs,states)

其中,inputs,outputs 和 states 用于指定从系统$\sum$(A,B,C,D)中要删除的输入、输出和状态的编号;(A1, B1,C1,D1)为删除以上指定参数后的子系统。

2.4　典型系统的生成

对某些典型的系统,可利用 MATLAB 控制系统工具箱中提供的函数直接来生成,相关函数如表 2-3 所示。

表 2-3　系统生成函数

函数名	功　能
ord2()	产生 2 阶系统
pade()	时延的 Padè 近似
rmodel()	生成随机连续系统模型
drmodel()	生成随机离散系统模型

1. 建立二阶系统模型

对于二阶系统

$$G(s)=\frac{1}{s^2+2\zeta\omega_n s+\omega_n^2} \tag{2-21}$$

可利用 MATLAB 所提供的函数 ord2()来建立,其调用格式为

[num,den]=ord2(wn,zeta)

或　[A,B,C,D]=ord2(wn,zeta)

其中,zeta 表示阻尼系数 ζ,wn 表示无阻尼自然频率 ω_n。第一式可得到二阶系统的传递函数表示;第二式可得二阶系统的状态空间表达式的各系数矩阵(A,B,C,D)。

【例 2-23】　已知 $\zeta=0.4,\omega_n=2.4\text{rad/s}$,求二阶系统的传递函数。

解　在 MATLAB 命令窗口中,利用下列 MATLAB 命令

```
>>[num,den]=ord2(2.4,0.4);printsys(num,den)
```

结果显示:

```
num/den =
              1
   --------------------
   s^2 + 1.92 s + 5.76
```

2. 纯时延系统的 Padè 近似

针对纯时延系统 $G(s)=e^{-\tau s}$,在 MATLAB 中可利用函数 pade()对其采用 Padè 近似方法(见 7.3.3 节)进行近似,其调用格式为

```
[num,den]=pade(tau,n)        %对具有时延 tau 的系统产生 n 阶 Padè 逼近;
pade(tau,n)                  %对具有时延 tau 的系统绘制 n 阶 Padè 逼近的阶跃响应和频域
                              相位特性以与原时延系统比较。
```

【例 2-24】 计算一个具有 0.1s 时延系统的 3 阶 Padè 逼近，并比较其阶跃响应和频域相位特性。

解 MATLAB 命令如下

```
>> pade(0.1,3)
```

执行结果如图 2-15 所示。

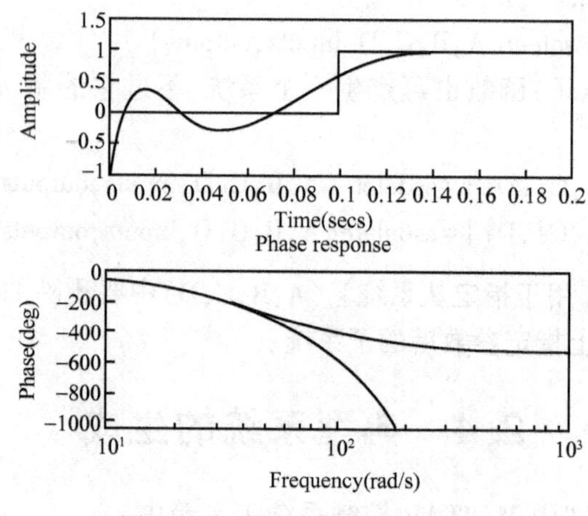

图 2-15 时延系统的 Padè 逼近

3. 建立 *n* 阶随机稳定的连续系统模型

[A,B,C,D] = rmodel(n)　　　%可得到一个单变量随机 n 阶稳定连续系统模型；

[A,B,C,D] = rmodel(n,m,r)　%可得到一个 r 输入 m 输出的随机 n 阶稳定模型；

[num,den] = rmodel(n)　　　%可得到一个单变量系统的随机 n 阶稳定模型。

【例 2-25】 生成一个 2 输入 2 输出的随机 3 阶稳定的连续系统模型。

解 在 MATLAB 命令窗口中，利用下列 MATLAB 命令

```
>>[A,B,C,D] = rmodel(3,2,2)
```

结果显示：

```
A =                                  B =
   -0.3684    0.2027    0.1493          -0.1364         0
   -0.2364   -0.6478    0.5150           0.1139   -0.0956
    0.0867   -0.5292   -0.5992                0   -0.8323

C =                                  D =
    0.2944         0         0           1.2540   -1.4410
         0    1.6236    0.8580                0    0.5711
```

4. 建立 *n* 阶随机稳定的离散系统模型

[G,H,C,D] = drmodel(n)　　　%可得到一个单变量随机 n 阶稳定离散系统模型；

[G,H,C,D] = drmodel(n,m,r)　%可得到一个 r 输入 m 输出的随机 n 阶稳定模型；

[num,den] = drmodel(n)　　　%可得到一个单变量系统的随机 n 阶稳定模型。

2.5 系统的离散化和连续化

利用 MATLAB 控制系统工具箱中提供的函数可将连续系统的模型离散化，也可将离散系统

的模型连续化，而且可将系统离散化后的模型按另一采样周期重新离散化。相关函数如表 2-4 所示。

1. 连续系统的离散化

已知连续系统的状态空间表达式

$$\begin{cases}\dot{\boldsymbol{x}}(t)=\boldsymbol{A}\boldsymbol{x}(t)+\boldsymbol{B}\boldsymbol{u}(t)\\ \boldsymbol{y}(t)=\boldsymbol{C}\boldsymbol{x}(t)+\boldsymbol{D}\boldsymbol{u}(t)\end{cases} \tag{2-22}$$

在采样周期 T 下离散化后的状态空间表达式可表示为

$$\begin{cases}\boldsymbol{x}[(k+1)T]=\boldsymbol{G}\boldsymbol{x}(kT)+\boldsymbol{H}\boldsymbol{u}(kT)\\ \boldsymbol{y}(kT)=\boldsymbol{C}\boldsymbol{x}(kT)+\boldsymbol{D}\boldsymbol{u}(kT)\end{cases} \tag{2-23}$$

其中，$\boldsymbol{G}=\mathrm{e}^{AT}$，$\boldsymbol{H}=\int_0^T \mathrm{e}^{At}\boldsymbol{B}\mathrm{d}t$。

表 2-4　系统的连续化和离散化函数

函数名	功　能
c2d( )	将状态空间模型由连续形式转化为离散形式
c2dm( )	连续形式到离散形式的转换(可选用不同方法)
c2dt( )	连续形式到离散形式的对输入纯时间延迟转换
d2c( )	将状态空间模型由离散形式转换为连续形式
d2cm( )	离散形式到连续形式的转换(可选用不同方法)
d2d( )	离散时间系统重采样

在 MATLAB 中，若已知连续系统的状态模型$\sum(\boldsymbol{A},\boldsymbol{B})$和采样周期 T，便可利用函数

[G,H]=c2d (A,B,T)

方便地求得系统离散化后的系数矩阵 G 和 H。

对具有输入纯延时 τ 的连续时间状态系统

$$\begin{cases}\dot{\boldsymbol{x}}(t)=\boldsymbol{A}\boldsymbol{x}(t)+\boldsymbol{B}\boldsymbol{u}(t-\tau)\\ \boldsymbol{y}(t)=\boldsymbol{C}\boldsymbol{x}(t)+\boldsymbol{D}\boldsymbol{u}(t)\end{cases} \tag{2-24}$$

在采样周期 T 下，离散后的状态空间表达式也可表示为

$$\begin{cases}\boldsymbol{x}[(k+1)T]=\boldsymbol{G}\boldsymbol{x}(kT)+\boldsymbol{H}\boldsymbol{u}(kT)\\ \boldsymbol{y}(kT)=\boldsymbol{C}_\mathrm{d}\boldsymbol{x}(kT)+\boldsymbol{D}_\mathrm{d}\boldsymbol{u}(kT)\end{cases} \tag{2-25}$$

相应地，MATLAB 的转换函数 c2dt( )的调用格式为

[G,H,Cd,Dd]=c2dt(A,B,C,D,T,tau)

其中，A,B,C,D 为连续系统的系数矩阵；T 为采样周期；tau 为输入纯延时 τ；返回值 G,H,Cd,Dd 为离散化后的系数矩阵。

MATLAB 控制系统工具箱中还给出了功能更强的求取连续系统离散化矩阵的函数 c2dm( )，其调用格式为

[G,H,C,D]=c2dm (A,B,C,D,T,'选项')

或　　[numd,dend]=c2dm(num,den,T,'选项')

式中，选项如表 2-5 所示；num,den 为连续系统传递函数的分子分母系数；numd,dend 为离散化后脉冲传递函数的分子分母系数；其余参数定义同前。可见此函数既可用于状态空间形式又可用于传递函数。

表 2-5　离散化变换方式选项

选　项	说　明
zoh	假设输入端加一个采样开关和零阶保持器
foh	假设输入端加一个采样开关和一阶保持器
tustin	采用双线性变换(Tustin 算法)方法
prewarp	采用改进的 Tustin 变换方法
matched	采用 SISO 系统的零极点匹配法

【例 2-26】 对连续系统

$$G(s)=\frac{6(s+3)}{(s+1)(s+2)(s+5)}$$

在采样周期 $T=0.1$ 时进行离散化。

解　利用以下 MATLAB 命令，可对系统按 4 种方法进行离散化。

```
>>K=6;Z=[-3];P=[-1;-2;-5];T=0.1;[A,B,C,D]=zp2ss(Z,P,K)
```

>>[G1 ,H1]=c2d(A,B,T),[G2,H2,C2,D2]=c2dm(A,B,C,D,T,'zoh')

>>[G3,H3,C3,D3]=c2dm(A,B,C,D,T,'foh'),

>>[G4,H4,C4,D4]=c2dm(A,B,C,D,T,'tustin')

【例 2-27】 已知系统如图 2-16 所示。利用 MATLAB 求系统在 $T=1\mathrm{s}$ 时的开环脉冲传递函数 $G(z)$。

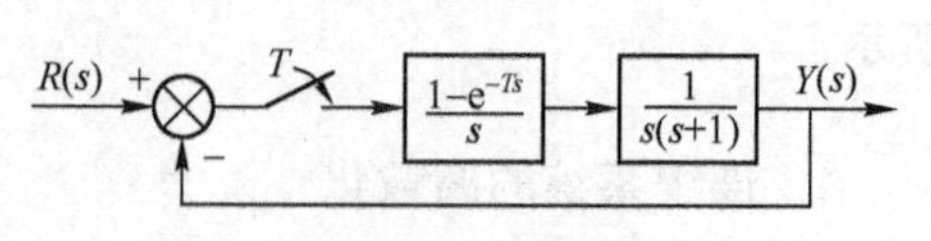

图 2-16 单位反馈系统结构图

解 在 MATLAB 命令窗口中,利用下列 MATLAB 命令

>>num=1;den=conv([1,0],[1,1]);T=1;

>>[numd1,dend1]=c2dm(num,den,T);printsys(numd1,dend1,'z')

结果显示:

```
num/den =
        0.36788 z + 0.26424
    ------------------------
    z^2 - 1.3679 z + 0.36788
```

2. 离散函数的连续化

在 MATLAB 中也提供了从离散化系统转换为连续系统各系数矩阵求取的功能函数,其调用格式分别如下

[A ,B]=d2c(G,H,T)

或　　[A,B,C,D]=d2cm(G,H,C,D,T,'选项')

其中选项见表 2-5。

3. 离散时间系统重采样

在 MATLAB 中也提供了将系统离散化后模型按另一采样周期重新离散化的功能函数,其调用格式如下

sys1=d2d(sys,T)　　或　　sys1=d2c(sys,[ ],N)

其中,第一式将离散时间 LTI 对象 sys(关于 LTI 对象的定义见第 9 章)重采样,从而构成新的离散时间系统 sys1,采样周期为 T,单位 s。该调用等价于命令:sys1=c2d(d2c(sys ,T))。第二式将给离散时间 LTI 对象 sys 加入输入延时。输入延时必须是采样周期的整数倍,它由 N 给出。如果 N 为标量,则各输入通道具有相同的输入延时;如果 N 为向量,则分别定义各输入通道的输入延时。

【例 2-28】 离散时间系统在采样周期 $T=0.1\mathrm{s}$ 时为

$$H(z)=\frac{z-0.7}{z-0.5}$$

现将以上离散时间系统在采样周期 $T=0.05\mathrm{s}$ 时进行重新采样。

解 在 MATLAB 命令窗口中,利用下列 MATLAB 命令

>>K=1;Z=[0.7];P=[0.5];T=0.1;sys=zpk(Z,P,K,T),sys1=d2d(sys,0.05)

结果显示:

Zero/pole/gain: (z-0.7) ------- (z-0.5) Sampling time: 0.1	Zero/pole/gain: (z-0.8243) ---------- (z-0.7071) Sampling time: 0.05

2.6 系统的特性值

在分析控制系统的时候，经常用到系统的一些特性函数，如系统的增益、阻尼系数和自然频率等，MATLAB 的控制系统工具箱中提供了相应的函数用来计算系统的特性函数，如表 2-6 所示。

表 2-6 系统的特性值函数

函数名	功能
damp( )	求系统的阻尼系数和自然频率
ddamp( )	求离散系统的阻尼系数和自然频率
dcgain( )	求连续控制系统的增益
ddcgain( )	求离散控制系统的增益
tzero( )	求传递零点
printsys( )	显示或打印系统

1. 求系统的阻尼系数和固有频率

MATLAB 函数 damp( ) 和 ddamp( ) 的调用格式为

```
[wn,zeta]=damp(A)
[wn zeta,P]=ddamp(A)
[wn,zeta,P]=ddamp(A,Ts)
```

其中，wn 为自然频率；zeta 为阻尼系数；P 为特征值列向量；Ts 为采样时间。A 有 3 种形式：当 A 为方阵时，它表示状态空间系统矩阵；当 A 为行矢量时，它表示传递函数多项式系数；当 A 为列向量时，它表示特征根的值。

【例 2-29】 已知连续系统 $G(s)=\dfrac{2s^2+5s+1}{s^2+2s+3}$，求系统特征值、自然频率和阻尼系数。

解 在 MATLAB 命令窗口中，利用下列 MATLAB 命令

```
>>format;num=[2  5  1];den=[1  2  3];[wn,zeta]=damp(den)
```

结果显示：

wn =	zeta =
1.7321	0.5774
1.7321	0.5774

2. 系统的增益

MATLAB 的函数 dcgain ( )的调用格式为

K=dcgain(num,den)　或　K=dcgain(A,B,C,D)

其中，返回值 K 为系统增益，即放大系数。对于单变量系统，K 为标量；对于多变量系统，K 为向量或矩阵。

3. 传递零点

MATLAB 的 tzero( ) 函数可以找出状态空间系统的不变零点，对最小系统而言，不变零点就是传递零点。传递零点是典型 SISO 传递函数零点在多变量系统中的推广，它们相应于非零状态的输入时而输出为零的状态。如下列方程中，复数 λ_2 为不变零点。

$$\begin{bmatrix} \dot{\boldsymbol{x}}(t) \\ 0 \end{bmatrix} = \begin{bmatrix} \boldsymbol{a} & \boldsymbol{b} \\ \boldsymbol{c} & \boldsymbol{d} \end{bmatrix} \begin{bmatrix} \boldsymbol{x}(t) \\ \boldsymbol{u}_0 e^{\lambda_2 t} \end{bmatrix}$$

tzero(A,B,C,D)可计算出状态空间系统 $\sum$(A,B,C,D)的传递零点，还可计算状态系统的输入/输出去耦零点。

例如，计算输入去耦零点，可输入

zid=tzero(A,B,[ ],[ ])

计算输出去耦零点,可输入

zod=tzero(A,[ ],C,[ ])

4. 显示/打印线性系统

MATLAB 的 printsys()函数可按特殊格式打印出状态空间和传递函数表示的系统。对于状态空间模型显示时分别标出输入、输出及其状态,而对传递函数模型,则按多项式之比进行显示。其调用格式分别为

```
printsys(num,den,'s')        %显示/打印连续系统的传递函数,默认方式;
printsys(num,den,'z')        %显示/打印离散系统的脉冲传递函数;
printsys(A,B,C,D)            %显示/打印状态空间形式的系数矩阵;
printsys(A,B,C,D,ulabels,ylabels,xlabds)
                             %用 ulabels,ylabels,xlabds 中指定的符号标记出系统矩阵[A,B,
                             C,D]。
```

例如,ylabels=['phi Theta psi']表示系统第一个输出标记为 phi,第二及第三个输出标记为 Theta 和 psi。

本章小结

本章主要叙述了利用 MATLAB 来描述在控制系统中常见的几种数学模型,以及如何利用 MATLAB 来实现不同数学模型之间的相互转换。通过本章的学习,应重点掌握以下内容:

(1)利用 MATLAB 描述在控制系统中常见的几种数学模型;

(2)利用 MATLAB 实现任意数学模型之间的相互转换;

(3)利用 MATLAB 求解系统经过串联、并联和反馈连接后的系统模型;

(4)利用 MATLAB 获取一些典型系统的模型;

(5)利用 MATLAB 实现连续系统的离散化和离散系统的连续化,以及离散模型按另一采样周期的重新离散化;

(6)利用 MATLAB 求取系统的特性函数。

习　题

2-1　已知系统的传递函数为

$$G(s)=\frac{s^2+s+1}{s^3+6s^2+11s+6}$$

试利用 MATLAB 建立其状态空间表达式。

2-2　已知系统的状态空间表达式为

$$\begin{cases}\begin{bmatrix}\dot{x}_1(t)\\ \dot{x}_2(t)\end{bmatrix}=\begin{bmatrix}0 & 1\\ -2 & -3\end{bmatrix}\begin{bmatrix}x_1(t)\\ x_2(t)\end{bmatrix}+\begin{bmatrix}1 & 0\\ 1 & 1\end{bmatrix}\begin{bmatrix}u_1(t)\\ u_2(t)\end{bmatrix}\\ \boldsymbol{y}(t)=\begin{bmatrix}1 & 0\\ 1 & 1\end{bmatrix}\begin{bmatrix}x_1(t)\\ x_2(t)\end{bmatrix}\end{cases}$$

试利用 MATLAB 求其传递函数阵。

2-3　已知两子系统的传递函数分别为

$$G_1(s)=\frac{1}{(s+1)(s+2)},\qquad G_2(s)=\frac{1}{s(s+3)}$$

试利用 MATLAB 求两子系统串联和并联时系统的传递函数。

2-4　设系统的状态空间表达式为

$$\begin{cases}\begin{bmatrix}\dot{x}_1(t)\\ \dot{x}_2(t)\end{bmatrix}=\begin{bmatrix}0 & 1\\ -2 & -3\end{bmatrix}\begin{bmatrix}x_1(t)\\ x_2(t)\end{bmatrix}+\begin{bmatrix}1\\ 2\end{bmatrix}u(t)\\ y(t)=\begin{bmatrix}3 & 0\end{bmatrix}\begin{bmatrix}x_1(t)\\ x_2(t)\end{bmatrix}\end{cases}$$

若取线性变换阵

$$\boldsymbol{P}=\begin{bmatrix}1 & 1\\ 1 & -1\end{bmatrix}$$

设新的状态变量为 $\tilde{\boldsymbol{x}}=\boldsymbol{P}^{-1}\boldsymbol{x}$，则利用 MATLAB 求在新状态变量下，系统状态空间表达式。

2-5　已知离散系统状态空间表达式

$$\begin{cases}\begin{bmatrix}x_1(k+1)\\ x_2(k+1)\end{bmatrix}=\begin{bmatrix}0 & 1\\ 1 & 3\end{bmatrix}\begin{bmatrix}x_1(k)\\ x_2(k)\end{bmatrix}+\begin{bmatrix}0\\ 1\end{bmatrix}u(k)\\ y(k)=\begin{bmatrix}1 & 1\end{bmatrix}\begin{bmatrix}x_1(k)\\ x_2(k)\end{bmatrix}\end{cases}$$

试利用 MATLAB 求系统的脉冲传递函数。

2-6　已知离散系统的脉冲传递函数

$$G(z)=\frac{2z^2+z+2}{z^3+6z^2+11z+6}$$

试利用 MATLAB 求系统的状态空间表达式。

本章习题解答，请扫以下二维码。

习题 2 解答

第3章　连续系统的数字仿真

用数字计算机来仿真或模拟一个连续控制系统的目的就是求解系统的数学模型。由控制理论知，一个 n 阶连续系统可以被描述成由 n 个积分器组成的模拟结构图。因此利用数字计算机来进行连续系统的仿真，从本质上讲就是要在数字计算机上构造出 n 个数字积分器，也就是让数字计算机进行 n 次数值积分运算。可见，连续系统数字仿真中的最基本的算法是数值积分算法。本章首先介绍几种常用的求解系统数学模型——状态方程的数值积分法，然后再介绍几种连续系统的数字仿真方法的实现。

3.1　数值积分法

连续系统通常把数学模型化为状态空间表达式。为了对 n 阶连续系统在数字计算机上仿真及求解，需要采用数值积分法来求解系统数学模型中的 n 个一阶微分方程。

设 n 阶连续系统所包含的 n 个一阶微分方程中的第 i 个一阶微分方程为

$$\begin{cases}\dfrac{\mathrm{d}x(t)}{\mathrm{d}t}=f(t,x(t))\\ x(t_0)=x_0\end{cases} \tag{3-1}$$

所谓的数值积分法，就是要逐个求出区间 $[a,b]$ 内若干个离散点 $a\leqslant t_0<t_1<\cdots<t_n\leqslant b$ 处的近似值 $x(t_1),x(t_2),\cdots,x(t_n)$。数值积分的方法很多。下面介绍几种在数字计算机仿真技术中常用的数值积分法。

1. 欧拉法

欧拉法又称折线法或矩形法，是最简单也是最早的一种数值方法。

将式(3-1)中的微分方程两边进行积分，得

$$\int_{t_k}^{t_{k+1}}\frac{\mathrm{d}x(t)}{\mathrm{d}t}\mathrm{d}t=\int_{t_k}^{t_{k+1}}f(t,x(t))\mathrm{d}t$$

即

$$x(t_{k+1})=x(t_k)+\int_{t_k}^{t_{k+1}}f(t,x(t))\mathrm{d}t \tag{3-2}$$

通常假设离散点 $t_0,t_1,\cdots,t_n$ 是等距离的，即 $t_{k+1}-t_k=h$，称 h 为计算步长或步距。

当 $t>t_0$ 时，$x(t)$是未知的，因此式(3-2)右端的积分是求不出的。为了解决这个问题，把积分间隔取得足够小，使得在 t_k 与 t_{k+1}之间的$f(t,x(t))$可以近似看做常数$f(t_k,x(t_k))$。这样便得到用矩形公式积分的近似公式

$$x(t_{k+1})\approx x(t_k)+f(t_k,x(t_k))h$$

或简化为

$$x_{k+1}\approx x_k+f(t_k,x_k)h$$

这就是欧拉公式。

以 $x(t_0)=x_0$ 作为初始值，应用欧拉公式，就可以一步步地求出每一时刻 t_k 的 x_k 的值，即

$$k=0,x_1\approx x_0+f(t_0,x_0)h$$
$$k=1,x_2\approx x_1+f(t_1,x_1)h$$
$$\vdots$$

$$k=n-1, x_n \approx x_{n-1}+f(t_{n-1}, x_{n-1})h$$

这样，式(3-1)的解 $x(t)$ 就求出来了。欧拉法的计算虽然比较简单，但精度较低。图 3-1 所示为欧拉法的几何解释。

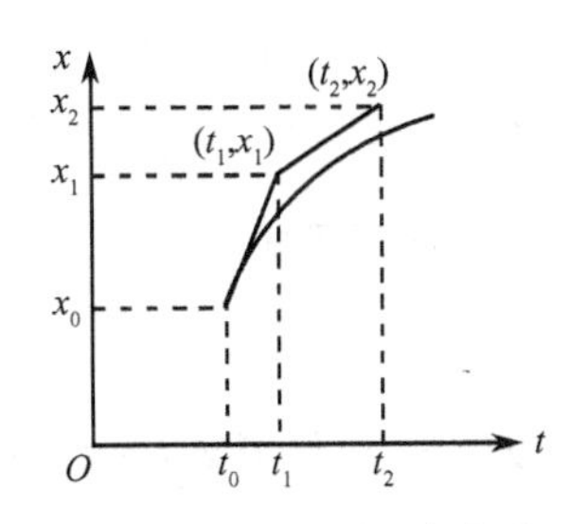

图 3-1 欧拉法的几何解释

2. 梯形法

由上可知，欧拉公式中的积分是用矩形面积 $f(t_k, x_k)h$ 来近似的。图 3-2 为梯形法的几何意义，由图可知，用矩形面积 $t_k abt_{k+1}$ 代替积分，其误差就是图中阴影部分。为了提高精度，现用梯形面积 $t_k act_{k+1}$ 来代替积分，即

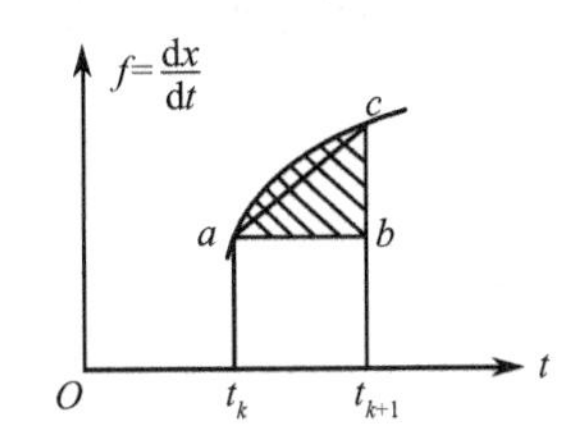

图 3-2 梯形法的几何意义

$$\int_{t_k}^{t_{k+1}} f(t, x(t))\,\mathrm{d}t \approx \frac{h}{2}[f(t_k, x_k) + f(t_{k+1}, x_{k+1})]$$

于是可得梯形法的计算公式为

$$x_{k+1} \approx x_k + \frac{h}{2}[f(t_k, x_k) + f(t_{k+1}, x_{k+1})]$$

由于上式右边包含未知量 x_{k+1}，所以每一步都必须通过迭代来求解。每一步迭代的初值 $x_{k+1}^{(0)}$ 通常采用欧拉公式来计算。因此梯形法的每一步迭代公式为

$$\begin{cases} x_{k+1}^{(0)} \approx x_k + hf(t_k, x_k) \\ x_{k+1}^{(R+1)} \approx x_k + \dfrac{h}{2}[f(t_k, x_k) + f(t_{k+1}, x_{k+1}^{(R)})] \end{cases} \tag{3-3}$$

式中，迭代次数 $R=0,1,2,\cdots$

3. 预估–校正法

梯形法比欧拉法精确，但是每一步都要进行多次迭代，计算量大。为了简化计算，有时只对式(3-3)进行一次迭代就可以了。因此可得

$$\begin{cases} x_{k+1}^{(0)} \approx x_k + hf(t_k, x_k) \\ x_{k+1}^{(1)} \approx x_k + \dfrac{h}{2}[f(t_k, x_k) + f(t_{k+1}, x_{k+1}^{(0)})] \end{cases} \tag{3-4}$$

通常称这类方法为预估–校正法。它首先根据欧拉公式计算出 x_{k+1} 的预估值 $x_{k+1}^{(0)}$，然后再对它进行校正，以得到更准确的近似值 $x_{k+1}^{(1)}$。

4. 龙格–库塔法

根据泰勒级数将式(3-1)在 $t_{k+1}=t_k+h$ 时刻的解 $x_{k+1}=x(t_k+h)$ 在 t_k 附近展开，有

$$x_{k+1}=x_k+hx'_k+\frac{1}{2!}h^2x''_k+\cdots+\frac{h^p}{p!}x_k^{(p)}+0(h^{p+1}) \tag{3-5}$$

可以看出，提高截断误差的阶次，便可提高其精度，但是由于计算各阶导数相当麻烦，所以直接采用泰勒级数公式是不适用的。为了提高精度，龙格和库塔两人先后提出了间接使用泰勒级数公式的方法，即用函数值 $f(t,x)$ 的线性组合来代替 $f(t,x)$ 的导数，然后按泰勒公式来确定其中的系数。这样既能避免计算 $f(t,x)$ 的导数，又可以提高数值计算精度。其推导过程如下。

因 $$x'_k=f(t_k, x_k)=f_k$$

$$x''_k=\frac{\mathrm{d}f(t,x)}{\mathrm{d}t}\bigg|_{\substack{t=t_k\\x=x_k}}=\left(\frac{\partial f}{\partial t}+\frac{\partial f}{\partial x}\frac{\mathrm{d}x}{\mathrm{d}t}\right)\bigg|_{\substack{t=t_k\\x=x_k}}=f'_k+f'_{x_k}f_k$$

故式(3-5)可写成

$$x_{k+1}=x_k+f_kh+\frac{1}{2!}(f'_k+f'_{x_k}f_k)h^2+\cdots+0(h^{p+1}) \tag{3-6}$$

为了避免计算式(3-6)中的各阶导数项,可令 x_{k+1} 由以下多项式表示

$$x_{k+1}=x_k+h\sum_{m=1}^{v}a_mk_m \tag{3-7}$$

式中,a_m 为待定因子;v 为使用 f 函数值的个数;k_m 满足下列方程

$$k_m=f(t_k+c_mh,x_k+\sum_{j=1}^{m-1}b_{mj}k_jh) \tag{3-8}$$

$$c_1=0,\quad m=1,2,\cdots,v$$

即

$$\begin{cases}k_1=f(t_k,x_k)\\k_2=f(t_k+c_2h,x_k+b_{21}k_1h)\\k_3=f(t_k+c_3h,x_k+b_{31}k_1h+b_{32}k_2h)\\\vdots\end{cases}$$

将式(3-7)展开成 h 的幂级数并与微分方程式(3-1)的精确解式(3-6)逐项比较,便可求得式(3-7)和式(3-8)中的系数 a_m, b_{mj} 和 c_m 等。

现以 $v=2$ 为例来说明这些参数的确定方法。设 $v=2$,则有

$$x_{k+1}=x_k+h(a_1k_1+a_2k_2) \tag{3-9}$$

$$\begin{cases}k_1=f(t_k,x_k)\\k_2=f(t_k+c_2h,x_k+b_{21}k_1h)\end{cases}$$

将 k_1 和 k_2 在同一点(t_k,x_k)上用二元函数展开为

$$k_1=f(t_k,x_k)=f_k$$

$$\begin{aligned}k_2&=f(t_k,x_k)+c_2h\frac{\partial f}{\partial t}\bigg|_{\substack{t=t_k\\x=x_k}}+b_{21}k_1h\frac{\partial f}{\partial x}\bigg|_{\substack{t=t_k\\x=x_k}}+0(h^3)\\&=f_k+c_2hf'_k+b_{21}hf'_{x_k}f_k+0(h^3)\end{aligned}$$

将 k_1 和 k_2 代入式(3-9),整理后可得

$$x_{k+1}=x_k+(a_1+a_2)f_kh+(a_2c_2f'_k+a_2b_{21}f'_{x_k}f_k)h^2+0(h^3) \tag{3-10}$$

逐项比较式(3-10)与式(3-6),可得以下关系式

$$a_1+a_2=1,\quad a_2c_2=1/2,\quad a_2b_{21}=1/2$$

若取 $c_2=1$,则 $a_1=a_2=1/2$, $b_{21}=1$,于是根据式(3-9)可得

$$x_{k+1}=x_k+\frac{h}{2}(k_1+k_2) \tag{3-11}$$

$$\begin{cases}k_1=f(t_k,x_k)\\k_2=f(t_k+h,x_k+k_1h)\end{cases}$$

由于式(3-11)只取到泰勒级数展开式的 h^2 项,故称这种方法为二阶龙格–库塔法,其截断误差为 $0(h^3)$。

同理,当 $v=4$ 时,仿照上述方法可得如下四阶龙格–库塔公式

$$x_{k+1}=x_k+\frac{h}{6}(k_1+2k_2+2k_3+k_4) \tag{3-12}$$

$$\begin{cases}k_1=f(t_k,x_k)\\k_2=f\left(t_k+\frac{h}{2},x_k+\frac{h}{2}k_1\right)\\k_3=f\left(t_k+\frac{h}{2},x_k+\frac{h}{2}k_2\right)\\k_4=f(t_k+h,x_k+hk_3)\end{cases}$$

通过龙格–库塔法的介绍，可以把以上介绍的几种数值积分法统一起来，它们都是基于在初值附近展开成泰勒级数的原理，所不同的是取泰勒级数的项数。欧拉公式仅取到 h 项；梯形法与二阶龙格–库塔法相同，均取到 h^2 项；四阶龙格–库塔法取到 h^4 项。从理论上讲，取的项数越多，计算精度越高，但计算量越大，越复杂，计算误差也将增加，因此要适当的选择。目前在数字仿真中，最常用的是四阶龙格–库塔法，其截断误差为 $0(h^5)$，已能满足仿真精度的要求。

5. 关于仿真数值积分法的几点讨论

(1) 单步法和多步法

初值问题数值解法的共同特点是步进式，即从最初一点或几点出发，每一步根据 x_k 一点或前面几点 x_{k-1}，x_{k-2}，… 来计算新的 x_{k+1}的值，这样逐步推进。

当从 t_k 推进到 t_{k+1}，只需用 t_k 时刻的数据时，称为单步法。例如，欧拉法和龙格–库塔法。相反，需要用到 t_k，以及过去时刻 t_{k-1}，t_{k-2}，…的数据时，称为多步法。

线性多步法的一般形式是

$$x_{k+1}=\alpha_0x_k+\alpha_1x_{k-1}+\cdots+\alpha_nx_{k-n}+h(\beta_{-1}f_{k+1}+\beta_0f_k+\cdots+\beta_nf_{k-n}) \tag{3-13}$$

多步法不能从 $t=0$ 自启动，通常需要选用相同阶次精度的单步法来启动，获得所需前 k 步数据后，方可转入相应多步法。因多步法利用信息量大，因而比单步法更精确。

(2) 显式和隐式

计算 x_{k+1}时，当公式右端所用到的数据均已知时，称为显式算法。例如，欧拉法、龙格–库塔法和式(3-13)中 $\beta_{-1}=0$ 的情况。相反，在算式右端中隐含有未知量 x_{k+1}时，称为隐式算法。例如，梯形法、预估–校正法和式(3-13)中 $\beta_{-1}\neq0$ 的情况。

显式算法利用前几步计算结果即可进行递推求解下步结果，因而易于计算。而隐式计算需要迭代法，先用另一同阶次显式公式估计出一个初值 $x_{k+1}^{(0)}$，并求得 f_{k+1}，然后再用隐式求得校正值 $x_{k+1}^{(1)}$，若未达到所需精度要求，则再次迭代求解，直到两次迭代值 $x_{k+1}^{(i)}$ 和 $x_{k+1}^{(i+1)}$ 之间的误差在要求的范围内为止，故隐式算法精度高，对误差有较强的抑制作用。尽管隐式算法计算过程复杂，计算速度慢，但有时基于对精度、数值稳定性等考虑，仍经常被使用，如求解病态方程等问题。

(3) 数值稳定性与仿真误差

数值积分法求解微分方程，实质上是通过差分方程作为递推公式进行的，因此，在将微分方程差分化的变化过程中，应保持原系统稳定的特征，即要求用于计算的差分方程是稳定的。但是，在计算机逐次计算时，初始数据的误差及计算过程的舍入误差等都会使误差不断积累。如果这种仿真误差积累能够抑制，不会随计算时间增加而无限增大，则可以认为相应的计算方法是数值稳定的。反之则是数值不稳定的。

仿真误差与数值计算方法、计算机的精度以及计算步长的选择有关。当计算方法和计算机确定以后，则仅与计算步长有关，所以在仿真中计算步长是一个重要的参数。仿真误差一般有如下两种：

① 截断误差——由于仿真模型仅是原系统模型的一种逼近，所以各种数值积分法的计算都是

近似的算法。通常计算步长越小,截断误差也越小。

② 舍入误差——由计算机的精度有限(有限位数)产生。通常计算步长越小,计算次数越多,舍入误差越大。

对截断误差而言,计算步长愈小愈好,但太小不但会增加计算时间,而且由于舍入误差的增加,不一定能达到提高精度的目的,甚至可能出现数值不稳情况。显然计算步长太大,不但精度不能满足要求,而且计算步长超过该算法的判稳条件时,也会出现不稳定情况。由此可见,计算步长只能在某一范围内选择。图 3-3 中的 h_0 为最佳计算步长。

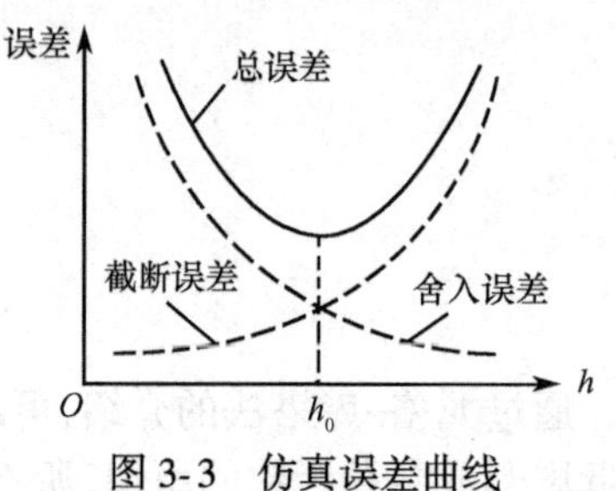

图 3-3　仿真误差曲线

一般控制系统的输出动态响应在开始段变化较快,到最后变化将会很缓慢。这时,计算可以采用变步长的方法,即在开始阶段步长取得小一些,在最后阶段取得大一些,这样既可以保证计算的精度,也可以加快计算的速度。

对于一般工程计算,计算精度要求并不太高,故常用定步长的方法。作为经验数据,当采用四阶龙格–库塔法做数值积分计算时,取计算步长

$$h=t_r/10 \text{ 或 } t_s/40$$

式中,t_r 为系统在阶跃函数作用下的上升时间;t_s 为系统在阶跃函数作用下的过渡过程时间。若系统有多个回路,则应按反应最快的回路考虑。

3.2　面向系统传递函数的仿真

利用数值积分法求解连续系统的数字仿真程序,是根据状态方程及输出方程来编写的。如果连续系统的数学模型是用传递函数表示的,则要先将传递函数转换成状态空间表达式的形式。有了状态方程及输出方程之后,再根据初始条件,并利用上一节所述的数值积分法,选择适当的步长,对状态方程及输出方程求解,直到时间达到预先规定的要求为止。

若单输入单输出系统的状态空间表达式为

$$\dot{\boldsymbol{x}}=\boldsymbol{Ax}+\boldsymbol{b}u \tag{3-14}$$

$$y=\boldsymbol{Cx} \tag{3-15}$$

其中,$\boldsymbol{A}$: $n\times n$;$\boldsymbol{b}$: $n\times 1$;$\boldsymbol{C}$: $1\times n$

假设在仿真中,数值积分法采用四阶龙格–库塔法。因对于 n 阶系统,状态方程式(3-14)可写成以下 n 个一阶微分方程

$$\begin{aligned}\dot{x}_i&=a_{i1}x_1+a_{i2}x_2+\cdots+a_{in}x_n+b_iu\\&=f_i(t,x_1,x_2,x_3,\cdots,x_n)\qquad(i=1,2,\cdots,n)\end{aligned} \tag{3-16}$$

故根据式(3-12)可得:求解一阶微分方程组式(3-16)的四阶龙格–库塔公式如下

$$x_i(t_{k+1})=x_i(t_k)+\frac{h}{6}(k_{i1}+2k_{i2}+2k_{i3}+k_{i4})\qquad(i=1,2,\cdots,n) \tag{3-17}$$

$$\begin{cases}k_{i1}=a_{i1}x_1(t_k)+a_{i2}x_2(t_k)+\cdots+a_{in}x_n(t_k)+b_iu(t_k)\\k_{i2}=a_{i1}\left(x_1(t_k)+\dfrac{h}{2}k_{i1}\right)+a_{i2}\left(x_2(t_k)+\dfrac{h}{2}k_{i1}\right)+\cdots+a_{in}\left(x_n(t_k)+\dfrac{h}{2}k_{i1}\right)+b_iu\left(t_k+\dfrac{h}{2}\right)\\k_{i3}=a_{i1}\left(x_1(t_k)+\dfrac{h}{2}k_{i2}\right)+a_{i2}\left(x_2(t_k)+\dfrac{h}{2}k_{i2}\right)+\cdots+a_{in}\left(x_n(t_k)+\dfrac{h}{2}k_{i2}\right)+b_iu\left(t_k+\dfrac{h}{2}\right)\\k_{i4}=a_{i1}(x_1(t_k)+hk_{i3})+a_{i2}(x_2(t_k)+hk_{i3})+\cdots+a_{in}(x_n(t_k)+hk_{i3})+b_iu(t_k+h)\end{cases}$$

式中，$x_i(t_k)$ 为 $t=t_k$ 时刻的 x_i 值；$x_i(t_{k+1})$ 为 $t=t_{k+1}=t_k+h$ 时刻的 x_i 值。

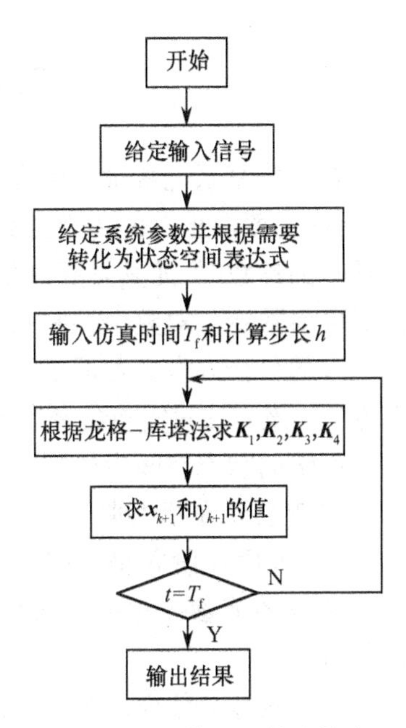

图 3-4　面向传递函数的数字仿真程序框图

令 $\boldsymbol{x}_{k+1}=[x_1(t_{k+1})\quad x_2(t_{k+1})\quad\cdots\quad x_n(t_{k+1})]^{\mathrm{T}}$

$\boldsymbol{x}_k=[x_1(t_k)\quad x_2(t_k)\quad\cdots\quad x_n(t_k)]^{\mathrm{T}}$

$\boldsymbol{K}_1=[k_{11}\quad k_{21}\quad\cdots\quad k_{n1}]^{\mathrm{T}},\quad \boldsymbol{K}_2=[k_{12}\quad k_{22}\quad\cdots\quad k_{n2}]^{\mathrm{T}}$

$\boldsymbol{K}_3=[k_{13}\quad k_{23}\quad\cdots\quad k_{n3}]^{\mathrm{T}},\quad \boldsymbol{K}_4=[k_{14}\quad k_{24}\quad\cdots\quad k_{n4}]^{\mathrm{T}}$

则式(3-17)可写成如下矩阵的形式

$$\boldsymbol{x}_{k+1}=\boldsymbol{x}_k+\frac{h}{6}(\boldsymbol{K}_1+2\boldsymbol{K}_2+2\boldsymbol{K}_3+\boldsymbol{K}_4) \tag{3-18}$$

$$\begin{cases}\boldsymbol{K}_1=\boldsymbol{A}\boldsymbol{x}_k+\boldsymbol{b}u(t_k)\\ \boldsymbol{K}_2=\boldsymbol{A}\left(\boldsymbol{x}_k+\dfrac{h}{2}\boldsymbol{K}_1\right)+\boldsymbol{b}u\left(t_k+\dfrac{h}{2}\right)\\ \boldsymbol{K}_3=\boldsymbol{A}\left(\boldsymbol{x}_k+\dfrac{h}{2}\boldsymbol{K}_2\right)+\boldsymbol{b}u\left(t_k+\dfrac{h}{2}\right)\\ \boldsymbol{K}_4=\boldsymbol{A}(\boldsymbol{x}_k+h\boldsymbol{K}_3)+\boldsymbol{b}u(t_k+h)\end{cases}$$

根据式(3-15)可得 $t=t_{k+1}$时刻的输出

$$y_{k+1}=\boldsymbol{C}\boldsymbol{x}_{k+1} \tag{3-19}$$

面向传递函数的数字仿真程序框图如图 3-4 所示，其程序清单通过下例给出。

【例 3-1】 假设单输入单输出系统如图 3-5 所示。试根据四阶龙格库塔法，求输出量 y 的动态响应。

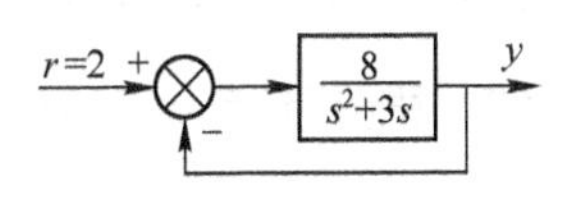

图 3-5　系统结构图

解　仿真程序 ex3_1. m 如下

```
%ex3_1. m
r=2;numo=8;deno=[1,3,0];numh=1;denh=1;          %给定输入信号和系统参数
[num,den]=feedback(numo,deno,numh,denh);[A,b,C,d]=tf2ss(num,den);
Tf=input('仿真时间 Tf=');h=input('计算步长 h=');
x=[zeros(length(A),1)]; y=0; t=0;
for i=1:Tf/h
   K1=A * x+b * r;
   K2=A * (x+h * K1/2)+b * r;
   K3=A * (x+h * K2/2)+b * r;
   K4=A * (x+h * K3)+b * r;
   x=x+h * (K1+2 * K2+2 * K3+K4)/6;
   y=[y;C * x]; t=[t;t(i)+h];
end
plot(t,y)
```

首先根据以上内容编写 M 文件 ex3_1. m，然后在 MATLAB 命令窗口执行该 M 文件，最后按照提示信息“仿真时间 Tf=；计算步长h=”，分别输入 5 和 0. 1 后，可得如图 3-6 所示仿真曲线。

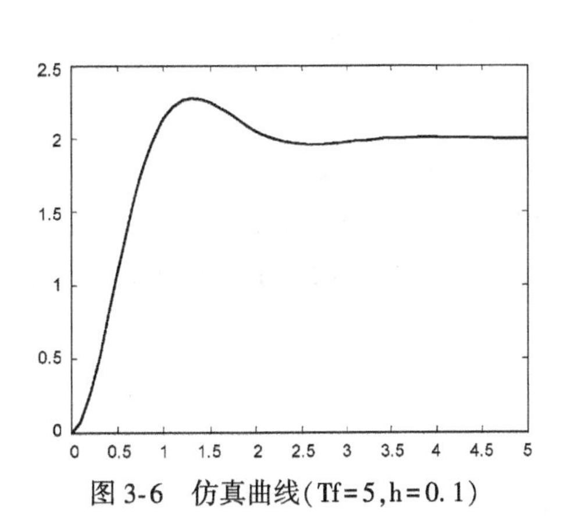

图 3-6　仿真曲线(Tf=5,h=0. 1)

3.3 面向系统结构图的仿真

自动控制系统常常是由许多环节组成的。应用上节介绍的数字仿真方法对系统分析和研究时，首先需要求出总的传递函数，再转化为状态空间表达式的形式，然后对其求解。当改变系统某一环节的参数时，尤其是要改变小闭环中某一环节的参数时，以上整个过程又需重新计算，这对研究对象参数变化对整个控制系统的影响是十分不便的。为了克服这些缺点，同时大多数从事自动化工作的科技人员更习惯于用结构图的形式来分析和研究控制系统，为此产生了面向结构图的仿真方法。该方法只需将各环节的参数及各环节间的连接方式输入计算机，仿真程序就能自动求出闭环系统的状态空间表达式。

本节主要介绍由典型环节参数和连接关系构成闭环系统的状态方程的方法，而动态响应的计算，仍采用四阶龙格–库塔法。这种方法与上节介绍的方法相比，有以下几个主要优点：① 便于研究各环节参数对系统的影响；② 可以得到每个环节的动态响应；③ 可对多输入输出系统进行仿真。

下面具体介绍面向结构图的仿真方法。

1. 典型环节的确定

一个控制系统可能由各种各样的环节所组成，但比较常见的环节有：

(1) 比例环节：$G(s)=k$

(2) 积分环节：$G(s)=\dfrac{k}{s}$

(3) 比例–积分环节：$G(s)=k_1+\dfrac{k_2}{s}=\dfrac{k_1 s+k_2}{s}$

(4) 惯性环节：$G(s)=\dfrac{k}{Ts+1}$

(5) 超前–滞后环节：$G(s)=k\,\dfrac{T_2 s+1}{T_1 s+1}$

(6) 二阶振荡环节：$G(s)=\dfrac{k}{T^2 s^2+2\zeta Ts+1}$

为了编制比较简单而且通用的仿真程序，必须恰当地选择仿真环节。在这里选用如图 3-7 所示的典型环节作为仿真环节，即

$$G(s)=\frac{X(s)}{U(s)}=\frac{c+ds}{a+bs}$$

式中，u 为典型环节的输入；x 为典型环节的输出。

利用这个典型环节，只要改变 a,b,c 和 d 参数的值，便可分别表示以上所述的各一阶环节；至于二阶振荡环节，则可用两个一阶环节等效连接得到，如图 3-8 所示。

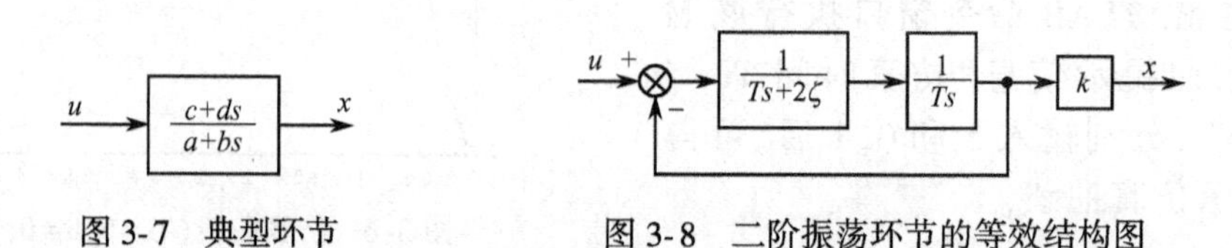

图 3-7 典型环节

图 3-8 二阶振荡环节的等效结构图

同理,三阶及三阶以上的环节也完全可以用若干个一阶环节等效连接得到。由此可见,任何一个复杂的控制系统都可以用若干个典型环节来组成。

2. 连接矩阵

一个控制系统用典型环节来描述时,必须用连接矩阵把各个典型环节连接起来。所谓连接矩阵,就是用矩阵的形式表示各个典型环节之间的关系。下面介绍连接矩阵的建立方法。

假设多输入多输出系统的结构图如图 3-9 所示。图中带数字的方框表示典型环节,$\alpha_2,\alpha_3,\beta_5$ 表示比例系数。

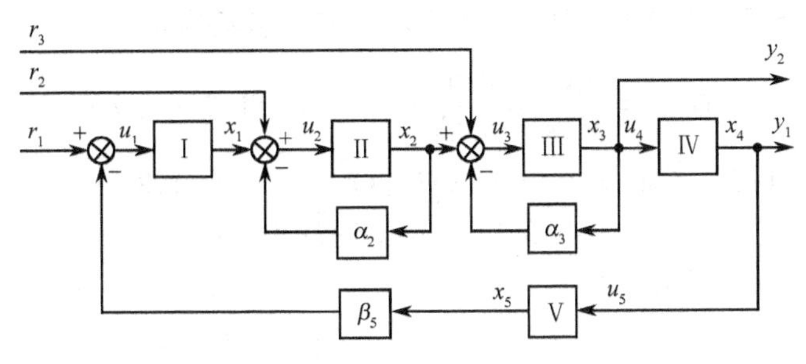

图 3-9　多输入多输出系统结构图

由图 3-9 可得各环节输入与各环节输出间的关系,以及系统输出与各环节输出间的关系分别为

$$\begin{cases}u_1=-\beta_5x_5+r_1\\u_2=x_1-\alpha_2x_2+r_2\\u_3=x_2-\alpha_3x_3+r_3\\u_4=x_3\\u_5=x_4\end{cases},\quad\begin{cases}y_1=x_4\\y_2=x_3\end{cases}$$

写成矩阵形式

$$\begin{bmatrix}u_1\\u_2\\u_3\\u_4\\u_5\end{bmatrix}=\begin{bmatrix}0&0&0&0&-\beta_5\\1&-\alpha_2&0&0&0\\0&1&-\alpha_3&0&0\\0&0&1&0&0\\0&0&0&1&0\end{bmatrix}\begin{bmatrix}x_1\\x_2\\x_3\\x_4\\x_5\end{bmatrix}+\begin{bmatrix}1&0&0\\0&1&0\\0&0&1\\0&0&0\\0&0&0\end{bmatrix}\begin{bmatrix}r_1\\r_2\\r_3\end{bmatrix}$$

和

$$\begin{bmatrix}y_1\\y_2\end{bmatrix}=\begin{bmatrix}0&0&0&1&0\\0&0&1&0&0\end{bmatrix}\begin{bmatrix}x_1\\x_2\\x_3\\x_4\\x_5\end{bmatrix}$$

或写成

$$\begin{cases}\boldsymbol{u}=\boldsymbol{W}\boldsymbol{x}+\boldsymbol{W}_0\boldsymbol{r}\\\boldsymbol{y}=\boldsymbol{W}_c\boldsymbol{x}\end{cases}\tag{3-20}$$

式中,$\boldsymbol{W}$,$\boldsymbol{W}_0$ 和 $\boldsymbol{W}_c$ 阵定义为连接矩阵,$\boldsymbol{W}$ 反映了各典型环节输入输出间的连接关系;$\boldsymbol{W}_0$ 反映了系统的参考输入与各环节输入间的连接关系;$\boldsymbol{W}_c$ 反映了系统的输出与各环节输出间的关系。

一般也将系统中各典型环节的系数整理成如下矩阵的形式(假设系统由 n 个典型环节组成)

$$\boldsymbol{P}=\begin{bmatrix} a_1 & b_1 & c_1 & d_1 \\ a_2 & b_2 & c_2 & d_2 \\ \vdots & \vdots & \vdots & \vdots \\ a_n & b_n & c_n & d_n \end{bmatrix} \tag{3-21}$$

3. 确定系统的状态方程

典型环节和连接矩阵确定后,便可求得系统的状态空间表达式。推导过程如下。

假设系统由 n 个典型环节组成,则根据典型环节的传递函数有

$$G_i(s)=\frac{X_i(s)}{U_i(s)}=\frac{c_i+d_is}{a_i+b_is} \qquad (i=1,2,\cdots,\ n)$$

即
$$(a_i+b_is)X_i(s)=(c_i+d_is)U_i(s) \qquad (i=1,2,\cdots,\ n)$$

写成矩阵形式
$$(\overline{\boldsymbol{A}}+\overline{\boldsymbol{B}}s)\boldsymbol{X}(s)=(\overline{\boldsymbol{C}}+\overline{\boldsymbol{D}}s)\boldsymbol{U}(s) \tag{3-22}$$

式中
$$\overline{\boldsymbol{A}}=\begin{bmatrix} a_1 & 0 & \cdots & 0 \\ 0 & a_2 & \cdots & 0 \\ \vdots & \vdots & \ddots & \vdots \\ 0 & 0 & \cdots & a_n \end{bmatrix},\quad \overline{\boldsymbol{B}}=\begin{bmatrix} b_1 & 0 & \cdots & 0 \\ 0 & b_2 & \cdots & 0 \\ \vdots & \vdots & \ddots & \vdots \\ 0 & 0 & \cdots & b_n \end{bmatrix}$$

$$\overline{\boldsymbol{C}}=\begin{bmatrix} c_1 & 0 & \cdots & 0 \\ 0 & c_2 & \cdots & 0 \\ \vdots & \vdots & \ddots & \vdots \\ 0 & 0 & \cdots & c_n \end{bmatrix},\quad \overline{\boldsymbol{D}}=\begin{bmatrix} d_1 & 0 & \cdots & 0 \\ 0 & d_2 & \cdots & 0 \\ \vdots & \vdots & \ddots & \vdots \\ 0 & 0 & \cdots & d_n \end{bmatrix}$$

将式(3-20)中的第 1 式进行拉普拉斯变换后代入式(3-22)中,可得

$$(\overline{\boldsymbol{A}}+\overline{\boldsymbol{B}}s)\boldsymbol{X}(s)=(\overline{\boldsymbol{C}}+\overline{\boldsymbol{D}}s)(\boldsymbol{W}\boldsymbol{X}(s)+\boldsymbol{W}_0\boldsymbol{R}(s))$$

$$(\overline{\boldsymbol{B}}-\overline{\boldsymbol{D}}\boldsymbol{W})s\boldsymbol{X}(s)=(\overline{\boldsymbol{C}}\boldsymbol{W}-\overline{\boldsymbol{A}})\boldsymbol{X}(s)+\overline{\boldsymbol{C}}\boldsymbol{W}_0\boldsymbol{R}(s)+\overline{\boldsymbol{D}}\boldsymbol{W}_0s\boldsymbol{R}(s)$$

对上式两边取拉普拉斯反变换得

$$(\overline{\boldsymbol{B}}-\overline{\boldsymbol{D}}\boldsymbol{W})\dot{\boldsymbol{x}}=(\overline{\boldsymbol{C}}\boldsymbol{W}-\overline{\boldsymbol{A}})\boldsymbol{x}+\overline{\boldsymbol{C}}\boldsymbol{W}_0\boldsymbol{r}+\overline{\boldsymbol{D}}\boldsymbol{W}_0\dot{\boldsymbol{r}} \tag{3-23}$$

若参考输入向量 $\boldsymbol{r}=[r_1 \quad r_2\cdots r_m]^{\mathrm{T}}$ 中的 $r_1,r_2,\cdots,r_m$ 均为阶跃函数,则式(3-23)可简化为

$$(\overline{\boldsymbol{B}}-\overline{\boldsymbol{D}}\boldsymbol{W})\dot{\boldsymbol{x}}=(\overline{\boldsymbol{C}}\boldsymbol{W}-\overline{\boldsymbol{A}})\boldsymbol{x}+\overline{\boldsymbol{C}}\boldsymbol{W}_0\boldsymbol{r} \tag{3-24}$$

令 $\boldsymbol{H}=\overline{\boldsymbol{B}}-\overline{\boldsymbol{D}}\boldsymbol{W},\boldsymbol{Q}=\overline{\boldsymbol{C}}\boldsymbol{W}-\overline{\boldsymbol{A}}$

则式(3-24)可写成
$$\boldsymbol{H}\dot{\boldsymbol{x}}=\boldsymbol{Q}\boldsymbol{x}+\overline{\boldsymbol{C}}\boldsymbol{W}_0\boldsymbol{r}$$

若 $\boldsymbol{H}$ 的逆存在,则有 $\dot{\boldsymbol{x}}=\boldsymbol{H}^{-1}\boldsymbol{Q}\boldsymbol{x}+\boldsymbol{H}^{-1}\overline{\boldsymbol{C}}\boldsymbol{W}_0\boldsymbol{r}$

再令
$$\boldsymbol{A}=\boldsymbol{H}^{-1}\boldsymbol{Q},\boldsymbol{B}=\boldsymbol{H}^{-1}\overline{\boldsymbol{C}}\boldsymbol{W}_0$$

可得
$$\dot{\boldsymbol{x}}=\boldsymbol{A}\boldsymbol{x}+\boldsymbol{B}\boldsymbol{r} \tag{3-25}$$

上式即为闭环系统的状态方程,它是一个典型的状态方程。利用前面介绍的求解方法可方便地求出各典型环节的输出响应,最后根据式(3-20)中的第 2 式便可求出系统的输出响应。

在建立系统的各典型环节时应注意以下两点:

(1)为保证 $\boldsymbol{H}$ 的逆 $\boldsymbol{H}^{-1}$ 存在,应严格按照 $b_i\neq0$ 的原则确定每个典型环节。即避免以纯比例、纯微分

环节作为典型环节。

(2) 在输入向量不全为阶跃函数的情况下，只要在确定典型环节时，注意使含有微分项系数(即 $d_i \neq 0$)的环节不直接与参考输入连接，也可避免式(3-23)中出现 $\boldsymbol{r}$ 的导数。

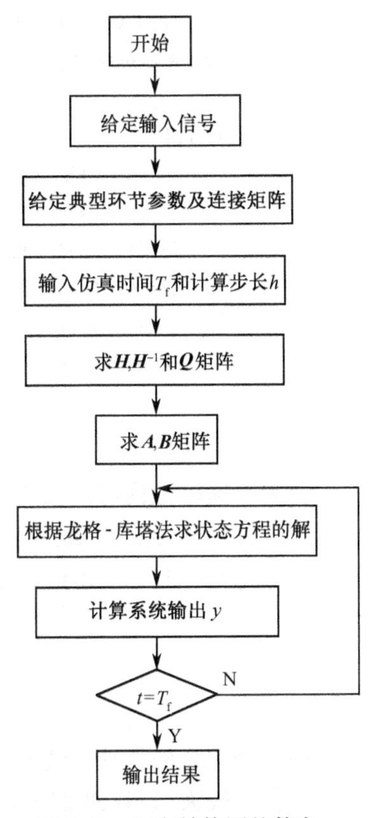

图 3-10 面向结构图的数字仿真程序框图

4. 面向结构图的数字仿真程序

面向结构图的数字仿真程序框图如图 3-10 所示，其程序清单通过下例给出。

【例 3-2】 假设某一系统由四个典型环节组成，如图 3-11 所示。求输出量 y 的动态响应。

解 由图可得各环节的输入，以及系统输出的关系表达式为

$$\begin{bmatrix} u_1 \\ u_2 \\ u_3 \\ u_4 \end{bmatrix} = \begin{bmatrix} 0 & 0 & 0 & -1 \\ 1 & 0 & 0 & 0 \\ 0 & 1 & 0 & 0 \\ 0 & 0 & 1 & 0 \end{bmatrix} \begin{bmatrix} x_1 \\ x_2 \\ x_3 \\ x_4 \end{bmatrix} + \begin{bmatrix} 1 \\ 0 \\ 0 \\ 0 \end{bmatrix} r, \quad y = \begin{bmatrix} 0 & 0 & 0 & 1 \end{bmatrix} \begin{bmatrix} x_1 \\ x_2 \\ x_3 \\ x_4 \end{bmatrix}$$

根据以上两式和各典型环节的系数值，可得如下连接矩阵和系数矩阵

$$\boldsymbol{W} = \begin{bmatrix} 0 & 0 & 0 & -1 \\ 1 & 0 & 0 & 0 \\ 0 & 1 & 0 & 0 \\ 0 & 0 & 1 & 0 \end{bmatrix}, \quad \boldsymbol{W}_0 = \begin{bmatrix} 1 \\ 0 \\ 0 \\ 0 \end{bmatrix}, \quad \boldsymbol{W}_c = \begin{bmatrix} 0 & 0 & 0 & 1 \end{bmatrix}$$

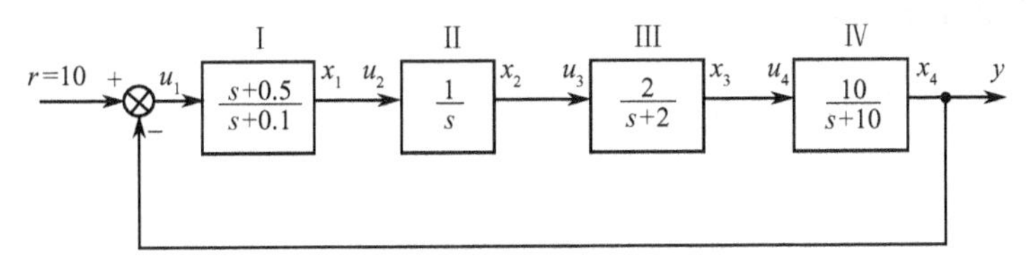

图 3-11

$$\boldsymbol{P} = \begin{bmatrix} a_1 & b_1 & c_1 & d_1 \\ a_2 & b_2 & c_2 & d_2 \\ a_3 & b_3 & c_3 & d_3 \\ a_4 & b_4 & c_4 & d_4 \end{bmatrix} = \begin{bmatrix} 0.1 & 1 & 0.5 & 1 \\ 0 & 1 & 1 & 0 \\ 2 & 1 & 2 & 0 \\ 10 & 1 & 10 & 0 \end{bmatrix}$$

仿真程序 ex3_2.m 如下

```
%ex3_2.m
r=10;
P=[0.1  1  0.5  1;0  1  1  0;2  1  2  0;10  1  10  0];
W=[0  0  0  -1;1  0  0  0;0  1  0  0;0  0  1  0];
W0=[1;0;0;0];Wc=[0  0  0  1];
Tf=input('仿真时间 Tf=');h=input('计算步长 h=');
A1=diag(P(:,1));B1=diag(P(:,2));C1=diag(P(:,3));D1=diag(P(:,4));
H=B1-D1*W;Q=C1*W-A1;
```

```
A=inv(H)*Q;B=inv(H)*C1*W0;
x=[zeros(length(A),1)];y=[zeros(length(Wc(:,1)),1)];
t=0;
for i=1:Tf/h
     K1=A*x+B*r;
     K2=A*(x+h*K1/2)+B*r;
     K3=A*(x+h*K2/2)+B*r;
     K4=A*(x+h*K3)+B*r;
     x=x+h*(K1+2*K2+2*K3+K4)/6;
     y=[y,Wc*x]; t=[t, t(i)+h];
end
plot(t,y)
```

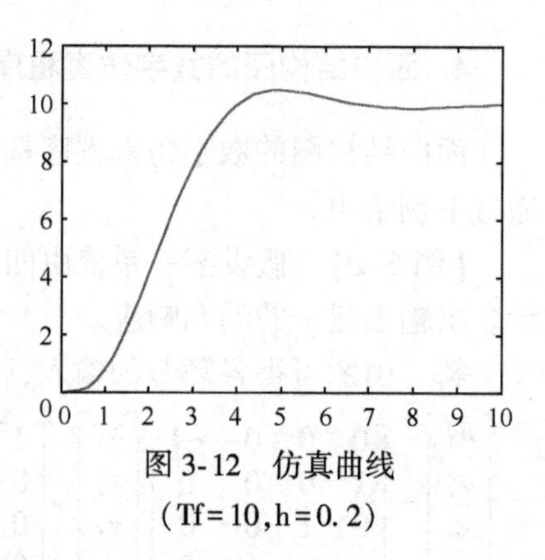

图 3-12　仿真曲线
(Tf=10,h=0.2)

首先根据以上内容编写 M 文件 ex3_2.m,然后在 MATLAB 命令窗口执行该 M 文件,最后按照提示信息"仿真时间 Tf=;计算步长 h=",分别输入 10 和 0.2 后,可得如图 3-12 所示仿真曲线。

3.4　连续系统的快速仿真

前面介绍过的两种连续系统的数字仿真方法,当系统比较复杂并要求满足较高的计算精度时,计算工作量较大,计算速度较慢,有时不能满足实时仿真的要求。为了解决这个问题,下面介绍一种连续系统的快速数字仿真方法——增广矩阵法。

1. 增广矩阵法的基本原理

设连续系统的状态方程为

$$\begin{cases}\dot{\boldsymbol{x}}(t)=\boldsymbol{A}\boldsymbol{x}(t)\\ \boldsymbol{x}(t)\big|_{t=0}=\boldsymbol{x}(0)\end{cases} \tag{3-26}$$

则它的解为

$$\boldsymbol{x}(t)=\mathrm{e}^{\boldsymbol{A}t}\boldsymbol{x}(0)$$

将 $\mathrm{e}^{\boldsymbol{A}t}$ 展开成泰勒级数,即

$$\mathrm{e}^{\boldsymbol{A}t}=\boldsymbol{I}+\boldsymbol{A}t+\frac{1}{2!}\boldsymbol{A}^2t^2+\frac{1}{3!}\boldsymbol{A}^3t^3+\cdots$$

则有

$$\boldsymbol{x}(t)=\left[\boldsymbol{I}+\boldsymbol{A}t+\frac{1}{2!}\boldsymbol{A}^2t^2+\frac{1}{3!}\boldsymbol{A}^3t^3+\cdots\right]\boldsymbol{x}(0) \tag{3-27}$$

可以证明,如果取 $\mathrm{e}^{\boldsymbol{A}t}$ 的泰勒级数的前五项,则式(3-27)的计算精度与四阶龙格-库塔法相同。设计算步长为 h,则由式(3-27)可得

$$\boldsymbol{x}(h)=\left[\boldsymbol{I}+\boldsymbol{A}h+\frac{1}{2!}\boldsymbol{A}^2h^2+\frac{1}{3!}\boldsymbol{A}^3h^3+\frac{1}{4!}\boldsymbol{A}^4h^4\right]\boldsymbol{x}(0)$$

或写成迭代形式

$$\boldsymbol{x}[(k+1)h]=\left[\boldsymbol{I}+\boldsymbol{A}h+\frac{1}{2!}\boldsymbol{A}^2h^2+\frac{1}{3!}\boldsymbol{A}^3h^3+\frac{1}{4!}\boldsymbol{A}^4h^4\right]\boldsymbol{x}(kh) \tag{3-28}$$

上式括号中只是矩阵的相乘及加法,仿真计算十分简单,因此可大大加快数字仿真的计算速度。如果将矩阵的相乘在数字仿真前算好,则数字仿真的速度将更快。

如果要求解的状态方程为非齐次方程

$$\dot{\boldsymbol{x}}(t)=\boldsymbol{A}\boldsymbol{x}(t)+\boldsymbol{B}\boldsymbol{u}(t)$$

为了能对其应用上述的快速计算方法,就要将控制量 $\boldsymbol{Bu}(t)$ 项增广到状态变量中去,将其转换为齐次方程,这就是增广矩阵法的基本原理。当 $\boldsymbol{u}(t)$ 是一些典型函数时,增广矩阵是很容易实现的。下面介绍三种典型输入的增广矩阵。

2. 典型输入函数的增广矩阵

假设 n 阶连续系统的状态空间表达式为

$$\begin{cases}\dot{\boldsymbol{x}}(t)=\boldsymbol{A}\boldsymbol{x}(t)+\boldsymbol{B}\boldsymbol{u}(t)\\ \boldsymbol{y}(t)=\boldsymbol{C}\boldsymbol{x}(t)\end{cases},\quad \boldsymbol{x}(0)=\boldsymbol{x}_0 \tag{3-29}$$

(1) 当输入信号为阶跃函数时,即

$$u(t)=r_0$$

定义第 $n+1$ 个状态变量为

$$x_{n+1}(t)=u(t)=r_0$$

则

$$\begin{cases}\dot{x}_{n+1}(t)=0\\ x_{n+1}(0)=r_0\end{cases} \tag{3-30}$$

将式(3-30)增广到式(3-29)中,可得增广后的状态空间表达式

$$\begin{bmatrix}\dot{\boldsymbol{x}}(t)\\ \dot{x}_{n+1}(t)\end{bmatrix}=\begin{bmatrix}\boldsymbol{A} & \boldsymbol{B}\\ 0 & 0\end{bmatrix}\begin{bmatrix}\boldsymbol{x}(t)\\ x_{n+1}(t)\end{bmatrix},\quad \boldsymbol{y}(t)=[\boldsymbol{C}\quad 0]\begin{bmatrix}\boldsymbol{x}(t)\\ x_{n+1}(t)\end{bmatrix}$$

$$\begin{bmatrix}\boldsymbol{x}(0)\\ x_{n+1}(0)\end{bmatrix}=\begin{bmatrix}\boldsymbol{x}_0\\ r_0\end{bmatrix}$$

增广后的系统矩阵 $\begin{bmatrix}\boldsymbol{A} & \boldsymbol{B}\\ 0 & 0\end{bmatrix}$ 称为增广矩阵。

(2) 当输入信号为斜坡输入时,即

$$u(t)=r_0t$$

定义

$$\begin{cases}x_{n+1}(t)=u(t)=r_0t\\ x_{n+2}(t)=\dot{x}_{n+1}(t)=r_0\end{cases},\quad 则\quad \begin{cases}\dot{x}_{n+1}(t)=x_{n+2}(t)\\ \dot{x}_{n+2}(t)=0\end{cases}$$

因此增广后的状态空间表达式为

$$\begin{bmatrix}\dot{\boldsymbol{x}}(t)\\ \dot{x}_{n+1}(t)\\ \dot{x}_{n+2}(t)\end{bmatrix}=\begin{bmatrix}\boldsymbol{A} & \boldsymbol{B} & 0\\ 0 & 0 & 1\\ 0 & 0 & 0\end{bmatrix}\begin{bmatrix}\boldsymbol{x}(t)\\ x_{n+1}(t)\\ x_{n+2}(t)\end{bmatrix},\quad \boldsymbol{y}(t)=[\boldsymbol{C}\quad 0\quad 0]\begin{bmatrix}\boldsymbol{x}(t)\\ x_{n+1}(t)\\ x_{n+2}(t)\end{bmatrix}$$

$$\begin{bmatrix}\boldsymbol{x}(0)\\ x_{n+1}(0)\\ x_{n+2}(0)\end{bmatrix}=\begin{bmatrix}\boldsymbol{x}_0\\ 0\\ r_0\end{bmatrix}$$

(3) 当输入信号为抛物线时,即

$$u(t)=\frac{1}{2}r_0t^2$$

定义 $\begin{cases} x_{n+1}(t)=u(t)=\dfrac{1}{2}r_0t^2 \\ x_{n+2}(t)=\dot{x}_{n+1}(t)=r_0t, \\ x_{n+3}(t)=\dot{x}_{n+2}(t)=r_0 \end{cases}$ 则 $\begin{cases} \dot{x}_{n+1}(t)=x_{n+2} \\ \dot{x}_{n+2}(t)=x_{n+3} \\ \dot{x}_{n+3}(t)=0 \end{cases}$

因此增广后的状态空间表达式为

$$\begin{bmatrix} \dot{\boldsymbol{x}}(t) \\ \dot{x}_{n+1}(t) \\ \dot{x}_{n+2}(t) \\ \dot{x}_{n+3}(t) \end{bmatrix}=\begin{bmatrix} \boldsymbol{A} & \boldsymbol{B} & 0 & 0 \\ 0 & 0 & 1 & 0 \\ 0 & 0 & 0 & 1 \\ 0 & 0 & 0 & 0 \end{bmatrix}\begin{bmatrix} \boldsymbol{x}(t) \\ x_{n+1}(t) \\ x_{n+2}(t) \\ x_{n+3}(t) \end{bmatrix}, \quad \boldsymbol{y}(t)=[\boldsymbol{C} \quad 0 \quad 0 \quad 0]\begin{bmatrix} \boldsymbol{x}(t) \\ x_{n+1}(t) \\ x_{n+2}(t) \\ x_{n+3}(t) \end{bmatrix}$$

$$\begin{bmatrix} \boldsymbol{x}(0) \\ x_{n+1}(0) \\ x_{n+2}(0) \\ x_{n+3}(0) \end{bmatrix}=\begin{bmatrix} \boldsymbol{x}_0 \\ 0 \\ 0 \\ r_0 \end{bmatrix}$$

【例 3-3】 针对例题 3-1 所给线性定常系统,试利用增广矩阵法,求输出量 y 的动态响应。

解 仿真程序 ex3_3. m 如下

```
%ex3_3. m
r=2;
numo=8;deno=[1,3,0];[num,den]=cloop(numo,deno);[A,b,C,d]=tf2ss(num,den);
Tf=input('仿真时间 Tf=');h=input('计算步长 h=');
x=[zeros(length(A),1)]; y=0; t=0;
A=[A,b;zeros(1,length(A)),0];C=[C,0];x=[x;r];
eAt=eye(size(A))+A*h+A^2*h^2/2+A^3*h^3/(3*2)+A^4*h^4/(4*3*2);
for i=1:Tf/h
   x=eAt*x;y=[y;C*x];t=[t;t(i)+h];
end
plot(t,y)
```

首先根据以上内容编写 M 文件 ex3_3. m,然后在 MATLAB 命令窗口执行该 M 文件,最后按照提示信息“仿真时间 Tf=;计算步长 h=”,分别输入 5 和 0. 1 后,同样可得如图 3-6 所示仿真曲线(Tf=5, h=0. 1)。

本 章 小 结

本章在数值积分法的基础上,详细介绍了数字仿真原理和连续系统的三种基本仿真方法。通过本章学习,应重点掌握以下内容:

(1) 熟悉在数字计算机仿真技术中常用的几种数值积分法,特别是四阶龙格–库塔法;

(2) 典型环节及其系数矩阵的确定;

(3) 各连接矩阵的确定;

(4) 利用 MATLAB 在四阶龙格–库塔法的基础上,对以状态空间表达式和方框图描述的连续系统进行仿真;

(5) 了解以增广矩阵法为基础的连续系统的快速仿真方法。

习　　题

3-1　已知线性定常系统的状态空间表达式为

$$\begin{cases}\begin{bmatrix}\dot{x}_1(t)\\ \dot{x}_1(t)\end{bmatrix}=\begin{bmatrix}0 & 1\\ -5 & -6\end{bmatrix}\begin{bmatrix}x_1(t)\\ x_2(t)\end{bmatrix}+\begin{bmatrix}2\\ 0\end{bmatrix}u(t)\\ y(t)=[2\quad 1]\begin{bmatrix}x_1(t)\\ x_2(t)\end{bmatrix}\end{cases}$$

且初始状态为零,试利用四阶-龙格库塔法求系统的单位阶跃响应。

3-2　设单位反馈系统的开环传递函数

$$G(s)=\frac{4}{s(s+2)}$$

试利用二阶-龙格库塔法求系统的单位阶跃响应。

3-3　试分别利用欧拉法和预估-校正法求例 3-1 所给系统的阶跃响应,并对其结果进行比较。

3-4　利用 input( ) 函数修改例 3-1 所给程序 ex3_1.m,将其中给定的参数 r,numo,deno,numh 和 denh 利用键盘输入,使其变为连续控制系统面向传递函数的通用数字仿真程序。

3-5　利用 input( ) 函数修改例 3-2 所给程序 ex3_2.m,将其中给定的参数 r,P,W,W0 和 Wc 利用键盘输入,使其变为连续控制系统面向结构图的通用数字仿真程序。

本章习题解答,请扫以下二维码。

习题 3 解答

第4章 连续系统按环节离散化的数字仿真

第3章所述的连续系统数学模型的离散化,是通过数值积分法实现的,尽管面向结构图的仿真方法是按环节给定参数,但是在仿真计算时还是按整个系统进行离散化,这就不便于引进非线性环节以进行非线性系统的仿真。在本章,连续系统离散模型的建立,将用控制理论中的采样和信号重构技术。因此,用这种方法建立的离散模型实际上是一个采样系统,完全可以用采样理论对这种系统进行分析。下面首先介绍一下连续系统的离散化方法,然后着重介绍典型环节的离散系数及其差分方程和非线性系统的仿真方法。

4.1 连续系统的离散化

设连续系统的状态空间表达式为

$$\begin{cases}\dot{\boldsymbol{x}}(t)=\boldsymbol{A}\boldsymbol{x}(t)+\boldsymbol{B}\boldsymbol{u}(t)\\ \boldsymbol{y}(t)=\boldsymbol{C}\boldsymbol{x}(t)+\boldsymbol{D}\boldsymbol{u}(t)\end{cases} \tag{4-1}$$

其状态方程的解为

$$\boldsymbol{x}(t)=\mathrm{e}^{\boldsymbol{A}t}\boldsymbol{x}(0)+\int_0^t \mathrm{e}^{\boldsymbol{A}(t-\tau)}\boldsymbol{B}\boldsymbol{u}(\tau)\mathrm{d}\tau$$

对于 kT 及 $(k+1)T$ 两个相邻的采样时刻,状态变量的值分别为

$$\boldsymbol{x}(kT)=\mathrm{e}^{\boldsymbol{A}(kT)}\boldsymbol{x}(0)+\int_0^{kT}\mathrm{e}^{\boldsymbol{A}(kT-\tau)}\boldsymbol{B}\boldsymbol{u}(\tau)\mathrm{d}\tau$$

$$\boldsymbol{x}[(k+1)T]=\mathrm{e}^{\boldsymbol{A}[(k+1)T]}\boldsymbol{x}(0)+\int_0^{(k+1)T}\mathrm{e}^{\boldsymbol{A}[(k+1)T-\tau]}\boldsymbol{B}\boldsymbol{u}(\tau)\mathrm{d}\tau$$

由以上两式可得 $$\boldsymbol{x}[(k+1)T]=\mathrm{e}^{\boldsymbol{A}T}\boldsymbol{x}(kT)+\int_{kT}^{(k+1)T}\mathrm{e}^{\boldsymbol{A}[(k+1)T-\tau]}\boldsymbol{B}\boldsymbol{u}(\tau)\mathrm{d}\tau$$

令 $\tau=kT+t$,则上式可得

$$\boldsymbol{x}[(k+1)T]=\mathrm{e}^{\boldsymbol{A}T}\boldsymbol{x}(kT)+\int_0^{T}\mathrm{e}^{\boldsymbol{A}(T-t)}\boldsymbol{B}\boldsymbol{u}(kT+t)\mathrm{d}t \tag{4-2}$$

当系统输入 $\boldsymbol{u}(t)$ 给定时,便可根据式(4-2)求出系统离散化状态方程的解。由于 $\boldsymbol{u}(t)$ 一般为时间 t 的函数,而且是未知的,故对于两相邻采样时刻之间的输入 $\boldsymbol{u}(kT+t)$,常用以下两种方法近似处理。

① 令 $\boldsymbol{u}(kT+t)\approx\boldsymbol{u}(kT)\quad(0<t<T)$

这相当于在系统的输入端加了一个采样开关和零阶保持器。

根据式(4-2)可得系统离散化后的状态方程

$$\boldsymbol{x}[(k+1)T]=\mathrm{e}^{\boldsymbol{A}T}\boldsymbol{x}(kT)+\int_0^{T}\mathrm{e}^{\boldsymbol{A}(T-t)}\boldsymbol{B}\mathrm{d}t\cdot\boldsymbol{u}(kT)$$

或 $$\boldsymbol{x}[(k+1)T]=\boldsymbol{G}\boldsymbol{x}(kT)+\boldsymbol{H}\boldsymbol{u}(kT)$$

式中 $$\boldsymbol{G}=\mathrm{e}^{\boldsymbol{A}T},\quad \boldsymbol{H}=\int_0^{T}\mathrm{e}^{\boldsymbol{A}(T-t)}\boldsymbol{B}\mathrm{d}t$$

② 令 $$\boldsymbol{u}(kT+t)\approx\boldsymbol{u}(kT)+\frac{\boldsymbol{u}(kT)-\boldsymbol{u}[(k-1)T]}{T}t$$

$$=\boldsymbol{u}(kT)+\dot{\boldsymbol{u}}(kT)t\quad(0<t<T)$$

这相当于在系统的输入端加了一个采样开关和一阶保持器。

根据式(4-2)可得离散化后的状态方程

$$\boldsymbol{x}[(k+1)T]=\mathrm{e}^{\boldsymbol{A}T}\boldsymbol{x}(kT)+\int_0^T \mathrm{e}^{\boldsymbol{A}(T-t)}\boldsymbol{B}\mathrm{d}t\cdot\boldsymbol{u}(kT)+\int_0^T t\mathrm{e}^{\boldsymbol{A}(T-t)}\boldsymbol{B}\mathrm{d}t\cdot\dot{\boldsymbol{u}}(kT)$$

或

$$\boldsymbol{x}[(k+1)T]=\boldsymbol{G}\boldsymbol{x}(kT)+\boldsymbol{H}\boldsymbol{u}(kT)+\boldsymbol{\Phi}\dot{\boldsymbol{u}}(kT)$$

式中

$$\boldsymbol{G}=\mathrm{e}^{\boldsymbol{A}T},\quad \boldsymbol{H}=\int_0^T \mathrm{e}^{\boldsymbol{A}(T-t)}\boldsymbol{B}\mathrm{d}t,\quad \boldsymbol{\Phi}=\int_0^T t\mathrm{e}^{\boldsymbol{A}(T-t)}\boldsymbol{B}\mathrm{d}t$$

输出变量的差分方程,可由式(4-1)给出的输出方程直接确定,即有

$$\boldsymbol{y}(kT)=\boldsymbol{C}\boldsymbol{x}(kT)+\boldsymbol{D}\boldsymbol{u}(kT) \tag{4-3}$$

对于以上差分方程,当系数矩阵 $\boldsymbol{G},\boldsymbol{H},\boldsymbol{C},\boldsymbol{D}$ 及 $\boldsymbol{\Phi}$ 已知时,利用迭代法便可很容易地求得系统的输出响应。

对于系统离散化的系数矩阵 $\boldsymbol{G},\boldsymbol{H},\boldsymbol{C},\boldsymbol{D}$ 和 $\boldsymbol{\Phi}$,利用 MATLAB 的相应函数,也可很方便地求出。

4.2 典型环节的离散系数及其差分方程

上节介绍了连续系统离散化的方法,根据此方法本节将讨论按典型环节建立离散模型。所谓按典型环节离散化,就是将系统分成若干个典型环节,在每个典型环节的入口处加一个虚拟的采样开关,并立即跟一个信号重构过程,以便使信号恢复为连续形式。这时系统实际上已成为一个采样系统,当采样周期足够小时,这个采样系统就近似等价于原连续系统,并且这种方法具有改变参数方便,易于引进非线性环节等特点。

设典型环节的输入和输出分别为 $u(t)$ 和 $x(t)$,则拉普拉斯变换之比为

$$\frac{X(s)}{U(s)}=\frac{c+ds}{a+bs}$$

即

$$(a+bs)X(s)=(c+ds)U(s)$$

$$bsX(s)=-aX(s)+cU(s)+dsU(s)$$

对上式进行拉普拉斯反变换得

$$b\dot{x}(t)=-ax(t)+cu(t)+d\dot{u}(t) \tag{4-4}$$

为了把式(4-4)表示的微分方程转变为差分方程,在典型环节前要加虚拟的采样开关和保持器进行离散化,如图 4-1 所示。

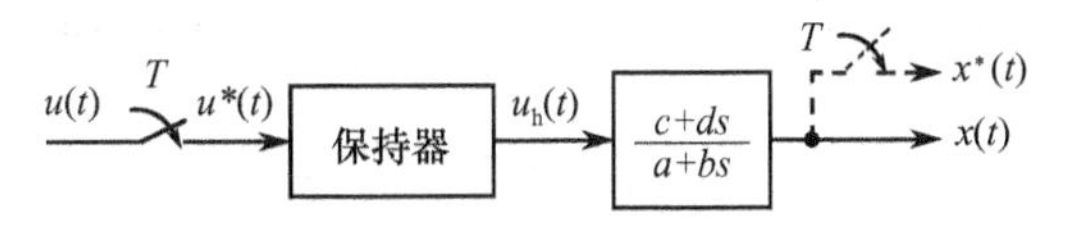

图 4-1 典型环节的离散性

由此可见,典型环节离散化后,环节的输入 $u_h(t)$ 就与原来的输入 $u(t)$ 不同,两者的相似程度与采样时间 T 及保持器的特性有关。

下面推导典型环节加了虚拟的采样开关和滞后一拍三角形保持器后的差分方程及其系数的确定。

假设采用滞后一拍的三角形保持器,则保持器的输出(也即典型环节的输入)$u_h(t)$ 为

$$\begin{cases} u_h(t)=u[(k-1)T]+\dfrac{u(kT)-u[(k-1)T]}{T}(t-kT) \\ \dot{u}_h(t)=\dfrac{u(kT)-u[(k-1)T]}{T} \qquad (kT\leqslant t\leqslant(k+1)T) \end{cases} \tag{4-5}$$

当 $t=(k+1)T$ 时

$$\begin{cases} u_h[(k+1)T]=u(kT) \\ \dot{u}_h[(k+1)T]=\dfrac{u(kT)-u[(k-1)T]}{T} \end{cases} \tag{4-6}$$

下面对典型环节中系数 a,b,c,d 的不同情况,求离散状态变量式输出量的解。

(1) 当 $a\neq0,b=0$(相应有比例、微分和比例微分等环节)时,由式(4-4)可得

$$x(t)=\frac{c}{a}u(t)+\frac{d}{a}\dot{u}(t)$$

将 $t=(k+1)T$ 代入上式,并考虑到典型环节离散化后,输入由 $u(t)$ 变为 $u_{\mathrm{h}}(t)$,故有

$$x[(k+1)T]=\frac{c}{a}u_{\mathrm{h}}[(k+1)T]+\frac{d}{a}\dot{u}_{\mathrm{h}}[(k+1)T]$$

将式(4-6)代入上式得

$$x[(k+1)T]=\left(\frac{c}{a}+\frac{d}{aT}\right)u(kT)-\frac{d}{aT}u[(k-1)T] \tag{4-7}$$

(2) 当 $a\neq0,b\neq0$(相应有惯性、比例惯性、超前或滞后等环节)时,由式(4-4)得

$$\dot{x}(t)=-\frac{a}{b}x(t)+\frac{c}{b}u(t)+\frac{d}{b}\dot{u}(t) \tag{4-8}$$

令

$$z(t)=x(t)-\frac{d}{b}u(t) \tag{4-9}$$

则由式(4-8)可得

$$\dot{z}(t)=-\frac{a}{b}z(t)+\left(\frac{c}{b}-\frac{ad}{b^2}\right)u(t) \tag{4-10}$$

令

$$A=-\frac{a}{b},\quad B=\frac{c}{b}-\frac{ad}{b^2} \tag{4-11}$$

则有

$$\dot{z}(t)=Az(t)+Bu(t)$$

其解为

$$z(t)=\mathrm{e}^{At}z(0)+\int_0^t \mathrm{e}^{A(t-\tau)}Bu(\tau)\mathrm{d}\tau$$

根据4.1节知,其离散化后的解为

$$z[(k+1)T]=\mathrm{e}^{AT}z(kT)+\int_0^T \mathrm{e}^{A(T-t)}Bu_{\mathrm{h}}(kT+t)\mathrm{d}t \tag{4-12}$$

将式(4-5)代入式(4-12)得

$$\begin{aligned}
z[(k+1)T] &= \mathrm{e}^{AT}z(kT)+\int_0^T \mathrm{e}^{A(T-t)}B\left\{u[(k-1)T]+\frac{u(kT)-u[(k-1)T]}{T}t\right\}\mathrm{d}t\\
&= \mathrm{e}^{AT}z(kT)+\frac{B}{A}(\mathrm{e}^{AT}-1)u[(k-1)T]+\mathrm{e}^{AT}B\frac{u(kT)-u[(k-1)T]}{T}\int_0^T \mathrm{e}^{-At}t\mathrm{d}t\\
&=\mathrm{e}^{AT}z(kT)+\frac{B}{A}\left(\frac{\mathrm{e}^{AT}-1}{AT}-1\right)u(kT)+\frac{B}{A}\left[1+(\mathrm{e}^{AT}-1)\left(1-\frac{1}{AT}\right)\right]u[(k-1)T]
\end{aligned}$$

再将式(4-11)代入上式得

$$\begin{aligned}
z[(k+1)T]=&\mathrm{e}^{-\frac{a}{b}T}z(kT)+\left(\frac{d}{b}-\frac{c}{a}\right)\left[(1-\mathrm{e}^{-\frac{a}{b}T})\frac{b}{aT}-1\right]u(kT)+\\
&\left(\frac{d}{b}-\frac{c}{a}\right)\left[1+(\mathrm{e}^{-\frac{b}{a}T}-1)\left(1+\frac{b}{aT}\right)\right]u[(k-1)T]
\end{aligned} \tag{4-13}$$

由式(4-9)和式(4-6)两式可得

$$x[(k+1)T]=z[(k+1)T]+\frac{d}{b}u(kT) \tag{4-14}$$

(3) 当 $a=0,b\neq0$ 时,由式(4-4)得

$$\dot{x}(t)=\frac{c}{b}u(t)+\frac{d}{b}\dot{u}(t) \tag{4-15}$$

将 $A=-a/b=0,B=c/b$ 代入式(4-12)后可得

$$
\begin{aligned}
z[(k+1)] &= z(kT) + \int_0^T \frac{c}{b}u_h(kT+t)\mathrm{d}t \\
&= z(kT) + \frac{c}{b}\int_0^T\left\{u[(k-1)T] + \frac{u(kT) - u[(k-1)T]}{T}t\right\}\mathrm{d}t \\
&= z(kT) + \frac{cT}{2b}u(kT) + \frac{cT}{2b}u[(k-1)T]
\end{aligned}
$$

同样由式(4-9)和式(4-6)两式可得

$$
x[(k+1)T] = z[(k+1)T] + \frac{d}{b}u(kT) \tag{4-16}
$$

今将以上三种情况下的典型环节的仿真模型归纳为一个统一的公式

$$
\begin{cases}
z[(k+1)T] = Ez(kT) + Fu(kT) + Gu[(k-1)T] \\
x[(k+1)T] = Hz[(k+1)T] + Lu(kT) + Qu[(k-1)T]
\end{cases} \tag{4-17}
$$

式中,E,F,G,H,L,Q 是差分方程的系数,它们的数值根据典型环节系数 a,b 的不同情况,可由表 4-1 确定。

表 4-1　E,F,G,H,L,Q 的系数

	$a\neq0,b=0$	$a=0,b\neq0$	$a\neq0,b\neq0$
E	0	1	$\exp[-(a/b)T]$
F	0	$cT/(2b)$	$(d/b-c/a)[(1-E)*b/(aT)-1]$
G	0	F	$(d/b-c/a)[1+(E-1)(1+b/(aT))]$
H	0	1	1
L	$(c+d/T)/a$	d/b	d/b
Q	$-d/(aT)$	0	0

4.3　非线性系统的数字仿真方法

4.2 节讨论的按环节离散化的仿真方法,每一个计算步长,各环节的输入和输出都要重新计算一次,因此,这种仿真方法可以很方便地推广到具有非线性环节的系统中。由于实际控制系统中的非线性特性各种各样,无法用一个最基本的环节来代表。因此,本节主要介绍四种最常见的非线性环节的仿真模型。

1. 饱和非线性特性

图 4-2 所示饱和非线性环节的数学描述为

$$
x = \begin{cases}
-s & u\leqslant -s \\
u & -s<u<s \\
s & u\geqslant s
\end{cases}
$$

根据上述关系,由 MATLAB 编写的饱和非线性函数 saturation1( )为

```
%saturation1.m
function x=saturation1(u,s)
if (abs(u)>=s)
    if (u>0) x= s;
        else x=-s;
    end
else
    x= u;
end
```

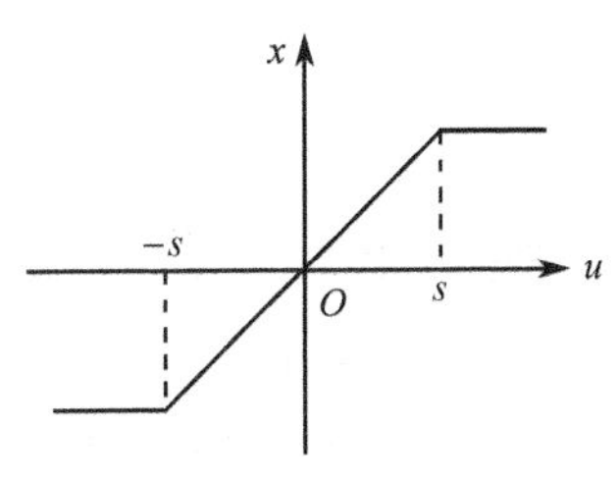

图 4-2　饱和非线性环节

2. 死区非线性特性

图 4-3 所示死区非线性环节的数学描述为

$$x=\begin{cases}u+s & u\leqslant -s\\ 0 & -s<u<s\\ u-s & u\geqslant s\end{cases}$$

根据上述关系，由 MATLAB 编写的死区非线性函数 deadzone1( )为

```
%deadzone1. m
function x=deadzone1(u,s)
if (abs(u)>=s)
  if (u>0) x=u-s;
    else x= u+s;
  end
else x=0;
end
```

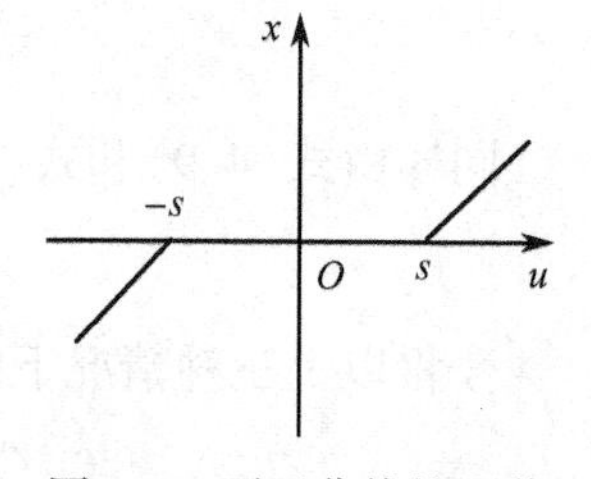

图 4-3　死区非线性环节

3. 滞环非线性特性

图 4-4 所示滞环非线性环节的数学描述为

$$x(kT)=\begin{cases}u(kT)-s & \dot{u}>0\text{ 且 }\dot{x}>0\\ u(kT)+s & \dot{u}<0\text{ 且 }\dot{x}<0\\ x[(k-1)T] & \text{其他}\end{cases}$$

根据上述关系，由 MATLAB 编写的滞环非线性函数 backlash1( )为

```
%backlash1. m
function [x,u1]=backlash1(u1,u,x1,s)
if (u>u1)
        if ((u-s)>=x1) x=u-s;else x=x1;end
else if (u<u1)
        if ((u+s)<=x1) x=u+s;else x=x1;end
  else x=x1;
  end
end
u1=u;
```

图 4-4　滞环非线性环节

其中，u1 和 u 分别为 $k-1$ 和 k 时刻的输入量；x1 和 x 分别为 $k-1$ 和 k 时刻的输出量。

4. 继电器非线性特性

图 4-5 所示的继电器非线性环节的数学描述为

$$x=\begin{cases}s & u>0\\ -s & u<0\end{cases}$$

根据上述关系，由 MATLAB 编写的继电器非线性函数 sign1( )为

```
%signl. m
function x=sign1(u,s)
if (u>0) x= s; end
if (u<0) x=- s; end
```

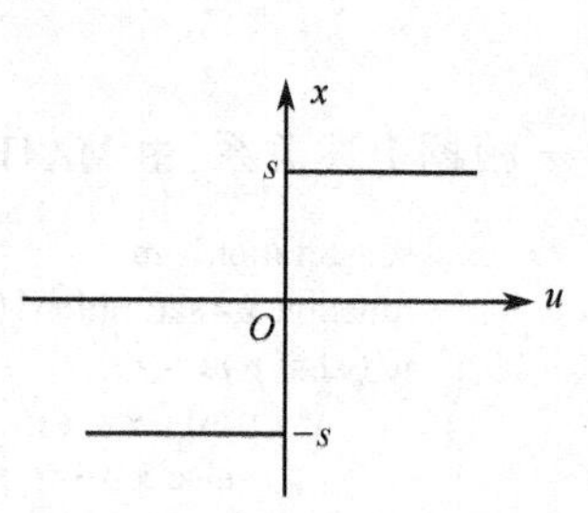

图 4-5　继电器非线性环节

以上几种非线性环节的共同特点是都只需一个参数 s 就能反映出该环节的非线性特点。不过要注意到，各种非线性环节的放大倍数均假定为 1，若不为 1，则将其设法合入其前后的线性环节中。

4.4 连续系统按环节离散化的数字仿真程序

使用该方法对连续系统进行仿真时，同第3章一样，应首先根据系统的结构图写出各典型环节的参数矩阵 $\boldsymbol{P}$、连接矩阵 $\boldsymbol{W}$、$\boldsymbol{W}_0$ 和 $\boldsymbol{W}_c$。另外，为了说明问题，本仿真方法在程序中只考虑饱和、死区、滞环和继电器四种典型非线性特性，并规定非线性环节不单独作为一个仿真环节，而根据系统结构情况，把非线性环节添加到相应的线性典型环节之前或之后。因此，对于有非线性环节的系统并不增加典型环节数。这样，对于每个典型环节除给定参数 a,b,c,d 外，还要给出其附加的非线性环节标志 FZ 和参数 s。非线性环节标志如表4-2所示。

一般将非线性环节标志 FZ 和参数 s 统一增加到典型环节系数矩阵 $\boldsymbol{P}$ 中，即

$$\boldsymbol{P}=\begin{bmatrix} a_1 & b_1 & c_1 & d_1 & \mathrm{FZ}_1 & s_1 \\ a_2 & b_2 & c_2 & d_2 & \mathrm{FZ}_2 & s_2 \\ \vdots & \vdots & \vdots & \vdots & \vdots & \vdots \\ a_n & b_n & c_n & d_n & \mathrm{FZ}_n & s_n \end{bmatrix}$$

连续系统按环节离散化的数字仿真程序通过下例给出，其框图如图4-6所示。

表4-2 非线性环节标志

标 志	说 明
FZ=0	典型环节前后均无非线性环节
FZ=1	典型环节前有饱和非线性环节，应修正其输入 u
FZ=2	典型环节前有死区非线性环节，应修正其输入 u
FZ=3	典型环节前有滞环非线性环节，应修正其输入 u
FZ=4	典型环节前有继电器非线性环节，应修正其输入 u
FZ=5	典型环节后有饱和非线性环节，应修正其输出 x
FZ=6	典型环节后有死区非线性环节，应修正其输出 x
FZ=7	典型环节后有滞环非线性环节，应修正其输出 x
FZ=8	典型环节后有继电器非线性环节，应修正其输出 x

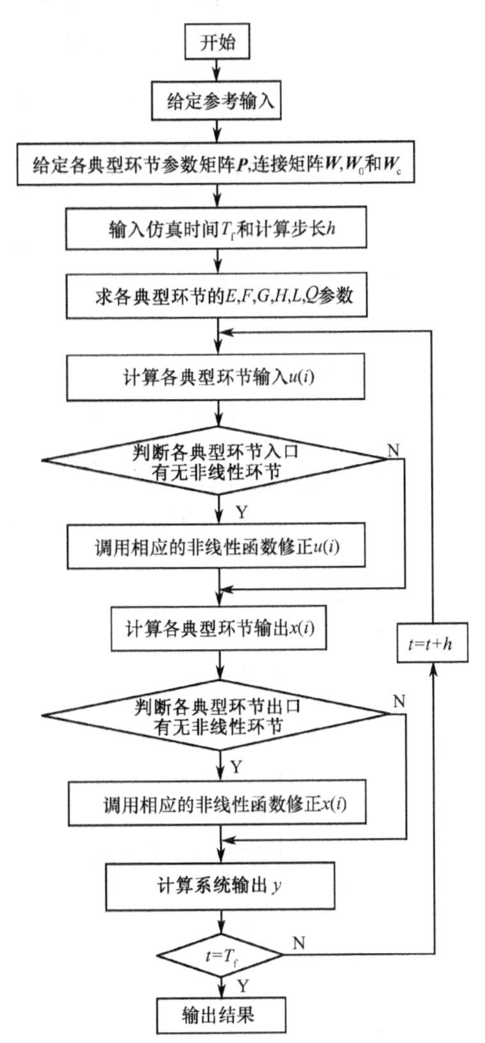

图4-6 连续系统按环节离散化的数字仿真程序框图

【例 4-1】 已知非线性系统结构图如图 4-7 所示，求输出量 y 的动态响应。

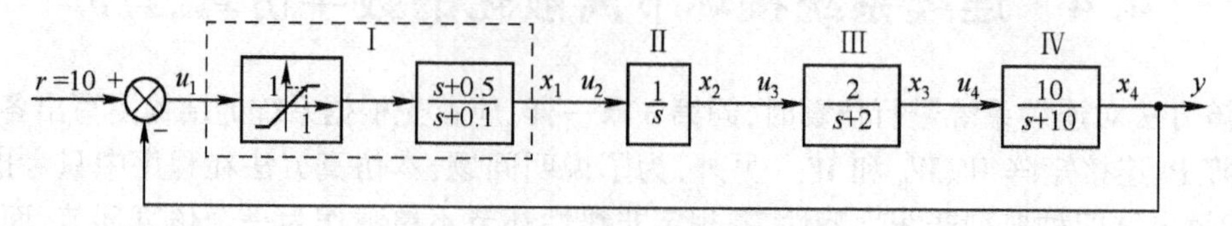

图 4-7 非线性系统结构图

解 根据系统结构图可得

$$\begin{bmatrix} u_1 \\ u_2 \\ u_3 \\ u_4 \end{bmatrix} = \begin{bmatrix} 0 & 0 & 0 & -1 \\ 1 & 0 & 0 & 0 \\ 0 & 1 & 0 & 0 \\ 0 & 0 & 1 & 0 \end{bmatrix} \begin{bmatrix} x_1 \\ x_2 \\ x_3 \\ x_4 \end{bmatrix} + \begin{bmatrix} 1 \\ 0 \\ 0 \\ 0 \end{bmatrix} r, \quad y = [0 \quad 0 \quad 0 \quad 1] \begin{bmatrix} x_1 \\ x_2 \\ x_3 \\ x_4 \end{bmatrix}$$

则有

$$\boldsymbol{W} = \begin{bmatrix} 0 & 0 & 0 & -1 \\ 1 & 0 & 0 & 0 \\ 0 & 1 & 0 & 0 \\ 0 & 0 & 1 & 0 \end{bmatrix}, \quad \boldsymbol{W}_0 = \begin{bmatrix} 1 \\ 0 \\ 0 \\ 0 \end{bmatrix}, \quad \boldsymbol{W}_c = [0 \quad 0 \quad 0 \quad 1]$$

又有

$$\boldsymbol{P} = \begin{bmatrix} a_1 & b_1 & c_1 & d_1 & \mathrm{FZ}_1 & s_1 \\ a_2 & b_2 & c_2 & d_2 & \mathrm{FZ}_2 & s_2 \\ a_3 & b_3 & c_3 & d_3 & \mathrm{FZ}_3 & s_3 \\ a_4 & b_4 & c_4 & d_4 & \mathrm{FZ}_4 & s_4 \end{bmatrix} = \begin{bmatrix} 0.1 & 1 & 0.5 & 1 & 1 & 1 \\ 0 & 1 & 1 & 0 & 0 & 0 \\ 2 & 1 & 2 & 0 & 0 & 0 \\ 10 & 1 & 10 & 0 & 0 & 0 \end{bmatrix}$$

仿真程序 ex4_1. m 如下。

```
%ex4_1. m
clear;R=10;
P=[0.1  1  0.5  1  1  1; 0  1  1  0  0  0; 2  1  2  0  0  0;10  1  10  0  0  0];
W=[0  0  0  -1; 1  0  0  0; 0  1  0  0; 0  0  1  0];
W0=[1;0;0;0];Wc=[0  0  0  1];
Tf=input('仿真时间 Tf=');T=input('计算步长 h=');
A=P(:,1);B=P(:,2);C=P(:,3);D=P(:,4);FZ=P(:,5);S=P(:,6);
n=length(A);
for i=1:n
 if (A(i)~=0)
  if (B(i)==0)
   E(i)=0;F(i)=0;G(i)=0;H(i)=0;
   L(i)=(C(i)+D(i)/T)/A(i);Q(i)=-D(i)/(A(i)*T);
  else
   E(i)=exp(-A(i)*T/B(i));
   F(i)=(D(i)/B(i)-C(i)/A(i))*((1-E(i))*B(i)/(A(i)*T)-1);
   G(i)=(D(i)/B(i)-C(i)/A(i))*(1+(E(i)-1)*(1+B(i)/(A(i)*T)));
   H(i)=1;L(i)=D(i)/B(i);Q(i)=0;
  end
 else
  if (B(i)~=0)
```

```
      E(i)=1;F(i)=0.5*C(i)*T/B(i);G(i)=F(i);
      H(i)=1;L(i)=D(i)/B(i);Q(i)=0;
    else
      disp('A(i)=B(i)=0');
    end
  end
end
x=[zeros(length(A),1)];x0=x;z=x;
u=[zeros(length(A),1)];u0=u;
y=[zeros(length(Wc(:,1)),1)];t=0;
for j=1:Tf/T
  u1=u; u=W*x+W0*R;
  for i=1:n
    if (FZ(i)~=0)
      if (FZ(i)==1) u(i)=saturation1(u(i),S(i));end
      if (FZ(i)==2) u(i)=deadzone1(u(i),S(i));end
      if (FZ(i)==3)  [u(i),u0(i)]=backlash1(u0(i),u(i),u1(i),S(i)); end
      if (FZ(i)==4) u(i)=sign1(u(i),S(i));end
    end
  end
  x1=x;
  for i=1:n
    z(i)=E(i)*z(i)+F(i)*u(i)+G(i)*u1(i);
    x(i)=H(i)*z(i)+L(i)*u(i)+Q(i)*u1(i);
  end
  for i=1:n
    if (FZ(i)~=0)
      if (FZ(i)==5) x(i)=saturation1(x(i),S(i));end
      if (FZ(i)==6) x(i)=deadzone1(x(i),S(i));end
      if (FZ(i)==7)  [x(i),x0(i)]=backlash1(x0(i),x(i),x1(i),S(i));end
      if (FZ(i)==8) x(i)=sign1(x(i),S(i));end
    end
  end
  y=[y,Wc*x];t=[t,t(j)+T];
end
plot(t,y)
```

首先根据以上内容分别编写文本文件 ex4_1. m 和函数文件 saturation1. m,然后在 MATLAB 命令窗口中执行文本文件 ex4_1. m,最后按照提示信息“仿真时间 Tf=;计算步长 h=”, 分别输入 25 和 0. 02 后,可得如图 4-8 所示仿真曲线(Tf=25,h=0. 02)。

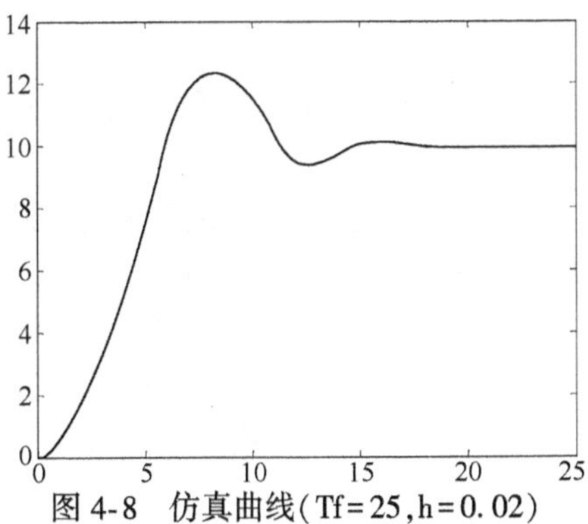

图 4-8　仿真曲线(Tf=25,h=0. 02)

【例 4-2】　针对例 4-1 所给系统,如果将环节 I 前的饱和非线性环节换为滞环非线性环节($s=1$),试求输出量 y 的动态响应,并对其结果进行比较。

解 ① 例 4-2 典型环节参数矩阵 $\boldsymbol{P}$ 可表示为

$$\boldsymbol{P}=\begin{bmatrix} a_1 & b_1 & c_1 & d_1 & \mathrm{FZ}_1 & s_1 \\ a_2 & b_2 & c_2 & d_2 & \mathrm{FZ}_2 & s_2 \\ a_3 & b_3 & c_3 & d_3 & \mathrm{FZ}_3 & s_3 \\ a_4 & b_4 & c_4 & d_4 & \mathrm{FZ}_4 & s_4 \end{bmatrix}=\begin{bmatrix} 0.1 & 1 & 0.5 & 1 & 3 & 1 \\ 0 & 1 & 1 & 0 & 0 & 0 \\ 2 & 1 & 2 & 0 & 0 & 0 \\ 10 & 1 & 10 & 0 & 0 & 0 \end{bmatrix}$$

② 将程序 ex4_1.m 中的语句“P=[0.1 1 0.5 1 1 1; 0 1 1 0 0 0; 2 1 2 0 0 0;10 1 10 0 0 0];”修改为“P=[0.1 1 0.5 1 3 1; 0 1 1 0 0 0; 2 1 2 0 0 0;10 1 10 0 0 0];”后，另存为 ex4_2.m。

③ 根据以上滞环非线性函数 backlash1( )的内容编写并保存为函数文件 backlash1.m 后，在 MATLAB 命令窗口执行文本文件 ex4_2.m，最后按照提示信息“仿真时间 Tf=；计算步长 h=”，分别输入 35 和 0.02 后，可得如图 4-9 所示仿真曲线。

④ 比较图 4-8 和图 4-9 可知，如果将环节 I 前的饱和非线性环节换为滞环非线性环节，系统的上升时间变短，反应迅速，但超调量明显加大，且系统出现了等幅震荡现象。

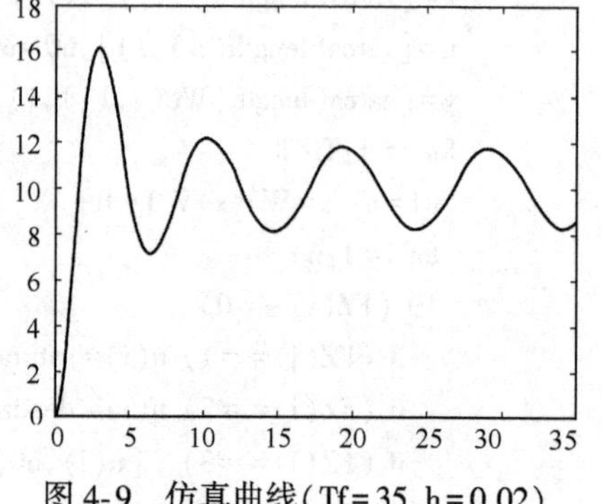

图 4-9 仿真曲线(Tf=35，h=0.02)

本章小结

本章基于控制理论中的采样和信号重构技术，介绍了根据系统的各个典型环节进行离散化的一种非线性连续系统的仿真方法。通过本章学习应重点掌握以下内容：

(1) 系统中各种典型环节的离散系数及其差分方程的确定；

(2) 典型非线性环节的 MATLAB 描述；

(3) 非线性连续系统的各连接矩阵和典型环节系数矩阵的确定；

(4) 非线性连续系统的数字仿真方法。

习 题

4-1 已知非线性系统如图题 4-1 所示，试利用连续系统按环节离散化的数字仿真方法，求输出量 y 的动态响应，并与无非线性环节情况进行比较。

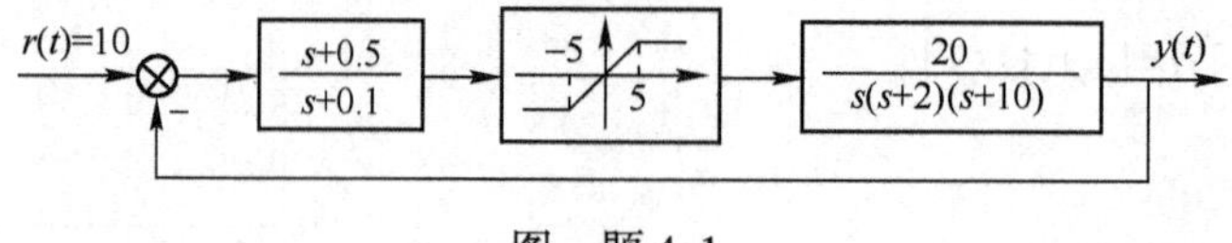

图 题 4-1

4-2 针对例 3-2 所给线性定常系统，试利用第 4 章所给程序，求系统的阶跃响应，并对其结果进行比较。

4-3 针对例 4-1 所给系统，去掉饱和非线性环节后求系统的阶跃响应，并与例 4-1 所得结果进行比较。

4-4 利用 input( )函数修改例 4-1 所给程序 ex4_1.m，将其中给定的参数 R，P，W，W0 和 Wc 利用键盘输入，使其变为连续控制系统按环节离散化的通用数字仿真程序。

本章习题解答，请扫右边二维码。

习题 4 解答

第5章　采样控制系统的数字仿真

一个控制系统中如有一处或多处的信号是断续的,则称这个系统为采样控制系统或离散—时间控制系统。目前采样控制系统随着计算机技术的飞速发展得到越来越广泛的应用。

5.1　采样控制系统

采样控制系统的控制器通常有两种类型:模拟式和数字式,对应的控制系统如图5-1(a)和(b)所示。

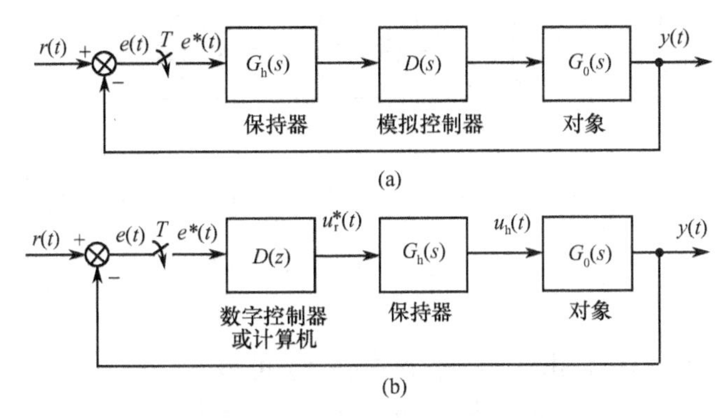

图5-1　典型的采样控制系统

采用数字控制器的采样控制系统又称为直接数字控制系统(即DDC系统)或计算机控制系统,它具有适应性强,并能实现各种复杂控制(如最优控制、自适应控制等)的优点,因而受到人们普遍重视,并已得到了广泛应用。

本章主要讨论如图5-1(b)所示的这类系统的仿真问题。图中,偏差信号$e(t)$经采样器或A/D转换器变换成数字信号$e^*(t)$,输入到计算机中;然后在计算机中进行某种控制算法的运算(如PID控制规律和各种最优控制等);最后计算机将运算的数字结果输出,并经D/A转换器或保持器转换为连续信号,去控制受控对象。因计算机的运算速度很快,故可以认为入口和出口的采样器是同步的。决定采样控制系统中$D(z)$的算法有很多种,每种方法均有其各自的特点。例如,有模拟调节器数字化方法(即对常规PID调节器进行数字仿真);有基于z变换理论的直接设计方法;有根据状态变量进行设计的方法;还有各种最优控制、自适应控制的算法等。本章仅讨论模拟调节器的数字化方法和数字控制器的程序实现,以及采样控制系统的仿真程序。

5.2　模拟调节器的数字化仿真方法

连续系统PID调节器的控制规律为

$$u(t)=K_p\left[e(t)+\frac{1}{T_i}\int_0^t e(t)\,dt+T_d\frac{de(t)}{dt}\right] \tag{5-1}$$

式中,$u(t)$和$e(t)$分别为调节器的输出和输入信号;K_p,T_i和T_d分别为比例系数、积分时间常数和微分时间常数。

为了用计算机实现PID控制规律,要将式(5-1)转换成离散化形式。若计算时采样周期为T,

初始时刻从 0 开始，第 k 次采样输入为 $e(kT)$，调节器输出为 $u(kT)$，则式(5-1) 可改写成

$$u(kT) = K_p\left\{e(kT) + \frac{1}{T_i}\sum_{i=0}^{k} e(iT)T + T_d \frac{e(kT) + e[(k-1)T]}{T}\right\} \tag{5-2}$$

对式(5-2) 两边进行 z 变换，可得

$$U(z) = K_p\left\{E(z) + \frac{T}{T_i}(z^{-k} + z^{-k+1} + \cdots + z^{-1} + 1)E(z) + T_d \frac{E(z) - z^{-1}E(z)}{T}\right\}$$

$$= K_p\left\{E(z) + \frac{T}{T_i}\frac{z}{z-1}E(z) + \frac{T_d}{T}[E(z) - z^{-1}E(z)]\right\}$$

由上式可得 PID 控制规律的脉冲传递函数为

$$D(z) = \frac{U(z)}{E(z)} = K_p\left[1 + \frac{T}{T_i}\frac{z}{z-1} + \frac{T_d}{T}(1 - z^{-1})\right]$$

$$= \frac{K_p\left(\frac{T}{T_i} + 1 + \frac{T_d}{T}\right) - K_p\left(\frac{2T_d}{T} + 1\right)z^{-1} + K_p\frac{T_d}{T}z^{-2}}{1 - z^{-1}} \tag{5-3}$$

令

$$a_0 = K_p\left(\frac{T}{T_i} + 1 + \frac{T_d}{T}\right), \quad a_1 = K_p\left(\frac{2T_d}{T} + 1\right), \quad a_2 = K_p\frac{T_d}{T} \tag{5-4}$$

则式(5-3) 成为

$$D(z) = \frac{a_0 - a_1 z^{-1} + a_2 z^{-2}}{1 - z^{-1}} \tag{5-5}$$

(1) 当 $T_i = \infty$ 和 $T_d = 0$ 时，由式(5-4) 和式(5-5) 可得

$$a_0 = K_p, \quad a_1 = K_p, \quad a_2 = 0$$

$$D(z) = \frac{a_0 - a_1 z^{-1}}{1 - z^{-1}} = \frac{K_p(1 - z^{-1})}{1 - z^{-1}} = K_p \tag{5-6}$$

即为数字式比例控制器。

(2) 当 $T_d = 0$ 时，根据式(5-4) 和式(5-5) 可得

$$a_0 = K_p\left(1 + \frac{T}{T_i}\right), \quad a_1 = K_p, \quad a_2 = 0$$

$$D(z) = \frac{a_0 - a_1 z^{-1}}{1 - z^{-1}} = \frac{K_p\left(1 + \frac{T}{T_i}\right) - K_p z^{-1}}{1 - z^{-1}} \tag{5-7}$$

即为数字式比例 - 积分控制器。

(3) 当 $T_i = \infty$ 时，有 $a_0 = K_p\left(1 + \frac{T_d}{T}\right), a_1 = K_p\left(\frac{2T_d}{T} + 1\right), a_2 = K_p\frac{T_d}{T}$

$$D(z) = \frac{a_0 - a_1 z^{-1} + a_2 z^{-2}}{1 - z^{-1}} = \frac{K_p\left(1 + \frac{T_d}{T}\right) - K_p\left(1 + \frac{2T_d}{T}\right)z^{-1} + K_p\frac{T_d}{T}z^{-2}}{1 - z^{-1}} \tag{5-8}$$

即为数字式比例 - 微分控制器。

5.3 采样控制系统的数字仿真程序

采样控制系统与连续控制系统不同，它由连续部分(受控对象) 和离散部分(数字控制器) 组成。

对于连续部分,一般采用传递函数或微分方程来描述;对于离散部分,则要用脉冲传递函数或差分方程来描述。这两种描述方法在采样系统仿真时要统一起来,统一的方法有如下两种。

(1) 当采样频率足够高(即采样周期足够短),同时又有保持器时,可以将离散部分近似地看做是连续的,即整个控制系统可以近似地看做是一个连续控制系统,统一用传递函数或微分方程来描述,数字仿真也是按连续系统的数字仿真来处理。

(2) 将连续部分的传递函数 $G(s)$ 变成脉冲传递函数 $G(z)=Z\{G_h(s)G(s)\}$,然后对整个系统统一用脉冲传递函数来分析。本节主要介绍这种仿真方法。

用上述第二种方法对系统进行仿真研究时,要注意到对离散部分是每隔一个采样周期 T 计算一次,而对连续部分则每隔一个计算步长 h 计算一次,一般取 $T \gg h$,且 T 为 h 的整数倍关系。因为只有这样,连续部分的输入/输出才能在每个周期的最后一刻与离散部分的输入/输出达到同步,即连续部分才能将每个周期最后一个计算步长的输出值和系统的输入比较,作为下一个周期数字控制器的输入;同时离散部分的输出信号再次传递给连续部分,以作为连续部分下一时刻的起始值,如此循环,直到仿真过程结束。

1. 数字控制器的程序实现

由计算机程序来实现 $D(z)$,首先要将 $D(z)$ 转换成差分方程,然后按差分方程编写程序。

设数字控制器的脉冲传递函数为

$$D(z)=\frac{U_{\mathrm{r}}(z)}{E(z)}=\frac{g_0+g_1z^{-1}+\cdots+g_mz^{-m}}{1+f_1z^{-1}+f_2z^{-2}+\cdots+f_nz^{-n}} \tag{5-9}$$

则相应的差分方程为

$$\begin{aligned}u_{\mathrm{r}}(k)=&-[f_1u_{\mathrm{r}}(k-1)+f_2u_{\mathrm{r}}(k-2)+\cdots+f_nu_{\mathrm{r}}(k-n)]+\\&g_0e(k)+g_1e(k-1)+\cdots+g_me(k-m)\end{aligned} \tag{5-10}$$

由式(5-10)知,为得到当前时刻的数字控制器的输出值,不但需要当前时刻控制器的输入值 $e(k)$,而且还需要过去若干个时刻的输入和输出值。

利用计算机对以上高阶差分方程求解时,应在计算机内存中设置两个行向量 $\boldsymbol{G}_{\mathrm{r}}$ 和 $\boldsymbol{F}_{\mathrm{r}}$,分别存放数字控制器的分子、分母系数;设置两个列向量 $\boldsymbol{E}_{\mathrm{r}}$ 和 $\boldsymbol{U}_{\mathrm{r}}$,分别存放数字控制器的当前时刻,以及过去若干个时刻的输入和输出值,即

$$\begin{aligned}\boldsymbol{G}_{\mathrm{r}}&=[g_0\quad g_1\cdots g_m]\\\boldsymbol{F}_{\mathrm{r}}&=[f_1\quad f_2\cdots f_n]\\\boldsymbol{E}_{\mathrm{r}}&=[e(k)\quad e(k-1)\ \cdots\ e(k-m)]^{\mathrm{T}}\\\boldsymbol{U}_{\mathrm{r}}&=[u_{\mathrm{r}}(k-1)\quad u_{\mathrm{r}}(k-2)\ \cdots\ u_{\mathrm{r}}(k-n)]^{\mathrm{T}}\end{aligned}$$

则式(5-10)可写成向量的形式

$$u_{\mathrm{r}}(k)=-\boldsymbol{F}_{\mathrm{r}}\boldsymbol{U}_{\mathrm{r}}+\boldsymbol{G}_{\mathrm{r}}\boldsymbol{E}_{\mathrm{r}} \tag{5-11}$$

利用式(5-11)便可得到当前时刻的数字控制器的输出值 $u_{\mathrm{r}}(k)$。

2. 连续部分的程序实现

当系统采用零阶保持器时,在采样周期 kT 时刻,离散部分即数字控制器的输出信号 $u_{\mathrm{r}}(kT)$ 经零阶保持器传递到连续部分,并保持一个周期。在该周期内连续部分以步长 h 计算其各环节的变化情况,直到下一采样时刻 $(k+1)T$。因此,在采样时刻之间连续部分的输入为常数,此时,可将连续部分当做输入信号为阶跃函数的连续系统来处理。这样对连续部分仍可按照第 4 章所述的

连续系统按环节离散化的方法来进行仿真,其连续部分各典型环节的参数和连接矩阵的建立同第4章,此处不再介绍,但要注意以下几点:

(1) 保持器不单独作为一个典型环节,它在这里仅将离散部分输出值保持一个周期;

(2) 因数字控制器的输出 $u_r(kT)$ 作为连续部分的参考输入,在编写连接矩阵 $\boldsymbol{W}_0$ 时,要把典型环节与 $u_r(kT)$ 有关联的情况反映进去;

(3) 数字控制器的输入关系:$e(t)=r(t)-x_n(t)$ 已通过程序反映了,故反馈到数字控制器输入端的连接关系不再编入连接矩阵 $\boldsymbol{W}$ 中,但应把与数字控制器输入端相连的典型环节编为最大号 n,与式 $e(t)=r(t)-x_n(t)$ 相对应。

3. 程序框图及仿真程序

程序框图如图 5-2 所示,相应的仿真程序通过下例给出。

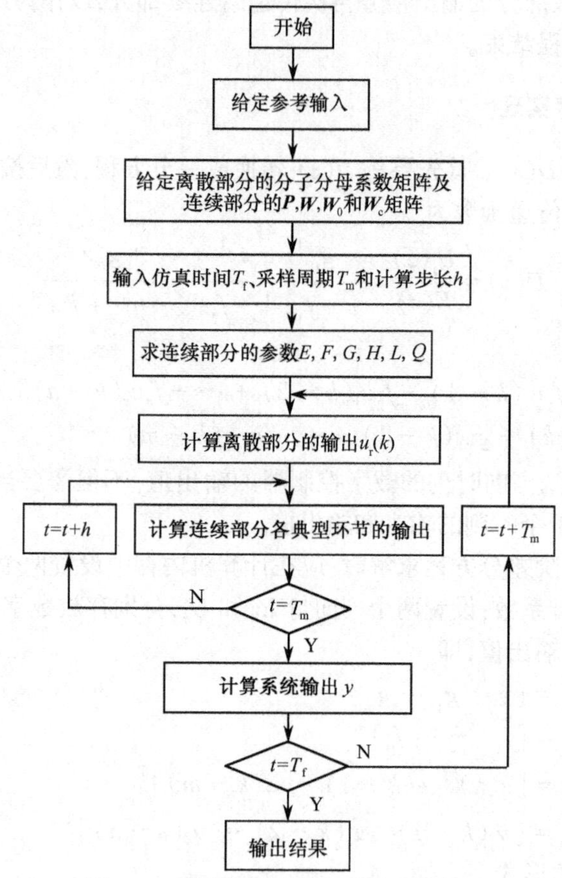

图 5-2　采样控制系统的仿真程序框图

【例 5-1】　已知采样系统结构如图 5-3 所示,求系统的输出响应。

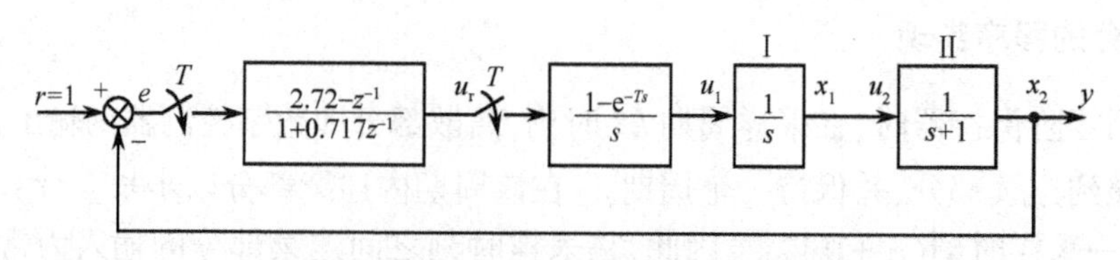

图 5-3　采样系统

解　由图可得 $\begin{bmatrix}u_1\\u_2\end{bmatrix}=\begin{bmatrix}0&0\\1&0\end{bmatrix}\begin{bmatrix}x_1\\x_2\end{bmatrix}+\begin{bmatrix}1\\0\end{bmatrix}u_r$，$y=[0\quad 1]\begin{bmatrix}x_1\\x_2\end{bmatrix}$

则有
$$\boldsymbol{W}=\begin{bmatrix}0&0\\1&0\end{bmatrix},\quad \boldsymbol{W}_0=\begin{bmatrix}1\\0\end{bmatrix},\quad \boldsymbol{W}_c=[0\quad 1]$$

根据式
$$D(z)=\frac{2.72-z^{-1}}{1+0.717z^{-1}}$$

可得
$$\boldsymbol{G}_r=[2.72\quad -1],\quad \boldsymbol{F}_r=[0.717]$$

又
$$\boldsymbol{P}=\begin{bmatrix}0&1&1&0&0&0\\1&1&1&0&0&0\end{bmatrix}$$

仿真程序 ex5_1. m 如下。

```
%ex5_1.m
clear;R=1;
Gr=[2.72  -1];Fr=[0.717];
P=[0 1 1 0 0 0;1 1 1 0 0 0];
W=[0 0;1 0];W0=[1;0]; Wc=[0 1];
Tf=input('仿真时间 Tf=');Tm=input('采样周期 Tm=');T=input('计算步长 h=');
A=P(:,1);B=P(:,2);C=P(:,3);D=P(:,4);FZ=P(:,5);S=P(:,6);
n=length(A);n1=length(Fr);m1=length(Gr);
for i=1:n
    if (A(i)~=0)
        if (B(i)==0)
            E(i)=0;F(i)=0;G(i)=0;H(i)=0;
            L(i)=(C(i)+D(i)/T)/A(i);Q(i)=-D(i)/(A(i)*T);
        else
            E(i)=exp(-A(i)*T/ B(i));
            F(i)=(D(i)/B(i)-C(i)/A(i))*((1-E(i))*B(i)/(A(i)*T)-1);
            G(i)=(D(i)/B(i)- C(i)/ A(i))*(1+( E(i)-1)*(1+ B(i)/( A(i)*T)));
            H(i)=1; L(i)=D(i)/ B(i); Q(i)=0;
        end
    else
        if (B(i)~=0)
            E(i)=1;F(i)=0.5*C(i)*T/B(i);G(i)=F(i);
            H(i)=1;L(i)=D(i)/ B(i);Q(i)=0;
        else
            disp('A(i)= B(i)=0');
        end
    end
end
x=[zeros(length(A),1)]; x0=x;z=x;
u=[zeros(length(A),1)]; u0=u;
y=[zeros(length(Wc(:,1)),1)];
t=0;Ur=[zeros(n1,1)]; Er=[zeros(m1,1)];
for ij=0:Tf/Tm;
```

```
      e=R-x(n);Er=[e;Er(1:m1-1)];
      ur=-Fr * Ur+Gr * Er;Ur=[ur;Ur(1:n1-1)];
      for j=1:Tm/T
        u1= u; u = W * x+W0 * ur;
        for i=1:n
          if (FZ(i)~=0)
            if (FZ(i)==1) u(i)=saturation1(u(i), S(i));end
            if (FZ(i)==2) u(i)=deadzone1(u(i), S(i));end
            if (FZ(i)==3)  [u(i), u0(i)]=backlash1(u0(i), u(i), u1(i), S(i));end
            if (FZ(i)==4) u(i)=sign1(u(i), S(i));end
          end
        end
        x1= x;
        for i=1:n
          z(i)=E(i) * z(i)+F(i) * u(i)+G(i) * u1(i);
          x(i)=H(i) * z(i)+L(i) * u(i)+Q(i) * u1(i);
        end
        for i=1:n
           if (FZ(i)~=0)
             if (FZ(i)==5) x(i)=saturation1(x(i), S(i));end
             if (FZ(i)==6) x(i)=deadzone1(x(i), S(i));end
             if (FZ(i)==7)  [x(i), x0(i)]=backlash1(x0(i), x(i), x1(i), S(i));end
             if (FZ(i)==8) x(i)=sign1(x(i), S(i));end
           end
        end
        y=[y,Wc * x]; t=[ t,t(length(t))+T];
     end
   end
   plot(t,y)
```

首先根据以上内容编写 M 文件 ex5_1.m，然后在 MATLAB 命令窗口执行该 M 文件，最后按照提示信息"仿真时间 Tf =;采样周期 Tm =;计算步长h ="，分别输入 10,1 和0.01 后，可得如图 5-4 所示仿真曲线（Tf = 10，Tm = 1，h = 0.01）。

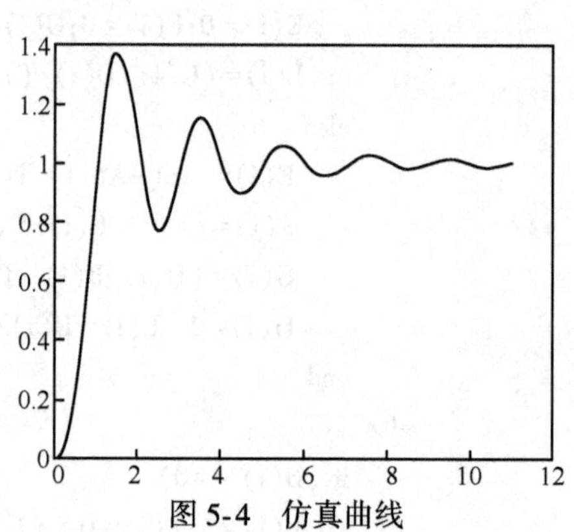

图 5-4　仿真曲线

5.4　关于纯滞后环节的数字仿真

设纯滞后环节的方框图如图 5-5 所示。其数学模型为

$$G(s)=\frac{X(s)}{U(s)}=\mathrm{e}^{-\tau s} \tag{5-12}$$

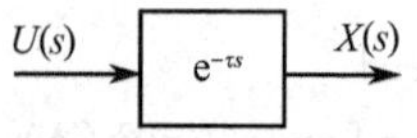

即

$$x(t)=u(t-\tau) \tag{5-13}$$

U(s)　$\mathrm{e}^{-\tau s}$　X(s)

图 5-5　纯滞后环节的方框图

式中，τ 为纯滞后的时间。

由式(5-13)可见，输出 $x(t)$ 与输入 $u(t-\tau)$ 的变化形式完全一样，只是滞后了一段时间 τ，当

$t = kT$ 时，可写成

$$x(kT) = u(kT - \tau) \tag{5-14}$$

式中，T 为计算步长。

若令 $\tau = MT$，则式(5-14) 变为

$$x(kT) = u[(k - M)T] \tag{5-15}$$

由于一般滞后时间要比计算步长大很多，故可取 M 为整数。上式表明，环节的当前输出值 $x(kT)$，实际上恰为环节输入 $u(t)$ 的前 M 步的值 $u[(k-M)T]$。这样可在计算机中设置一个区域，它占有 $M+1$ 个单元，依次存放 $u(kT)$，$u[(k-1)T]$，…，$u[(k-M)T]$ 的值，每次求 $x(kT)$ 时，需首先取出以上区域的最后一个单元的值作为 $x(kT)$，再将前 M 个单元的值依次平移到后 M 个单元中，最后把当前的输入值 $u(kT)$ 放入平移空出的第一个单元中，所以总的运算顺序是："取出 — 平移 — 放入"，如图 5-6 所示。

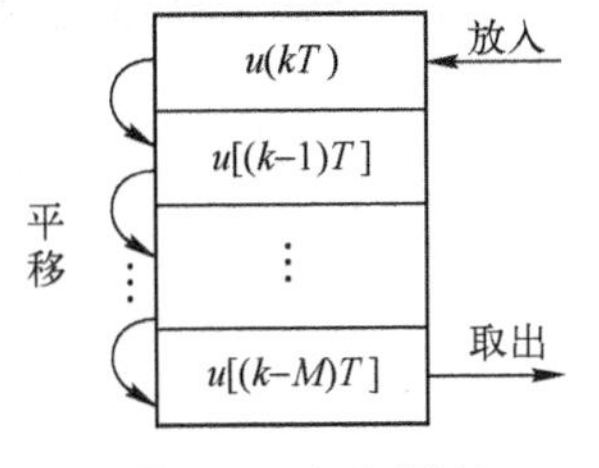

图 5-6　存取顺序

【例 5-2】　针对例 5-1 所给系统，如果环节 II 后有一纯滞后环节(纯滞后时间 $\tau = 0.5$s)，试求系统的单位阶跃响应，并对其结果进行比较。

解　① 如果将纯滞后环节作为一种非线性环节，且将非线性环节的标志 FZ = 9 定义为某典型环节后有纯滞后非线性环节，并应修正其输出。则此时可将例 5-2 典型环节参数矩阵 $\boldsymbol{P}$ 表示为

$$\boldsymbol{P} = \begin{bmatrix} 0 & 1 & 1 & 0 & 0 & 0 \\ 1 & 1 & 1 & 0 & 9 & 0 \end{bmatrix}$$

② 按以下内容编写纯滞后非线性函数文件 puredelay( )，并将其保存为 puredelay.m

```
%puredelay.m
function[x,U1] = puredelay(u,m,U1)
x = U1(m + 1,1);
U1 = [u;U1(1:m)];
```

函数文件 puredelay( ) 中，u 表示当前的输入值；x 表示当前的输出值；m 为纯滞后时间包含计算步长的整数倍；U1 为 m + 1 维列向量。

③ 将程序 ex5_1.m 另存为 ex5_2.m，并在语句"m1 = length(Gr);"后增加语句"tao = input(' 纯滞后时间τ = ');M = round(tao/T);U(M + 1,n) = 0;"；在语句"if (FZ(i) = = 8) x(i) = sign1(x(i), S(i));end"后增加语句"if (FZ(i) = = 9)[x(i),U(:,i)] = puredelay(x(i),M,U(:,i));end"，并将语句"P = [0 1 1 0 0 0;1 1 1 0 0 0];"修改为"P = [0 1 1 0 0 0;1 1 1 0 9 0];"。

④ 在 MATLAB 命令窗口执行 M 文件 ex5_2.m，最后按照提示信息"仿真时间 Tf =；采样周期 Tm =；计算步长 h =；纯滞后时间 τ ="，分别输入 10，1，0.01 和 0.5 后，可得如图 5-7 所示仿真曲线(Tf = 10，Tm = 1，h = 0.01，τ = 0.5)。

⑤ 比较图 5-4 和图 5-7 可知，若系统存在纯滞后环节，其动态特性严重变差。

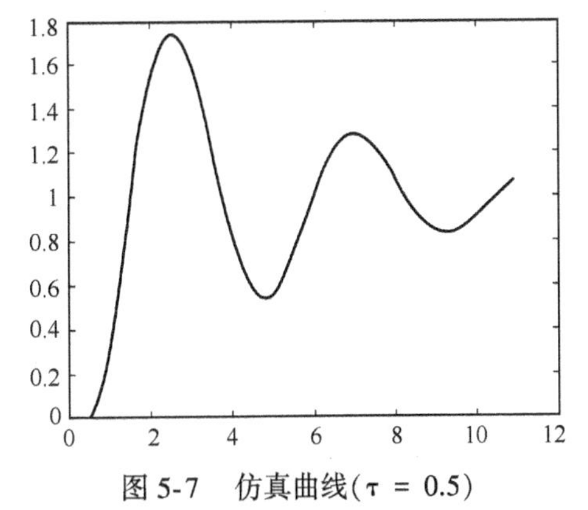

图 5-7　仿真曲线($\tau = 0.5$)

本 章 小 结

本章主要介绍了采样控制系统的仿真方法及模拟调

节器的数字化方法。通过本章学习应重点掌握以下内容：

(1) 采样控制系统在仿真时的两种统一方法；

(2) 连续部分的计算步长 h 和离散部分的采样周期 T 的区别；

(3) 数字控制器的描述及 MATLAB 实现；

(4) 采样控制系统各连接矩阵和典型环节系数矩阵的确定；

(5) 采样控制系统的仿真方法。

习　题

5-1　已知采样系统的结构图如图题 5-1 所示。

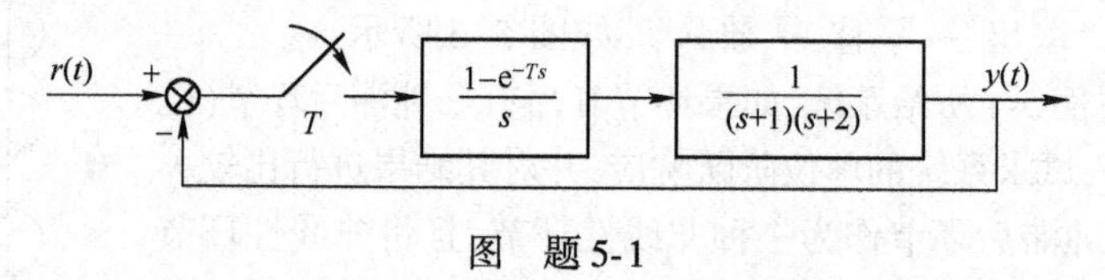

图　题 5-1

试利用采样控制系统的数字仿真方法，求当采样周期 $T=1$ s，且初始状态为零时，离散系统的单位阶跃响应。

5-2　针对例 3-2 和例 4-1 所给连续系统，试利用第 5 章所给程序，求系统的阶跃响应，并对其结果进行比较分析。

5-3　针对例 5-2 所给系统，如果纯滞后时间 $\tau=1$ s，系统会出现什么情况。

5-4　利用 input( ) 函数修改例 5-1 所给程序 ex5_1.m，将其中给定的参数 R，Gr，Fr，P，W，W0 和 Wc 利用键盘输入，使其变为采样控制系统按环节离散化的通用数字仿真程序。

本章习题解答，请扫以下二维码。

习题 5 解答

第 6 章　动态仿真集成环境——Simulink

Simulink 是一个用来对动态系统进行建模、仿真和分析的软件包。它支持连续系统、离散系统、线性系统和非线性系统，同时它也支持具有不同部分拥有不同采样率的多种采样速率的系统仿真。

Simulink 为用户提供了一个图形化的用户界面（GUI）。对于用方框图表示的系统，通过其图形界面，利用鼠标单击和拖拉方式，建立系统模型就像用铅笔在纸上绘制系统的方框图一样简单，它与用微分方程和差分方程建模的传统仿真软件包相比，具有更直观、更方便、更灵活的优点。它不但实现了可视化的动态仿真，也实现了与 MATLAB、C 或者 FORTRAN 语言，甚至和硬件之间的数据传递，大大地扩展了它的功能。

6.1　Simulink 简介

6.1.1　Simulink 的启动

要启动 Simulink 必须先启动 MATLAB。在 MATLAB 中，有几种方法启动 Simulink：

（1）在 MATLAB 操作界面的命令窗口中，直接键入 simulink 命令；

（2）在 MATLAB 6.x/7.x 操作界面的左下角“Start”菜单中，单击“Simulink”子菜单中的“Library Browser”选项；

（3）在 MATLAB 6.x/7.x 操作界面的工具栏中，单击 Simulink 的快捷启动按钮“ ”；或在 MATLAB 8.x/9.x 操作界面的主页（HOME）中，单击 Simulink 的快捷启动按钮“ ”或“ ”。

利用 MATLAB 6.x/7.x/8.x 启动 Simulink 后，便可显示如图 6-1 所示的 Simulink 库浏览窗口（Simulink Library Browser），窗口左边列出了该系统中所有安装的一个树状结构的仿真模块集或工具箱，同时右边显示当前左边所选仿真模块集或工具箱中所包含的标准模块库。

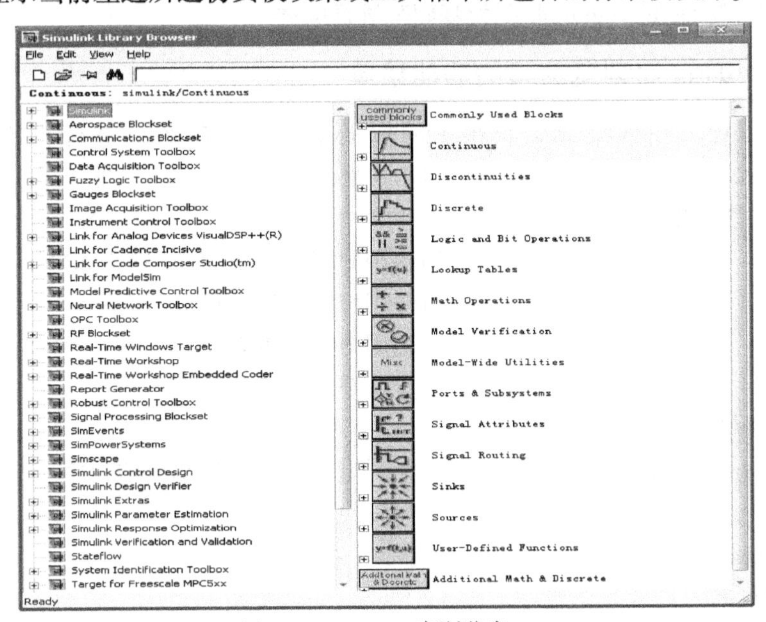

图 6-1　Simulink 库浏览窗口

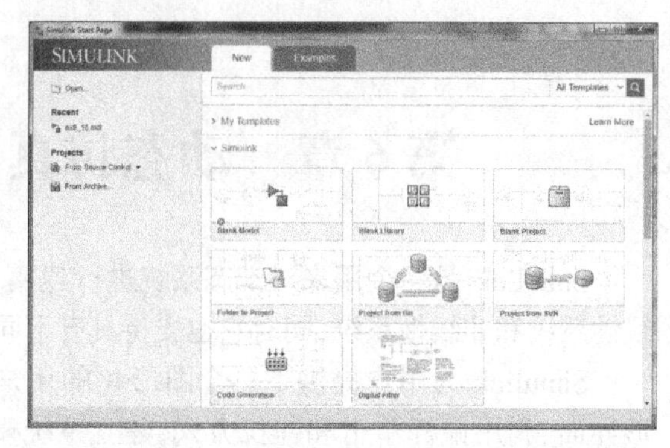

图 6-2　MATLAB 9. x 的 Simulink Start Page 页面

但利用 MATLAB 9. x 启动 Simulink 后，首先出现如图 6-2 所示 Simulink Start Page 窗口。

单击图 6-2 所示窗口中 New 页面下 Simulink 选项里的 Blank Model 或 Blank Library 后，接着得到如图 6-3 所示的 Simulink 空白模型窗口。单击空白模型窗口中的快捷按钮“▦”，便可显示类似图 6-1 所示的 Simulink 库浏览窗口(Simulink Library Browser)。

MATLAB 6. x/7. x/8. x 中的 Simulink 库浏览窗口由功能菜单、工具栏和模块集或工具箱三大部分组成。但 MATLAB 9. x 中的 Simulink 库浏览窗口仅由工具栏和模块集或工具箱两大部分组成。创建系统模型时，将从这些仿真模块集或工具箱中利用鼠标复制标准模块到用户模型编辑窗口中。

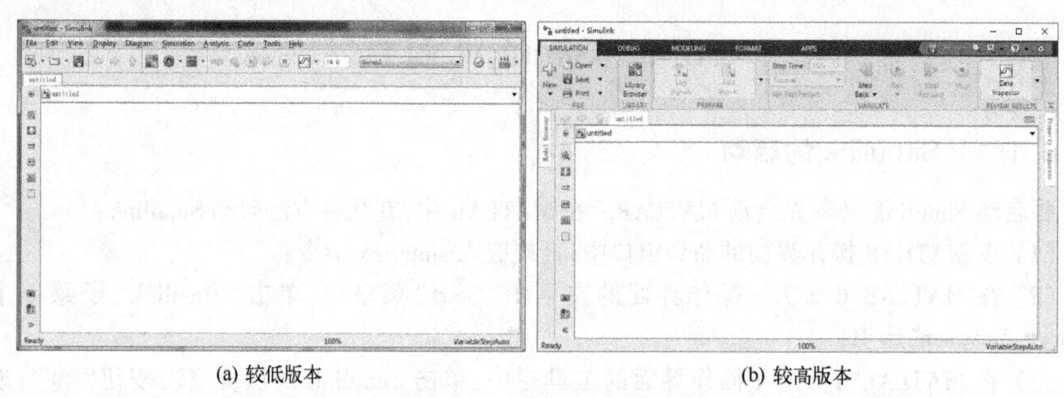

(a) 较低版本　　(b) 较高版本

图 6-3　MATLAB 9. x 的 Simulink 空白模型窗口

尽管 MATLAB 最新版本的 Simulink 库内容有所增加，但对于本课程涉及的内容没有太大影响，再加上最新版本安装程序大、启动和运行速度较慢。故本书以下仍以目前流行的经典版本 MATLAB 7. 5(R2007b)中的 Simulink 库为基础来进行叙述。

6. 1. 2　Simulink 库浏览窗口的功能菜单

为了充分利用仿真模块集或工具箱中的标准模块对控制系统进行有效的动态仿真，在 MATLAB 6. x/7. x/8. x 的 Simulink 库浏览窗口中主要设计了以下各个功能菜单。

- File 文件操作菜单

New	新建用户模型编辑窗口/模块库窗口
Open	打开用户模型编辑窗口
Close	关闭用户模型编辑窗口
Preferences	设置命令窗口的属性

- Edit 编辑菜单

Add to the Current Model	增加到当前用户模型编辑窗口中
Find Block	查找模块
Find Next Block	查找下一个模块

- View 查看菜单

Toolbar	显示/关闭工具条开关

Status Bar	显示/关闭状态条开关
Description	显示/关闭描述窗口开关
Stay on Top	位于上层
Collapse Entire Browser	压缩整个树状结构
Expand Entire Browser	展开整个树状结构
Large Icons	大图标
Small Icons	小图标
Show Parameters for Selected Block	显示所选模块参数

在 MATLAB 9.x 的 Simulink 库浏览窗口中取消了以上各个功能菜单,而在其模块集、标准模块库和用户模型窗口中增加了很多功能菜单(如 Display、Diagram 和 Analysis 等)、快捷按钮(如" "等)和页面(如 SIMULATION、DEBUG、MODELING、FORMAT、APPS)。

Simulink 库浏览窗口工具栏中的按钮" 或 "分别用来快捷创建一个新用户模型编辑窗口(Create a new model)、打开一个模型(Open a model)、位于上层(Stay on Top)和查找模块(Find Block)。

6.1.3 仿真模块集

在 Simulink 库浏览窗口中,包含了由众多领域著名专家学者以 MATLAB 为基础开发的大量实用模块集或工具箱。限于篇幅,这里仅介绍与动态仿真 Simulink 模块集有关的几种模块集。

1. Simulink 模块集(Simulink)

在 Simulink 库浏览窗口的 Simulink 节点上,通过单击鼠标右键,便可打开如图 6-4 所示的 Simulink 模块集窗口。

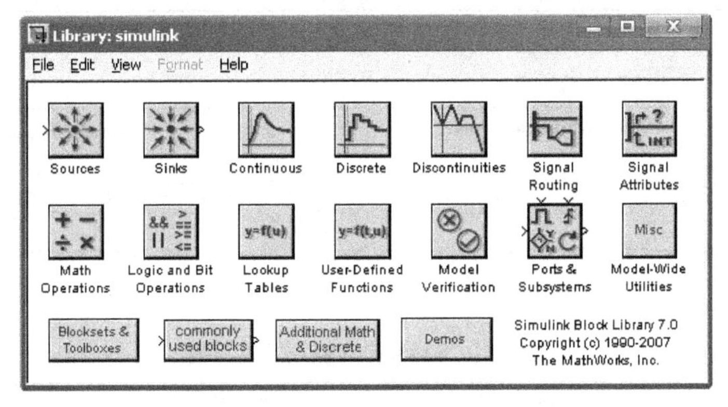

图 6-4 Simulink 模块集窗口

Simulink 模块集也由标题、标准模块库和功能菜单三部分组成。

(1) Simulink 的标准模块库

在 Simulink 模块集中包含了以下几种标准模块库,用鼠标左键双击各个标准模块库的图标,便可打开相应的标准模块库,在各标准模块库中均包含一些相应的标准模块。

1) 信号源模块库(Sources)

Sources 库中所包含的各个标准模块及其功能如图 6-5 和表 6-1 所示。

2) 接收模块库(Sinks)

Sinks 库中所包含的各个标准模块及其功能如图 6-6 和表 6-2 所示。

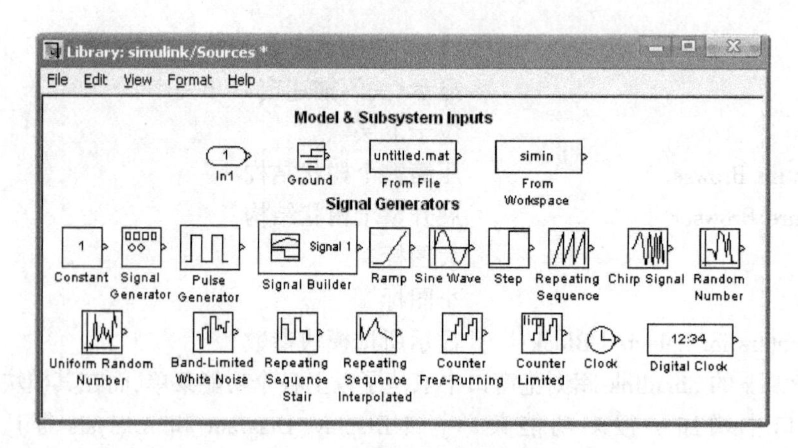

图 6-5　Sources 标准模块库

表 6-1　Sources 标准模块及其功能

模　块　名	功　　能	模　块　名	功　　能
In1	输入接口	Repeating Sequence	重复序列
Ground	接地	Chirp Signal	线性调频信号
From File	从文件读数据	Random Number	正态分布的随机数
From Workspace	从工作空间读数据	Uniform Random Number	均匀分布的随机数
Constant	常量	Band-Limited White Noise	带限白噪声
Signal Generator	信号发生器	Repeating Sequence Stair	阶梯状重复序列发生器
Pulse Generator	脉冲信号发生器	Repeating Sequence Interpolated	内插式重复序列发生器
Signal Builder	信号编译器	Counter Free-Running	无限计算器
Ramp	斜坡函数	Counter Limited	有限计算器
Sine Wave	正弦函数	Clock	时钟
Step	阶跃函数	Digital Clock	数字时钟

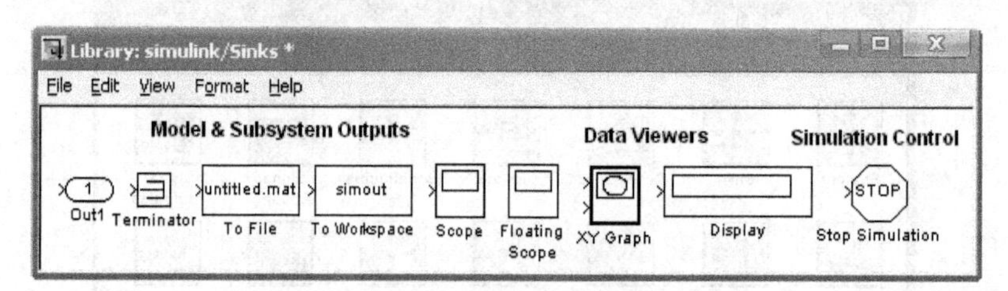

图 6-6　Sinks 标准模块库

表 6-2　Sinks 标准模块及其功能

模　块　名	功　　能	模　块　名	功　　能
Out1	输出接口	Floating Scope	游离示波器
Terminator	接收终端	XY Graph	显示平面图形
To File	把数据输出到文件中	Display	数字显示器
To Workspace	把数据输出到工作空间	Stop Simulation	停止仿真
Scope	示波器		

3）连续系统模块库(Continuous)

Continuous 库中所包含的各个标准模块及其功能如图 6-7 和表 6-3 所示。

4）离散系统模块库(Discrete)

Discrete 库中所包含的各个标准模块及其功能如图 6-8 和表 6-4 所示。

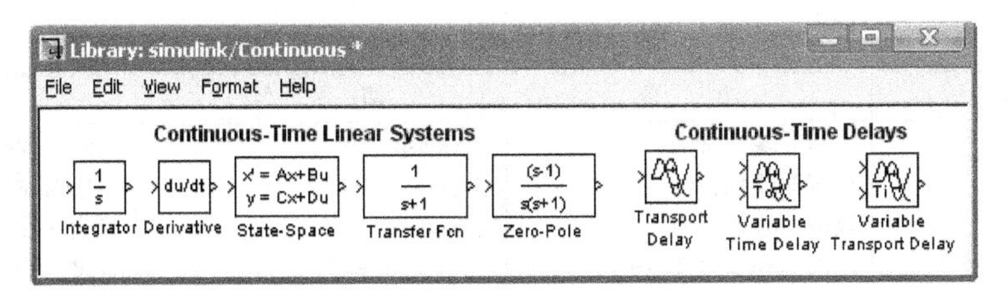

图 6-7　Continuous 标准模块库

表 6-3　Continuous 标准模块及其功能

模　块　名	功　　能	模　块　名	功　　能
Integrator	积分器	Zero-Pole	零极点函数
Derivative	微分器	Transport Delay	传输延迟模块
State-Space	状态空间表达式	Variable Time Delay	可变时间延迟模块
Transfer Fcn	传递函数	Variable Transport Delay	可变传输延迟模块

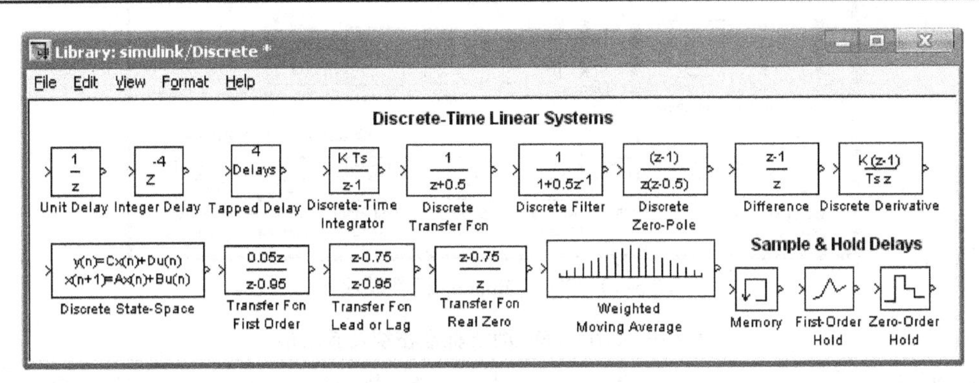

图 6-8　Discrete 标准模块库

表 6-4　Discrete 标准模块及其功能

模　块　名	功　　能	模　块　名	功　　能
Unit Delay	单位延迟	Discrete State-Space	离散状态空间表达式
Integer Delay	积分延迟	Transfer Fcn First Order	一阶传递函数
Tapped Delay	多抽头积分延迟模块	Transfer Fcn Lead or Lag	带零极点补偿器的传递函数
Discrete-Time Integrator	离散时间积分器	Transfer Fcn Real Zero	带实零点的传递函数
Discrete Transfer Fcn	离散传递函数	Weighted Moving Average	权值移动平均模型
Discrete Filter	离散滤波器	Memory	记忆器
Discrete Zero-Pole	离散零极点函数	First-Order Hold	一阶保持器
Difference	差分环节	Zero-Order Hold	零阶保持器
Discrete Derivative	离散微分环节		

5）非线性系统模块库(Discontinuities)

Discontinuities 库中所包含的各个标准模块及其功能如图 6-9 和表 6-5 所示。

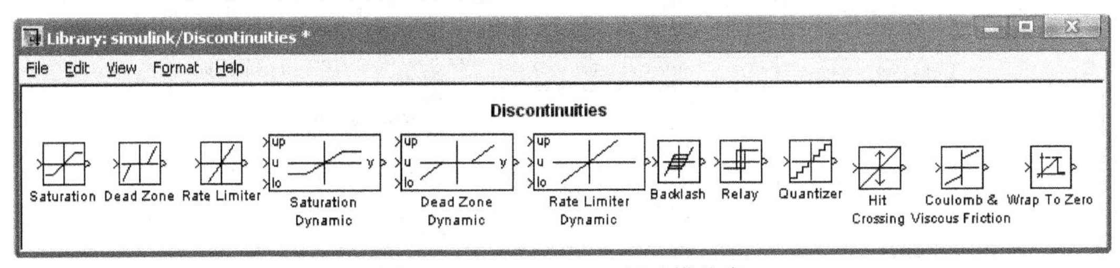

图 6-9　Discontinuities 标准模块库

表 6-5　Discontinuities 标准模块及其功能

模　块　名	功　能	模　块　名	功　能
Saturation	饱和非线性特性	Backlash	间隙非线性特性
Dead Zone	死区非线性特性	Relay	继电器非线性特性
Rate Limiter	限速非线性特性	Quantizer	量化非线性特性
Saturation Dynamic	动态饱和非线性特性	Hit Crossing	过零检测非线性特性
Dead Zone Dynamic	动态死区非线性特性	Coulomb & Viscous Friction	库仑和黏性摩擦非线性特性
Rate Limiter Dynamic	动态限速非线性特性	Wrap To Zero	环零非线性特性

6）信号路由模块库（Signal Routing）

Signal Routing 库中所包含的各个标准模块及其功能如图 6-10 和表 6-6 所示。

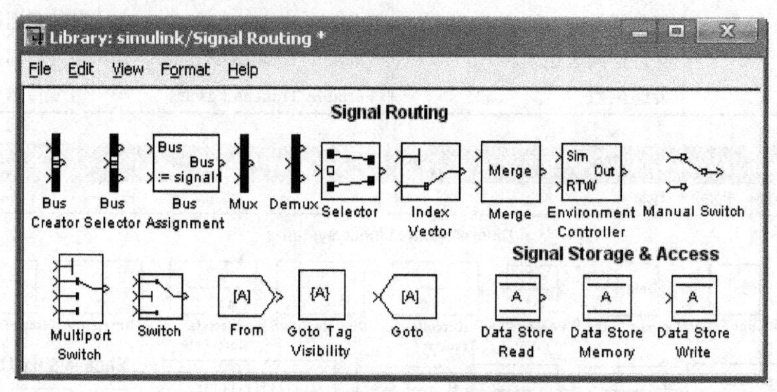

图 6-10　Signal Routing 标准模块库

表 6-6　Signal Routing 标准模块及其功能

模　块　名	功　能	模　块　名	功　能
Bus Creator	总线产生器	Manual Switch	手动选择开关
Bus Selector	总线选择器	Multiport Switch	多端口开关
Bus Assignment	总线分配	Switch	选择开关
Mux	将多路输入组合成一个向量信号	From	信号来源
Demux	将一个向量信号分解成多路输出	Goto Tag Visibility	传出标记符的可见性
Selector	信号选择器	Goto	信号去向
Index Vector	索引向量	Data Store Read	将数据读到内存
Merge	信号合并	Data Store Memory	将数据存入内存
Environment Controller	环境控制器	Data Store Write	将数据写入内存

7）信号属性模块库（Signal Attributes）

Signal Attributes 库中所包含的各个标准模块及其功能如图 6-11 和表 6-7 所示。

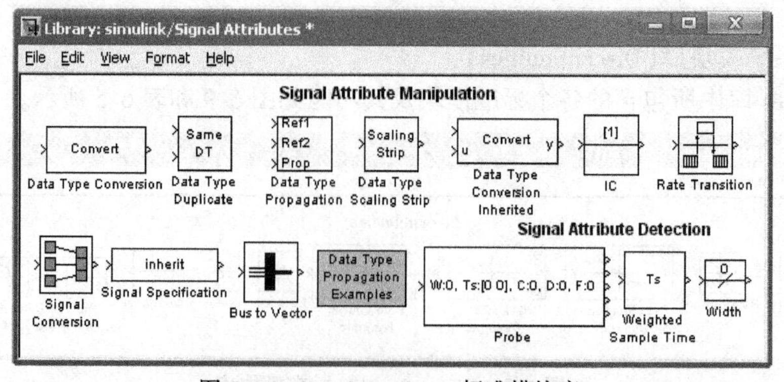

图 6-11　Signal Attributes 标准模块库

表 6-7　Signal Attributes 标准模块及其功能

模块名	功能	模块名	功能
Data Type Conversion	数据类型转换	Signal Conversion	信号转换
Data Type Duplicate	数据类型复制	Signal Specification	信号规范
Data Type Propagation	数据类型继承	Bus to Vector	总线到向量
Data Type Scaling Strip	数据类型缩放比例条	Probe	探测器
Data Type Conversion Inherited	继承的数据类型转换	Weighted Sample Time	权值采样时间
IC	集成电路	Width	信号宽度
Rate Transition	速率转换		

8）数学运算模块库(Math Operations)

Math Operations 库中所包含的各个标准模块及其功能如图 6-12 和表 6-8 所示。

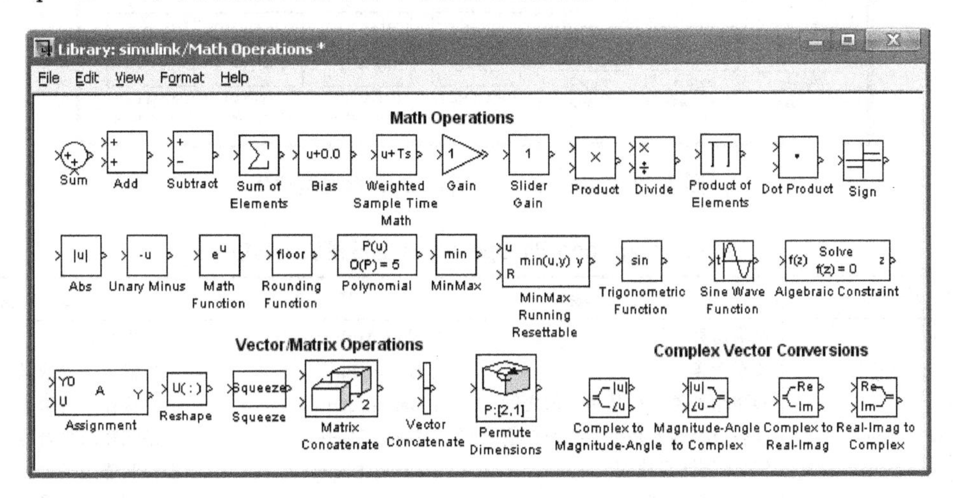

图 6-12　Math Operations 标准模块库

表 6-8　Math Operation 标准模块及其功能

模块名	功能	模块名	功能
Sum	求和	Polynomial	多项式求值
Add	加法	MinMax	求最小或最大值
Subtract	减法	MinMax Running Resettable	带重置信号的求最小或最大值
Sum of Elements	元素和运算	Trigonometric Function	三角函数运算模块
Bias	将输入加一个偏移	Sine Wave Function	正弦函数运算模块
Weighted Sample Time Math	权值采样时间运算	Algebraic Constraint	代数约束模块
Gain	比例运算	Assignment	将输入信号抑制为零
Slider Gain	滑块增益	Reshape	改变输入信号的维数
Product	乘法	Squeeze	稀疏矩阵
Divide	除法	Matrix Concatenate	矩阵串联模块
Product of Elements	元素乘运算	Vector Concatenate	向量串联模块
Dot Product	点乘运算	Permute Dimensions	序列维数
Sign	符号运算	Complex to Magnitude-Angee	将复数信号分解成幅值和相角
Abs	绝对值	Magnitude-Angee to Complex	转换幅值和相角为复数信号
Unary Minus	一元减法	Complex to Real-Image	将复数信号分解成实部和虚部
Math Function	数学函数	Real-Image to Complex	转换实部和虚部为复数信号
Rounding Function	圆整函数		

9）逻辑和位操作模块库(Logic and Bit Operations)

Logic and Bit Operations 库中所包含的各个标准模块及其功能如图 6-13 和表 6-9 所示。

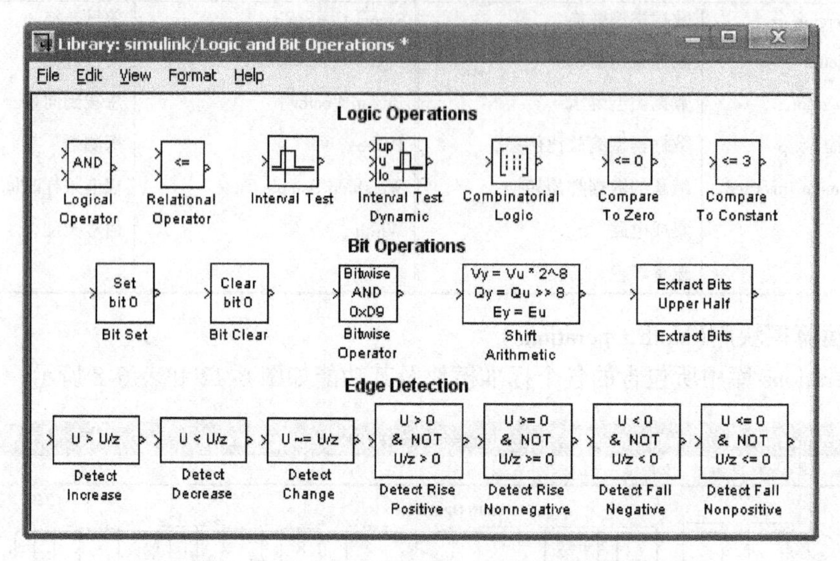

图 6-13　Logic and Bit Operations 标准模块库

表 6-9　Logic and Bit Operations 标准模块及其功能

模 块 名	功 能	模 块 名	功 能
Logical Operator	逻辑运算	Shift Arithmetic	算术平移
Relational Operator	关系运算	Extract Bits	从输入中提取某几位输出
Interval Test	检测输入是否在某两个值之间	Detect Increase	检测输入是否增大
Interval Test Dynamic	动态检测输入是否在某两个值之间	Detect Decrease	检测输入是否减小
Combinatorial Logic	组合逻辑(真值表)	Detect Change	检测输入是否变化
Compare To Zero	与零进行比较	Detect Rise Positive	检测上升沿是否是正数
Compare To Constant	与常数进行比较	Detect Rise Nonnegative	检测上升沿是否是非负数
Bit Set	位置 1	Detect Fall Negative	检测下降沿是否是负数
Bit Clear	位清零	Detect Fall Nonpositive	检测下降沿是否是非正数
Bitwise Operator	逐位操作运算		

10）查表模块库(Lookup Tables)

Lookup Tables 库中所包含的各个标准模块及其功能如图 6-14 和表 6-10 所示。

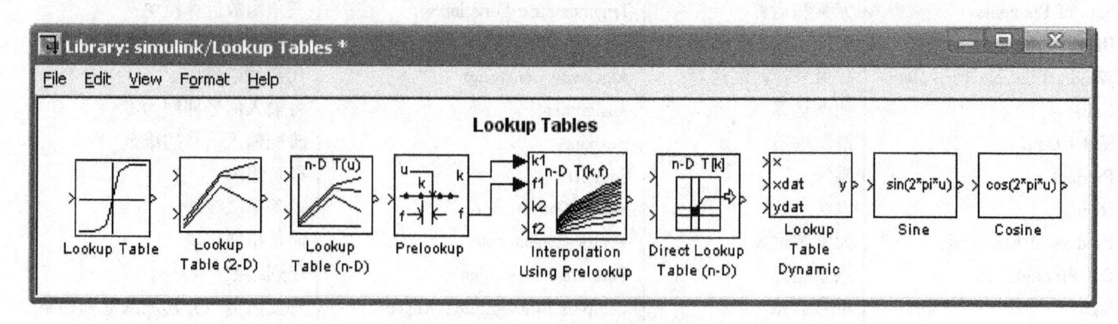

图 6-14　Lookup Tables 标准模块库

11）用户自定义函数模块库(User-Defined Functions)

User-Defined Functions 库中所包含的各个标准模块及其功能如图 6-15 和表 6-11 所示。

表 6-10　Lookup Tables 标准模块及其功能

模　块　名	功　　能	模　块　名	功　　能
Lookup Table	一维线性内插查表	Direct Lookup Table(n-D)	n 维直接查表
Lookup Table(2-D)	二维线性内插查表	Lookup Table Dynamic	动态查表
Lookup Table(n-D)	n 维线性内插查表	Sine	正弦函数查表
PreLookup	预查询	Cosine	余弦函数查表
Interpolation using PreLookup	预查询内插运算		

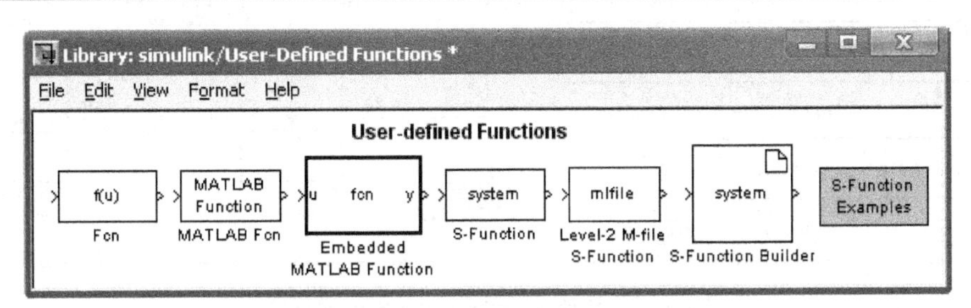

图 6-15　User-Defined Functions 标准模块库

表 6-11　User-Defined Functions 标准模块及其功能

模　块　名	功　　能	模　块　名	功　　能
Fcn	自定义函数模块	S-Function	S 函数
MATLAB Fcn	MATLAB 函数	Level-2 M-file S-Function	M 文件编写的 S 函数
Embedded MATLAB Function	内置 MATLAB 的函数	S-Function Builder	S 函数编译器

12）模型检测模块库(Model Verification)

Model Verification 库中所包含的各个标准模块及其功能如图 6-16 和表 6-12 所示。

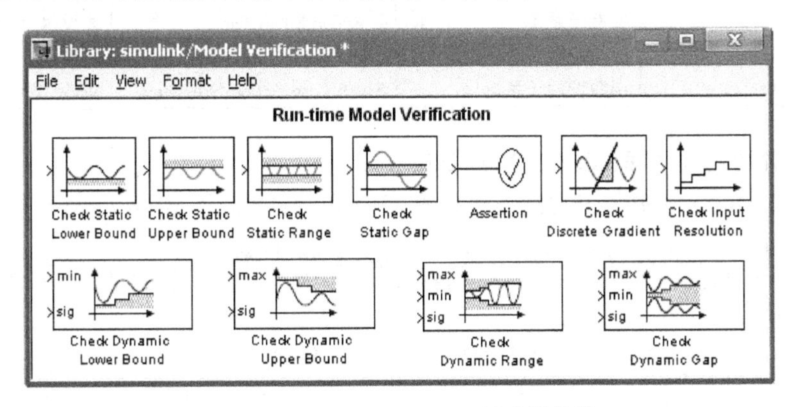

图 6-16　Model Verification 标准模块库

表 6-12　Model Verification 标准模块及其功能

模　块　名	功　　能	模　块　名	功　　能
Check Static Lower Bound	检测静态下限	Check Input Resolution	检测输入精度
Check Static Upper Bound	检测静态上限	Check Dynamic Lower Bound	检测动态下限
Check Static Range	检测静态范围	Check Dynamic Upper Bound	检测动态上限
Check Static Gap	检测静态偏差	Check Dynamic Range	检测动态范围
Assertion	确定操作	Check Dynamic Gap	检测动态偏差
Check Discrete Gradient	检测离散梯度		

13）端口与子系统模块库(Ports & Subsystems)

Ports & Subsystems 库中所包含的各个标准模块及其功能如图 6-17 和表 6-13 所示。

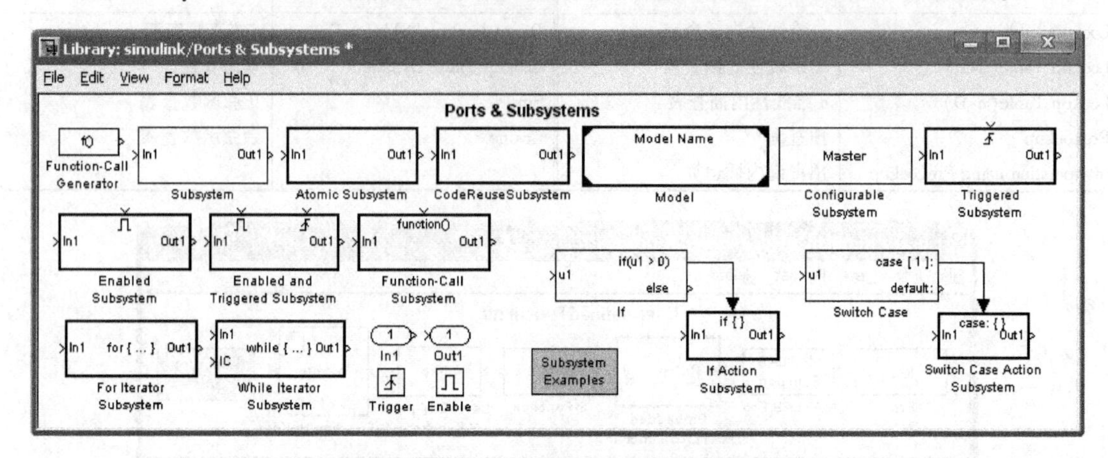

图 6-17　Ports & Subsystems 标准模块库

表 6-13　Ports & Subsystems 标准模块及其功能

模 块 名	功　能	模 块 名	功　能
Function-Call Generator	函数调用发生器	For Iterator Subsystem	For 循环子系统
Subsystem	子系统	While Iterator Subsystem	While 循环子系统
Atomic Subsystem	原子子系统	In1	输入端口
CodeReuse Subsystem	代码重组子系统	Out1	输出端口
Model	模型	Trigger	触发操作
Configurable Subsystem	可配置子系统	Enable	使能操作
Triggered Subsystem	触发子系统	If	假设操作
Enabled Subsystem	使能子系统	If Action Subsystem	假设执行子系统
Enabled and Triggered Subsystem	使能与触发子系统	Swich Case	转换事件
Function-Call Subsystem	函数调用子系统	Swich Case Action Subsystem	条件选择执行子系统

14）模型扩展功能模块库(Model-Wide Utilities)

Model-Wide Utilities 库中所包含的各个标准模块及其功能如图 6-18 和表 6-14 所示。

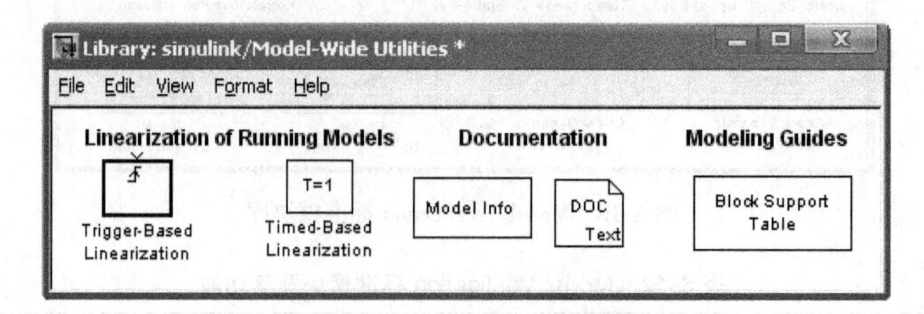

图 6-18　Model-Wide Utilities 标准模块库

表 6-14　Model-Wide Utilities 标准模块及其功能

模 块 名	功　能	模 块 名	功　能
Trigger-Based Linearization	基于触发的线性化	DOC Text	Word 文本
Timed-Based Linearization	基于时间的线性化	Block Support Table	模块支持表
Model Info	信息模型		

15）常用模块库(Commonly Used Blocks)

Commonly Used Blocks 库中所包含的各个标准模块如图 6-19 所示。

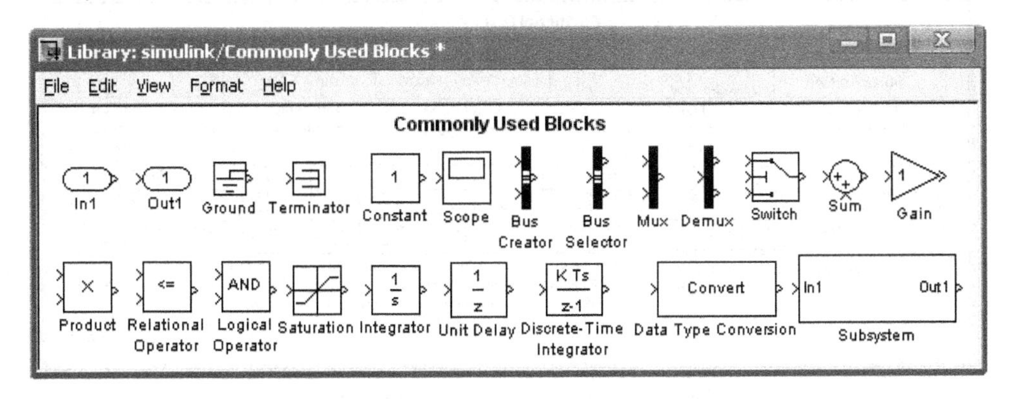

图 6-19　Commonly Used Blocks 标准模块

在该模块库中所包含的标准模块,均是其他模块库中已有的模块,也就是说该库中没有新追加的模块。Simulink 为了方便用户使用,把经常使用的模块统一放在了该库中。

16）模块集和工具箱(Blocksets & Toolboxes)

Blocksets & Toolboxes 中所包含的标准模块如图 6-20 所示。

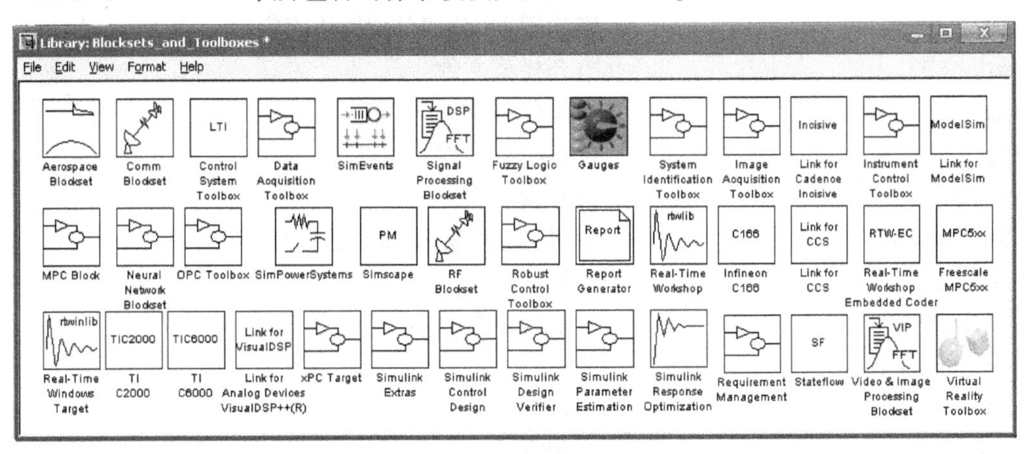

图 6-20　Blocksets & Toolboxes 标准模块

在 Blocksets & Toolboxes 中所包含的模块,其实就是 Simulink 库浏览窗口的左边所列的除 Simulink 模块集外所有的模块集和工具箱。

17）附加数学与离散模块库（Additional Math & Discrete）

在 Additional Math & Discrete 库中包含了两个标准模块库:附加数学库(Additional Math)和附加离散库(Additional Discrete)。它们所包含的标准模块,分别如图 6-21 和图 6-22 所示。

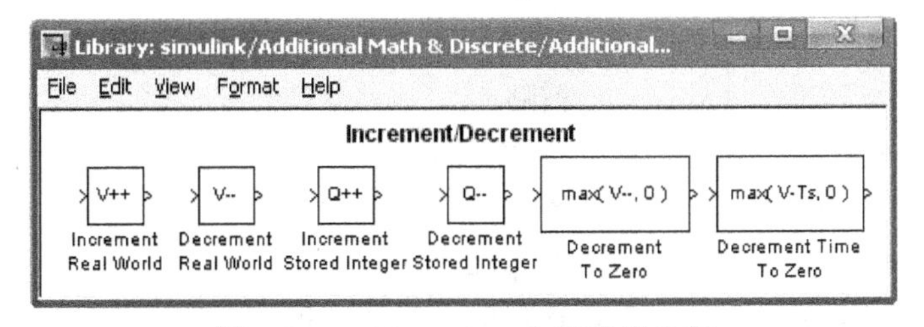

图 6-21　Additional Math 标准模块库

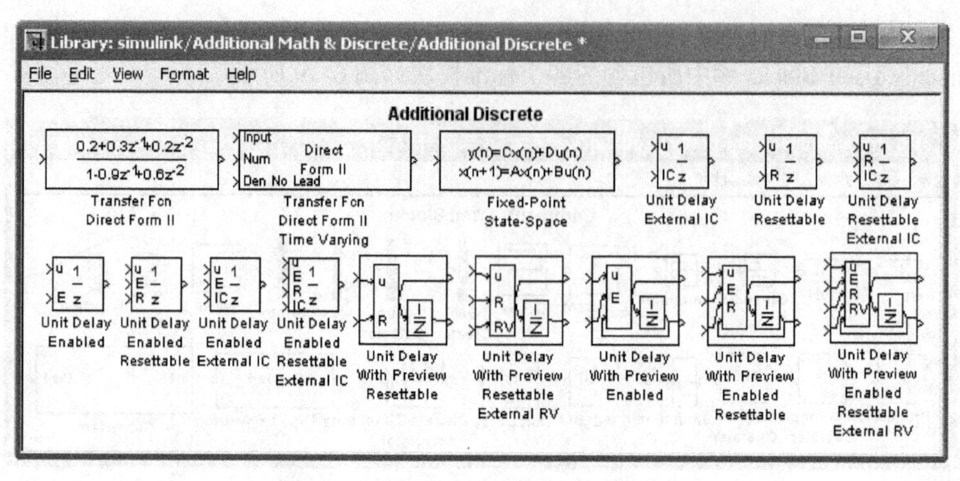

图 6-22　Additional Discrete 标准模块库

（2）Simulink 模块集的功能菜单

为了充分利用 Simulink 中的各个标准模块对控制系统进行有效的动态仿真，Simulink 模块集中主要设置了以下几个功能菜单。

- File——文件操作菜单

New　　新建模型编辑窗口/模块库窗口
Open　　打开模型文件
Close　　关闭模型文件
Save　　保存模型文件
Save As　　另存模型文件
Soure Control　　设置 Simulink 和 SCS 的接口
Model Properties　　模型属性
Preferences　　设置命令窗口的属性
Export to Web　　输出到 Web
Print　　打印
Printer Setup　　打印设置
Print Details　　生成 HTML 格式的模型报告文件
Exit MATLAB　　退出 MATLAB

- Edit——编辑菜单

Can't Undo　　不能撤销
Can't Redo　　不能重复
Cut　　剪切
Copy　　复制
Paste　　粘贴
Paste Duplicate Inport　　粘贴复制导入
Delete　　清除
Select All　　全部选定
Copy Model to Clipboard　　复制模型到剪贴板
Find　　查找

Open Block	打开模块
Explore	探测器
Mask Parameters	封装参数
SubSystem Parameters	子系统参数
Bolck Properties	模块属性
Create Subsystem	创建子系统
Mask Subsystem	封装子系统
Look Under Mask	查看封装子系统
Link Options	连接选项
Unlock Library	解锁库
Refresh Model Blocks	刷新模块
Update Diagram	更新图表

- View——查看菜单

Back	返回
Forward	向前
Go to Parent	转到根
Toolbar	显示/关闭工具条开关
Status Bar	显示/关闭状态条开关
Model Browser Options	模型浏览器选项
Block Data Tips Options	模块数据提示参数设置
System Requirements	系统需求
Library Browser	库浏览器
Model Explorer	模型浏览器
MATLAB Desktop	MATLAB 桌面
Zoom In	放大模块视图
Zoom Out	缩小模块视图
Fit System to View	将框图缩放到正好符合窗口的大小
Normal(100%)	显示框图的实际大小
Show Page Boundaries	显示页范围
Port Values	端口值
Remove Highlighting	取消辅助照明
Highlight	辅助照明

- Help——帮助菜单

关于某些菜单的进一步操作方法在后面的有关部分中将陆续详细介绍。

另外，当在一个模型或模块库窗口中单击鼠标右键时，也会显示前后相关的菜单。菜单的内容取决于是否选中模块，如果选中模块，菜单显示的命令仅仅适用于所选模块，否则，菜单显示的命令作用于整个模型或模块库。

2. Simulink 附加模块集(Simulink Extras)

在 Simulink 库浏览窗口的 Simulink Extras 节点上，通过单击鼠标右键，便可打开如图 6-23 所示的 Simulink Extras 模块集窗口。

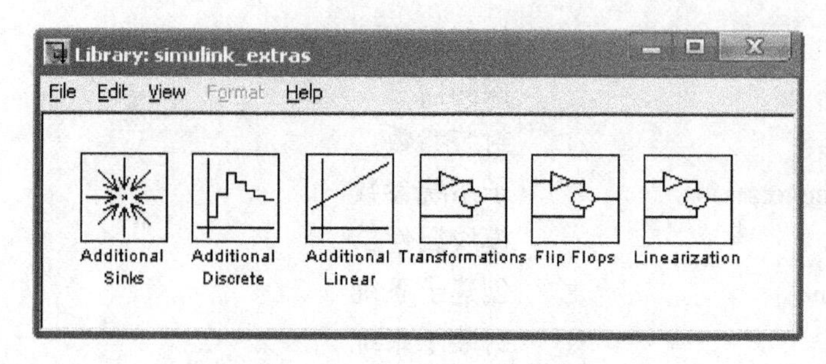

图 6-23　Simulink Extras 模块集窗口

在 Simulink Extras 模块集中附加了以下一些模块库,用鼠标左键双击各个模块库的图标,便可打开相应的模块库,各模块库中所包含的各个标准模块的功能如下所示。

● 附加接收模块库(Additional Sinks)

Power Spectral Density　功率谱密度模块
Averaging Power Spectral Density　平均功率谱密度模块
Spectrum Analyzer　谱分析器模块
Averaging Spectrum Analyzer　平均谱分析器模块
Cross Correlator　互相关器模块
Auto Correlator　自相关器模块
Floating Bar Plot　浮动棒图模块

● 附加离散系统模块库(Additional Discrete)

Discrete Transfer Fcn(with initial states)　具有初始状态的离散传递函数模块
Discrete Transfer Fcn(with initial outputs)　具有初始输出的离散传递函数模块
Discrete Zero-Pole Fcn(with initial states)　具有初始状态的离散零极点函数模块
Discrete Zero-Pole Fcn(with initial outputs)　具有初始输出的离散零极点函数模块
Idealized ADC quantizer　理想化的 ADC 量化器模块

● 附加线性模块库(Additional Linear)

Transfer Fcn(with initial states)　具有初始状态的传递函数模块
Transfer Fcn(with initial outputs)　具有初始输出的传递函数模块
Zero-Pole Fcn(with initial states)　具有初始状态的零极点函数模块
Zero-Pole Fcn(with initial outputs)　具有初始输出的零极点函数模块
State-Space(with initial outputs)　具有初始输出的状态空间模块
PID Controller　PID 控制器模块
PID Controller(With Approximate Derivative)　具有实际微分的 PID 控制器模块

● 转换库(Transformations)

Polar to Cartesian　极坐标到笛卡儿坐标转换模块
Cartesian to Polar　笛卡儿坐标到极坐标转换模块
Spherical to Cartesian　球坐标到笛卡儿坐标转换模块
Cartesian to Spherical　笛卡儿坐标到球坐标转换模块
Fahrenheit to Celsius　华氏温度到摄氏温度转换模块
Celsius to Fahrenheit　摄氏温度到华氏温度转换模块
Degrees to Radians　度到弧度转换模块
Radians to Degrees　弧度到度转换模块

● 触发器库(Filp Flops)

Clock　　时钟模块

D Latch　　D 锁存器模块

S-R Flip-Flop　　S-R 触发器模块

D Flip-Flop　　D 触发器模块

J-K Flip-Flop　　J-K 触发器模块(负沿触发)

● 线性化库(Linearization)

Switched derivative for linearization　　转换导数模块

Switched transport delay for linearization　　转换传递延迟模块

3. Simulink 参数估计模块集(Simulink Parameter Estimation)

在 Simulink 库浏览窗口的 Simulink Parameter Estimation 节点上,通过单击鼠标右键,可打开如图 6-24 所示的 Simulink Parameter Estimation 库窗口。

在该窗口中仅有一个自适应查表模块库(Adaptive Lookup Tables),它包含以下三个标准模块。

Adaptive Lookup Table (1D Stair-Fit)　一阶自适应查表模块

Adaptive Lookup Table (2D Stair-Fit)　二阶自适应查表模块

Adaptive Lookup Table (nD Stair-Fit)　n 阶自适应查表模块

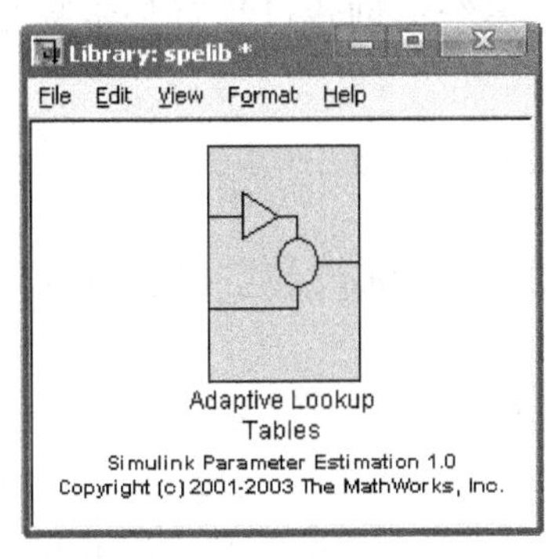

图 6-24　Simulink Parameter Estimation 库窗口

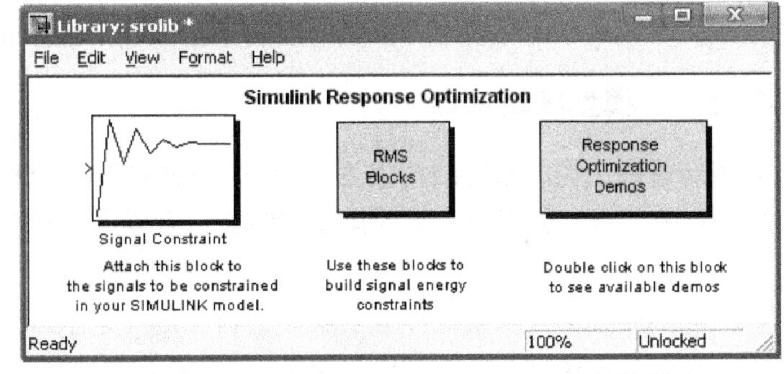

图 6-25　Simulink Response Optimization 模块集窗口

4. Simulink 响应优化模块集(Simulink Response Optimization)

在 Simulink 库浏览窗口的 Simulink Response Optimization 节点上,通过单击鼠标右键,可打开如图 6-25 所示的 Simulink Response Optimization 模块集窗口。

在 Simulink Response Optimization 模块集中包含了以下一个模块和两个模块库。

Signal Constraint　　信号约束模块

RMS Blocks　　RMS 模块库

Response Optimization Demos　　响应优化设计演示模块库

用鼠标左键双击各个模块库的图标,便可打开相应的模块库。信号约束模块(Signal Constraint)的具体使用方法,将在第 9 章中详细介绍。

5. Simulink 确认模块集(Simulink Verification and Validation)

在 Simulink 库浏览窗口的 Simulink Verification and Validation 节点上,通过单击鼠标右键,可打开如图 6-26 所示的 Simulink Verification and Validation 模块集窗口。

6. Simulink 控制设计模块集(Simulink Control Design)

在 Simulink 库浏览窗口的 Simulink Control Design 节点上,通过单击鼠标右键,可打开如图 6-27所示的 Simulink Control Design 模块集窗口。

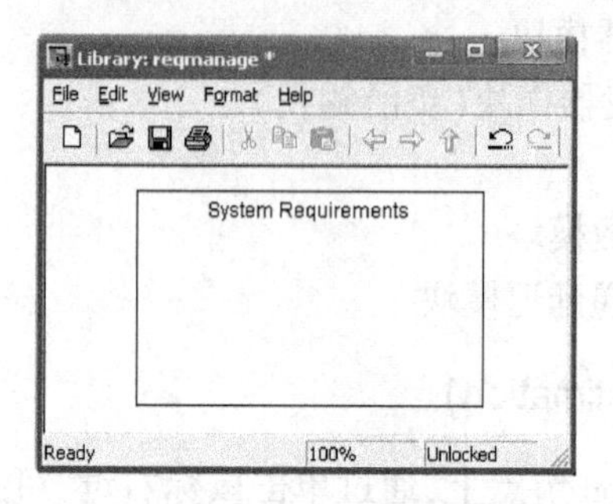

图 6-26 Simulink Verification and Validation 模块集窗口

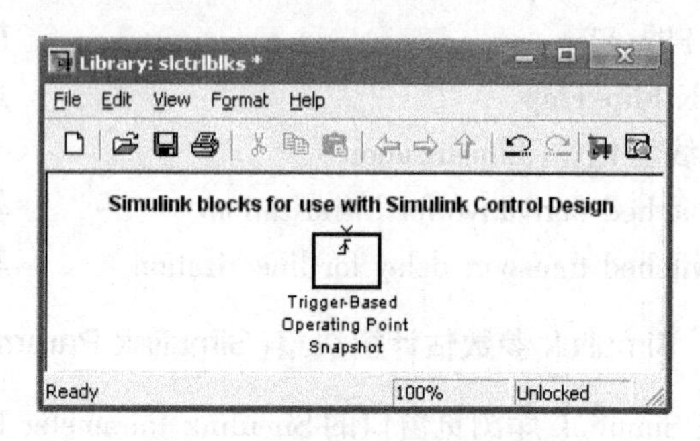

图 6-27 Simulink Control Design 模块集窗口

6.2 模型的构造

Simulink 完全采用方框图的“抓取”功能来构造动态系统模型,系统的创建过程就是绘制方框图的过程。在 Simulink 环境中方框图的绘制完全依赖于鼠标操作。

6.2.1 模型编辑窗口

若想新建一个控制系统结构框图,则首先应该打开一个标题为“Untitled”的空白模型编辑窗口,如图 6-28 所示。创建一个新的模型编辑窗口有以下三种方法:

(1) 在 Simulink 库浏览窗口中,单击工具栏中的新建模型窗口快捷按钮“□”或“▣”;

(2) 在 Simulink 模块集或标准模块库窗口中选择菜单命令 File→New→Model/Blank Model;

(3) 在 MATLAB 6. x/7. x 操作界面中,选择菜单命令 File→New→Model;或在 MATLAB 8. x 操作界面的主页(HOME)中,利用新建(New)菜单下的 Simulink Model 命令;或在 MATLAB 9. x 操作界面的主页(HOME)中,首先利用 Simulink 快捷启动按钮“▣”或新建(New)菜单下的 Simulink Model 命令,显示如图 6-2 所示的 Simulink Start Page 窗口,然后单击该窗口中 New 页面下 Simulink 选项里的 Blank Model。

利用 MATLAB 6. x/7. x/8. x 打开的空白模型编辑窗口,如图 6-28 所示;利用 MATLAB 9. x 打开的空白模型编辑窗口,如图 6-3 所示。

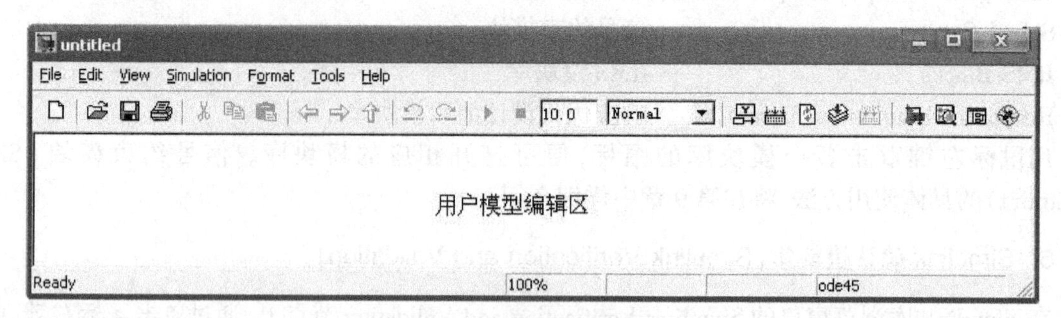

图 6-28 空白模型编辑窗口

模型编辑窗口由功能菜单、工具栏和用户模型编辑区三部分组成。在模型编辑窗口中允许用户对系统的结构图进行编辑、修改和仿真。

对控制系统结构框图的绘制必须在用户模型编辑区中进行,结构图中所需的各种模块,可直接从 Simulink 库浏览窗口中的各模块集或工具箱中复制相应的标准模块得到。

空白模型编辑窗口的标题实际上是扩展名为 .mdl 的模型文件名,它可利用菜单命令 File→Save as 将其任意更名保存。

为了方便用户建模,空白模型编辑窗口中主要设计了以下多种功能菜单。

• File——文件操作菜单

参见 Simulink 模块集中功能菜单的 File 项。

• Edit——编辑菜单

参见 Simulink 模块集中功能菜单的 Edit 项。

• View——查看菜单

参见 Simulink 模块集中功能菜单的 View 项。

• Simulation——仿真操作菜单

Start	开始仿真
Stop	停止仿真
Configuration Parameters	设置仿真参数
Normal	正常的
Accelerator	加速的
External	外部的

• Format——格式菜单

Font	字体设置
Text Alignment	文字对齐
Enable TeX Commands	能运行 TeX 指令
Flip Name	模块名置于模块的相反一边
Flip Block	模块旋转 180°
Rotate Block	模块顺时针方向旋转 90°
Hide/Show Name	隐藏/显示模块名
Show Drop Shadow	显示阴影
Show Port Labels	显示端口标注
Foreground Color	前景颜色设置
Background Color	背景颜色设置
Screen Color	屏幕颜色设置
Port/Signal Displays	端口/信号线显示
Block Displays	模块显示
Library Link Display	库连接显示

• Tools——工具菜单

Simulink Debugger	Simulink 调试器
Fixed-point Settings	定点运算设置
Model Advisor	模型指导
Model Reference Graph	模型参考图表

Lookup Table Editor	查表编辑器
Data Class Designer	数据类设计器
Bus Editor	总线编辑器
Profiler	外形制作
Coverage Settings	区域设置
Requirements	系统需求
Inspect Logged Signals	检查信号
Signals & Scope Manager	信号与显示管理器
Real-time Workshop	实时工作空间
External Mode Control Panel	外部方式控制面板
Control Design	控制设计
Parameter Estimation	参数估计
Report Generator	报告产生器
HDL Coder	产生 HDL 代码
Link for TASKING	连接任务
Data Object Wizard	数据目标
System Test	系统测试
Mplay Video Viewer	视频浏览器

• Help——帮助菜单

如果系统方框图模型文件已经存在,则可利用以下三种方法打开一个模型编辑窗口:

(1) 在 Simulink 库浏览窗口中,单击工具栏中的打开模型文件按钮"",然后选择或者输入要编辑的模型文件名;

(2)在 Simulink 模块集、标准模块库或用户模型编辑窗口中选择菜单命令 File→Open,然后选择或者输入要编辑的模型文件名;

(3) 在 MATLAB 指令窗口中直接输入模型文件名(不带 . mdl 扩展名)。

模型编辑窗口工具栏中的按钮"" 分别用来快捷新建和打开一个模型窗口; 按钮""对应的功能与 Windows 操作系统类似;按钮"100.0 Normal"分别用来快捷启动仿真、停止仿真、设置仿真时间、设置仿真加速模式和准备系统仿真; 按钮""分别用来快捷产生 RTW 程序代码、刷新系统、更新系统和为子系统产生程序代码;按钮"",分别用来快捷显示 Simulink 库浏览窗口、打开模块管理器、打开/隐藏模型浏览器和打开调试器。

利用 MATLAB 高版本可以打开由 MATLAB 低版本编辑的模型文件,但 MATLAB 低版本打不开由高版本编辑的模型文件。而对于 MATLAB 的 M 文件,高低版本均可打开。

6.2.2 对象的选定

在建模操作中,诸如复制一个模块或者删除一条连线,都需要首先选定一个或多个模块或连线。我们把这些模块或连线称做对象。

1. 选定单个对象

用鼠标单击待选对象,小黑四方块的"句柄"就会出现在被选中模块的四个角上,或在被选中连线的两个端点旁。

2. 选定一组对象

选定一组对象的方法有以下三种：

① 选定一组不连续对象。在按下【Shift】键的同时，用鼠标单击每一个待选的对象。

② 选定一组连续对象。按住鼠标左键向右下方拉出一个矩形虚线框，将所有待选模块包围在其中，然后松开按键，则矩形框里所有的对象同时被选中。

③ 选定整个模型。要选定一个活动窗口的所有对象，只要选择窗口中 Edit 菜单下的 Select all 命令即可。但不能通过此种方法来选择所有的模块和连线来创建子系统模块。

如果想放弃选中的对象，则只需在空白处单击鼠标左键即可。

6.2.3 模块的操作

模块是 Simulink 模型构造的基本元素，利用鼠标单击和拖拉方式可将仿真模块集或工具箱中标准模块复制到用户模型编辑窗口中，将其相互连接后，便可得到系统方框图。

1. 模块的复制

(1) 从一个窗口复制模块到另一个窗口

建立模型时，会经常从 Simulink 模块集、其他模块集或者模型编辑窗口中复制标准模块到当前正在编辑的模型编辑窗口中。复制标准模块，可按以下步骤进行。

① 打开相关的模块集或工具箱或模型编辑窗口，以及正在编辑的模型编辑窗口；

② 将光标定位于要复制的模块上，按下鼠标左键并拖动到正在编辑的模型编辑窗口中的适当位置，然后松开鼠标左键，就会在选定的位置上复制出相应的模块。新复制的模块和原模块的名字相同，且继承了原模块的所有参数。但在复制 Sum、Mux、Demux 和 Bus Selector 模块时，Simulink 会隐藏其名字，以避免模型图中不必要的混乱，增加可读性。

由此可见，从一个窗口拖动模块到另一个窗口，其实是从一个窗口复制模块到另一个窗口。

(2) 在同一窗口中复制模块

在按下【Ctrl】键的同时，用鼠标左键选中待复制的模块，将其拖放到所希望的位置，便完成复制工作。如果采用鼠标右键拖拉，以上复制过程就省掉按【Ctrl】键了。如果同一模块在同一窗口中复制了一次以上，它们会自动在模块名字末加进次序号，以示区别。

另外，还可通过 Edit 菜单下的 Copy 和 Paste 命令来复制模块。

2. 模块的移动

(1) 从一个窗口移动模块到另一个窗口

模块的移动，可按以下步骤进行。

① 打开相关的模块集或工具箱或模型编辑窗口，以及正在编辑的模型编辑窗口；

② 在按下【Shift】键的同时，从一个窗口拖动模块到另一个窗口。

(2) 在同一窗口中移动模块

在同一窗口中移动单个模块时，只需将光标置于待移动模块图标上，按住鼠标将模块拖放到合适的位置即可。模块移动时，模块的连线也随之移动，这时 Simulink 将会自动地重画与被移动模块相连的连线。

当移动多个模块及其连线时，首先选中要移动的模块和连线，然后把光标置于待移动模块及其连线的任一处，将其拖动到指定位置即可。

另外，也可通过 Edit 菜单下的 Cut 和 Paste 命令来移动模块。

3. 模块的删除

按【Delete】或【Backspace】键即可删除所选定的一个或多个模块。另外，也可通过 Edit 菜单下的 Cut 或 Clear 命令来删除所选定的模块。但 Edit→Cut 命令，可将选定的模块移到 Windows 的剪贴板上，可供 Edit→Paste 命令重新粘贴。

4. 模块的旋转

从标准模块库中复制到模型编辑窗口中的模块，在默认状态下是输入端（大于符号）在左，而输出端（三角符号）在右。在绘制系统方框图时，有时为了使得连线更容易，避免不必要的交叉线，增加框图的可读性，需要对某些模块进行翻转或旋转，使得其输入端和输出端改变方向。例如，在反馈回路中的模块希望输入端在右输出端在左。在 Simulink 下实现这一功能是轻而易举的事情，首先用鼠标选中要旋转处理的模块，然后执行 Format→Flip block 命令将对此模块旋转 180°；或执行 Format→Rotate block 命令将对此模块顺时针方向旋转 90°。

6.2.4 模块间的连线

系统框图中的信号沿模块间的连线传输，连线可传输标量或向量信号。

1. 模块间的连线

模块间的连线是从某模块的输出端（三角符号）出发直至另一模块的输入口（大于符号）的有向线段。它的生成方法是：把鼠标光标移到起点模块的输出端，按鼠标左或右键，看到光标变为“+”字后，拖动“+”字光标到终点模块的输入端，再释放鼠标，则会自动产生一条带箭头的线段，将两个模块连接起来，箭头方向表示信号流向。如想消去某段连线，可先用鼠标单击的方法选定该连线后，按【Delete】键，则可删除选定的连线。

Sinmulink 在默认状态下使用水平或垂直线段连接模块，若要画斜线，则应在画线时按住【Shift】键。

2. 画支线

支线是从一条已存在的有向线段上任意一点出发，指向另一模块输入口的有向线段。已存在的有向线段和支线传输的是相同的信号。使用支线可以将一个信号传输给多个模块，它也用于连接方框图中的反向模块。这类支线生成的方法是：把鼠标光标移到有向线段上的任意点处，在按下【Ctrl】键的同时，按下鼠标左键，光标由箭头变为“+”字，拖放鼠标到适当位置，屏幕上就出现一条由此点引出的箭头线；再从此箭头开始按住鼠标左或右键，沿另一方向拖放到适当位置……，直到整个支线绘完为止。如果采用鼠标右键，以上过程中就省掉按【Ctrl】键了。

6.2.5 模型的保存

在模型编辑窗口中编辑好系统结构框图后，可用窗口中的菜单命令 File→Save 将其保存为模型文件（扩展名为 .mdl），模型文件中存有模块图和模块的一些属性，它是以 ASCII 码形式存储的，它也可用窗口中的菜单命令 File→Save as 将其任意更名保存。模型文件名必须是以字母开头的且不能超过 31 个字母、数字和下划线组成的字符串。

【例 6-1】 建立如图 6-29 所示的系统模型，并将其保存为 ex6_1. mdl 模型文件。

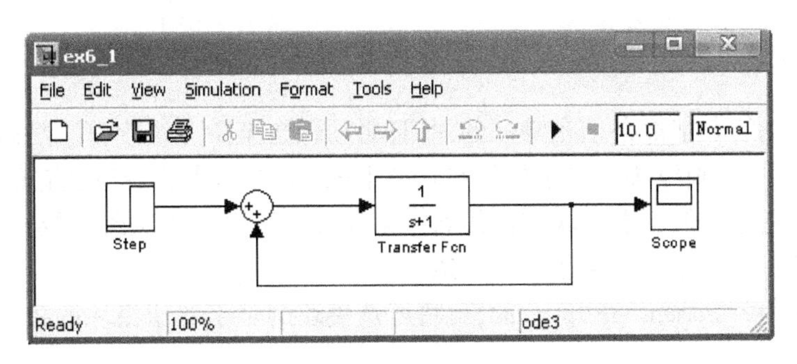

图 6-29　系统模型

解　① 首先应该新建一个如图 6-28 所示的空白“Untitled”模型编辑窗口，准备绘制系统的方框图，拖动窗口的边线或四角可改变模型编辑窗口的大小。

② 用鼠标左键双击信号源模块库（Source）的图标，打开信号源模块库，并调整该信号源窗口和“Untitled”空白模型编辑窗口互不重叠，然后将光标移到阶跃信号模块（Step）的图标上，按住鼠标左键，将它拖放到用户空白模型编辑窗口中，则阶跃信号就被复制到“Untitled”窗口中了。利用信号源模块库窗口右上角的“×”图标关闭该模块库窗口。

③ 用同样的方法分别从数学运算模块库（Math Operations）、连续系统模块库（Conutinuous）和接收模块库（Sinks）中，把求和模块（Sum）、传递函数模块（Transfer Fun）和示波器模块（Scope）复制到“Untitled”窗口，并把各模块的位置调整到如图 6-29 所示。

④ 用鼠标单击阶跃信号模块（Step）的输出口（三角符号），将鼠标拖放到求和模块（Sum）的左边输入口，则屏幕上就出现一条由信号发生器到求和模块的箭头线。采用相同的方法连接求和模块（Sum）到传递函数模块（Transfer Fcn）、传递函数模块（Transfer Fcn）到示波器模块（Scope）间的连线。

⑤ 把鼠标光标移到传递函数模块和示波器间连线的中点附近，按下鼠标右键，光标由箭头变为“+”字形，往下拖放鼠标到适当位置，屏幕上就出现一条由中点引出的箭头线，再从此箭头开始按住鼠标左键或右键水平向左画线到适当位置松开鼠标键，照此操作，直到光标移到求和模块的下边输入口为止。

⑥ 在模型编辑窗口“Untitled”中选择 File→Save（或 File→Save as）命令，并在弹出的对话框的“文件名”栏填写用户自定义的文件名 ex6_1，再单击【保存】按钮，便完成了 ex6_1. mdl 模型文件的保存，如图 6-29 所示。

以后在模型编辑窗口中执行命令 File→Open，并选择文件 ex6_1（或在 MATLAB 指令窗下直接运行 ex6_1），便会重新打开如图 6-29 所示的 ex6_1. mdl 模型文件。

6.2.6　模块名字的处理

1. 模块名字的修改

模块名字是指标识模块图标的字符串。为了增加可读性，复制到用户窗口中的标准模块的标题常需要做必要的修改，具体方法如下：先用鼠标单击所选标题，输入新的标题（MATLAB 7.5 版仅限英文标题，MATLAB6.5 版和某些汉化的 MATLAB 版本允许使用中文标题）然后用鼠标单击窗口中的任一地方，修改工作完成。模块名字的字体、字形和大小也可通过选择菜单命令 Format→Font 来改变。

2. 模块名字位置的改变

模型中所有模块的名字都必须是唯一的,并且必须包含至少一个字符。默认情况下,如果模块的端口在它的左右两边,则模块的名字显示在它的下面;如果模块的端口在它的上下两边,则模块的名字显示在它的左边。但所选模块的模块名字可通过以下两种方法改变位置:

(1) 将模块名用鼠标拖至模块相反的一边;

(2) 选择菜单命令 Format→Flip name,可将所选模块的名字置于模块的相反一边。

3. 改变是否显示模块名字

选择 Format 菜单下的 Hide name 或 Show name 命令,便可隐藏或显示所选模块的模块名。

6.2.7 模块内部参数的修改

被复制到用户窗口中的各种模块,保持着与原始标准模块一样的内部参数设置,即内部参数开始均为默认值。例如,阶跃信号模块(Step)的默认起始阶跃时间(Step time)是 1,而不是 0;传递函数模块(Transfer Fcn)的默认值为 $1/(s+1)$ 等。为了适合用户的不同需要,常需对模块的内部参数做必要的修改。此时,用鼠标左键双击待修改内部参数模块的图标,则可打开该模块的参数设置对话框,通过改变对话框中适当栏目中的数据便可。在参数设置时任何 MATLAB 工作内存中已有的变量、合法表达式和 MATLAB 语句等都可以填写在设置栏中,某些模块的方框大小是可以用鼠标调整的。

【例 6-2】 把例 6-1 中的系统模型修改成图 6-30(a)或(b)所示的系统模型。

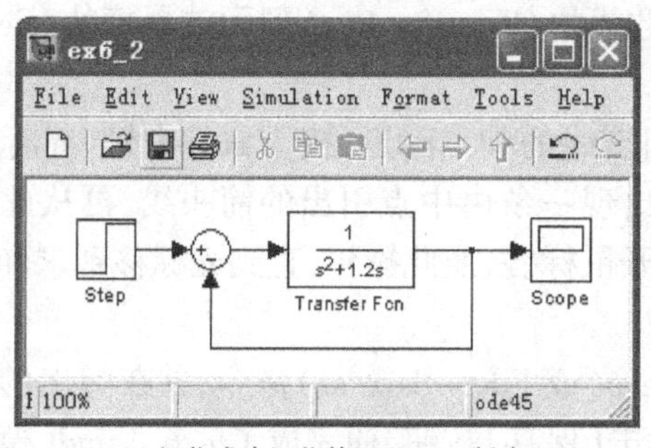

(a) 汉化或未汉化的MATLAB版本

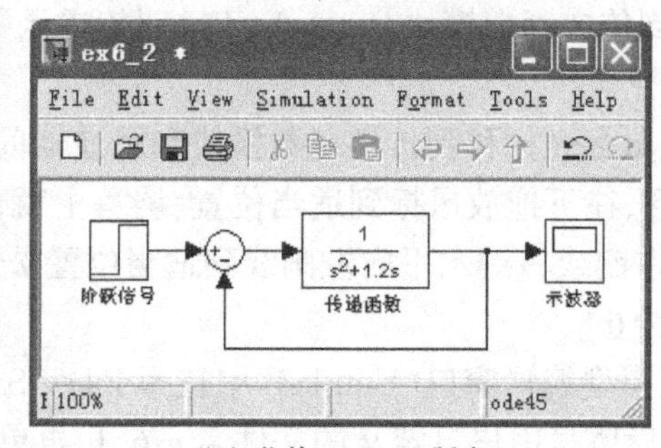

(b) 汉化的MATLAB版本

图 6-30 系统模型

解 ① 对传递函数模块参数的修改。首先用鼠标左键双击传递函数模块(Transfer Fun)图标,弹出其对话框,这时分别在Numerator coefficient(分子多项式系数)和 Denominator coefficient(分母多项式系数)引导的编辑框中填写系统传递函数的分子和分母多项式系数(由高到低,默认补零)。如在此例中仅把 Denominator coefficient 栏中的默认值[1 1]改成[1 1.2 0]后,单击【OK】按钮,原传递函数模块图标中的函数表达式就自动变成图 6-30(a)或(b)中的形式;假如传递函数表达式太长,原方框容纳不下,可以用鼠标把它拉到适当大小,使整个方框图美观易读。

② 对求和模块输入极性的修改。用鼠标左键双击求和模块(Sum),就会弹出其对话框,在对话框中把 List of signs(符号列表)选项中的默认值“++”改为“+-”后,单击【OK】按钮,这时求和模块图标便自动改成图6-30 中所示的形式。

③ 模块名字的修改。对于已汉化的 MATLAB 版本,可首先利用鼠标单击传递函数模块(Transfer Fun)的标题“Transfer Fun”,然后将其修改为“传递函数”。采用相同的方法依次将阶跃信号

模块(Step)和示波器模块(Scope)的标题,分别修改为"阶跃信号"和"示波器",如图 6-30(b)所示。

这里注意,对于未汉化的 MATLAB 版本,如果将其标题用中文表示后,在保存系统模型时就会出现错误信息。

6.2.8 模块的标量扩展

标量扩展是指将一个标量值转变成一个具有相同元素的向量。几乎所有的模块都能接受标量输入或向量输入,产生标量或向量输出,并且允许用户来定义标量或向量参数,这样的模块称为向量化了的模块。用户可通过 Format 菜单中的 Wide nonscalar lines 命令来定义模型中的哪些信号线传递的是向量信号,并且将向量信号连线用粗线表示,标量信号连线用细线表示。在 Edit 菜单中选择 Update Diagram 选项可随时更新显示。另外,在仿真开始时也可进行这样的更新显示。

1. 输入的标量扩展

当模块有一个以上的输入时,可以把向量输入和标量输入混合起来。在这种情况下,那个标量输入信号就要进行标量扩展,形成一个具有和向量输入信号维数一样,并具有相同元素的向量,如图 6-31所示。

2. 参数的标量扩展

对于可以进行标量扩展的那些模块,其参数既可以定义为标量,也可以定义为向量。当为一个向量参数时,向量参数中的每一个元素与输入向量中的每一个元素相对应。而当定义为一个标量参数时,Simulink 就对标量参数进行标量扩展,自动形成一个具有相应维数的向量,如图 6-32所示。

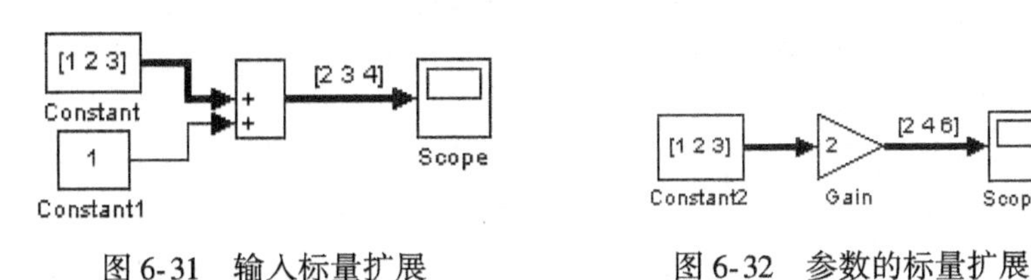

图 6-31 输入标量扩展　　图 6-32 参数的标量扩展

3. 显示/关闭连线的宽度

可以通过选择菜单命令 Format→Port/Signal displays→Wide nonscalar Lines 来显示和关闭模型中用粗线表示的向量信号连线。

4. 信号标注

要对某一连线进行标注,只需双击标注处,并且在插入点处输入标注即可,标注可移动到连线的任何位置。标注的字体、字形和大小也可通过选择菜单命令 Format→Font 来改变。

6.3 连续系统的数字仿真

创建好系统模型后,就可以在用户模型窗口中利用 Simulink 的菜单命令,或者在 MATLAB 的命令窗口中利用 MATLAB 的指令操作方式对系统进行仿真了。

6.3.1 利用 Simulink 菜单命令进行仿真

Simulink 的菜单命令方式对于交互式工作非常方便，这种在 Simulink 窗口下进行的仿真最直观，它可使用 Scope 模块或者其他的显示模块，在运行仿真时观察仿真结果。仿真的结果还可保存到 MATLAB 工作空间的变量中，以待进一步的处理。另外，在这种仿真方式下，无论是对框图模型本身还是对数值算法及参数的选择都可以很方便地修改和操纵。模型及仿真参数不仅在仿真前允许编程和修改，而且在仿真过程中也允许做一定程度的修改。在这种菜单仿真方式下，在对一个系统仿真的同时，允许打开另一个系统。

1. 仿真参数设置

在启动仿真开始之前，首先应选择系统模型窗口中的 Simulation→Simulation parameters 命令（MATLAB 6.x）或 Simulation→Configuration Parameters 命令（MATLAB 7.x）或 Simulation→Model Configuration Parameters 命令（MATLAB 8.x/9.x），也可利用点击 Simulink 系统模型窗口 SIMULINK 页面中 PREPARE 区域的下拉三角图标"▾"→Model Settings 命令（MATLAB 9.x）或 MODELING 页面中 SETUP 区域的下拉三角图标"▾"→Model Settings 命令（MATLAB 9.x）来设置仿真算法和参数，这时将给出一个如图 6-33 所示的对话框，它包括 5~7 个页面和四个功能按钮。其中，前两个页面是经常需要用户改变设置的。

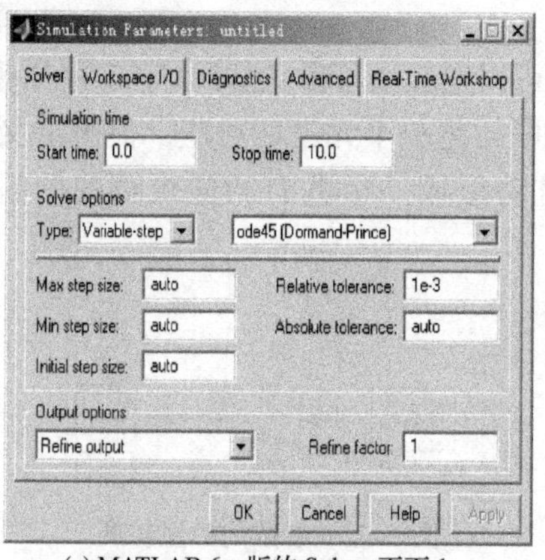

(a) MATLAB 6.x 版的 Solver 页面 1

(b) MATLAB 6.x 版的 Solver 页面 2

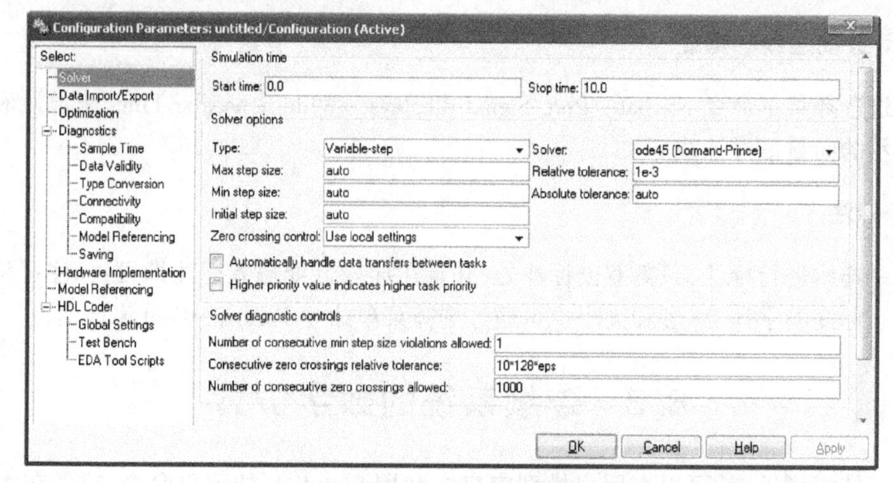

(c) MATLAB 7.x/8.x/9.x 版的 Solver 页面

图 6-33　Solver 页面对话框

（1）求解器（Solver）页面

该页面用来设置仿真开始和停止时间、选择仿真算法和指定算法的参数等，如图 6-33 所示。

1）仿真时间（Simulation time）

仿真时间是由参数对话框中的开始时间（Start time）和停止时间（Stop time）框中的内容来确定的，它们均可修改，默认的开始时间为 0.0 s，停止时间为 10.0 s。在仿真过程中允许实时修改仿真的终止时间（Stop time）

2）求解器选项（Solver options）

仿真涉及常微分方程组的数值积分。由于动态系统行为的多样性，目前还没有一种算法能够保证所有模型的数值仿真结果总是准确、可靠的。为此，Simulink 在算法类型（Type）选项中，提供了变步长（Variable-step）和定步长（Fixed-step）两大类数值积分算法供用户选择。对于变步长（Variable-step）算法，可以设定最大步长（Max step size）、最小步长（Min step size）、起始步长（Initial step size）、相对容差（Relative tolerance）和绝对容差（Absolute tolerance）。对于定步长（Fixed-step）算法，可以设定固定步长（Fixed-step size）和选择仿真模式（Mode）。因此为得到准确仿真结果，用户必须针对不同模型仔细选择算法及参数。

① 仿真算法

在求解器选项（Solver options）最上面的两个选择框中，可选择相应的仿真算法。

● 变步长（Variable-step）算法

可以选择的变步长算法有以下几种。默认情况下，连续系统采用 ode45，离散系统采用 discrete。

discrete 是 Simulink 在检测到模型中没有连续状态时所选择的一种算法。

ode45 是基于显式 Rung-Kutta（4，5）（四/五阶龙格-库塔法）公式和 Dormand-Prince 公式。它采用的是单步法，也就是说它在计算当前结果时，仅仅使用前一步的值。该算法对于大多数系统有效，最常用，但不适用于刚性（Stiff）系统。

ode23 是基于显式 Rung-Kutta（2，3）公式和 Bogacki-Shampine 公式，它采用的是单步法。对于宽误差容限和存在轻微刚性的系统，它比 ode45 更有效一些。

ode113 是变阶 Adams-Bashforth-Moulton PECE 算法。它采用多步法，即为了计算当前的结果，不仅要知道前一步结果，还要知道前几步结果。在误差容限比较严时，它比 ode45 更有效。它也称阿达姆斯预估-校正法，该方法适用于光滑、非线性、时间常数变化范围不大的系统。

ode15s 是基于数值微分公式（NDFs）的变阶算法，它与后向微分公式 BDFs（也叫 Gear 方法）有联系，但比它更有效。它采用多步法。对于一个刚性系统，或者在用 ode45 时仿真失败或不够有效时，可用 ode15s。

ode23s 基于一个二阶改进的 Rosenbrock 公式。因为它采用的是单步法，所以对于宽误差容限，它比 ode15s 更有效。对于一些用 ode15s 不是很有效的刚性系统，可以用它解决。

ode23t 是使用自由内插式梯形规则来实现的。如果系统是适度刚性，而且需要没有数字阻尼的结果，可采用该算法。

ode23tb 是使用 TR-BDF2 来实现的，即基于隐式 Rung-Kutta 公式。其第一级是梯形规则步长，第二级是二阶反向微分公式，两级计算使用相同的迭代矩阵。与 ode23s 相似，对于宽误差容限，它比 ode15s 更有效。

● 定步长（Fixed-step）算法

可以选择的定步长算法有以下几种。默认情况下，连续系统采用 ode3，离散系统采用discrete。

discrete 是一种实现积分的定步长算法，适用于无连续状态的系统。

ode5 是 ode45 的一个定步长算法,基于 Dormand-Prince 公式。

ode4 是基于四阶龙格-库塔公式。

ode3 是 ode23 的一个定步长算法,基于 Bogacki-Shampine 公式。

ode2 是 Heun 方法,也叫做改进的欧拉法(Euler)。

ode1 是欧拉法(Euler),是一种最简单的算法,精度最低,仅用来验证结果。

② 仿真步长

在求解器选项(Solver options)下面的选择框中。对于变步长算法,可以设定最大步长(Max step size)、最小步长(Min step size)和起始步长(Initial step size)。对于定步长算法,可以设定固定步长(Fixed-step size)。默认情况下,这些参数均为 auto,即这些参数将被自动地设定。

对于变步长算法,采用变步长的方法进行仿真,仿真开始时是以起始步长作为计算步长的,在仿真过程中,算法会把算得的局部估计误差与误差容限相比较,在满足仿真精度的前提下,自动拉大步长,提高计算效率。

一般情况下,最大步长可以选择一个较大的数值;如果选择得过大,可能会出现在仿真点处的仿真结果是正确的,但仿真曲线不是很光滑的情况。故最大步长一般选择为仿真范围的 1/50。通常,最小步长都取得很小,但如果取得太小,会增大计算量。仿真的最小步长和最大步长均可在仿真过程中进行实时修改。

在定点算法中,采用定步长的方法进行仿真,计算步长始终不变。

③ 误差容限

相对容差(Relative tolerance)和绝对容差(Absolute tolerance)中所填写的容差值是用来定义仿真精度的。在变步长仿真过程中,算法会把算得的局部估计误差与这里填写的容许误差限相比较,当误差超过这一误差限时会自动地对仿真步长做适当的修正。所以说在变步长仿真时,误差限的设置是很重要的,它将关系到微分方程求解的精度。误差限经常在 0.1 和 1×10^{-6}之间取值,它越小,积分的步数就越多,精度也越高,但是过小(如 1×10^{-10}),由于计算舍入误差的显著增加,而影响整个精度。误差限在仿真过程中允许实时修改。

④ 仿真模式(Mode)

在采用定步长(Fixed-step)算法进行仿真时,需要在求解器选项(Solver options)下面的仿真模式(Mode)选择框列表中选择仿真模式。

● 多任务模式(Multi Tasking)

如果检测到模块间进行非法采样速率转换,即直接相连模块之间以不同的采样速率运算,单模式会出现错误。在实时多任务系统中,任务间非法采样速率转换可能导致当另一个任务需要时,某一任务输出不能用。通过此类转换检查,多任务模式可以帮助创建现实中合法的多任务系统模型。

使用采样速率转换(rate transition)模块来减少模型中的非法采样速率转换。Simulink 提供了两种这样的模块:Unit delay 模块和 Zero-order hold 模块。减少非法的慢到快转换,插入一个 Unit delay 模块,在慢输出端口和快输入端口之间以低速率运行。减少非法的快到慢转换,插入一个 Zero-order hold 模块,在快输出端口和慢输入端口之间以慢速率运行。

● 单任务模式(Single Tasking)

该模式不检查模块间的采样速率转换。该模式对于建造单任务系统模型非常有用,在此类系统中,任务同步不是问题。

● 自动模式(Auto)

当选用此模式时,如果模型中所有模块运行于同样的采样速率下,Simulink 使用单任务模式;

如果模型包含有不同采样速率运行的模块,则使用多任务模式。

3) 输出选项(Output options)

在 MATLAB 6.x 版的输出选项(Output options)中,可以选择以下三种输出。

① 细化输出(Refine output)

如果仿真输出太粗糙,该选项可提供额外的输出点。该参数提供时间步之间的整数输出点数,如当细化因子(Refine factor)为 2 时,在时间步输出的同时,在其中间提供输出。细化因子用于变步长求解器,改变细化因子不会改变仿真的步长。

② 产生额外的输出(Produce additional output)

使用该选项,求解器可以在指定的额外的时间产生输出。选定该选项后,Simulink 就会在 Solver 页面上出现一个输出时间域,在该域输入一个 MATLAB 表达式来计算额外时间,也可以指定一个额外时间向量。在额外时间的输出是由连续扩展公式求出的。与细化因子不同,该选项改变仿真的步长,使得时间步长与指定的额外输出时间一致。

③ 只产生指定的输出(Produce specified output only)

该选项只提供指定输出时间的仿真输出,该选项也改变仿真步长,以使时间步长与指定产生输出的时间一致。

(2) 数据输入/输出(Data Import/Export)页面

该页面可以将仿真的输出结果保存到 MATLAB 的工作空间变量中,也可以从 MATLAB 的工作空间取得输入和初始状态,如图 6-34 所示。

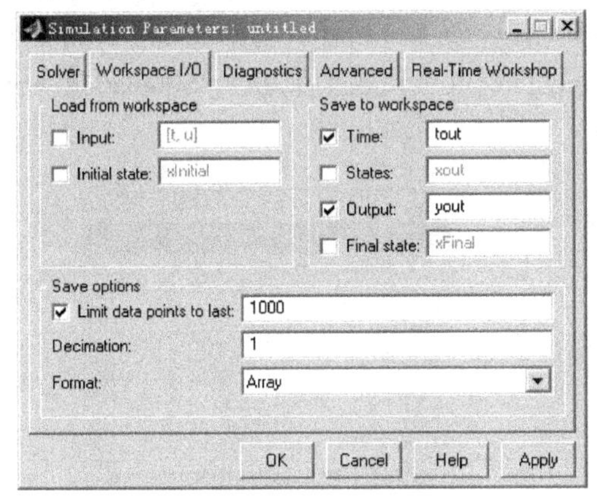

(a) MATLAB 6.x 版

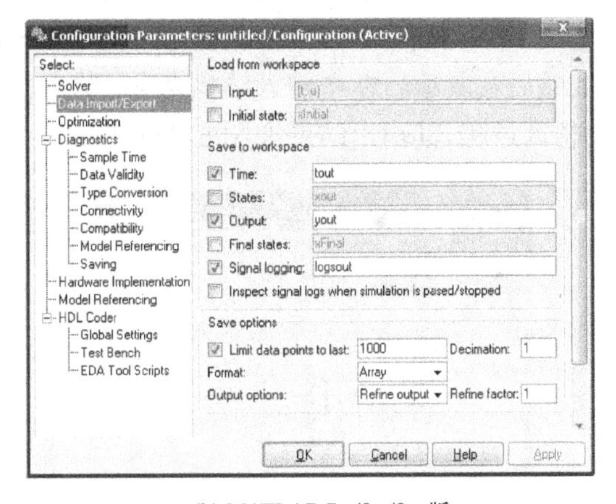

(b) MATLAB 7.x/8.x/9.x 版

图 6-34　输入/输出页面对话框

1) 从 MATLAB 的工作空间装入输入和初始状态(Load from workspace)

系统开始仿真时的初始状态,通常在模块中指定,也可以在 Data Import/Export 页的 Load from workspace 域的初始状态(Initial states)编辑框中重新指定,以重新装载在模块中指定的初始条件。

Simulink 也可以把 MATLAB 工作空间的变量值当做模型的输入信号,它是通过输入端口输入到模型中的。要指定这一选项,在 Data Import/Export 页面的 Load from workspace 域中,选中 Input 选框,然后在其后的编辑框中输入外部输入变量(默认内容为[t,u]),并选择【Apply】或【OK】按钮。

外部输入可采用下列任何一种形式。

- 外部输入矩阵(Array)

外部输入矩阵的第一列必须是升序排列的时间向量,其余列指定输入值。每列代表不同输入模块信号序列,每行则是相应时间的输入值。如果选择了数据插值(interpolate data)选项,必要时 Simulink 对输入值进行线性插值或外推。输入矩阵的总列数必须等于 $n+1$,其中 n 为进入模型的信号输入端口总数。如果在 *MATLAB* 工作空间中定义了 t 和 u,则可以直接采用默认的外部输入标识 [t,u]。

- 具有时间的结构(Structure with Time)

Simulink 可以从 MATLAB 工作空间中读入结构形式的数据,但其名字必须在 Input 后的编辑框中指定。输入结构必须有两个字段:时间字段包含一列仿真时间的向量。信号字段包含子结构数组,每个对应模型的一个输出端口;每个子结构有值字段,值字段包含相应输入端口的输入列向量。

- 结构(Structure)

结构格式与具有时间的结构格式一样,只是其时间字段为空。如在上例中,可以指定:ex. time=[ ]。

【例 6-3】 利用图 6-35 所示的系统对外部输入向量进行显示。

解 图中的 Mux 模块(信号合成模块)能将多个标量输入信号合成一个向量输出信号,标量输入信号的数目由 Mux 模块参数对话框中的输入数目(Number of inputs)栏的内容确定。

① 在 MATLAB 命令窗口中,利用以下命令定义具有时间结构的外部输入向量 ex。

```
>>ex. time=(0:0. 05:10)';
>>ex. signals(1). values=sin(ex. time);
>>ex. signals(2). values=2 * cos(ex. time);
>>ex. signals(3). values=3 * sin(ex. time). * cos(ex. time);
```

② 打开示波器(Scope)模块窗口,见图 6-36。

③ 利用图 6-35 中的 Simulation→Configuration Parameters 命令打开仿真控制面板,并选定数据输入/输出(Data Import/Export)页面中 Load from workspace 区域的 Input 可选框,将系统指定为外部输入,然后在其编辑框中输入结构名 ex,单击【Apply】或【Add】按钮后,执行 Simulation→Start 命令启动仿真过程,其输出结果如图 6-36 所示。

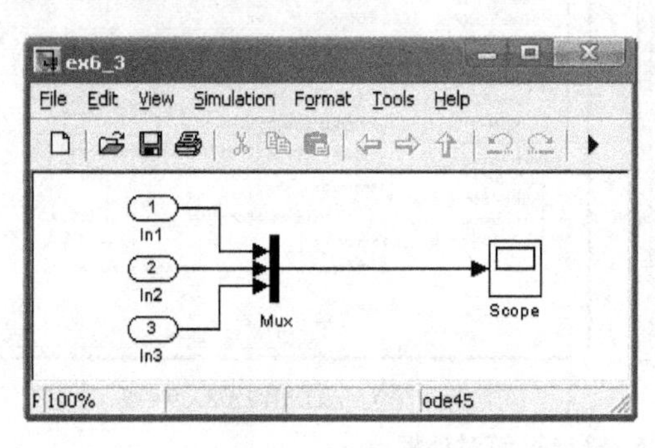

图 6-35 仿真模型

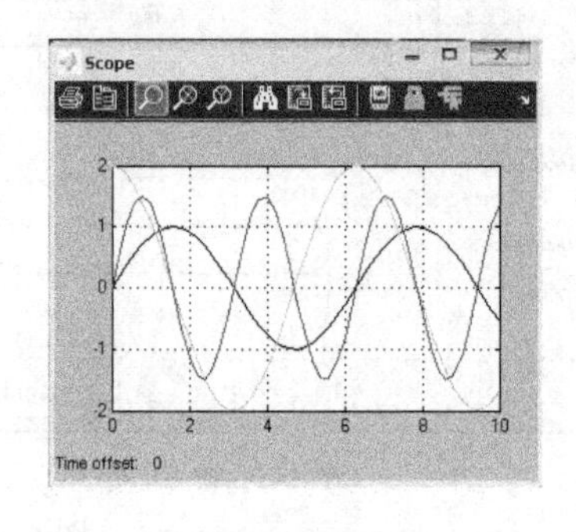

图 6-36 结果显示

2) 将结果保存到 MATLAB 的工作空间变量中(Save to workspace)

Simulink 将仿真结果存放在 Save to Workspace 域中指定名字的向量中。它可以通过在 Data Import/Export 页面的 Save to workspace 域中,任意选择时间(Time)、状态(States)、输出(Output)和最终状态(Final states)选框,并指定返回的变量名。变量名即可任意指定,也可采用默认值。若要将某一结果输出到多个变量中,可在此参数输入框中同时指定多个变量名,各变量名之间用逗号分开后外加方括号。指定的返回变量使得 Simulink 将时间、状态、输出和最终状态值输出到 MATLAB 工作空间中,以便进一步对其分析。如果想保存一个稳定状态的结果并从那个已知的状态重新启动仿真,那么保存最终状态(Final state)将非常有用。

3) 保存选项(Save options)

可以通过 Save options 域来限制保存输出的数量和指定输出存储的格式。

① 如果计算出来的结果太多，要限制数据的点数，可选择 Limit data points to last 编辑框。在一般情况下，该参数选择为 1000 也就足够了。要使用抽取(Decimation)因子，在 Decimation 文本框中输入数值。例如，在 Decimation 文本框中输入的值为 2 时，产生的点将每隔一个保存一个。

② 输出存储格式(Format)选项可以指定输出数据采用下列任何一种形式输出。

- 矩阵(Array)

Simulink 将所选定的以上输出结果分别存储在 Save to Workspace 域中各编辑框命名的矩阵中，默认值分别为 tout，xout，yout 和 xFinal。矩阵的每一列与模型的一个输出或状态相对应，第一行与初始时间相对应。

- 具有时间的结构(Structure with Time)

Simulink 保存模型的结果到一个结构中，该结构的名字是由 Save to Workspace 域中各编辑框命名的，该结构有两个顶层字段：时间和信号。时间字段包含仿真时间向量；信号字段包含子结构数组，每个子结构对应一个模型输出端口或与具有状态的模块相对应。每个子结构包含三个字段：值、标签、模块名。值字段包含相应输出端口的输出向量；标签字段指定与输出相连的信号标签；模块名字段指定输出端口的名字。Simulink 存储模型的状态到一个结构组成相同的模型输出结构中。

- 结构(Structure)

该格式与前面所述的结构基本一样，只是不保存仿真时间到结构的时间字段中。

③ MATLAB 7. x/8. x/9. x 版该页面中的输出选项(Output options)与 MATLAB 6. 5 版求解器(Solver)页面中的输出选项(Output options)一样，也可选择细化输出(Refine output)、产生额外的输出(Produce additional output)和只产生指定的输出(Produce specified output only)三种形式。

(3) 优化(Optimization)页面

在该页面中，可以选择不同的选项来提高仿真性能，以及产生代码的性能。其中，Simulation and code Generation 栏的设置对模型仿真及代码生成共同有效；Code Generation 栏的设置仅对代码生成有效。

(4) 诊断(Diagnostics)页面

在该页面中，可以设定一致性检查(Consistency checking)和边界检查(Bounds checking)。对于每一事件类型，可以选择是否需要提示消息，是警告消息还是错误消息。警告消息不会终止仿真，错误消息则会终止仿真的运行。

一致性检查是一个调试工具，用它可以验证 Simulink 的 ODE 求解器所做的某些假设。它的主要用途是确保 S-函数遵循 Simulink 内建模块所遵循的规则。因为一致性检查会导致性能的大幅度下降(高达 40%)，所以一般应将它设为关的状态。使用一致性检查可以验证 S 函数，并有助于确定导致意外仿真结果的原因。

一致性检查的另一个目的是，保证当模块被一个给定的时间值 t 调用时，它产生一常量输出。这对于刚性算法(ode23s 和 ode15s)非常重要，因为当计算 Jacobi 行列式时，模块的输出函数可能会被以相同的时间值 t 调用多次。

如果选择了一致性检查，Simulink 重新计算某些值，并将它们与保存在内存中的值进行比较，如果这些值有不相同的，将会产生一致性错误。

(5) 硬件设置(Hardware Implementation)页面

该页面主要针对于计算机系统模型，如嵌入式控制器。允许设置一些用来执行模型所表示系统的硬件参数。

(6) 模型参考(Model Referencing)页面

该页面允许用户设置模型中的其他子模型，或者包含在其他模型中的此模型，以便仿真的调试和目标代码的生成。

(7) 实时工作空间(Real-time Workshop)页面

在该页面中，可以设置影响 Real-time Workshop 生成代码和构建可执行文件的诸多参数和选项。

2. 仿真结果分析

设置完以上仿真控制参数后，则可选择 Simulation→Start 命令来启动仿真过程，在仿真结束时会自动发出一声鸣叫。在仿真过程中还允许采用 Simulation 菜单下的 Pause 和 Continue 命令来暂停或继续仿真过程，若选择 Simulation→Stop 命令，则人为终止仿真过程。结果分析有助于模型的改进和完善，同时结果分析也是仿真的主要目的。仿真结果可采用以下几种方法得到。

(1) 利用示波器模块(Scope)得到输出结果

当利用示波器模块作为输出时，它不仅会自动地将仿真的结果从示波器上实时地显示出来，而且也可同时把示波器缓冲区存储的数据，送到 MATLAB 工作空间指定的变量中保存起来，以便利用绘图命令在 MATLAB 命令窗口里绘制出图形。

在示波器模块的窗口中，利用参数(parameters)设置快捷按钮“ ”或“ ”，可打开如图 6-37 所示的示波器模块参数对话框。

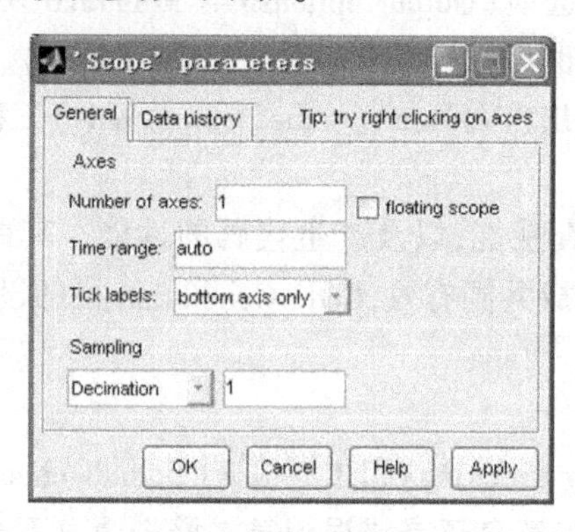

(a) General参数

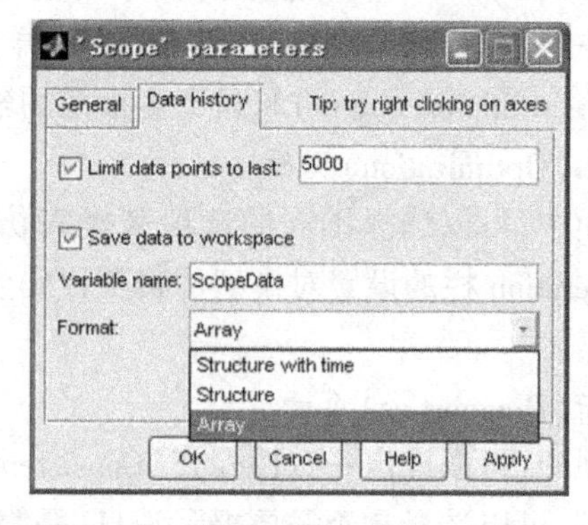

(b) Data nistory参数

图 6-37　示波器参数设置对话框

示波器参数对话框中有两个页面，图 6-37(a)为一般参数设置(General)窗口，图 6-37(b)为数据存储参数设置(Data history)窗口。

图 6-37(a)中的参数设置窗口，主要是针对示波器窗口的坐标系与曲线显示方面的设置，如示波器窗口内的坐标个数(Number of axes)、信号显示的时间范围(Time range)、坐标系标注标识(Tick labels)与否。利用 Sampling 下拉菜单，可以分别设置数据的显示频度(Decimation)和显示点的采样时间间隔(Sample time)。另外，floating scope 被选中时，示波器为游离状态，该状态下的示波器也称为游离示波器。所谓游离示波器是指在模型视窗中与系统模型没有任何可见连线的示波器(也无输入端口)，它在仿真过程中可实时观察任何一点的动态波形。具体使用方法为：在启动仿真前，首先打开游离示波器，并用鼠标左键单击其窗口，以使其处于激活状态，这时游离示波器就处于工作状态，以等待信号的输入；然后用鼠标左键单击选定待观察信号波形的连接线，以将其信号作为游离示波器待观察的信号。在启动仿真后，便可在游离示波器中看到待观察点的信号波形。在仿真过程中用鼠标可任意更改游离示波器的待观察点。

图 6-37(b)中的参数设置窗口,主要是针对示波器的数据存储与传送方面的设置。例如,Limit data points to last 栏可设置示波器缓冲区存储数据的最大长度。Save data to workspace 项用来把示波器缓冲区存储的数据送到 MATLAB 工作空间,且由 Variable name 栏指定的变量中。这里数据保存的格式(Format),也有三种选择:Array(矩阵)、Structure(结构)和 Structure with time(带时间的结构)。

【例 6-4】 对图 6-38 所示的系统进行仿真。

解 ① 用鼠标左键双击信号发生器(Signal Generator)的图标,就会给出一个如图 6-39 所示的对话框。

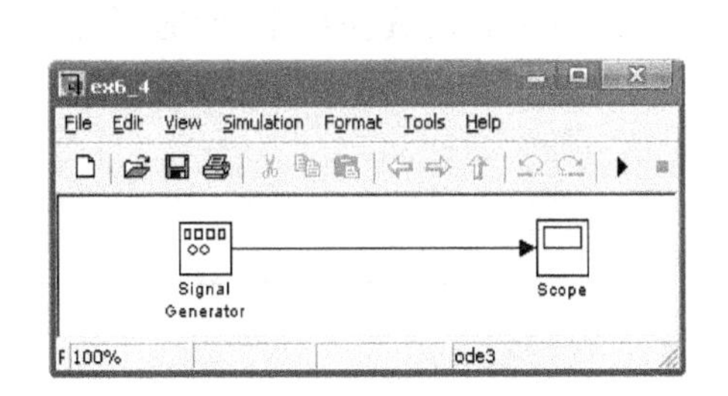

图 6-38 仿真模型

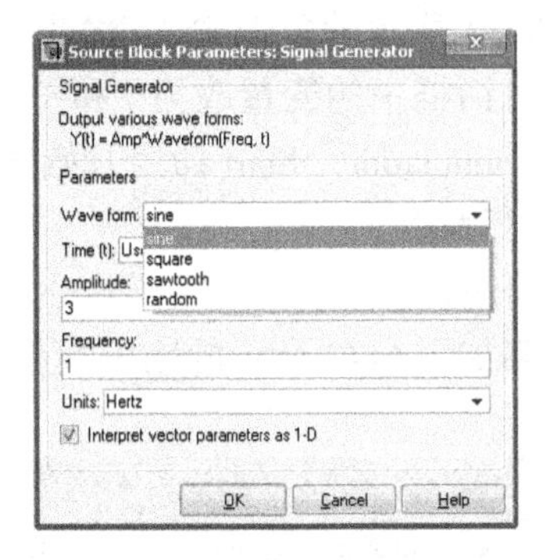

图 6-39 信号发生器对话框

该模块中提供了 4 种输入方式:正弦、方波、锯齿波和随机信号,用户可以从中选择一种输入信号。而对于幅值(Amplitude)和频率(Frequency)栏目中的数值可任意改变。在此例中除幅值改为 3 和坐标单位(Units)采用 Hertz 外,波形和频率均采用默认值。设置完参数后单击【OK】按钮,接收新参数。

② 打开示波器的参数设置(parameters)对话框。在 Data history 页面中,首先选中 Save data to workspace 项,把 Variable name 中的变量名改为 y;再将数据保存的格式(Format)选为 Array(矩阵)后,单击【OK】按钮返回。

③ 在 Simulink 中,仿真中的动态数据的计算都是由数值积分实现的。尽管本例从信号发生器到示波器没通过其他环节(实际上可认为经过一个增益为 1 的比例环节),但动态数据仍是经数值积分计算得到的,因此在仿真前,仍需执行 Simulation→Configuration Parameters 命令来设置仿真控制面板中相应的参数(见图 6-33)。此例中在求解器选项 (Solver options)页面中选择定步长(Fixed-step)算法,并把固定步长(Fixed-step size)一栏中的默认值 auto 改为 0.05,以确保最大仿真步长小于周期的 1/10,否则波形就失真, 设置完参数后用鼠标单击【OK】按钮接收新参数,同时关闭此对话框。

④ 选择 Simulation→Start 命令启动仿真,便可在示波器上看到相应的曲线。另外,在 MATLAB 命令窗口中利用以下命令,便可得到如图 6-40 所示的输出曲线。

```
>>plot(y(:,1),y(:,2));title('sin')
```

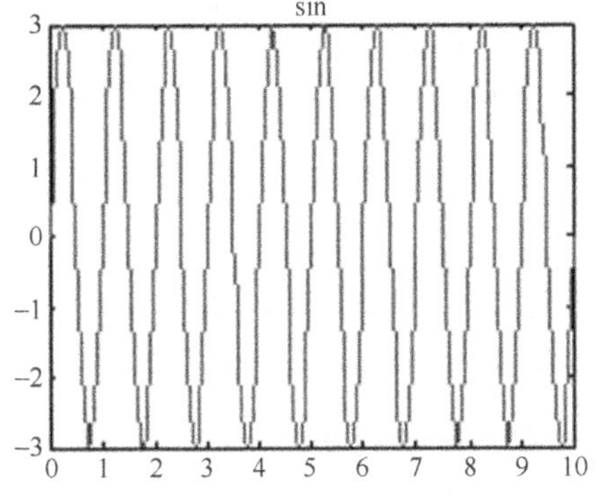

图 6-40 输出曲线

除了示波器形象的输出之外,用户还可以用 To Workspace 模块或 Out1 模块将仿真结果返回到 MATLAB 的工作空间变量中,这样返回的结果当然可以利用 MATLAB 命令来进一步处理。

(2) 利用输出接口模块(Out1)得到输出结果

利用输出接口(Out1)模块把仿真结果返回到 MATLAB 的工作空间时,就必须选定图 6-34 所示的 Data

Import/Export 页面中的时间变量(Time)和输出变量(Output)对话框,对话框中的变量名既可采用默认的,也可根据需要更名。状态变量(States)和终值状态变量(Final state)对话框为任选。

【例 6-5】 对图 6-41 所示的模型框图进行仿真。

解 ① 双击阶跃信号模块(Step)的图标可打开其对话框。将阶跃信号模块的起始阶跃时间(Step time)改为 0(默认值为 1),其余参数采用默认值,单击【OK】按钮返回。

② 选择 Simulation→Configuration Parameters 命令,打开仿真参数控制面板。在图 6-33 所示的求解器选项(Solver options)页面,把终止时间(Stop time)栏中的内容改为 20,其余参数采用默认值;在图 6-34 所示的数据输入/输出(Data Import/Export)页面,把时间变量(Time)和输出变量(Output)对话框中的变量改为 t 和 y,其余参数采用默认值,单击【OK】按钮返回。

③ 选择 Simulation→Start 命令开始仿真,等听到嘟的一声后仿真便结束,此时可返到 MATLAB 工作窗口,运行命令

```
>> plot(t,y)
```

便可得到如图 6-42 所示的输出响应曲线。

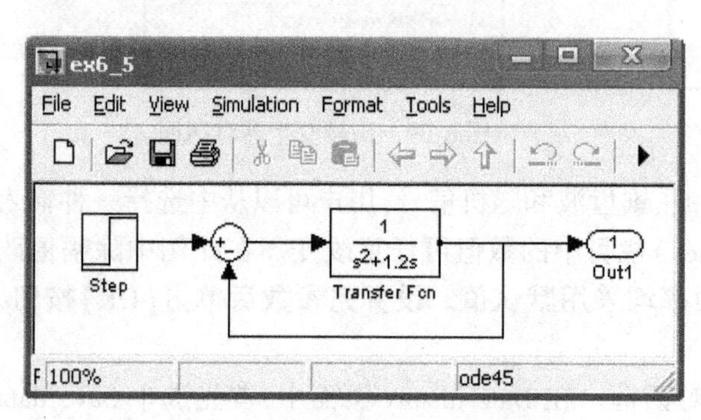

图 6-41 带输出接口的系统模型

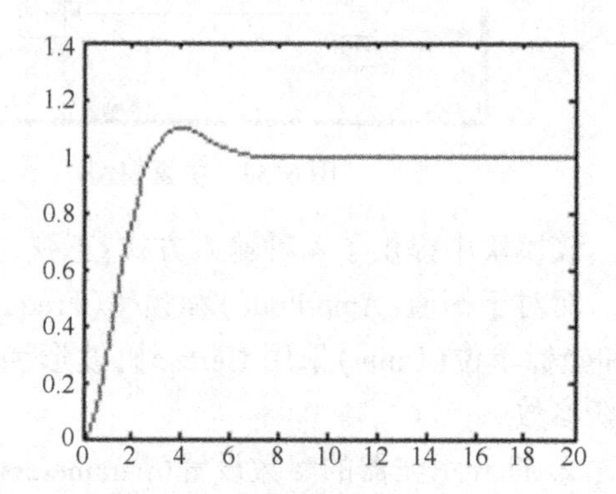

图 6-42 系统的输出响应曲线

(3) 利用把数据传送到工作空间模块(To Workspace)得到输出结果

利用 To Workspace 模块向 MATLAB 工作空间传送数据时,应该为其指定一个变量名,它是通过用鼠标左键双击该模块的图标来完成的,这将给出如图 6-43 所示的对话框。用户可以在 Variable name(变量名)引导的编辑框中输入相应的变量名。

【例 6-6】 对图 6-44 所示系统模型进行仿真。

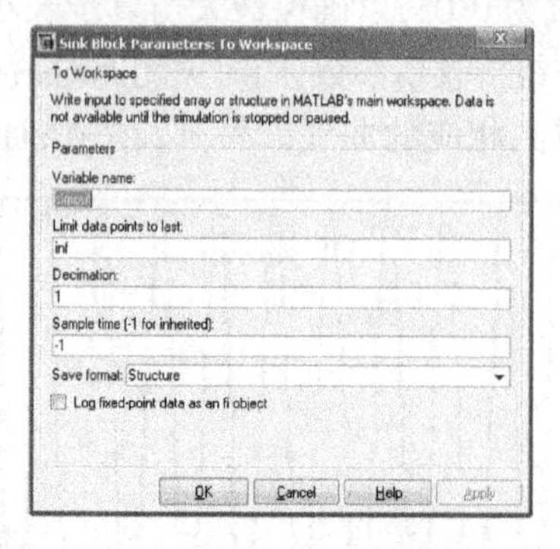

图 6-43 To Workspace 参数设置对话框

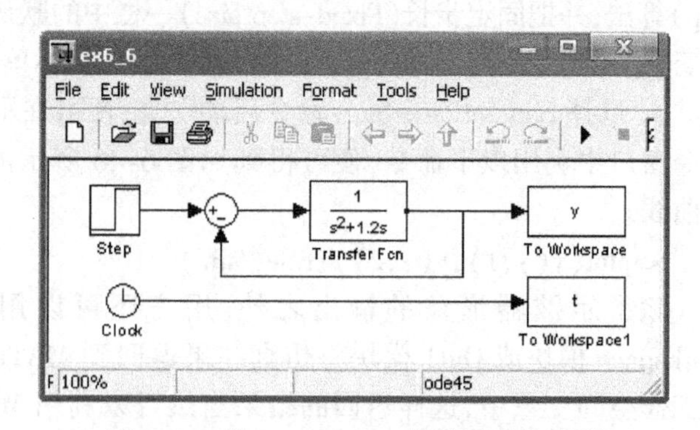

图 6-44 带 To workspace 模块的系统模型

解 ① 将阶跃信号模块的起始阶跃时间(Step time)改为 0,其余采用默认值。

② 将 To Workspace 和 To Workspacel 模块参数对话中的变量名(Variable name)一栏中的内容分别改为 y 和 t,并选择保存类型(Save format)一栏中的选项均为列矩阵的形式(Array)。

③ 选择 Simulation→Configuration Parameters 命令，打开如图 6-33 所示的求解器选项（Solver options）页面，把终止时间（Stop time）栏中的内容改为 20，其余参数均采用默认值；在图 6-34 所示的数据输入/输出（Data Import/Export）页面中，不选任何对话框。最后单击【OK】按钮返回。

④ 图 6-44 中的时钟模块（Clock）是必需的，它由信号源模块库（Sources）复制而得。因在变步长的仿真过程中，在把输出传送到 MATLAB 工作空间的同时，还应把时间信号 t 也传送过去，以便根据需要绘制输出时间曲线。当然在图 6-34 所示的数据输入/输出（Data Import/Export）页面中，如果选定时间变量（Time）对话框，且把对话框中的变量改为 t 时，图 6-44 中的 Clock 和 To Workspacel 模块可以省略。

⑤ 选择 Simulation→Start 命令开始仿真，等听到嘟的一声响后仿真结束，此时可返回 MATLAB 工作窗口，运行命令

```
>> plot(t,y)
```

便可同样得到如图 6-42 所示的图形。

【例 6-7】 利用 Simulink 对以下系统进行仿真。

$$y(t)=\begin{cases}2u(t) & t>30\\ 8u(t) & t\leqslant 30\end{cases}$$

其中，$u(t)$ 为系统输入，$y(t)$ 为系统输出。当输入为正弦信号时，观测输出信号的变化。

解 ① 根据上式建立如图 6-45 所示的仿真框图。

② 将图 6-45 中增益模块 Gain 和 Gain1 对话框中的增益值（Gain）分别改为 2 和 8。

③ 将图 6-45 中常量模块 Constant 对话框中的常数值（Constant Value）改为 30。

④ 将图 6-45 中关系运算模块 Relational Operator 对话框中的关系运算符（Relational Operator）选为“>”。

⑤ 将图 6-45 中开关模块 Switch 对话框中的阈值（Threshold）改为 0.5。其实阈值只要大于 0 小于 1 即可。因为 Switch 模块在输入端口 2 的输入大于或等于给定的阈值时，模块输出为第一端口的输入，否则为第三端口的输入，从而实现此系统的输出随仿真时间进行正确的切换。

⑥ 将仿真时间设为 100，打开示波器，启动仿真便可得到如图 6-46 所示的曲线。

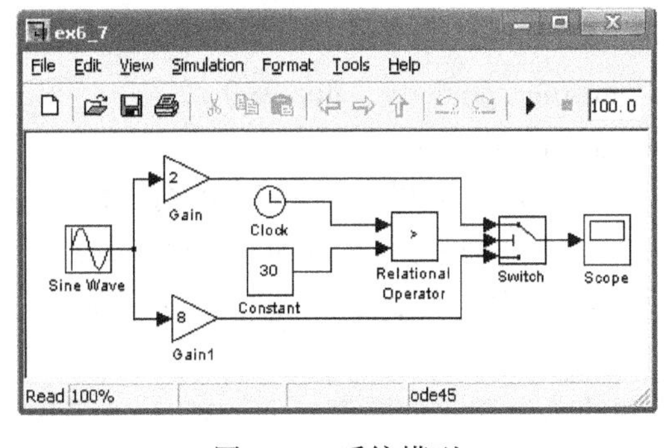

图 6-45 系统模型

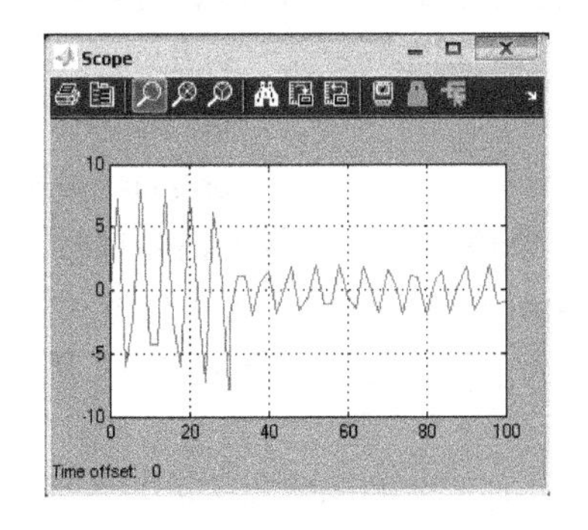

图 6-46 结果显示

6.3.2 利用 MATLAB 的指令操作方式进行仿真

除了利用 Simulink 菜单命令对系统进行仿真外，还可以在 MATLAB 工作窗口中，利用函数 sim( ) 或 ode45( ) 对系统进行仿真。MATLAB 的这种命令行方式对于处理成批的仿真比较有用。

1. 利用函数 sim( ) 进行仿真

当系统的数学模型用系统结构图描述时，在 MATLAB 的工作窗口中，通常利用函数sim( ) 对

系统进行仿真,函数 sim( )的调用格式为

[t,x,y] = sim('model',tspan,options,ut)

或　　[t,x,y1,y2,…,yn] = sim('model',tspan,options,ut)

说明:(1) 在这两种调用格式中,除第一个输入参数 model 外,其余输入参数均可默认。所有被指定为空矩阵([ ])的参数值都会采用 Simulation→Configuration Parameters 对话框设定的仿真参数,而命令中指定的可选参数重置了 Simulation→Configuration Parameters 对话框中设定的参数。

(2) 输入参数 model 是待仿真系统的模型文件名,它既可由 Simulink 的模型编辑窗口建成,也可直接由字处理器编写。

(3) 对于 M 文件和 MEX 文件形式的 S 函数,model 和 tspan 参数是必需的。

(4) 输入参数 tspan 为仿真时间区间,当其为标量 t_f 时,默认仿真时间区间为 $[0,t_f]$;当其为二元行向量 $[t_0,t_f]$ 时,仿真时间区间为 $[t_0,t_f]$。

(5) 输入参数 options 是结构图的可选仿真参数,它由 simset 命令指定。

(6) 输入参数 ut 为被仿真系统的外部输入函数,它可以是字符串或数值表,如字符串"one(2,1) * sin(3 * t)"表示二元输入列向量,输入数值表的格式是第一列为时间序列,其余每列代表在该时间序列上的各输入向量。

(7) 输出参数 t,x,y 的含义:t 为取积分值的时间点序列向量;x 为系统的状态序列矩阵;y 为系统输出序列矩阵,每列表示一个输出的时间序列。

(8) 输出参数 y1,…, yn 仅适用于模块图模型,n 是输出接口 Out1 模块的个数,每一模块的输出返回在相应的 yi 中。

当模型框图上有输出接口 Out1 模块时,才能得到输出参数 y 或 y1,…, yn。否则所得的输出 y 或 y1,…, yn 将是空"[ ]"。

函数 simset( )创建一个叫做 options 的结构,该结构中指定了有关的仿真参数和求解器属性的值。结构中没有指定的参数和属性值取它们的默认值。要唯一地识别某一参数和属性,只需输入最前面的足够多的字符就可以了,输入的字符不分大小写。它的调用格式为:

```
options = simset(property,value,…)
options = simset(old_opstruct,property,value,…)
options = simset(old_opstruct,new_opstruct)
```

其中,第一条命令用来设置被指名属性的值,并保存在 options 结构中;第二条命令修改已存在的结构 old_opstruct 中的被指名属性的值,并保存在 options 结构中;第三条命令将已存在的结构 old_opstruct 和 new_opstruct 合并成 options,任何 new_opstruct 中定义的属性将重写 old_opstruct 中定义的相同属性。

不带任何参数的函数 simset( )显示所有属性的名字和它们的值。

【例 6-8】 对例 6-5 中图 6-41 所示系统进行初始状态不同设置的仿真。

解 ① 对于图 6-41 所示的系统模型 ex6_5,在数据输入/输出(Data Import/Export)页面中,选定从工作空间输入参数功能栏(Load from workspace)中的初始状态选择框(Initial state),并输入初始状态向量[0.5,0],其余参数同例 6-5,在接收以上参数后,将其另存为模型文件 ex6_8。

② 在 MATLAB 指令窗口中,运行以下指令,可得到如图 6-47所示的相轨迹图。

```
>>[t,x1,y1] = sim('ex6_5',20);[t,x2,y2] = sim('ex6_8',20);
>>plot(x1(:,1), x1(:,2), 'r:', x2(:,1), x2(:,2),'b-');
```

>>legend('零初始状态','非零初始状态')

对于图6-44所示框图模型,采用以上命令将不可能获得输出响应,因为To Workspace模块不同于输出接口模块(out1),由这条指令运行所得的输出y将是空“[ ]”。

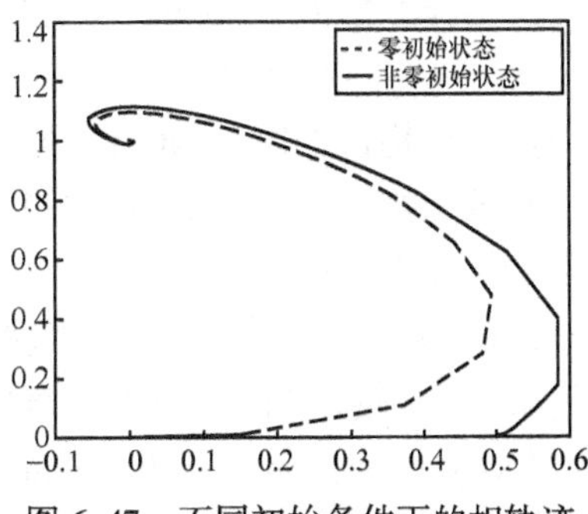

图6-47 不同初始条件下的相轨迹

2. 利用函数ode45( )进行仿真

当系统的数学模型以微分方程给出时,通常在MATLAB的工作窗口中,利用函数ode45( )对系统进行仿真求解运算,函数ode45( )的调用格式为

[t,x]=ode45(fun,tspan,x0,tol)

其中,fun为函数名,用来描述系统状态方程的M函数文件;tspan为仿真时间区间,当其为标量t_f时,默认仿真区间为$[0,t_f]$,当其为二元行向量$[t_0,t_f]$时,仿真区间为$[t_0,t_f]$;x0为状态方程的初始向量值;tol用来指定精度,其默认值为10^{-3};返回变量t为时间,x为状态方程的解向量。

另外,利用函数ode23( ), ode113( ), ode15s( ), ode23s( ), ode23t( )和ode23tb( )也可对系统进行同样的仿真,它们的调用格式与函数ode45( )完全相同。这些函数的使用范围与Simulink求解器选项(Solver options)中变步长仿真算法相对应。

【例6-9】 求以下微分方程

$$\begin{cases}\dot{x}_1=x_2\\ \dot{x}_2=(1-x_1^2)x_2-x_1\end{cases},\begin{cases}x_1(0)=1\\ x_2(0)=0\end{cases}$$

在其初始条件下的解。

解 首先根据以上微分方程编写一个函数ex6_9.m。

```
%ex6_9.m
function dx=ex6_9(t,x)
dx=[x(2);(1-x(1)^2)*x(2)-x(1)];
```

再利用以下MATLAB命令,即可求出微分方程在时间区间[0,30]上的解曲线(见图1-29)。

```
>>[t,x]=ode45('ex6_9',[0,30],[1;0]);
>>plot(t,x(:,1),t,x(:,2));xlabel('t');ylabel('x(t)')
```

6.3.3 模块参数的动态交换

1. 在MATLAB工作空间中定义变量

框图模块在仿真时所需的参数和初始变量取自模块对话框,而模块对话框中填写的MATLAB变量及表达式又来自MATLAB工作空间。不管仿真以何种方式进行,总可以在MATLAB工作空间中为Simulink模块预定义参数和初始变量,也可以在指令窗口或命令文件中交互地进行变量的数值传递。

【例6-10】 假设单输入双输出的状态空间表达式为

$$\begin{cases}\dot{\boldsymbol{x}}=\boldsymbol{A}\boldsymbol{x}+\boldsymbol{b}u\\ \boldsymbol{y}=\boldsymbol{C}\boldsymbol{x}+\boldsymbol{d}u\end{cases}$$

其中,矩阵$\boldsymbol{A}$,$\boldsymbol{b}$,$\boldsymbol{C}$,$\boldsymbol{d}$和初始条件向量$\boldsymbol{x}_0$分别为

$$A=\begin{bmatrix}-0.3 & 0 & 0\\ 2.9 & -0.62 & -2.3\\ 0 & 2.3 & 0\end{bmatrix},\quad b=\begin{bmatrix}1\\0\\0\end{bmatrix},\quad C=\begin{bmatrix}1 & 1 & 0\\ 1 & -3 & 1\end{bmatrix},\quad d=\begin{bmatrix}0\\1\end{bmatrix},\quad x_0=\begin{bmatrix}1\\1\\1\end{bmatrix}$$

解 ① 构造如图 6-48 所示的框图模型并将其保存为 ex6_10 模型文件。

② 输入接口(In1)和输出接口(Out1 和 Out2)分别用于接收外输入信号 u 和输出系统的两个输出变量 y1 和 y2。

③ Demux 模块(信号分离模块)将一个向量信号分解为若干个输出信号,输出信号的数目由 Demux 模块参数对话框中的输出数目(Number of outputs)栏中的内容确定,如本例设为 2。

④ 打开状态空间模块(State-Space)参数对话框,并将 A,b,C,d 分别填入参数对话框中的 A,B,C,D 四个矩阵参数输入栏中,而在初始条件(Initial Conditions)栏中直接填入初始向量参数[1;1;1],如图 6-49 所示。

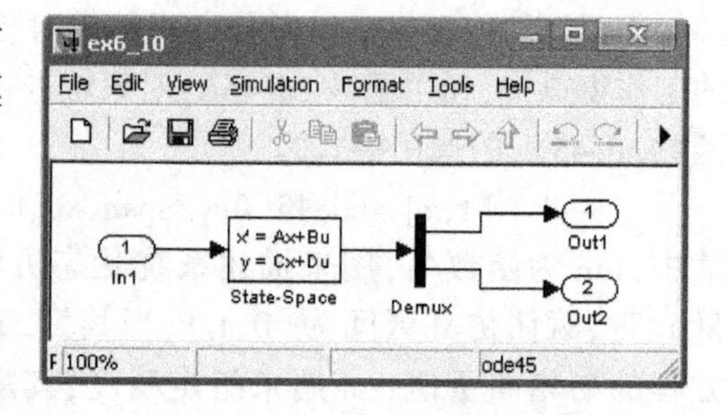

图 6-48 仿真系统的框图模型

⑤ 在 MATLAB 命令方式下,运行以下命令,可得如图 6-50 所示的输出曲线。

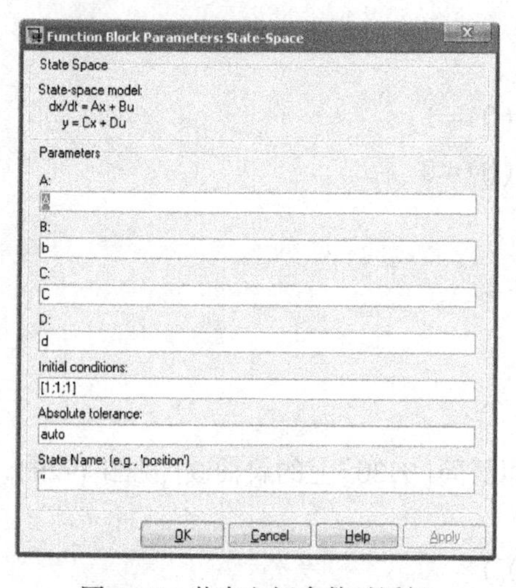

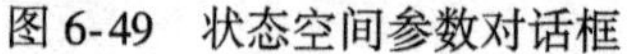

图 6-49 状态空间参数对话框

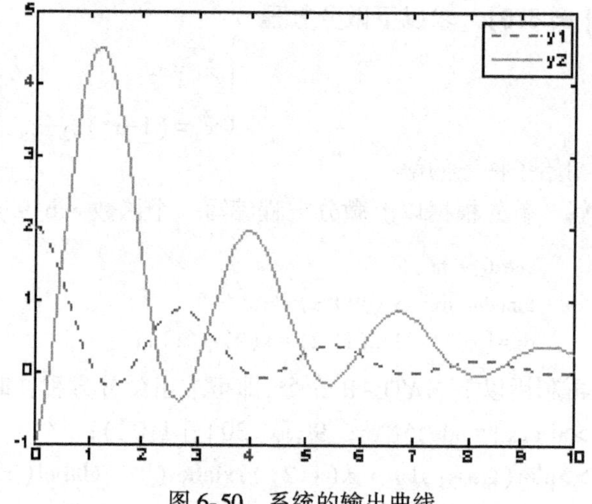

图 6-50 系统的输出曲线

```
>>A=[-0.3,0,0;2.9,-0.62,-2.3;0,2.3,0];b=[1;0;0];
>>C=[1,1,0;1,-3,1];d =[0;1];
>>[t,x,y]=sim('ex6_10',10);
>>plot(t,y(:,1),':b',t,y(:,2),'-r'); legend('y1','y2')
```

在本例中如把矩阵 A,b,C,d 的值直接填入状态空间参数对话框中相应的栏目中,则以上前两行的指令可省略。当然初始向量 x0 的值也可利用以下 MATLAB 命令给定,此时需在初始条件(Initial Conditions)栏中填写 x0。

```
>>x0=[1;1;1];
```

2. 使用全局变量实现数据交换

在参数优化、灵敏度等计算中,常需要实现几个文件之间的数据交换,那么采用前面所说的

预定义方式是不可行的。这时,可以采用全局变量来实现数据传递,定义全局变量的命令格式如下

global　a b c

在此,参数 a,b,c 被定义为全局变量。使用全局变量要注意,全局变量应在使用它们的所有命令文件、函数文件、工作内存中加以定义才能被共享。即当其中某一个文件使全局变量数值发生改变后,新值马上传送到其他文件,当然也包括参与运行的框图模型。

3. 使用 set_param( ) 指令传送数据

指令 set_param( ) 是专门设计的用来更改 Simulink 模块参数的。事实上,模块对话框中的参数设置都是靠这个指令来实现的,其调用格式为

set_param(Name, Parameter1, Value1, Parameter2, Value2, …)

其中,Name 是系统/模块名;Parameter 是待修改的参数名;Value 是新指定值。

【例 6-11】 对图 6-51 所示系统模型进行仿真。

解 ① 将图 6-51 所示的简单系统以文件名 ex6_11 保存,为了保证以下指令正常运行,系统模型 ex6_11 窗口不要关闭。

② 在 MATLAB 命令窗口中,运行以下命令,可得如图 6-52 所示的输出曲线。

```
>>set_param('ex6_11/Gain', 'Gain', '2');        %将 ex6_11 中 Gain 模块中的增益(Gain)设为 2
>>[t,x,y]=sim('ex6_11',10);
>>plot(t,y(:,1),':b',t, y(:,2),'-r');legend('y1','y2')
```

仿真所得系统输出 y 矩阵的第一列 y1 为输出接口 Out1 的输出信号,第二列 y2 为输出接口 Out2 的输出信号。

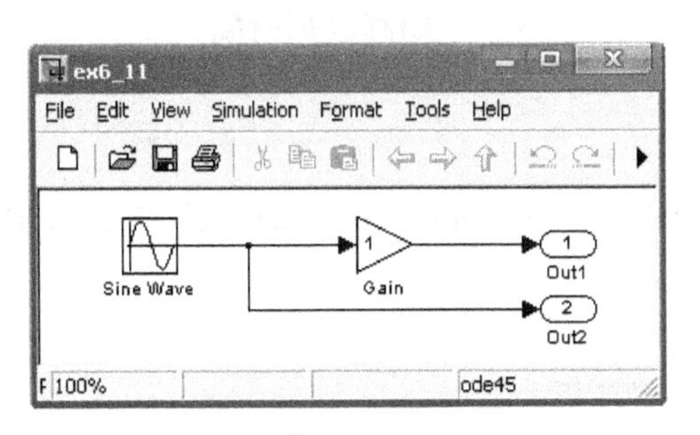

图 6-51　系统模型

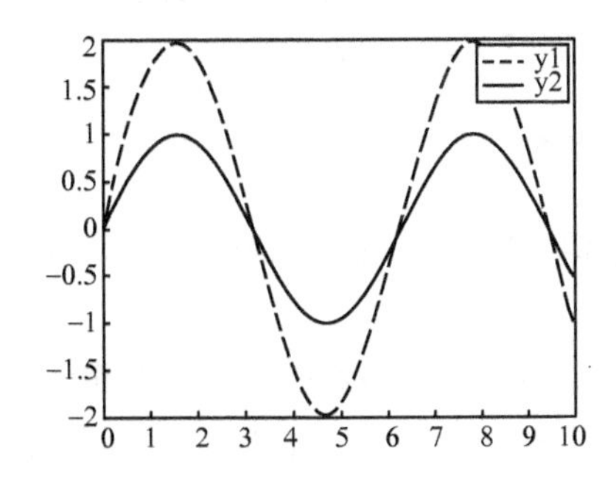

图 6-52　不同增益的信号输出

6.3.4　Simulink 调试器

由用户建立的系统模型,有时可能会出现这样或那样的问题,为了便于用户查找问题,Simulink 设置了动态仿真调试器(Simulink Debugger)。在利用 Simulink 调试器调试时,系统能实时地显示模型的状态和模块的数据传输。用户可以一步一步地进行仿真,以便发现系统模型问题所在。Simulink 调试器(Simulink Debugger)的启动,可采用以下两种方法:

(1) 在模型窗口的工具条中,单击 Simulink Debugger 的快捷启动按钮“✱”;

(2) 在模型窗口的功能菜单中,执行命令 Tools→Simulink Debugger。

启动 Simulink 调试器后,便可显示如图 6-53 所示的 Simulink Debugger 窗口。该窗口由快捷键、控制选项和结果输出三部分组成。

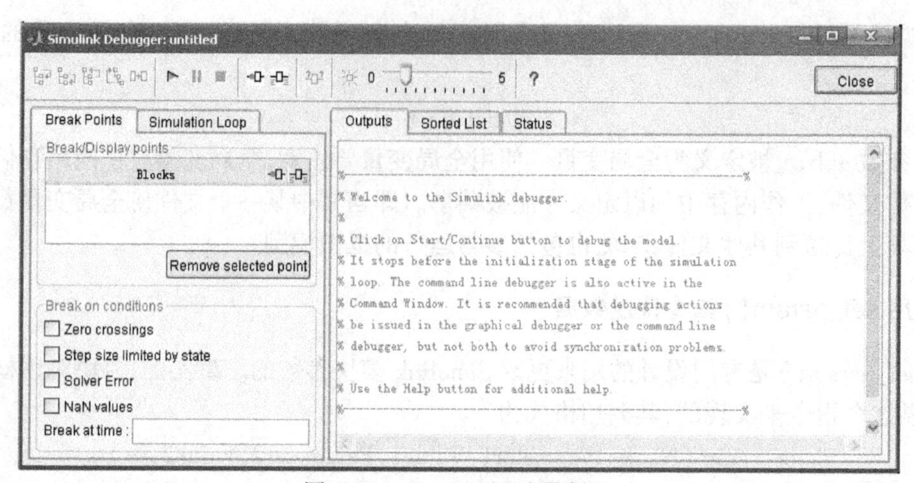

图 6-53 Simulink 调试器窗口

1. 快捷按钮

在 Simulink Debugger 窗口工具栏中设置了以下快捷按钮：

——进入当前方法；　——跨过当前方法；

——暂时离开当前方法；　——在下一个时间步返回第一个方法；

——运行到下一个模块；　——开始或者继续仿真；

——暂停仿真；　——终止调试过程；

——在被选择的模型前设置断点；　——在被选择的模型处设置显示点；

——显示被选择的模块当前时间步的输入输出；

——开启或关闭动画；　0 5——动画延迟时间。

2. 控制选项

在控制选项中，可以设置中断点(Break Points)及仿真路线(Simulation Loop)，其中设置中断点项包括以下选项：

Zero Crossing——过零点检测时产生断点；

Step size limited state——在状态受到条件约束时产生断点；

Solver Error——求解器页面错误时产生断点；

NaN values——遇到无限大时产生断点。

3. 结果输出

在结果输出项中，可以得到调试过程中输出和状态的有关信息。

6.4 离散系统的数字仿真

Simulink 具有仿真离散(采样数据)系统的能力。模型可以是多采样速率的，也就是说，它们可以包含有以不同速率采样的模块。模型还可以是既包含有连续模块，又包含有离散模块的混合模型。在离散模块中均包含一个采样时间(Sample time)参数设定栏。离散传递函数模块(Discrete Transfer Fcn)的参数设置对话框如图 6-54 所示。

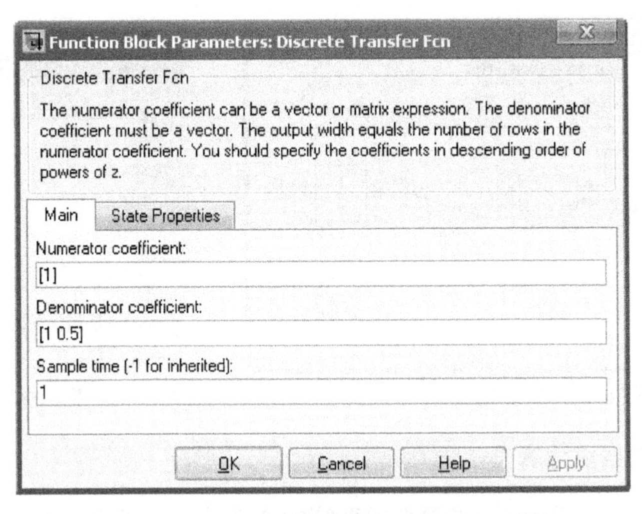

图 6-54　离散传递函数模块的参数设置对话框

离散模块中的采样时间参数用来设定离散模块状态改变的采样时间。通常,采样时间被设置成标量变量,然而,它也可以通过在该参数域中指定一个包含有两个元素的向量来指定一个时间偏移量。例如,若仅在采样时间(Sample time)参数设定栏填写一个标量参数,那么它就是采样时间。若在此栏中填写二元向量[$\mathrm{T_s}$,offset],那么该向量的第一个元素指定采样时间 $\mathrm{T_s}$,第二个元素设置偏移时间 offset,实际采样时间为 $t=n*T_s$+offset。在此,n 为整数,offset 是绝对值小于采样时间 T_s 的实数。若要求模型必须在某时刻更新,或要求一些离散模块必须比另外一些离散模块更新得早一些或晚一些时,就必须借助 offset 的设置来实现。

当仿真正在运行时,不能改变模块的采样时间。如果需要改变模块的采样时间,必须停止并重启动仿真以使改变生效。

1. 纯离散系统的仿真

纯离散系统可使用任何一种积分算法进行仿真,而不会影响输出结果。若只要采样瞬间的输出数据,那么应把最小步长设置得比最大的采样间隔大。

【例 6-12】 设人口变化的非线性离散系统的差分方程为

$$p(k)=rp(k-1)\left[1-\frac{p(k-1)}{N}\right]$$

其中,k 表示年份;$p(k)$ 为某一年的人口数目;$p(k-1)$ 为上一年的人口数目。

如果设人口初始值 $p(0)=200\,000$,人口繁殖速率 $r=1.05$,新增资源所能满足的个体数目 $N=1000000$,要求建立此人口动态变化系统的系统模型,并分析人口数目在 0 至 100 年之间的变化趋势。

解 ① 根据上式建立如图 6-55 所示仿真模型 ex6_12;

② 图中增益模块 Gain 表示人口繁殖速率,故将其增益改为 1.05;

③ 图中增益模块 Gain1 表示新增资源所能满足的个体数目的倒数 $1/N$,故将其增益改为 1/1 000 000;

④ 将图中单位延迟模块 Unit Delay 的初始条件设为 200 000,表示人口初始值;

⑤ 将图中求和模块关系符改为“-+”;

⑥ 将仿真时间设为 100,打开示波器,启动仿真便可得到如图 6-56 所示的仿真曲线。

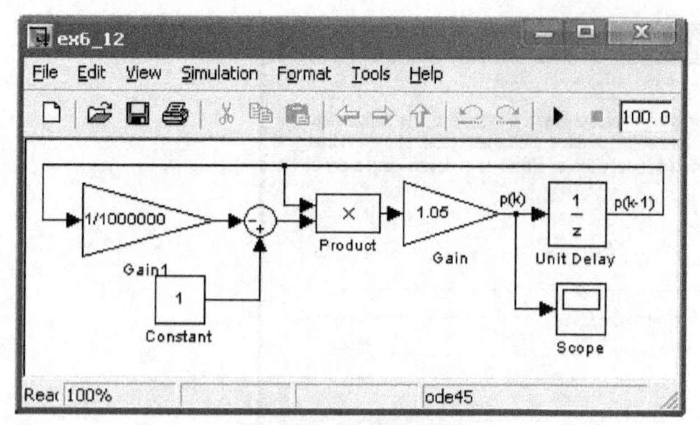

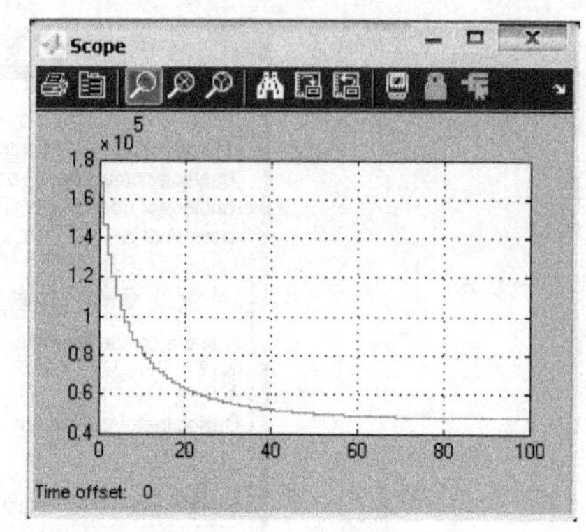

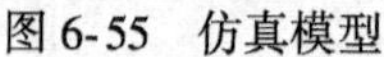
图 6-55　仿真模型

图 6-56　仿真曲线

2. 离散-连续混合系统仿真

在对混合系统进行仿真分析时,必须考虑系统中连续信号与离散信号采样时间之间的匹配问题。Simulink 中的变步长连续求解器充分考虑了这些问题。

由于 Simulink 的每个离散模块都有一个内置的输入采样器和输出零阶保持器,故连续模块和离散模块混用时,它们之间可直接连接。仿真时,离散模块的输入输出在每个采样周期更新一次,即在采样间隔内它的输入输出保持不变;而连续模块的输入输出在每个计算步长更新一次。仿真算法应该使用变步长连续求解器的任何一种。

3. 多频采样系统的仿真

多频采样系统包含有不同采样速率的离散模块。在 Simulink 中,多频采样系统和多频采样-连续混合系统的建模与仿真都可以进行。

【例 6-13】　对图 6-57 所示双速率采样系统进行仿真。

解　① 设两个离散传递函数模块的采样时间和偏离时间分别为[1,0.1]和[0.7,0],并把两个离散模块的标题分别改为“Tf=1,offset=0.1”和“Tf=0.7,offset=0”,如图 6-57 所示;

② 把阶跃信号模块(Step)的起始时间(Step time)设置为 0;

③ 利用 Format→Port/Signal Displays→Sample time color 命令,用颜色显示出两个模块采样时间的不同;

④ 在 MATLAB 命令窗口中,运行以下命令,可得如图 6-58 所示曲线。

```
>>[t,x,y]=sim('ex6_13',3);stairs(t,y); legend('y1','y2')
```

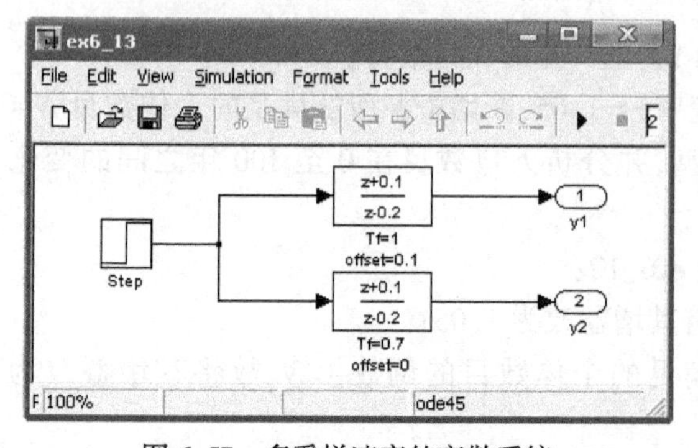

图 6-57　多采样速率的离散系统

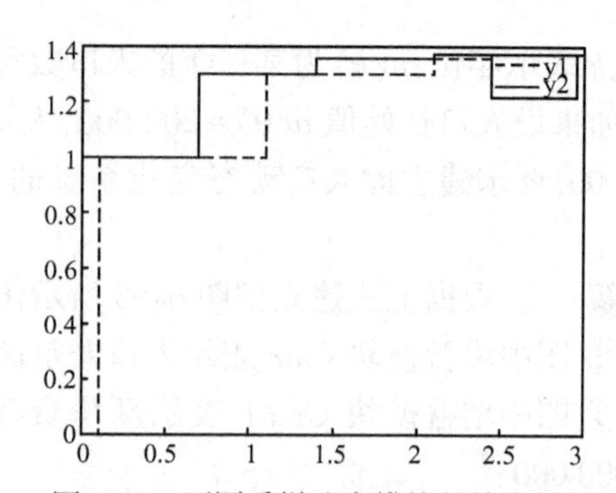

图 6-58　不同采样速率模块的输出结果

由仿真结果可见,人口在最初的 20 年内下降很快,在 20~40 年之间下降较慢,在 60~100 年之间人口基本趋于平稳。

6.5 仿真系统的线性化模型

在一般的非线性系统分析中,常需要在平衡点处求系统的线性化模型;同样利用 Simulink 提供的基本函数,也可对非线性系统进行线性化处理。

1. 平衡点的确定

利用 Simulink 提供的函数 trim( )可根据系统的模型文件来求出系统的平衡点。但在绘制 Simulink 模型时注意,首先应该将系统的输入和输出用输入/输出接口模块(In1/Out1)来表示。该函数的调用格式如下

[x,u,y,dx]=trim('model',x0,u0,y0,ix,iu,iy)

其中:① 输入参数 model 是模型文件名;

② 输入参数 x0,u0,y0 分别为系统的状态向量、输入向量和输出向量的初始值;

③ ix,iu,iy 都是整数向量,它们的元素指示初始向量 x0,u0,y0 的哪些分量将固定不变;

④ 输出参数 x,u,y,dx 分别为系统在平衡点处的状态向量、输入向量、输出向量和状态向量的变化率。

由于该函数是通过极小化的算法来求出系统的平衡点的,所以有时不能保证状态向量的变化率等于零。也即除非问题本身的最小值唯一,否则不能保证所求的平衡点是最佳的。因此,若想寻找全局最佳平衡点,必须多试几组初始值。

当系统有不连续状态时,函数 trim( )一般不适用,而 trim4( )函数也许能给出较好的结果。

对于函数 trim( )的调用,也可写成如下的格式

[x,u,y,dx]=trim('model')

这时可在默认的输入与输出下求出系统的平衡点,这样的方法尤其对线性系统是有效的。

2. 连续系统的线性化模型

利用 Simulink 提供的函数 linmod( )和 linmod2( ) 可以根据模型文件(系统的输入和输出必须由 Connections 库中的 In1 和 Out1 模块来定义)得到线性化模型的状态参数 A,B,C 和 D,它们的调用格式为

[A,B,C,D]=linmod('model',x,u,pert,xpert,upert,p1,…,p10)

[A,B,C,D]=linmod2('model',x,u,pert,apert,bpert,cpert,dpert,p1,…,p10)

其中:① model 为待线性化的模型文件名。

② x 和 u 分别为平衡点处的状态向量和输入向量,默认值为 0。

③ pert 是全局扰动因子,它仅在紧跟其后的分类扰动因子默认时产生作用。在 linmod( )中,pert 的默认值为 1×10^{-5},在 linmod2( )中为 1×10^{-8}。

④ 在 linmod( ) 中的 xport 和 uport 分别是状态扰动因子和输入扰动因子,在 linmod2( ) 中的 aport,bport,cport,dport 分别是状态方程四元矩阵组的扰动因子。

⑤ p1,…,p10 是向模型文件 model 系统传送参数用的。

由 linmod2( )所得线性模型比 linmod( )准确,当然所需的运行时间也更多,linmod2( )会在圆整误差和截断误差之间取得最好的折中。

对于线性系统上面的调用格式可简写为

[A,B,C,D]=linmod('model')　和　[A,B,C,D]=linmod2('model')

3. 离散系统的线性化模型

Simulink 提供的函数 dlinmod( ) 能够从非线性离散系统中提取一个在任何给定的采样周期 T 下的近似线性模型。当 T 取零时，就可得到近似的连续线性模型，否则，得到离散线性模型。该指令的一般调用格式为

[A,B,C,D]=dlinmod('model',T,x,u, pert,xpert,upert,p1,…,p10)

其中，T 为指定的采样周期，其他参数同连续系统。

在原系统稳定的前提下，若 T 是原系统所有采样周期的整数倍，则由 dlinmod( ) 函数所得线性模型在 T 采样点上与原系统有相同的频率响应和时间响应。即便在上述条件不满足的情况下，该指令仍可能给出有效的线性化模型。

当 $T=0$ 时，若 A 的所有特征根在 s 左半平面，则系统稳定；当 $T>0$ 时，A 的特征根在[z]平面的单位圆内，则系统稳定。如果原系统不稳定或 T 不是原系统采样周期的整数倍，所得A，B 有可能是复数。即便如此，A 的特征根仍可能为原系统的稳定性提供相应的信息。

利用函数 dlinmod( )可以把系统从一种采样周期模型变换到另一种采样周期下的模型，可以把离散模型变成连续模型，也可以把连续模型变成离散模型。

【例 6-14】 求图 6-59 所示非线性系统的平衡工作点，以及在平衡工作点附近的线性模型。

解 ① 在 Simulink 中建立如图 6-59 所示的模型并保存为 ex6_ 14 文件，其中饱和非线性模块（Saturation）输出的上下限幅大小，通过修改参数对话框中输出下限（Lower limit）和输出上限（Upper limit）两个编辑框中的内容即可，此例采用默认设置±0.5，如图 6-60 所示。

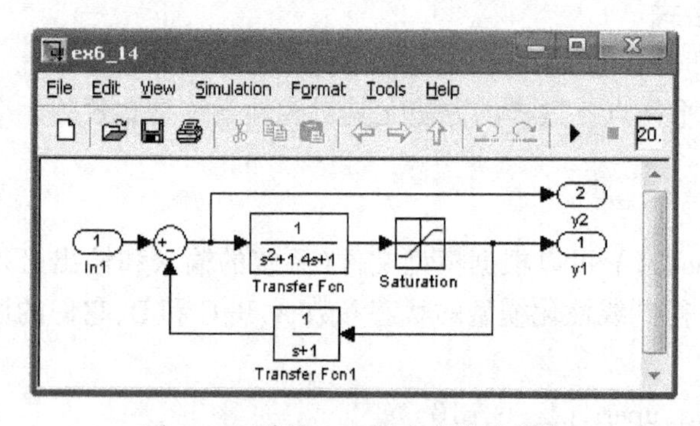

图 6-59 单输入双输出非线性系统

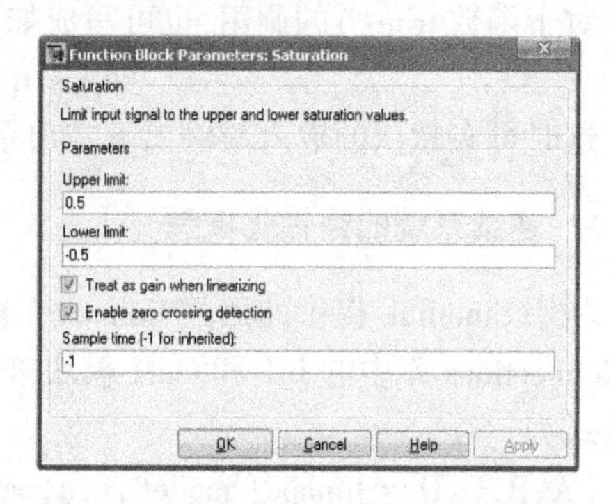

图 6-60 饱和非线性模块参数对话框

② 在 MATLAB 命令窗口中，运行以下命令可求出平衡点。

```
>>x0=[ ];ix=[ ]              %不固定任何状态
>>u0=[ ];iu=[ ]              %不固定输入
>>y0=[1;1];iy=[1;2]          %固定输出 y(1)和 y(2)均为 1
>>[x,u,y,dx]=trim('ex6_14', x0,u0,y0,ix,iu,iy);x
```

结果显示：

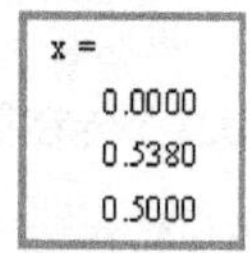

```
x =
    0.0000
    0.5380
    0.5000
```

③ 在 MATLAB 命令窗口中运行以下命令可得到系统在平衡工作点附近的线性模型。

```
>>[A,B,C,D]=linmod('ex6_14');[num,den]=ss2tf(A,B,C,D);printsys(num,den,'s')
```

结果显示：

num(1)/den=	num(2)/den=
-8.8818e-016 s^2 + 1 s + 1 ------------------------------ s^3 + 2.4 s^2 + 2.4 s + 2	s^3 + 2.4 s^2 + 2.4 s + 1 ---------------------------- s^3 + 2.4 s^2 + 2.4 s + 2

【例 6-15】 在滑艇的运行过程中，滑艇主要受到如下作用力的控制：滑艇自身的牵引力 F，滑艇受到的水的阻力 f。其中水的阻力 $f=v^2-v$，v 为滑艇的运动速度。由运动学的相关定理可知，整个滑艇系统的动力学方程为

$$\dot{v}=\frac{1}{m}[F-(v^2-v)]$$

式中，m 为滑艇的质量。由滑艇系统的动力学方程可知，此系统为一非线性系统。假设滑艇的质量 $m=1000$ kg，滑艇牵引力 $F=1000$，试建立此系统的 Simulink 模型并进行线性分析。

解 (1) 滑艇速度控制系统的模型建立与仿真。

① 根据上式建立如图 6-61 所示仿真模型 ex6_15。

② 图中的 Step 模块，用来产生滑艇的牵引力。将其终值(Final Value)设置为 1000，起始时间(Step Time)设置为 0，其余参数默认。

③ 增益模块 Gain 表示滑艇质量的倒数 $1/m$，故将其增益 Gain 设为 1/1000($m=1000$ kg)。

④ 函数 Fcn 模块用于求取水的阻力，将它的 Expression 设置为 u^2-u(这里用 u 表示滑艇的速度 v，因为函数 Fcn 模块的输入总是用 u 表示的)。

⑤ Scope 模块用于显示滑艇的速度 v。

⑥ 将仿真时间设为 100，打开示波器，启动仿真便可得到如图 6-62 所示的仿真曲线。

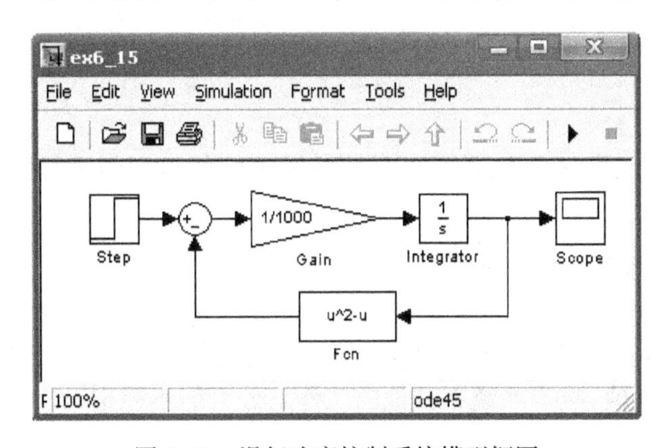

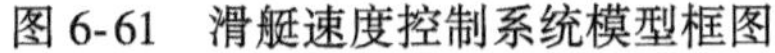

图 6-61　滑艇速度控制系统模型框图

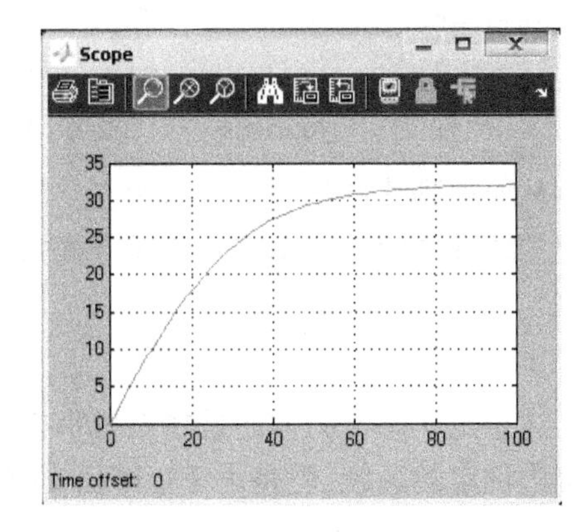

图 6-62　滑艇系统仿真结果

由仿真曲线可知，滑艇在牵引力 F(值为 1000)的作用下，在经过 80 s 左右的时间后，速度由 0 上升并稳定在 33 km/h。

(2) 滑艇速度控制器系统的线性化。

对于滑艇速度控制器系统而言，如果要在比赛中获得胜利，则滑艇必须在尽可能短的时间内达到最大速度。设此速度控制器所能达到的最大速度将为 100 km/h。而在前面所提供的滑艇牵引力为 1000 时，能达到的最大速度仅为 33 km/h。故需要重新设置合适的牵引力对滑艇速度控制器进行操纵。为使滑艇速度控制系统的实现变得比较容易，需要设计相应的线性控制器，对滑艇的速度进行控制，使其在某个工作点附近与原来滑艇速度控制器的作用基本一致。

既然要求滑艇速度最大值要求为 100 km/h，因此对滑艇速度控制系统进行线性化时，希望此

系统能够使滑艇的速度基本稳定在最大速度处。换句话说,系统的工作点应该选择为使速度达到 100 km/h 时的系统输入与系统状态。由于对非线性系统进行线性化表示需要给出系统所在的操作点(即平衡点),因此在对滑艇速度控制系统进行线性化之前,需要获得滑艇速度稳定在 100 km/h 处的系统平衡点。按照如下步骤可以获得滑艇速度控制系统的平衡点:

① 修改系统模型 ex6_15,并另存为 ex6_15_1,如图 6-63 所示。其中 In1、Out1 分别表示系统的输入与输出。

② 求取滑艇速度控制系统在此工作点处的平衡点。

在 MATLAB 命令窗口中,利用以下命令获得系统在输出为 100 km/h 时的平衡状态:

```
>>[x,u,y,dx]=trim('ex6_15_1',[ ],[ ],100,[ ],[ ],1)    %固定输出 y(1)为 100
```

结果显示:

x=	u=	y=	dx=
100	9900	100	0

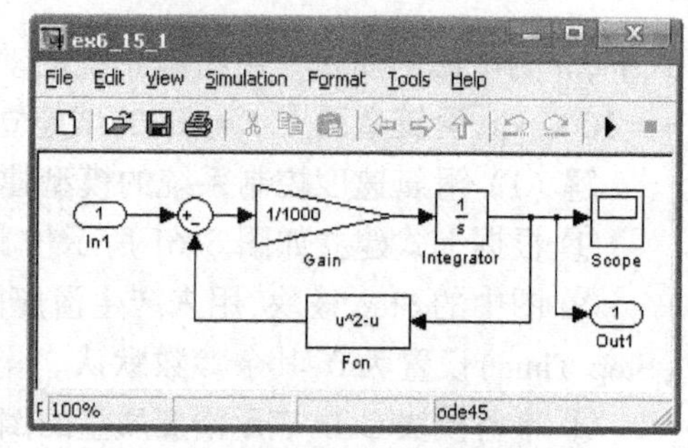

图 6-63　修改后的系统模型框图

函数 trim()用来求取滑艇速度控制系统在速度稳定为 100 km/h 时的平衡点。x=100 表示滑艇控制系统中的状态变量,即滑艇速度 $v=100$;u=9900 表示滑艇在平衡点处的系统输入值,即滑艇牵引力 $F=9900$;y=100 表示滑艇在平衡点处的系统输出,即滑艇速度 $v=100$。

③ 求取滑艇速度控制系统的线性系统描述。

在获得使滑艇速度稳定在 100 km/h 处时系统的平衡点 x、u 与 y 之后,在 MATLAB 命令窗口中使用 linmod 命令便可以获得相应的线性系统描述,如下所示:

```
>>[A,b,C,d]=linmod('ex6_15_1',x,u)
```

结果显示:

A=	b=	C=	d=
-0.1990	1.0000e-003	1.0000	0

从而得到线性化后系统的状态空间描述。其中 A,b,C 与 d 是线性系统的状态空间矩阵。故相应的线性系统的状态空间描述方程为

$$\begin{cases} \dot{x}=-0.199x+0.001u \\ y=x \end{cases}$$

注意此状态空间描述是在系统平衡点 $x=100,u=9900$,以及 $y=100$ 处附近的近似表示。此时系统为稳定的系统,但是由于矩阵 A 的值为负值,故当系统在其他的工作点处可能不稳定。

6.6　创建子系统

随着动态模型中模块数量和复杂性的增加,可以将模型编辑窗口中所包含的模块及其模块间的关系按功能分成不同的组,组成若干个子系统(Subsystem),子系统的建立有利于管理大型系统,它可以减少模型编辑窗口中的模块数量,可以将功能上有关联的模块放在一起,以及可以建立一个具有层次结构的模块图。

子系统的建立一般有两种方法:菜单法和模块法。

1. 通过菜单法建立子系统

如果模型编辑窗口中,已经包含了组成子系统的模块,则可利用菜单法建立子系统。其方法非

常简单,首先用鼠标选定待构成子系统的各个模块(包括它们间的连线在内),然后选择 Edit→Create subsystem 菜单命令(MATLAB 6. x/7. x),或利用鼠标右键弹出的子菜单命令 Create Subsystem(MATLAB 6. x/7. x)/Create Subsystem from Selection(MATLAB 8. x /9. x),则会自动将选定范围内的模块及连线用子系统(Subsystem)模块代替。如有必要可以把子系统的标题 Subsystem 改变为合适的标题。如想改变子系统中的具体内容,则需用鼠标左键双击该子系统的图标,这时就会自动弹出一个子系统模型窗口,将该子系统的具体内容显示出来。用户可以在这一窗口内修改任何内容,修改完后关闭此窗口即可。

【例 6-16】 将图 6-64(a)中给出的 PID 控制器模块组表示成子系统形式,并把图标下的标题改成"PID Controller"。

解 ① 按图 6-64(a)建立系统模型,并将比例模块 Gain、Gain1 和 Gain2 的比例系数(Gain)一栏中的内容分别改为 Kp,Ki,Kd 后,将其以 ex6_16 模型文件名进行保存;

② 用鼠标选定图 6-64(a)虚框中的全部内容后,执行 Eidt→Create Subsystem 菜单命令(或利用鼠标右键弹出的子菜单命令 Create Sybsystem/Create Subsystem from Selection),则图 6-64(a)就自动变成了图 6-64(b)所示的子系统模块的形式;

③ 用鼠标右键单击子系统模块的标题"Subsystem",待反向显示后,输入字符"PID Controller",图 6-64(b)将变为图 6-64(c)的形式;

④ 如想改变"PID Controller"中的内容,则用鼠标左键双击该子系统的图标,这时就会自动弹出一个子系统模型窗口,如图 6-64(d)所示。

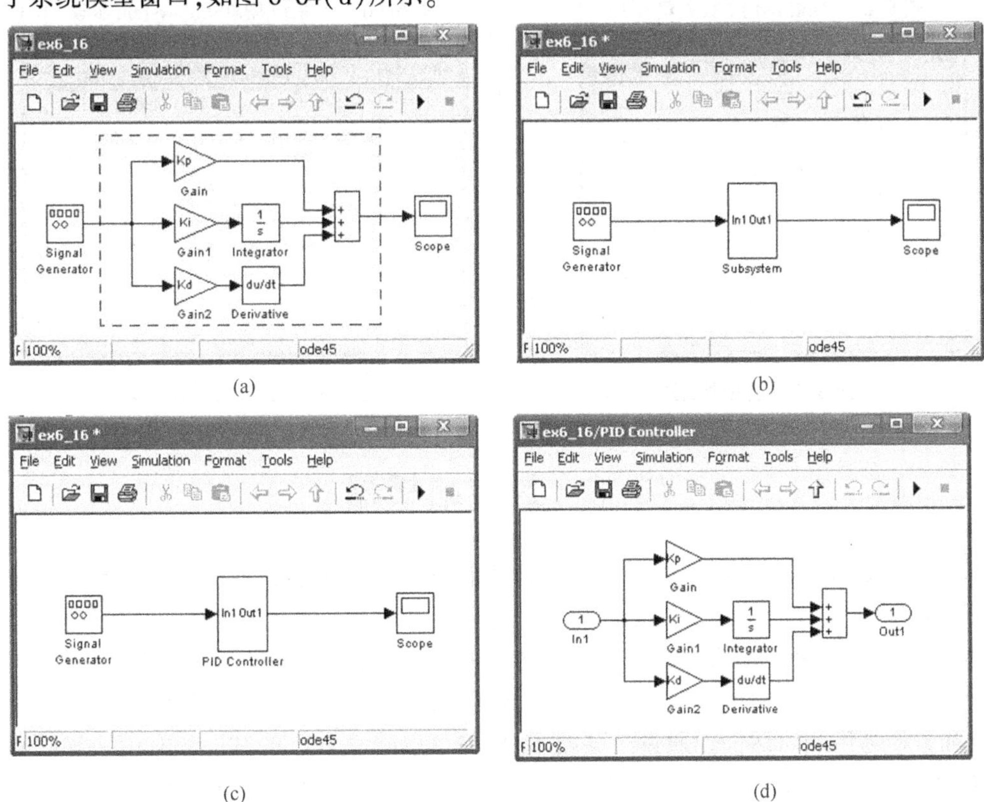

图 6-64　PID Controller 子系统

2. 通过模块法建立子系统

通过模块法建立子系统的步骤如下。

（1）首先打开一个空白模型编辑窗口，并从子系统模块库（Ports & Subsystems）中复制一个子系统模块 Subsystem，如图 6-65 所示。

（2）用鼠标双击该子系统模块 Subsystem 的图标，打开一个如图 6-66 所示子系统模块 Subsystem 的编辑窗口。

（3）在子系统模块 Subsystem 的编辑窗口中加入子系统所包含的所有模块及其连接关系，并用窗口中的 File→Save 命令将其按用户指定的子系统名进行保存，或用 File→Save as 命令将其更名。在创建子系统的过程中要保证使用输入模块（In1）代表该子系统从外部的输入，使用输出模块（Out1）代表该子系统的输出。例如，在图 6-66 子系统模块 Subsystem 的编辑窗口中加入 PID 控制器模块组，如图 6-67 所示，并将其以 pid 名进行保存；关闭图 6-67 所示窗口后，便可得到如图 6-68 所示的 PID 子系统模块。

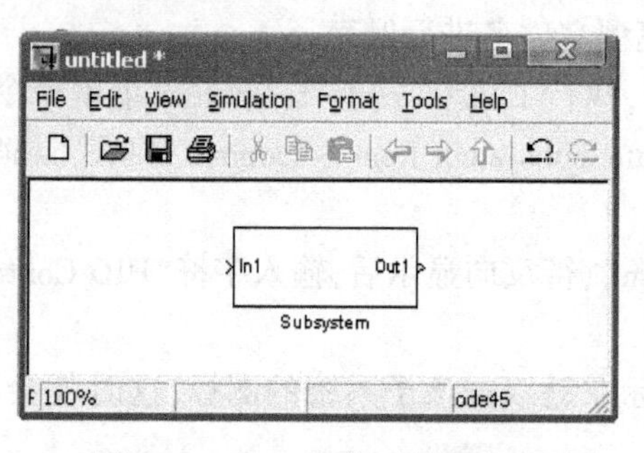

图 6-65　Untitled 模型编辑窗口

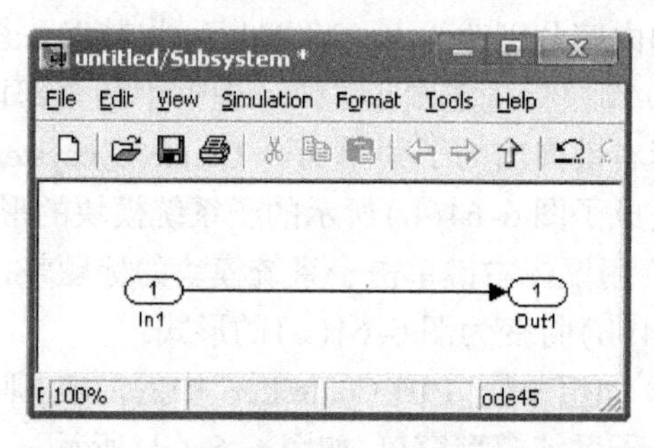

图 6-66　子系统模块 Subsystem 编辑窗口

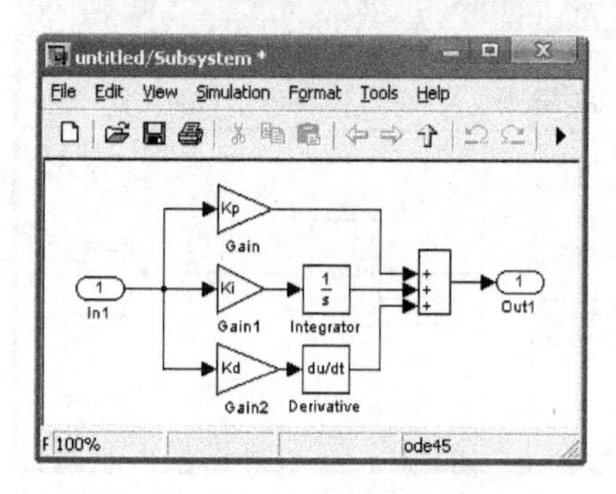

图 6-67　PID 子系统模块编辑窗口

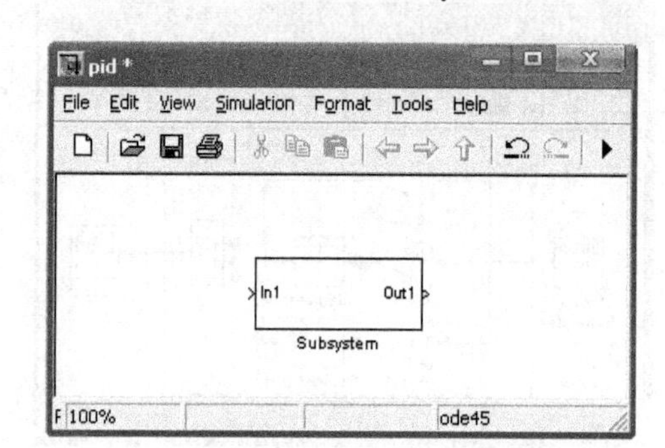

图 6-68　PID 子系统模块

6.7　封装编辑器

利用 Simulink 的封装功能，可以为一个子系统创建新的对话框和图标。对于具有一个模块以上的子系统来说，封装的重要目的是帮助用户创建一个新的对话框来统一接收子系统所含模块的所有参数，这样就无须分别多次打开子系统中各个模块的对话框来逐个输入参数，而是把封装后的子系统当做一个 Simulink 的标准模块来处理。像其他标准模块一样，这个封装后的子系统具有独特的图标和方便易用的对话框。通过封装技术，用户可以建立自己的 Simulink 模块和模块库。子系统封装时，首先选定对象，在执行封装子系统命令 Edit→Mask Subsystem（或利用鼠标右键弹出的子菜单命令 Mask Subsystem/Mask→Create Mask）后，将给出一个如图 6-69 所示的封装子系统编辑器对话框，用户通过在该对话框定义新模块的标题、参数域、初始化命令、图标和帮助文本来创建一个封装后新模块的对话框和图标。如果需要更改封装后子系统的属性或内容，在选定该封装子系统后，可使用 Edit→Edit mask 命令或利用鼠标右键弹出的子菜单命令 Mask→Edit

Mask 来进行修改。

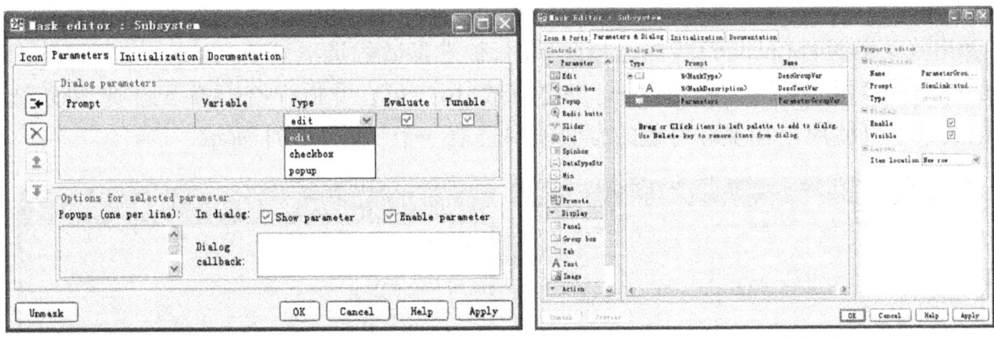

(a) MATLAB 6.x/7.x　　(b) MATLAB 8.x/9.x

图 6-69　封装子系统编辑器对话框

封装子系统编辑器由四个页面和五个功能按钮组成。

6.7.1　参数(Parameters)页面

该页面用来定义封装子系统对话框的提示信息及用来接收对话框中用户输入参数值的变量名。该页面包括以下几个对话框和功能按钮,如图 6-69 所示。

1. 参数对话框(Dialog parameters)

在参数(Parameters)页面的参数对话框(Dialog parameters)中,可以设置以下信息。

(1) 提示信息(Prompt)

该项用来定义一个参数的提示信息,MATLAB 7.5 版仅限英文提示信息,MATLAB 6.5 版和某些汉化的 MATLAB 版本允许使用中文提示信息。

(2) 变量名(Variable)

该项用来指定一个变量以保存参数值,它与参数的提示信息相对应。

(3) 控件类型(Type)

该选择项用来选择参数值的输入方法,提供了以下三种类型的控件:

① 编辑控件(edit)。当选择此项时,用户可在封装模块的对话框中输入参数值。

② 检查控件(checkbox)。当选择此项时,用户可以在选与不选该检查框两者之间选择其一,如图 6-70 所示。

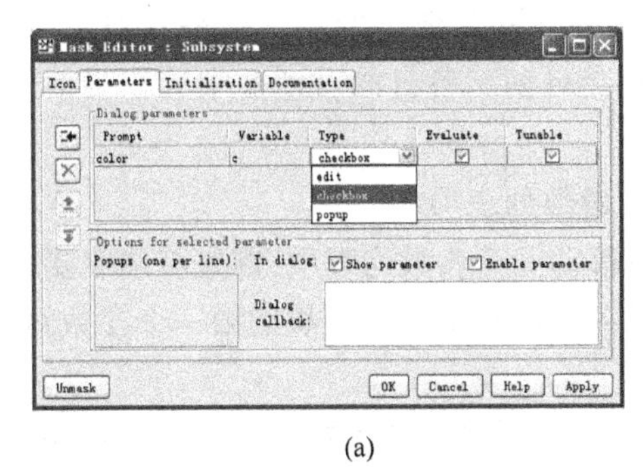

(a)

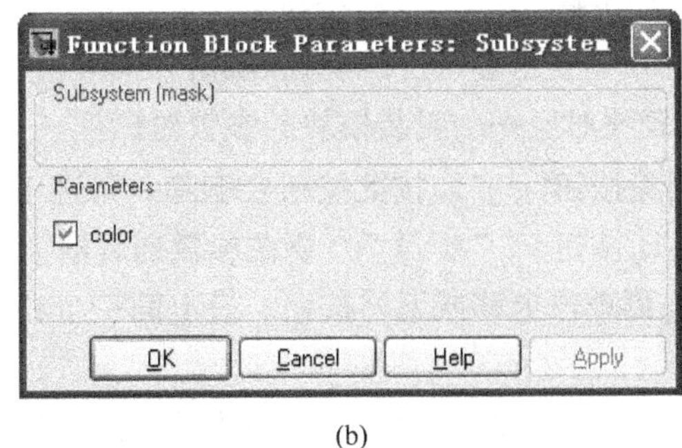

(b)

图 6-70　检查控件

图 6-70 中与参数 color 相关的变量 c 的值,取决于检查框是否被选中,以及 Evaluate 的选定与

否。当 Evaluate 选定时，选与不选 color 检查框，变量 c 的值等于 1 或 0；否则，变量 c 的值分别为“on”和“off”。

③ 弹出式菜单控件(popup)。当选择此项时，被选参数的选项菜单(Options for selected parameter)中的弹出式菜单选项对话框(Popup)随之有效，用户可在此框中给出多条选项，每条选项占一行。弹出式菜单可使用户在多种可能的参数值中选取一个，如图 6-71 所示。

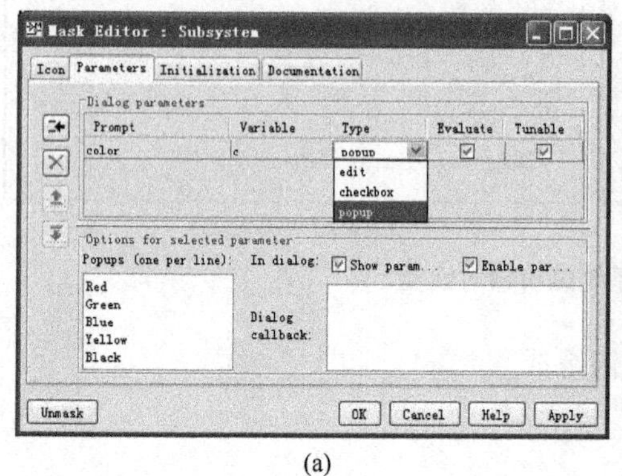

(a)

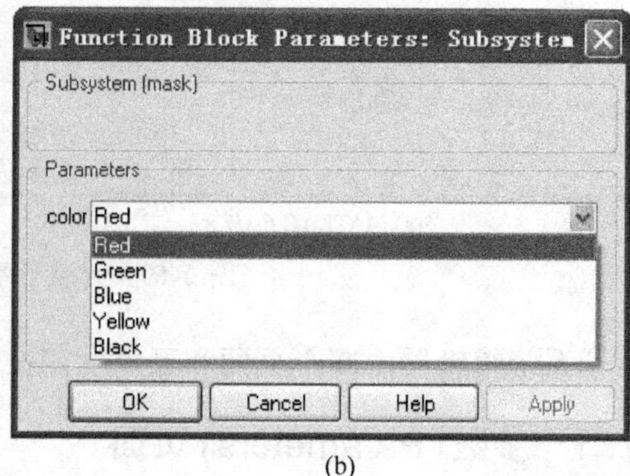

(b)

图 6-71　弹出式菜单控件

图 6-71 中与参数 color 相关的变量 c 的值，取决于从弹出式菜单中选择了哪一项，以及 Evaluate 的选定与否。如果 Evaluate 选定时，则从弹出式菜单的选择列中选择那一项的索引，第一项的索引为 1，若选择了第三项，则 c 的值为 3；否则，c 的值为被选择的字符串，若选择了第三项，则 c 的值为“Blue”。

(4) 赋值方式(Evaluate)

该选项用来定义参数值如何保存于变量名中。当选 Evaluate 项时，用户在封装模块对话框中输入的参数值在赋给变量之前先由 MATLAB 计算出来；否则，用户在封装模块对话框中输入的参数值不会先被计算，而是作为一个字符串赋给变量。

如果既需要字符串，又需要求它的值，应不选 Evaluate 项，然后在初始化命令框中使用 MATLAB 的 eval()命令。

2. 参数设置按钮

(1) 在 MATLAB 6. x/7. x 参数(Parameters)页面的左边设置了以下四个按钮。

① 增加按钮“ ”。按此按钮会在此按钮右边的参数列表框中增加一条参数列表项，其内容包括参数提示、变量名、控件类型和赋值方式等，它们会自动从各自的对话框中选取当前值。每一个参数列表项对应一个封装模块的参数对话框。

② 删除按钮“ ”。按此按钮会删除一条选中的参数列表项。

③ 移动按钮“ ”&“ ”。要在参数列表框上下移动一个参数列表项，首先需选取要移动的参数列表项，再单击上移或下移按钮。最上面一个参数列表项对应封装模块的第一个参数对话框，依此类推。

(2) 在 MATLAB 8. x/9. x 中，参数设置按钮与对话框，是利用其参数对话框(Parameters & Dialog)页面的左边 Controls 栏 Parameters 区域中的快捷图标实现的，点击或拖拉它们会在中间的 Dialog box 栏中增加一条相应的参数列表项，用户在此可以输入变量的提示信息(Prompt)和变量名(Name)，同时将该行的参数属性、控件类型及赋值方式等显示在右边的 Property editor 栏中，如它们需要改变,则可在此栏中直接修改。利用鼠标右键弹出或键盘的 Delete 键可删除已选定的一条参数列表项。

6.7.2 图标(Icon)页面

在 Icon 页面中可以定义封装子系统的图标及其属性。

1. 绘图命令对话框(Drawing commands)的定义

通过在 Drawing commands 域中设定绘图命令,可以在封装后模块的图标中显示描述文本、状态方程、图形和图像。如果输入了多条命令,结果是按命令的先后次序依次出现在图标中的。绘图命令可以访问 MATLAB 工作空间和初始化命令中的所有变量。

(1) 在模块图标中显示文本

若想在模块的图标中显示文本,则可利用以下几条命令。

```
disp('text')              %在图标的中央显示文本 text;
disp(variablename)        %在图标的中央显示变量 variablename 的值;
text(x,y, 'text')         %在图标的指定位置(x,y)显示文本 text;
text(x,y, string)         %在图标的指定位置(x,y)显示字符串 string 的内容;
fprintf('text')           %在图标的中央显示文本 text。
```

以上命令中的变量 variablename 的值和字符串 string 的内容要在 MATLAB 工作空间中定义。要显示多行文本,可用"\n"表示换行。

(2) 在模块图标中显示图形

若想在模块的图标中显示图形,则可利用绘图命令:plot(x)和 plot(x1,y1,x2,y2,…)。

如果 x 是一个向量,plot(x)按顺序绘制 x 中的每一个元素;如果 x 是一个矩阵,plot(x)将矩阵中的每一列作为一个向量来分别绘制图形。plot(x1,y1,x2,y2,…)命令以向量 y1 对 x1,y2 对 x2,…分别绘制图形。向量对的长度必须相等,向量的个数必须为偶数。

(3) 在模块图标中显示图像

使用 image()和 patch()命令,可以在封装模块图标中显示图像。

```
image(I)                      %在图标中显示图像 I(I 是 M*N*3 的 RGB 值的数组);
image(I,[x,y,w,h])            %在图标的指定位置产生图像;
image(I,[x,y,w,h],rotation)   %在图标的指定位置产生一个旋转的图像;
patch(x,y)                    %产生由坐标向量(x,y)指定形状的实体块;
patch(x,y,[r g b])            %产生由坐标向量(x,y)指定形状的实体块;颜色向量[r g b]中的
                                r 为红色成分,g 为绿色成分,b 为蓝色成分,如 patch([0 0.5 1],
                                [0 1 0],[1 0 0])在图标中画一个红色三角形。
```

(4) 在模块图标中显示传递函数

要在被封装模块的图标中显示传递函数,可利用以下命令:

```
dpoly(mun,den)           %显示一个以 s 的降幂表示的连续传递函数;
dpoly(mun,den, 'z')      %显示一个以 z 的降幂表示的离散传递函数;
dpoly(mun,den, 'z-')     %显示一个以 1/z 的升幂表示的离散传递函数;
dpoly(z,p,k)             %显示一个零极点增益传递函数。
```

其中,mun 和 den 是表示系统的传递函数分子和分母系数的向量;z,p 和 k 分别表示系统传递函数零点、极点和增益向量,它们均应在 MATLAB 工作空间中进行定义。

如果遇到以下情况,封装模块的图标中会出现三个问号(???),并显示警告信息。

① 当以上命令中使用的参数值还没有定义时;

② 当封装模块所包含模块的参数或绘图命令输入不正确时。

2. 控制图标的属性

在 Icon 页面的图标选项(Icon options)中,还可通过某些选项来控制封装模块的图标属性,如图标的边框、透明性、旋转和坐标。

(1) 边框(Frame)

图标的边框是包围模块的矩形框。它可以通过设定 Icon frame 的内容来显示或隐藏图标边框。其中 Visible 表示显示图标边框,Invisible 表示不显示图标边框。

(2) 透明性(Transparency)

通过设定 Icon transparency 的内容 Opaque (不透明)和 Transparent (透明),可将图标设置成透明的或不透明的,以显示或隐藏图标后面的区域。

(3) 旋转(Rotation)

当模块被旋转或翻转时,通过设定 Icon rotation 的内容 Fixed (不旋转)和 Rotates(旋转),来选择是否旋转或翻转它的图标。

(4) 坐标(Units)

在利用 plot 和 text 命令绘制封装模块的图标时,可通过设定 Drawing coordinates 的内容来控制坐标系。

① 自动缩放坐标系(Autoscale)。在模块边框内自动缩放图标,当改变模块边框的大小时,图标的大小也跟着改变。

② 像素坐标系(Pixel)。用以像素为单位 x 和 y 的值绘制图标,当改变模块边框的大小时,图标的大小并不自动地跟着改变。

③ 归一化坐标系(Normalized)。模块边框的左下角为(0,0),右上角为(1,1),plot 和 text 命令中的 x 和 y 的值必须在 0 到 1 之间,当改变模块边框的大小时,图标的大小也跟着改变。

6.7.3 初始化(Initialization)页面

初始化(Initialization)页面中的初始化命令对话框(Initialization commands)用来定义在封装子系统编辑器所有页面中使用的变量。在初始化命令对话框中,可为在绘制模块图标命令中使用的所有参数赋值,也可直接为封装子系统编辑器参数对话框中的变量赋值。初始化命令应该是合法的 MATLAB 表达式,表达式若用分号结束,可防止在 MATLAB 工作命令窗口中显示结果。初始化命令不能访问 MATLAB 工作空间或其他工作空间中的变量。

另外,在初始化(Initialization)页面中的左边,同时也显示了当前在参数(Parameters)页面的参数对话框(Dialog parameters)中已有的所有变量名,并且可对其进行更名。

6.7.4 描述(Documentation)页面

在 Documentation 页面中可以定义封装模块的类型、描述说明和帮助文件。

1. 封装模块类型对话框(Mask type)

该项用来定义封装后所得模块的类型,用户可以写入任何字符串对模块进行描述,它与模块的性能没有任何关系,仅作为说明用。封装后模块在新出现对话框中的模块类型名后面都会自动加上“(mask)”,以将封装模块与标准模块区分开来。封装模块的类型对话框显示在封装子系统编辑器的所有页面中。

2. 描述说明对话框(Mask description)

模块描述是显示在封装模块新出现对话框中的模块类型下面边框内的信息文本。

3. 帮助文件对话框(Mask help)

该栏填写的内容将成为新封装模块对话框中与 Help 按钮对应的弹出帮助信息。

6.7.5 功能按钮

下面分别简单介绍一下封装子系统编辑器底部的几个功能按钮。

(1) OK 按钮

单击该按钮,表示接收封装子系统编辑器所有页面中新设定的参数,并关闭封装子系统编辑器,封装子系统过程结束。

(2) Cancel 按钮

单击该按钮,表示不接收封装子系统编辑器各页面中新设定的参数,并关闭封装子系统编辑器。

(3) Help 按钮

单击该按钮,会显示有关帮助内容。

(4) Apply 按钮

单击该按钮,将使用封装子系统编辑器所有页面中提供的信息来创建或改变模板。

(5) Unmask 按钮

该按钮的作用是对在封装过程中的子系统,撤销最近一次的封装设置操作,回到最近一次设置操作之前的状态。这样即可通过该按钮对封装子系统进行不断的修改,直到满意为止。

若要查看一个封装模块所包含的内容时,在选定该模块后,可使用该模块所在模型用户窗口中的 Edit→Look under mask 命令来显示封装子系统所包含的所有模块及其连接关系。

【例 6-17】 将图 6-64(c)中的 PID 控制器子系统进行封装。

解 用鼠标单击来选定图 6-64(c)中的 PID Controller 子系统后,再选择 Edit→Mask system 命令,这时将会出现一个如图 6-69 所示的封装子系统编辑器对话框。

① Parameters 页面的填写。在 MATLAB 6.x/7.x 的 Parameters 页面中首先用鼠标单击一下增加按钮“[+]”,然后在参数提示信息框(Prompt)、变量名框(Variable)、控件类型选择框(Type)和赋值方式选择框(Evaluate) 中依次输入或选择:Proportion Gain(或比例增益)、Kp、Edit 和 Evaluate。同时它们会自动显示在上面的参数列表框中。采用相同的方法分别输入或选择以下两组参数:Integral Gain(或积分增益)、Ki、Edit 及 Evaluate 和 Differential Gain(或微分增益)、Kd、Edit 及 Evaluate,如图 6-72(a)所示。

或在 MATLAB 8.x/9.x 参数对话框(Parameters & Dialog)页面的左边 Controls 栏 Parameters 中,首先用鼠标点击一下编辑控件“[3I] Edit”快捷图标,然后在中间 Dialog box 栏中新增的参数提示信息框(Prompt)和变量名框(Name)中依次输入:Proportion Gain(或比例增益)和 K_p。采用相同的方法分别输入以下两组参数:Integral Gain(或积分增益)和 K_i;Differential Gain(或微分增益)和 K_d,如图 6-72(b)所示。

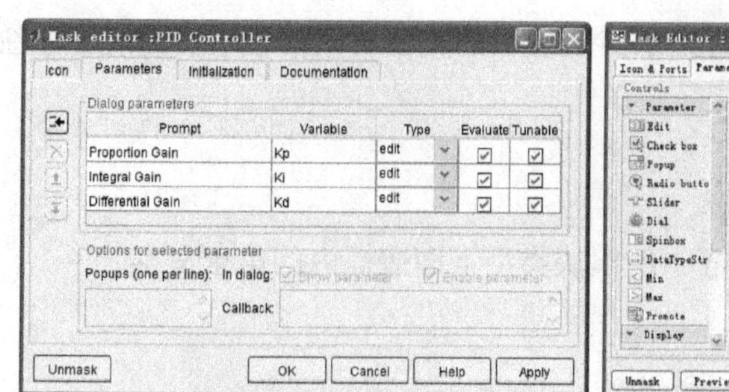

(a) MATLAB6.x/7.x

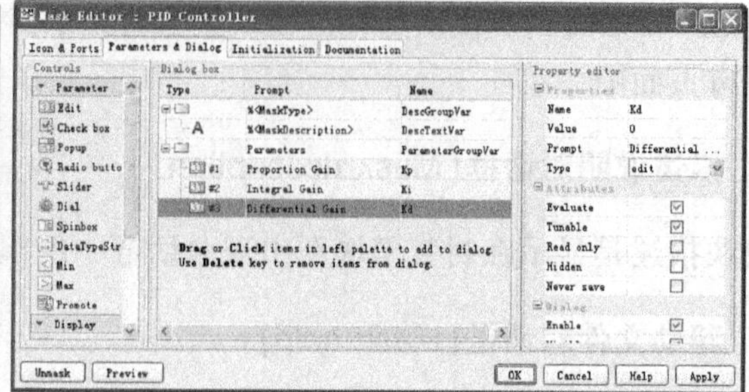

(b) MATLAB8.x/9.x

图 6-72　例 6-17 封装编辑器参数对话框

② Icon 页面的填写。在 Icon 页面的绘图命令对话框(Drawing commands)中输入命令:

disp('PID')

控制图标的属性各项采用默认值。

③ Documentation 页面的填写。在 Documentation 页面的封装模型类型对话框(Mask type)中输入:

PID Controller

在描述说明对话框(Mask description)中输入如下字符串:

PID Controller:

u=Kpe+Ki(Integral e)+Kd(de/dt)

在帮助文件对话框(Mask help)中输入如下字符串:

Kp-Proportion Gain; Ki-Integral Gain; Kd-Differential Gain

当以上工作完成后,单击【OK】按钮,于是 PID Controller 子系统就结束封装,封装后的新模块图标如图 6-73(a)所示。用鼠标左键双击图中的 PID Controller 新模块的图标,会弹出封装后的 PID Controller 新模块对话框,如图 6-73(b)所示。

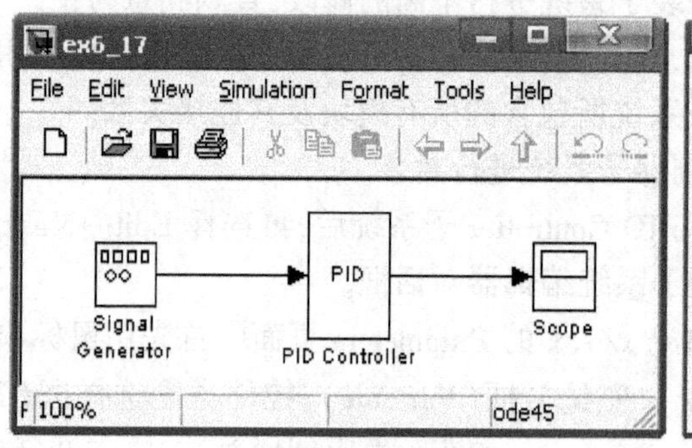

(a) 子系统封装后新模块图标

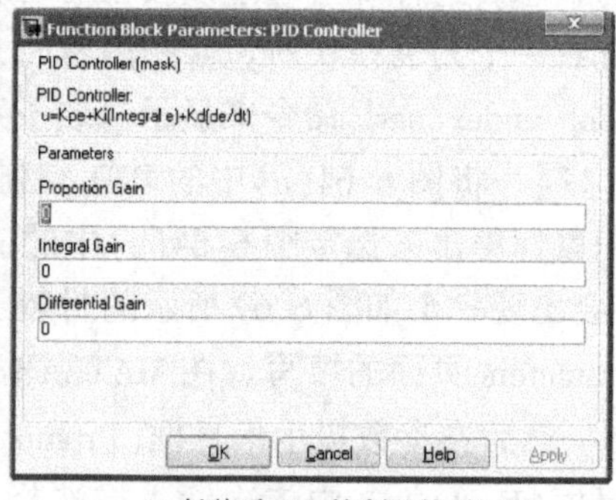

(b) 封装后 PID 控制器的对话框

图 6-73　例 6-17 封装后的 PID 控制器及其对话框

6.8　条件子系统

子系统最基本的应用是将一组相关的模块封装到一个单一的模块之中,以利于用户建立和分析系统模型。在前面的介绍中,无论是使用 Subsystems 模块库中的 Subsystem 模块,还是对已有的模块生成的子系统,子系统都可看做是具有一定输入/输出的单个模块,其输出直接依赖于输入的信号。也就是说,对于一定的输入,子系统必定会产生一定的输出。但是在有些情况下,只有满足一定的条件时子系统才被执行。也就是说子系统的执行依赖于其他的信号,这个信号称为控制信号,它从子系统单独的端口即控制端口输入。这样的子系统称为条件执行子系统。在条件执行子系统中,子系统的输出不仅依赖于子系统本身的输入信号,而且还受到子系统控制信号的控制。

条件执行子系统的执行受到控制信号的控制,根据控制信号对条件子系统执行的控制方式不同,可以将条件执行子系统划分为如下的几种基本类型。

1. 使能子系统(Enabled Subsystem)

使能子系统除输入和输出外,还有一个唯一的控制信号输入端口,被称为激活端口,只有当它的控制信号输入为正时,也就是说当子系统被激活时,使能子系统才开始执行,并且只要控制信号保持为正它就一直执行。使能子系统的控制信号可以是标量或向量。如果控制信号是标量,当信号值大于零时子系统就执行;如果控制信号是向量,则当输入向量的任一元素的值大于零时,子系统就执行。

对于图 6-74 所示的使能子系统,双击其图标便可打开如图 6-75 所示的编辑窗口。

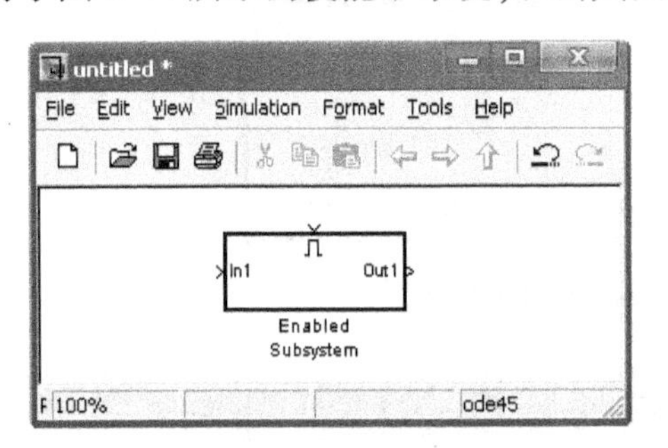

图 6-74 使能子系统图标

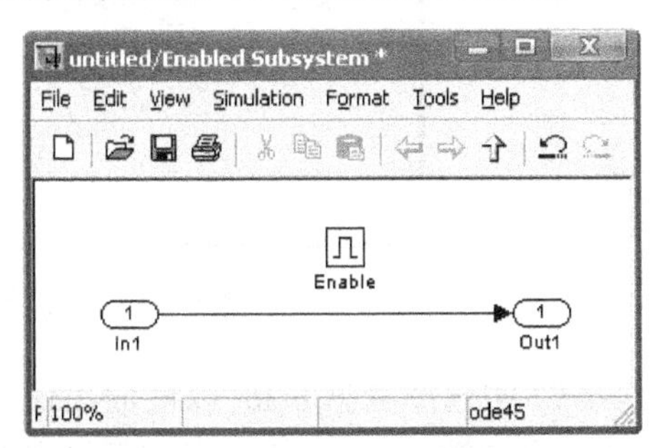

图 6-75 使能子系统编辑窗口

使能子系统能够包含任何模块,可以是连续的也可以是离散的。使能子系统中的离散模块只有当子系统被激活,且仅当它们的采样时间同步时,它们才执行。使能子系统和所包含的模块使用一个共同的时钟。

打开图 6-75 使能子系统编辑窗口中的 Enable 模块对话框,可以设置当使能子系统重新被激活时,子系统的初始状态,如图 6-76 所示。

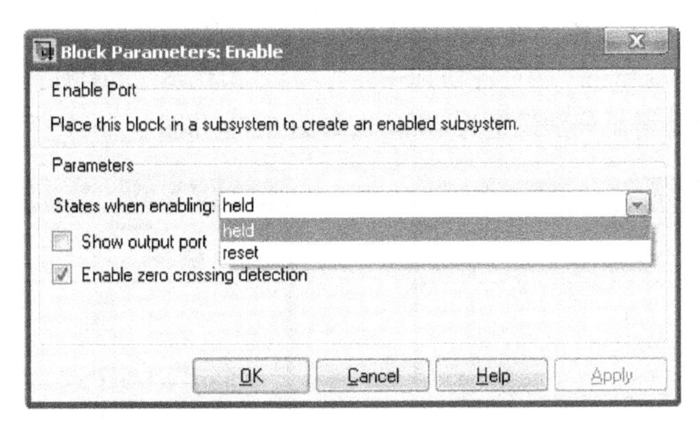

图 6-76 使能子系统的 Enable 模块对话框

在控制信号的激活状态设置中,选择状态保持(held)表示在使能子系统开始执行时,系统中的状态保持不变;而选择状态重置(reset)表示在使能子系统开始执行时,系统中的状态被重新设置为初始参数值。

另外通过图 6-76 中 Enable 模块对话框中的 Show output port 选框,可以选择是否输出激活控制信号。当选定输出使能控制信号时,Enable 模块便增加一个输出端口。

尽管使能子系统在非激活状态时不执行,但其输出信号仍然可以提供给另外的模块。当使能子系统处于非激活状态时,利用图 6-75 使能子系统编辑窗口中 Out1 模块对话框,可以选择保持它的输出信号为在它变为非激活状态前的值,或重置为初始值,如图 6-77 所示。

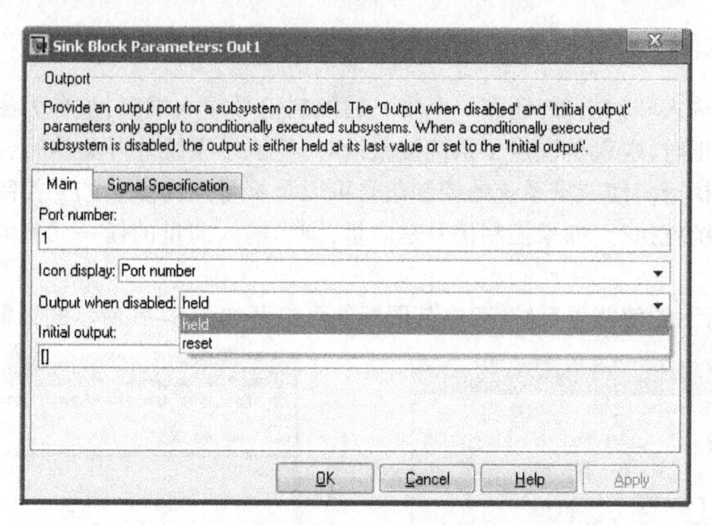

图 6-77　使能子系统的 Out1 模块对话框

在图 6-77 中选择状态 held,以使输出保持为其最近的值;而选择 reset,以使输出重新设置为初始参数值(Initial output)。

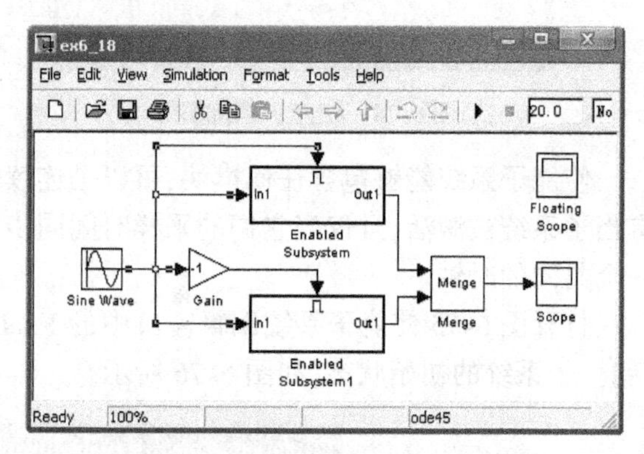

图 6-78　交直流信号转换的系统模型

【例 6-18】　利用使能子系统将一幅值为 5 的交流信号转换为同幅值的直流信号。

解　① 建立如图 6-78 所示的系统模型。

② 将图 6-78 中正弦信号(Sine Wave)的幅值设为 5,增益模块(Gain)的增益设置为-1。

③ 在图 6-78 的两个使能子系统(Enabled Subsystem 和 Enabled Subsystem1)中,各增加一个增益模块(Gain),且将其增益分别设置为 1 和-1,如图 6-79 和图 6-80 中所示。

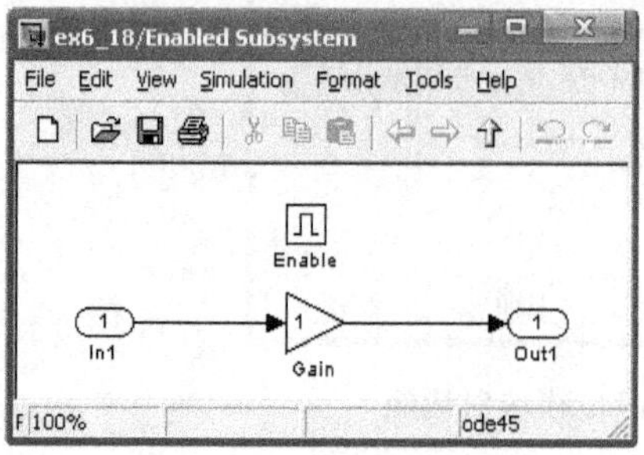

图 6-79　增益为正的使能子系统

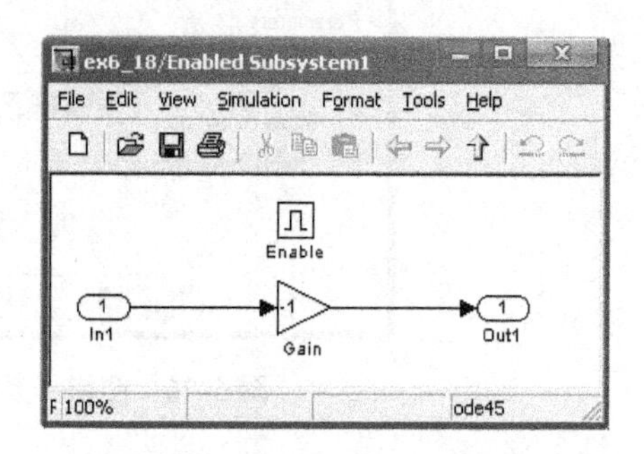

图 6-80　增益为负的使能子系统

④ 图 6-78 中的合并模块(Merge) 用于合成信号,Floating Scope 模块为游离示波器。

⑤ 将仿真时间设为20。打开系统模型中的两个示波器。首先用鼠标左键单击游离示波器,使其处于激活状态,以准备接收信号;然后再用鼠标左键单击 Sine Wave 模块的输出信号连接线,以将其信号作为游离示波器待观察的信号,用鼠标单击后的连接线如图 6-78 中所示;最后启动仿真,便可分别在游离示波器和示波器中观察到原交流信号和转换后直流信号的波形,如图 6-81 和图 6-82 所示。

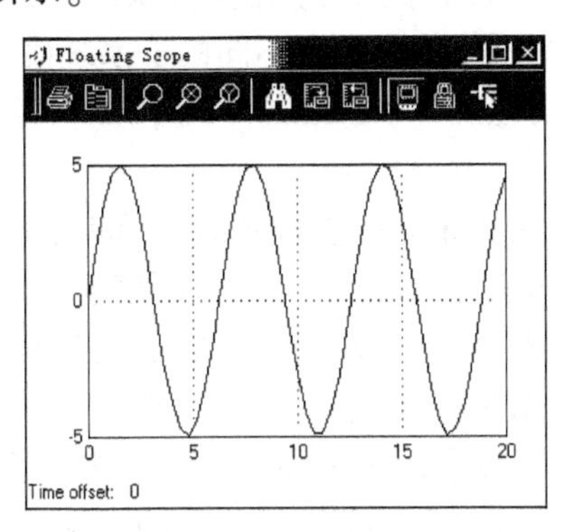

图 6-81　原交流信号

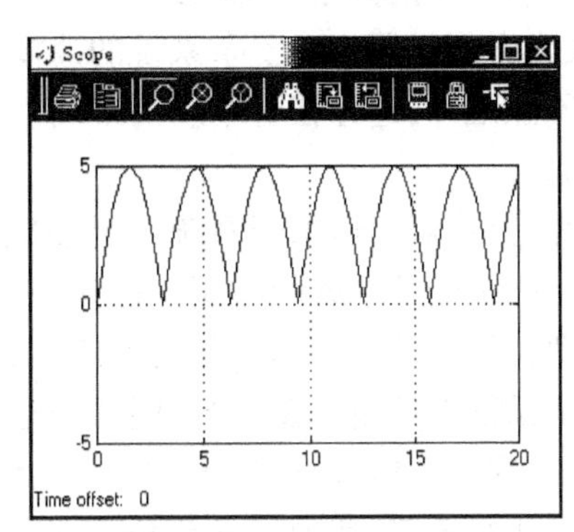

图 6-82　转换后的直流信号

2. 触发子系统(Triggered Subsystem)

触发子系统除输入和输出外,也有一个唯一的控制信号输入端口,被称为触发端口,它决定子系统是否执行。可以从图 6-83 触发子系统编辑窗口 Trigger 模块对话框中的四种触发事件中来选择一种,强制一个触发子系统开始执行,如图 6-84 所示。

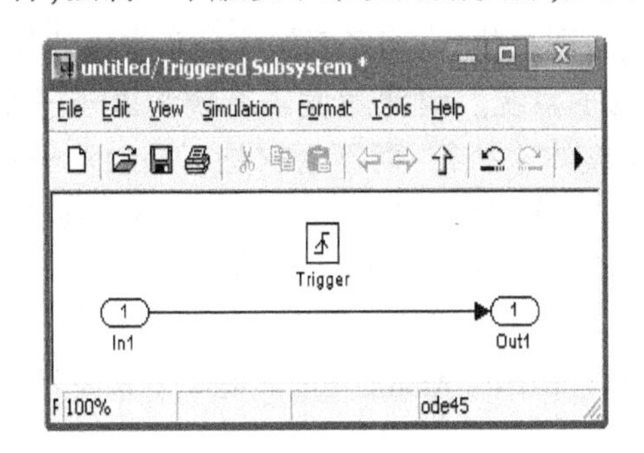

图 6-83　触发子系统编辑窗口

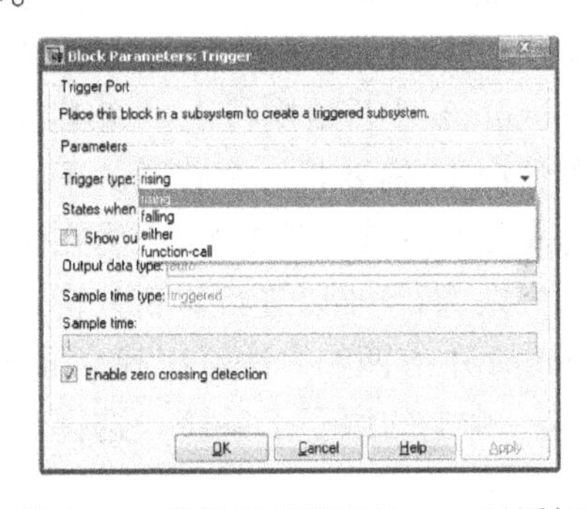

图 6-84　触发子系统的 Trigger 对话框

上升沿触发(rising)——在控制信号出现上升沿时开始执行;

下降沿触发(falling)——在控制信号出现下降沿时开始执行;

边沿触发(either)——在控制信号出现任何过零点时开始执行;

函数调用触发(function-call)——执行与否取决于一个 S 函数的内部逻辑。

与使能子系统不同,触发子系统都具有零阶保持的特性。所谓的零阶保持,是指输出结果在触发事件之间保持不变。对于触发子系统而言,系统在触发信号控制下开始执行的时刻,系统由输入产生相应的输出;当触发信号产生过零点时,系统输出保持在原来的输出值,并不发生变化。

此外,触发子系统的触发依赖于触发控制信号。因此对于触发子系统而言不能指定常值采样时间(即固定的采样时间),只有带继承采样时间的模块才能够在触发子系统中应用。在这个系统之中,对于上升沿和下降沿触发的子系统来说,其采样周期为两个触发时刻之间的时间间隔(即触发控制方波信号的两个相邻上升沿或下降沿之间的间隔);对于双边沿触发的子系统来说,其采样周期为触发控制方波信号的相邻的上升沿或下降沿之间的间隔。

3. 原子子系统(Atomic Subsystem)

(1) 原子子系统的概念

前面介绍了通用子系统(Subsystem)、使能子系统(Enabled Subsystem)及触发子系统(Triggered Subsystem)三种不同子系统的概念及其应用。子系统都可以将系统中相关模块组合封装成一个单独的模块,大大方便了用户对复杂系统的建模、仿真和分析;但是对于不同的子系统而言,它们除了有以上的共同点之外,还存在着本质的不同。下面介绍这三种子系统的不同本质,并简单介绍原子子系统的概念。

众所周知,无论对于通用子系统还是使能子系统,Simulink 在进行系统仿真时,子系统中的各个模块的执行并不受子系统的限制。也就是说,系统的执行与通用子系统或使能子系统的存在与否无关。这两种子系统的使用均是为了使 Simulink 框图模型形成一种层次结构,以增强系统模型的可读性。子系统中的模块在执行过程中与上一级的系统模块统一被排序,模块的执行顺序与子系统本身无关,在一个仿真时间步长之内,系统的执行可以多次进出同一个子系统。子系统相当于一种虚设的模块组容器,其中的各模块与系统中其他模块(子系统)的信号输入输出不受任何影响。因此,对于通用子系统与使能子系统这两种子系统,我们称之为"虚子系统"。

对于触发子系统而言,其工作原理与上述两种子系统的概念不同。在触发子系统中,当触发事件发生时,触发子系统中所有模块一同被执行。只有当子系统中的所有模块都被执行完毕后,Simulink 才会转移到系统模型中的上一层执行其他的模块。这与上述子系统中各模块的执行方式根本不同。这样的子系统称为"原子子系统"。

(2) 建立原子子系统

触发子系统在触发事件发生时,子系统中所有模块一同被执行;当子系统中的所有模块都被执行完毕后,Simulink 才开始执行上一级其他模块或其他子系统。因此触发子系统为原子子系统。但是在有些情况下,需要将一个普通的子系统作为一个整体来执行,而不管它是不是触发子系统。这对于多速率复杂系统尤其重要,因为在多速率系统中,时序关系的任何差错,都会导致整个系统设计仿真的失败,而且难以进行诊断分析,尤其是在要生成可执行代码时更为重要。

在 Simulink 中有两种方法可以建立原子子系统:

① 建立一个空的原子子系统。选择 Subsystems 模块库中的 Atomic Subsystem 子系统模块,然后编辑原子子系统。

② 将已经建立好的子系统强制转换为原子子系统。首先选择子系统,然后选择 Simulink 模型编辑器的 Edit 菜单下的 Block Parameters 模块参数框,选 Treat as Atomic Unit(作为原子子系统)即可;或单击鼠标右键,在弹出菜单中选择相同选项也可。

注意:对于使能子系统而言,不能将其转换为原子子系统,这是因为使能子系统中模块执行顺序不能被改变。

4. 使能与触发子系统(Enabled and Triggered Subsystem)

对于某些条件执行子系统而言,其控制信号可能不止一个。在很多情况下,条件执行子系统同时具有触发控制信号与使能控制信号,这样的条件执行子系统一般称为触发使能子系统。顾名思义,使能与触发子系统指的是子系统的执行受到激活信号与触发信号的共同控制。也就是说,只有当激活条件与触发条件均满足的情况下,子系统才开始执行。

使能与触发子系统的工作原理如下:系统等待一个触发事件的发生(也就是触发信号的产生),当触发事件发生后,Simulink 检测使能控制信号,如果激活信号为正,则子系统执行一次,否则不执行子系统。由此可知,只有激活条件与触发条件均满足时,子系统才能够被执行。

对于实际的动态系统而言,其中某些子系统很可能受到多个控制信号的控制(也就是系统输出受到多个条件的约束),因此在相应的系统模型建立时,应该使用多个控制信号输入。用户在建立这样的条件执行子系统时,需要注意的是,在一个系统模块中不允许有多个 Enable 信号或 Trigger 信号。如果必须使用多个控制信号,用户可以使用逻辑操作符,先将相关的控制信号(即子系统执行条件)相组合,以产生单一的触发控制信号或使能控制信号。

5. 函数调用子系统(Function-Call Subsystem)

使用 S 函数的状态而非普通的信号作为触发子系统的控制信号。函数调用子系统属于触发子系统,在触发子系统的触发模块 Trigger 的参数设置中选择 Function-Call,可以将普通信号触发的触发子系统转换为函数调用子系统。

需要注意的是,在使用函数调用子系统时,子系统的函数触发端口必须使用 Signals & Systems 模块库中的函数调用发生器 Function-Call Generator 作为输入。这里需要使用 S 函数(至于 S 函数的生成与编写,参见第 10 章)。

6. For 循环子系统(For Iterator Subsystem)

For 循环子系统的目的是在一个仿真时间步长之内循环执行子系统。用户可以指定在一个仿真时间步长之内子系统执行的次数,以达到某种特殊的目的。有兴趣的读者可以参考 Simulink 的示例:sl_subsys_for1. mdl,在 MATLAB 命令窗口中键入文件名即可打开此系统模型。

7. 选择执行子系统(Switch Case Action Subsystem)

在某些情况下,系统对于输入的不同取值,分别执行不同的功能。选择执行子系统必须同时使用 Swich Case 模块与 Switch Case Action Subsystem 模块(均在 Subsystem 模块库中)。

8. While 循环子系统(While Iterator Subsystem)

与 For 循环子系统相类似,While 循环子系统同样可以在一个仿真时间步长之内循环执行子系统,但是其执行必须满足一定的条件。While 循环子系统有两种类型:当型与直到型,这与其他高级语言中的 While 循环类似。

9. 表达式执行子系统(If Action Subsystem)

为了与前面的条件执行子系统相区别,这里我们称 If Action Subsystem 为表达式执行子系统。此子系统的执行依赖于逻辑表达式的取值,这与 C 语言中的 If else 语句类似。需要注意的是,表达式执行子系统必须同时使用 If 模块与 If Action Subsystem 模块(均在 Subsystem 模块库中)。

10. 可配置子系统(Configurable Subsystem)

用来代表用户自定义库中的任意模块,只能在用户自定义库中使用。

本章小结

本章主要介绍了动态仿真集成环境——Simulink 的功能特点和使用方法。它实际上就是根据前面介绍的仿真原理而编写的一种具有可视化界面的仿真软件包。它与前面用微分方程和差分方程建模的传统仿真软件包相比，具有更灵活、更方便的优点。通过本章学习应重点掌握以下内容：

（1）注意书中 Simulink 库浏览窗口与 Simulink 模块集的区别；

（2）熟悉 Simulink 模块集和 Simulink 附加模块库中常用标准模块的功能及其应用；

（3）利用 Simulink 标准模块在用户模型窗口中建立控制系统仿真模型；

（4）熟悉利用 Simulink 进行系统仿真的两种仿真方法：菜单法和行命令法；

（5）熟悉仿真算法和参数及常用标准模块参数的设置；

（6）熟悉仿真结果的三种处理方法，并注意输出接口模块（Out1）和将数据输出到工作空间模块（To Workspace）的不同用法，及其利用它们输出信号时的仿真参数的设置；

（7）熟悉利用 MATLAB 求解非线性系统的线性化模型；

（8）熟悉子系统的两种建立方法：菜单法和模块法，以及条件子系统的应用；

（9）熟悉模型封装子系统编辑器的参数设置及系统模型的封装步骤。

习　题

6-1　已知单变量系统如图题 6-1 所示，试利用 Simulink 求输出量 y 的动态响应。

6-2　假设某一系统由图题 6-2 所示的四个典型环节组成，试利用 Simulink 求输出量 y 的动态响应。

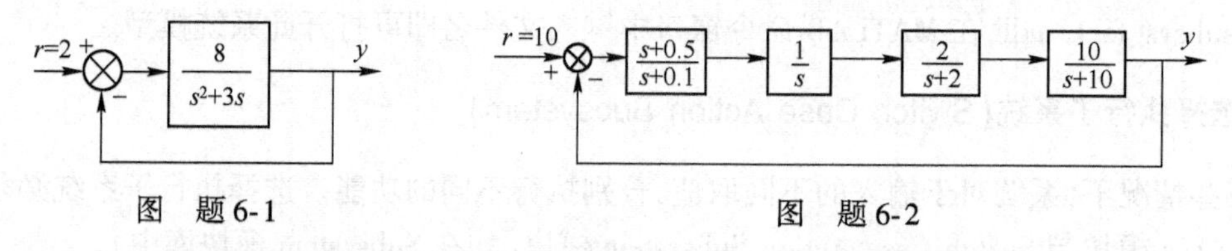

图　题 6-1　　　　　　　　图　题 6-2

6-3　已知非线性系统如图题 6-3 所示，试利用 Simulink 求输出量 y 的动态响应。

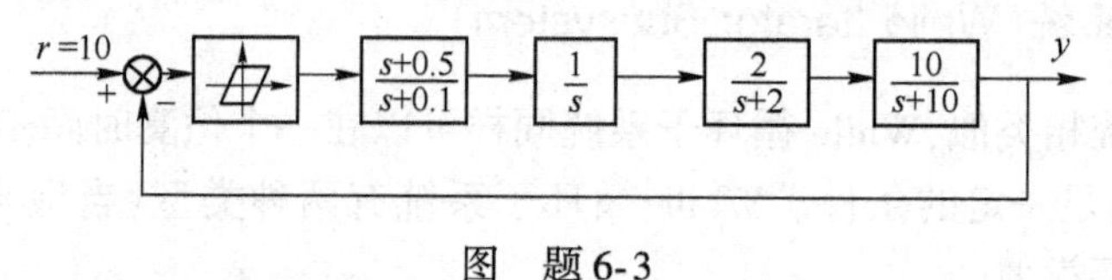

图　题 6-3

6-4　已知采样系统结构如图题 6-4 所示，试利用 Simulink 求系统的输出响应。

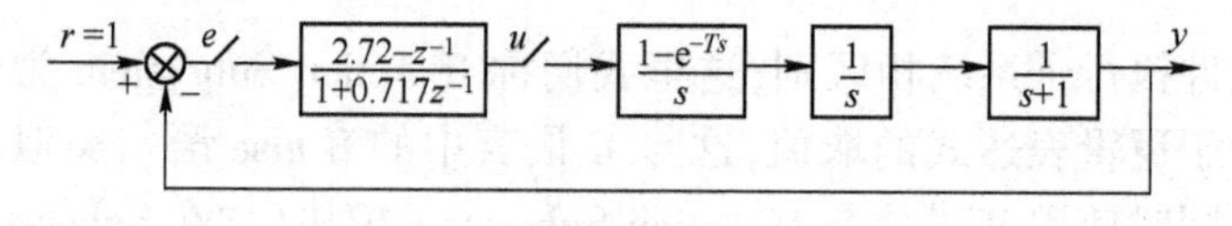

图　题 6-4

6-5　已知非线性系统如图题 6-5 所示，试利用 Simulink 分析非线性环节的 c 值与输入幅值对系统输出性能的影响。

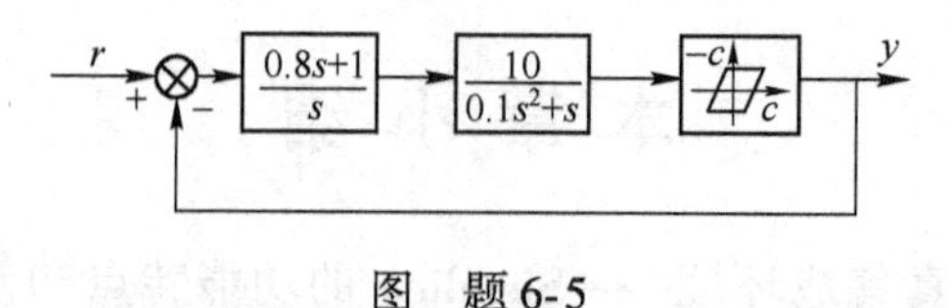

图　题 6-5

6-6　已知线性定常系统的状态方程为

$$\begin{bmatrix} \dot{x}_1(t) \\ \dot{x}_2(t) \end{bmatrix} = \begin{bmatrix} 0 & 1 \\ -2 & -3 \end{bmatrix} \begin{bmatrix} x_1(t) \\ x_2(t) \end{bmatrix} + \begin{bmatrix} 0 \\ 1 \end{bmatrix} u(t)$$

初始状态为 $\begin{bmatrix} x_1(0) \\ x_2(0) \end{bmatrix} = \begin{bmatrix} 1 \\ -1 \end{bmatrix}$,试利用 Simulink 求 $u(t)$ 为单位阶跃函数时系统状态方程的解。

本章习题解答,请扫以下二维码。

习题 6 解答

第7章　控制系统的计算机辅助分析

系统仿真实质上就是对描述系统的数学模型进行求解。对控制系统来说,系统的数学模型实际上就是某种微分方程或差分方程模型,因而在仿真过程中需要根据某种数值算法从系统给定的初始值出发,逐步地计算出每一个时刻系统的响应,最后绘制出系统的响应曲线,由此来分析系统的性能。在前面曾经介绍过一般常微分方程的数值解法,该方法是系统仿真的基础。其实对于各种线性系统模型在典型输入信号作用下来说,当然没有必要采用那些通用的算法来完成这种任务,而是应该充分地利用线性系统的特点,采取更简单的方法来得出问题的解。这样做不但会大大提高运算的效率,而且可以提高仿真的精度和可靠性。本章主要介绍利用 MATLAB 的控制系统工具箱所提供的函数对线性系统进行计算机分析和处理。

7.1　控制系统的时域分析

时域分析是一种在时间域中对系统进行分析的方法,具有直观和准确的优点。利用 MATLAB 在时域内可对系统的稳定性、快速性、平稳性和准确性等进行分析。

7.1.1　控制系统的稳定性

在分析控制系统时,首先遇到的问题就是系统的稳定性。对线性连续系统来说,如果一个连续系统的所有闭环极点都位于左半 s 平面,则该系统是稳定的。对线性离散系统来说,如果一个系统的全部闭环极点都位于单位圆内,则此系统可以被认为是稳定的。由此可见,线性系统的稳定性完全取决于系统的闭环极点在根平面上的位置。以下主要介绍几种利用 MATLAB 来判断系统稳定性的方法。

1. 利用极点判断系统的稳定性

判断线性系统稳定性的一种最有效的方法是直接求出或画出系统所有的闭环极点,然后根据闭环极点的分布情况来确定系统的稳定性。

在 MATLAB 中,函数 pzmap( )可绘制连续系统在复平面内的零极点图,其调用格式为

[p,z] = pzmap(num,den)　或　[p,z] = pzmap(p,z)　或　[p,z] = pzmap(A,B,C,D)

其中,列向量 p 为系统极点;列向量 z 为系统的零点;num,den 和 A,B,C,D 分别为系统的传递函数和状态方程的参数。

对于单变量系统,pzmap( )函数在复平面内可求出系统的零极点。对多变量系统,pzmap( )可求出系统的特征向量和传递零点。当不带输出变量时,pzmap( )可在当前图形窗口中绘制出系统的零极点图;当带有输出变量时,可得到零极点位置,如需要可通过 pzmap(p,z)绘制出零极点图,图中的极点用“×”表示,零点用“o”表示。

对于离散系统的零极点图,可利用函数 zplane( )绘制,其调用格式同 pzmap( )函数。为提供参考函数,zplane( )在绘制离散系统零极点图的同时还绘出单位圆。

【例 7-1】　已知闭环系统的传递函数为

$$G(s)=\frac{3s^4+2s^3+s^2+4s+2}{3s^5+5s^4+s^3+2s^2+2s+1}$$

判定系统的稳定性,并给出系统的闭环极点。

解 利用下面的 MATLAB 程序

```
%ex7_1. m
num=[3,2,1,4,2];den=[3,5,1,2,2,1];
r=roots(den),pzmap(num,den)
```

可得以下闭环极点和如图 7-1 所示的零极点图。

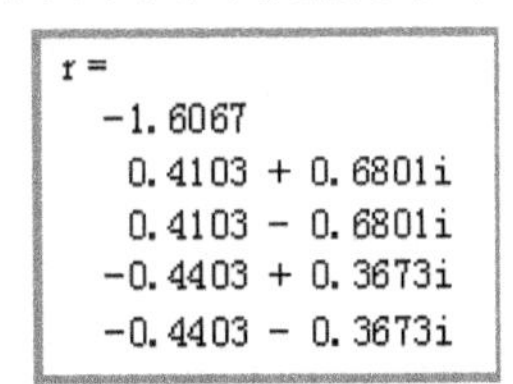

```
r =
  -1.6067
   0.4103 + 0.6801i
   0.4103 - 0.6801i
  -0.4403 + 0.3673i
  -0.4403 - 0.3673i
```

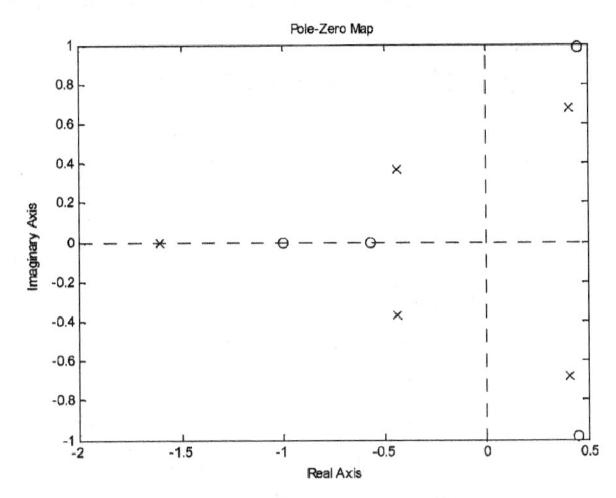

图 7-1 连续系统的零极点图

由以上结果可知,连续系统在右半 s 平面有两个极点,故系统不稳定。

【例 7-2】 已知单位负反馈离散系统的开环脉冲传递函数为

$$G(z)=\frac{5z^5+4z^4+z^3+0.6z^2-3z+0.5}{z^5}$$

判断该系统的稳定性。

解 利用下面的 MATLAB 程序

```
%ex7_2. m
num0=[5,4,1,0.6,-3,0.5];den0=[1,0,0,0,0,0];[num,den]=cloop(num0,den0);
r=roots(den), zplane(num,den)
```

可得以下闭环极点和如图 7-2 所示的零极点图。

```
r =
  -1.0700
  -0.1762 + 0.8552i
  -0.1762 - 0.8552i
  0.5793
  0.1763
```

图 7-2 离散系统的零极点图

由以上结果可知,离散系统在 z 平面的单位圆外有一个极点,故系统不稳定。

2. 利用特征值判断系统的稳定性

对于线性定常系统

$$\begin{cases}\dot{\boldsymbol{x}}=\boldsymbol{A}\boldsymbol{x}+\boldsymbol{B}\boldsymbol{u}\\ \boldsymbol{y}=\boldsymbol{C}\boldsymbol{x}+\boldsymbol{D}\boldsymbol{u}\end{cases} \tag{7-1}$$

称多项式
$$f(s)=|s\boldsymbol{I}-\boldsymbol{A}|=\det|s\boldsymbol{I}-\boldsymbol{A}|=s^n+a_1s^{n-1}+\cdots+a_{n-1}s+a_n$$
为系统的特征多项式。其中,$1,a_1,a_2,\cdots,a_n$ 称为系统的特征多项式系数。

令特征多项式等于零,即得系统的特征方程

$$|s\boldsymbol{I}-\boldsymbol{A}|=s^n+a_1s^{n-1}+\cdots+a_{n-1}s+a_n=0$$

特征方程的根称为系统的特征值,即系统的闭环极点。当然系统的稳定性同样可利用特征值来判断。

【例 7-3】 已知系统的状态方程为

$$\dot{\boldsymbol{x}}=\begin{bmatrix}2.25 & -5 & -1.25 & -0.5\\ 2.25 & -4.25 & -1.25 & -0.25\\ 0.25 & -0.5 & -1.25 & -1\\ 1.25 & -1.75 & -0.25 & -0.75\end{bmatrix}\boldsymbol{x}+\begin{bmatrix}46\\24\\22\\02\end{bmatrix}u$$

判断系统的稳定性。

解 则可利用下面的 MATLAB 程序

```
%ex7_3.m
A=[2.25  -5  -1.25  -0.5;2.25  -4.25  -1.25  -0.25;
   0.25  -0.5  -1.25  -1;1.25  -1.75  -0.25  -0.75];
P=poly(A);r=roots(P),ii=find(real(r)>0);n=length(ii);
if(n>0)
      disp('System is Unstable');
else
      disp ('System is Stable');
end
```

执行结果显示:

```
r =
  -1.5000
  -1.5000
  -0.5000 + 0.8660i
  -0.5000 - 0.8660i

System is Stable
```

对于例 7-3,利用下列命令可得同样的结果。

```
>>r=eig(A);ii=find(real(r)>0);n=length(ii);
>>if(n>0) disp('System is Unstable');else disp('System is Stable');end
```

3. 利用李雅普诺夫第二法来判断系统的稳定性

在高阶系统或者特征多项式中,当某些系数不是数值时,利用求闭环极点或特征值的方法来判断系统的稳定性是比较困难的。在这种情况下,利用李雅普诺夫第二法比较有效,尤其在系统含有非线性环节时更是如此。

线性定常连续系统

$$\dot{\boldsymbol{x}}=\boldsymbol{A}\boldsymbol{x} \tag{7-2}$$

在平衡状态 $\boldsymbol{x}_e=0$ 处,渐近稳定的充要条件是:对任给的一个正定对称矩阵 $\boldsymbol{Q}$,存在一个正定的对称矩阵 $\boldsymbol{P}$,且满足矩阵方程

$$\boldsymbol{A}^{\mathrm{T}}\boldsymbol{P}+\boldsymbol{P}\boldsymbol{A}=-\boldsymbol{Q} \tag{7-3}$$

而标量函数 $V(\boldsymbol{x})=\boldsymbol{x}^{\mathrm{T}}\boldsymbol{P}\boldsymbol{x}$ 是这个系统的一个二次型形式的李雅普诺夫函数。

MATLAB 提供了李雅普诺夫方程的求解函数 lyap( ),其调用格式为

P=lyap(A,Q)

式中,A,Q 和 P 矩阵与式(7-3)中各矩阵相对应。

更一般地，利用函数 P=lyap(A,B,Q)可以求解下面给出的李雅普诺夫方程

$$\boldsymbol{AP}+\boldsymbol{PB}=-\boldsymbol{Q} \tag{7-4}$$

对于离散系统的李雅普诺夫方程的求解函数为 dlyap()。

【例 7-4】 设系统的状态方程为

$$\dot{\boldsymbol{x}}=\begin{bmatrix}0 & 1\\ -1 & -1\end{bmatrix}\boldsymbol{x}$$

其平衡状态在坐标原点处，试判断该系统的稳定性。

解 MATLAB 程序为

```
%ex7_4. m
A=[0  1;-1  -1]; Q=eye(size(A)); P=lyap(A,Q);
i1=find(P(1,1)>0);n1=length(i1);i2=find(det(P)>0);n2=length(i2);
if(n1>0 & n2>0)
    disp('P>0,正定,系统在原点处的平衡状态是渐近稳定的');
else
    disp('系统不稳定');
end
```

执行结果显示：

```
P>0，正定，系统在原点处的平衡状态是渐近稳定的
```

7.1.2 控制系统的时域响应

利用 MATLAB 能够了解控制系统的动态性能，如系统的上升时间、调节时间和超调量都可以通过系统在给定输入信号作用下的过渡过程来评价。MATLAB 控制系统工具箱中提供了多种求取线性系统在特定输入下的时间响应曲线的函数，如表 7-1 所示。

表 7-1 时域响应函数

函数名	功能	函数名	功能
gensig()	输入信号产生	initial()	求连续系统的零输入响应
step()	求连续系统的单位阶跃响应	dinitial()	求离散系统的零输入响应
dstep()	求离散系统的单位阶跃响应	lsim()	求连续系统对任意输入响应
impulse()	求连续系统的单位脉冲响应	dlsim()	求离散系统对任意输入响应
dimpulse()	求离散系统的单位脉冲响应		

1. 任意信号函数

生成任意信号函数 gensig()的调用格式为

[u,t]=gensig(type,Ta) 或 [u,t]=gensig(type,Ta,Tf,T)

其中，第一式产生一个类型为 type 的信号序列 u(t)，周期为 Ta。type 为以下标识字符串之一：sin——正弦波；square——方波；pulse——脉冲序列。第二式同时定义信号序列 u(t)的持续时间 Tf 和采样时间 T。

【例 7-5】 生成一个周期为 5s，持续时间为 30s，采样时间为 0.1s 的方波。

解 在 MATLAB 窗口中执行以下命令可得如图 7-3 所

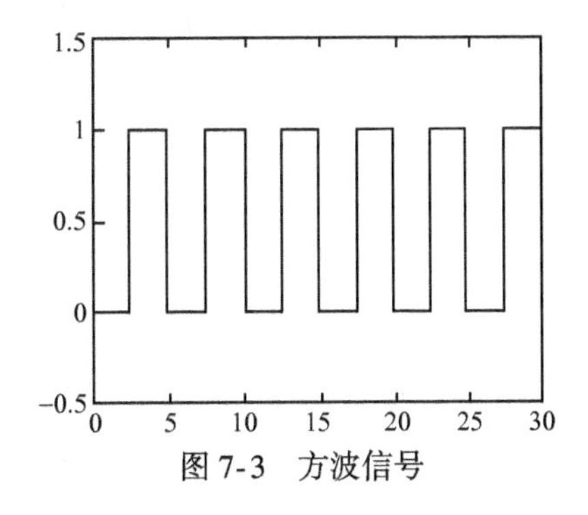

图 7-3 方波信号

示的结果。

```
>>[u,t]=gensig('square',5,30,0.1);plot(t,u),axis([0,30,-0.5,1.5])
```

2. 连续系统的单位阶跃响应

单位阶跃响应函数 step( )的调用格式为

$$[y,x,t]=\text{step}(num,den,t) \quad 或 \quad [y,x,t]=\text{step}(A,B,C,D,iu,t)$$

式中,t 为选定的仿真时间向量;函数返回值 y 为由系统在各个仿真时刻的输出所组成的矩阵;而 x 为自动选择的状态变量的时间响应数据;iu 为输入的代号;其余变量定义同前。

如果对具体的响应数值 x,y 不感兴趣,而只想绘制出系统的阶跃响应曲线,则可以由如下的格式调用此函数

$$\text{step}(num,den,t) \quad 或 \quad \text{step}(A,B,C,D,t)$$

当然,时间向量 t 也可省略,此时由 MATLAB 自动选择一个比较合适的仿真时间。

在利用 step( )函数自动绘制的系统阶跃响应曲线窗口中,不仅通过单击曲线上任意一点,可以获得此点所对应的系统名称(System)、系统当前的运行时间(Time)和幅值(Amplitude)等信息。而且还可以在该曲线窗口中的空白处,单击鼠标右键,利用弹出菜单中的 Characteristics 子菜单的选项,在曲线上获得系统不同特性参数的标记点,如响应峰值(Peak Response)、调整时间(Settling Time)、上升时间(Rise Time)和稳定状态(Steady State)等。

【例 7-6】 假设系统的开环传递函数为

$$G(s)=\frac{20}{s^4+8s^3+36s^2+40s}$$

试求该系统在单位负反馈下的阶跃响应曲线和最大超调量。

解 MATLAB 程序为

```
%ex7_6.m
num0=20;den0=[1  8  36  40  0]; [num,den]=cloop(num0,den0);
t=0:0.1:10; [y,x,t]=step(num,den,t); plot(t,y)
M=((max(y)-1)/1) * 100; disp(['最大超调量 M=' num2str(M) '%'])
```

执行后可得如下结果和如图 7-4(a)所示的单位阶跃响应曲线。

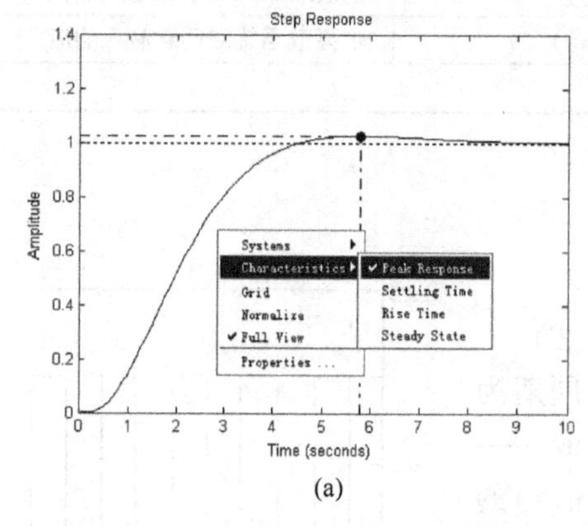

(a)

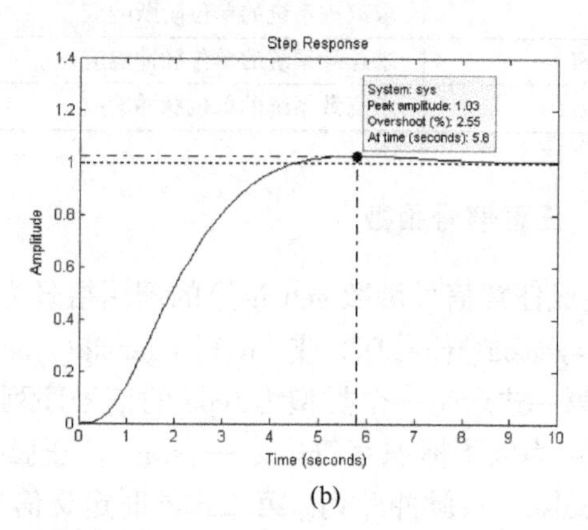

(b)

图 7-4 单位阶跃响应曲线

最大超调量:M=2.5546%

另外,对于例 7-6 结果,也可以利用 step(num,den,t)命令得到。在该命令自动绘制的系统单

位阶跃响应曲线图 7-4(a)中的空白处,首先利用鼠标右键弹出菜单中的 Characteristics→Peak Response 选项,获得系统阶跃响应曲线上的峰值标记点;然后单击此标记点即可获得该系统的响应峰值、最大超调量(%)和峰值时间分别为 1.03、2.55 和 5.8,如图 7-4(b)所示。

【例 7-7】 对于典型二阶系统

$$G(s)=\frac{\omega_n^2}{s^2+2\zeta\omega_n s+\omega_n^2}$$

试绘制出无阻尼自然振荡频率 $\omega_n=6$,阻尼比 ζ 分别为 0.2,0.4,…,1.0,2.0 时系统的单位阶跃响应曲线。

解 MATLAB 程序为

```
%ex7_7.m
wn=6;zeta=[0.2:0.2:1.0,2.0]; figure(1);hold on
for k=zeta;num=wn.^2;den=[1,2*k*wn,wn.^2];
    step(num,den);
end;title('Step Response');hold off
```

执行后可得如图 7-5 所示的单位阶跃响应曲线。

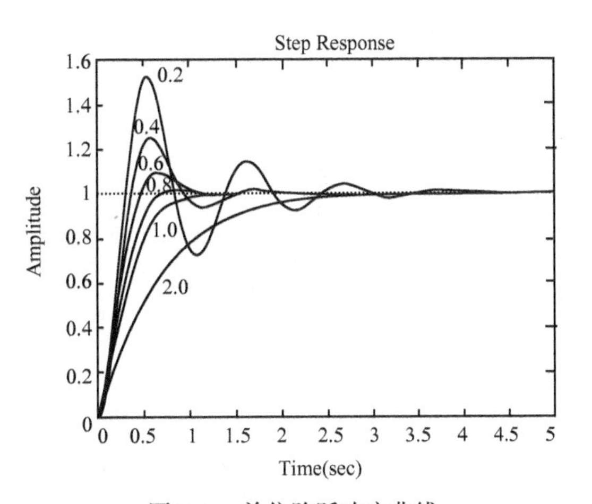

图 7-5 单位阶跃响应曲线

从图中可以看出,在过阻尼($\zeta>1$)和临界阻尼($\zeta=1$)响应曲线中,临界阻尼响应具有最短的上升时间,响应速度最快;在欠阻尼($0<\zeta<1$)响应曲线中,阻尼系数越小,超调量越大,上升时间越短,通常取 $\zeta=0.4\sim0.8$ 为宜,这时超调量适度,调节时间较短。

【例 7-8】 对例 7-7 中的典型二阶系统,绘制出 $\zeta=0.7$,ω_n 取 2,4,6,8,10,12 时的单位阶跃响应。

解 MATLAB 程序为

```
%ex7_8.m
w=[2:2:12];zeta=0.7;
figure(1);hold on
for wn =w
      num=wn.^2;
      den=[1,2*zeta*wn,wn.^2];
      step(num,den)
end
title('Step Respone');hold off
```

执行后可得如图 7-6 所示的单位阶跃响应曲线。从图中可以看出,ω_n 越大,响应速度越快。

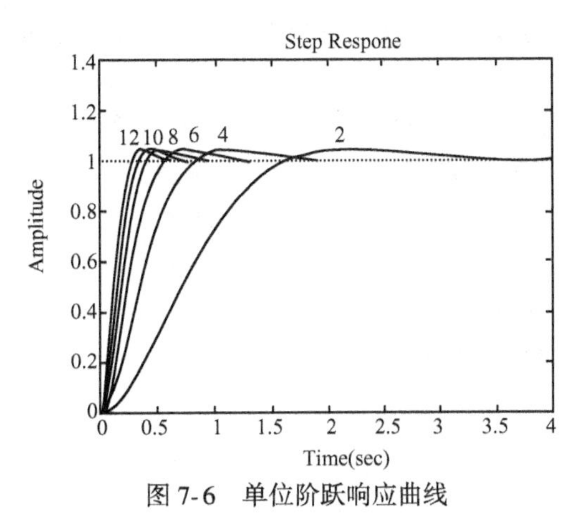

图 7-6 单位阶跃响应曲线

【例 7-9】 求以下多输入多输出系统的单位阶跃响应曲线。

$$
\begin{cases}
\dot{\boldsymbol{x}}=\begin{bmatrix}2.25 & -5 & -1.25 & -0.5\\ 2.25 & -4.25 & -1.25 & -0.25\\ 0.25 & -0.5 & -1.25 & -1\\ 1.25 & -1.75 & -0.25 & -0.75\end{bmatrix}\boldsymbol{x}+\begin{bmatrix}4 & 6\\ 2 & 4\\ 2 & 2\\ 0 & 2\end{bmatrix}\boldsymbol{u}\\
\boldsymbol{y}=\begin{bmatrix}0 & 0 & 0 & 1\\ 0 & 2 & 0 & 2\end{bmatrix}\boldsymbol{x}
\end{cases}
$$

解 这是双输入双输出系统,因此,其阶跃响应有 4 个。MATLAB 程序如下

```
%ex7_9.m
A=[2.25,-5,-1.25,-0.5;2.25,-4.25,-1.25,-0.25;
0.25,-0.5,-1.25,-1;1.25,-1.75,-0.25,-0.75];
B=[4,6;2,4;2,2;0,2];C=[0,0,0,1;0,2,0,2];D=zeros(2,2);figure(1);step(A,B,C,D)
```

执行后可得如图 7-7 所示的结果曲线。

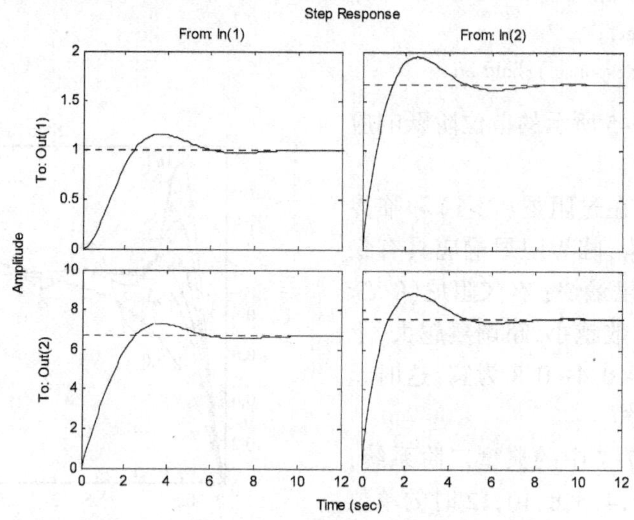

图 7-7 双输入双输出系统的单位阶跃响应曲线

3. 离散系统的单位阶跃响应

离散系统的单位阶跃响应函数 dstep( )的调用格式为

[y,x]=dstep(num,den,n) 或 [y,x]=dstep(G,H,C,D,iu,n)

式中,n 为选定的取样点个数,当 n 省略时,取样点数由函数自动选取;其余参数定义同前。

【例 7-10】 已知二阶离散系统

$$G(z)=\frac{3.4z+1.5}{z^2-1.6z+0.8}$$

试求其单位阶跃响应。

解 MATLAB 程序为

```
%ex7_10.m
num=[3.4,1.5];den=[1,-1.6,0.8];
dstep(num,den);
title('Piscrete Step Response')
```

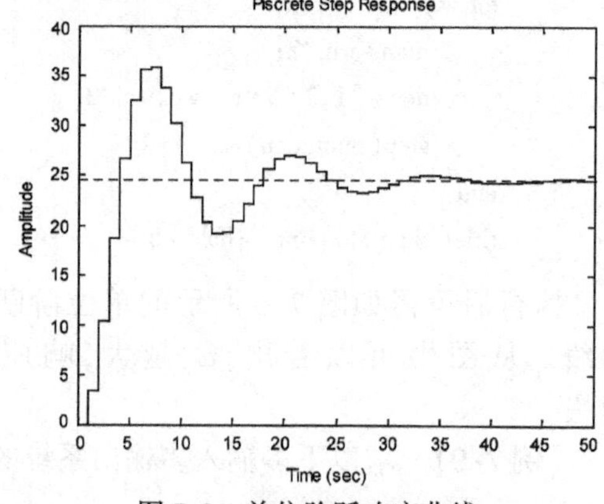

图 7-8 单位阶跃响应曲线

执行后得如图 7-8 所示的单位阶跃响应曲线。

4. 单位脉冲响应

单位脉冲响应函数 impulse( )和 dimpulse( )与单位阶跃函数 step( )和 dstep( )的调用格式完全一致,这里就不一一列写了。

5. 系统的零输入响应

对于连续系统由初始状态所引起的响应,即零输入响应,可由函数 initial( )来求得,其调用格式为

[y,x,t]=initial(A,B,C,D,x0)　或　[y,x,t]=initial(A,B,C,D,x0,t)

其中,x0 为初始状态,其余参数定义同前。

同理对于离散系统的零输入响应函数 dinitial( )的调用格式为

[y,x]=dinitial(A,B,C,D,x0)　或　[y,x]=dinitial(A,B,C,D,x0,n)

其中,n 为取样点数,省略时由函数自动选取。

【例 7-11】 已知系统的状态空间表达式为

$$\begin{cases}\dot{\boldsymbol{x}}=\begin{bmatrix}-1.6 & -0.9 & 0 & 0\\ 0.9 & 0 & 0 & 0\\ 0.4 & 0.5 & -5.0 & -2.45\\ 0 & 0 & 2.45 & 0\end{bmatrix}\boldsymbol{x}+\begin{bmatrix}1\\0\\1\\0\end{bmatrix}u\\ y=\begin{bmatrix}1 & 1 & 1 & 1\end{bmatrix}\boldsymbol{x}\end{cases}$$

以 $T=0.5$ 为采样周期,采用双线性变换算法转换成离散系统,然后求出离散系统的单位阶跃响应、单位脉冲响应及零输入响应(设初始状态 $\boldsymbol{x}_0=[1\quad 1\quad 1\quad -1]^{\mathrm{T}}$)。

解　MATLAB 的程序为

```
%ex7_11.m
A1=[-1.6  -0.9  0  0;0.9  0  0  0;0.4  0.5  -5.0  -2.45;0  0  2.45  0];
B1=[1;0;1;0];C1=[1  1  1  1];D1=0;
T=0.5;[A,B,C,D]=c2dm(A1,B1,C1,D1,T,'tustin');
figure(1),subplot(2,2,1);dstep(A,B,C,D),title('Discrete step response')
subplot(2,2,2);dimpulse(A,B,C,D),title('Discrete impulse response')
subplot(2,2,3);x0=[1;1;1;-1];dinitial(A,B,C,D,x0)
axis([0  6  -0.5  2.5]);title('Discrete Initial Response')
subplot(2,2,4);[z,p,k]=ss2zp(A,B,C,D);pzmap(z,p);
title('Discrete Pole-Zero Map')
```

执行后可得如图 7-9 所示曲线。

6. 任意输入函数的响应

连续系统对任意输入函数的响应可利用 MATLAB 的函数 lsim( )求取,其调用格式为

[y,x]=lsim(num,den, u,t)　或　[y,x]=lsim(A,B,C,D,iu,u,t)

其中,u 为由给定输入序列构成的矩阵,它的每列对应一个输入,每行对应一个新的时间点,其行数与时间 t 的长度相等。其他用法同 step( )函数。

【例 7-12】 已知系统的传递函数为

$$G(s)=\frac{1}{s^2+2s+1}$$

试求该系统的单位斜坡响应。

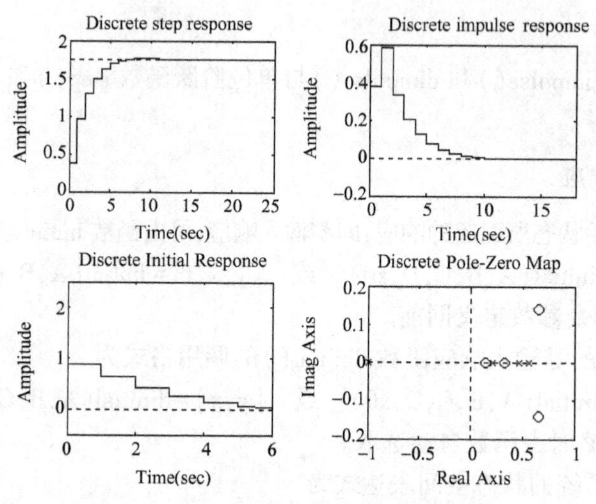

图 7-9　例 7-11 的曲线

解　MATLAB 命令为

```
>>num=1;den=[1 2 1];t=0:0.1:8;r=t;
>>y=lsim(num,den,r,t);plot(t,r,'—',t,y,'-')
```

执行后可得如图 7-10 所示的输出响应曲线。

同样,离散系统对任意输入函数的响应,可利用 dlsim( )函数求得,其基本调用格式为

[y,x]=dlsim(num,den,u,n)　或　[y,x]=dlsim(A,B,C,D,iu,u,n)

其中,n 为取样点数;其余变量定义同前。

【例 7-13】　对离散系统　$G(z)=\dfrac{0.632}{z^2-1.368z+0.568}$

求当输入为幅值±1 的方波信号时系统的输出响应。

解　MATLAB 程序为

```
%ex7_13.m
num=0.632; den=[1  -1.368  0.568];
u1=[ones(1,50),-1*ones(1,50)];
u=[u1  u1  u1];
figure(1),dlsim(num,den,u),title('Discrete System Simulation')
```

执行后可得如图 7-11 所示的仿真结果。

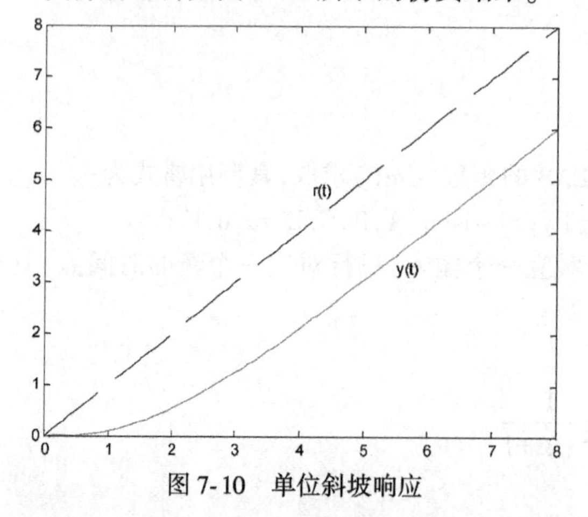

图 7-10　单位斜坡响应

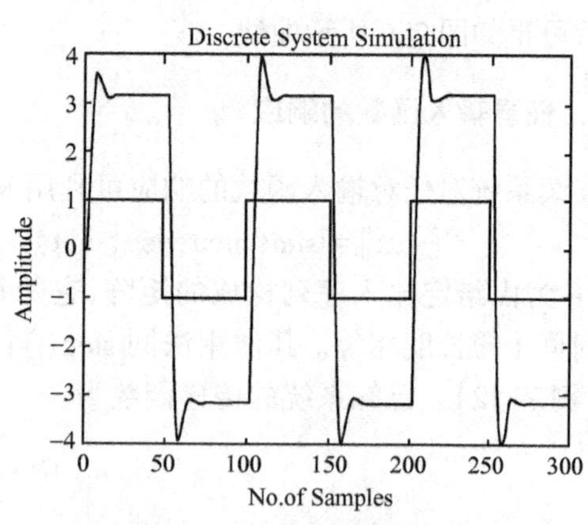

图 7-11　例 7-13 的仿真结果

7.1.3 控制系统的稳态误差

利用 MATLAB 的函数 dcgain( )和 limit( )可求取系统的稳态误差。

1. 连续系统的稳态误差

对于图 7-12 所示的负反馈控制系统，根据误差的输入端定义，利用拉氏变换的终值定理可得稳态误差

$$e_{ss}=\lim_{s\to 0}sE(s)=\lim_{s\to 0}s[R(s)-B(s)]$$

$$=\lim_{s\to 0}s\frac{1}{1+G(s)H(s)}R(s)=\lim_{s\to 0}E_s(s)$$

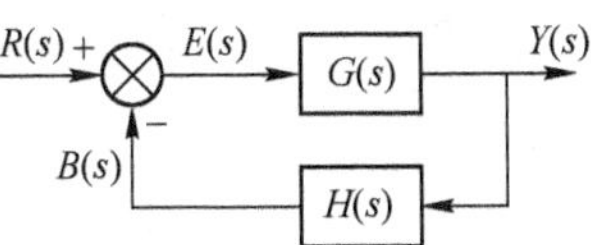

图 7-12 反馈控制系统

在 MATLAB 中，利用函数 dcgain( )可求取连续系统在给定输入下的稳态误差，其调用格式为

ess = dcgain (nume, dene)

其中，ess 为系统的给定稳态误差；nume 和 dene 分别为系统在给定输入下的稳态误差传递函数 $E_s(s)$ 的分子和分母多项式的系数按降幂排列构成的系数行向量。

【例 7-14】 已知单位反馈系统的开环传递函数为

$$G(s)H(s)=\frac{1}{s^2+2s+1}$$

试求该系统在单位阶跃和单位速度信号作用下的稳态误差。

解 ① 系统在单位阶跃和单位速度信号作用下的稳态误差传递函数分别为

$$E_{s1}(s)=s\frac{1}{1+G(s)H(s)}R(s)=s\frac{s^2+2s+1}{s^2+2s+2}\cdot\frac{1}{s}=\frac{s^2+2s+1}{s^2+2s+2}$$

$$E_{s2}(s)=s\frac{1}{1+G(s)H(s)}R(s)=s\frac{s^2+2s+1}{s^2+2s+2}\cdot\frac{1}{s^2}=\frac{s^2+2s+1}{s^3+2s^2+2s}$$

② MATLAB 命令为

```
>>nume1=[1,2,1];dene1=[1,2,2];ess1=dcgain(nume1,dene1)
>>nume2=[1,2,1];dene2=[1,2,2,0];ess2=dcgain(nume2,dene2)
```

执行后可得以下结果

ess1 = 0.5000	ess2 = Inf

由此可见，系统在单位阶跃和单位速度信号作用下的稳态误差分别为 0.5 和无穷大。

2. 离散系统的稳态误差

设单位反馈离散系统的开环脉冲传递函数为 $G(z)$，若闭环系统稳定，则在给定值信号作用下的稳态误差为

$$e_{ss}^*=\lim_{t\to\infty}e^*(t)=\lim_{z\to 1}(z-1)E(z)=\lim_{z\to 1}(z-1)\frac{1}{1+G(z)}R(z)$$

在 MATLAB 中，利用函数 limit( )根据上式可得离散系统的稳态误差。其中函数 limit( )的调用格式为

y = limit(f, x, a)

式中，y 为符号表达式 f 对变量 x 趋于 a 时的极值。

【例 7-15】 利用 MATLAB 求例 2-27 所示系统在输入信号 $r(t)=t$ 作用下的稳态误差。

解 ① 根据例 2-27 所求系统的开环脉冲传递函数 $G(z)$，有

$$E(z)=\frac{1}{1+G(z)}R(z)=\frac{z^2-1.3679z+0.3679}{z^2-z+0.6321}\cdot\frac{Tz}{(z-1)^2}$$

② 根据以上 $E(z)$ 关系式，利用以下 MATLAB 命令，便可求出系统的稳态误差。

```
>>syms z T;                %定义 z,T 为符号变量
>>E=((z^2-1.3679*z+0.3679)/(z^2-z+0.6321))*(T*z/(z-1)^2);ess=limit((z-1)*E,z,1)
```

结果显示：

```
ess=
  T
```

由此可见，系统在单位斜坡信号作用下的稳态误差为 T。

当然，利用函数 limit( ) 并根据式 $e_{ss}=\lim\limits_{s\to0}sE(s)=\lim\limits_{s\to0}E_s(s)$ 也可求得例 7-14 中连续系统的稳态误差。

7.2 根轨迹分析

根轨迹分析法是分析和设计线性定常系统的一种非常简便的图解方法，特别适用于多回路系统的研究。关于控制系统的根轨迹分析，在 MATLAB 控制系统工具箱中提供了几个函数，如表 7-2 所示。

表 7-2 根轨迹函数

函数名	说明
rlocus( )	绘制根轨迹
rlocfind( )	求给定根的根轨迹增益
sgrid( )	绘制连续系统的 ω_n,ζ 网格根轨迹
zgrid( )	绘制离散系统的 ω_n,ζ 网格根轨迹

7.2.1 根轨迹的绘制

所谓根轨迹是指，当开环系统的某一参数从零变化到无穷大时，闭环系统的特征方程根在 s 平面上所形成的轨迹。一般地，将这一参数选作开环系统的增益 k，而在无零极点对消时，闭环系统特征方程的根就是闭环系统的极点。

对于图 7-12 所示的负反馈系统，其特征方程可表示为

$$1+G(s)H(s)=0 \quad 或 \quad 1+k\frac{\mathrm{num}(s)}{\mathrm{den}(s)}=0$$

利用 rlocus( ) 函数可绘制出当开环增益 k 由 0 至∞变化时，闭环系统的特征根在 s 平面变化的轨迹，该函数的调用格式为

[r,k]=rlocus(num,den)　或　[r,k]=rlocus(num,den,k)

[r,k]=rlocus(A,B,C,D)　或　[r,k]=rlocus(A,B,C,D,k)

其中，num 和 den 分别为系统开环传递函数的分子和分母多项式的系数按降幂排列构成的系数向量；A,B,C,D 分别为开环系统状态空间表达式的各系统矩阵；r 为系统的闭环极点；k 为相应的根轨迹增益。rlocus( ) 函数既适用于连续系统，也适用于离散系统。当用 rlocus(num,den) 或 rlocus(A, B, C, D) 绘制系统根轨迹时，增益 k 是自动选取的。rlocus(num, den, k) 或 rlocus(A,B,C,D,k) 可利用指定的增益 k 来绘制系统的根轨迹。在不带输出变量引用函数时，rolcus( ) 可在当前图形窗口中绘制出系统的根轨迹图。当带有输出变量引用函数时，可得到根轨迹的位置列向量 r 及相应的增益 k 列向量，再利用 plot(r,'x') 可绘制出根轨迹。

7.2.2 根轨迹的分析

绘制出系统的根轨迹后，可利用相关命令对系统的动静态性能进行分析。

1. 根轨迹增益的获取

在系统分析过程中,常常希望确定根轨迹上某一点处的增益值 k,这时可利用 MATLAB 中的 rlocfind( )函数。在使用此函数前要首先得到系统的根轨迹,然后再执行如下命令

```
[k,poles]=rlocfind(num,den)    或    [k,poles]=rlocfind(num,den,p)
                                     [k,poles]=rlocfind(A,B,C,D)
```

其中,poles 为所求系统的闭环极点;k 为相应的根轨迹增益;p 为系统给定的闭环极点;其余参数定义同上。

执行上述第 1 条命令后,将在屏幕上的图形中生成一个十字光标,使用鼠标移动它至所希望的位置,然后单击鼠标左键即可得到该点所对应的增益 k 值及其对应的所有闭环极点 poles 值。而第 2 条命令可对系统的给定闭环极点 p 计算对应的根轨迹增益 k 及其对应的所有闭环极点 poles 值。因为即使给定闭环极点 p 不在根轨迹上,利用以上第 2 条命令也可计算出结果。所以只有当计算结果 poles 中包含所给定的闭环极点 p 值时,才能说明给定的闭环极点 p 确实位于根轨迹上。

【例 7-16】 已知某负反馈系统的开环传递函数为

$$G(s)H(s)=\frac{k}{s(s+1)(s+2)}$$

试绘制系统根轨迹,并分析系统稳定的 k 值范围。

解 MATLAB 的程序为

```
%ex7_16.m
num=1;den=conv([1,0],conv([1,1],[1,2]));
rlocus(num,den),[k,poles]=rlocfind(num,den)
```

执行以上程序,并移动鼠标到根轨迹与虚轴的交点处,单击鼠标左键后可得如图 7-13所示的根轨迹和如下结果。

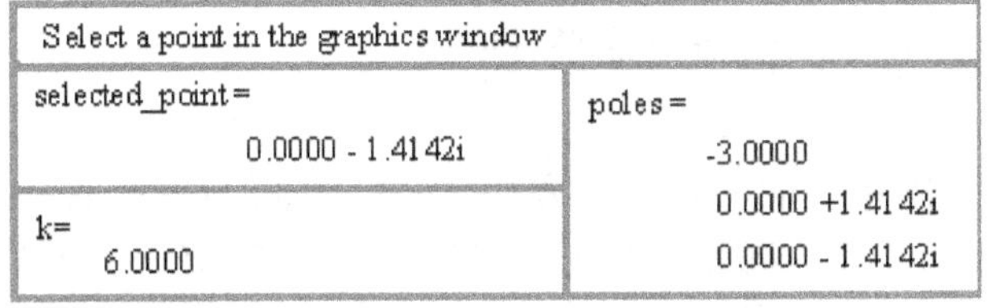

```
Select a point in the graphics window
selected_point=
        0.0000 - 1.4142i
k=
    6.0000
poles=
    -3.0000
     0.0000 +1.4142i
     0.0000 - 1.4142i
```

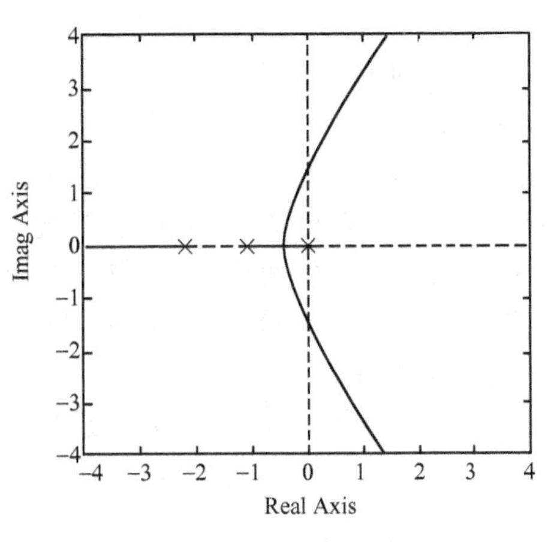

图 7-13 根轨迹图

由此可见,根轨迹与虚轴交点处的增益$k=6$,这说明当 $k<6$ 时系统稳定;当 $k>6$ 时,系统不稳定。利用 rlocfind( )函数也可找出根轨迹从实轴上的分离点处的增益 $k=0.38$, 这说明当 $0<k<0.38$ 时,系统为单调衰减稳定,当 $0.38<k<6$ 时系统为振荡衰减稳定。

2. 添加阻尼系数和自然频率的栅格线

sgrid( )函数可在连续系统的根轨迹或零极点图上绘制出栅格线,栅格线由等阻尼系数和等自然频率线构成,阻尼系数 ζ 的步长为 0.1,范围为 0~1;自然频率 ω_n 的步长为 $\pi/10$,范围为 $0\sim\pi$。sgrid( )函数有以下几种调用格式。

sgrid	%在已有的图形上绘制栅格线;
sgrid('new')	%先清除图形屏幕,然后绘制出栅格线并设置成 hold on,使后续绘图命令能绘制在栅格上;
sgrid(zeta,wn)	%可指定阻尼系数 ζ 和自然频率 ω_n;

sgrid(zeta,wn,'new')　　%可指定阻尼系数 ζ 和自然频率 ω_n；并且在绘制栅格线之前清除图形窗口。

【例 7-17】 已知某负反馈系统的开环传递函数为

$$G(s)H(s)=\frac{k}{s(s+1)(s+2)}$$

试绘制系统的根轨迹，求取系统具有阻尼比 $\zeta=0.5$ 的共轭闭环极点，并估算此时系统的性能指标。

解 MATLAB 命令为

```
>>num=1;den=conv([1,0],conv([1,1],[1,2]));
>>rlocus(num,den);sgrid(0.5,[]);
```

执行以上命令，可得如图 7-14 所示的根轨迹。然后移动鼠标到根轨迹与阻尼比 $\zeta=0.5$ 射线的交点处，单击鼠标左键便可获得此时系统的有关性能指标，即可得到当系统的阻尼比 $\zeta=0.5$ 时，根轨迹增益为 1.02，闭环极点为 $-0.335\pm j0.569$，最大超调量(%)为 15.8%，阻尼比为 0.507，无阻尼自然振荡频率为 0.661，如图 7-14 所示。

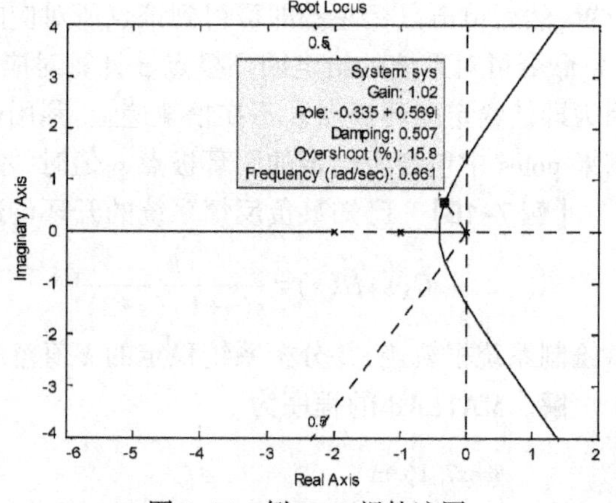

图 7-14　例 7-17 根轨迹图

再者，由于系统另外一个闭环实极点位于其开环极点 -2 的左边，且 $2/0.335>5$，故另外一个闭环实极点离虚轴的距离一定大于共轭闭环极点 $-0.335\pm j0.569$ 离虚轴距离的 5 倍以上，因此极点 $-0.335\pm j0.569$ 可作为该系统的一对共轭闭环主导极点。根据该主导极点的实部可知，系统的调整时间为 $(3\sim4)/0.335$。

对于离散系统的根轨迹，根据系统的开环脉冲传递函数 $G(z)$，可直接在 z 平面上利用函数 rlocus()绘制，其调用格式与连续系统的调用格式完全相同。

7.3　控制系统的频域分析

频域分析法是应用频率特性研究线性控制系统的一种经典方法。它的基本原理是，若一个线性系统受到频率为 ω 的正弦信号激励时，输出仍然为同频率的正弦信号，但其幅值 $M(\omega)$ 与输入信号成比例关系，而且输出与输入信号之间有一个相位差 $\varphi(\omega)$，$M(\omega)$ 和 $\varphi(\omega)$ 是关于 ω 的有理函数，这样就可以通过 $M(\omega)$ 和 $\varphi(\omega)$ 来表示系统的特征了。频率响应研究系统的频率行为，从频率响应中可得带宽、增益、转折频率和闭环系统稳定性等系统特征。MATLAB 的控制系统工具箱提供了多种求取线性系统频率响应曲线的函数，如表 7-3 所示。

表 7-3　频域响应函数

函数名	功　能	函数名	功　能
logspace()	产生频率向量	ngrid()	尼柯尔斯网格线
bode()	连续系统的伯德图	sigma()	连续系统奇异值频率图
dbode()	离散系统的伯德图	dsigma()	离散系统奇异值频率图
nyquist()	连续系统的奈奎斯特图	freqresp()	求取频率响应值
dnyquist()	离散系统的奈奎斯特图	evalfr()	求取单个复数频率点处的频率响应值
nichols()	连续系统的尼柯尔斯曲线	margin()	求幅值裕量、相位裕量及对应的转折频率
dnichols()	离散系统的尼柯尔斯曲线	grid()	坐标网络线
abs()	求频率响应函数的幅值	angle()	求频率响应函数的相位

7.3.1 连续控制系统的频域分析

1. 频率向量

频率向量可由 logspace( )函数来构成。此函数的调用格式为

$$\omega=\text{logspace}(m,n,npts)$$

此命令可生成一个以 10 为底的指数向量($10^m \sim 10^n$),点数由 npts 任意选定。

2. 系统的伯德图(Bode 图)

设系统的开环传递函数为

$$G(s)=\frac{b_0s^m+b_1s^{m-1}+\cdots+b_m}{s^n+a_1s^{n-1}+\cdots+a_n}$$

则系统的频率响应为

$$G(\mathrm{j}\omega)=\frac{b_0(\mathrm{j}\omega)^m+b_1(\mathrm{j}\omega)^{m-1}+\cdots+b_m}{(\mathrm{j}\omega)^n+a_1(\mathrm{j}\omega)^{n-1}+\cdots+a_n}$$

系统的伯德图就是幅值$|G(\mathrm{j}\omega)|$与相位$\angle G(\mathrm{j}\omega)$分别对角频率$\omega$进行绘图。因此,也称为幅频和相频特性曲线。根据开环的幅频和相频特性曲线,可求出幅值裕量和相位裕量。连续系统的伯德图可利用 bode( )函数来绘制,其调用格式为

[mag,phase,ω]=bode(num,den)　或　[mag,phase,ω]=bode(num,den,ω)

[mag,phase,ω]=bode(A,B,C,D)　或　[mag,phase,ω]=bode(A,B,C,D,iu)

[mag,phase,ω]=bode(A,B,C,D,iu,ω)

式中,num,den 和 A,B,C,D 分别为系统的开环传递函数和状态方程的矩阵参数;而 ω 为由频率点构成的向量。

bode(num,den)　　%可绘制出以开环传递函数 G(s)= num(s)/den(s)表示的系统 Bode 图;

bode(A,B,C,D)　　%可绘制出以状态空间表达式∑(A,B,C,D)所表示系统的每个输入的 Bode 图;

bode(A,B,C,D,iu)　　%可得从系统第 iu 个输入到所有输出的 Bode 图,其中频率范围由函数自动选取,而且在响应快速变化的位置会自动采用更多取样点;

bode(num,den,ω)　　%可利用指定的频率点向量 ω 绘制系统的 Bode 图。

bode(A,B,C,D,iu,ω)

bode( )函数本身可以通过输入元素的个数来自动地识别给出的是传递函数模型还是状态方程模型。当带输出变量引用函数时,可得到系统 Bode 图相应的幅值 mag,相位 phase 及频率点向量 ω,其相互关系为

$$G(\mathrm{j}\omega)=\boldsymbol{C}(\mathrm{j}\omega\boldsymbol{I}-\boldsymbol{A})^{-1}\boldsymbol{B}+\boldsymbol{D}$$

$$\text{mag}(\omega)=|G(\mathrm{j}\omega)|,\quad \text{phase}(\omega)=\angle G(\mathrm{j}\omega)$$

相位以度为单位,幅值可转换成以分贝为单位,即

$$\text{mag(dB)}=20*\text{log10(mag)}$$

有了这些数据就可以利用下面的 MATLAB 命令

```
>>subplot(2,1,1);semilogx(ω,20*log10(mag))
>>subplot(2,1,2);semilogx(ω,phase)
```

在同一个窗口上同时绘制出系统的 Bode 图,其中前一条命令中对幅值向量 mag 求分贝(dB)值。

如果只想绘制出系统的 Bode 图，而对获得幅值和相位的具体数值并不感兴趣，则可以采用如下简单的调用格式

bode(num,den,ω)　或　bode(A,B,C,D,iu,ω)

或更简单地　bode(num,den)　或　bode(A,B,C,D,iu)

【例 7-18】 已知二阶系统的开环传递函数为

$$G(s)=\frac{\omega_n^2}{s^2+2\zeta\omega_n s+\omega_n^2}$$

绘制出当 $\omega_n=3$ 和 ζ 分别取 0.2,0.4,0.6,0.8,1.0 时系统的 Bode 图。

解 当 $\omega_n=3$，ζ 取 0.2,0.4,0.6,0.8,1.0 时二阶系统的 Bode 图可直接采用 bode( ) 函数得到。MATLAB 程序为

```
%ex7_18.m
w=logspace(0,1);wn=3;
zeta=[0.2:0.2:1.0];
figure(1);num=[wn.^2];
for   k=zeta
   den=[1,2*k*wn,wn.^2];
   bode(num,den,w);hold on
end
grid;title('Bode plot');hold off
```

执行后得如图 7-15 所示 Bode 图。

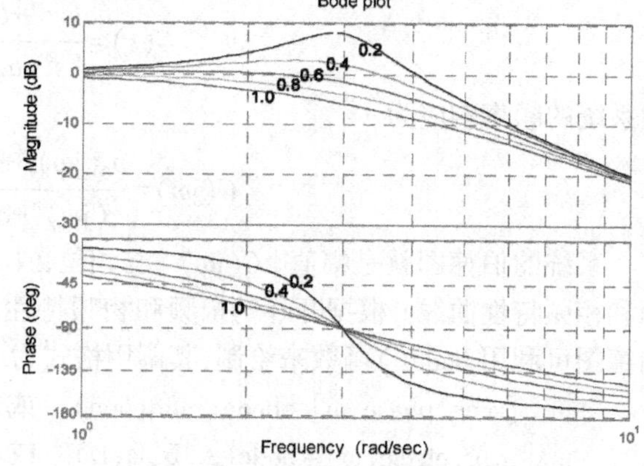

图 7-15　Bode 图

从图中可以看出，当 $\omega\to0$ 时，相角趋于 0；当 $\omega\to\infty$ 时，相角趋于 $-180°$；当 $\omega=\omega_n$ 时，相角等于 $-90°$，此时的幅值也最大。

3. 控制系统的奈奎斯特图(Nyquist 图)

Nyquist 图是指根据开环频率特性 $G(j\omega)H(j\omega)$ 在复平面上绘制其极坐标图。利用开环系统的 Nyquist 曲线，可判断闭环系统的稳定性。

Nyquist 稳定判据可表示为：当 ω 从 $-\infty\to+\infty$ 变化时，Nyquist 曲线 $G(j\omega)H(j\omega)$ 逆时针包围 $(-1,j0)$ 点的次数 N，等于系统开环传递函数 $G(s)H(s)$ 位于右半 s 平面的极点数 P，即 $N=P$，则闭环系统稳定；否则闭环系统不稳定。

nyquist( ) 函数的调用格式为

[Re,Im,ω]=nyquist(num,den)　或　[Re,Im,ω]=nyquist(num,den,ω)

[Re,Im,ω]=nyquist(A,B,C,D)　或　[Re,Im,ω]=nyquist(A,B,C,D,iu)

[Re,Im,ω]=nyquist(A,B,C,D,iu,ω)

其中，返回值 Re,Im 和 ω 分别为频率特性的实部向量、虚部向量和对应的频率向量，有了这些值就可利用命令 plot(Re,Im) 来直接绘出系统的奈奎斯特图。

当然也可使用下面的简单命令来直接绘出系统的奈奎斯特图。

nyquist(num,den,ω)　或　nyquist(A,B,C,D)

更简单地　nyquist(num,den)　或　nyquist(A,B,C,D,iu)

它的使用方法基本同 bode( ) 函数的用法。

【例 7-19】 已知系统的开环传递函数为

$$G(s)H(s)=\frac{0.5}{s^3+2s^2+s+0.5}$$

绘制 Nyquist 曲线,并判断系统的稳定性。

解 MATLAB 命令为

```
>>num=0.5;den=[1,2,1,0.5];nyquist(num,den)
```

执行后可得如图 7-16 所示的曲线,由于 Nyquist 曲线没有包围(-1,j0)点,且 $P=0$,所以由 $G(s)H(s)$构成的单位负反馈闭环系统稳定。

在 Nyquist 曲线窗口中,也可利用鼠标通过单击曲线上任意一点,获得此点所对应的系统的开环频率特性,在该点的实部和虚部及其频率的值,如图 7-16 所示。

【例 7-20】 已知系统的开环传递函数为

$$G(s)H(s)=\frac{50}{(s+5)(s-2)}$$

绘制系统的 Nyquist 曲线,并判别闭环系统的稳定性。

解 MATLAB 命令为

```
>>num=50;den=conv([1,5],[1,-2]);nyquist(num,den)
```

执行后可得如图 7-17 所示的 Nyquist 曲线, 由图可知 Nyquist 曲线按逆时针方向包围(-1,j0)点 1 次,而开环系统包含右半 s 平面上的一个极点,所以以此构成的闭环系统稳定。

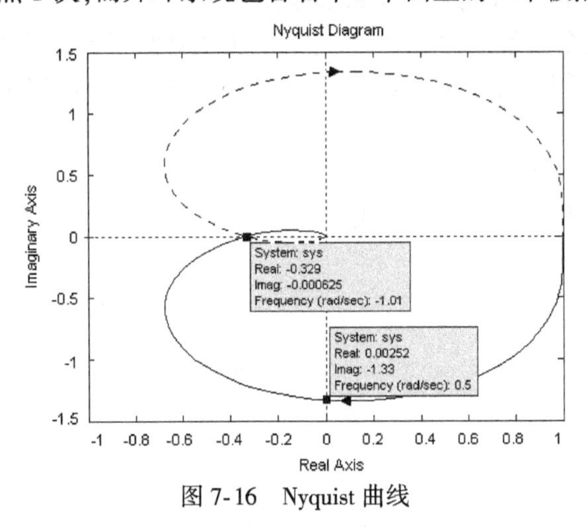

图 7-16 Nyquist 曲线

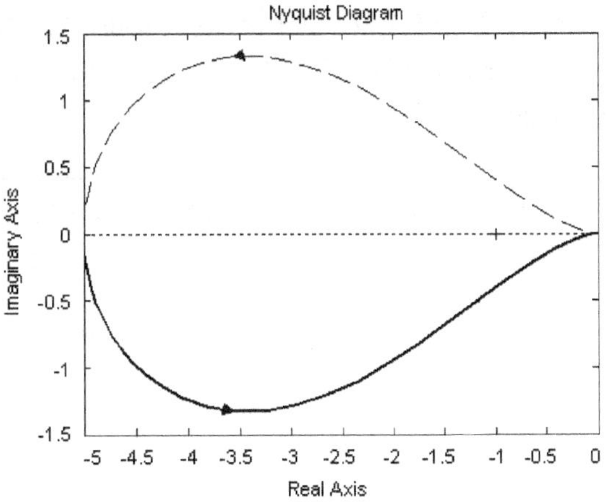

图 7-17 Nyquist 曲线

【例 7-21】 已知多环系统

$$G(s)=\frac{16.7s}{(0.8s+1)(0.25s+1)(0.0625s+1)}$$

其系统结构图如图 7-18 所示,试用 Nyquist 曲线判断系统的稳定性。

解 先算出内环传递函数

$$G_0(s)=\frac{G(s)}{1+G(s)}$$

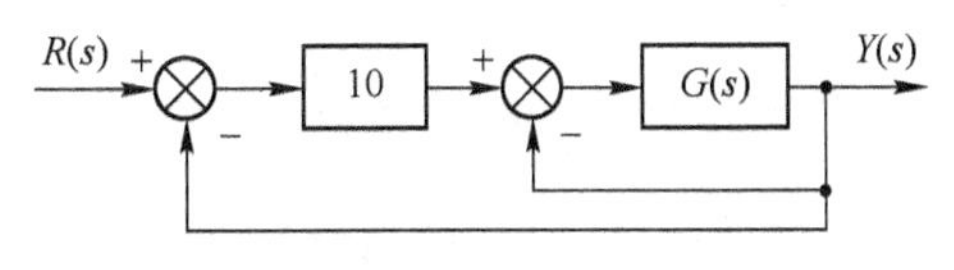

图 7-18 系统结构图

然后以 $G_0(s)$ 为开环传递函数绘制出 Nyquist 曲线,但这里不能直接采用奈氏判据,因为在前向通道上有一放大系数 $k=10$,因此奈氏判据中的临界点应改成$(-1/k,j0)$点, MATLAB 程序为

```
%ex7_21.m
k1=16.7/(0.8*0.25*0.0625);z1=[0];p1=[-1/0.8 -1/0.25 -1/0.0625];
[num1,den1]=zp2tf(z1,p1,k1);[num,den]=cloop(num1,den1);nyquist(num,den)
[z,p,k]=tf2zp(num,den);[num1,den1]=zp2tf(z,p,10*k);
[num,den]=cloop(num1,den1);[z,p,k]=tf2zp(num,den);p
```

执行可得系统的如下闭环极点和如图 7-19 所示的 Nyquist 曲线。

```
P=
   1.0e+002 *
   -0.1062 +1.2113i
   -0.1062 - 1.2113i
   -0.0001
```

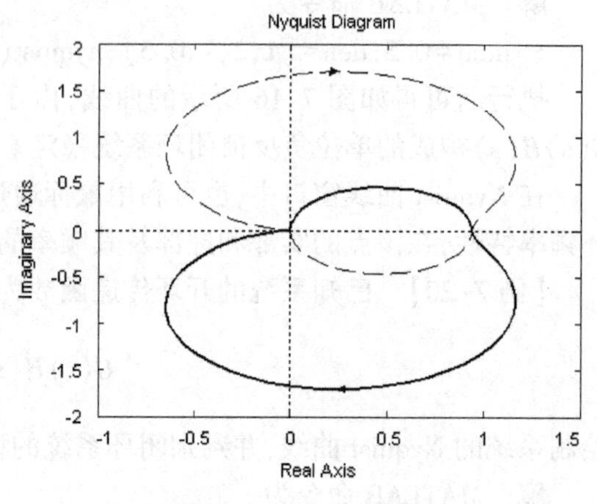

图 7-19　Nyquist 曲线

由图可知,Nyquist 曲线不包围(-0.1,j0)点,而开环系统的 3 个极点均位于左半 s 平面,因此这个系统是稳定的。

4. 控制系统的尼柯尔斯图(Nichols 图)

绘制尼柯尔斯图的函数 nichols( )调用格式为

[mag,phase,ω]=nichols(num,den,ω)　或　[mag,phase,ω]=nichols(A,B,C,D,iu,ω)

该函数的调用格式以及返回的值与 bode( )函数完全一致,事实上虽然它们使用的算法不同,但这两个函数得出的结果还是基本一致的。但 Nichols 图的绘制方式和 Bode 图是不同的,它可由以下命令绘制

plot(phase,20*log10(mag))

当然,Nichols 图也可采用与 Bode 图类似的简单命令来直接绘制。

【例 7-22】 已知单位负反馈的开环传递函数为

$$G(s)H(s)=\frac{1}{s(s+1)(0.2s+1)}$$

试绘制其 Nichols 图。

解　MATLAB 程序为

```
%ex7_22.m
num=1;den=conv([1,0],conv([1,1],[0.2,1]));
w=logspace(-1,1,400);
[mag,phase]=nichols(num,den,w);
plot(phase,20*log10(mag));ngrid
```

执行后可得如图 7-20 所示的 Nichols 图。

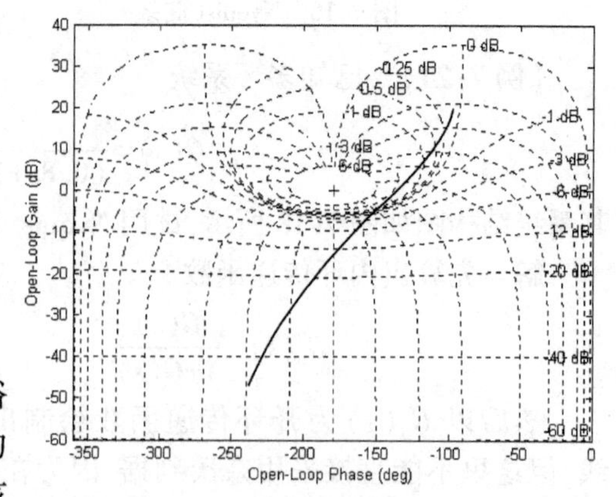

图 7-20　Nichols 曲线

5. 幅值裕量和相位裕量

在判断系统稳定性时,常常需要求出系统的幅值裕量和相位裕量。利用 MATLAB 控制系统工具箱提供的 margin( )函数可以求出系统的幅值裕量与相位裕量,该函数的调用格式为

[Gm,Pm,Wcg,Wcp]=margin(num,den)　或　[Gm,Pm,Wcg,Wcp]=margin(A,B,C,D)

式中,Gm 和 Pm 分别为系统的幅值裕量 K_g 和相位裕量 γ;而 Wcg 和 Wcp 分别为幅值裕量和相位裕量处相应的频率值,即相位穿越频率 ω_g 和幅值穿越频率 ω_c。

当系统不存在幅值裕量或相位裕量时,幅值裕量或相位裕量的值应该返回 inf,而发生的频率值应该返回 NaN。

除了根据系统模型直接求取幅值和相位裕量之外,MATLAB 的控制系统工具箱中还提供了由幅值和相位相应数据来求取裕量的方法,这时函数的调用格式为

[Gm,Pm,Wcg,Wcp]=margin(mag,phase,ω)

其中,频率响应可以是由 bode()函数获得的幅值和相位向量,也可以是系统的实测幅值与相位向量;ω 为相应的频率点向量。

【例 7-23】 求例 7-19 所给系统的幅值裕量和相位裕量。

解 MATLAB 程序为

```
%ex7_23.m
num=0.5;den=[1,2,1,0.5];[Gm,Pm,Wcg,Wcp]=margin(num,den)
disp(['幅值裕量=',num2str(20*log10(Gm)),'dB,','相位裕量=',num2str(Pm),'度。']);
```

执行后得如下结果

Gm = 3.0035	Pm = 48.9534
Wcg= 1.0004	Wcp= 0.6435
幅值裕量=9.5524dB, 相位裕量=48.9534 度。	

由此可见,系统的幅值裕量 $K_g=3.0035=9.5524\text{dB}$;相位裕量 $\gamma=48.9534°$;相位穿越频率 $\omega_g=1.0004$;幅值穿越频率 $\omega_c=0.6435$。

另外,利用 MATLAB 中的单变量线性系统设计器(SISO Design Tool),不仅可以绘制出系统的根轨迹和对数坐标图,而且还可以获得系统的幅值裕量和相位裕量。例如对于例 7-23 所示系统,利用以下命令

```
>>num=0.5;den=[1,2,1,0.5];ex7_23=tf(num,den);sisotool(ex7_23)
```

便可打开 SISO Design Tool 的工作窗口,并绘制出所给系统 ex7_23 的根轨迹和对数坐标图,同时给出系统的幅值裕量和相位裕量,以及相位穿越频率和幅值穿越频率,如图 7-21 所示。显然它与例 7-23所得结果一致。SISO Design Tool 的详细使用方法可参第 9 章。

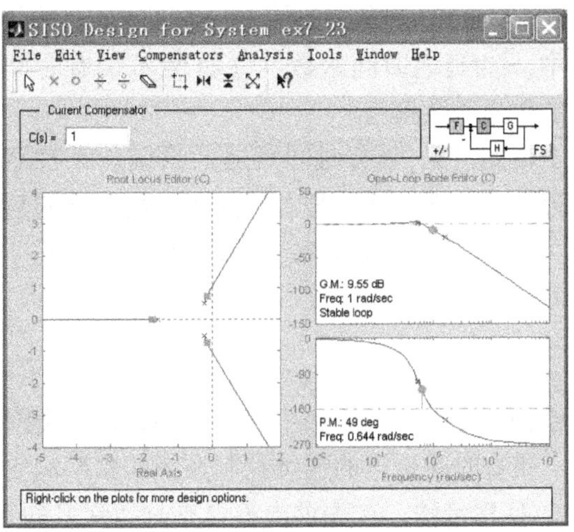

图 7-21　SISO Design Tool 工作窗口

7.3.2　离散控制系统的频域分析

离散时间系统的频率分析也可以调用相应的 MATLAB 控制系统工具箱函数来完成,这些函数是以连续系统的函数名前加一个字母 d 来命名的,例如,离散时间系统的 Bode 图可以由 dbode()函数求出,Nyquist 图可以由 dnyquist()函数求出,

Nichols 图可以由 dnichols( )函数求出。其实在 MATLAB 的控制系统工具箱中这样的函数命名方式是相当普遍的,它们的调用格式与连续系统类似,例如 dbode( )函数的调用格式为

[mag,phase,ω]=dbode(num,den,Ts,ω)　或　[mag,phase,ω]=dbode(G,H,C,D,Ts,iu,ω)

式中,num,den 和 G,H,C,D 分别为离散系统传递函数和状态方程模型的参数;Ts 为采样周期;iu 为输入序号;ω 为频率向量。当 ω 省略时,频率点在 0 至 π/Ts 弧度之间自动选取;返回值 mag,phase 则分别为该系统的幅值和相位向量,通过它们可以绘制出系统的频率响应曲线。

当然这一函数的调用格式也可以简化成下面的格式

dbode(num,den,Ts,ω)　或　dbode(G,H,C,D,Ts, iu,ω)

更简单地　dbode(num,den,Ts)　或　dbode(G,H,C,D,Ts, iu)

在这种情况下,将直接绘制出离散时间系统的 Bode 图。

【例 7-24】 已知开环系统的离散时间状态空间表达式为

$$\begin{cases} x(k+1)=\begin{bmatrix}-1 & -2 & -2\\ 0 & -1 & 1\\ 1 & 0 & -1\end{bmatrix}x(k)+\begin{bmatrix}2\\0\\1\end{bmatrix}u(k) \\ y(k)=\begin{bmatrix}1 & 2 & 0\end{bmatrix}x(k)\end{cases}$$

试绘制出 Bode 图(设采样周期 Ts=0.1)。

解　MATLAB 命令为

```
>>G=[-1,-2,-2;0,-1,1;1,0,-1];h=[2;0;1];
>>c=[1,2,0];d=0;dbode(G,h,c,d,0.1,1);grid
```

执行后可得如图 7-22 所示的 Bode 图。

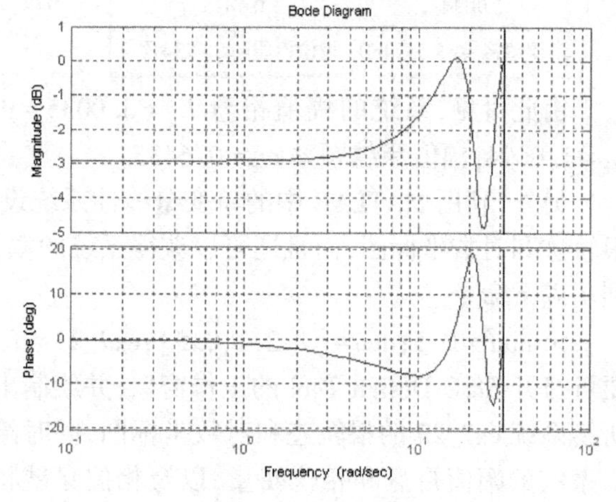

图 7-22　Bode 图

7.3.3　时间延迟系统的频域分析

带有时间延迟的连续控制系统的传递函数模型可以写成

$$G(s)=\frac{b_0s^m+b_1s^{m-1}+\cdots+b_m}{s^n+a_1s^{n-1}+\cdots+a_n}e^{-\tau s}$$
$$=G_1(s)e^{-\tau s} \tag{7-5}$$

式中,τ 为延迟时间常数;$G_1(s)$ 为不带有时间延迟的传递函数模型。

由此可见,带有时间延迟的系统从某种意义上说相当于在一个不带有时间延迟的传递函数模型后面串接一个纯时间延迟环节 $e^{-\tau s}$。

带有时间延迟的状态方程模型可以写成

$$\begin{cases}\dot{\boldsymbol{x}}(t)=\boldsymbol{A}\boldsymbol{x}(t)+\boldsymbol{B}\boldsymbol{u}(t-\tau)\\ \boldsymbol{y}(t)=\boldsymbol{C}\boldsymbol{x}(t)+\boldsymbol{D}\boldsymbol{u}(t-\tau)\end{cases} \tag{7-6}$$

其中,$\boldsymbol{A},\boldsymbol{B},\boldsymbol{C},\boldsymbol{D}$ 矩阵和不含有时间延迟是类似的。

带有时间延迟的连续控制系统的频率响应可以由以下两种方法直接求得:

① 精确法。首先求出不含有时间延迟的传递函数模型 $G_1(s)$ 的幅值频率响应和相位频率响应,这样整个系统的幅值频率响应和 $G_1(s)$ 的是一致的,而相位频率响应等于 $G_1(s)$ 的相位再减去 $\tau\omega$,亦即

$$|G(\mathrm{j}\omega)|=|G_1(\mathrm{j}\omega)|,\quad \angle G(\mathrm{j}\omega)=\angle G_1(\mathrm{j}\omega)-\tau\omega$$

② 近似法。先将纯时间延迟环节 $\mathrm{e}^{-\tau s}$ 近似为有理函数的形式，然后根据环节串联法求取总的传递函数，最后根据总传递函数求出频率响应。

纯时间延迟环节 $\mathrm{e}^{-\tau s}$ 常采用 Padè 近似方法，它是 1892 年由法国数学家 Padè 提出的一种著名的有理近似方法，其表达式为

$$\mathrm{e}^{-\tau s}\approx\frac{1-\tau s/2+p_1(\tau s)^2-p_2(\tau s)^3+\cdots+p_{n-1}(\tau s)^n+\cdots}{1+\tau s/2+p_1(\tau s)^2+p_2(\tau s)^3+\cdots+p_{n-1}(\tau s)^n+\cdots}$$

式中，$p_1,p_2,\cdots$ 称 Padè 近似系数，它可利用 MATLAB 控制系统工具箱中提供的函数 pade( ) 来求得，该函数的调用格式为

[num,den]=pade(tau,n)

其中，tau 为延迟时间常数；n 为要求拟合的阶数；调用该函数之后将返回 Padè 近似的传递函数模型 num，den。一般情况下，取 Padè 近似的拟合阶次为 3 或 4 就可以获得相当满意的精度。

【例 7-25】 对于系统的开环传递函数

$$G(s)=\frac{s+1}{(s+2)^3}\mathrm{e}^{-0.5s}$$

采用精确法和近似法分别计算系统的频率响应。

解 MATLAB 程序为

```
%ex7_25.m
num1=[1  1];den1=conv([1,2],conv([1,2],[1,2]));
w=logspace(-1,2);tau=0.5;[m1,p1]=bode(num1,den1,w);
p1=p1-tau*w'*180/pi;[n2,d2]=pade(tau,4);
numT=conv(n2,num1);denT=conv(den1,d2);[m2,p2]=bode(numT,denT,w);
subplot(2,1,1);semilogx(w,20*log10(m1),w,20*log10(m2),'-.') ;grid
subplot(2,1,2);semilogx(w,p1,w,p2,'-.') ;grid
```

执行后可得如图 7-23 所示的 Bode 图，其中图 7-23 中实线为系统采用精确法后的 Bode 图，虚线为系统采用近似法的 Bode 图。

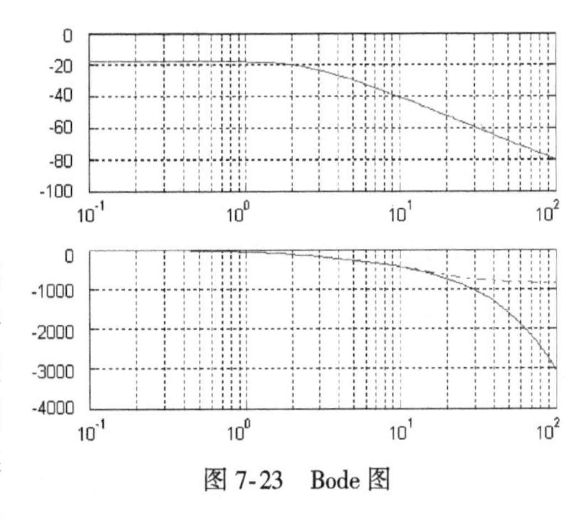

图 7-23 Bode 图

7.3.4 基于频率特性的系统辨识

对于某些比较复杂的控制系统的数学模型往往没有办法采用机理法得到，但可以通过适当的实验手段测试出系统的某种响应信息，如可以通过频率响应测试出系统的频率响应数据，或通过数据采集系统测试出系统时间响应的输入与输出数据，有了系统的某种响应数据，就可以根据它来获得系统的数学模型，这种获得系统模型的过程称为系统辨识。

1. 频率响应数据的获得

MATLAB 提供了直接求取频率响应数据的函数 freqresp( )，其调用格式为

$$F=\text{freqresp}(\text{num},\text{den},\text{sqrt}(-1)*\omega) \quad 或 \quad F=\text{freqresp}(A,B,C,D,\text{iu},\text{sqrt}(-1)*\omega)$$

式中,F 为频率响应;ω 为给定的频率范围向量。

【例 7-26】 已知系统的传递函数为

$$G(s)=\frac{s^3+7s^2+24s+24}{s^4+10s^3+35s^2+50s+24}$$

求频率范围为 0.1~10 的频率响应。

解 MATLAB 程序为

```
%ex7_26.m
w=logspace(-1,1);num=[1 7 24 24];den=[1 10 35 50 24];
F=freqresp(num,den,sqrt(-1)*w)
```

结果显示:

```
F=
   0.9892 - 0.1073i
   0.9870 - 0.1176i
   0.9843 - 0.1289i
        ⋮
   0.0266 - 0.0983i
   0.0239 - 0.0919i
   0.0212 - 0.0857i
```

MATLAB 也提供了直接求取 LTI 系统(LTI 系统的定义参见第 9 章)在单个复数频率点处的频率响应数据的函数 evalfr( ),其调用格式为

$$F=\text{evalfr}(\text{sys},\omega)$$

式中,F 为频率响应;ω 为给定的频率向量。

【例 7-27】 求例 7-26 所示系统在频率等于 0.1 点的频率向量。

解 MATLAB 程序为

```
%ex7_27.m
w=0+0.1j;num=[1 7 24 24];den=[1 10 35 50 24];sys=tf(num,den);F=evalfr(sys,w)
```

结果显示:

```
F =
   0.9892 - 0.1073i
```

2. 利用频率响应数据求系统模型

在 MATLAB 信号处理工具箱中,给出了一个根据系统的频率响应数据来辨识系统传递函数模型的函数 invfreqs( ),该函数的调用格式为

$$[\text{num},\text{den}]=\text{invfreqs}(F,\omega,m,n)$$

式中,ω 为由频率点构成的向量;F 为复数向量,其实部和虚部为辨识时用到的频率响应数据的实部和虚部数据;m 和 n 分别为待辨识系统的分子和分母阶次。返回的 num 和 den 分别为辨识出传递函数分子和分母的系数向量,即系统的传递函数模型。如果给出系统的幅频响应数据 mag 和相频响应数据 phase,则可以由下面的方式来调用 invfreqs( )函数

$$[\text{num},\text{den}]=\text{invfreqs}(\text{mag}.*\exp(\text{sqrt}(-1)*\text{phase}),\omega,m,n)$$

除了由频率响应数据辨识原系统模型以外,还可以根据阶跃响应及脉冲响应数据对系统的传

递函数进行辨识,其具体的做法是,首先将阶跃响应数据或脉冲响应数据转化为相应的频率响应数据,然后再根据上面的方法来辨识原系统的模型。由脉冲响应数据求频率响应数据的方法是很显然的,因为脉冲响应函数 $g(t)$ 和频率响应函数 $G(\mathrm{j}\omega)$ 满足下面的关系

$$G(\mathrm{j}\omega)=\int_0^{\infty}g(t)\mathrm{e}^{-\mathrm{j}\omega t}\mathrm{d}t\approx\int_0^{T_\mathrm{f}}g(t)\mathrm{e}^{-\mathrm{j}\omega t}\mathrm{d}t$$

式中,T_f取得足够大就可以由数值积分的算法得出频率响应数据。这样脉冲响应数据的辩识问题就转换成频率响应辩识问题了。另外,由控制理论知,若已知系统的阶跃响应数据,则可以通过数值微分的方法得出系统的脉冲响应数据,从而最终由已知的方法辩识出系统的传递函数模型。

【例 7-28】 利用例 7-26 在给定频率范围上求得的频率响应值 F,辩识系统的传递函数模型。

解 MATLAB 命令如下

```
>>[num,den]=invfreqs(F,w,3,4),printsys(num,den)
```

结果显示:

```
num =
     1.0000     7.0000     24.0000     24.0000

den =
     1.0000     10.0000     35.0000     50.0000     24.0000

num/den=
          1 s^3 +7 s^2 + 24 s + 24
     ----------------------------------------
     s^4 + 10 s^3 + 35 s^2 + 50 s + 24
```

注意对于不同的 MATLAB 版本,例 7-28 的结果可能略有不同。

7.4 系统的能控性和能观测性分析

利用 MATLAB 的控制系统工具箱,不仅可分析系统的能控性和能观测性,而且可对不完全能控或不完全能观测的系统进行结构分解,函数如表 7-4 所示。

表 7-4 能控性和能观测性函数

函数名	功　　能	函数名	功　　能
ctrb()	求能控性矩阵	dgram()	求离散系统的能控性或能观测性 Gram 矩阵
obsv()	求能观测性矩阵	ctrbf()	将系统按能控性和不能控性进行分解
gram()	求能控性或能观测性 Gram 矩阵	obsvf()	将系统按能观测性和不能观测性进行分解

7.4.1 系统的能控性和能观测性

能控性和能观测性是现代控制理论中两个重要的基本概念,是设计控制器和状态估计器的基础。

系统的能控性是指系统的输入能否控制状态的变化。而系统的能观测性是指系统状态的变化能否由系统的输出反映出来。

对于 n 阶线性定常系统

$$\begin{cases}\dot{\boldsymbol{x}}(t)=\boldsymbol{A}\boldsymbol{x}(t)+\boldsymbol{B}\boldsymbol{u}(t)\\ \boldsymbol{y}(t)=\boldsymbol{C}\boldsymbol{x}(t)+\boldsymbol{D}\boldsymbol{u}(t)\end{cases}\tag{7-7}$$

能控性矩阵为 $$\boldsymbol{U}_\mathrm{c}=[\boldsymbol{B}\quad \boldsymbol{AB}\quad \boldsymbol{A}^2\boldsymbol{B}\quad\cdots\quad \boldsymbol{A}^{n-1}\boldsymbol{B}]$$

当 rank $\boldsymbol{U}_\mathrm{c}=n$ 时,系统的状态完全能控,否则系统不能控。

能观测性矩阵为 $$\boldsymbol{V}_\mathrm{o}=\begin{bmatrix}\boldsymbol{C}\\ \boldsymbol{CA}\\ \vdots\\ \boldsymbol{CA}^{n-1}\end{bmatrix}$$

当 $\operatorname{rank}\boldsymbol{V}_{\mathrm{o}}=n$ 时，系统的状态完全能观测，否则系统状态不能观测。

在 MATLAB 中，可利用 ctrb()和 obsv()函数直接求出能控性和能观测性矩阵，从而确定系统的状态能控性和能观测性。它们的调用格式分别为

$$\mathrm{Uc=ctrb(A,B)} \quad \text{和} \quad \mathrm{Vo=obsv(A,C)}$$

其中，A，B，C 为系统的各矩阵；Uc 和 Vo 分别为能控性矩阵和能观测性矩阵。

【例 7-29】 已知线性定常系统

$$\begin{cases}\dot{\boldsymbol{x}}=\begin{bmatrix}-3 & 1\\ 1 & -3\end{bmatrix}\boldsymbol{x}+\begin{bmatrix}1 & 1\\ 1 & 1\end{bmatrix}\boldsymbol{u}\\ \boldsymbol{y}=\begin{bmatrix}1 & 1\\ 1 & -1\end{bmatrix}\boldsymbol{x}\end{cases}$$

判断系统的能控性和能观测性。

解 MATLAB 程序如下

```
%ex7_29. m
A=[-3  1;1  -3];B=[1  1;1  1];C=[1  1;1  -1];D=[0];
n=2; Uc=ctrb(A,B);Vo=obsv(A,C);
if(rank(Uc)= =n)
      if(rank(Vo)= =n)
            disp('系统状态既能控又能观测')
      else disp('系统状态能控,但不能观测')
      end
else if (rank(Vo)= =n)
            disp('系统状态能观测,但不能控')
        else disp('系统状态不能控,也不能观测')
        end
end
```

结果显示：

```
系统状态能观测，但不能控。
```

另外，利用系统的能控性和能观测性 Gram 矩阵

$$\boldsymbol{W}_{\mathrm{c}}=\int_0^\infty \mathrm{e}^{A\tau}\boldsymbol{B}\boldsymbol{B}^{\mathrm{T}}\mathrm{e}^{A^{\mathrm{T}}\tau}\mathrm{d}\tau \quad \text{和} \quad \boldsymbol{W}_{\mathrm{o}}=\int_0^\infty \mathrm{e}^{A^{\mathrm{T}}\tau}\boldsymbol{C}^{\mathrm{T}}\boldsymbol{C}\mathrm{e}^{A\tau}\mathrm{d}\tau$$

是否满秩，也可判别系统的能控性和能观测性。

在 MATLAB 中，求系统的能控性和能观测性 Gram 矩阵的函数 gram()的调用格式为

$$\mathrm{Wc=gram(A,B)} \quad \text{和} \quad \mathrm{Wo=gram(A',C')}$$

【例 7-30】 已知系统 $$G(s)=\frac{s+a}{s^3+10s^2+27s+18}$$

当 a 分别取-1，0，1 时，判别系统的能控性和能观测性。

解 MATLAB 程序为

```
%ex7_30. m
for a=[-1:1]
   a
   num=[1,a];den=[1  10  27  18];n=3;[A,B,C,D]=tf2ss(num,den);
```

```
    Wc=gram(A,B);Wo=gram(A',C');
    if (rank(Wc)==n)
        if (rank(Wo)==n)
            disp('系统既能控又能观测')
            else disp('系统能控,但不能观测')
        end
    else if (rank(Wo)==n)
            disp('系统能观测,但不能控')
        else disp('系统不能控也不能观测')
        end
    end
end
```

运行结果表明,当 $a=-1,0$ 时,系统状态为完全能控和完全能观测;当 $a=1$ 时,系统状态为能控但不能观测。

7.4.2 将系统按能控性和不能控性进行分解

若原系统 $\sum(\boldsymbol{A},\boldsymbol{B},\boldsymbol{C},\boldsymbol{D})$ 不完全能控,则存在一个相似变换阵 $\boldsymbol{T}$,使得系统变换为

$$\widetilde{\boldsymbol{A}}=\boldsymbol{TAT}^{-1}=\begin{bmatrix}\boldsymbol{A}_{\bar{c}} & 0\\ \boldsymbol{A}_{21} & \boldsymbol{A}_{c}\end{bmatrix},\quad \widetilde{\boldsymbol{B}}=\boldsymbol{TB}=\begin{bmatrix}0\\ \boldsymbol{B}_{c}\end{bmatrix},\quad \widetilde{\boldsymbol{C}}=\boldsymbol{CT}^{-1}=[\boldsymbol{C}_{\bar{c}}\quad \boldsymbol{C}_{c}]$$

其中,$\sum(\boldsymbol{A}_c,\boldsymbol{B}_c)$ 为能控子系统。

MATLAB 的控制系统工具箱中提供了这种分解的函数 ctrbf( ),其调用格式为

[Ac,Bc,Cc,Tc,Kc]=ctrbf(A,B,C)

其中,Tc 为相似变换阵;Kc 是长度为 n 的一个矢量,其元素为各个块的秩。sum(K)可求出 A 中能控部分的秩;Ac,Bc,Cc 对应于转换后系统的 A,B,C。

【例 7-31】 已知系统的状态空间表达式为

$$\begin{cases}\dot{\boldsymbol{x}}(t)=\begin{bmatrix}0 & 0 & -1\\ 1 & 0 & -3\\ 0 & 1 & -3\end{bmatrix}\boldsymbol{x}(t)+\begin{bmatrix}1\\ 1\\ 0\end{bmatrix}u(t)\\ y(t)=[0\quad 1\quad -2]\boldsymbol{x}(t)\end{cases}$$

试判断系统是否为状态完全能控,否则将系统按能控性分解。

解 MATLAB 程序为

```
%ex7_31.m
A=[0 0 -1;1 0 -3;0 1 -3];B=[1;1;0];C=[0 1 -2];
n=rank(A);Uc=ctrb(A,B);
if(rank(Uc)==n)
  disp('系统状态完全能控')
else
  [Ac,Bc,Cc,Tc,Kc]=ctrbf(A,B,C)
end
```

结果显示:

Ac =	Bc =	Cc =
-1.0000 0.0000 -0.0000 -2.1213 -2.5000 0.8660 -1.2247 -2.5981 0.5000	0 0 -1.4142	1.7321 1.2247 -0.7071
Tc = -0.5774 0.5774 -0.5774 0.4082 -0.4082 -0.8165 -0.7071 -0.7071 0	Kc = 1 1 0	

7.4.3 将系统按能观测性和不能观测性进行分解

若系统$\sum(\boldsymbol{A},\boldsymbol{B},\boldsymbol{C},\boldsymbol{D})$不完全能观测，则存在一个相似变换阵$\boldsymbol{T}$，将系统变换为

$$\widetilde{\boldsymbol{A}}=\boldsymbol{TAT}^{-1}=\begin{bmatrix}\boldsymbol{A}_{\bar{o}} & \boldsymbol{A}_{12}\\ 0 & \boldsymbol{A}_{o}\end{bmatrix},\widetilde{\boldsymbol{B}}=\boldsymbol{TB}=\begin{bmatrix}\boldsymbol{B}_{\bar{o}}\\ \boldsymbol{B}_{o}\end{bmatrix},\widetilde{\boldsymbol{C}}=\boldsymbol{CT}^{-1}=[0\quad \boldsymbol{C}_{o}]$$

其中，$(\boldsymbol{A}_o,\boldsymbol{C}_o)$为能观测子系统。

MATLAB 控制系统工具箱中，能观测性分解函数 obsvf( )的调用格式为

$$[\mathrm{Ao,Bo,Co,To,Ko}] = \mathrm{obsvf(A,B,C)}$$

其中，To 为相似变换阵；Ko 是长度为 n 的一个矢量，其元素为 Ao 阵中各个块的秩。sum(K)可求出 A 中能观测部分的秩。Ao，Bo，Co 对应于转换后系统的 A，B，C。

【例 7-32】 试判断例 7-31 的系统是否为状态完全能观测，否则将系统按能观测性进行分解。

解 MATLAB 程序为

```
%ex7_32.m
A=[0 0 -1;1 0 -3;0 1 -3];B=[1;1;0];C=[0 1 -2];
n=rank(A);Vo=obsv(A,C);
if(rank(Vo)==n)
    disp('系统状态完全能观测')
else
    [Ao,Bo,Co,To,Ko]=obsvf(A,B,C)
end
```

执行结果显示：

Ao =	Bo =	Co =
-1.0000 -1.3416 -3.8341 0.0000 -0.4000 -0.7348 0 0.4899 -1.6000	1.2247 -0.5477 -0.4472	0 0.0000 -2.2361
To = 0.4082 0.8165 0.4082 -0.9129 0.3651 0.1826 0 -0.4472 0.8944	Ko = 1 1 0	

7.5 系统模型的降阶

在控制系统的研究中，模型降阶技术起着很重要的作用。模型降阶的目的就是使高阶系统由一个相对低阶的模型做尽可能好的近似，使得高阶模型可以依照对低阶的设计方法进行近似设计。模型降阶技术首先由 Edward Darison 提出，其想法是降低原始系统的系数矩阵的阶次，并保留原来系统的主导特征值与一些重要的状态变量。除了这种方法以外，还出现了多种多样的其他基于状

态空间表达式的降阶算法。如聚类分析法、奇异摄动法、平衡实现法及最优 Hankel 范数近似法等。本节主要介绍基于平衡实现的降阶算法。

7.5.1 平衡实现

在讨论平衡实现之前,先看下面的一个例子

$$\begin{cases}\begin{bmatrix}\dot{x}_1\\ \dot{x}_2\end{bmatrix}=\begin{bmatrix}-1 & 0\\ 0 & -2\end{bmatrix}\begin{bmatrix}x_1\\ x_2\end{bmatrix}+\begin{bmatrix}10^{-6}\\ 10^{6}\end{bmatrix}u\\ y=[10^{6} \quad 10^{-6}]\begin{bmatrix}x_1\\ x_2\end{bmatrix}\end{cases}$$

由此可见,$\boldsymbol{B}$ 矩阵中的第 1 个元素的值比第 2 个元素的值小得多,而 $\boldsymbol{C}$ 矩阵的情况也是类似的。这样,在数值运算中,由于舍入等情况将可能带来误差。因为在数值运算中比较小的值往往会被截断。

如果引入一对新的状态变量 $z_1=10^6x_1$ 和 $z_2=10^{-6}x_2$ 来重新对原系统做变换,以改变其标度,则原始系统的模型可以变换成下面的形式

$$\begin{cases}\begin{bmatrix}\dot{z}_1\\ \dot{z}_2\end{bmatrix}=\begin{bmatrix}-1 & 0\\ 0 & -2\end{bmatrix}\begin{bmatrix}z_1\\ z_2\end{bmatrix}+\begin{bmatrix}1\\ 1\end{bmatrix}u\\ y=[1 \quad 1]\begin{bmatrix}z_1\\ z_2\end{bmatrix}\end{cases}$$

这样变换后的系统称做平衡实现的系统。可见,在这种变换下只改变了各个状态变量的内部坐标度,使得 $\boldsymbol{B}$ 矩阵及 $\boldsymbol{C}$ 矩阵的相应元素之间相差得不再像原来那样悬殊。

假设不对称稳定系统为

$$\begin{cases}\dot{\boldsymbol{x}}=\boldsymbol{Ax}+\boldsymbol{Bu}\\ \boldsymbol{y}=\boldsymbol{Cx}+\boldsymbol{Du}\end{cases} \tag{7-8}$$

为对其进行平衡实现,首先可以定义能控性和能观测性 Gram 矩阵

$$\boldsymbol{G}_\mathrm{c}=\int_0^\infty \mathrm{e}^{\boldsymbol{A}t}\boldsymbol{BB}^\mathrm{T}\mathrm{e}^{\boldsymbol{A}^\mathrm{T}t}\mathrm{d}t \quad 和 \quad \boldsymbol{G}_\mathrm{o}=\int_0^\infty \mathrm{e}^{\boldsymbol{A}^\mathrm{T}t}\boldsymbol{C}^\mathrm{T}\boldsymbol{C}\mathrm{e}^{\boldsymbol{A}t}\mathrm{d}t \tag{7-9}$$

可以证明,$\boldsymbol{G}_\mathrm{c}$ 与 $\boldsymbol{G}_\mathrm{o}$ 均为对称的半正定矩阵,并分别满足下面的李雅普诺夫方程

$$\boldsymbol{AG}_\mathrm{c}+\boldsymbol{G}_\mathrm{c}\boldsymbol{A}^\mathrm{T}=-\boldsymbol{BB}^\mathrm{T},\quad \boldsymbol{A}^\mathrm{T}\boldsymbol{G}_\mathrm{o}+\boldsymbol{G}_\mathrm{o}\boldsymbol{A}=-\boldsymbol{C}^\mathrm{T}\boldsymbol{C}$$

这时总存在一个矩阵 $\boldsymbol{T}$,经 $\boldsymbol{x}=\boldsymbol{T}\widetilde{\boldsymbol{x}}$ 变换后,可以将不对称的稳定原系统变换为

$$\begin{cases}\dot{\widetilde{\boldsymbol{x}}}=\widetilde{\boldsymbol{A}}\widetilde{\boldsymbol{x}}+\widetilde{\boldsymbol{B}}u\\ \boldsymbol{y}=\widetilde{\boldsymbol{C}}\widetilde{\boldsymbol{x}}+\widetilde{\boldsymbol{D}}u\end{cases} \tag{7-10}$$

式中,$\widetilde{\boldsymbol{A}}=\boldsymbol{T}^{-1}\boldsymbol{AT}$,$\widetilde{\boldsymbol{B}}=\boldsymbol{T}^{-1}\boldsymbol{B}$,$\widetilde{\boldsymbol{C}}=\boldsymbol{CT}$,$\widetilde{\boldsymbol{D}}=\boldsymbol{D}$。

这一系统也满足李雅普诺夫方程

$$\widetilde{\boldsymbol{A}}\boldsymbol{G}+\boldsymbol{G}\widetilde{\boldsymbol{A}}^\mathrm{T}=-\widetilde{\boldsymbol{B}}\widetilde{\boldsymbol{B}}^\mathrm{T},\widetilde{\boldsymbol{A}}^\mathrm{T}\boldsymbol{G}+\boldsymbol{G}\widetilde{\boldsymbol{A}}=-\widetilde{\boldsymbol{C}}^\mathrm{T}\widetilde{\boldsymbol{C}}$$

其中,$\boldsymbol{G}$ 为对角矩阵,可见,平衡变换后系统的能控性与能观测性 Gram 矩阵是相同的对角矩阵 $\boldsymbol{G}$。这时得出的系统状态空间模型式(7-10)称做内部平衡的系统。对平衡变换矩阵 $\boldsymbol{T}$ 的计算有多种方法。在这里,仅介绍利用 MATLAB 控制系统工具箱中给出的一个基于该算法的平衡变换函数 balreal( ),该函数的调用格式为

$$[A1,B1,C1,G,T]=\text{balreal}(A,B,C)$$

这一函数可由给定的状态空间表达式$\sum(A,B,C)$,直接求出平衡系统的 Gram 矩阵 G 和变换矩阵 T 及平衡实现的模型。

最后指出,系统的平衡实现并不是唯一的,它实际上是一种系统状态的变换。由于它对模型的表示方法做了特殊的规范化处理,所以在提高数值稳定性的意义上是相当明显的。

离散系统的平衡变换函数为 dbalreal( )。其用法同 balreal( )函数。

7.5.2 模型降阶

假设在平衡实现中能控性和能观测性的 Gram 矩阵均为 $\boldsymbol{G}$,则它可以被人为地分割成两个部分,亦即 $\boldsymbol{G}=\text{diag}(\boldsymbol{G}_1,\boldsymbol{G}_2)$,其中子矩阵 $\boldsymbol{G}_1$ 包含系统矩阵较大奇异值,而 $\boldsymbol{G}_2$ 包含系统矩阵的较小奇异值。相应地可以将系统做如下的分割:

$$\begin{cases}\begin{bmatrix}\dot{\tilde{\boldsymbol{x}}}_1\\ \dot{\tilde{\boldsymbol{x}}}_2\end{bmatrix}=\begin{bmatrix}\widetilde{\boldsymbol{A}}_{11} & \widetilde{\boldsymbol{A}}_{12}\\ \widetilde{\boldsymbol{A}}_{21} & \widetilde{\boldsymbol{A}}_{22}\end{bmatrix}\begin{bmatrix}\tilde{\boldsymbol{x}}_1\\ \tilde{\boldsymbol{x}}_2\end{bmatrix}+\begin{bmatrix}\widetilde{\boldsymbol{B}}_1\\ \widetilde{\boldsymbol{B}}_2\end{bmatrix}\boldsymbol{u}\\ \boldsymbol{y}=[\widetilde{\boldsymbol{C}}_1\quad \widetilde{\boldsymbol{C}}_2]\begin{bmatrix}\tilde{\boldsymbol{x}}_1\\ \tilde{\boldsymbol{x}}_2\end{bmatrix}+\boldsymbol{D}\boldsymbol{u}\end{cases}$$

这样,如果截取掉对应于较小奇异值的系统,则降阶模型可以写成

$$\begin{cases}\dot{\boldsymbol{x}}_1=\widetilde{\boldsymbol{A}}_{11}\tilde{\boldsymbol{x}}_1+\widetilde{\boldsymbol{B}}_1\boldsymbol{u}\\ \boldsymbol{y}=\widetilde{\boldsymbol{C}}_1\tilde{\boldsymbol{x}}_1+\boldsymbol{D}\boldsymbol{u}\end{cases}$$

【例 7-33】 已知系统

$$\begin{cases}\dot{\boldsymbol{x}}=\begin{bmatrix}-3 & 1 & 0 & -1\\ -0.5 & -1 & 1 & -1\\ -1.5 & 1 & -2 & 0\\ -1.5 & 2 & 1 & -4\end{bmatrix}\boldsymbol{x}+\begin{bmatrix}1\\0\\0\\0\end{bmatrix}u\\ y=[1\quad 0\quad -1\quad 0]\boldsymbol{x}\end{cases}$$

由前面介绍的平衡实现方法,可以很容易地求出系统的平衡实现模型。

解 MATLAB 命令为

```
>>A=[-3  1  0  -1;-0.5  -1  1  -1;-1.5  1  -2  0;-1.5  2  1  -4]
>>B=[1;0;0;0];C=[1  0  -1  0]; D=0;[A1,B1,C1,G,T]=balreal(A,B,C)
```

执行后可得

```
A1 =
   -1.2829   -0.4033    0.1900    0.0359
   -0.4033   -1.7748    1.5444    0.3144
    0.1900    1.5444   -5.9201   -2.8156
   -0.0359   -0.3144    2.8156   -1.0223

B1 =
   -0.9849
   -0.1577
    0.0730
   -0.0138

C1 =
   -0.9849   -0.1577    0.0730    0.0138

G =
    0.3781
    0.0070
    0.0005
    0.0001

T =
   -0.6403   -1.6938    1.8373    2.3068
    0.1591   -1.0219   -0.0109    0.2640
    0.3446   -1.5361    1.7643    2.2930
    0.3092   -1.3170    1.5967    1.4304
```

由以上得出的 **G** 向量可以看出,主要由系统的前两个状态变量起作用,所以可以截取掉后两个状态变量,这样就可利用以下 MATLAB 命令得出系统的降阶模型为

```
>>A2=A1(1:2,1:2),B2=B1(1:2,:),C2=C1(:,1:2)
```

A2 =		B2 =	C2 =	
-1.2829	-0.4033	-0.9849	-0.9849	-0.1577
-0.4033	-1.7748	-0.1577		

显而易见,这样得出的降阶模型无法保持原系统的稳态值。如果想保持系统稳态值,则可以将降阶后的模型写成

$$\begin{cases}\dot{\tilde{\boldsymbol{x}}}_1=(\tilde{\boldsymbol{A}}_{11}-\tilde{\boldsymbol{A}}_{12}\tilde{\boldsymbol{A}}_{22}^{-1}\tilde{\boldsymbol{A}}_{21})\tilde{\boldsymbol{x}}_1+(\tilde{\boldsymbol{B}}_1-\tilde{\boldsymbol{A}}_{12}\tilde{\boldsymbol{A}}_{22}^{-1}\boldsymbol{B}_2)\boldsymbol{u}\\ \boldsymbol{y}=(\tilde{\boldsymbol{C}}_1-\tilde{\boldsymbol{C}}_2\tilde{\boldsymbol{A}}_{22}^{-1}\tilde{\boldsymbol{A}}_{21})\tilde{\boldsymbol{x}}_1+(\boldsymbol{D}-\tilde{\boldsymbol{C}}_2\tilde{\boldsymbol{A}}_{22}^{-1}\tilde{\boldsymbol{B}}_2)\boldsymbol{u}\end{cases}$$

对于这种降阶方法,MATLAB 控制系统工具箱中给出了直接转换函数 modred( ),该函数的调用格式为

[A,B,C,D] = modred(A1,B1,C1,D1,elim)

式中,(A1,B1,C1,D1)为平衡实现系统的状态空间表达式模型参数;elim 为要消去的状态变量序号。当然为获得较好的近似,消去的状态变量应该选为 Gram 矩阵元素的数值较小的变量。返回的 A,B,C,D 为所获得的降阶模型。

对于例 7-33,由于第 3 状态和第 4 状态变量对应的 Gram 矩阵元素较小,所以可以将 elim 变量取为[3,4]。这时可以由下面的 MATLAB 命令求出例 7-33 系统的降阶模型。

```
>>elim=[3,4]; D1=0;[A,B,C,D ]=modred(A1,B1,C1,D1,elim)
```

A =		B =	C =		D =
-1.2780	-0.3634	-0.9830	-0.9830	-0.1424	7.1467e-004
-0.3634	-1.4466	-0.1424			

虽然这样的方法可以保持原系统的稳态值,但由于降阶系统的前馈传输矩阵为$(\boldsymbol{D}-\tilde{\boldsymbol{C}}_2\tilde{\boldsymbol{A}}_{22}^{-1}\tilde{\boldsymbol{B}}_2)$,而一般情况下这一矩阵和原系统的 **D** 矩阵是不同的,这样降阶系统的初始响应值可能和原系统的不一致。

本章小结

本章主要介绍了利用 MATLAB 进行控制系统的分析。通过本章的学习应重点掌握以下内容:

(1) 利用 MATLAB 分析系统的稳定性;

(2) 利用 MATLAB 求取系统在典型和任意输入信号作用下的时域响应;

(3) 利用 MATLAB 绘制系统的根轨迹,在根轨迹上可确定任意点的根轨迹增益 K 的值,从而得到使系统稳定的根轨迹增益 K 的取值范围;

(4) 利用 MATLAB 绘制系统的 Bode 图、Nichols 图和 Nyquist 图等,并求取系统的幅值裕量和相位裕量;

(5) 利用 MATLAB 分析具有时间延迟系统的频率特性;

(6) 求取频率响应数据,且根据频率响应数据辨识系统的模型参数;

(7) 利用 MATLAB 分析系统的能控性和能观测性,并能对不完全能控或不完全能观测的系统进行结构分解。

习　题

7-1　试利用 MATLAB 判断下列线性系统的稳定性。

(1) $\begin{bmatrix} \dot{x}_1 \\ \dot{x}_2 \end{bmatrix} = \begin{bmatrix} 0 & 1 \\ -1 & -1 \end{bmatrix} \begin{bmatrix} x_1 \\ x_2 \end{bmatrix}$　　(2) $\begin{bmatrix} \dot{x}_1 \\ \dot{x}_2 \end{bmatrix} = \begin{bmatrix} -1 & 1 \\ 2 & -3 \end{bmatrix} \begin{bmatrix} x_1 \\ x_2 \end{bmatrix}$

(3) $\begin{bmatrix} \dot{x}_1 \\ \dot{x}_2 \end{bmatrix} = \begin{bmatrix} -1 & 1 \\ -1 & -1 \end{bmatrix} \begin{bmatrix} x_1 \\ x_2 \end{bmatrix}$　　(4) $\begin{bmatrix} \dot{x}_1 \\ \dot{x}_2 \end{bmatrix} = \begin{bmatrix} 1 & 0 \\ 0 & -1 \end{bmatrix} \begin{bmatrix} x_1 \\ x_2 \end{bmatrix}$

7-2　已知线性定常系统的状态方程为

$$\begin{bmatrix} \dot{x}_1(t) \\ \dot{x}_2(t) \end{bmatrix} = \begin{bmatrix} 0 & 1 \\ -2 & -3 \end{bmatrix} \begin{bmatrix} x_1(t) \\ x_2(t) \end{bmatrix} + \begin{bmatrix} 0 \\ 1 \end{bmatrix} u(t)$$

其初始状态为零。试利用 MATLAB 求 $u(t)$ 为单位阶跃函数时系统状态方程的解。

7-3　设单位反馈控制系统的开环传递函数为

$$G(s) = \frac{K(2-s)}{s(s+3)}$$

试利用 MATLAB 绘制 K 从 $0 \to +\infty$ 变化时的根轨迹,并求出使系统响应为衰减振荡下 K 的取值范围。

7-4　已知单位反馈系统的开环传递函数

$$G(s) = \frac{K}{s(s+1)(s+10)}$$

利用 MATLAB 求当 $K=10$ 时系统的相位裕量和幅值裕量。

7-5　利用 MATLAB 判断下列系统的状态能控性。

$$\dot{\boldsymbol{x}} = \begin{bmatrix} 1 & 0 \\ -1 & 0 \end{bmatrix} \boldsymbol{x} + \begin{bmatrix} 1 \\ 0 \end{bmatrix} u$$

7-6　利用 MATLAB 判断下列系统的能观测性。

$$\begin{cases} \dot{\boldsymbol{x}} = \begin{bmatrix} 0 & 1 & 0 \\ 0 & 0 & 1 \\ -2 & -4 & -3 \end{bmatrix} \boldsymbol{x} \\ \boldsymbol{y} = \begin{bmatrix} 0 & 0 & -1 \\ 1 & 2 & 1 \end{bmatrix} \boldsymbol{x} \end{cases}$$

本章习题解答,请扫以下二维码。

习题 7 解答

第 8 章　控制系统的计算机辅助设计

控制系统的设计，就是在系统中引入适当的环节，用以对原有系统的某些性能进行校正，使之达到理想的效果，故又称为系统的校正。下面介绍几种常用的系统校正方法的计算机辅助设计。

8.1　频率法的串联校正

在分析、设计控制系统时，最常用的经典方法有根轨迹法和频域法。当系统的性能指标以幅值裕量、相位裕量和误差系数等形式给出时，采用频率法来分析和设计系统是很方便的。应用频率法对系统进行校正，其目的是改变系统的频率特性形状，使校正后的系统频率特性具有合适的低频、中频和高频特性，以及足够的稳定裕量，从而满足所要求的性能指标。

控制系统中常用的串联校正装置是带有单零点和单极点的滤波器。若其零点比极点更靠近原点，则称为超前校正；否则称为滞后校正。

8.1.1　基于频率响应法的串联超前校正

1. 超前校正装置的特性

设超前校正装置的传递函数为

$$G_c(s)=\frac{1+\alpha Ts}{1+Ts}\quad(\alpha>1)\tag{8-1}$$

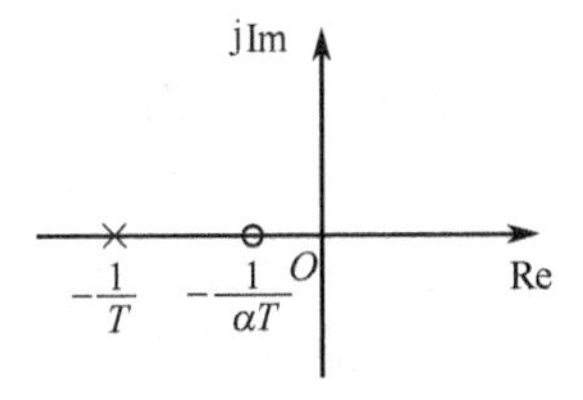

图 8-1　超前校正装置的零极点图

超前校正装置的零点 $z_c=-\frac{1}{\alpha T}$，极点 $p_c=-\frac{1}{T}$，如图 8-1 所示。

其频率特性为

$$G_c(\mathrm{j}\omega)=\frac{1+\mathrm{j}\alpha\omega T}{1+\mathrm{j}\omega T}\quad(\alpha>1)\tag{8-2}$$

(1) 极坐标图

超前校正装置的极坐标图如图 8-2 所示。

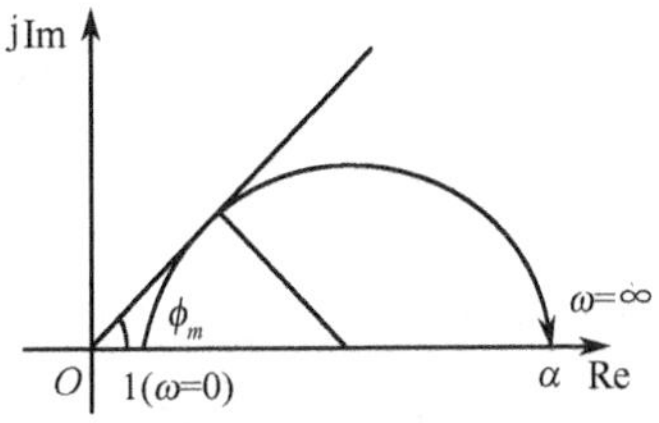

当 $\omega=0\to\infty$ 变化时，$G_c(\mathrm{j}\omega)$ 的相位角 $\phi>0$，$G_c(\mathrm{j}\omega)$ 的轨迹为一半圆。由图可得超前校正的最大超前相位角为

$$\phi_m=\arcsin\frac{\alpha-1}{\alpha+1}\tag{8-3}$$

图 8-2　超前校正装置的极坐标图

令

$$\frac{\mathrm{d}\phi(\omega)}{\mathrm{d}\omega}=0$$

可得对应于最大相位角 ϕ_m 时的频率为

$$\omega_m=\frac{1}{T\sqrt{\alpha}}\tag{8-4}$$

(2) 对数坐标图

超前校正装置的对数坐标图如图 8-3 所示。

当$\omega \to 0$ 时，$20\lg|G_c(j\omega)|=0$

$\omega \to \infty$ 时，$20\lg|G_c(j\omega)|=20\lg\alpha$

$\omega \to \omega_m$ 时，$20\lg|G_c(j\omega)|=10\lg\alpha$

由此可见，超前校正装置是一个高通滤波器(高频通过，低频被衰减)，能使系统的瞬态响应得到显著改善，而稳态性能的提高则较小。α 越大，微分作用越强，从而超调量和过渡过程时间等也越小。

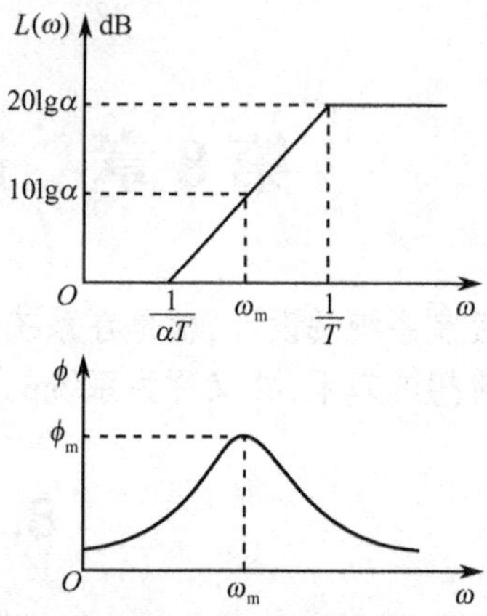

图 8-3　超前校正装置的对数坐标图

2. 串联超前校正方法

超前校正装置的主要作用是通过其相位超前效应来改变频率响应曲线的形状，产生足够大的相位超前角，以补偿原来系统中元件造成的过大的相位滞后。因此校正时应使校正装置的最大超前相位角出现在校正后系统的开环剪切频率(幅频特性的交接频率)ω_c 处。

利用频率法设计超前校正装置的步骤：

(1) 如果系统的开环增益 K 未给定，则根据性能指标对稳态误差系数的要求，确定开环增益 K；

(2) 画出未校正系统[其开环传递函数为 $G_o(s)$]的 Bode 图，并求出其相位裕量 r_0 和幅值裕量 K_g；

(3) 确定为使相位裕量达到要求值，所需增加的超前相位角 φ_c，即

$$\varphi_c=r-r_0+\varepsilon$$

式中，r 为要求的相位裕量；ε 是因为考虑到增加超前校正装置将使系统的幅值穿越频率增大，所导致相角裕量的减小而附加的相角，当未校正系统中频段的斜率为-40dB/dec 时，取 $\varepsilon=5°\sim15°$，当未校正系统中频段斜率为-60dB/dec 时，取 $\varepsilon=15°\sim20°$；

(4) 令超前校正装置的最大超前相位角 $\varphi_m=\varphi_c$，则由下式可求出校正装置的参数 α；

$$\alpha=\frac{1-\sin\varphi_c}{1+\sin\varphi_c}$$

(5) 若将校正装置的最大超前相位角处的频率 ω_m 作为校正后系统[其开环传递函数为 $G_c(s)G_o(s)$]的剪切频率 ω_c，则有

$$20\lg|G_c(j\omega_c)G_o(j\omega_c)|=0 \qquad 即 \qquad 20\lg\sqrt{\alpha}+20\lg|G_o(j\omega_c)|=0$$

或

$$|G_o(j\omega_c)|=\frac{1}{\sqrt{\alpha}}$$

由此可见，未校正系统的幅频特性幅值等于$-20\lg\sqrt{\alpha}$时的频率即为 ω_c；

(6) 根据 $\omega_m=\omega_c$，利用下式求参数 T

$$T=\frac{1}{\omega_c\sqrt{\alpha}}$$

由此可得，超前校正装置的传递函数为

$$G_c(s)=\frac{\alpha Ts+1}{Ts+1} \qquad (\alpha>1)$$

(7) 画出校正后系统的 Bode 图，检验性能指标是否已全部达到要求，若不满足要求，可增大 ε

值，从第三步起重新计算。

特别指出，如果系统的开环增益 K 已给定，通常需要附加一个增益为 K_c 的放大器。此时校正后系统的开环传递函数为 $K_c G_c(s) G_o(s)$。补偿放大器的增益 K_c 可根据性能指标对稳态误差系数的要求来确定。

【例 8-1】 设有一单位反馈系统，其开环传递函数为

$$G_o(s)=\frac{k}{s(s+2)}$$

要求系统的稳态速度误差系数 $K_v=20(1/s)$，相位裕量 $r>50°$，幅值裕量 $K_g \geqslant 10\text{dB}$，试利用 MATLAB 根据频率法设计一个串联超前校正装置，来满足要求的性能指标。

解 根据

$$K_v=\lim_{s\to 0} sG_o(s)=\lim_{s\to 0} s\frac{k}{s(s+2)}=\frac{k}{2}=20$$

可求出 $k=40$，即

$$G_o(s)=\frac{40}{s(s+2)}$$

利用下列语句

```
>>numo=[40];deno=conv([1,0],[1,2]);[Gm,Pm,Wcg,Wcp]=margin(numo,deno)
```

可求得未校正系统的幅值裕量为 $K_g=\infty$ (dB)，相位裕量 $r_0=17.9642(°)$，相位穿越频率 $\omega_g=\infty$ (rad/s)，幅值穿越频率 $\omega_c=6.1685$(rad/s)。

因相位裕量远远小于要求值，为达到所要求的性能指标，设计采用串联超前校正。根据串联超前校正的设计步骤，可编写以下 M 文件。

```
%ex8_1.m
numo=1;deno=conv([1,0],[1,2]);                    %定义未校正系统即原系统(不包含系数k)
Kv=20;r=50;                                       %系统要求的稳态速度误差系数和期望的相角裕量
k=Kv*polyval(deconv(deno,conv([1,0],numo)),0);   %根据已给速度误差系数确定原系统系数K
numo=k*numo;
[Gm1,Pm1,Wcg1,Wcp1]=margin(numo,deno);           %求未校正系统的幅值裕量和相位裕量
r0=Pm1;                                           %未校正系统的相位裕量
w=logspace(-1,3);                                 %确定频率变化范围
[mag1,phase1]=bode(numo,deno,w);                 %求未校正系统的幅值和相位
for epsilon=5:15                                  %定义附加相位角ε的变化范围
  phic=(r-r0+epsilon)*pi/180;                     %求需增加的超前相位角φc
  alpha=(1+sin(phic))/(1-sin(phic));              %求校正装置的参数α
  [i1,ii]=min(abs(mag1-1/sqrt(alpha)));
  wc=w(ii);          %将未校正系统的幅值等于-20lg(α)^(1/2)时的频率作为校正后系统的ωc
  T=1/(wc*sqrt(alpha));                           %求校正装置的参数T
  numc=[alpha*T,1];denc=[T,1];                    %定义校正装置的传递函数
  [numk,denk]=series(numc,denc,numo,deno);        %求系统校正后的开环传递函数
  [Gm,Pm,Wcg,Wcp]=margin(numk,denk);              %求系统校正后的幅值裕量和相位裕量
  if(Pm>=r);break;end                             %判别系统校正后的相位裕量是否满足要求
end
printsys(numc,denc)                               %显示校正装置的传递函数
printsys(numk,denk)                               %显示系统校正后的开环传递函数
```

```
[mag2,phase2]=bode(numc,denc,w);                    %求校正装置的幅值和相位
[mag,phase]=bode(numk,denk,w);                      %求校正后系统的幅值和相位
subplot(2,1,1);semilogx(w,20*log10(mag),w,20*log10(mag1),'--',w,20*log10(mag2),'-.');
grid;ylabel('幅值 (dB)');title('-- Go,-. Gc,-GoGc');
subplot(2,1,2);semilogx(w,phase,w,phase1,'--',w,phase2,'-.',w,(w-180-w),':');
grid;ylabel('相位 (°)');xlabel('频率 (rad/sec)')
title(['校正后:幅值裕量=',num2str(20*log10(Gm)),' dB,','相位裕量=',num2str(Pm),'°']);
disp(['校正后:幅值裕量=',num2str(20*log10(Gm)),' dB,','相位裕量=',num2str(Pm),'°']);
disp(['校正后:相位穿越频率=',num2str(Wcg),' rad/s,','幅值穿越频率=',num2str(Wcp),' rad/s ']);
```

执行后可得如下超前校正装置的传递函数、系统校正后的开环传递函数和性能指标及图 8-4 所示曲线。

```
num/den =                         num/den =
   0.22541 s + 1                          9.0165 s + 40
  ---------------                 ------------------------------------
   0.053537 s + 1                 0.053537 s^3 + 1.1071 s^2 + 2 s

校正后：幅值裕量=Inf dB,相位裕量=50.7196°
校正后：相位穿越频率=Inf rad/s,幅值穿越频率=8.8802 rad/s
```

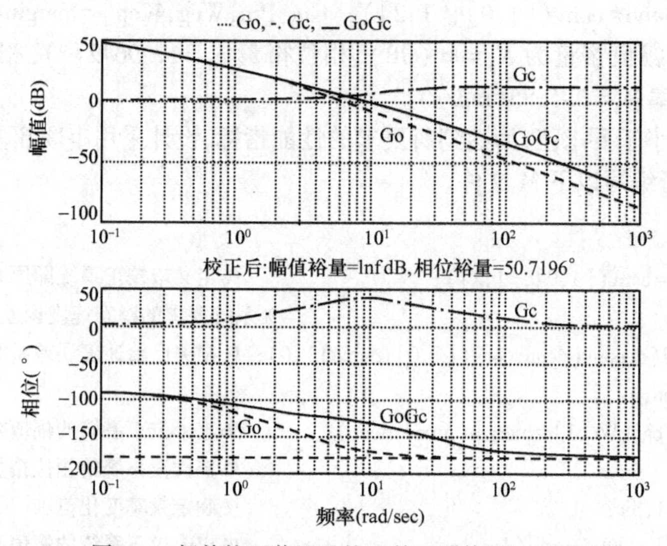

图 8-4　超前校正装置及校正前后系统的 Bode 图

8.1.2　基于频率响应法的串联滞后校正

1. 滞后校正装置的特性

设滞后校正装置的传递函数为

$$G_c(s)=\frac{1+Ts}{1+\alpha Ts}\quad(\alpha>1)\qquad(8\text{-}5)$$

滞后校正装置的零点 $z_c=-\frac{1}{T}$，极点 $p_c=-\frac{1}{\alpha T}$，如图 8-5 所示。

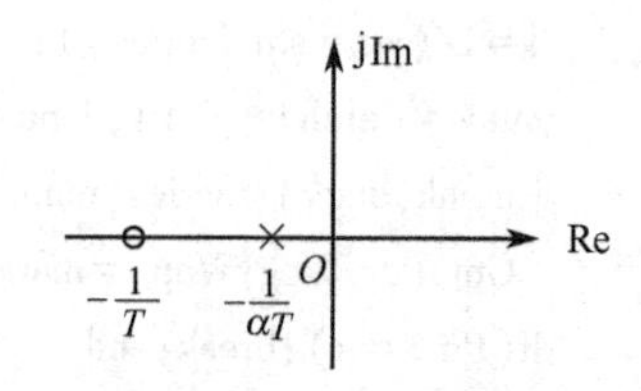

图 8-5　滞后校正装置的零极点图

其频率特性为 $G_c(j\omega)=\frac{1+j\omega T}{1+j\alpha\omega T}\ (\alpha>1)\qquad(8\text{-}6)$

（1）极坐标图

滞后校正装置的极坐标图如图 8-6 所示。由图可知，当 $\omega=0\to\infty$ 变化时，$G_c(j\omega)$ 的相位角 $\phi<0$，$G_c(j\omega)$ 的根轨迹为一个半圆。

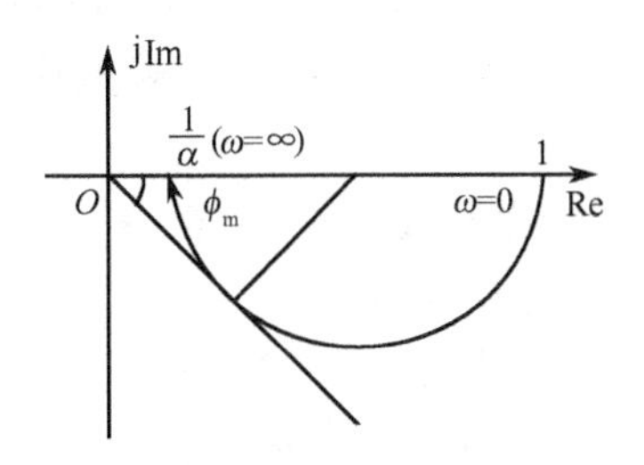

图 8-6　滞后校正装置的极坐标图

同理可求得最大滞后相位角 ϕ_m 和对应的频率 ω_m 分别为

$$\phi_m=\arcsin\frac{1-\alpha}{1+\alpha},\quad \omega_m=\frac{1}{T\sqrt{\alpha}} \tag{8-7}$$

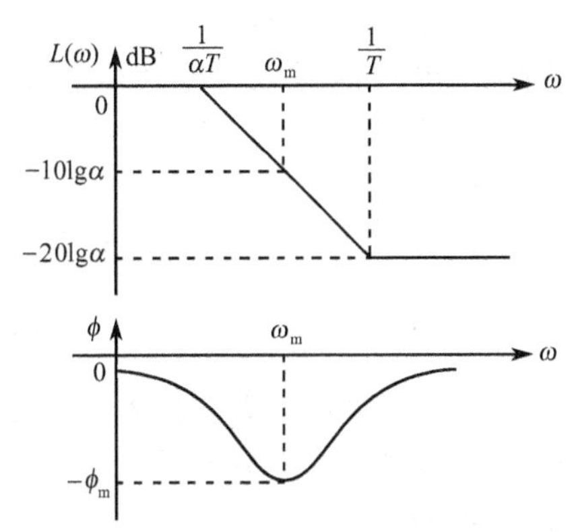

图 8-7　滞后校正装置的对数极坐标图

（2）对数坐标图

滞后校正装置的对数极坐标图如图 8-7 所示。

当 $\omega\to 0$ 时，$20\lg|G_c(j\omega)|=0$

$\omega\to\infty$ 时，$20\lg|G_c(j\omega)|=-20\lg\alpha$

$\omega\to\omega_m$ 时，$20\lg|G_c(j\omega)|=-10\lg\alpha$

由此可见，滞后校正装置是一个低通滤波器（低频通过，高频被衰减），且 α 越大，高频衰减越厉害，抗高频干扰性能越好，但使响应速度变慢。故滞后校正能使稳态性能得到显著提高，但瞬态响应时间却随之增加。α 越大，积分作用越强，稳态误差越小。

2. 串联滞后校正方法

滞后校正装置的主要作用是在高频段造成幅值衰减，降低系统的剪切频率，以便能使系统获得充分的相位裕量，但应同时保证系统在新的剪切频率附近的相频特性曲线变化不大。

由于滞后校正装置的高频衰减特性，减小了系统带宽，降低了系统的响应速度。因此，当一个系统的稳态性能满足要求，而其动态性能不满足要求，同时对响应速度要求不高而抑制噪声又要求较高时，可考虑采用串联滞后校正。另外，当一个系统的动态性能已经满足要求，仅稳态性能不满足要求时，为了改善系统的稳态性能，而又不影响其动态响应时，也可采用串联滞后校正。

利用频率法设计滞后校正装置的步骤：

（1）如果系统的开环增益 K 未给定，则根据性能指标对稳态误差系数的要求，确定开环增益 K。

（2）画出未校正系统[其开环传递函数为 $G_o(s)$]的 Bode 图，并求出其相位裕量 r_0 和幅值裕量 K_g。

（3）如未校正系统的相位和幅值裕量不满足要求，寻找一新的剪切频率 ω_c，在 ω_c 处开环传递函数的相位角应满足下式

$$\angle G_o(j\omega_c)=-180^\circ+r+\varepsilon$$

式中，r 为要求的相角裕量；ε 是为补偿滞后校正装置的相位滞后而附加的相位角，一般取 $\varepsilon=5°\sim12°$。

(4) 为使滞后校正装置对系统的相位滞后影响较小（一般限制在 $5°\sim12°$），ω_m 应远离 ω_c，一般取滞后校正装置的第一个交接频率 $\omega_1=1/T=(1/5\sim1/10)\omega_c$（即 $\omega_m \ll \omega_c$），此时，有 $20\lg|G_c(j\omega)|\approx-20\lg\alpha$。$\omega_1$ 取得愈小，对系统的相位裕量影响愈小，但太小则校正装置的时间常数 T 将很大，这也是不允许的。

(5) 确定使校正后系统［其开环传递函数为 $G_c(s)G_o(s)$］的幅值曲线在新的剪切频率 ω_c 处下降到 0dB 所需的衰减量 $20\lg|G_o(j\omega_c)|$，并根据

$$20\lg|G_c(j\omega_c)G_o(j\omega_c)|\approx-20\lg\alpha+20\lg|G_o(j\omega_c)|=0$$

即

$$\alpha=|G_o(j\omega_c)|$$

求出校正装置的参数 α。

(6) 画出校正后系统的 Bode 图，检验性能指标是否已全部达到要求，若不满足要求，可增大 ε 值，从第三步起重新计算。

特别指出，如果系统的开环增益 K 已给定，通常需要附加一个增益为 K_c 的放大器。此时校正后系统的开环传递函数为 $K_cG_c(s)G_o(s)$。补偿放大器的增益 K_c 可根据性能指标对稳态误差系数的要求来确定。

【例 8-2】 设有一单位负反馈系统的开环传递函数为

$$G_o(s)=\frac{K}{s(s+1)(0.25s+1)}$$

要求系统的稳态速度误差系数 $K_v=5(1/s)$，相位裕量 $r\geqslant40°$，幅值裕量 $K_g\geqslant10\text{dB}$，试利用 MATLAB 根据频率法设计一个串联滞后校正装置来满足要求的性能指标。

解 根据

$$K_v=\lim_{s\to0}sG_o(s)=\lim_{s\to0}s\frac{K}{s(s+1)(0.25s+1)}=K=5$$

可求出 $K=5$，即

$$G_o(s)=\frac{5}{s(s+1)(0.25s+1)}$$

利用下列语句

```
>>numo=5;deno=conv([1,0],conv([1,1],[0.25,1]));
>>[Gm,Pm,Wcg,Wcp]=margin(numo,deno)
```

可求得未校正系统的幅值裕量 $K_g=1=0(\text{dB})$，相位裕量 $r_0\approx0(°)$，相位穿越频率 $\omega_g=2(\text{rad/s})$，幅值穿越频率 $\omega_c=2(\text{rad/s})$。

因相位裕量和幅值裕量均不满足要求，故设计采用串联滞后校正，根据串联滞后校正的设计步骤，可编写以下 M 文件。

```
%ex8_2.m
numo=1;deno=conv([1,0],conv([1,1],[0.25,1]));   %定义未校正系统即原系统(不包含系数K)
Kv=5;r=40;                                        %系统要求的稳态速度误差系数和期望的相角裕量
K=Kv*polyval(deconv(deno,conv([1,0],numo)),0);  %根据已给速度误差系数确定原系统系数K
numo=K*numo;
[Gm1,Pm1,Wcg1,Wcp1]=margin(numo,deno);            %求未校正系统的幅值裕量和相位裕量
w=logspace(-3,1);                                 %给定频率变化范围
[mag1,phase1]=bode(numo,deno,w);                  %求未校正系统的幅值和相位
```

```
for epsilon=5:15                                   %定义附加相位角ε的变化范围
  r0=(-180+ r+epsilon);
  [i1,ii]=min(abs(phase1-r0));
  wc=w(ii);                    %将未校正系统的相位角等于(-180+r+ε)时的频率作为校正后系统的ωc
  alpha=mag1(ii);                                  %求校正装置的参数α
  T=5/wc;                                          %求校正装置的参数T
  numc=[T,1];denc=[alpha * T,1];                   %定义校正装置的传递函数
  [numk,denk]=series(numc,denc,numo,deno);         %求校正后系统的开环传递函数
  [Gm,Pm,Wcg,Wcp]=margin(numk,denk);               %求系统校正后的幅值裕量和相位裕量
  if (Pm>=r);break;end;                            %判别系统校正后的相位裕量是否满足要求
end
printsys(numc,denc);printsys(numk,denk);
[mag2,phase2]=bode(numc,denc,w);                   %求校正装置的幅值和相位
[mag,phase]=bode(numk,denk,w);                     %求校正后系统的幅值和相位
subplot(2,1,1);semilogx(w,20 * log10(mag),w,20 * log10(mag1),'--',w,20 * log10(mag2),'-.');
grid;ylabel('幅值 (dB)');title('-- Go,   -. Gc,   -GoGc');
subplot(2,1,2);semilogx(w,phase,w,phase1,'--',w,phase2,'-.',w,(w-180-w),':');
grid;ylabel('相位 (°)');xlabel('频率 (rad/sec)')
title(['校正后:幅值裕量=',num2str(20 * log10(Gm)),' dB,','相位裕量=',num2str(Pm),'°']);
disp(['校正后:幅值裕量=',num2str(20 * log10(Gm)),' dB,','相位裕量=',num2str(Pm),'°']);
disp(['校正后:相位穿越频率=',num2str(Wcg),' rad/s,','幅值穿越频率=',num2str(Wcp),' rad/s ']);
```

执行后可得如下滞后校正装置的传递函数、系统校正后的开环传递函数和性能指标及图 8-8 所示曲线。

```
num/den =                    num/den =
   8.3842 s + 1                          41.9208 s + 5
  --------------             -------------------------------------------
  59.7135 s + 1              14.9284 s^4 + 74.8918 s^3 + 60.9635 s^2 +  s

校正后：幅值裕量=15.8574 dB,相位裕量=40.6552°
校正后：相位穿越频率=1.8675 rad/s,幅值穿越频率=0.60508 rad/s
```

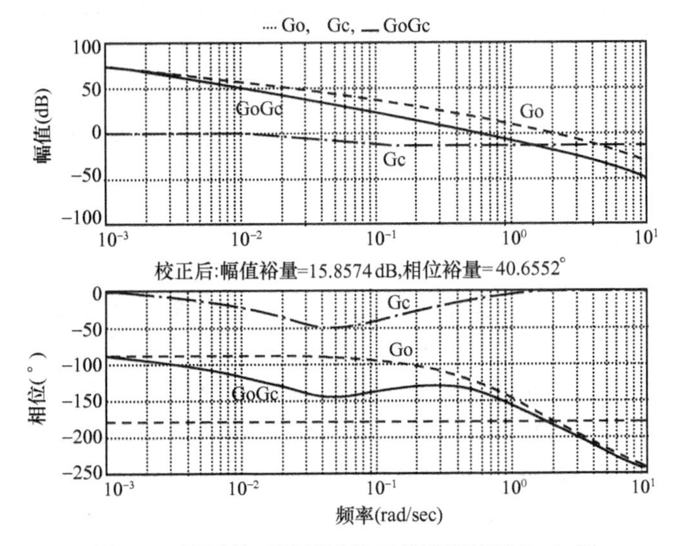

图 8-8　滞后校正装置及校正前后系统的 Bode 图

8.1.3 基于频率响应法的串联滞后-超前校正

1. 滞后-超前校正装置的特性

设滞后-超前校正装置的传递函数为

$$G_c(s)=\frac{T_1s+1}{\frac{T_1}{\beta}s+1}\cdot\frac{T_2s+1}{\beta T_2s+1}\qquad (T_2>T_1,\beta>1) \tag{8-8}$$

上式等号右边的第一项产生超前网络的作用,而第二项产生滞后网络的作用。

(1) 极坐标图

滞后-超前校正装置的极坐标图如图 8-9 所示。

由图可知,当角频率 ω 在 $0\to\omega_0$ 之间变化时, 滞后-超前校正装置起着相位滞后校正的作用;当 ω 在 $\omega_0\to\infty$ 之间变化时,它起着超前校正的作用。对应相位角为 0 的频率ω_0 为

$$\omega_0=\frac{1}{\sqrt{T_1T_2}} \tag{8-9}$$

(2) 对数坐标图

滞后-超前校正装置的对数坐标图如图 8-10 所示。由图可清楚地看出,当 $0<\omega<\omega_0$ 时,滞后-超前校正装置起着相位滞后校正的作用;当 $\omega_0<\omega<\infty$ 时,则起着相位超前校正的作用。

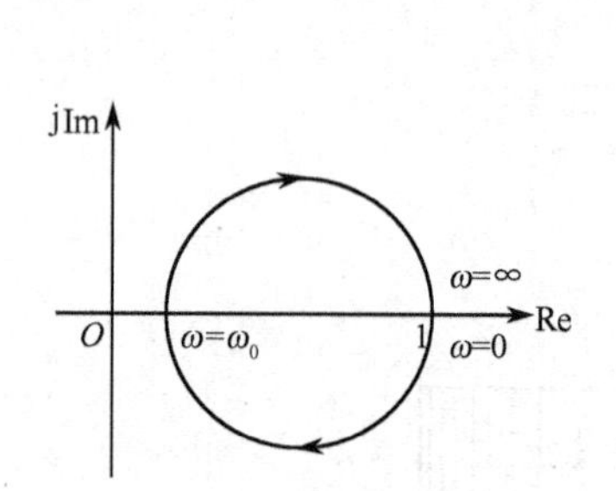

图 8-9 滞后-超前校正装置的极坐标图

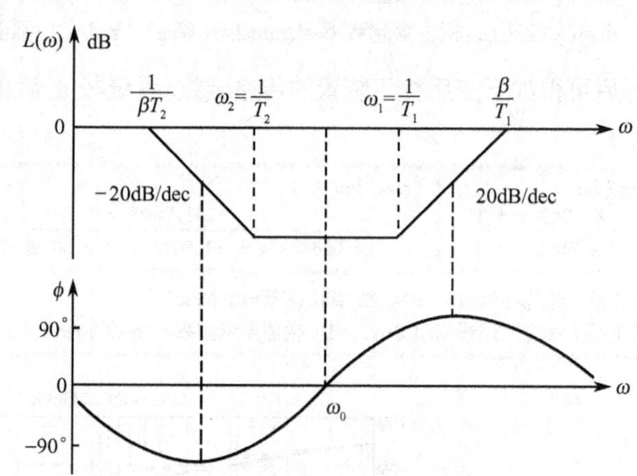

图 8-10 滞后-超前校正装置的对数坐标图

2. 串联滞后-超前校正方法

如果系统校正前不稳定,且要求系统校正后有较高的响应速度、相角裕量和稳态性能时,则需采用滞后-超前校正,其中滞后-超前校正装置的超前校正部分,因增加了相位超前角,并且在幅值穿越频率(剪切频率)上增大了相位裕量,提高了系统的相对稳定性;滞后部分在幅值穿越频率以上,将使幅值特性产生显著的衰减,因此在确保系统有满意的瞬态响应特性的前提下,容许在低频段上大大提高系统的开环放大系数,以改善系统的稳态性能。

利用频率法设计滞后-超前校正装置的步骤:

(1) 如果系统的开环增益 K 未给定,则根据性能指标对稳态误差系数的要求,确定开环增益 K。

(2) 画出未校正系统[其开环传递函数为 $G_o(s)$]的 Bode 图,求出其相位裕量和幅值裕量。

(3) 如果未校正系统相位裕量和幅值裕量不满足要求,则选择未校正系统相频特性曲线上相位角等于$-180°$的频率,即相位交接频率作为校正后系统的幅值交接频率ω_c。

(4) 利用ω_c确定滞后校正部分的参数T_2和β。通常选取滞后校正部分的第二个交接频率$\omega_2=1/T_2=(1/10)\omega_c$,并取$\beta=10$。

(5) 根据校正后系统[其开环传递函数为$G_c(s)G_o(s)$]在新的幅值交接频率ω_c处的幅值必为0db确定超前校正部分的参数T_1。

(6) 画出校正后系统的Bode图,检验系统的性能指标是否已全部满足要求。

特别指出,如果系统的开环增益K已给定,通常需要附加一个增益为K_c的放大器。此时校正后系统的开环传递函数为$K_cG_c(s)G_o(s)$。补偿放大器的增益K_c可根据性能指标对稳态误差系数的要求来确定。

【例8-3】 设有单位负反馈系统,其开环传递函数为

$$G_o(s)=\frac{K}{s(s+1)(0.5s+1)}$$

若要求$K_v=10(1/s)$相位裕量为50°,幅值裕量为10dB,试利用MATLAB根据频率法设计一个串联滞后-超前校正装置来满足要求的性能指标。

解 根据

$$K_v=\lim_{s\to 0}sG_o(s)=\lim_{s\to 0}s\frac{K}{s(s+1)(0.5s+1)}=K=10$$

可求出$K=10$,即

$$G_o(s)=\frac{10}{s(s+1)(0.5s+1)}$$

利用下列语句

```
>>numo=10;deno=conv([1,0],conv([1,1],[0.5,1]));
>>[Gm,Pm,Wcg,Wcp]=margin(numo,deno)
```

可求得未校正系统的幅值裕量$K_g=0.3=-10.4576$(db),相位裕量$r_0=-28.0814$(°),相位穿越频率$\omega_g=1.4142$(rad/s),幅值穿越频率$\omega_c=2.4253$(rad/s)。

因相位裕量和幅值裕量均不满足要求,故设计采用串联滞后-超前校正,根据其以上设计步骤,可编写以下M文件。

```
%ex8_3.m
numo=1;deno=conv([1,0],conv([1,1],[0.5,1]));    %定义未校正系统即原系统(不包含系数K)
Kv=10;                                          %系统要求的稳态速度误差系数
K=Kv*polyval(deconv(deno,conv([1,0],numo)),0);  %根据已给速度误差系数确定原系统系数K
numo=K*numo;
[Gm1,Pm1,Wcg1,Wcp1]=margin(numo,deno);          %求未校正系统的幅值裕量和相位裕量
w=logspace(-2,2);                               %确定频率变化范围
[mag1,phase1]=bode(numo,deno,w);                %求未校正系统的幅值和相位
ii=find(abs(w-Wcg1)==min(abs(w-Wcg1)));
wc=Wcg1;                        %将未校正系统的相位穿越频率作为校正后系统的幅值穿越频率ωc
w2=wc/10;beta=10;                               %确定滞后校正部分的参数
numc2=[1/w2,1];denc2=[beta/w2,1];               %定义滞后校正部分的传递函数
w1=w2;                                          %定义超前校正部分的参数初值
mag(ii)=2;                      %定义幅值初值,因为当w1=w2时,校正后系统在ωc处的幅值必大于1
while(mag(ii)>1)                %利用校正后系统在ωc处的幅值必为1确定超前校正部分的参数ω1
```

```
    numc1=[1/w1,1];denc1=[1/(w1*beta),1];
    w1=w1+0.01;                                   %逐渐增加 w1 以使校正后系统在 ωc 处的幅值被调整为 1
    [numc,denc]=series(numc1,denc1,numc2,denc2);  %求校正装置的传递函数
    [numk,denk]=series(numc,denc,numo,deno);      %求校正后系统的开环传递函数
    [mag,phase]=bode(numk,denk,w);
end
printsys(numc1,denc1);printsys(numc2,denc2);      %显示超前/滞后校正部分的传递函数
printsys(numk,denk);                              %显示校正后系统的开环传递函数
[Gm,Pm,Wcg,Wcp]=margin(numk,denk);                %求系统校正后的幅值裕量和相位裕量
[mag2,phase2]=bode(numc,denc,w);                  %求校正装置的幅值和相位
[mag,phase]=bode(numk,denk,w);                    %求校正后系统的幅值和相位
subplot(2,1,1);semilogx(w,20*log10(mag),w,20*log10(mag1),'--',w,20*log10(mag2),'-.');
grid;ylabel('幅值 (dB)');title('-- Go,   -. Gc,   -GoGc');
subplot(2,1,2);semilogx(w,phase,w,phase1,'--', w,phase2,'-.', w,(w-180-w),':');
grid;ylabel('相位 (°)');xlabel('频率 (rad/sec)')
title(['校正后:幅值裕量=',num2str(20*log10(Gm)),' dB,','相位裕量=',num2str(Pm),'°']);
disp(['校正后:幅值裕量=',num2str(20*log10(Gm)),' dB,','相位裕量=',num2str(Pm),'°']);
disp(['校正后:相位穿越频率=',num2str(Wcg),' rad/s,','幅值穿越频率=',num2str(Wcp),' rad/s ']);
```

执行后可得如下超前校正部分和滞后校正部分的传递函数、系统校正后的开环传递函数和性能指标及图 8-11 所示曲线。

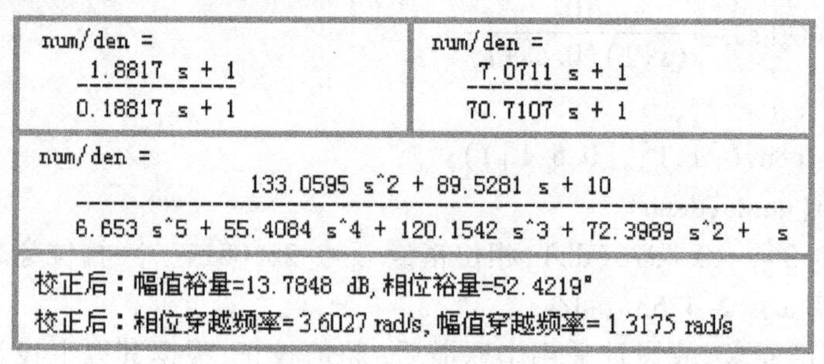

```
num/den =
   1.8817 s + 1
  --------------
  0.18817 s + 1

num/den =
   7.0711 s + 1
  --------------
  70.7107 s + 1

num/den =
                  133.0595 s^2 + 89.5281 s + 10
  -------------------------------------------------------------
  6.653 s^5 + 55.4084 s^4 + 120.1542 s^3 + 72.3989 s^2 +   s

校正后：幅值裕量=13.7848 dB,相位裕量=52.4219°
校正后：相位穿越频率=3.6027 rad/s,幅值穿越频率=1.3175 rad/s
```

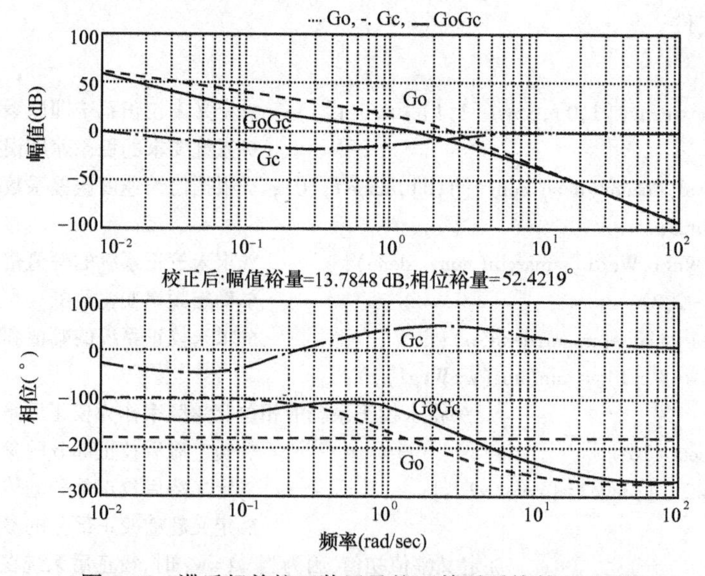

图 8-11　滞后超前校正装置及校正前后系统的 Bode 图

8.2 根轨迹法的串联校正

当系统的性能指标是以时域指标给出时,例如给定了要求的超调量 M_p、上升时间 t_r、调整时间 t_s、阻尼比 ζ 及无阻尼自然振荡频率 ω_n、稳态误差 e_{ss} 等时域性能指标,则采用根轨迹法进行设计和校正系统是很有效的。

利用根轨迹法进行校正,其实质就是通过改变根轨迹的形状,将系统的闭环主导极点位于根平面上期望的位置,从而使系统满足所提出的性能指标。

8.2.1 基于根轨迹法的串联超前校正

假设一个系统在所要求的开环增益 K 下是不稳定的,或者虽属稳定,但系统具有不理想的瞬态响应特性(超调量过大、调节时间过长),在这种情况下,就有必要在虚轴和原点附近对根轨迹进行修正,以便使闭环系统的极点位于根平面上期望的位置。这个问题可以通过在前向通道上串联一个适当的超前校正装置来解决。

利用根轨迹法设计超前校正装置的步骤:

(1) 根据要求的性能指标,确定期望主导极点 $s_{1,2}$ 的位置。

应用对二阶系统的分析,根据要求的 ζ、ω_n,便可求得期望的闭环主导极点

$$s_{1,2}=-\zeta\omega_n \pm j\omega_n\sqrt{1-\zeta^2}$$

(2) 绘制原系统[其开环传递函数为 $G_o(s)$]的根轨迹,确定期望闭环主导极点 $s_{1,2}$ 是否落在根轨迹上,若已在根轨迹上,则表明原系统不需增加校正装置,只要调整增益就能满足给定要求;如果根轨迹不通过期望的闭环主导极点,则表明仅调整增益不能满足给定要求,需增加校正装置。如果原系统根轨迹位于期望极点的右侧,则应串入超前校正装置。

若串联超前校正装置的传递函数为

$$G_c(s)=\frac{\alpha Ts+1}{Ts+1}=\alpha\frac{s-z_c}{s-p_c}\qquad(\alpha>1)$$

则校正后的系统开环传递函数(包括补偿放大器 K_c)为

$$G'_o(s)=K_cG_c(s)G_o(s)$$

(3) 由校正后系统的相角条件,计算超前校正装置应提供的超前相角 φ_c。

根据校正后系统的相角条件:

$$\angle G'_o(s_1)=\angle G_c(s_1)+\angle G_o(s_1)=\pm(2l+1)180^\circ$$

可得

$$\varphi_c=\angle G_c(s_1)=\pm(2l+1)180^\circ-\angle G_o(s_1)$$

(4) 求校正装置零、极点位置以及参数 α 和 T。

对于给定的 φ_c,校正装置的零、极点位置不是唯一的。在此常采用使系数 α 为极值的方法确定零、极点。根据图 8-12 所示的超前校正装置的超前相角 φ_c 与 p_c 和 z_c 间的几何关系图,由 Δz_cos_1 和 Δp_cos_1 可得

$$|z_c|=\omega_n\frac{\sin\gamma}{\sin(\pi-\theta-\gamma)}$$

$$|p_c|=\omega_n\frac{\sin(\gamma+\varphi_c)}{\sin(\pi-\theta-\gamma-\varphi_c)}$$

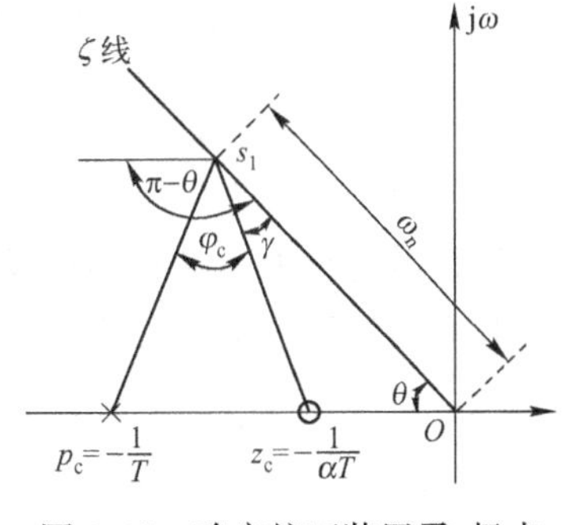

图 8-12 确定校正装置零、极点

则 $$\alpha=\frac{|p_c|}{|z_c|}=\frac{\sin(\pi-\theta-\gamma)\cdot\sin(\gamma+\varphi_c)}{\sin\gamma\cdot\sin(\pi-\theta-\gamma-\varphi_c)}$$

由 $$\frac{d\alpha}{d\gamma}=0 \quad 得 \quad \gamma=\frac{1}{2}(\pi-\theta-\varphi_c)$$

由此，便可确定校正装置零、极点位置以及参数 α 和 T，即

$$z_c=-|z_c|, p_c=-|p_c|, \alpha=|p_c|/|z_c|, T=1/|p_c|$$

(5) 在期望的闭环极点 s_1 上，利用校正后系统[其开环传递函数为 $K_cG_c(s)G_o(s)$]的幅值条件为1，并根据系统的开环增益 K 已给定或未给定，确定补偿放大器的增益 K_c 或 K_cK。

(6) 校验校正后系统的各项性能指标，如果系统不满足要求指标，适当调整零、极点位置。如果需要大的静态误差系数，则应采用其他方案。

【例 8-4】 设单位反馈系统开环传递函数为

$$G_o(s)=\frac{1200}{s(s+5)(s+20)}$$

要求系统超调量 $M_p\leqslant25\%$，过渡过程时间 $t_s\leqslant0.7s$，静态速度误差系数 $K_v^*\geqslant12(1/s)$，试利用 MATLAB 采用根轨迹法设计一个串联超前校正装置来满足要求的性能指标。

解 根据根轨迹法串联超前校正的设计步骤和例 8-4 所给条件，编写以下 M 文件。

```
%ex8_4.m
numo=1200;deno=conv([1,0],conv([1,5],[1,20]));     %定义原系统(包含系数k)
Kv1=polyval(numo,0)/polyval(deconv(deno,[1,0]),0)   %原系统的静态速度误差系数
zeta=0.4;wn=15;                                      %要求的系统性能指标
s1=-zeta*wn+j*wn*sqrt(1-zeta^2);                    %系统期望的闭环主导极点
rlocus(numo,deno);sgrid(zeta,[]);hold on;            %绘制原系统根轨迹
plot(-zeta*wn,wn*sqrt(1-zeta^2),'x');               %确定期望主导极点s1是否落在原系统根轨迹上
phic=180-(angle(polyval(numo,s1))-angle(polyval(deno,s1)))*180/pi;
                                                     %求超前校正应提供的超前角φc
%phic=180-angle(polyval(numo,s1)/polyval(deno,s1))*180/pi;   %求超前校正应提供的超前角φc
sita=atan(imag(s1)/abs(real(s1)))*180/pi;gama=(180-sita-phic)/2;
zc=-wn*sin(gama*pi/180)/sin((180-sita-gama)*pi/180);   %求超前校正装置的零点
pc=-wn*sin((gama+phic)*pi/180)/sin((180-sita-gama-phic)*pi/180);
                                                     %求超前校正装置的极点
alpha=abs(pc/zc);T=1/abs(pc);
numc=[alpha*T,1];denc=[T,1];printsys(numc,denc);    %求超前校正装置的传递函数
[numk,denk]=series(numc,denc,numo,deno);            %求系统校正后的开环传递函数
Kc=abs(polyval(denk,s1)/polyval(numk,s1))    %在新s1上根据幅值条件为1确定放大器系数Kc
numk=Kc*numk;printsys(numk,denk);            %将系统校正后的开环传递函数乘以系数Kc
Kv2=polyval(numk,0)/polyval(deconv(denk,[1,0]),0)   %系统校正后的速度误差系数
figure;[num,den]=cloop(numo,deno);step(num,den);    %绘制原系统的单位阶跃响应
hold on;[num,den]=cloop(numk,denk);step(num,den);   %绘制系统校正后单位阶跃响应
```

执行后可得如下校正前后系统的静态速度误差系数、串联放大器的增益、超前校正装置的传递函数和系统校正后的开环传递函数及图 8-13 所示曲线。

```
Kv1 =            Kc =         num/den =               num/den =
     12               1.1955      0.18853 s + 1            270.4626 s + 1434.5543
Kv2 =                         ---------------   ---------------------------------------------------
     14.3455                  0.023574 s + 1    0.023574 s^4 + 1.5893 s^3 + 27.3574 s^2 + 100 s
```

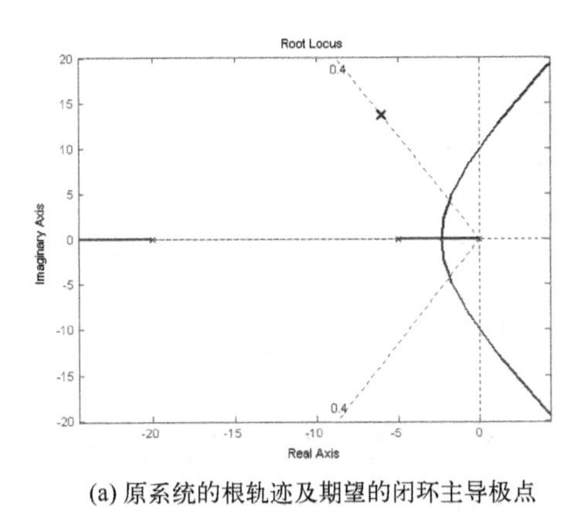

(a) 原系统的根轨迹及期望的闭环主导极点

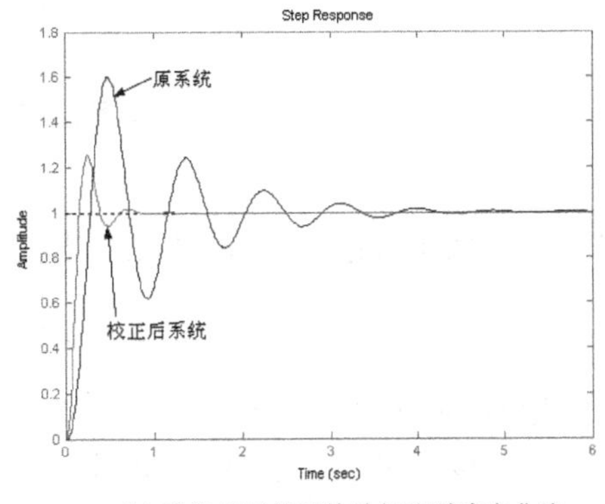

(b) 系统校正前后的单位阶跃响应曲线

图 8-13　例 8-4 系统的根轨迹与单位阶跃响应曲线

由系统校正前后的单位阶跃响应曲线图 8-13(b)可知,校正前系统的超调量 $M_p=60.2\%$,上升时间 $t_r=0.284\text{s}$,过渡过程时间 $t_s=3.64\text{s}$,静态速度误差系数 $K_V=\lim\limits_{s\to0}sG_K(s)=12(1/\text{s})$;校正后系统的超调量$M'_p=25.3\%$,上升时间$t'_r=0.165s$,过渡过程时间$t'_s=0.579s$,静态速度误差系数$K'_V=\lim\limits_{s\to0}sG'_K(\text{s})=14(1/\text{s})$。可见校正后的系统,在稳态性能变化不大的前提下动态性能明显提高了。

8.2.2　基于根轨迹法的串联滞后校正

如果系统已具有满意的动态特性,但是其稳态性能不能满足要求,这时的校正目的主要是为了增大开环增益,并且不应使瞬态特性有明显的变化,这意味着系统在引入滞后校正装置后,根轨迹在闭环极点附近不应有显著改变,同时又能较大幅度地提高系统的开环增益,这个问题可通过在前向通道上串联一个适当的滞后校正装置来解决。

利用根轨迹法设计滞后校正的设计步骤:

(1) 画出原系统[其开环传递函数为 $G_o(s)$]的根轨迹,根据要求的瞬态响应性能指标,在根轨迹上确定期望的闭环主导极点 $s_{1,2}$。

如果系统要求的阻尼比为 ζ,则可根据根轨迹与 $\theta=\cos^{-1}\zeta$ 的交点求出系统期望的闭环主导极点 $s_{1,2}$。

(2) 根据幅值条件,确定与闭环主导极点 $s_{1,2}$对应的开环增益。

设系统的开环传递函数为

$$G_o(s)=\frac{k\prod\limits_{j=1}^{m}(s-z_j)}{s^v\prod\limits_{i=1}^{n-v}(s-p_i)}$$

则根据幅值条件 $|G_o(s_1)|=1$,得

$$k=\frac{|s_1|^v\prod\limits_{i=1}^{n-v}|s_1-p_i|}{\prod\limits_{j=1}^{m}|s_1-z_j|}$$

原系统的静态误差系数为

$$K=\lim_{s\to 0}s^{v}G_{o}(s)=\frac{k\prod_{j=1}^{m}(-z_j)}{\prod_{i=1}^{n-v}(-p_i)}$$

（3）确定满足性能指标而应增大的误差系数值，从而确定串联滞后校正装置传递函数

$$G_c(s)=\frac{Ts+1}{\alpha Ts+1}\qquad (\alpha>1)$$

中，α 取值范围的最小值。

若原系统的静态误差系数为 K，要求的静态误差系数为 K^*，则应增大的误差系数值为 K^*/K，则串联放大器的增益 K_c 应大于 K^*/K，即 α 值应大于 K^*/K；

（4）确定滞后校正装置的零、极点。

为了能使校正后系统的静态误差系数增加，而又不使校正前后系统在闭环极点附近的根轨迹有显著改变，滞后校正装置的零、极点应靠近坐标原点选取。

（5）绘出校正后系统［其开环传递函数为 $K_cG_c(s)G_o(s)$］的根轨迹，并求出它与 $\theta=\arccos\zeta$ 的交点，将其作为新的期望的闭环极点 $s_{1,2}$。

（6）在新的期望的闭环极点 s_1 上，根据校正后系统的幅值条件为1，确定串联放大器的增益 K_c。

（7）校验校正后系统的各项性能指标，如不满足要求，可适当调整校正装置零、极点。

【例8-5】 已知单位反馈系统开环传递函数为

$$G_o(s)=\frac{k}{s(s+1)(s+5)}$$

要求系统满足阻尼比 $\zeta=0.45$，静态速度误差系数 $K_v^*\geqslant 7(1/s)$，试利用 MATLAB 采用根轨迹法设计一个串联滞后校正装置来满足要求的性能指标。

解 根据根轨迹法串联滞后校正的设计步骤和例 8-5 所给条件，编写以下 M 文件。

```
%ex8_5.m
numo=1;deno=conv([1,0],conv([1,1],[1,5]));  %定义原系统(不包含系数k)
zeta=0.45;Kv=7;                             %系统要求的阻尼比ζ和最小静态速度误差系数
rlocus(numo,deno);sgrid(zeta,[]);           %绘制原系统根轨迹和要求的阻尼比射线
rlocfind(numo,deno);s1=-0.40+j*0.80;%由原系统根轨迹与要求的ζ线的交点求希望的闭环主极点
k=abs(polyval(deno,s1)/polyval(numo,s1));%在闭环极点上,由幅值条件为1确定原系统根轨迹系数k
Kv1=polyval(k*numo,0)/polyval(deconv(deno,[1,0]),0)   %原系统的静态速度误差系数
Kv/Kv1,alpha=10;%选滞后校正的参数α应大于要求的误差系数与原系统的误差系数之比Kv/Kv1
zc=-0.1;pc=zc/alpha;T=1/abs(zc);            %选取滞后校正装置的零点和极点
numc=[T,1];denc=[alpha*T,1];printsys(numc,denc);   %求并显示滞后校正装置的传递函数
numo=k*numo;[numk,denk]=series(numc,denc,numo,deno);  %求系统校正后的开环传递函数
printsys(numk,denk);                        %显示系统校正后的开环传递函数
rlocus(numk,denk);sgrid(zeta,[]);           %绘制系统校正后的根轨迹和要求的阻尼比射线
rlocfind(numk,denk);s1=-0.36+j*0.72;%由系统校正后根轨迹与要求的ζ射线交点求新的闭环极点
Kc=abs(polyval(denk,s1)/polyval(numk,s1))%在新s1上,根据幅值条件为1确定串联放大器的增益
numk=Kc*numk;                     %将系统校正后的开环传递函数乘以放大器的增益Kc
Kv2=polyval(numk,0)/polyval(deconv(denk,[1,0]),0)       %系统校正后的速度误差系数
rlocus(numo,deno);sgrid(zeta,[]);hold on;rlocus(numk,denk);  %绘制系统校正前后的根轨迹
figure;[num,den]=cloop(numo,deno);step(num,den);        %绘制原系统的单位阶跃响应
hold on;[num,den]=cloop(numk,denk);step(num,den);       %绘制系统校正后的单位阶跃响应
```

执行后可得如下校正前后系统的静态速度误差系数、串联放大器的增益、滞后校正装置的传递函数和系统校正后的开环传递函数及图 8-14 所示曲线。

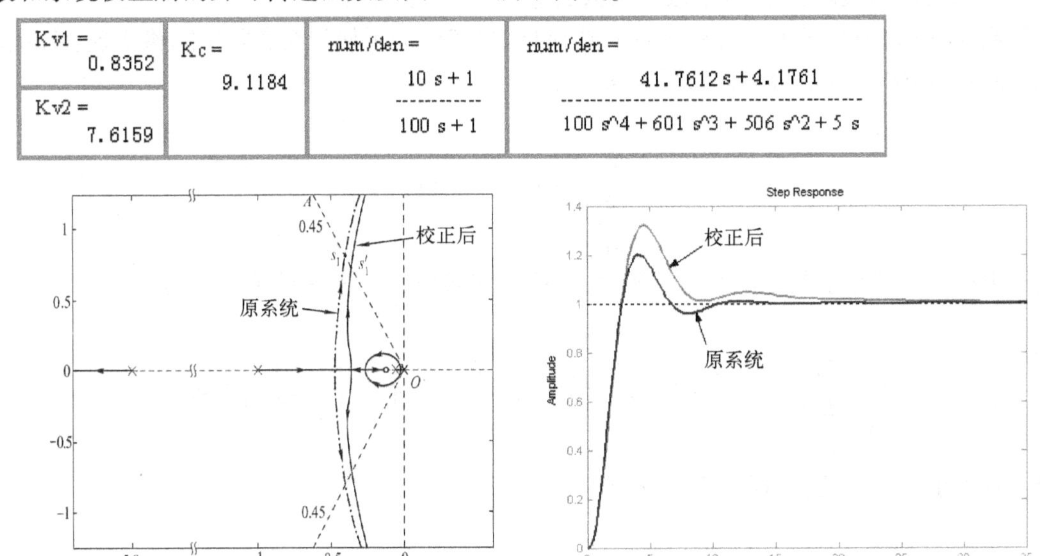

Kv1 = 0.8352	Kc = 9.1184	num/den = (10 s + 1) / (100 s + 1)	num/den = (41.7612 s + 4.1761) / (100 s^4 + 601 s^3 + 506 s^2 + 5 s)
Kv2 = 7.6159			

(a) 系统校正前后的根轨迹　　(b) 系统校正前后的单位阶跃响应

图 8-14　例 8-5 系统的根轨迹和单位阶跃响应

由以上结果和系统校正前后的单位阶跃响应曲线图 8-14(b) 可知,校正前系统的超调量 $M_p=20\%$,上升时间 $t_r=2.77\text{s}$,过渡过程时间 $t_s=9.5\text{s}$,静态速度误差系数 $K_v=0.82(1/\text{s})$。校正后系统的超调量 $M'_p=32\%$,上升时间 $t'_r=2.75\text{s}$,过渡过程时间 $t'_s=17.4\text{s}$,静态速度误差系数 $K'_v=7.57(1/\text{s})$。可见校正后系统的动态性能有点下降,但稳态性能明显提高了。

8.2.3　基于根轨迹法的串联滞后-超前校正

超前校正适用于改善系统动态特性,而对稳态性能只能提供有限的改进。如果稳态性能相当差,超前校正就无能为力。而滞后校正常用于改善系统的稳态性能,而基本保持原系统的动态特性不会发生太大的变化。如果系统的动态和稳态特性均较差,通常采用滞后-超前校正。滞后-超前校正装置设计的步骤如下:

(1) 根据要求的性能指标,确定期望主导极点 $s_{1,2}$ 的位置。

(2) 为使闭环极点位于期望的位置,计算滞后-超前校正中超前部分应产生的超前相角 φ_c。

根据校正后系统的相位条件:

$$\angle G'_o(s_1)=\angle G_c(s_1)+\angle G_o(s_1)=\pm(2l+1)180^\circ$$

可得

$$\varphi_c=\angle G_c(s_1)=\pm(2l+1)180^\circ-\angle G_o(s_1)$$

(3) 若滞后-超前校正装置的传递函数为

$$G_c(s)=\frac{T_1s+1}{\dfrac{T_1}{\beta}s+1}\cdot\frac{T_2s+1}{\beta T_2s+1}=\frac{s+\dfrac{1}{T_1}}{s+\dfrac{\beta}{T_1}}\cdot\frac{s+\dfrac{1}{T_2}}{s+\dfrac{1}{\beta T_2}}\quad(T_2>T_1,\beta>1)$$

则校正后系统开环传递函数

$$G'_o(s)=K_cG_c(s)G_o(s)$$

稳态误差系数： $K'=\lim_{s\to 0}s^{v}G'_{o}(s)=\lim_{s\to 0}s^{v}K_{c}G_{c}(s)G_{o}(s)$

根据要求的稳态误差系数，确定放大系数 K_c。

(4) 当滞后-超前校正中滞后部分的 T_2 选择足够大时(为了便于在实际中能够实现，滞后部分的最大时间常数 βT_2 不宜取得太大)，可使得

$$\left|\frac{s_1+\frac{1}{T_2}}{s_1+\frac{1}{\beta T_2}}\right|\approx 1 \qquad (\beta>1)$$

这时根据校正后系统的幅值和相角条件，可得超前部分的 T_1 和 β 的关系式为

$$\left|\frac{s_1+\frac{1}{T_1}}{s_1+\frac{\beta}{T_1}}\right|\cdot|K_c\cdot G_o(s_1)|\approx 1;\quad \left\{\angle\left(s_1+\frac{1}{T_1}\right)-\angle\left(s_1+\frac{\beta}{T_1}\right)\right\}=\varphi_c$$

(5) 利用求得的 β 值，选择滞后部分的 T_2，使

$$\left|\frac{s_1+\frac{1}{T_2}}{s_1+\frac{1}{\beta T_2}}\right|\approx 1 \qquad 和 \qquad 0<\left|\angle\left(s_1+\frac{1}{T_2}\right)-\angle\left(s_1+\frac{1}{\beta T_2}\right)\right|<3^0 \quad (\beta>1)$$

(6) 校验校正后系统[其开环传递函数为 $K_cG_c(s)G_o(s)$]的各项性能指标。

【例 8-6】 已知单位反馈系统开环传递函数为

$$G_o(s)=\frac{4}{s(s+0.5)}$$

要求系统满足阻尼比 $\zeta=0.5$，无阻尼自然振荡频率 $\omega_n=5\mathrm{rad/s}$，静态速度误差系数 $K_v^*\geqslant 50(1/\mathrm{s})$，试利用 MATLAB 采用根轨迹法设计一个串联滞后-超前校正装置来满足要求的性能指标。

解 根据根轨迹法串联滞后-超前校正的设计步骤和例 8-6 所给条件，编写以下 M 文件。

```
%ex8_6.m
k=4;numo=k;deno=conv([1,0],[1,0.5]);                      %定义原系统(包含系数k)
Kv1=polyval(numo,0)/polyval(deconv(deno,[1,0]),0)          %原系统的静态速度误差系数
zeta=0.5;wn=5;Kv=50;                                       %系统要求的性能指标
s1=-zeta*wn+j*wn*sqrt(1-zeta^2);                           %系统期望的闭环主导极点
phic=180-(angle(polyval(numo,s1))-angle(polyval(deno,s1)))*180/pi;
                                                           %求超前校正应提供的超前角φc
Kc=Kv*polyval(deconv(deno,conv([1,0],numo)),0)%根据要求速度误差系数确定放大器的增益Kc
beta=10;T1=2;          %选取超前校正部分Gc1(s)的参数使|KcGc1(s1)Go(s1)|≈1,∠Gc1(s1)=φc
[num,den]=series(Kc*[1,1/T1],[1,beta/T1],numo,deno);  %求KcGc1(s)Go(s)的传递函数
K_s1=abs(polyval(num,s1)/polyval(den,s1))                  %求KcGc1(s)Go(s)在极点s1处幅值
phic1=angle(polyval([1,1/T1],s1)/polyval([1,beta/T1],s1))*180/pi  %超前校正部分在极点s1处的相角
numc1=[1,1/T1];denc1=[1,beta/T1];printsys(numc1,denc1);  %定义显示超前校正部分的传递函数
T2=10;                          %选取滞后校正部分Gc2(s)的参数使|Gc2(s1)|≈1,|∠Gc2(s1)|<3°
Kc2_s1=abs(polyval([1,1/T2],s1)/polyval([1,1/(beta*T2)],s1))  %滞后校正部分在s1处的幅值
phic2=angle(polyval([1,1/T2],s1)/polyval([1,1/(beta*T2)],s1))*180/pi %滞后校正部分在s1处的相角
numc2=[1,1/T2];denc2=[1,1/(beta*T2)];printsys(numc2,denc2);
                                                           %定义显示滞后校正部分的传递函数
```

```
[numc,denc]=series(numc1,denc1,numc2,denc2);            %求校正装置的传递函数
[numk,denk]=series(numc,denc,numo,deno);                %求系统校正后的开环传递函数
numk=Kc*numk;printsys(numk,denk);        %将系统校正后开环传递函数乘以放大器增益Kc后显示
K_s1=abs(polyval(numk,s1)/polyval(denk,s1))            %系统校正后在极点s1处的幅值应为1
phi=angle(polyval(numk,s1)/polyval(denk,s1))*180/pi    %系统校正后在s1处的相角应为±(2l+1)180°
Kv2=polyval(numk,0)/polyval(deconv(denk,[1,0]),0)      %系统校正后的速度误差系数
[num,den]=cloop(numo,deno);step(num,den);              %绘制原系统的单位阶跃响应
hold on;[num,den]=cloop(numk,denk);step(num,den);      %绘制系统校正后的单位阶跃响应
```

执行后可得如下校正前后系统的静态速度误差系数、串联放大器的增益、超前校正部分与滞后校正部分的传递函数、系统校正后的开环传递函数及图 8-15 所示曲线。

由以下结果和系统校正前后的单位阶跃响应曲线图 8-15 可知，校正前系统的超调量 $M_p=67\%$，上升时间 $t_r=0.86\,\mathrm{s}$，过渡过程时间 $t_s=14.7\mathrm{s}$，静态速度误差系数 $K_v=8(1/\mathrm{s})$。校正后系统的超调量 $M'_p=18.6\%$，上升时间 $t'_r=0.48\,\mathrm{s}$，过渡过程时间 $t'_s=1.2\mathrm{s}$，静态速度误差系数 $K'_v=50(1/\mathrm{s})$。可见校正后系统的动态性能和稳态性能都明显提高了。

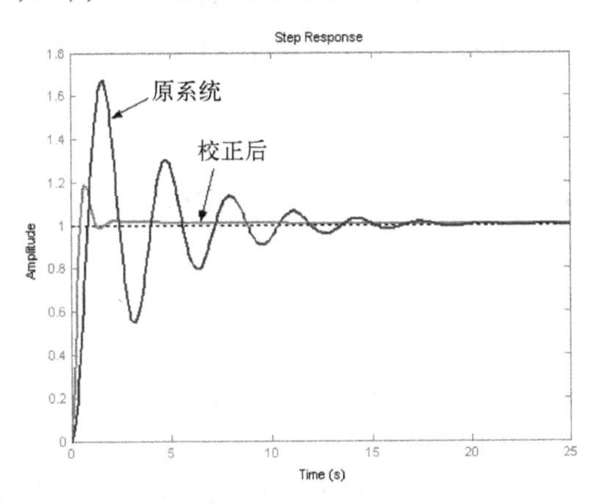

图 8-15　例 8-6 系统校正前后的单位阶跃响应曲线

Kv1 = 8 Kv2 = 50	Kc = 6.2500	num/den = s + 0.5 --------- s + 5	num/den = s + 0.1 ---------- s + 0.01	num/den = 25 s^2 + 15 s + 1.25 -- s^4 + 5.51 s^3 + 2.555 s^2 + 0.025 s

8.3　状态反馈和状态观测器的设计

MATLAB 控制系统工具箱中提供了很多函数用来进行系统的状态反馈和状态观测器的设计，相关函数如表 8-1 所示。

表 8-1　状态反馈和状态观测器函数

函数名	功　　能	函数名	功　　能
acker()	单变量系统极点配置	destim()	生成离散状态估计器或观测器
place()	多变量系统极点配置	reg()	生成控制器
drmodel()	生成随机离散系统模型	drag()	生成估计器
estim()	生成连续状态估计器或观测器		

8.3.1　状态反馈

状态反馈是将系统的状态变量乘以相应的反馈系数，然后反馈到输入端与参考输入叠加形成控制，作为受控系统的控制输入。采用状态反馈不但可以实现闭环系统极点的任意配置，而且也是实现解耦和构成线性最优调节器的主要手段。

1. 全部极点配置

给定控制系统的状态空间模型，则经常希望引入某种控制器，使得该系统的闭环极点移动到某

个指定位置。在很多情况下，系统的极点位置会决定系统的动态性能。

假设单变量系统的状态空间表达式为

$$\begin{cases}\dot{\boldsymbol{x}}=\boldsymbol{A}\boldsymbol{x}+\boldsymbol{b}u\\ y=\boldsymbol{c}\boldsymbol{x}\end{cases} \tag{8-10}$$

其中，$\boldsymbol{A}:n\times n$；$\boldsymbol{b}:n\times 1$；$\boldsymbol{c}:1\times n$。

引入状态反馈，使进入该系统的信号为

$$u = r-\boldsymbol{K}\boldsymbol{x} \tag{8-11}$$

式中，r 为系统的外部参考输入；$\boldsymbol{K}$ 为 $1\times n$ 矩阵。

可得状态反馈闭环系统的状态空间表达式为

$$\begin{cases}\dot{\boldsymbol{x}}=(\boldsymbol{A}-\boldsymbol{b}\boldsymbol{K})\boldsymbol{x}+\boldsymbol{b}r\\ y=\boldsymbol{c}\boldsymbol{x}\end{cases} \tag{8-12}$$

可以证明，若给定系统是完全能控的，则可以通过状态反馈将该系统的闭环极点进行任意配置。

假定单变量系统的 n 个期望极点为 $\lambda_1,\lambda_2,\cdots,\lambda_n$，则可求出期望的闭环特征方程为

$$f^*(s)=(s-\lambda_1)(s-\lambda_2)\cdots(s-\lambda_n)=s^n+a_1s^{n-1}+\cdots+a_n$$

这时状态反馈矩阵 $\boldsymbol{K}$ 可根据下式求得

$$\boldsymbol{K}=[0\ \ \cdots\ \ 0\ \ 1]\boldsymbol{U}_c^{-1}f^*(\boldsymbol{A}) \tag{8-13}$$

式中，$\boldsymbol{U}_c=[\boldsymbol{b},\boldsymbol{A}\boldsymbol{b},\cdots,\boldsymbol{A}^{n-1}\boldsymbol{b}]$，$f^*(\boldsymbol{A})$是将系统期望的闭环特征方程式中的 s 换成系统矩阵 $\boldsymbol{A}$ 后的矩阵多项式。

【例 8-7】 已知系统的状态方程为

$$\dot{\boldsymbol{x}}=\begin{bmatrix}-2&-1&1\\1&0&1\\-1&0&1\end{bmatrix}\boldsymbol{x}+\begin{bmatrix}1\\1\\1\end{bmatrix}u$$

采用状态反馈，将系统的极点配置到−1，−2，−3，求状态反馈矩阵 $\boldsymbol{K}$。

解 MATLAB 程序为

```
%ex8_7.m
A=[-2  -1  1;1  0  1;-1  0  1];b=[1;1;1];Uc=ctrb(A,b);rc=rank(Uc);
f=conv([1,1],conv([1,2],[1,3]));K=[zeros(1,length(A)-1), 1] * inv(Uc) * polyvalm(f,A)
```

执行结果显示：

```
K=
   -1  2  4
```

其实，在 MATLAB 的控制系统工具箱中就提供了单变量系统极点配置函数acker( )，该函数的调用格式为

K=acker(A,b,P)

式中，P 为给定的极点；K 为状态反馈矩阵。

对例 8-7，采用下面命令可得同样结果。

```
>>A=[-2  -1  1;1  0  1;-1  0  1];b=[1;1;1];
>>rc=rank(ctrb(A,b));p=[-1,-2,-3];K=acker(A,b,p)
```

结果显示：

```
K=
   -1  2  4
```

对于多变量系统的极点配置，MATLAB 控制系统工具箱中也给出了函数 place( )，其调用格式为

$$K=\mathrm{place}(A,B,P)$$

【例 8-8】 已知系统的状态方程为

$$\dot{\boldsymbol{x}}=\begin{bmatrix}0&0&4&1\\10&13&2&8\\-3&-3&0&-2\\-10&-14&-5&-9\end{bmatrix}\boldsymbol{x}+\begin{bmatrix}-2&0\\4&-3\\-1&1\\-3&3\end{bmatrix}\boldsymbol{u}$$

求使状态反馈系统的闭环极点为-2，-3，$(-1\pm j\sqrt{3})/2$ 的状态反馈矩阵 $\boldsymbol{K}$。

解 MATLAB 程序为

```
%ex8_8. m
A=[0  0  4  1;10  13  2  8;-3  -3  0  -2;-10  -14  -5  -9];
B=[-2  0;4  -3;-1  1;-3  3];
P=[-2;-3;(-1+sqrt(3) * j)/2;(-1-sqrt(3) * j)/2];K=place(A,B,P)
```

执行结果显示：

```
K=
   32.5923   65.6844   58.8332   46.6557
   55.4594  111.8348  103.6800   81.0239
```

2. 部分极点配置

在一些特定的应用中，有时没有必要去对所有的极点进行重新配置，而只需对其中若干个极点进行配置，使得其他极点保持原来的值。例如，若系统开环模型是不稳定的，则可以将那些不稳定的极点配置成稳定的值，而不去改变那些原本稳定的极点。进行这样配置的前提条件是原系统没有重极点，这就能保证由系统特征向量构成的矩阵是非奇异的。

假设 $\boldsymbol{x}_i$ 为对应于 $\boldsymbol{\lambda}_i$ 的特征向量，即 $\boldsymbol{A}\,\boldsymbol{x}_i=\boldsymbol{\lambda}_i\,\boldsymbol{x}_i$，这样就可以对各个特征值构造特征向量矩阵 $\boldsymbol{X}=[\boldsymbol{x}_1,\boldsymbol{x}_2,\cdots,\boldsymbol{x}_n]$。由前面的假设可知 $\boldsymbol{X}$ 矩阵为非奇异的，故可以得出其逆阵 $\boldsymbol{T}=\boldsymbol{X}^{-1}$，且令 $\boldsymbol{T}$ 的第 i 个行向量为 $\boldsymbol{T}_i$，且想把 $\boldsymbol{\lambda}_i$ 配置到 μ_i 的位置，则可以定义变量 $r_i=(\mu_i-\lambda_i)/b_i$，其中 b_i 为向量 $\boldsymbol{Tb}$ 的第 i 个分量。这时配置全部的极点，则可以得出状态反馈矩阵

$$\boldsymbol{K}=\sum_{i=1}^{n}r_i\boldsymbol{T}_i$$

特别地，若不想对哪个极点进行重新配置，则可以将对应的项从上面的求和式子中删除，得出相应的状态反馈矩阵，它能按指定的方式进行极点配置。

【例 8-9】 对于例 8-7 所示系统，实际上只有一个不稳定的极点 1，若仅将此极点配置到-5，试采用部分极点配置方法对其进行配置。

解 MATLAB 程序为

```
%ex8_9. m
A=[-2  -1  1;1  0  1;-1  0  1];b=[1;1;1];
[X,D]=eig(A);ii=find(diag(D)>0);T=inv(X);mu= -5;V=diag(D);
bb=T * b;gamma=(mu-V(ii))/bb(ii);K=real(gamma * T(ii,:))
```

执行结果显示：

```
K=
    1.5000    -1.5000    -6.0000
```

8.3.2 状态观测器

1. 全维状态观测器的设计

极点配置是基于状态反馈的,因此状态 $\boldsymbol{x}$ 必须可量测。当状态不能量测时,则应设计状态观测器来估计状态。

对于系统

$$\begin{cases}\dot{\boldsymbol{x}}=\boldsymbol{Ax}+\boldsymbol{Bu}\\ \boldsymbol{y}=\boldsymbol{Cx}\end{cases}\tag{8-14}$$

若系统完全能观测,则可构造如图 8-16 所示的状态观测器。

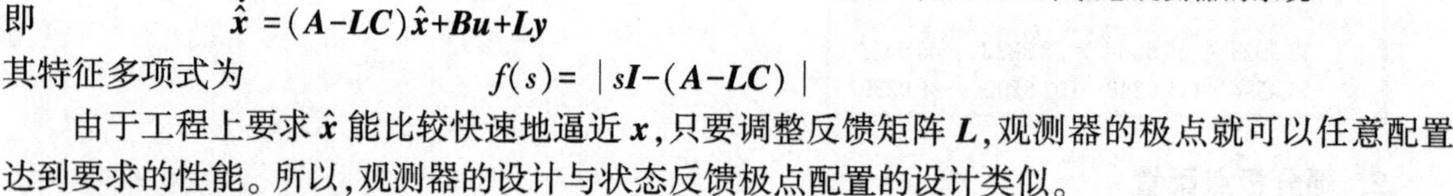

图 8-16 带状态观测器的系统

由 8-16 图可得观测器的状态方程为

$$\dot{\hat{\boldsymbol{x}}}=\boldsymbol{A}\hat{\boldsymbol{x}}+\boldsymbol{Bu}-\boldsymbol{LC}\hat{\boldsymbol{x}}+\boldsymbol{Ly}$$

即 $$\dot{\hat{\boldsymbol{x}}}=(\boldsymbol{A}-\boldsymbol{LC})\hat{\boldsymbol{x}}+\boldsymbol{Bu}+\boldsymbol{Ly}$$

其特征多项式为 $$f(s)=|s\boldsymbol{I}-(\boldsymbol{A}-\boldsymbol{LC})|$$

由于工程上要求 $\hat{\boldsymbol{x}}$ 能比较快速地逼近 $\boldsymbol{x}$,只要调整反馈矩阵 $\boldsymbol{L}$,观测器的极点就可以任意配置达到要求的性能。所以,观测器的设计与状态反馈极点配置的设计类似。

假定单变量系统所要求的 n 个观测器的极点为 $\lambda_1,\lambda_2,\cdots,\lambda_n$,则可求出期望的状态观测器的特征方程为

$$f^*(s)=(s-\lambda_1)(s-\lambda_2)\cdots(s-\lambda_n)=s^n+a_1s^{n-1}+\cdots+a_n$$

这时可求得反馈矩阵为

$$\boldsymbol{L}=f^*(\boldsymbol{A})\boldsymbol{V}_0^{-1}\begin{bmatrix}0\\ \vdots\\ 0\\ 1\end{bmatrix}$$

式中,$\boldsymbol{V}_0=\begin{bmatrix}\boldsymbol{C}\\ \boldsymbol{CA}\\ \vdots\\ \boldsymbol{CA}^{n-1}\end{bmatrix}$;$f^*(\boldsymbol{A})$ 是将系统期望的观测器特征方程中 s 换成系统矩阵 $\boldsymbol{A}$ 后的矩阵多项式。

利用对偶原理,可使设计问题大为简化,求解过程如下:

(1) 构造系统式(8-14)的对偶系统

$$\begin{cases}\dot{\boldsymbol{z}}=\boldsymbol{A}^{\mathrm{T}}\boldsymbol{z}+\boldsymbol{C}^{\mathrm{T}}\boldsymbol{\eta}\\ \boldsymbol{w}=\boldsymbol{B}^{\mathrm{T}}\boldsymbol{z}\end{cases}\tag{8-15}$$

(2) 使用 MATLAB 的函数 place( )及 acker( ),根据下式可求得状态观测器的反馈矩阵 $\boldsymbol{L}$。

L'=acker(A',C',P) 或 L'=place(A',C',P)

其中,P 为给定的极点;L 为状态观测器的反馈矩阵。

【例 8-10】 已知开环系统 $\begin{cases}\dot{\boldsymbol{x}}=\boldsymbol{Ax}+\boldsymbol{b}u\\ y=\boldsymbol{Cx}\end{cases}$

其中
$$A=\begin{bmatrix}0&1&0\\0&0&1\\-6&-11&-6\end{bmatrix},\quad b=\begin{bmatrix}0\\0\\1\end{bmatrix},\quad C=[1\quad 0\quad 0]$$

设计全维状态观测器,使观测器的闭环极点为$-2\pm j2\sqrt{3}$,-5。

解 为求出状态观测器的反馈矩阵 $\boldsymbol{L}$,先为原系统构造一对偶系统。

$$\begin{cases}\dot{z}=A^{T}z+C^{T}\eta\\ w=b^{T}z\end{cases}$$

然后采用极点配置方法对对偶系统进行闭环极点位置的配置,得到反馈矩阵 $\boldsymbol{K}$,从而可由对偶原理得到原系统的状态观测器的反馈矩阵 $\boldsymbol{L}$。

MATLAB 程序如下。

```
%ex8_10. m
A=[0  1  0;0  0  1;-6  -11  -6];b=[0;0;1];C=[1   0   0];
disp('The Rank of Obstrabilaty Matrix');r0=rank(obsv(A,C));A1=A';b1=C';C1=b';
P=[-2+2*sqrt(3)*j   -2-2*sqrt(3)*j   -5];K=acker(A1,b1,P);L=K'
```

执行结果显示:

```
The Rank of Obstrabilaty Matrix      L =
r0 =                                     3.0000
      3                                  7.0000
                                        -1.0000
```

由于 $\text{rank}r_0=3$,所以系统能观测。因此可设计全维状态观测器。

2. 降维观测器的设计

前面所讨论的状态观测器的维数和被控系统的维数相同,故称为全维观测器。实际上系统的输出 $\boldsymbol{y}$ 总是能够观测的。因此,可以利用系统的输出量 $\boldsymbol{y}$ 来直接产生部分状态变量,从而降低观测器的维数。假设系统是完全能观测器,若状态 $\boldsymbol{x}$ 为 n 维,输出 $\boldsymbol{y}$ 为 m 维,由于 $\boldsymbol{y}$ 是可量测的,因此只需对 $n-m$ 个状态进行观测。也就是说用$(n-m)$维的状态观测器可以代替全维观测器。这样,观测器的结构可以大大简化。

已知线性定常系统

$$\begin{cases}\dot{x}=Ax+Bu\\ y=Cx\end{cases}\tag{8-16}$$

完全能观测,则可将状态 $\boldsymbol{x}$ 分为可量测和不可量测两部分,相应的系统方程可写成分块矩阵的形式

$$\begin{cases}\begin{bmatrix}\dot{\bar{x}}_1\\ \dot{\bar{x}}_2\end{bmatrix}=\begin{bmatrix}\bar{A}_{11}&\bar{A}_{12}\\ \bar{A}_{21}&\bar{A}_{22}\end{bmatrix}\begin{bmatrix}\bar{x}_1\\ \bar{x}_2\end{bmatrix}+\begin{bmatrix}\bar{B}_1\\ \bar{B}_2\end{bmatrix}u\\ y=[I\quad 0]\begin{bmatrix}\bar{x}_1\\ \bar{x}_2\end{bmatrix}\end{cases}$$

由上可看出,状态 $\bar{x}_1$ 能够直接由输出量 $\boldsymbol{y}$ 获得,不必再通过观测器观测,所以只要求对 $n-m$ 维状态变量由观测器进行重构。由上式可得关于 $\bar{x}_2$ 的状态方程

$$\begin{cases}\dot{\bar{x}}_2=\bar{A}_{22}\bar{x}_2+\bar{A}_{21}y+\bar{B}_2u\\ \dot{y}-\bar{A}_{11}y-\bar{B}_1u=\bar{A}_{12}\bar{x}_2\end{cases}$$

它与全维状态观测器方程进行对比，可得到两者之间的对应关系，如表 8-2 所示。

表 8-2 全维与降维状态观测器的对应关系

全维观测器	降维观测器
x	$\bar{x}_2$
A	$\bar{A}_{22}$
Bu	$\bar{A}_{21}y+\bar{B}_2u$
y	$\dot{y}-\bar{A}_{11}y-\bar{B}_1u$
C	$\bar{A}_{12}$
$L_{n\times1}$	$L_{(n-m)\times1}$

由此可得降维状态观测器的等效方程

$$\begin{cases}\dot{z}=A_cz+b_c\eta\\ w=C_cz\end{cases}\tag{8-17}$$

其中，$A_c=\bar{A}_{22}$，$b_c\eta=\bar{A}_{21}y+\bar{B}_2u$，$C_c=\bar{A}_{12}$

然后，使用 MATLAB 的函数 place( )或 acker( )，根据全维状态观测器的设计方法求解反馈矩阵 L。

降维观测器的方程为

$$\begin{cases}\hat{\bar{x}}_2=z+\bar{L}y\\ \dot{z}=(\bar{A}_{22}-\bar{L}\bar{A}_{12})(z+\bar{L}y)+(\bar{A}_{21}-\bar{L}\bar{A}_{11})y+(\bar{B}_2-\bar{L}\bar{B}_1)u\end{cases}\tag{8-18}$$

【例 8-11】 设开环系统 $\begin{cases}\dot{x}=Ax+bu\\ y=Cx\end{cases}$

其中
$$A=\begin{bmatrix}0&1&0\\0&0&1\\-6&-11&-6\end{bmatrix},\quad b=\begin{bmatrix}0\\0\\1\end{bmatrix},\quad C=[1\quad0\quad0]$$

设计降维状态观测器，使闭环极点为 $-2\pm j2\sqrt{3}$。

解 由于 x_1 可观测，因此只需设计 x_2 和 x_3 的状态观测器。根据原系统可得不可观测部分的状态空间表达式为

$$\begin{cases}\dot{\bar{x}}_2=\bar{A}_{22}\bar{x}_2+\bar{A}_{21}y+\bar{B}_2u\\ \dot{y}-\bar{A}_{11}y-\bar{B}_1u=\bar{A}_{12}\bar{x}_2\end{cases}\tag{8-19}$$

其中
$$\bar{A}_{11}=0,\quad \bar{A}_{12}=[1\quad0],\quad \bar{A}_{21}=\begin{bmatrix}0\\-6\end{bmatrix},\quad \bar{A}_{22}=\begin{bmatrix}0&1\\-11&-6\end{bmatrix}$$
$$\bar{B}_1=[0],\quad \bar{B}_2=\begin{bmatrix}0\\1\end{bmatrix}$$

等效系统为
$$\begin{cases}\dot{z}=A_cz+b_c\eta\\ w=C_cz\end{cases}\tag{8-20}$$

其中
$$A_c=\bar{A}_{22},\quad b_c\eta=\bar{A}_{21}y+\bar{B}_2u,\quad C_c=\bar{A}_{12}$$

MATLAB 程序为

```
%ex8_11.m
A=[0  1  0;0  0  1;-6  -11  -6];b=[0;0;1];C=[1  0  0];
A11=[A(1,1)];A12=[A(1,2:3)];A21=[A(2:3,1)];A22=[A(2:3,2:3)];
B1=b(1,1);B2=b(2:3,1);Ac=A22;Cc=A12;r0=rank(obsv(Ac,Cc))
P=[-2+2*sqrt(3)*j  -2-2*sqrt(3)*j];K=acker(Ac',Cc',P);L=K'
```

执行结果显示：

r0 =	L =
2	-2 17

8.3.3 带状态观测器的状态反馈系统

状态观测器解决了受控系统的状态重构问题,为那些状态变量不能直接量测得到的系统实现状态反馈创造了条件。带状态观测器的状态反馈系统由三部分组成,即原系统、观测器和控制器。图 8-17 所示是一个带有全维观测器的状态反馈系统。

设能控能观测的受控系统为

$$\begin{cases}\dot{\boldsymbol{x}}=\boldsymbol{A}\boldsymbol{x}+\boldsymbol{B}\boldsymbol{u}\\ \boldsymbol{y}=\boldsymbol{C}\boldsymbol{x}\end{cases} \tag{8-21}$$

状态反馈控制律为

$$\boldsymbol{u}=\boldsymbol{r}-\boldsymbol{K}\hat{\boldsymbol{x}} \tag{8-22}$$

状态观测器方程为

$$\dot{\hat{\boldsymbol{x}}}=(\boldsymbol{A}-\boldsymbol{L}\boldsymbol{C})\hat{\boldsymbol{x}}+\boldsymbol{B}\boldsymbol{u}+\boldsymbol{L}\boldsymbol{y} \tag{8-23}$$

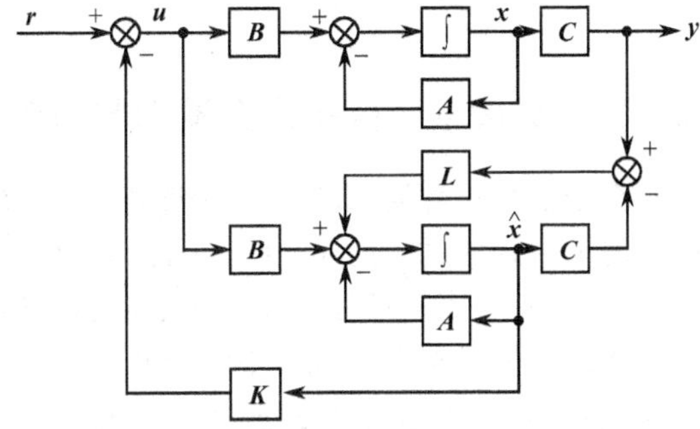

图 8-17　带状态观测器的状态反馈系统

由以上三式可得闭环系统的状态空间表达式为

$$\begin{cases}\dot{\boldsymbol{x}}=\boldsymbol{A}\boldsymbol{x}-\boldsymbol{B}\boldsymbol{K}\hat{\boldsymbol{x}}+\boldsymbol{B}\boldsymbol{r}\\ \dot{\hat{\boldsymbol{x}}}=\boldsymbol{L}\boldsymbol{C}\boldsymbol{x}+(\boldsymbol{A}-\boldsymbol{L}\boldsymbol{C}-\boldsymbol{B}\boldsymbol{K})\hat{\boldsymbol{x}}+\boldsymbol{B}\boldsymbol{r}\\ \boldsymbol{y}=\boldsymbol{C}\boldsymbol{x}\end{cases} \tag{8-24}$$

可以证明,由观测器构成的状态反馈闭环系统,其特征多项式等于状态反馈部分的特征多项式 $|s\boldsymbol{I}-(\boldsymbol{A}-\boldsymbol{B}\boldsymbol{K})|$ 和观测器部分的特征多项式 $|s\boldsymbol{I}-(\boldsymbol{A}-\boldsymbol{L}\boldsymbol{C})|$ 的乘积,而且两者相互独立。因此,只要系统 $\sum_0(\boldsymbol{A},\boldsymbol{B},\boldsymbol{C})$ 能控能观测,则系统的状态反馈矩阵 $\boldsymbol{K}$ 和观测器反馈矩阵 $\boldsymbol{L}$ 可分别根据各自的要求,独立进行配置。这种性质被称为分离特性。

同理,用降维观测器构成的反馈系统也具有分离特性。

【例 8-12】 已知开环系统

$$\begin{cases}\dot{\boldsymbol{x}}=\begin{bmatrix}0 & 1\\ 20.6 & 0\end{bmatrix}\boldsymbol{x}+\begin{bmatrix}0\\ 1\end{bmatrix}u\\ y=[1 \quad 0]\boldsymbol{x}\end{cases}$$

设计状态反馈,使闭环极点为 $-1.8\pm j2.4$,而且状态不可量测;设计状态观测器使其闭环极点为-8,-8。

解 状态反馈和状态观测器的设计分开进行。状态观测器的设计借助于对偶原理。在设计之前,应先判别系统的能控性和能观测性。MATLAB 的程序为

```
%ex8_12.m
A=[0  1; 20.6  0];b=[0;1];C=[1  0];
% Check Controllability and Observablity
disp ('The rank of Controllability Matrix');rc=rank (ctrb(A,b))
disp ('The rank of Observability Matrix');r0=rank(obsv(A,C))

%Design Regulator
```

```
P=[-1.8+2.4*j   -1.8-2.4*j];K=acker(A,b,P)

%Design State Observer
A1=A';b1=C';C1=b';P1=[-8   -8];K1=acker(A1,b1,P1);L=K1'
```

执行结果显示：

The rank of Controllability Matrix rc = 2	The rank of Observability Matrix ro = 2
K = 29.6000 3.6000	L = 16.0000 84.6000

8.3.4　离散系统的极点配置和状态观测器

离散系统的极点配置和状态观测器的设计，其求解过程与连续系统基本相同。在 MATLAB 中，可直接采用工具箱中的 place( ) 和 acker( ) 函数进行设计，这里不再赘述。

但应说明一点，当闭环极点全选为 0 时，系统将产生无阻尼响应，这时只要控制 $\boldsymbol{u}(k)$ 无界，可使任何非 0 误差矢量至多在几步中降至 0。当然调整时间取决于采样周期 T，当 $T\to 0$ 时，说明调整时间可为无限小，但控制信号 $\boldsymbol{u}(k)$ 也为无限大。一般希望调整时间越短越好，但这会导致 $\boldsymbol{u}(k)$ 饱和，一旦 $\boldsymbol{u}(k)$ 饱和，系统成为非线性系统，从而使采用的设计方法失效。因此，应该在调整时间和 $\boldsymbol{u}(k)$ 幅值之间折中考虑。

【例 8-13】　已知离散系统

$$\begin{cases}\boldsymbol{x}(k+1)=\boldsymbol{G}\boldsymbol{x}(k)+\boldsymbol{h}u(k)\\ y(k)=\boldsymbol{C}\boldsymbol{x}(k)\end{cases}$$

其中

$$\boldsymbol{G}=\begin{bmatrix}0 & 0 & 1\\ 1 & 0 & 0\\ -0.2 & -0.5 & 1.1\end{bmatrix},\boldsymbol{h}=\begin{bmatrix}0\\0\\1\end{bmatrix},\boldsymbol{C}=[1\quad 0\quad 0]$$

设计状态反馈，使闭环系统具有无阻尼响应，并设计降维状态观测器，使观测器也具有无阻尼响应。

解　MATLAB 程序为

```
%ex8_13.m
G=[0  0  1;1  0  0;-0.2  -0.5  1.1];h=[0;0;1];C=[1  0  0];
disp ('The rank of Controllability Matrix');rc=rank (ctrb(G,h))
disp ('The rank of Observability Matrix');r0=rank(obsv(G,C))
% Design Digital Controller
P=[0  0  0];K=acker(G,h,P)
%Design state Observer
G11=G(1,1);G12=G(1,2:3);G21=G(2:3,1);G22=G(2:3,2:3);
h1=h(1,1);h2=h(2:3,1);Gc=G22';hc=G12';
P1=[0  0];K1=acker(Gc,hc,P1);L=K1'
```

执行结果显示：

The rank of Controllability Matrix rc = 3	The rank of Observability Matrix ro = 3
K = -0.2000 -0.5000 1.1000	L = 0 1.1000

8.3.5 系统解耦

在多变量系统中,如果传递函数矩阵不是对角矩阵,则不同的输入与输出之间存在着耦合,即第 i 个输入不但会对第 i 个输出有影响,而且还会影响到其他的输出,这就给控制系统的设计造成了很大的麻烦,故在多变量控制系统的设计中就出现了解耦控制方法。

假设控制系统的状态空间表达式为

$$\begin{cases}\dot{\boldsymbol{x}}=\boldsymbol{Ax}+\boldsymbol{Bu}\\ \boldsymbol{y}=\boldsymbol{Cx}+\boldsymbol{Du}\end{cases}\tag{8-25}$$

其中,$\boldsymbol{A}:n\times n$;$\boldsymbol{B}:n\times r$;$\boldsymbol{C}:m\times n$;$\boldsymbol{D}:m\times r$。

引入状态反馈

$$\boldsymbol{u}=\boldsymbol{Hr}-\boldsymbol{Kx}\tag{8-26}$$

其中,$\boldsymbol{r}$ 为 $r\times1$ 参考输入向量,在解耦控制中实际还应要求 $r=m$,亦即系统的输入个数等于输出个数。这时闭环系统的传递函数矩阵可以写成

$$\boldsymbol{G}(s)=\frac{\boldsymbol{Y}(s)}{\boldsymbol{R}(s)}=[(\boldsymbol{C}-\boldsymbol{DK})(s\boldsymbol{I}-\boldsymbol{A}+\boldsymbol{BK})^{-1}\boldsymbol{B}+\boldsymbol{D}]\boldsymbol{H}\tag{8-27}$$

若闭环系统的 $m\times r$ 矩阵 $\boldsymbol{G}(s)$ 为对角的非奇异矩阵,则称该系统是动态解耦的系统。若$\boldsymbol{G}(0)$为对角非奇异矩阵,且系统是稳定的,则称该系统是静态解耦的。

在给定的控制结构下,若系统的 $\boldsymbol{D}$ 矩阵为 0,则闭环传递函数矩阵 $\boldsymbol{G}(s)$ 可以简化成

$$\boldsymbol{G}(s)=\frac{\boldsymbol{Y}(s)}{\boldsymbol{R}(s)}=\boldsymbol{C}(s\boldsymbol{I}-\boldsymbol{A}+\boldsymbol{BK})^{-1}\boldsymbol{BH}\tag{8-28}$$

由上式可见,若 $\boldsymbol{H}$ 为奇异矩阵,则 $\boldsymbol{G}(s)$ 必为奇异矩阵。为使得系统可以解耦,首先应该要求 $\boldsymbol{H}$ 为非奇异矩阵。

对给定的系统,状态方程可以写为

$$\boldsymbol{G}(s)=\frac{1}{|s\boldsymbol{I}-\boldsymbol{A}+\boldsymbol{BK}|}[\boldsymbol{CB}s^{n-1}+(\boldsymbol{C}(\boldsymbol{A}-\boldsymbol{BK})\boldsymbol{B}+a_{n-1}\boldsymbol{CB})s^{n-2}+\cdots]\boldsymbol{H}$$

其中,$|s\boldsymbol{I}-\boldsymbol{A}+\boldsymbol{BK}|=s^n+a_{n-1}s^{n-1}+\cdots+a_0$。

这里将给出能解耦的条件:可以证明,按下面方法生成的 $\boldsymbol{B}^*$ 为非奇异矩阵。若取 $\boldsymbol{H}=(\boldsymbol{B}^*)^{-1}$,则由前面给出的控制格式得出的系统能解耦原系统。

$$\boldsymbol{B}^*=\begin{bmatrix}\boldsymbol{C}_1\boldsymbol{A}^{d_1}\boldsymbol{B}\\ \boldsymbol{C}_2\boldsymbol{A}^{d_2}\boldsymbol{B}\\ \vdots\\ \boldsymbol{C}_m\boldsymbol{A}^{d_m}\boldsymbol{B}\end{bmatrix}\tag{8-29}$$

式中,$\boldsymbol{C}_1,\boldsymbol{C}_2,\cdots,\boldsymbol{C}_m$ 为 $\boldsymbol{C}$ 矩阵的行向量;参数 $d_1,d_2,\cdots,d_m$ 是在保证 $\boldsymbol{B}^*$ 为非奇异矩阵的前提下任选区间$[0,n-1]$上的整数。若确定了 d_i 参数,则可以直接获得解耦矩阵

$$\boldsymbol{K}=\boldsymbol{H}\begin{bmatrix}\boldsymbol{C}_1\boldsymbol{A}^{d_1+1}\\ \vdots\\ \boldsymbol{C}_m\boldsymbol{A}^{d_m+1}\end{bmatrix}\tag{8-30}$$

【例 8-14】 对如下系统进行解耦

$$\begin{cases}\dot{\boldsymbol{x}}=\begin{bmatrix}-1&0&0\\0&-2&0\\0&0&-3\end{bmatrix}\boldsymbol{x}+\begin{bmatrix}1&0\\2&3\\-3&-3\end{bmatrix}\boldsymbol{u}\\ \boldsymbol{y}=\begin{bmatrix}1&0&0\\1&1&1\end{bmatrix}\boldsymbol{x}\end{cases}$$

解 MATLAB 程序为

```
%ex8_14.m
A=[-1  0  0;0  -2  0;0  0  -3];B=[1  0;2  3;-3  -3];
C=[1  0  0;1  1  1]; D=[0  0;0  0];
[m,n]=size(C);BB=C(1,:) * B;d(1)=0;
for ii=2:m
  for jj=0:n-1
    BB=[BB;C(ii,:) * A^jj * B];
    if rank(BB)= =ii,d(ii)=jj;break;else BB=BB(1:ii-1,:);end
  end
end
H=inv(BB),CC=C(1,:) * A^(d(1)+1);
for ii=2:m
  CC=[CC;C(ii,:) * A^(d(ii)+1)];
end
K=H * CC
[n1,d1]=ss2tf(A-B * K,B * H,C,D,1),[n2,d2]=ss2tf(A-B * K,B * H,C,D,2)
```

执行结果显示：

```
H =
    1.0000         0
   -1.3333    0.3333

K =
   -1.0000         0         0
    1.6667    1.3333    3.0000

n1 =
         0    1.0000   -0.0000   -0.0000
         0    0.0000    0.0000    0.0000

d1 =
    1.0000   -0.0000   -0.0000         0

n2 =
         0         0         0         0
         0    0.0000    1.0000         0

d2 =
    1.0000   -0.0000   -0.0000         0
```

系统解耦后的传递函数矩阵为

$$\boldsymbol{G}(s)=\frac{1}{s^3}\begin{bmatrix}s^2 & 0\\0 & s\end{bmatrix}=\frac{1}{s^2}\begin{bmatrix}s & 0\\0 & 1\end{bmatrix}$$

解耦控制系统的目的是将原模型变换成解耦的模型，而并不必去考虑变换之后的响应品质。响应品质这类问题可以在解耦之后按照单变量系统进行设计补偿。单回路的设计可以采用单变量系统的各种方法。例如，可以采用超前-滞后补偿、PI 设计、以及 PID 设计等，并能保证这样设计出来的控制器不会去影响其他回路。

【例 8-15】 对下面的 3×3 系统进行解耦。

$$\begin{cases}\dot{\boldsymbol{x}}=\begin{bmatrix}0 & 0 & 1.1329 & 0 & -1\\0 & -0.0538 & -0.1712 & 0 & 0.0705\\0 & 0 & 0 & 1 & 0\\0 & 0.0485 & 0 & -0.8556 & -1.013\\0 & -0.2909 & 0 & 1.0532 & -0.6859\end{bmatrix}\boldsymbol{x}+\begin{bmatrix}0 & 0 & 0\\-0.120 & 1 & 0\\0 & 0 & 0\\4.419 & 0 & -1.669\\1.575 & 0 & -0.0732\end{bmatrix}\boldsymbol{u}\\ \boldsymbol{y}=[\boldsymbol{I}_{3\times3} \quad \boldsymbol{O}_{3\times2}]\boldsymbol{x}\end{cases}$$

解 通过前面类似的分析，也可以假定 $d_1=0$，但这时会发现 $\boldsymbol{C}_1\boldsymbol{A}^{d_1}\boldsymbol{B}\equiv0$，故这里分析应从 $d_1=1$ 开始。MATLAB 程序为

```
%ex8_15.m
A=[0  0  1.1329  0 -1;0  -0.0538  -0.1712  0  0.0705;0  0  0  1  0;
    0  0.0485  0  -0.8556  -1.013;0  -0.2909  0  1.0532  -0.6859];
B=[0  0  0;-0.12  1  0;0  0  0;4.419  0  -1.669;1.575  0  -0.0732];
C=[eye(3)  zeros(3,2)];D=zeros(3,3);[m,n]=size(C);BB=C(1,:)*A*B;d(1)=1;
for ii=2:m
   for jj=0:n-1
     BB=[BB;C(ii,:)*A^jj*B];
     if rank(BB)==ii,d(ii)=jj;break;else BB=BB(1:ii-1,:);end
   end
end
H=inv(BB);CC=C(1,:)*A^(d(1)+1);
for ii=2:m
  CC=[CC;C(ii,:)*A^(d(ii)+1)];
end
K=H*CC,[n1,d1]=ss2tf(A-B*K,B*H,C,D,1)
[n2,d2]=ss2tf(A-B*K,B*H,C,D,2),[n3,d3]=ss2tf(A-B*K,B*H,C,D,3)
```

执行结果显示：

```
K =
     0  -0.2122        0  -0.0305  -0.4644
     0  -0.0793  -0.1712  -0.0037   0.0148
     0  -0.5908        0   0.4318  -0.6227

n1 =
     0  -0.0000   1.0000  -0.0000   0.0000  -0.0000
     0  -0.0000   0.0000   0.0000        0        0
     0   0.0000   0.0000   0.0000   0.0000        0

d1 =
    1.0000   -0    0   -0    0    0

n2 =
     0  -0.0000   0.0000   0.0000  -0.0000   0.0000
     0   1.0000  -0.0000   0.0000        0        0
     0  -0.0000   0.0000   0.0000   0.0000        0

d2 =
    1.0000   -0    0   -0    0    0

n3 =
     0  -0.0000   0.0000  -0.0000   0.0000  -0.0000
     0   0.0000   0.0000   0.0000        0        0
     0   0.0000   1.0000   0.0000        0        0

d3 =
    1.0000   -0    0   -0    0    0
```

解耦后系统传递函数矩阵为

$$\boldsymbol{G}(s)=\frac{1}{s^5}\begin{bmatrix}s^3 & 0 & 0\\0 & s^4 & 0\\0 & 0 & s^3\end{bmatrix}=\frac{1}{s^2}\begin{bmatrix}1 & 0 & 0\\0 & s & 0\\0 & 0 & 1\end{bmatrix}$$

可见引入状态反馈矩阵后原系统可以完全解耦。

8.3.6 系统估计器

假设控制系统的状态空间表达式为

$$\begin{cases}\dot{\boldsymbol{x}}=\boldsymbol{A}\boldsymbol{x}+\boldsymbol{B}\boldsymbol{u}\\\boldsymbol{y}=\boldsymbol{C}\boldsymbol{x}+\boldsymbol{D}\boldsymbol{u}\end{cases}$$

函数 estim( )将生成下述估计器

$$\begin{cases}\dot{\tilde{\boldsymbol{x}}}=\boldsymbol{A}\tilde{\boldsymbol{x}}+\boldsymbol{L}(\boldsymbol{y}-\boldsymbol{C}\tilde{\boldsymbol{x}})\\\begin{bmatrix}\tilde{\boldsymbol{y}}\\\tilde{\boldsymbol{x}}\end{bmatrix}=\begin{bmatrix}\boldsymbol{C}\\\boldsymbol{I}\end{bmatrix}\tilde{\boldsymbol{x}}\end{cases}$$

在 MATLAB 中,函数 estim( )的调用格式如下:

est=estim(A,B,C,D,L)

其中,A,B,C,D 为系统系数矩阵;L 为状态估计增益矩阵。状态估计增益矩阵 L 可由极点配置函数 place( )形成,或者由 Kalman 滤波函数 kalman( )生成。利用以上命令可生成给定增益矩阵 L 下的状态空间模型 A,B,C,D 的估计器 est。

【例 8-16】 利用例 8-10 所得的状态观测器的反馈矩阵 $\boldsymbol{L}$,求其系统的估计器。

解 MATLAB 命令为

```
>>A=[0  1  0;0  0  1;-6  -11  -6];b=[0;0;1];C=[1  0  0];
>>L=[3;7;-1];est=estim(A,b,C,0,L)
```

结果显示:

```
est =
     -3.0000    1.0000         0
     -7.0000         0    1.0000
     -5.0000  -11.0000   -6.0000
```

8.3.7 系统控制器

假设控制系统的状态空间表达式为

$$\begin{cases}\dot{\boldsymbol{x}}=\boldsymbol{A}\boldsymbol{x}+\boldsymbol{B}\boldsymbol{u}\\ \boldsymbol{y}=\boldsymbol{C}\boldsymbol{x}+\boldsymbol{D}\boldsymbol{u}\end{cases}$$

利用函数 reg( )可生成下述控制器

$$\begin{cases}\dot{\tilde{\boldsymbol{x}}}=[\boldsymbol{A}-\boldsymbol{L}\boldsymbol{C}-(\boldsymbol{B}-\boldsymbol{L}\boldsymbol{D})\boldsymbol{K}]\tilde{\boldsymbol{x}}+\boldsymbol{L}\boldsymbol{y}\\ \boldsymbol{u}=-\boldsymbol{K}\tilde{\boldsymbol{x}}\end{cases}$$

在 MATLAB 中,函数 reg( )的调用格式为

est=reg(A,B,C,D,K,L)

其中,A,B,C,D 为系统系数矩阵;K 为状态反馈增益矩阵;L 为状态估计增益矩阵。利用以上命令可生成给定状态反馈增益矩阵 K 及状态估计增益矩阵 L 下的状态空间模型 A,B,C,D 的控制器 est。假定系统的所有输出可测。

【例 8-17】 利用例 8-10 所得的状态观测器的反馈矩阵 $\boldsymbol{L}$,求其系统的控制器。假设状态反馈矩阵 $\boldsymbol{K}$=[-1 2 4]。

解 MATLAB 命令为

```
>>A=[0  1  0;0  0  1;-6  -11  -6];b=[0;0;1];C=[1  0  0];
>>K=[-1  2  4];L=[3;7;-1];est=reg(A,b,C,0,K,L)
```

结果显示:

```
est =
     -3     1     0
     -7     0     1
     -4   -13   -10
```

8.4 最优控制系统设计

MATLAB 控制系统工具箱中也提供了很多函数用来进行系统的最优控制设计。相关最优控制函数如表 8-3 所示。

表 8-3 最优控制函数

函数名	功　能	函数名	功　能
lqr( )	连续系统的 LQ 调节器设计	kalman( )	系统的 Kalman 滤波器设计
dlqr( )	离散系统的 LQ 调节器设计	kalmd( )	连续系统的离散 Kalman 滤波器设计
lqry( )	系统的 LQ 调节器设计	lqgred( )	根据 Kalman 滤波器增益和状态反馈增益建立 LQG 调节器
lqrd( )	计算连续时间系统的离散 LQ 调节器设计		

8.4.1 状态反馈的线性二次型最优控制

设线性定常系统的状态空间表达式为

$$\begin{cases}\dot{\boldsymbol{x}}(t)=\boldsymbol{A}\boldsymbol{x}(t)+\boldsymbol{B}\boldsymbol{u}(t)\\ \boldsymbol{y}(t)=\boldsymbol{C}\boldsymbol{x}(t)\end{cases} \tag{8-31}$$

式中,$\boldsymbol{A}:n\times n$;$\boldsymbol{B}:n\times r$;$\boldsymbol{C}:m\times n$

目标函数为二次型性能指标

$$J=\frac{1}{2}\boldsymbol{x}^{\mathrm{T}}(t_{\mathrm{f}})\boldsymbol{S}\boldsymbol{x}(t_{\mathrm{f}})+\frac{1}{2}\int_{t_0}^{t_{\mathrm{f}}}[\boldsymbol{x}^{\mathrm{T}}(t)\boldsymbol{Q}(t)\boldsymbol{x}(t)+\boldsymbol{u}^{\mathrm{T}}(t)\boldsymbol{R}(t)\boldsymbol{u}(t)]\mathrm{d}t \tag{8-32}$$

式中,$\boldsymbol{Q}(t)$为 $n\times n$ 半正定实对称矩阵;$\boldsymbol{R}(t)$为 $r\times r$ 正定实对称矩阵。一般情况下,假定这两个矩阵为定常矩阵,它们分别决定了系统暂态误差与控制能量消耗之间的相对重要性; $\boldsymbol{S}$ 为对称半正定终端的加权阵,它为常数。

当 $\boldsymbol{x}(t_{\mathrm{f}})$的值固定时,则为终端控制问题;特别是当 $\boldsymbol{x}(t_{\mathrm{f}})=0$ 时,则为调节器问题;当 t_0,t_{f} 均固定时,则为暂态过程最优控制。

最优控制问题是为给定的线性系统式(8-31)寻找一个最优控制律 $\boldsymbol{u}^*(t)$,使系统从初始状态$\boldsymbol{x}(t_0)$转移到终端状态$\boldsymbol{x}(t_{\mathrm{f}})$,且满足性能指标式(8-32)最小。它可以用变分法、极大值原理和动态规划 3 种方法中的任一种求解。这里采用极大值原理求解 $\boldsymbol{u}^*(t)$。

首先构造哈密顿函数(Hamilton Function)

$$H=\frac{1}{2}[\boldsymbol{x}^{\mathrm{T}}(t)\boldsymbol{Q}\boldsymbol{x}(t)+\boldsymbol{u}^{\mathrm{T}}(t)\boldsymbol{R}\boldsymbol{u}(t)]+\boldsymbol{\lambda}^{\mathrm{T}}(t)[\boldsymbol{A}\boldsymbol{x}(t)+\boldsymbol{B}\boldsymbol{u}(t)] \tag{8-33}$$

当 $\boldsymbol{u}(t)$ 不受约束时,Hamilton 函数对 $\boldsymbol{u}(t)$ 求导,并令

$$\frac{\partial H}{\partial \boldsymbol{u}}=\boldsymbol{R}\boldsymbol{u}(t)+\boldsymbol{B}^{\mathrm{T}}\boldsymbol{\lambda}(t)=0 \tag{8-34}$$

从而得到最优控制

$$\boldsymbol{u}^*(t)=-\boldsymbol{R}^{-1}\boldsymbol{B}^{\mathrm{T}}\boldsymbol{\lambda}(t) \tag{8-35}$$

可以证明,$\boldsymbol{\lambda}(t)$可由 $\boldsymbol{\lambda}(t)=\boldsymbol{P}(t)\boldsymbol{x}(t)$得到,而 $\boldsymbol{P}(t)$满足微分黎卡提(Riccati)方程

$$\boldsymbol{A}^{\mathrm{T}}\boldsymbol{P}(t)+\boldsymbol{P}(t)\boldsymbol{A}-\boldsymbol{P}(t)\boldsymbol{B}\boldsymbol{R}^{-1}\boldsymbol{B}^{\mathrm{T}}\boldsymbol{P}(t)+\boldsymbol{Q}(t)=-\frac{\mathrm{d}}{\mathrm{d}t}\boldsymbol{P}(t) \tag{8-36}$$

当 $t_{\mathrm{f}}\to\infty$ 时,$\boldsymbol{P}(t)$趋向于常值矩阵,即

$$\frac{\mathrm{d}}{\mathrm{d}t}\boldsymbol{P}(t)\equiv 0 \tag{8-37}$$

$\boldsymbol{P}(t)$满足代数 Riccati 方程

$$\boldsymbol{A}^{\mathrm{T}}\boldsymbol{P}+\boldsymbol{P}\boldsymbol{A}-\boldsymbol{P}\boldsymbol{B}\boldsymbol{R}^{-1}\boldsymbol{B}^{\mathrm{T}}\boldsymbol{P}+\boldsymbol{Q}=0 \tag{8-38}$$

因此得到的最优控制律为

$$\boldsymbol{u}^*(t)=-\boldsymbol{K}\boldsymbol{x}(t) \tag{8-39}$$

$$\boldsymbol{K}=\boldsymbol{R}^{-1}\boldsymbol{B}^{\mathrm{T}}\boldsymbol{P} \tag{8-40}$$

线性二次型最优控制器的结构框图如图 8-18 所示。

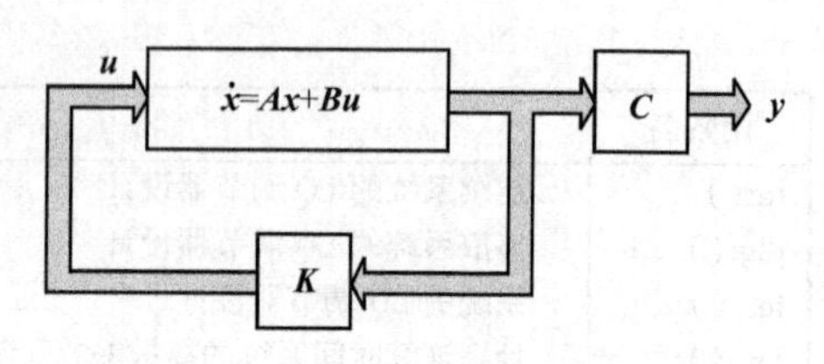

图 8-18 线性二次型最优控制器的结构框图

综上所述,由 Riccati 方程求最优反馈系数阵 $\boldsymbol{K}$ 的步骤如下:

(1) 解 Riccati 方程式(8-38),求出矩阵 $\boldsymbol{P}$。

(2) 将矩阵 $\boldsymbol{P}$ 代入式(8-40),求得最优状态反馈系数 $\boldsymbol{K}$。

求解代数 Riccati 方程的算法是各种各样的。在 MATLAB 中提供了基于 Schur 变换的 Riccati 方程求解函数 are( ),该函数的调用格式为

$$\mathrm{P}=\mathrm{are}(\mathrm{A},\mathrm{V},\mathrm{Q}) \tag{8-41}$$

式中,A,V,Q 矩阵满足下列的代数 Riccati 方程

$$\boldsymbol{AP}+\boldsymbol{PA}^{\mathrm{T}}-\boldsymbol{PVP}+\boldsymbol{Q}=0 \tag{8-42}$$

MATLAB 的控制系统工具箱中也提供了完整的解决线性二次型最优控制的函数。其中命令 lqr( )和 lqry( )可以直接用于求解二次型调节器问题及相关的 Riccati 方程,它们的调用格式分别为

[K,P,r]=lqr(A,B,Q,R) 和 [K,P,r]=lqry(A,B,C,D,Q,R)

其中,矩阵 A,B,C,D,Q,R 的意义是相当明显的;返回的 K 矩阵为状态反馈矩阵;P 为 Riccati 方程的解;r 为 A−BK 的特征值。

lqry( )命令用于求解二次调节器问题的特例,即在目标函数中用输出 $\boldsymbol{y}$ 来代替状态 $\boldsymbol{x}$,则目标函数为

$$J=\int_0^{\infty}(\boldsymbol{y}^{\mathrm{T}}\boldsymbol{Q}\boldsymbol{y}+\boldsymbol{u}^{\mathrm{T}}\boldsymbol{R}\boldsymbol{u})\,\mathrm{d}t \tag{8-43}$$

【例 8-18】 已知系统的状态空间表达式为

$$\begin{cases}\dot{\boldsymbol{x}}=\begin{bmatrix}0&1&0\\0&0&1\\0&-2&-3\end{bmatrix}\boldsymbol{x}+\begin{bmatrix}0\\0\\1\end{bmatrix}u\\ y=\begin{bmatrix}1&0&0\end{bmatrix}\boldsymbol{x}\end{cases}$$

试求使得性能指标

$$J=\int_0^{\infty}(\boldsymbol{x}^{\mathrm{T}}\boldsymbol{Q}\boldsymbol{x}+u^{\mathrm{T}}Ru)\,\mathrm{d}t$$

为最小的最优控制 $u=-\boldsymbol{Kx}$ 的反馈增益矩阵 $\boldsymbol{K}$。其中,

$$\boldsymbol{Q}=\begin{bmatrix}100&0&0\\0&1&0\\0&0&1\end{bmatrix},\quad R=1$$

解 MATLAB 程序为

```
%ex8_18.m
A=[0 1 0;0 0 1;0 -2 -3];B=[0;0;1];C=[1 0 0];D=0;
Q=diag([100,1,1]);R=1;[K,P,r]=lqr(A,B,Q,R),t=0:0.1:10;
figure(1);step(A-B*K,B,C,D,1,t);
figure(2);[y,x,t]=step(A-B*K,B,C,D,1,t);plot(t,x,'y')
```

执行后得如下结果和如图 8-19 所示的阶跃响应曲线。

```
K =
    10.0000    8.4223    2.1812

P =                                  r =
  104.2225   51.8117   10.0000         -2.6878
   51.8117   37.9995    8.4223         -1.2467 + 1.4718i
   10.0000    8.4223    2.1812         -1.2467 - 1.4718i
```

由此构成的闭环系统的三个极点均位于 s 的左半平面,因而系统稳定。实际上,由最优控制构

成的闭环系统都是稳定的,因为它们是基于 Lyapunov 稳定性理论进行设计的。

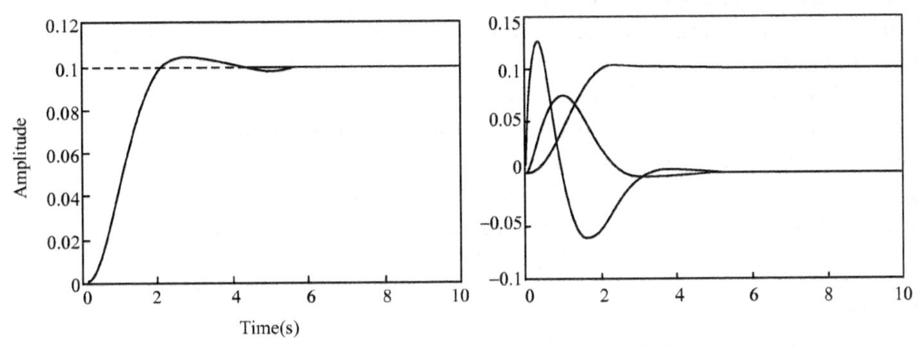

图 8-19　闭环系统输出和状态的阶跃响应曲线

【例 8-19】　已知系统
$$\begin{cases}\dot{\boldsymbol{x}} = \boldsymbol{Ax}+\boldsymbol{b}u \\ \dot{y} = \boldsymbol{Cx}\end{cases}$$

其中,$\boldsymbol{A}=\begin{bmatrix}0 & 1 & 0\\0 & 0 & 1\\0 & -2 & -3\end{bmatrix}$,$\boldsymbol{b}=\begin{bmatrix}0\\0\\1\end{bmatrix}$,$\boldsymbol{C}=[1\quad 0\quad 0]$。假定系统的最优控制律由下式给出

$$u=k_1\boldsymbol{r}+\boldsymbol{Kx}$$

求反馈增益矩阵
$$\boldsymbol{K}=[k_1\quad k_2\quad k_3]$$

使得性能指标
$$J=\int_0^{\infty}(\boldsymbol{x}^{\mathrm{T}}\boldsymbol{Qx}+u^{\mathrm{T}}Ru)\mathrm{d}t$$

为最小。其中,$\boldsymbol{Q}=\begin{bmatrix}q_{11} & 0 & 0\\0 & q_{22} & 0\\0 & 0 & q_{33}\end{bmatrix}$,$R=1$。

解　① 最优控制系统如图 8-20 所示。

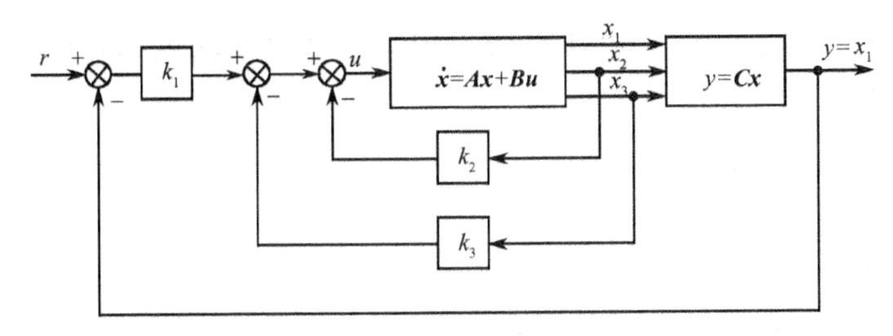

图 8-20　最优控制系统

② 在决定最优控制律时,假定输入信号 $r=0$;

③ 为使系统得到快速的响应特性,q_{11} 与 q_{22},q_{33} 和 R 相比必须充分大,因此可选取 $q_{11}=100$,$q_{22}=q_{33}=1$,$R=0.01$;

④ 闭环系统的状态空间表达式为

$$\begin{cases}\dot{\boldsymbol{x}} = \boldsymbol{Ax}+\boldsymbol{b}u=\boldsymbol{Ax}+\boldsymbol{b}(k_1r-\boldsymbol{Kx})=(\boldsymbol{A}-\boldsymbol{bK})\boldsymbol{x}+\boldsymbol{b}k_1r \\ y=\boldsymbol{Cx}\end{cases}$$

综合上述的内容,可编制 MATLAB 程序如下:

```
%ex8_19. m
%Design of Quadrate Optional Regulator System
```

```
A=[0  1  0;0  0  1;0  -2  -3];b=[0;0;1];C=[1  0  0];
Q=diag([100,1,1]);R=0.01;[K,p,r]=lqr(A,b,Q,R);
disp('The Optional Feedback Gain Metrix K is');K
%Step Response
K1=K(1);A1=A-b*K;b1=b*K1;C1=C;d1=0;
figure(1);step(A1,b1,C1,d1);grid;title('Unit-Step-Response of LQR System')
xlabel('Time/s');ylabel('Output y= x1')
figure(2);[y,x,t]=step(A1,b1,C1,d1);plot(t,x,'y'),grid
title('Step Response Curves for x1,x2,x3'),xlabel('Time/s');ylabel('x1,x2,x3')
text(1.6,1.3,'x1');text(0.7,1.3,'x2');text(0.35,3.2,'x3')
```

执行结果显示：

```
The optional feedback gain metrix K is
K =
    100.0000    53.1200    11.6711
```

同时还给出了如图 8-21 所示的单位阶跃输出响应和如图 8-22 所示的状态响应。

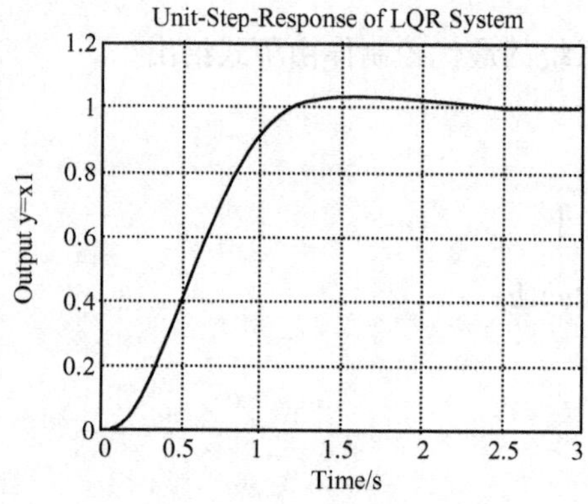

图 8-21　单位阶跃响应($q_{11}=100$)

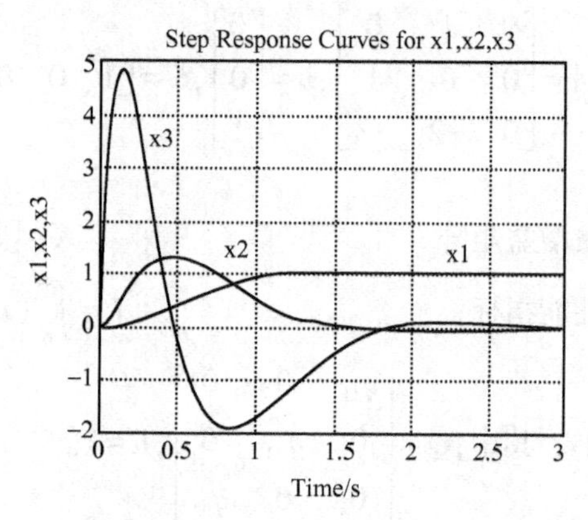

图 8-22　状态响应($q_{11}=100$)

若将 q_{11} 的值改为 1,其余参数不变,执行以上程序后得以下结果,同时也产生了如图 8-23 和图 8-24 所示的响应曲线。

```
The optional feedback gain metrix K is
K =
    10.0000    16.5022    8.9166
```

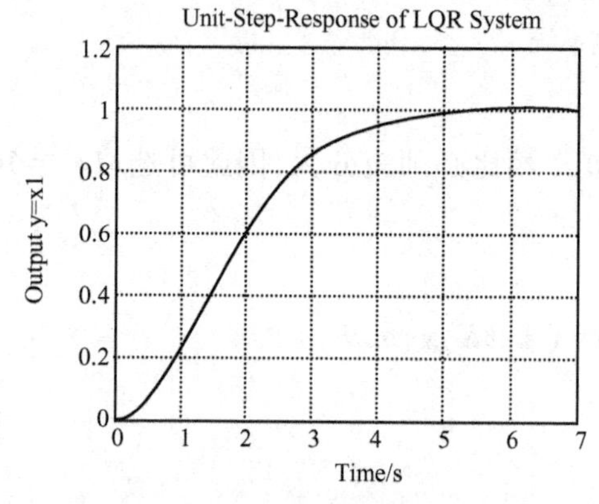

图 8-23　单位阶跃响应曲线($q_{11}=1$)

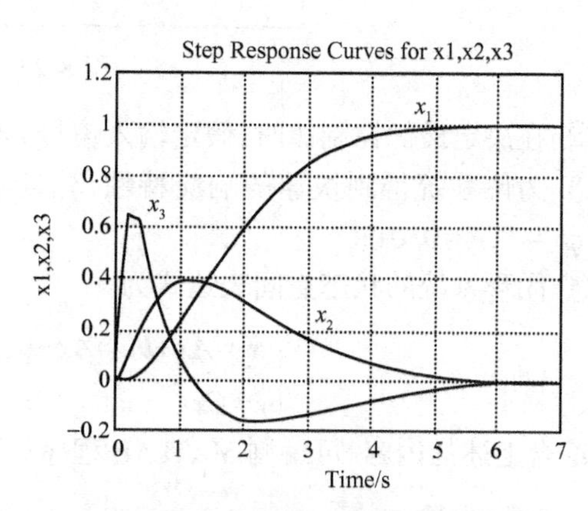

图 8-24　状态响应曲线($q_{11}=1$)

由此可见,由于 $\boldsymbol{Q}$ 矩阵不同,系统输出响应有较大差异,这是因为输出仅与 x_1 有关。在指标中加大 x_1 的数值,表示控制 u 对 x_1 的作用增强,因此输出建立时间短。系统控制信号的幅度差异也甚远,这也是由于指标加权矩阵 $\boldsymbol{Q}$ 不同之故。

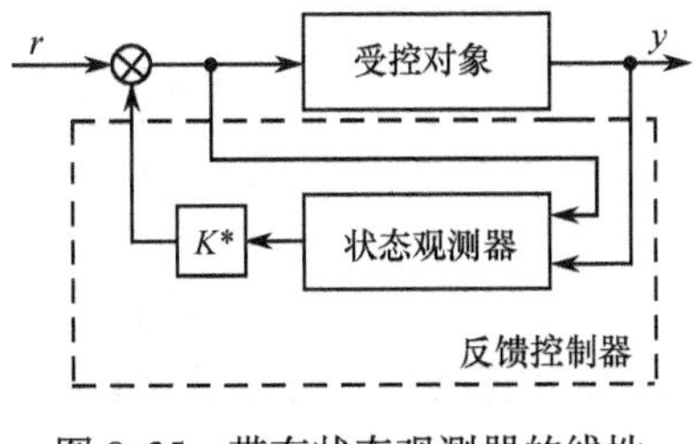

图 8-25 带有状态观测器的线性二次型最优控制系统框图

值得指出的是,这样得出的最优控制是“人工”意义下的最优控制,因为它的效果将完全取决于加权矩阵 $\boldsymbol{Q}$ 和 $\boldsymbol{R}$ 的选取。如果这些加权矩阵选择不当,则可能得出完全没有意义的解,更谈不上“最优”了。

通常系统的状态变量不是可以直接测取到的,所以往往需要为系统构造一个状态观测器,由该观测器来重构不可测的状态变量,并将之用于线性二次型的最优控制中,这样的控制系统框图如图 8-25 所示。

8.4.2 输出反馈的线性二次型最优控制

在很多情况下,采用输出量而不是状态变量或其观测值来做二次型指标最优控制,这样就需要对前面的线性二次型(LQ)算法进行修正。

假设引入输出最优反馈控制

$$\boldsymbol{u}(t)=-\boldsymbol{K}_0\boldsymbol{y}(t)=-\boldsymbol{K}_0\boldsymbol{C}\boldsymbol{x}(t)$$

则最优反馈矩阵 $\boldsymbol{K}_0$ 应该使得 $\boldsymbol{A}-\boldsymbol{B}\boldsymbol{K}_0\boldsymbol{C}$ 为渐进稳定矩阵,且 $\boldsymbol{K}_0$ 可以根据下式求得

$$\boldsymbol{K}_0=\boldsymbol{R}^{-1}\boldsymbol{B}^{\mathrm{T}}\boldsymbol{P}\boldsymbol{Z}\boldsymbol{C}^{\mathrm{T}}(\boldsymbol{C}\boldsymbol{Z}\boldsymbol{C}^{\mathrm{T}})^{-1}$$

其中,$\boldsymbol{P}$,$\boldsymbol{Z}$ 矩阵分别满足

$$\boldsymbol{P}(\boldsymbol{A}-\boldsymbol{B}\boldsymbol{K}_0\boldsymbol{C})+(\boldsymbol{A}-\boldsymbol{B}\boldsymbol{K}_0\boldsymbol{C})^{\mathrm{T}}\boldsymbol{P}+\boldsymbol{C}^{\mathrm{T}}\boldsymbol{K}_0^{\mathrm{T}}\boldsymbol{R}\boldsymbol{K}_0\boldsymbol{C}+\boldsymbol{Q}=0$$

$$\boldsymbol{Z}(\boldsymbol{A}-\boldsymbol{B}\boldsymbol{K}_0\boldsymbol{C})^{\mathrm{T}}+(\boldsymbol{A}-\boldsymbol{B}\boldsymbol{K}_0\boldsymbol{C})\boldsymbol{Z}+\boldsymbol{I}_n=0$$

显然求解 $\boldsymbol{K}_0$ 需要涉及迭代过程,可根据上面算法由 MATLAB 编写出求取基于输出的二次型最优控制输出反馈矩阵 $\boldsymbol{K}_0$。

```
%outlqr.m
function K0=outlqr(A,B,C,Q,R,K,tol)
if (nargin==6), tol=1e-10;end
K1= K;I=eye(size(A));
while(1)
    A0=A-B* K1*C;P=lyap(A0',C'* K1'*R* K1*C+Q);
    Z=lyap(A0,I);K0=inv(R)*B'*P*Z*C'*inv(C*Z*C');
    if(norm(K0- K1,1)>tol), K1= K0;else,break;end
end
```

在这里收敛条件为 $\|\boldsymbol{K}_0-\boldsymbol{K}_1\|<tol$,并将其默认值置为 $tol=10^{-10}$。调用此函数应该首先给出输出反馈矩阵的初值 $\boldsymbol{K}_1$,然后由此值开始进行迭代,最终求出系统的最优反馈矩阵 $\boldsymbol{K}_0$。注意,由此迭代过程得出的输出反馈矩阵不能保证满足使得闭环系统稳定的前提条件,所以应该在得出矩阵后测试一下系统的闭环稳定性。

【例 8-20】 已知系统的状态空间表达式为

$$
\begin{cases}
\dot{\boldsymbol{x}} = \begin{bmatrix} -0.2 & 0.5 & 0 & 0 & 0 \\ 0 & -0.5 & 1.6 & 0 & 0 \\ 0 & 0 & -14.3 & 85.8 & 0 \\ 0 & 0 & 0 & -33.3 & 100 \\ 0 & 0 & 0 & 0 & -10 \end{bmatrix} \boldsymbol{x} + \begin{bmatrix} 0 \\ 0 \\ 0 \\ 0 \\ 30 \end{bmatrix} u \\
y = [1 \quad 0 \quad 4 \quad 3 \quad 2] \boldsymbol{x}
\end{cases}
$$

现要求采用输出反馈，即设计 $u = -Ky$，使以下性能指标最小。

$$
J = \int_0^{\infty} (y^{\mathrm{T}} \boldsymbol{Q} y + u^{\mathrm{T}} R u) \mathrm{d}t
$$

其中，$\boldsymbol{Q} = \mathrm{diag}\{1,0,0,0,0\}$，$R=1$。由 MATLAB 程序求出最优输出反馈矩阵 K_0 及闭环极点。

解　MATLAB 程序如下

```
%ex8_20.m
A=[-0.2  0.5  0  0  0;0  -0.5  1.6  0  0;0  0  -14.3  85.8  0;
    0  0  0  -33.3  100;0  0  0  0  -10];
B=[0;0;0;0;30];C=[1  0  4  3  2];D=0;
Q=diag([1  0  0  0  0]);R=1;K0=outlqr(A,B,C,Q,R,1),eig(A-B*K0*C)
t=0:0.001:0.2;y=step(A-B*K0*C,B,C,D,1,t);plot(t,y)
```

执行后得到如下结果及如图 8-26 所示的单位阶跃响应曲线。

```
Ko=                 ans=
    1.5307             1.0e+002 *
                         -0.1561 + 1.2314i
                         -0.1561 - 1.2314i
                         -1.1821
                         -0.0035 + 0.0039i
                         -0.0035 - 0.0039i
```

而利用以下命令，可得原系统的单位阶跃响应如图 8-27 所示。

```
>>y=step(A,B,C,D,1,t); plot(t,y)
```

可见最优控制施加之后该系统的响应有了明显的改善，还可通过调节 $\boldsymbol{Q}$ 和 $\boldsymbol{R}$ 加权矩阵的方法进一步改善系统输出响应。

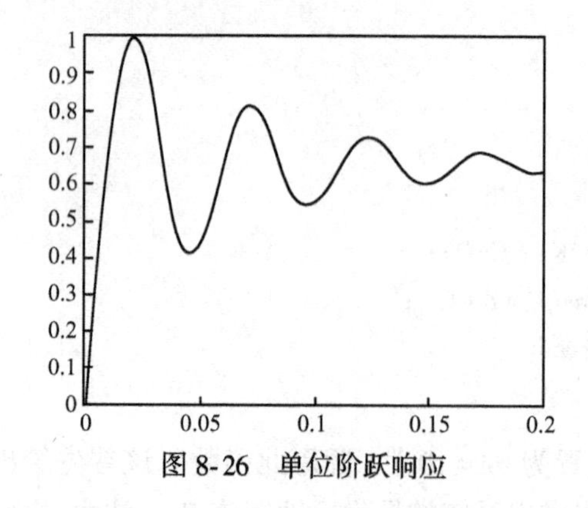

图 8-26　单位阶跃响应

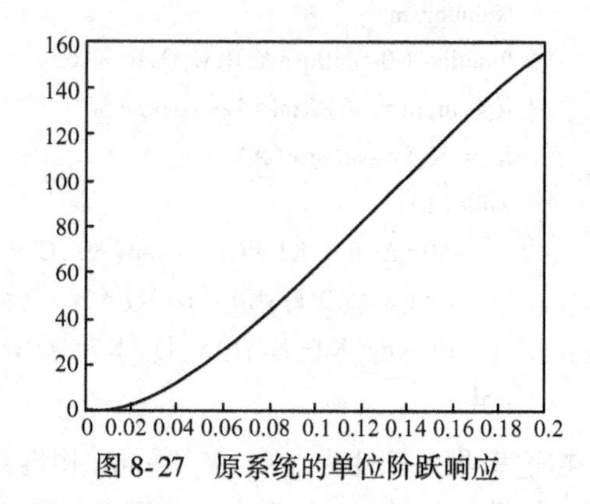

图 8-27　原系统的单位阶跃响应

本章小结

本章主要介绍了利用 MATLAB 进行控制系统设计的几种方法。通过本章学习应重点掌握以下内容：

（1）利用 MATLAB 实现串联频率校正的三种方法；

（2）利用 MATLAB 实现系统状态反馈的两种方法；

（3）利用 MATLAB 实现系统状态观测器的两种方法；

（4）利用 MATLAB 实现带状态观测器的状态反馈系统；

（5）利用 MATLAB 实现系统的解耦；

（6）利用 MATLAB 实现状态反馈的线性二次型最优控制器的设计；

（7）利用 MATLAB 实现输出反馈的线性二次型最优控制器的设计。

习　　题

8-1　已知一单位反馈系统的开环传递函数为

$$G(s)=\frac{200}{s(0.1s+1)}$$

试利用 MATLAB 设计一串联超前校正装置，使系统的相角裕量 $\gamma \geqslant 45°$，幅值穿越频率 $\omega_c \geqslant 50\text{rad/s}$。

8-2　单位反馈系统的开环传递函数为

$$G(s)=\frac{4}{s(2s+1)}$$

利用 MATLAB 设计一串联滞后校正装置，使系统相角裕量 $\gamma \geqslant 40°$，并保持原有的开环增益。

8-3　设单位反馈系统的开环传递函数为

$$G(s)=\frac{5}{s(0.1s+1)(0.25s+1)}$$

试利用 MATLAB 设计一串联滞后-超前校正装置，使系统满足下列性能指标，速度误差系数 $K_v=5s^{-1}$，相角裕量 $\gamma \geqslant 40°$，幅值穿越频率 $\omega_c \geqslant 0.5\text{rad/s}$。

8-4　已知系统的传递函数为

$$G(s)=\frac{10}{s(s+1)(s+2)}$$

试利用 MATLAB 设计一个状态反馈阵，使闭环系统的极点为-2，-1±j。

8-5　已知系统状态空间表达式为

$$\begin{cases}\dot{\boldsymbol{x}}=\begin{bmatrix}0 & 1\\0 & 0\end{bmatrix}\boldsymbol{x}+\begin{bmatrix}0\\1\end{bmatrix}u\\ y=\begin{bmatrix}1 & 0\end{bmatrix}\boldsymbol{x}\end{cases}$$

试利用 MATLAB 设计一状态观测器，使观测器的极点为-5，-10。

本章习题解答，请扫以下二维码。

习题 8 解答

第9章　基于MATLAB工具箱的控制系统分析与设计

在第7章和第8章中分别介绍了利用MATLAB对控制系统进行分析和设计的函数，这些MATLAB控制系统工具箱（Control Systems Toolbox）中的函数都是直接在MATLAB命令行窗口中执行并显示结果的。为了进一步方便用户，在MATLAB的控制系统工具箱中也提供了一套基于图形界面的系统分析和设计工具。该工具包含了丰富的线性系统分析和设计函数，并以线性时不变（Linear Time-Invariant，LTI）对象为基本数据类型，对线性时不变系统进行操作与控制。它能够完成系统的时域和频域分析，用户可以设计与分析控制系统；然后使用Simulink对所设计的控制系统进行仿真分析，并在需要的情况下修改控制系统的结构和参数以达到特定的目的，从而使得用户快速完成系统分析和设计的任务，大大提高分析和设计的效率。

在控制系统的分析和设计中，线性系统的设计、分析与实现具有重要的地位，因为对大多数的非线性控制系统，可以在工作点附近将其进行线性化，最终按线性控制系统进行设计和分析。但是当系统的非线性特性较强时，就需要采用其他方法对非线性系统控制器进行优化设计和仿真。Simulink中基于图形界面的NCD Outport模块、Signal Constraint模块或Check Step Response Characteristics模块为非线性系统的控制器优化设计和分析提供了有效的手段。

下面将对MATLAB中的控制系统工具箱（Control Systems Toolbox）、NCD Outport模块、Signal Constraint模块和Check Step Response Characteristics模块予以详细介绍。

9.1　控制系统工具箱简介

MATLAB的控制系统工具箱，主要处理以传递函数为主要特征的经典控制和以状态空间为主要特征的现代控制中的问题。该工具箱对控制系统，尤其是线性时不变系统的建模、分析和设计提供了一个完整的解决方案。概括地说，控制系统工具箱具有以下几方面的功能。

1. 系统建模

控制系统工具箱中的大部分函数同时支持离散时间系统和连续时间系统，从而更易于使用。能够建立系统的状态空间、传递函数、零极点增益模型，并可实现任意两者之间的转换；可通过串联、并联、反馈连接及更一般的框图建模来建立系统的模型；可通过多种方式实现连续时间系统的离散化、离散时间系统的连续化及重采样。

2. 系统分析

控制系统工具箱可计算系统的各种特性，如系统的能控性和能观测性矩阵、传递零点、Lyapunov方程；时域特性，如超调量、峰值时间、上升时间和调整时间等；频域特性，如稳定裕度、阻尼系数及根轨迹的增益选择等。支持系统的标准型实现、系统的最小实现、均衡实现、降阶实现及输入延时的Padè估计。

控制系统工具箱不仅支持对SISO系统的分析，也可对MIMO系统进行分析。对于系统的时域响应，可支持系统的单位阶跃响应、单位脉冲响应、零输入响应，以及更广泛的对任意信号进行仿真；对于系统的频率响应，可支持系统的Bode图、Nichols图以及Nyquist图的计算和绘制。另外，在控制系统工具箱中,还提供了一个可视化的 LTI 观测器(LTI Viewer/Linear System Analyzer),它大大方便了用户对系统的各种绘制和分析。

3. 系统设计

控制系统工具箱可以进行各种系统的补偿设计,如 LQG 线性二次型设计、线性系统的根轨迹设计和频率法设计、线性系统的极点配置,以及线性系统的观测器设计等。

在控制系统工具箱中,也提供了一个功能非常强大的单输入单输出线性系统设计器(SISO Design Tool/Control System Designer),它为用户设计单输入单输出线性控制系统提供了非常友好的图形界面。

9.2 线性时不变系统的对象模型

为了避免对一个系统采用多个分离变量进行描述,如在第 2 章介绍的状态空间模型需要四个分离矩阵来描述;传递函数模型需要两个分离向量来描述等,在控制系统工具箱中,通过有关函数将线性时不变系统的各种模型描述封装成一个 LTI 对象来更好地操纵一个系统。本节将着重介绍在控制系统工具箱中常见线性时不变系统的数学模型、系统模型间的相互转换及其 MATLAB 实现。

9.2.1 LTI 对象

控制系统工具箱中最基本的数据类型为 LTI 对象。LTI 对象拥有描述一个线性时不变系统的所有信息,它有如下的三种方式:

(1) tf 对象:封装了由传递函数模型描述的线性时不变系统的所有数据;

(2) zpk 对象:封装了由零极点模型描述的线性时不变系统的所有数据;

(3) ss 对象:封装了由状态空间模型描述的线性时不变系统的所有数据。

它们分别与传递函数模型、零极点模型和状态空间模型相对应。每个对象都具有对象属性和对象方法,同类对象的属性可以继承,通过对象方法可以存取或者设置对象属性值。在控制系统工具箱中,tf 对象、zpk 对象和 ss 对象除了具有一些共同的属性,还各自具有一些特有属性。其共有属性见表 9-1。

表 9-1 LTI 对象共有属性列表

属 性 名	功 能	属性值类型
InputName	输入变量名	字符串单元向量
OutputName	输出变量名	字符串单元向量
T_s	采样周期	数值标量
T_d	输入延时	数值向量
Notes	模型描述	文本
Userdata	附加数据	任意数据类型

其中,输入变量名 InputName 和输出变量名 OutputName 允许用户定义系统输入和输出的名称,其值为一个字符串单元向量,分别与输入和输出具有相同维数,默认为空;对于采样周期 T_s,当系统为离散系统时,该属性给出了系统的采样周期,$T_s=0$ 表示系统为连续时间系统,$T_s=-1$ 表示离散时间系统的采样周期未定;输入延时 T_d 仅对连续时间系统有效,其值为由每个输入通道的输入延时组成的延时向量,默认时 $T_d=0$,即无输入延时;模型描述 Notes 和附加数据 Userdata 用于存储模型的其他信息,Notes 常用于给出模型描述的文本信息,Userdata 则可以包含用户需要的任意其他数据,默认时其值为空。

tf、zpk 和 ss 对象的特有属性见表 9-2 至表 9-4。

表 9-2　tf 对象特有属性列表

属性名	功　能	属性值类型
den	传递函数分母系数	由数值行向量组成的单元阵列
num	传递函数分子系数	由数值行向量组成的单元阵列
variable	传递函数变量	's','p','z','q'或者'z^-1'之一

表 9-3　zpk 对象特有属性列表

属性名	功　能	属性值类型
k	增益	二维矩阵
p	极点	由数值列向量组成的单元阵列
z	零点	由数值列向量组成的单元阵列
variable	零极点变量模型	's','p','z','q'或者'z^-1'之一

表 9-4　ss 对象特有属性列表

属　性　名	功　能	属性值类型
A	系数矩阵 $\boldsymbol{A}$	二维矩阵
B	系数矩阵 $\boldsymbol{B}$	二维矩阵
C	系数矩阵 $\boldsymbol{C}$	二维矩阵
D	系数矩阵 $\boldsymbol{D}$	二维矩阵
E	系数矩阵 $\boldsymbol{E}$	二维矩阵
StateName	状态变量	字符串单元向量

其中,tf 对象的 den 和 num 属性;pzk 对象的 k,p 和 z 属性;ss 对象的 A,B,C,D 属性的意义详见第 2 章。

tf 对象和 zpk 对象的 Variable 属性用于定义传递函数的频率变量。默认时,连续时间系统为's'(Laplace 变换变量 s);离散时间系统为'z'(Z 变换变量 z);替代地可以选择'p'、'q'或者'z^-1',其主要作用在于传递函数的不同显示。

ss 对象的 E 属性用于定义状态空间模型中的系数矩阵,在标准的状态空间模型中 $\boldsymbol{E}=\boldsymbol{I}$($\boldsymbol{I}$ 为单位矩阵)。ss 对象的 StateName 属性类似于 InputName 属性,它用于定义状态空间模型中每个状态的名称。

9.2.2　模型建立及模型转换函数

在控制系统工具箱中,通过 LTI 对象,每种系统模型的生成和模型间转换均可以通过一个函数来实现。模型生成和转换函数如表 9-5。

表 9-5　模型生成及转换函数列表

函数名	功　能
tf( )	生成或者转换成由传递函数模型描述的 tf 对象
zpk( )	生成或者转换成由零极点模型描述的 zpk 对象
ss( )	生成或者转换成由状态空间模型描述的 ss 对象
dss( )	生成由状态空间模型描述的 ss 对象
filt( )	生成 DSP 形式的离散传递函数

1. 生成或者转换成由传递函数模型描述的 tf 对象

函数 tf( )的调用格式为

```
sys=tf(num,den)
sys=tf(num,den,Ts)
sys=tf(K)
sys=tf(num,den,ltisys)
sys=tf(num,den,'Property1',Value1,…,'PropertyN',ValueN)
sys=tf(num,den,Ts,'Property1',Value1,…,'PropertyN',ValueN)
sys_tf=tf(sys)
```

其中,第一式将连续系统的传递函数模型表示为 LTI 对象;返回值 sys 为一个 tf 对象;式中 num、den 分别对应于系统分子、分母的系数;第二式将离散系统的传递函数模型表示为 LTI 对象;采样周期为 Ts(单位为 s);设置 Ts=-1 或者 Ts=[ ],则系统的采样周期未定义,返回值 sys 为一个 tf 对象;第三式定义一个增益为 K 的静态系统;第四式表示生成的 tf 对象 sys 的所有属性将继承 ltisys 对象的属性,包括采样周期;第五式和第六式可定义 tf 对象的其他属性值,式中 Property1,…,PropertyN 为属性标识字符串,Value1,…,ValueN 为对应的属性值;第七式可将任意的 LTI 对象 sys 转换成由传递函数模型描述的 tf 对象 sys_tf。

对于 SISO 系统,num 和 den 为系数向量;对于 MIMO 系统,num 和 den 为单元矩阵,其具有与系统输出维数相同的行数及与系统输入维数相同的列数。可将 num 和 den 看成 SISO 系统传递函数矩阵,num(i,j)和 den(i,j)定义了从第 j 个输入到第 i 个输出的传递函数系数向量。

【例 9-1】 将以下系统模型 $H(s)=\begin{bmatrix}\dfrac{s+5}{s^2+3s+2}e^{-1.5s} & \dfrac{4}{s+6}\end{bmatrix}$描述成 tf 对象。

解 利用以下命令可得到其 tf 对象。

```
>>H11=tf([1,5],[1,3,2],'ioDelay',1.5);H=[H11,tf(4,[1,6])]
```

或
```
>>H=[tf([1,5],[1,3,2]),tf(4,[1,6])];H.ioDelay=[1.5,0]
```

结果显示:

```
Transfer function from input 1 to output:       Transfer function from input 2 to output:
                  s + 5                           4
exp(-1.5*s) * -------------                     -----
              s^2 + 3 s + 2                     s + 6
```

针对以上例 9-1 利用以下命令可以提取其第 1 输出和第 2 输入之间传递函数的分子、分母及纯延迟时间。

```
>>num1=H.num{1,2},den1=H.den{1,2},tao1=H.ioDelay(1,1),tao2=H.ioDelay(1,2)
```

2. 生成或者转换成由零极点模型描述的 zpk 对象

函数 zpk( )的调用格式为

```
sys=zpk(z,p,k)
sys=zpk(z,p,k,Ts)
sys=zpk(K)
sys=zpk(z,p,k,ltisys)
sys=zpk(z,p,k,'Property1',Value1,…,'PropertyN',ValueN)
sys=zpk(z,p,k,Ts,'Property1',Value1,…,'PropertyN',ValueN)
sys_zpk=zpk(sys)
```

其中,第一式将连续系统的零极点增益模型表示为 LTI 对象;返回值 sys 为一个 zpk 对象;式中 z,p,k 分别对于系统的零点、极点和增益;其余各式用法参见前面。

【例 9-2】 将零极点系统模型 $H(z)=\begin{bmatrix}\dfrac{1}{z-0.3}\\ \dfrac{2(z+0.5)}{(z-0.1+j)(z-0.1-j)}\end{bmatrix}$描述成 zpk 对象。

解 利用以下命令可得到其 zpk 对象。

```
>>z={[];-0.5};p={0.3;[0.1+j,0.1-j]};k=[1;2];ex9_2_zpk=zpk(z,p,k,-1)
```

结果显示:

```
Zero/pole/gain from input to output...

          1                          2 (z+0.5)
#1:   -------          #2:   --------------------
       (z-0.3)                (z^2 - 0.2z + 1.01)

Sampling time: unspecified
```

3. 生成或者转换成由状态空间模型描述的 ss 对象

当连续系统和离散系统的状态空间模型分别为

$$\begin{cases}\dot{\boldsymbol{x}}(t)=\boldsymbol{A}\boldsymbol{x}(t)+\boldsymbol{B}\boldsymbol{u}(t)\\ \boldsymbol{y}(t)=\boldsymbol{C}\boldsymbol{x}(t)+\boldsymbol{D}\boldsymbol{u}(t)\end{cases}\quad 和 \quad\begin{cases}\boldsymbol{x}(k+1)=\boldsymbol{A}\boldsymbol{x}(k)+\boldsymbol{B}\boldsymbol{u}(k)\\ \boldsymbol{y}(k)=\boldsymbol{C}\boldsymbol{x}(k)+\boldsymbol{D}\boldsymbol{u}(k)\end{cases}$$

时,可利用函数 ss()将其表示为 ss 对象模型,其调用格式为

```
sys=ss(A,B,C,D)
sys=ss(A,B,C,D,Ts)
sys=ss(D)
sys=ss(A,B,C,D,ltisys)
sys=ss(A,B,C,D,'Property1',Value1,…,'PropertyN',ValueN)
sys=ss(A,B,C,D,Ts,'Property1',Value1,…,'PropertyN',ValueN)
sys_ss=ss(sys)
```

其中,第一式将连续系统的状态空间模型表示为 LTI 对象;返回值 sys 为一个 ss 对象;第二式将离散系统的状态空间模型表示为 LTI 对象,采样周期为 Ts(单位为 s),设置 Ts=-1 或者 Ts=[ ],则系统的采样周期未定义,返回值 sys 为一个 ss 对象;第三式等价于 sys=ss([ ],[ ],[ ],D);第七式可将任意的 LTI 对象 sys 转换成由状态空间模型描述的 ss 对象 sys_ss,即状态实现;其余各式用法参见前面。

【例 9-3】 将以下系统模型 $H(s)=\begin{bmatrix}\dfrac{s+4}{s^2+3s+2} & \dfrac{1}{s}\end{bmatrix}$ 描述成 ss 对象。

解 利用以下命令可得到其 ss 对象。

```
>>num={[1,4],1};den={[1,3,2],[1,0]};H=tf(num,den);ex9_3_ss=ss(H)
```

结果显示:

```
a =                          b =                c =                 d =
        x1    x2    x3              u1  u2              x1  x2  x3          u1  u2
   x1   -3  -0.5     0         x1    1   0         y1    1   1   1     y1    0   0
   x2    4     0     0         x2    0   0
   x3    0     0     0         x3    0   1

Continuous-time model.
```

4. 生成由状态空间模型描述的 ss 对象

当连续系统和离散系统的状态空间模型分别为

$$\begin{cases}\boldsymbol{E}\dot{\boldsymbol{x}}(t)=\boldsymbol{A}\boldsymbol{x}(t)+\boldsymbol{B}\boldsymbol{u}(t)\\ \boldsymbol{y}(t)=\boldsymbol{C}\boldsymbol{x}(t)+\boldsymbol{D}\boldsymbol{u}(t)\end{cases}\quad 和 \quad\begin{cases}\boldsymbol{E}\boldsymbol{x}(k+1)=\boldsymbol{A}\boldsymbol{x}(k)+\boldsymbol{B}\boldsymbol{u}(k)\\ \boldsymbol{y}(k)=\boldsymbol{C}\boldsymbol{x}(k)+\boldsymbol{D}\boldsymbol{u}(k)\end{cases}$$

时,可利用函数 dss()将其表示为 ss 对象模型,其调用格式为

```
sys=dss(A,B,C,D,E)
sys=dss(A,B,C,D,E,Ts)
sys=dss(A,B,C,D,E,ltisys)
sys=dss(A,B,C,D,E,'Property1',Value1,…,'PropertyN',ValueN)
sys=dss(A,B,C,D,E,Ts,'Property1',Value1,…,'PropertyN',ValueN)
```

其中，第一式将连续系统的状态空间模型表示为 LTI 对象；矩阵 E 必须为非奇异；返回值 sys 为一个 ss 对象；第二式将离散系统的状态空间模型表示为 LTI 对象；矩阵 E 必须为非奇异；返回值 sys 为一个 ss 对象；采样周期为 Ts，单位为 s；其余各式用法参见前面。

【例 9-4】 将系统模型$\begin{cases}5\dot{x}=x+2u\\y=3x+4u\end{cases}$描述成 ss 对象。

解 利用以下命令可得到其 ss 对象。

```
>>ex9_4_ss=dss(1,2,3,4,5,'iodelay',0.1,'inputname','voltage','notes','an example')
```

5. 生成 DSP 形式的离散传递函数

在数字信号处理中，常常将传递函数表示为 z^{-1} 的形式，即 DSP 格式的传递函数模型。例如

$$H(z^{-1})=\frac{1+z^{-1}}{1+2z^{-1}+3z^{-3}}$$

利用函数 filt( )可生成 DSP 格式的传递函数模型，其调用格式为

```
sys=filt(num,den)
sys=filt(num,den,Ts)
sys=filt(K)
sys=filt(num,den,'Property1',Value1,…,'PropertyN',ValueN)
sys=filt(num,den,Ts,'Property1',Value1,…,'PropertyN',ValueN)
```

其中，第一式生成 DSP 形式的离散传递函数模型；num 为系统的分子系数；den 为系统的分母系数，注意，系数向量必须以 z 的降幂排列；返回值 sys 为一个 tf 对象；采样周期未定义(sys. Ts=-1)；第二式生成 DSP 形式的离散传递函数模型，采样周期为 Ts，单位为 s；返回值 sys 为一个 tf 对象；其余各式用法参见前面。

使用函数 filt( )需要注意以下三点。

(1) 对于 SISO 系统，num 和 den 为以 z 的降幂排列的系数向量。

(2) 对于 MIMO 系统，num 和 den 为单元矩阵，其具有与系统输出维数相同的行数及与系统输入维数相同的列数。可将 num 和 den 看成 SISO 系统传递函数矩阵。num(i,j)和den(i,j)定义了从第 j 个输入到第 i 个输出的传递函数分子分母多项式的系数向量。

(3) 函数 filt 和 tf 功能相同，只是将 Variable 属性设置为'z^-1'或者'q'。

【例 9-5】 将以下系统模型生成 DSP 形式的离散传递函数。

$$H(z^{-1})=\begin{bmatrix}\dfrac{1}{1+z^{-1}+2z^{-2}} & \dfrac{1+0.3z^{-1}}{5+2z^{-1}}\end{bmatrix}$$

解 利用以下命令

```
>>num={1,[1  0.3]};den={[1  1  2],[5  2]};
>>ex9_5=filt(num,den,'inputname',{'channel1','channel2'})
```

结果显示：

```
Transfer function from input "channel1" to output:   Transfer function from input "channel2" to output:
        1                                               1 + 0.3 z^-1
 ------------------                                     ------------
 1 + z^-1 + 2 z^-2                                       5 + 2 z^-1

Sampling time: unspecified
```

9.2.3 LTI 对象属性的存取和设置

在控制系统工具箱中，利用表 9-6 中所示的函数可对 LTI 对象属性进行设置和存取。

1. 设置或修改 LTI 对象的属性值

表 9-6 LTI 对象属性设置和存取函数列表

函数名	功 能
set( )	设置或修改 LTI 对象的属性值
get( )	获得 LTI 对象的属性值
dssdata( )	获得状态空间模型数据
ssdata( )	获得标准状态空间模型数据
tfdata( )	获得传递函数模型数据
zpkdata( )	获得零极点模型数据
size( )	系统维数计算

MATLAB 函数 set( )的调用格式为

```
set(sys,'Property',Value)
set(sys,'Property1',Value1,'Property2',Value2,…)
set(sys,'Property')
set(sys)
```

其中，第一式表示设置 LTI 对象 sys 的 Property 属性的属性值为 Value，Property 为任意 LTI 对象支持的属性名字符串，可以为属性的全名（如“UserData”），也可以为大小写不敏感的无歧义的字符串缩写（如“user”）；第二式表示同时设置多个属性的属性值；第三式表示显示 LTI 对象 sys 的 Property 属性的可能属性值；第四式表示显示 LTI 对象 sys 的所有属性及其可能属性值。

【例 9-6】 利用以下命令可生成一个状态空间模型(A,b,c,d)，并设置其属性值，查询整个 LTI 对象的属性值。

解 MATLAB 命令如下：

```
>>ex9_6=ss(1,2,3,4),set(ex9_6,'A',5);ex9_6
```

2. 获取 LTI 对象的属性值

MATLAB 函数 get( )的调用格式为

```
Value=get(sys,'PropertyName')
get(sys)
Struct=get(sys)
```

其中，第一式表示获取 LTI 对象 sys 的 Property 属性的属性值为 Value，Property 为任意 LTI 对象支持的属性名字符串，可以为属性的全名（如“UserData”），也可以为大小写不敏感的无歧义的字符串缩写（如“user”）；第二式表示获取 LTI 对象 sys 的所有属性值；第三式表示将 LTI 对象 sys 转换成标准的 MATLAB 结构变量 Struct，属性名转换为结构中域的域名，属性值转换为结构中域的值。

【例 9-7】 生成一个 tf 对象并显示其所有属性值。

解 MATLAB 命令如下

```
>>ex9_7=tf(1,[1 2],0.1,'inputname','voltage','user','hello'),get(ex9_7)
```

3. 获取状态空间模型数据

MATLAB 函数 dssdata( )的调用格式为

```
[A,B,C,D,E]=dssdata(sys)    或    [A,B,C,D,E,Ts,Td]=dssdata(sys)
```

其中，第一式表示获取 ss 对象 sys 的系数矩阵(A,B,C,D,E)，如果 sys 是一个 tf 对象或者 zpk 对象，则首先将其转换为 ss 对象；第二式表示在获取 ss 对象 sys 的系数矩阵的同时还返回系统的采样周期 Ts 和输入延时 Td，单位为 s。对于连续时间系统，Td 为与所有输入通道一一对应的延时向量；对于离散时间系统，Td 为空。

4. 获取标准状态空间模型数据

MATLAB 函数 ssdata( )的调用格式为

[A,B,C,D]=ssdata(sys)　或　[A,B,C,D,Ts,Td]=ssdata(sys)

其中,第一式表示获取 ss 对象 sys 的系数矩阵(A,B,C,D),如果 sys 是一个 tf 对象或者 zpk 对象,则首先将其转换为 ss 对象;第二式表示在获取 ss 对象 sys 的系数矩阵的同时还返回系统的采样周期 Ts 和输入延时 Td,单位为 s。对于连续时间系统,Td 为与所有输入通道一一对应的延时向量;对于离散时间系统,Td 为空。

5. 获取传递函数模型数据

MATLAB 函数 tfdata( )的调用格式为

[num,den]=tfdata(sys)　或　[num,den]=tfdata(sys,'v')　或　[num,den,Ts,Td]=tfdata(sys)

其中,第一式表示获取 tf 对象 sys 的传递函数分子分母多项式的系数 num 和 den,它们均为单元阵列,num(i,j)和 den(i,j)定义了从第 j 个输入到第 i 个输出的传递函数分子分母多项式的系数向量,如果 sys 是一个 ss 对象或者 zpk 对象,则首先将其转换为 tf 对象;第二式仅仅用于 SISO 系统,其返回值不再是单元阵列,而是以行向量返回;第三式表示在获取 tf 对象 sys 的传递函数分子分母多项式的系数的同时,还返回系统的采样周期 Ts 和输入延时 Td,单位为 s。对于连续时间系统,Td 为与所有输入通道一一对应的延时向量;对于离散时间系统,Td 为空。

6. 获取零极点模型数据

MATLAB 函数 zpkdata( )的调用格式为

[z,p,k]=zpkdata(sys)　或　[z,p,k]=zpkdata(sys,'v')　或　[z,p,k,Ts,Td]=zpkdata(sys)

其中,第一式表示获取 tf 对象 sys 的零点 z、极点 p 和增益 k,z 和 p 均为单元阵列,k 为矩阵,z(i,j)、p(i,j)和 k(i,j)定义了从第 j 个输入到第 i 个输出的零点、极点和增益。如果 sys 是一个 ss 对象或者 tf 对象,则首先将其转换为 zpk 对象;第二式仅仅用于 SISO 系统,其零点和极点返回值不再是单元阵列,而是以行向量返回,k 为一标量;第三式表示在获取 tf 对象 sys 的零点、极点和增益的同时,还返回系统的采样周期 Ts 和输入延时 Td,单位为 s。对于连续时间系统,Td 为与所有输入通道一一对应的延时向量;对于离散时间系统,Td 为空。

7. 计算系统的输入、输出或者状态维数

MATLAB 函数 size( )的调用格式为

```
d=size(sys);          %返回 LTI 对象 sys 的输入维数和输出维数 d=[r,m];
[r,m]=size(sys);      %返回 LTI 对象 sys 的输入维数 r 和输出维数 m;
[r,m,n]=size(sys);    %同时返回 LTI 对象 sys 的状态维数 n,仅用于 ss 对象;
r=size(sys,1);        %用于单独查询系统的输入维数 r;
m=size(sys,2);        %用于单独查询输出维数 m;
n=size(sys,3);        %用于单独查询状态维数 n,仅用于 ss 对象。
```

工具箱还提供了一组监测模型类型及其他属性,如系统维数等的函数,见表 9-7。由于其调用格式简单且类似,这里不再给出详细说明,仅仅列出其调用格式。

最后特别指出,在第 2 章、第 7 章和第 8 章中分别介绍的关于系统建模、系统时域与频域分析和系统设计等控制系统工具箱中的命令函数是按系统采用多个分离变量进行描述的调用格式介绍

的。这些函数同样适用于以LTI对象模型表示的对象,其调用格式与前面类同,这里就不一一介绍了。各函数的详细使用方法可利用MATLAB的help命令来查询。例如系统串联连接函数series()的使用方法可利用以下命令来查询:

```
>>help series
```

表9-7 模型检测函数列表

函数名	功能
isct()	判断LTI对象sys是否为连续时间系统,若是,返回1;若不是,返回0
isdt()	判断LTI对象sys是否为离散时间系统,若是,返回1;若不是,返回0
isempty()	判断LTI对象sys是否为空,若是,返回1;若不是,返回0
isproper()	判断LTI对象sys是否为特定类型对象系统,若是,返回1;若不是,返回0
issiso()	判断LTI对象sys是否为SISO系统,若是,返回1;若不是,返回0

9.3 线性时不变系统浏览器

线性时不变系统浏览器(通常在MATLAB 6.x/7.x中称Linear Time-Invariant Viewer,简称LTI Viewer;在MATLAB 8.x/9.x中称Linear System Analyzer)是控制系统工具箱中所提供的线性时不变系统浏览器工具,主要用来完成系统的分析与线性化处理。Linear Time-Invariant Viewer与Linear System Analyzer的功能设置和使用方法是完全相同的。

在对非线性系统的线性化分析时,线性时不变系统浏览器LTI Viewer/Linear System Analyzer是进行系统分析的最为直观的图形界面,采用LTI Viewer/Linear System Analyzer使得用户对系统的线性分析变得简单而直观。LTI Viewer/Linear System Analyzer浏览器提供了极其丰富的功能,它可以使用户对系统进行非常详细的线性分析。

在利用LTI Viewer/Linear System Analyzer对系统进行分析时,必须将系统模型转换为LTI对象(线性时不变系统对象)的三种形式(ss对象、tf对象和zpk对象)之一,因LTI对象是控制系统工具箱中最为基本的数据类型。

1. 启动LTI浏览器

在MATLAB中,可以用以下几种方法启动LTI Viewer/Linear System Analyzer:

(1)在MATLAB的命令窗口中直接键入ltiview命令。

(2)在MATLAB 6.x/7.x操作界面的左下角“Start”菜单中,单击“Toolboxs→Control system”命令子菜单中的“LTI Viewer”选项;或在MATLAB 8.x/9.x操作界面的应用程序(APPS/APP)页面中,单击控制系统设计和分析工具箱(Control System Toolbox)中的线性系统分析器(Linear System Analyzer)。

在以上两种方式启动下,LTI Viewer/Linear System Analyzer窗口如图9-1所示。其中,图9-1(b)所示的是在第二种方式启动下,由于MATLAB 6.x/7.x采用了默认系统模型,故也同时显示系统的单位阶跃响应曲线(Step)和单位脉冲响应(Impulse)曲线。

2. 输入系统模型

在启动LTI Viewer/Linear System Analyzer之后,需要利用LTI Viewer/Linear System Analyzer窗口中File菜单下的Import命令,输入用户所要进行分析的线性系统的LTI模型。该线性系统的LTI模型可来自MATLAB工作空间或磁盘文件中。但如果对象模型来源为Simulink系统模型框图,则

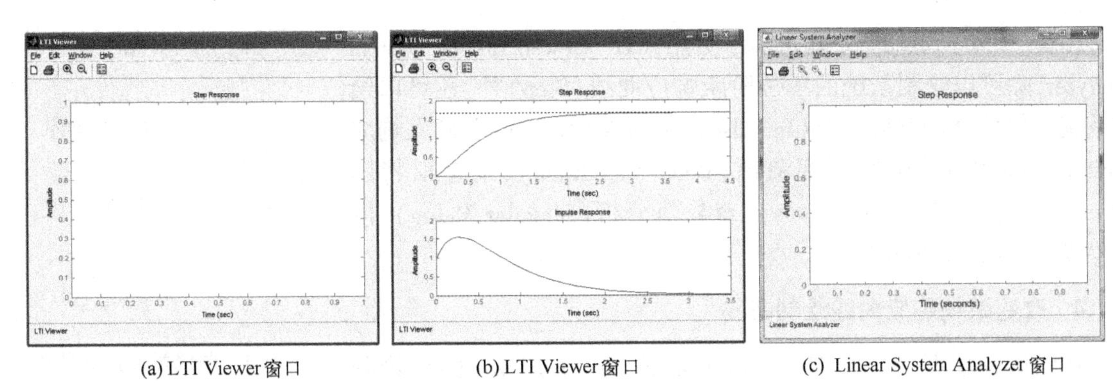

(a) LTI Viewer 窗口　　(b) LTI Viewer 窗口　　(c) Linear System Analyzer 窗口

图 9-1　线性时不变系统浏览器窗口

必须对此进行线性化处理以获得系统的 LTI 对象描述。这是因为在 LTI Viewer/Linear System Analyzer 中所分析的线性系统的所有对象必为 LTI 对象（ss 对象、tf 对象和 zpk 对象）。

【例 9-8】 绘制例 6-15 中非线性系统进行线性化处理后所得线性化状态空间模型

$$\begin{cases}\dot{x}=-0.199x+0.001u\\ y=x\end{cases}$$

的单位阶跃响应曲线。

解 ① 根据以上线性化状态空间模型的系数矩阵(A,b,c,d)的值,在 MATLAB 窗口中利用以下命令获得该系统的 ss 对象 ex9_8 的描述。

```
>>A=-0.199; b=0.001;c=1;d=0;ex9_8=ss(A,b,c,d);
```

② 按第一种方式启动 LTI Viewer/Linear System Analyzer,并利用 LTI Viewer/Linear System Analyzer 窗口中 File 菜单下的 Import 命令,打开如图 9-2 所示的系统模型输入对话框。

③ 在图 9-2 所示的对话框中,选中所要进行分析的线性系统的 LTI 模型 ex9_8,单击【OK】按钮,便可以完成线性系统的模型输入。此时便可得到如图 9-3 所示的单位阶跃响应曲线。

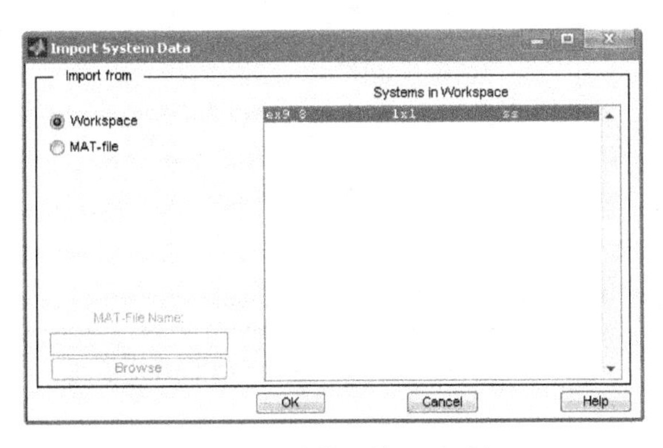

图 9-2　系统模型输入对话框

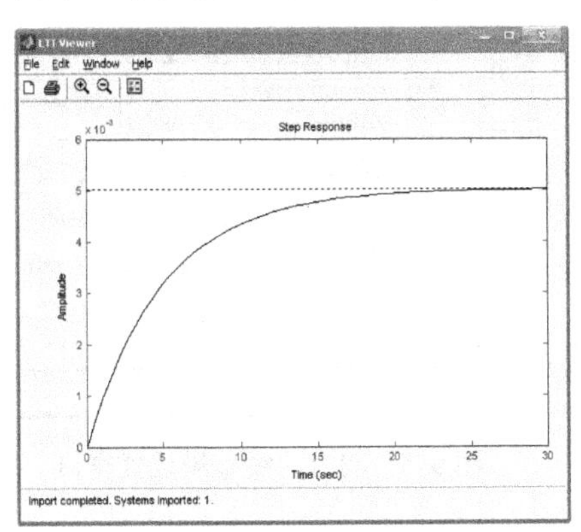

图 9-3　系统的单位阶跃响应曲线

如按第二种方式启动 LTI Viewer/Linear System Analyzer,经过以上同样的操作步骤,则可同时得到系统的单位阶跃响应曲线和单位脉冲响应曲线。

3. 绘制系统的不同响应曲线

在已有系统响应曲线的 LTI Viewer/Linear System Analyzer 窗口中,单击鼠标右键,选择如图 9-4 所示的弹出菜单的 Plot Types 子菜单下的选项,可以改变此窗口中系统响应曲线的类型。

由图 9-4 所示的菜单可知，使用 LTI Viewer/Linear System Analyzer，除可以绘制系统的单位阶跃响应曲线(Step)外，还可以绘制系统的单位脉冲响应曲线(Impulse)、伯德图(Bode)、零输入响应(Initial Condition)、伯德图幅值图(Bode Magnitude)、奈奎斯特图(Nyquist)、尼科尔斯图(Nichols)、奇异值分析(Singular Value)，以及零极点图(Pole/Zero)等。

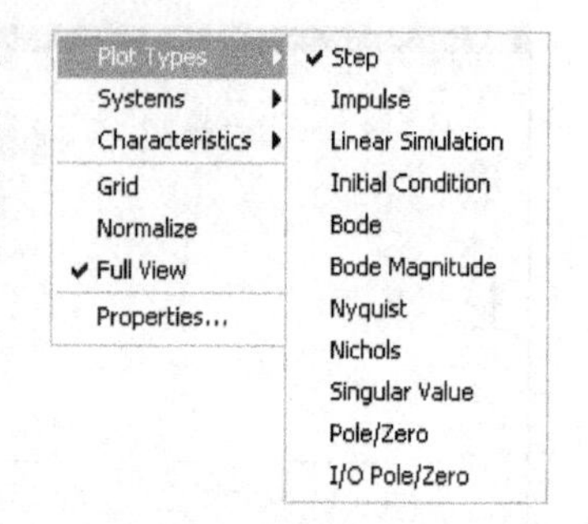

图 9-4　曲线类型选择菜单

4. 改变系统响应曲线绘制布局

在默认的情况下，LTI Viewer/Linear System Analyzer 图形绘制窗口中仅仅绘制系统的一种或两种响应曲线。如果用户需要同时绘制多种系统响应曲线图，则可以使用 LTI Viewer/Linear System Analyzer 窗口中 Edit 菜单下的 Plot Configurations 命令，打开如图 9-5 所示的响应曲线布局设置窗口。

在图 9-5 所示的窗口中，用户不仅可以利用布局设置(Select a response plot configuration)选择 LTI Viewer/Linear System Analyzer 所提供的 6 种不同的绘制布局，而且也可以利用响应曲线类型(Response type)在指定的位置绘制自己感兴趣的响应曲线。

【例 9-9】 在同一窗口中，绘制例 6-15 中非线性系统进行线性化处理后所得线性化状态空间模型的 6 种不同的响应曲线。

解 在图 9-3 所示 LTI 模型 ex9_8 的单位阶跃响应窗口中，利用 Edit 菜单下的 Plot Configurations 命令，打开如图 9-5 所示的响应曲线布局设置窗口，并采用图 9-5 中所示的各项设置，便可得到如图 9-6 所示的该系统的 6 种不同响应曲线。

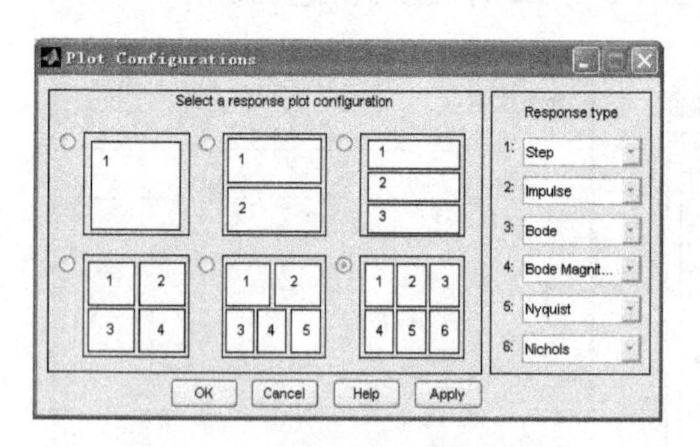

图 9-5　响应曲线布局设置窗口

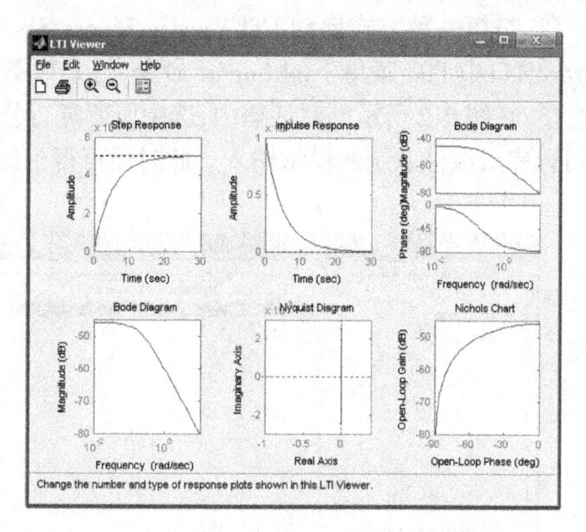

图 9-6　同一系统的 6 种不同响应曲线

5. 系统时域与频域性能分析

使用 LTI Viewer/Linear System Analyzer 不仅可以方便地绘制系统的各种响应曲线，还可以从系统响应曲线中获得系统响应信息，从而使用户可以对系统性能进行快速的分析。首先，通过单击系统响应曲线上任意一点，可以获得动态系统在此时刻的所有信息，包括运行系统的名称、系统的输入输出，以及其他与此响应类型相匹配的系统性能参数。

例如，对于如图 9-3 所示 LTI 模型 ex9_8 的单位阶跃响应，单击响应曲线中的任意一点，可以获得系统响应曲线上此点所对应的系统名称(System)、系统当前的运行时间(Time)和幅值(Amplitude)等信息，如图 9-7 所示。

其次，用户可以在 LTI Viewer/Linear System Analyzer 图形绘制窗口中单击鼠标右键，利用如图 9-4 所示的弹出菜单中的 Characteristics 子菜单的选项，可获得系统不同响应的特性参数；对于不同的系统响应类型，Characteristics 子菜单的内容并不相同。如选择 Characteristics 子菜单中的 Rise Time，可以获得系统阶跃响应的上升时间(默认的上升时间定义为系统输出从终值的 10%到终值的 90%所需要的时间)。此时在 LTI Viewer 绘制的阶跃响应曲线中将出现上升时间标记点，单击此标记点即可获得上升时间，见图 9-7。

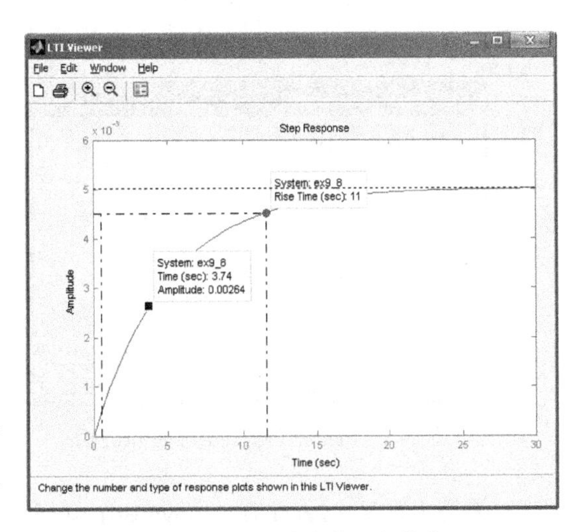

图 9-7　阶跃响应的运行信息

另外，根据阶跃响应曲线，还可获得系统的响应峰值(Peak Response)、调整时间(Settling Time)和稳定状态值(Steady State)等。其中默认的调整时间定义为系统输出进入±2%的误差范围所需的时间。

对于不同类型的系统响应曲线而言，用来描述响应特性的参数各异。虽然不同响应曲线的特性参数不相同，但是，均可以使用类似的方法从系统响应曲线中获得相应的信息。

6. LTI Viewer/Linear System Analyzer 图形界面的高级控制

前面简单介绍了 LTI Viewer/Linear System Analyzer 响应曲线绘制窗口的布局设置。Simulink 最为突出的特点就是其强大的图形功能。在 Simulink 中，任何图形都是特定的对象，用户可以对其进行强有力的操作和控制。下面介绍如何对 LTI Viewer/Linear System Analyzer 图形窗口进行更为高级的控制。

对 LTI Viewer/Linear System Analyzer 图形窗口的控制有两种方式。

(1) 对整个浏览器窗口 LTI Viewer/Linear System Analyzer 进行控制。

单击 LTI Viewer/Linear System Analyzer 窗口的 Edit 菜单下的 Viewer Preferences/Linear System Analyzer Preferences 命令对浏览器进行设置(此设置的作用范围为 LTI Viewer/Linear System Analyzer 窗口，以及所示系统响应曲线绘制区域)，如图 9-8 所示。

在如图 9-8 所示的 LTI Viewer Preferences 窗口中共有 4 个页面：

① Units 页面：设置图形显示时的频率、幅值及相位的单位；

② Style 页面：设置图形显示时的字体、颜色及绘图网格；

③ Options 页面：设置系统的特性参数，如定义调整时间和上升时间的变化范围；

④ Parameters 页面：设置系统响应输出的时间变量与频率变量。

(2) 对某一系统响应曲线绘制窗口进行操作。

在系统响应曲线绘制窗口中单击鼠标右键，选择如图 9-4 所示弹出菜单中的 Propertise 命令，可打开一个响应曲线的特性设置窗口，如图 9-9 所示。

在图 9-9 所示的 Propertise Editor 窗口中共有 5 个页面：

① Labels 页面：设置系统响应曲线图形窗口的坐标轴名称、窗口名称；

② Limits 页面：设置坐标轴的输出范围；

③ Units 页面：设置系统响应曲线图形窗口的显示单位；

④ Style 页面：设置系统响应曲线图形窗口的字体、颜色及绘制网格；

⑤ Options 页面：设置系统的特性参数，如定义调整时间和上升时间的变化范围。

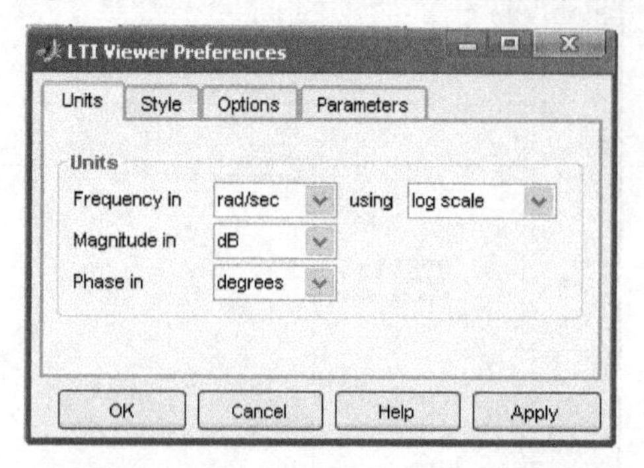

图 9-8　Viewer Preferences 窗口界面

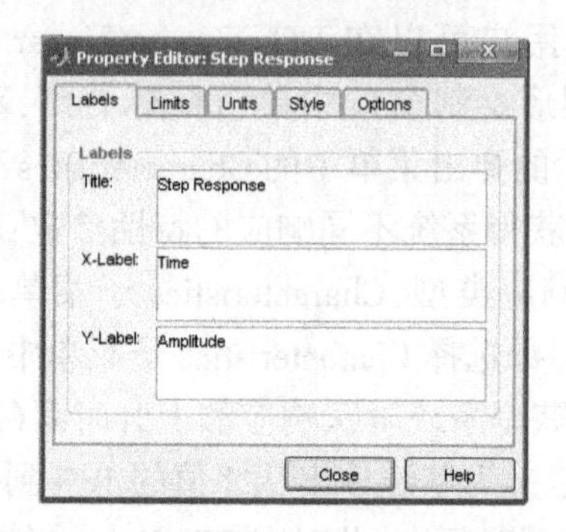

图 9-9　Propertise Editor 窗口界面

7. 使用 LTI Viewer/Linear System Analyzer 进行非线性系统的线性分析

除了使用第 6 章的命令行方式对非线性系统进行线性化处理分析，还可以利用 Simulink 系统模型窗口中的菜单命令 Tools→Control Design→Linear Analysis 或 Simulink 系统模型窗口 APPS 页面中的 Model Linearizer 窗口命令，对非线性系统进行线性分析。在利用 Simulink 对系统进行线性分析时，会同时调出线性时不变系统浏览器 LTI Viewer/Linear System Analyzer。LTI Viewer/Linear System Analyzer 图形界面可以使用户对非线性系统的性能有一个非常直观的认识与理解，用户可以从相应的系统输出图形中来定性判断系统输出是否满足设计要求。

8. 线性化模型的输出

使用 LTI Viewer/Linear System Analyzer 对非线性系统进行分析之后，用户可以使用 LTI Viewer Linear System Analyzer 窗口中 File 菜单下的 Export 命令将此线性化模型输出到 MATLAB 工作空间或磁盘文件(*. mat 文件，即 MATLAB 数据文件)中，此时输出的线性化模型为 LTI 对象。

9.4　线性控制系统设计器

线性控制系统设计器(通常在 MATLAB 6. x/7. x 中称 SISO Design Tool，在 MATLAB 8. 0/8. 1 中称 Control System Tuning，从 MATLAB 8. 2 开始称 Control System Designer)是 MATLAB 控制系统工具箱所提供的一个非常强大的线性控制系统设计工具，它为用户设计线性控制系统提供了非常友好的图形界面。在 SISO Design Tool 或 Control System Tuning/Control System Designer 中，用户可以同时使用根轨迹图与伯德图，通过修改线性系统相关环节的零点、极点以及增益等进行线性控制系统设计。

在 MATLAB 6. x、MATLAB 7. x、MATLAB 8. x 和 MATLAB 9. x 中，由于 SISO Design Tool 与 Control System Tuning/Control System Designer 的功能设置和使用方法是有区别的，为了便于教学和使用，下面将分别进行讨论，读者可根据自己的需要选择阅读。

9.4.1　MATLAB 6. x 的 SISO Design Tool

1. 启动线性控制系统设计器

在 MATLAB 中，可以用以下两种方法启动 SISO Design Tool：

(1) 在 MATLAB 的命令窗口中直接键入 sisotool 或 rltool 命令；

(2) 在 MATLAB 操作界面的左下角 Start 菜单中，单击 Toolboxs→Control system 命令子菜单中

的 SISO Design Tool 选项。

在以上两种方式启动下，SISO Design Tool 窗口如图 9-10 所示。

第一种启动方式仅给出了显示窗口，此时由于尚未输入系统模型，故不显示根轨迹与伯德图，如图 9-10(a)所示。第二种启动方式采用了默认系统模型，且同时显示默认系统的根轨迹与伯德图，如图 9-10(b)所示。

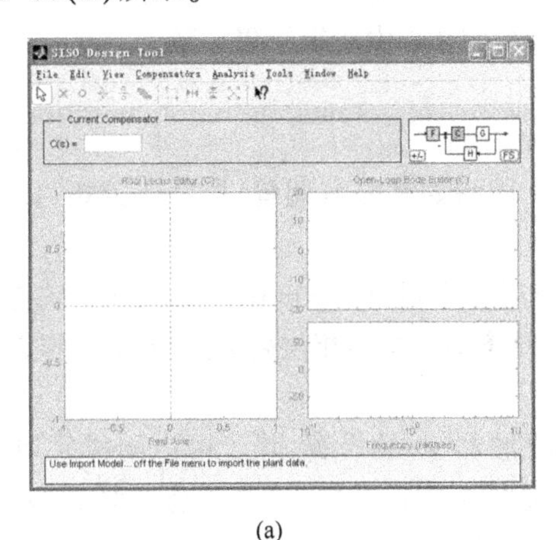

(a)

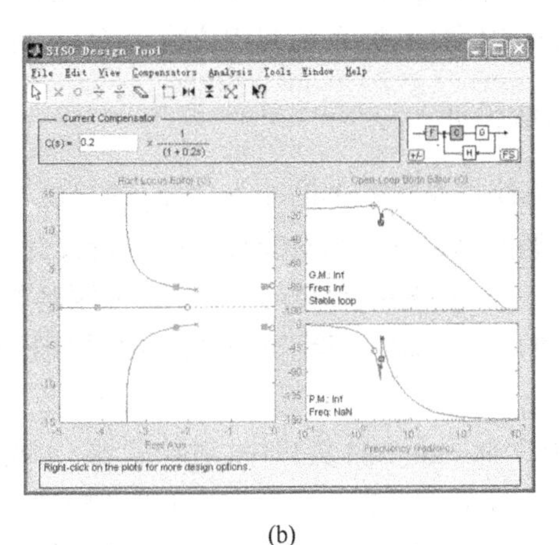

(b)

图 9-10 SISO Design Tool 窗口

利用图 9-10 中 View 菜单下的命令可以改变该窗口中的显示格式。

2. 输入系统模型数据

在启动 SISO Design Tool 之后，需要为所设计的线性系统输入模型数据，选择 SISO DesignTool 中 File 菜单下的 Import 命令，可打开如图 9-11 所示的输入系统模型数据对话框。

在图 9-11 的 SISO Models 框中显示的系统模型 ex9_8，就是在例 9-8 中获得的系统的 LTI 对象描述。如果输入模型数据来源为 Simulink 系统模型框图，则必须对此进行线性化处理以获得系统的 LTI 对象描述。这是因为 SISO Design Tool 线性系统中的所有环节（G 控制对象、H 传感器、F 预滤波器、C 控制器）均为 LTI 对象。另外，在系统数据（System Data）栏中，用户可以单击控制系统结构右下方的【Other】按钮以改变控制系统结构。

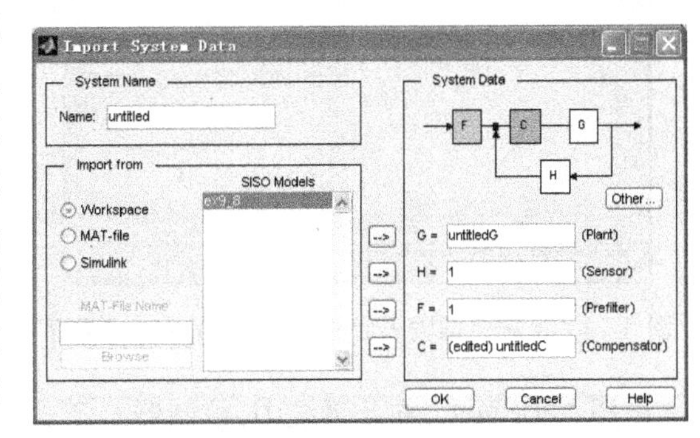

图 9-11 输入系统模型数据对话框

【例 9-10】 利用线性控制系统设计器（SISO Design Tool）求解例 8-1 所示系统在校正前的相位裕量。

解 ① 首先根据例 8-1 所给单位反馈系统的开环传递函数

$$G_0(s)=\frac{40}{s(s+2)}$$

在 MATLAB 窗口中利用以下命令，得到该系统的 LTI 对象模型 ex9_10_G0。

```
>>num=[40];den=conv([1,0],[1,2]);ex9_10_G0=tf(num,den);
```

② 在启动 SISO Design Tool 窗口后，利用该窗口中 File 菜单下的命令 Import，打开系统模型数据输入对话框窗口。在该对话框窗口中，采用如图 9-11 中所示 SISO Design Tool 默认的控制系统

结构,在系统输入模型数据对话框中选中对象模型 ex9_10_G0,并单击对象结构 G 左边的【→】按钮,将控制系统的控制对象 G 设置为 ex9_10_G0;控制器 C 的取值修改为常数 1;其他的环节 H 和 F 均使用默认的取值(常数 1)。然后单击【OK】按钮,此时在 SISO Design Tool 中会自动绘制此负反馈线性系统的根轨迹图,以及系统伯德图,如图 9-12 所示。用户可以在图 9-12 中单击控制系统结构右下方的【FS】按钮和左下方的【+/-】按钮以改变控制系统结构和反馈极性。

从图 9-12 可知,原系统的相位裕量为 $r=18°$,这与例 8-1 中所得结果一致。

3. 系统设计

在完成线性系统数据的输入之后,用户便可以使用诸如零极点配置、根轨迹分析,以及系统伯德图分析等传统的方法来对线性系统进行设计。

在系统根轨迹图中,蓝色的∘和×表示控制对象 G 的零点和极点,而红色的∘和×表示系统控制器 C 的零点和极点。在伯德图中除了显示当前控制器下的系统增益裕量与相位裕量,还显示了零点与极点的位置。

在 SISO Design Tool 窗口中,对控制器 C(或预滤波器 F)的设置,除了可以同样采用上面介绍的控制对象 G 的设置方法,还可通过单击控制系统结构图中控制器 C(或预滤波器 F)区域弹出控制器 C(或预滤波器 F)设置对话框来设置,根据此对话框可以任意设置控制器 C(或预滤波器 F)的增益和零极点等,控制器 C 的设置对话框如图 9-13 所示。

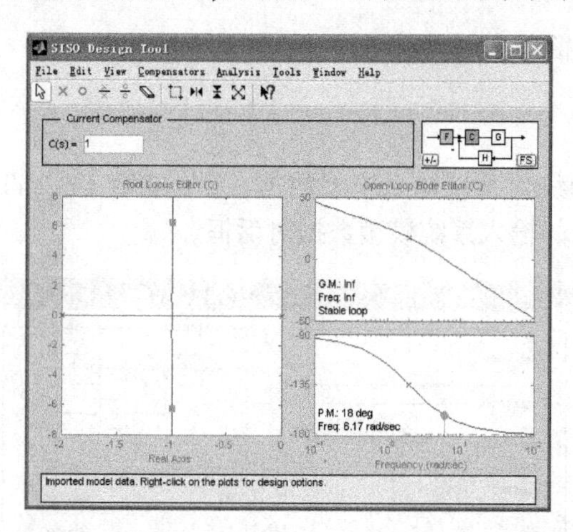

图 9-12　系统数据输入后的 SISO Design Tool 界面

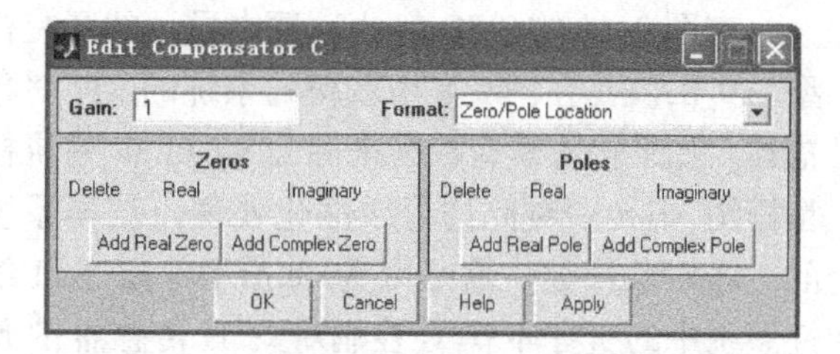

图 9-13　控制器 C 的增益、零点及极点设置

由图 9-13 可见,在此系统中,控制器 C 不含任何零极点,且增益为 1。当然利用此对话框也可对控制器 C 的增益、零点及极点任意设置或增减。

另外,用户也可以利用 SISO Design Tool 窗口工具栏中的快捷键×、∘、$\frac{\times}{\times}$、$\frac{\circ}{\circ}$直接在根轨迹编辑器中增减控制器 C 的零点与极点;在根轨迹编辑器中,还可直接利用鼠标拖动控制器 C 的零极点,以改变其零极点分布;通过拖动根轨迹图中的紫色方块可改变其增益等,以方便对系统根轨迹进行控制与操作。

4. 系统分析

在系统设计完成后,需要对其做进一步的分析。分析反馈系统的开环和闭环响应,以判断系统是否满足特定的设计要求。用户可以选择 SISO Design Tool 窗口中 Analysis 菜单下的 Other Loop Responses→Step 命令,来绘制系统的闭环阶跃响应曲线。此时将打开 LTI 浏览器窗口,在此窗口中用户同样可对系统的性能,如超调量、调整时间、峰值时间和上升时间等进行分析。

如果用户需要实现连续系统与离散系统之间的相互转换,可以选择 SISO Design Tool 窗口中 Tools 菜单下的 Continuous→Discrete Conversions 命令,以对连续系统的连续时间、离散系统的采样时间和转换方法等进行设置。

5. 系统验证

在使用 SISO Design Tool 完成系统的设计之后,在系统实现之前必须对设计好的系统通过 Simulink 进行仿真分析,进一步对控制器进行验证,以确保系统设计的正确性。如果直接按照系统设计逐步建立系统的 Simulink,将是一件很麻烦的工作;庆幸的是,SISO Design Tool 提供了 Simulink 集成的方法,用户可以利用 SISO Design Tool 窗口中 Tools 菜单下的 Draw Simulink Diagram 命令,直接由设计好的系统生成相应的 Simulink 系统框图。在生成 Simulink 系统模型之前,必须保存线性系统的执行结构、控制器及传感器等 LTI 对象至MATLAB工作空间中。

生成的 Simulink 系统模型的实现均采用了 MATLAB 工作空间中的 LTI 模块。在生成 Simulink 系统模型之后,便可以对设计好的系统进行仿真分析以验证系统设计的正确性。

【例 9-11】 利用串联校正装置将例9-10 中所述系统的相位裕量提高到 50°以上,并画出系统的 Simulink 仿真框图和单位阶跃响应曲线。

解 ① 由例 8-1 知,利用串联校正方法将系统的相位裕量提高到 50°以上时,串联校正装置的传递函数可选为

$$G_c(s)=\frac{0.2254s+1}{0.05354s+1}=4.2099\,\frac{s+4.4366}{s+18.6776}$$

② 在 MATLAB 窗口中利用以下命令得到 LTI 模型 ex9_11_Gc。

```
>>numc=[0.2254 1];denc=[0.05354 1];ex9_11_Gc=tf(numc,denc);
```

③ 利用设置控制对象 G 的方法,将例 9-10 所述系统的控制器 C 设置成 ex9_11_Gc,其他选项的设置同例 9-10。然后单击【OK】按钮,此时可得校正后系统的根轨迹图,以及系统伯德图,如图 9-14 所示。

由此可见,这时系统的相位裕量变为 $r=50.70°$满足设计要求。

④ 利用图 9-14 中 Analysis 菜单下的 Other Loop Responses→Step 命令,可得该系统的闭环阶跃响应曲线,如图 9-15 所示。

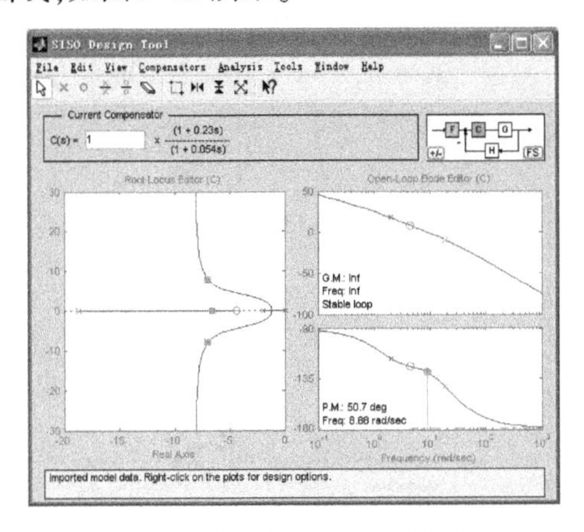

图 9-14 校正后系统的根轨迹图及系统伯德图

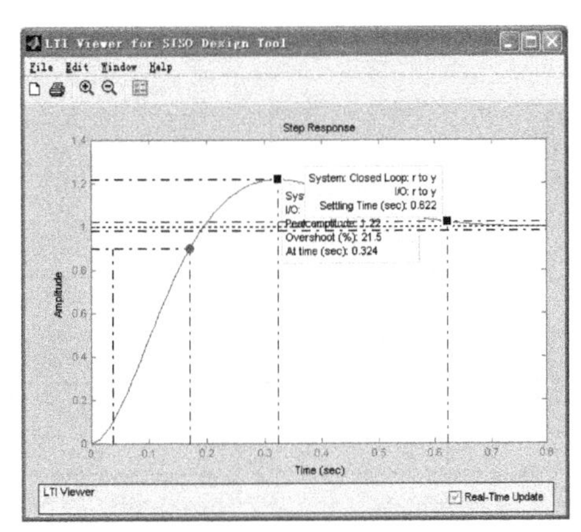

图 9-15 单位阶跃响应曲线

在所得系统的闭环阶跃响应曲线中,利用 LTI Viewer 的使用方法,同样可显示系统的超调量、调整时间、峰值时间和上升时间等时域性能指标参数,如图 9-15 所示。

⑤ 利用图 9-14 中的 Tools→Draw Simulink Diagram 命令,便可得到系统相应的 Simulink 系统模型,如图 9-16 所示。

将图 9-16 中的输入信号模块 Input,用 Sources 模块库中的 Step 模块代替(阶跃时刻设置为 0),并将仿真时间设为 0.8,然后启动仿真,便可在示波器中得到如图 9-17 所示的仿真曲线。系统的仿真结果与图 9-15 中的阶跃响应曲线完全一致,从而验证了系统设计的正确性。

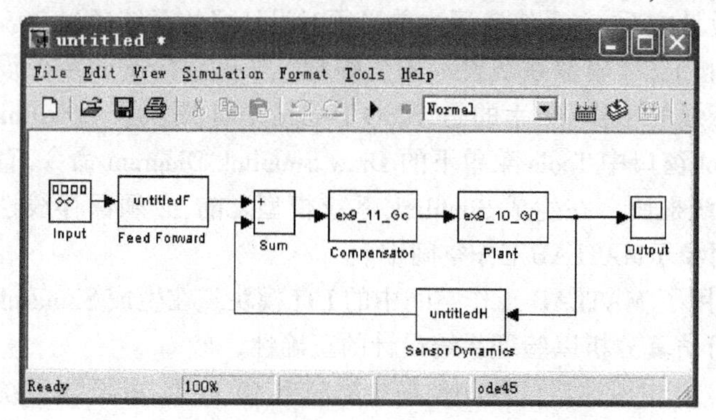

图 9-16　由系统直接生成相应的 Simulink 模型

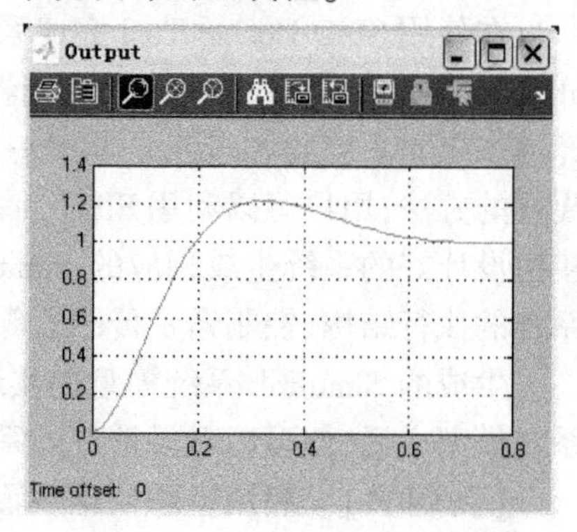

图 9-17　Simulink 的仿真结果

9.4.2 MATLAB 7.x 的 SISO Design Tool

1. 启动线性控制系统设计器

在 MATLAB 中,可以用以下两种方法启动 SISO Design Tool。

(1) 在 MATLAB 的命令窗口中直接键入 sisotool 或 rltool 命令;

(2) 在 MATLAB 7.x 操作界面的左下角"Start"菜单中,单击"Toolboxs→Control system"命令子菜单中的"SISO Design Tool"选项。

通过以上两种方式进行启动,便可同时打开如图 9-18 所示的 SISO Design for SISO Design Task 窗口和如图 9-19 所示的 Control and Estimation Tools Manager 窗口。

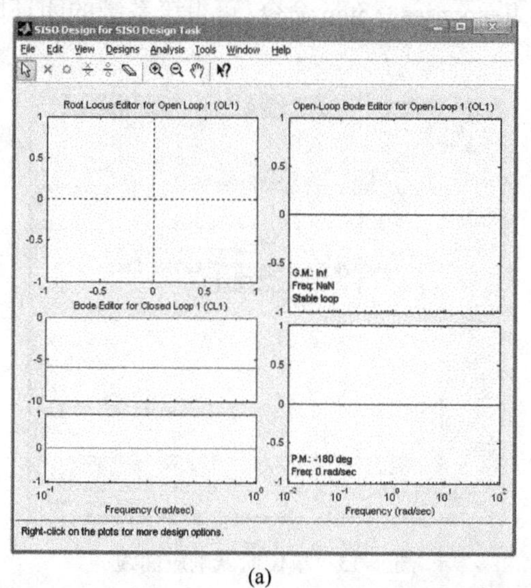

(a)

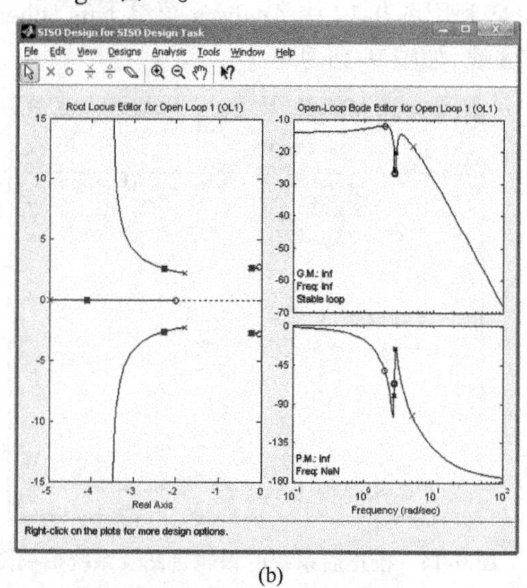

(b)

图 9-18　SISO Design for SISO Design Task 窗口

在第一种启动方式下，仅给出了显示的窗口，此时由于尚未输入系统模型，故不显示根轨迹与伯德图，如图 9-18(a)所示。在第二种启动方式下，MATLAB 7.x 采用了默认系统模型，且同时显示默认系统的根轨迹与伯德图，如图 9-18(b)所示。利用图 9-18 中 View 菜单下的命令，可以改变该窗口中的显示格式。

2. 控制系统结构图

在以上两种方式启动下，系统默认的结构图均如图 9-19 所示。利用图 9-19 所示的 Control and Estimation Tools Manager 窗口 Architeture 页面中的 Control Architeture 选项，可以打开系统的结构、标号和反馈极性等设置窗口，如图 9-20 所示。

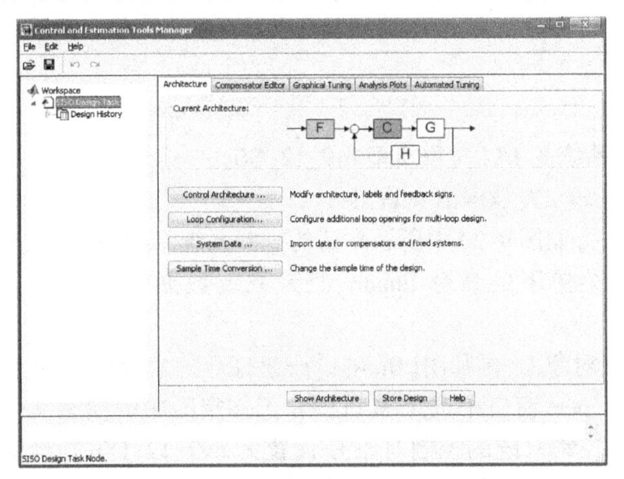

图 9-19　Control and Estimation Tools Manager 窗口

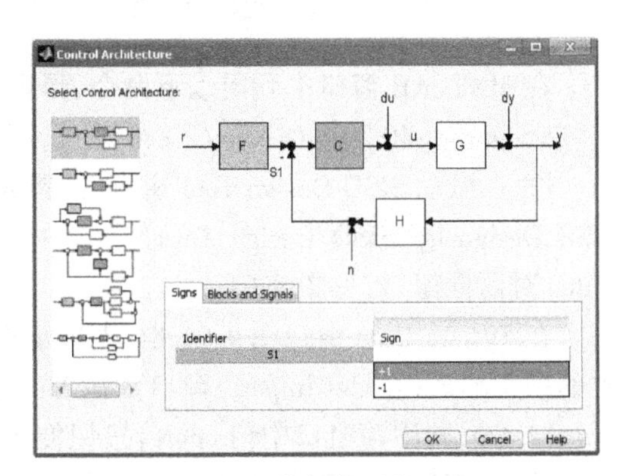

图 9-20　系统结构图设置窗口

由图 9-20 可见，在窗口左边的 Select Control Architecture 选择框中，系统为用户提供了 6 种结构形式供选择。通过选择该窗口右下角的 Signs 页面，可以方便地改变系统的反馈极性。

3. 输入系统模型

当选定系统的结构后，需要为所设计的线性系统输入模型数据。利用 SISO Design for SISO Design Task 窗口中 File 菜单下的 Import 命令，可打开如图 9-21 所示的输入系统数据(System Data)窗口。

在图 9-21 窗口的 System Model 对话框中显示了当前系统的四个环节(控制对象 G、传感器 H、控制器 C 和预滤波器 F)及参数值(均为 1)。系统各环节的参数值，用户可利用两种方法灵活改变：① 首先用鼠标双击相关环节 Data 框中的当前值，然后利用键盘直接输入环节模型参数即可；② 首先选定相关环节，然后利用该窗口中的【Browse】按钮便可打开一个如图 9-22 所示的模型输入(Model Import)窗口。系统各环节的模型既可以来自 MATLAB 工作空间，也可来自 M 文件，但必须为 LTI 对象。例如，在该窗口中当前显示的系统模型 ex9_8，就是在例 9-8 中获得系统的 LTI 对象描述。如果输入模型数据来源为 Simulink 系统模型框图，则必须对此进行线性化处理，以获得系统的 LTI 对象描述。最后利用该窗口中的【Import】按钮便可将选定的模型文件输入系统。

【例 9-12】　利用 SISO Design Tool 求解例 8-1 所示系统在校正前的相位裕量。

解　① 根据例 8-1 所给单位反馈系统的开环传递函数

$$G_o(s)=\frac{40}{s(s+2)}$$

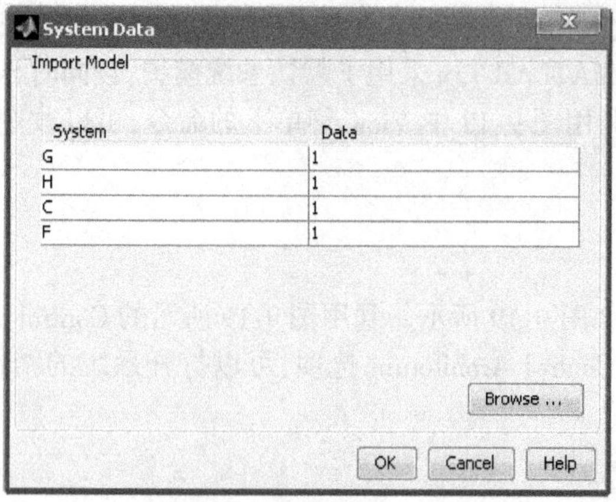

图 9-21　系统数据输入窗口

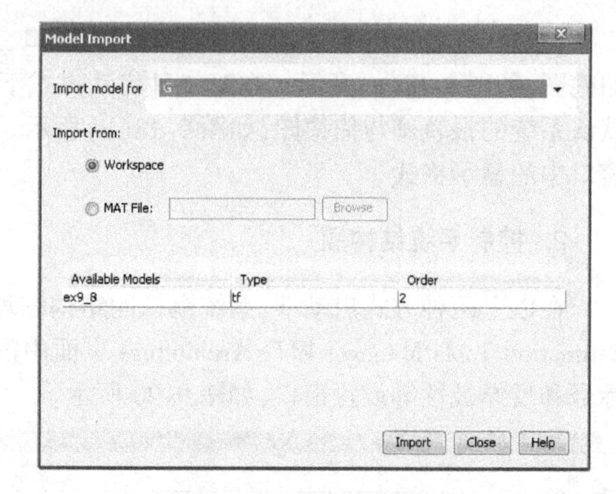

图 9-22　模型输入窗口

在 MATLAB 窗口中利用以下命令,得到该系统的 LTI 对象模型 ex9_12_G0。

```
>>num=[40];den=conv([1,0],[1,2]);ex9_12_G0=tf(num,den);
```

② 在启动 SISO Design Tool 窗口后,首先保持如图 9-20 中所示默认的控制系统结构,然后利用 SISO Design for SISO Design Task 窗口中 File 菜单下的命令 Import,打开系统数据输入(System Data)对话框窗口,见图 9-21。

在 System Data 窗口图 9-21 中,先选定控制对象 G,再利用【Browse】按钮打开一个如图 9-22 所示的模型输入(Model Import)窗口。在 Model Import 窗口中选定 MATLAB 工作空间中的模型文件 ex9_12_G0,利用该窗口中【Import】按钮便可将控制系统的控制对象 G 设置为 ex9_12_G0;在确定传感器 H、控制器 C 和预滤波器 F 的取值均为常数 1 的情况下,利用该窗口中的【Close】按钮关闭该窗口;最后在 System Data 窗口图 9-21 中,利用的【OK】按钮,便可在 SISO Design for SISO Design Task 窗口中自动绘制此负反馈线性系统的根轨迹图,以及系统伯德图,如图 9-23 所示。

从图 9-23 可知,原系统的相位裕量为 $r=18°$,这与例 8-1 中所得结果一致。

4. 系统设计

在完成线性系统数据的输入之后,用户便可以使用诸如零极点配置、根轨迹分析,以及系统伯德图分析等传统的方法来对线性系统进行设计。

在系统根轨迹图中,蓝色的∘和×表示控制对象 G 的零点与极点,而红色的∘和×表示控制器 C 的零点和极点。在伯德图中除了显示当前控制器下的系统增益裕量与相位裕量,还显示了零点与极点的位置。

在 SISO Design Tool 窗口中,对控制器 C(或传感器 H 和预滤波器 F)的设置,除了可以同样采用上面介绍的控制对象 G 的设置方法,还可通过在图 9-19 所示的 Control and Estimation Tools Manager 窗口中选择 Compensator Editor 页面来设置。在该页面中的 Dynamics 区域,单击鼠标右键,便可弹出增加和删除极零点的设置菜单,如图 9-24 所示。

由图 9-24 可见,此控制器 C 不含任何零极点,且增益为 1。当然利用增加和删除零极点的设置菜单,可对控制器 C 的零极点任意设置或增减。控制器 C 的增益也可利用以上窗口方便设置。

另外,用户也可以利用 SISO Design for SISO Design Task 窗口中命令菜单下面的快捷键×,∘,$\frac{\times}{\times}$,$\frac{\circ}{\circ}$,直接在根轨迹编辑器 SISO Design for SISO Design Task 窗口中增减控制器 C 的零极点;在根轨迹编辑器中,还可直接利用鼠标拖动控制器 C 的零极点,以改变其零极点分布;通过拖动根轨迹图中的紫色方块可改变控制器 C 的增益等，以增加对系统的根轨迹进行控制与操作。

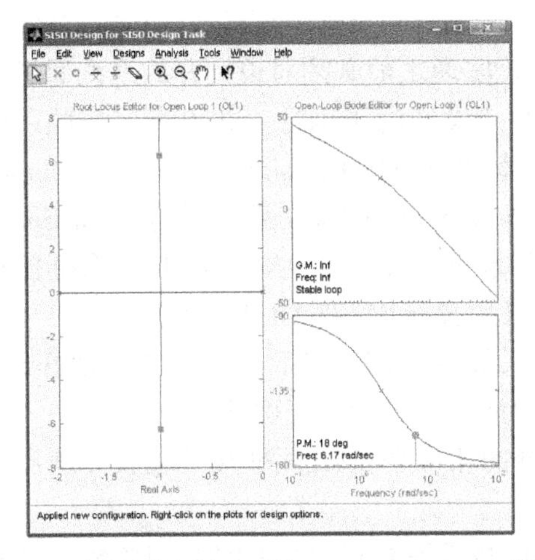

图 9-23　系统数据输入后的 SISO Design Task 界面

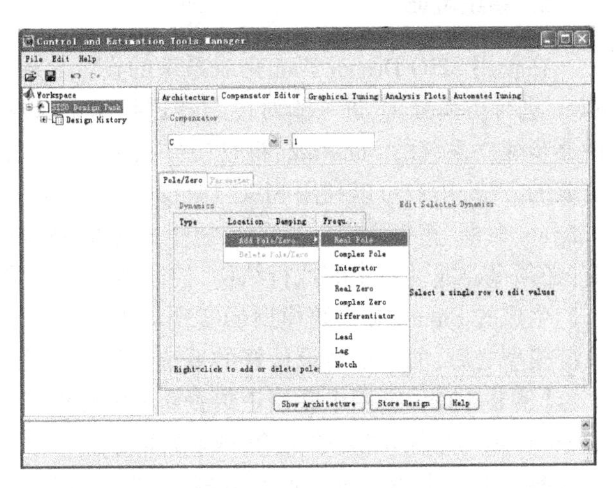

图 9-24　控制器 C 的增益、零点及极点设置

5. 系统分析

在系统设计完成后，需要对其做进一步的分析。分析反馈系统的响应，以判断系统是否满足特定的设计要求。用户可以选择 SISO Design for SISO Design Task 窗口中 Analysis 菜单下的 Other Loop Responses 命令，来打开一个如图 9-25 所示的系统响应曲线分析（Analysis Plots）页面。在该页面中，可为同一系统设置 6 个窗口，且在每个窗口中，均可任意绘制系统的 6 种不同响应曲线（Step，Impulse，Bode，Nyquist，Nichols，Pole/Zero）。另外针对各个窗口响应曲线的输入输出参考点也可利用该页面中 Plots 下面的选项来选择。当选定 Plots 下面的选项后，将立即打开一个 LTI 浏览器窗口，在此窗口中用户同样可对系统的性能，如超调量、调整时间、峰值时间和上升时间等进行分析。

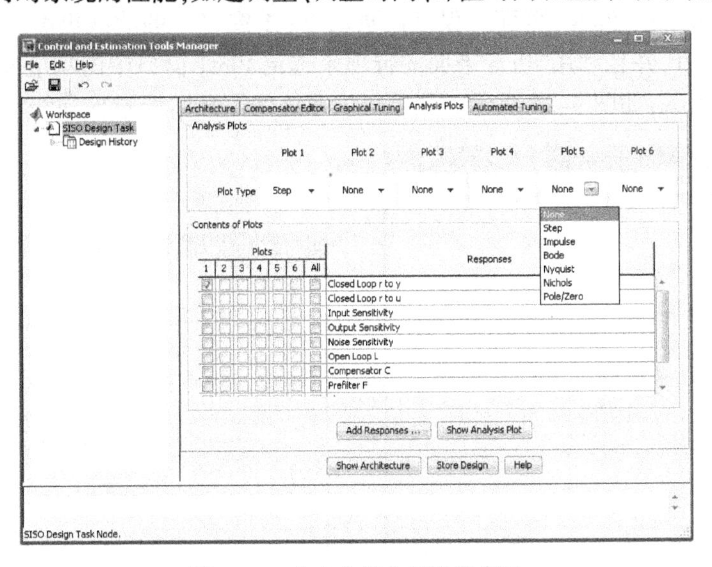

图 9-25　响应曲线分析设置窗口

如果用户需要实现连续系统与离散系统之间的相互转换，可以选择 SISO Design for SISO Design Task 窗口中 Tools 菜单下的 Continuous/Discrete Conversions 命令，以对连续系统的连续时间、离散系统的采样时间和转换方法等进行设置。

6. 系统验证

在使用 SISO Design Tool 完成系统的设计之后，在系统实现之前必须对设计好的系统通过 Simulink 进行仿真分析，进一步对控制器进行验证，以确保系统设计的正确性。如果直接按照系统设计逐步建立系统的 Simulink，将是一件很麻烦的工作；庆幸的是，SISO Design Tool 提供了 Simulink 集成的方法，用户可以利用 SISO Design for SISO Design Task 窗口中 Tools 菜单下的 Draw Simulink Diagram 命令，直接由设计好的系统生成相应的 Simulink 系统框图。在生成 Simulink 系统模型之前，必须保存线性系统的执行结构、控制器及传感器等 LTI 对象至 MATLAB 工作空间中。

生成的 Simulink 系统模型的实现均采用了 MATLAB 工作空间中的 LTI 模块。在生成 Simulink 系统模型之后，便可以对设计好的系统进行仿真分析以验证系统设计的正确性。

【例 9-13】 利用串联校正装置将例9-12中所述系统的相位裕量提高到 50°以上，并画出系统的 Simulink 仿真框图和单位阶跃响应曲线。

解 ① 由例 8-1 知，利用串联校正方法将系统的相位裕量提高到 50°以上时，串联校正装置的传递函数可选为

$$G_c(s)=\frac{0.2254s+1}{0.05354s+1}=4.2099\frac{s+4.4366}{s+18.6776}$$

② 在 MATLAB 窗口中利用以下命令得到 LTI 模型 ex9_13_Gc。

```
>>numc=[0.2254 1];denc=[0.05354 1];ex9_13_Gc=tf(numc,denc);
```

③ 利用设置控制对象 G 的方法，将例 9-12 所述系统的控制器 C 设置成 ex9_13_Gc，其他的选项的设置同例 9-12。然后单击 System Data 窗口中的【OK】按钮，此时可得校正后系统的根轨迹图及系统伯德图，如图 9-26 所示。

由此可见，这时系统的相位裕量变为 $r=50.70°$，满足设计要求。

④ 利用图 9-26 中 Analysis 菜单下的 Other Loop Responses 命令，打开一个如图 9-25 所示的系统响应曲线分析（Analysis Plots）页面。仅将该页面 Plot1 窗口中的曲线类型（Plot Type）选为 Step（其余窗口选为 None），并且利用 Plots 下面的选项来选定 Plot1 窗口中的响应曲线的输入输出参考点为 Closed Loop r To y，如图 9-25 所示。则可得该系统的闭环阶跃响应曲线，如图 9-27 所示。

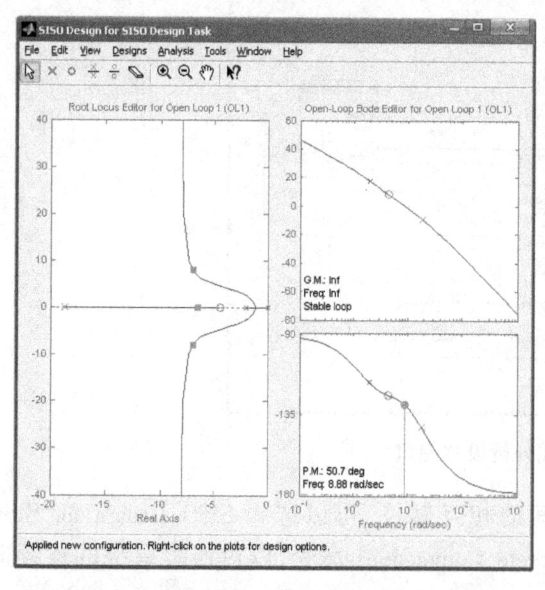

图 9-26 校正后系统的根轨迹图及系统伯德图

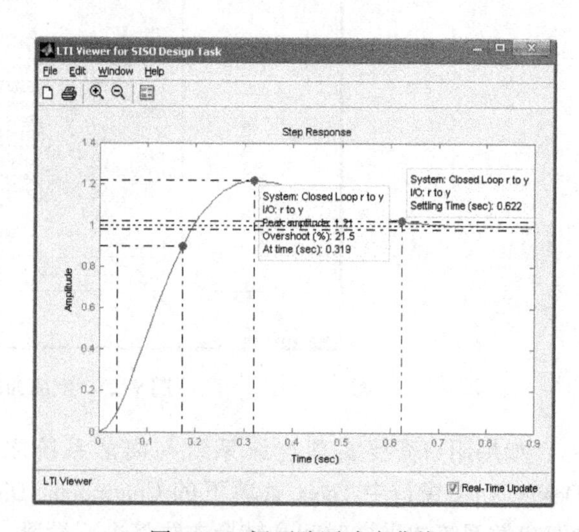

图 9-27 闭环阶跃响应曲线

在所得系统的闭环阶跃响应曲线中，利用 LTI Viewer 的使用方法，同样可显示系统的超调量、调整时间、峰值时间和上升时间等时域性能指标参数，如图 9-27 所示。

⑤ 利用图 9-26 中的 Tools→Draw Simulink Diagram 命令，便可得到系统相应的 Simulink 系统模型，如图 9-28 所示。

将图 9-28 中的输入信号模块 Input，用 Sources 模块库中的 Step 模块代替（阶跃时刻设置为 0），并将仿真时间设为 0.8，然后运行仿真，便可在示波器中得到如图 9-29 所示的仿真曲线。系统的仿真结果与图 9-27 中的阶跃响应曲线完全一致，从而验证了系统设计的正确性。

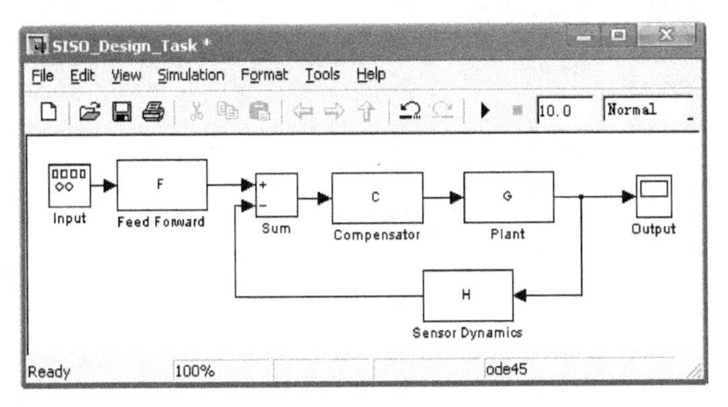

图 9-28　由系统直接生成相应的 Simulink 模型

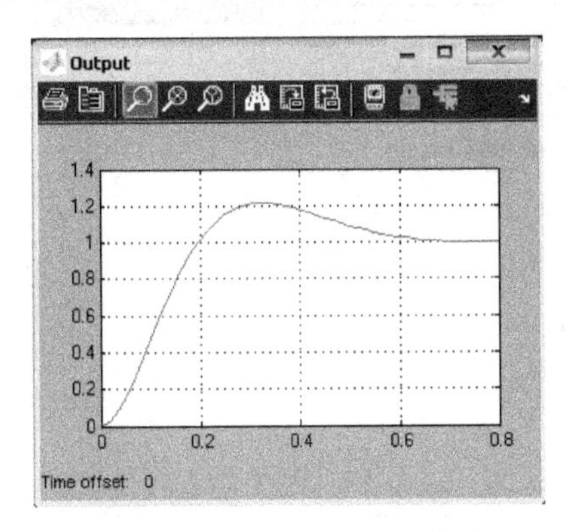

图 9-29　Simulink 的仿真结果

9.4.3　MATLAB 8.x/9.x 版的 Control System Designer

由于在 MATLAB 8.x/9.x 中，仅有少数几个版本的线性控制系统设计器称 Control System Tuning，大多数版本称 Control System Designer，再加上它们具有相同的功能，因此为了叙述方便，这里统称为 Control System Designer。

1. 启动线性控制系统设计器

在 MATLAB 中，可以用以下两种方法启动 Control System Designer：

（1）在 MATLAB 的命令窗口中直接键入 sisotool 命令；

（2）在 MATLAB 8.x/9.x 操作界面的应用程序（APPS /APP）页面中，单击控制系统设计和分析工具箱（Control System Toolbox）中的控制系统设计器（Control System Designer）。

通过以上二种方式进行启动，便可打开如图 9-30 所示的 Control System Designer 窗口。

2. 控制系统结构图

利用图 9-30 窗口左上角的 Edit Architeture 选项，可以打开如图 9-31 所示的系统结构设置窗口，在该窗口不仅可以改变系统的结构、标号和反馈极性，而且也可以输入系统各环节的数学模型。

由图 9-31 可见，在窗口左半的 Select Control Architeture 选择框中，系统为用户提供了 6 种结构的形式供选择。通过该窗口右下角的 Loop Signs 页面，可以方便改变系统结构的反馈极性。

3. 输入系统模型

当选定系统的结构后，需要为所设计的线性系统输入模型数据。在图 9-31 窗口右下角的 Blocks 页面中显示了当前系统的四个环节（控制对象 G、传感器 H、控制器 C 和预滤波器 F）及模型数据(默认值均为 1)。系统各环节的模型数据,用户可利用点击其右边的快捷按钮“![下载]”打开其对应的模型输入窗口来修改,如控制对象 G 的模型输入窗口如图 9-32 所示。系统各环节的模型既可以来自 MATLAB 工作空间,也可来自 M 文件,但必须为 LTI 对象。如在该窗口中当前显示的系统模型 ex9_8,就是在例 9-8 中获得的系统的 LTI 对象描述。如果输入模型数据来源为 Simulink 系统模型框图,则必须对此进行线性化处理以获得系统的 LTI 对象描述。最后利用该窗口中【Import】按钮便可将选定的模型文件输入系统。

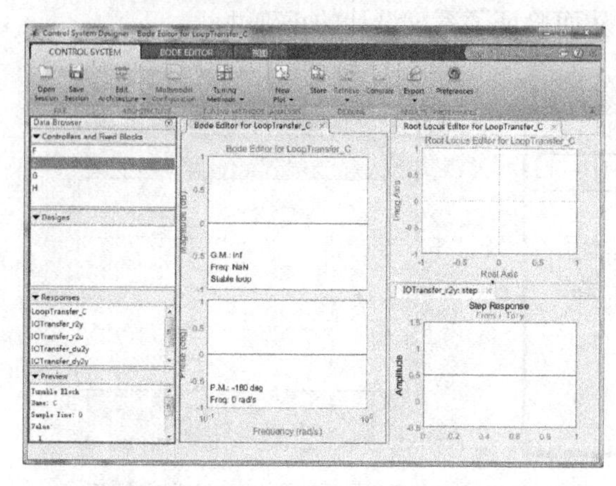

图 9-30　Control System Designer for SISO Design

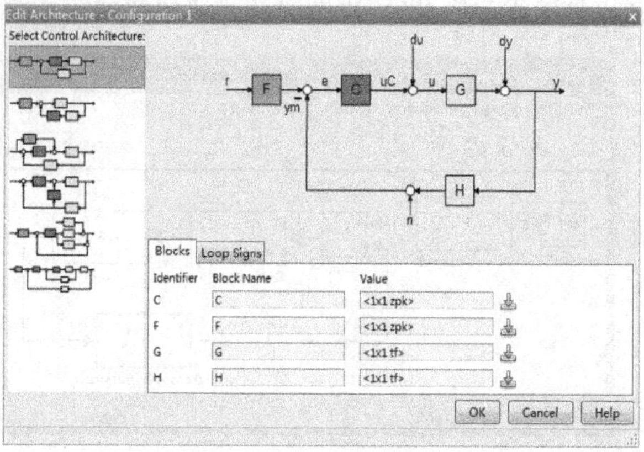

图 9-31　系统结构图设置窗口

如用户想查看系统各环节的模型数据,只需在图 9-30 所示的窗口中,利用鼠标点击左上角区域 Controllers and Fixed Blocks 中的 F、C、G 和 H,便可在左下角区域 Preview 中显示其对应环节的模型数据。

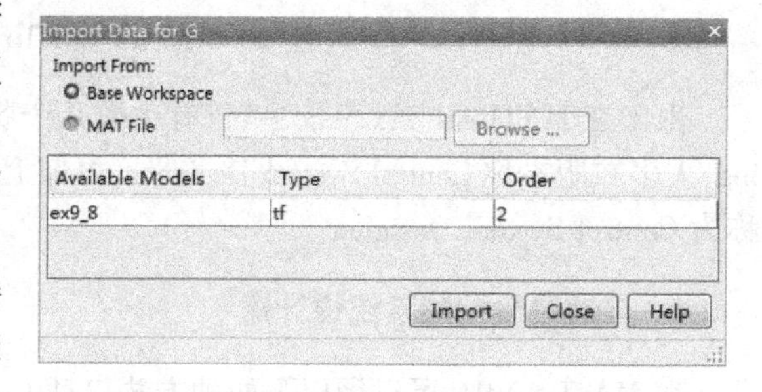

图 9-32　控制对象 G 的模型输入窗口

【例 9-14】　利用线性控制系统设计器 Control System Designer 求解例 8-1 所示系统在校正前的相位裕量。

解　① 首先根据例 8-1 所给单位反馈系统的开环传递函数

$$G_0(s)=\frac{40}{s(s+2)}$$

在 MATLAB 窗口中利用以下命令,得到该系统的 LTI 对象模型 ex9_14_G0。

```
>>num=[40];den=conv([1,0],[1,2]);ex9_14_G0=tf(num,den);
```

② 在启动 Control System Designer 窗口后,首先打开如图 9-31 所示的系统结构图设置窗口,并采用控制系统默认的结构。然后再利用图 9-31 打开图 9-32 所示控制对象 G 的模型输入窗口。

在控制对象 G 窗口图 9-32 中,先选定 MATLAB 工作空间中的模型文件 ex9_14_G0,再利用该窗口中【Import】按钮便可将控制系统的控制对象 G 设置为 ex9_14_G0。在确定传感器 H、控制器 C 和预滤波器 F 的取值均为常数 1 的情况下,最后在系统结构图设置窗口图 9-31 中,利用【OK】按钮,便可在 Control System Designer 窗口中自动绘制此负反馈线性系统的伯德图、根轨迹图和单位阶跃曲线,如图 9-33 所示。

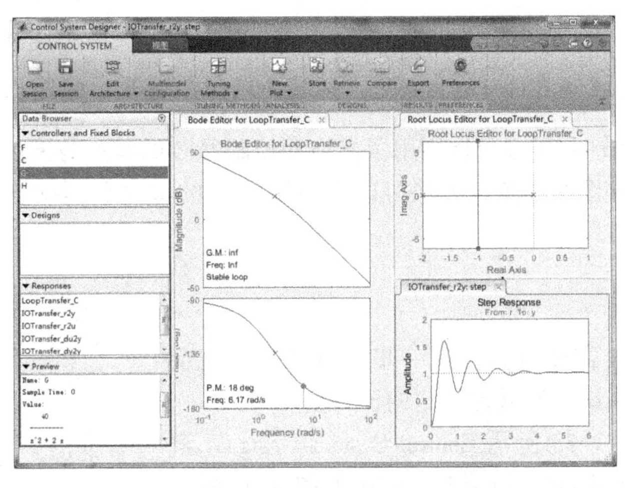

图 9-33　系统数据输入后的 Control System Designer 界面

从图 9-33 可知，系统在校正前的相位裕量为 $r=18°$，这与例 8-1 中所得结果一致。

4. 系统设计

在完成线性系统数据的输入之后，用户便可以使用诸如零点与极点配置、根轨迹分析以及系统伯德图分析等传统的方法对线性系统进行设计。

在系统根轨迹图中，蓝色的 o 和×表示控制对象 G 的零点与极点，而红色的 o 和×表示控制器 C 的零点与极点。在伯德图中除了显示当前控制器下的系统增益裕量与相位裕量，还显示了零点与极点的位置。

在 Control System Designer 窗口中，对控制器 C(或传感器 H 和预滤波器 F)的设置，除了可以同样采用上面介绍的控制对象 G 的设置方法，还可通过在图 9-33 所示 Control System Designer 窗口中的 Bode Editor 或 Root Locus Editor 区域中，利用鼠标右键弹出的菜单图 9-34(a)来设置。如利用图 9-34(a)设置菜单的前两项可增加和删除控制器 C 的零点与极点。另外，利用图 9-34(a)设置菜单的第三项“Edit Compensator…”可打开如图 9-34(b)所示的控制器 C 的增益、零点与极点设置窗口。在图 9-34(b)中的 Dynamics 区域，利用鼠标右键，便可弹出增加和删除零点与极点的设置菜单，控制器 C 的增益也可利用该窗口方便设置。

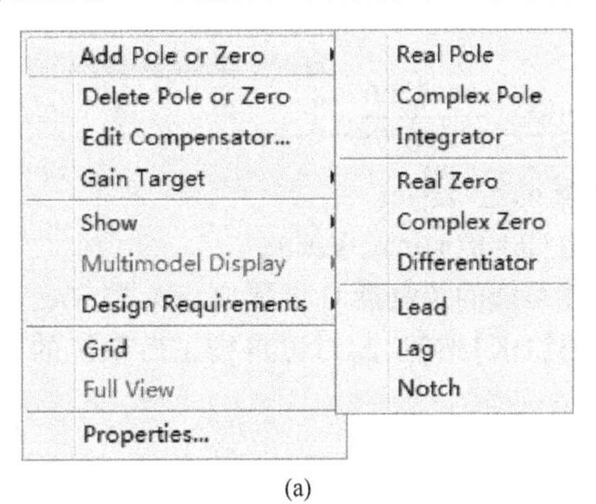

(a)

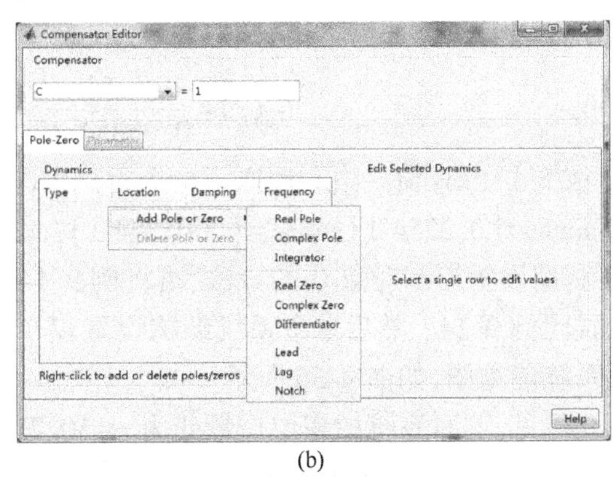

(b)

图 9-34　控制器 C 的增益、零点及极点设置

由图 9-34(b)可见，在此系统中，控制器 C 不含任何零点与极点，且增益为 1。当然利用增加和删除零点与极点的设置菜单，可对控制器 C 的零点与极点任意进行设置和增减。

另外，用户也可以利用 Control System Designer 的 ROOT LOCUS EDITOR 页面中的快捷键×，∘，$\frac{\times}{\times}$，$\frac{\circ}{\circ}$，直接在根轨迹编辑器 Root Locus Editor 区域中增减控制器 C 的零点与极点；在根轨迹编辑器 Root Locus Editor 区域中，还可直接利用鼠标拖动控制器 C 的零点与极点，以改变其零点与极点分布；而通过拖动根轨迹图中的紫色方块可改变控制器 C 的增益等，以增加对系统的根轨迹进行控制与操作。

5. 系统分析

在系统设计完成后，需要对其做进一步的分析。分析反馈系统的响应，以判断系统是否满足特定的设计要求。

用户可以通过在图 9-33 所示 Control System Designer 窗口中的 Step Response 区域，利用鼠标右键弹出如图 9-35 所示的响应曲线分析设置菜单。在此窗口中用户可对系统的性能如超调量、调整时间、峰值时间和上升时间等进行分析。

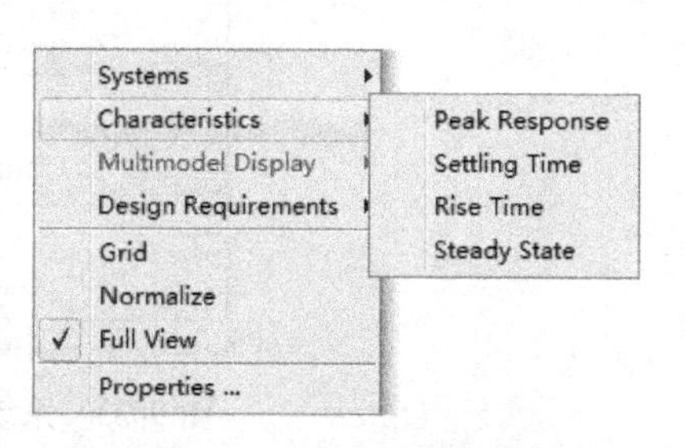

图 9-35　响应曲线分析设置菜单

6. 系统验证

在使用 Control System Designer 完成系统的设计之后，在系统实现之前必须对设计好的系统通过 Simulink 进行仿真分析，进一步对控制器进行验证，以确保系统设计的正确性。如果直接按照系统设计逐步建立系统的 Simulink，将是一件很麻烦的工作；庆幸的是，Control System Designer 提供了 Simulink 集成的方法，用户可以利用图 9-30 Control System Designer for SISO Design 窗口右上角的 Export 选项中的 Create Simulink Model 命令，直接由设计好的系统生成相应的 Simulink 系统框图。在生成 Simulink 系统模型之前，必须保存线性系统的执行结构、补偿器以及传感器等 LTI 对象至 MATLAB 工作空间中。

生成的 Simulink 系统模型的实现均采用了 MATLAB 工作空间中的 LTI 模块。在生成 Simulink 系统模型之后，便可以对设计好的系统进行仿真分析以验证系统设计的正确性。

【例 9-15】　利用串联校正装置将例 9-14 中所述系统的相位裕量提高到 50°以上，并画出系统的 Simulink 仿真框图和单位阶跃响应曲线。

解　① 由第 8 章的例 8-1 知，利用串联校正方法将系统的相位裕量提高到 50°以上时，串联校正装置的传递函数可选为：

$$G_c(s)=\frac{0.2254s+1}{0.05354s+1}=4.2099\frac{s+4.4366}{s+18.6776}$$

② 在 MATLAB 窗口中利用以下命令得到 LTI 模型 ex9_15_Gc；

```
>>numc=[0.2254 1];denc=[0.05354 1];ex9_15_Gc=tf(numc,denc);
```

③ 利用设置控制对象 G 的方法，再将例 9-14 所述系统的控制器 C 设置成 ex9_15_Gc，其他选项的设置同例 9-14。然后单击系统结构设置窗口中的【OK】按钮，此时可得校正后系统的根轨迹图以及系统伯德图，如图 9-36 所示。

由此可见，这时系统的相位裕量变为 $r=50.7°$，满足设计要求。

④ 在系统的闭环阶跃响应曲线 Step Response 区域，利用鼠标右键弹出的响应曲线分析设置菜单，可显示出系统的超调量、峰值时间等时域性能指标参数，如图 9-36 中所示。

⑤ 利用图 9-36 窗口右上角的 Export 选项中的 Create Simulink Model 命令，便可得到系统相应的 Simulink 系统模型，如图 9-37 所示。

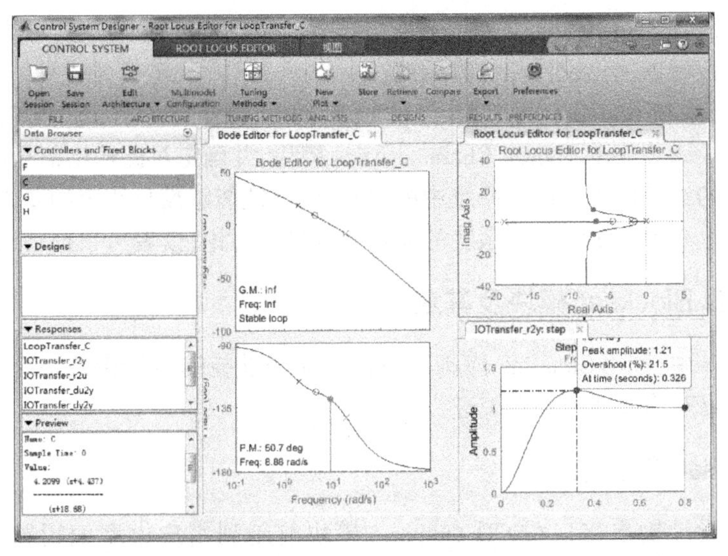

图 9-36　校正后系统的伯德图、根轨迹图以及闭环阶跃响应曲线

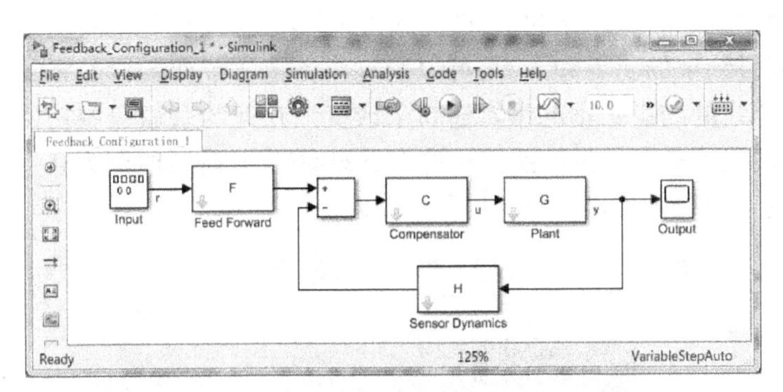

图 9-37　由系统直接生成相应的 Simulink 模型

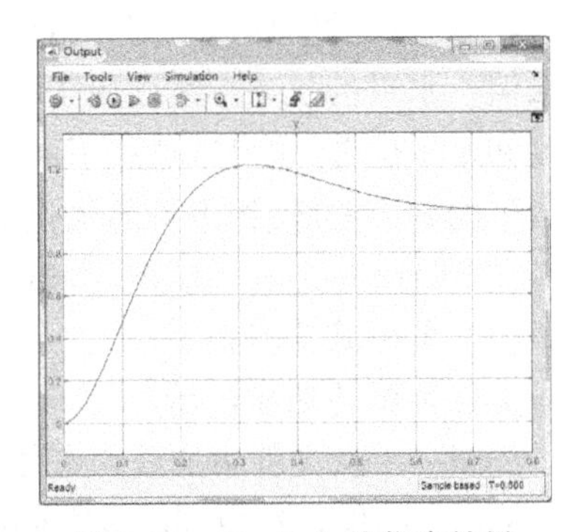

图 9-38　Simulink 的仿真结果

将图 9-37 中的输入信号模块 Input，用 Sources 模块库中的 Step 模块代替（阶跃时刻设置为 0），并将仿真时间设为 0.8，然后运行仿真，便可在示波器中得到如图 9-38 所示的仿真曲线。系统的仿真结果与图 9-36 中的阶跃响应曲线完全一致，从而验证了系统设计的正确性。

9.5　非线性控制系统设计

前面对线性控制系统的设计与分析做了比较详细的介绍。由于线性控制系统的设计方法已经相当成熟，设计者可以非常容易地使用线性控制工具箱中的诸多工具来设计线性控制系统。然而，对于非线性控制系统的设计方法，还很不成熟。因此，在对非线性控制系统进行设计分析时，总是通过将其在工作点附近很小的范围内进行线性化处理的。虽然非线性控制系统的线性化设计思路得到了广泛的应用，但是采用线性化处理的一个不足之处在于：当系统的工作点远离系统指定的工作点时，系统可能得到不确定的结果。

也就是说，当系统的非线性特性较强时，传统的基于线性化建模的线性系统设计方法难以获得良好的控制效果。为了解决这一问题，需要对非线性系统进行控制器优化设计和仿真。Simulink 中的 NCD Outport 模块（适用于 MATLAB 6.x 及以下版本）、Signal Constraint 模块（适用于 MATLAB 7.0 ~ MATLAB 7.12 版本）或 Check Step Response Characteristics 模块（适用于 MATLAB 7.13 及以上版本）为非线性系统的控制器优化设计和仿真提供了有效的手段。NCD Outport 模块、Signal

Constraint 模块或 Check Step Response Characteristics 模块以 Simulink 模块的形式,集成了基于图形界面的非线性系统控制器优化设计和仿真功能。

在非线性控制系统中,用户可在指定的输出信号上连接一个 NCD Outport 模块、Signal Constraint 模块或 Check Step Response Characteristics 模块,并确定对此输出信号的约束。这些模块按照对此输出信号的约束优化非线性系统中的参数,使系统能够满足约束的要求。

下面分别对以上 3 种非线性控制系统的设计模块进行讨论,读者可根据自己的需要选择阅读。

9.5.1 NCD Blockset 模块及其应用

在 MATLAB 6.x 中,利用 Simulink 库浏览窗口中非线性控制设计模块集(NCD Blockset)中的 NCD Outport 模块,可对非线性控制系统进行设计。

1. NCD Blockset 模块简介

将非线性控制设计输出接口(NCD Outport)模块复制到用户模型编辑窗口后,用鼠标双击 NCD Outport 模块,即打开该模块的时域性能约束窗口,如图 9-39 所示。

在该窗口的图形显示部分给出了对变量的时域性能约束,横坐标为时间轴,纵坐标为约束变量的取值。水平的长条形线段用于指定变量约束的上界和下界,可以通过鼠标拖放改变各段长条的长度和水平位置,也可以通过下面将要介绍的约束数据的编辑窗口来改变。在此约束窗口中初始参数下的响应曲线、约束下的优化结果曲线均是在单位阶跃信号输入下的响应,且阶跃时刻为 0。

在 NCD Blockset 模块的时域性能约束窗口中提供如下 5 种菜单功能。

(1) 文件菜单(File)

文件菜单的功能包括:

Load——从文件中加载约束数据;

Save——保存约束到磁盘文件中;

Close——关闭当前窗口;

Print——打印约束数据。

(2) 编辑菜单(Edit)

编辑菜单的功能包括:

Undo——撤销上次的修改操作;

Edit Constraits——打开约束数据的编辑窗口;

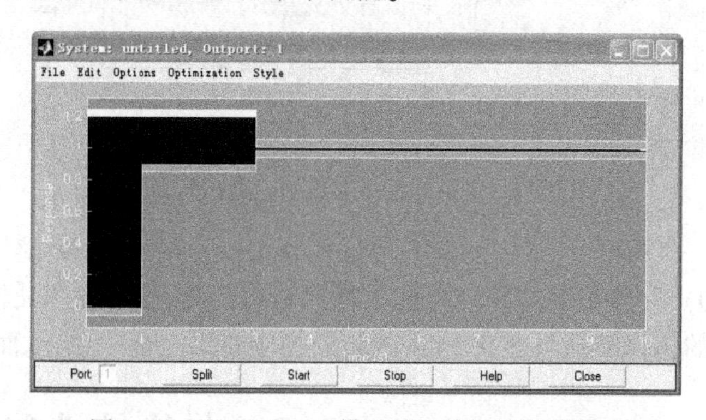

图 9-39 NCD Outport 模块的时域性能约束窗口

Delete Plots——删除变量响应曲线。

当鼠标选定某一条约束边界线后,如选定图 9-39 所示的编辑窗口中的最上面的水平的长条形线段(见图 9-39 中的白色长条),再选择约束编辑菜单 Edit Constraits,则打开如图 9-40 所示的编辑窗口。在图 9-40 所示的窗口中,上部的按钮用于对约束的类型进行选择;下部的输入编辑框用于输入约束的位置数据,即起始点的坐标[x1,y1,x2,y2]。

(3) 选项菜单(Options)

选项菜单功能包括:

Initial response——设置初始响应;

Reference input——设置参考输入;

Step response——设置阶跃响应特性;

Time reage——设置时域长度范围;

Y-Axis——设置 y 轴变量；

Refresh——清除计算结果。

① 当选择 Step response(设置阶跃响应特性)菜单后，则打开如图 9-41 所示的窗口。在该窗口设置阶跃响应约束的参数，可以对阶跃响应曲线的调整时间(Settling time)、上升时间(Rise time)和最大超调量(Percent overshoot)，以及阶跃响应优化过程的起始和终止时间(终止时间要大于仿真起始时间，而小于仿真终止时间)等特性参数进行设置，从而改变阶跃响应约束的形状。

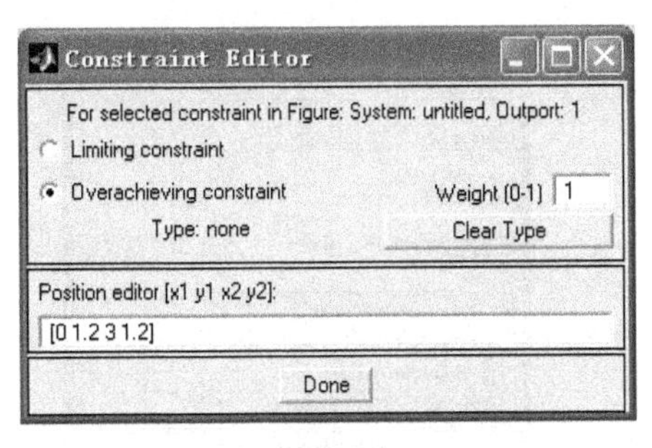

图 9-40　约束数据编辑窗口

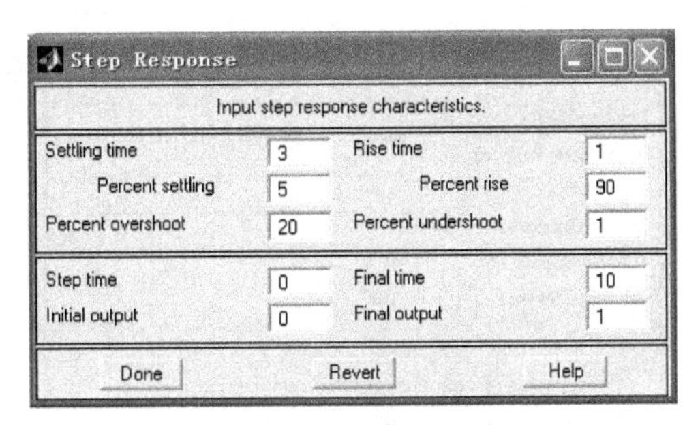

图 9-41　阶跃响应设置窗口

② 当选择 Time reage(设置时域长度范围)菜单后，则打开如图 9-42 所示的窗口。在该窗口中可以修改时间轴的长度范围和标注。

③ 当选择 Y-Axis 菜单后，则打开如图 9-43 所示的窗口，可以对纵轴约束变量的显示范围和标注进行修改。

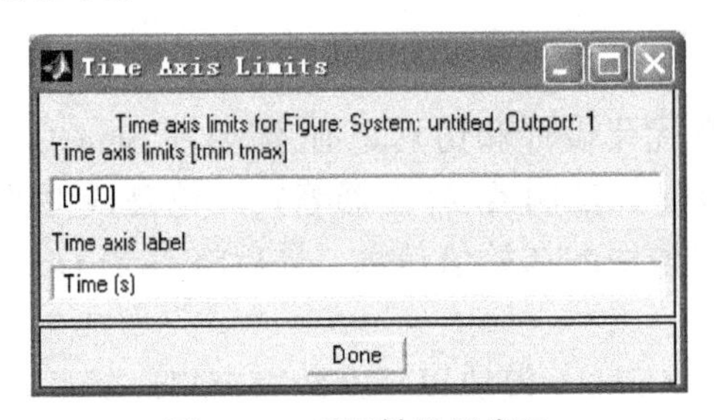

图 9-42　时间轴设置窗口

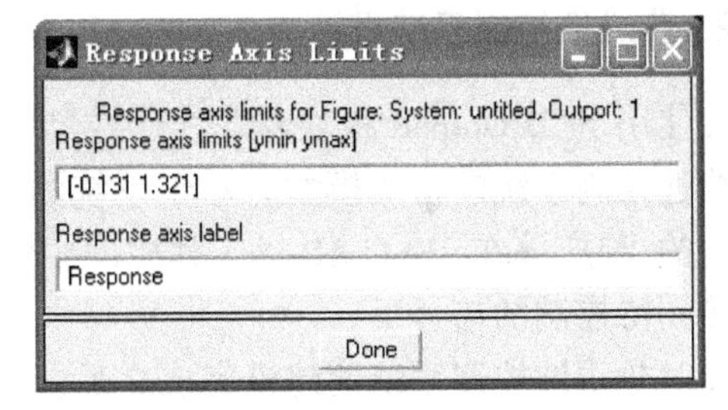

图 9-43　纵轴变量设置窗口

④ Refresh 菜单用于清除上次优化计算的结果，为重新开始优化计算做好准备。

(4) 优化菜单(Optimization)

优化菜单功能包括：

Start——开始优化和仿真；

Stop——停止优化和仿真；

Parameters——设置优化参数；

Uncertainty——设置不确定参数范围。

① 选择 Parameters 菜单后，系统弹出如图 9-44 所示的优化参数设置窗口，可以对所有的优化变量(Tunable Variables)、优化变量的上下界[可选](Upper bounds[optional]和 Lower bounds[optional])、离散化区间长度(Discretization interval)、优化变量的误差容限(Variable Tolerance)、约束的误差容限(Constraint Tolerance)等参数进行设置。其中，离散化区间长度的选择与优化过程中构造的约束数目有关，如果区间长度太小，则会使优化问题的约束过多而导致时间过长；优化变量和约束的误差容限用于确定优化计算的停止准则，只有当优化变量和约束的变化小于上述两个误差容限时，才停止优化计算。

② 实际系统的设计都存在不同程度的模型不确定性。为适应对象的不确定性，在 NCD 模块中，通过指定不确定变量可以描述非线性系统的模型不确定性。不确定性变量为对象或执行器件的参数，这些参数在一定的区间范围内变化，即具有上界和下界。

选择 Uncertainty 菜单后，系统弹出如图 9-45 所示的不确定参数范围设置窗口。在该窗口中，可以设置对象模型的所有不确定参数(Uncertain variables)和不确定参数的变化范围(Lower bounds 和 Upper bounds)。

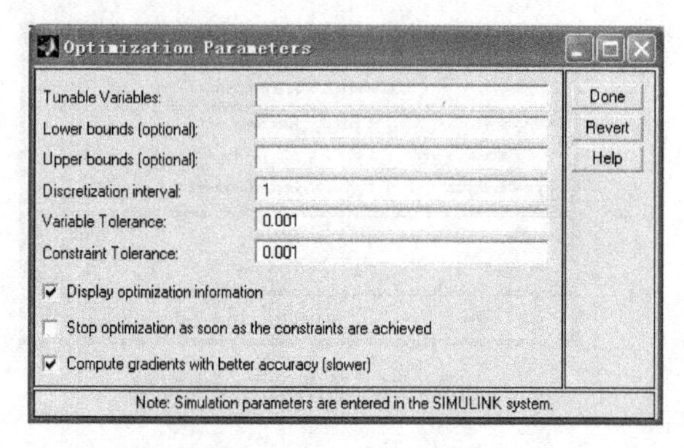

图 9-44　优化参数设置窗口

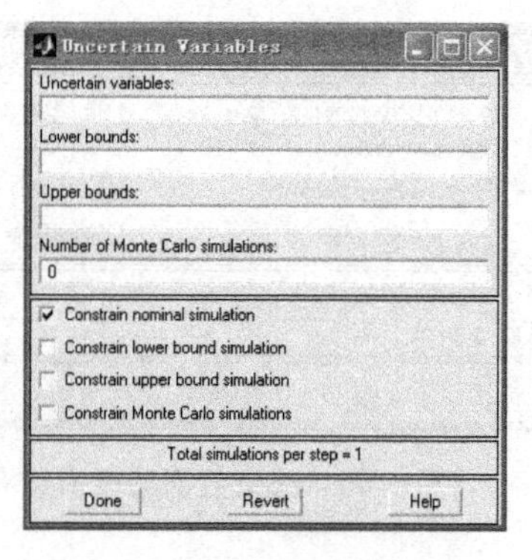

图 9-45　不确定参数设置窗口

(5) 类型设置菜单(Style)

该菜单用于设置图形显示的类型，包括增加网格尺度等。

2. 非线性控制系统设计

在使用 NCD Outport 模块对非线性控制系统进行优化设计和仿真之前，需要在 Simulink 中建立非线性控制系统的仿真模型。对于系统的各种模块(如控制器、补偿器等)，无论是线性的还是非线性的，都应该在 MATLAB 的工作空间中定义这些模块的初始值信息。最后将 NCD Outport 模块连接到待控制的信号下。

在对非线性控制系统的建模完成之后，双击 NCD Outport 模块以打开约束窗口。然后在这些 NCD Outport 模块窗口中定义约束条件，以使系统的性能能够满足给定的约束条件。这里的约束条件是针对连接点处的真实信号而言的，通常是一定幅值下的阶跃形式。

在完成上述的参数设置过程后，便可以使用 NCD Outport 模块对系统中各模块的参数进行优化计算。在优化计算过程中，系统的响应曲线变化情况在时域约束窗口中显示。从显示结果可以看出，优化过程中系统的响应曲线特性逐渐接近约束的要求。如果系统的响应不满足约束(比如超出了黑色区域)，优化继续进行。用户可以在任何时候停止优化并检查结果。

最后，在关闭 NCD Outport 模块约束窗口时，将会出现一个对话框以提示用户保存优化后系统模型中的模块参数(保存到 MATLAB 工作空间中)。

【例 9-16】 对于图 9-46 所示的非线性控制系统。

要求系统单位阶跃响应的上升时间小于 12 秒、过渡过程时间小于 25 秒、最大超调量不大于 15%。试求 PID 控制器的最佳整定参数 K_p、K_i 和 K_d。假设 PID 控制器的初始值 $K_p=0.5$，$K_i=0.1$，$K_d=2$；三阶线性对象模型的不确定参数 a_1 和 a_2 的取值范围分别为：$40<a_1<50$，$2.5 \leqslant a_2 \leqslant 10$。

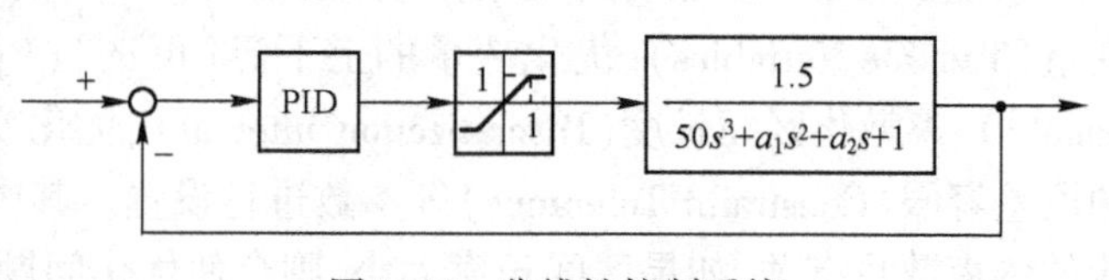

图 9-46　非线性控制系统

解 利用 NCD Outport 模块设计系统的步骤如下：

① 利用 NCD Outport 模块，建立如图 9-47 所示非线性控制系统的 Simulink 仿真模型。

② 在系统模型窗口图 9-47 中，打开阶跃信号(Step)模块的参数对话框，并将初始时间改为 0，其余参数采用默认值，饱和特性(Saturation)模块的上下限参数由±0.5 修改为±1。

③ 在系统模型窗口图 9-47 中，打开 PID Controller 模块的参数对话框，在比例系数(Proportional)、积分系数(Integral)和微分系数(Derivative)三个对话框中分别输入 Kp、Ki 和 Kd，其余参数采用默认值。单击【OK】按钮后，在 MATLAB 窗口中利用以下命令对 PID 控制器的初始值进行设置：

```
>>Kp=0.5;Ki=0.1;Kd=2;
```

④ 在系统模型窗口图 9-47 中，打开传递函数(Transfer Fcn)模块的参数对话框，将分子系数和分母系数两个对话框中分别输入 1.5 和[50 a1 a2 1]。单击【OK】按钮后，在 MATLAB 窗口中利用以下命令对三阶对象模型的不确定参数 a1 和 a2 的初值进行设置：

```
>>a1=45; a2=5;
```

⑤ 在系统模型窗口图 9-47 中，首先利用 Simulation→Simulation parameters 命令，将仿真的停止时间设置为 100，其余参数采用默认值。然后打开示波器，启动仿真，便可在示波器中得到如图 9-48 所示的单位阶跃响应曲线。由该曲线可知，当 PID 控制器取以上参数时，系统显然不满足所要求的动态性能指标。因此有必要利用 NCD Outport 模块，对 PID 控制器的参数进行优化。

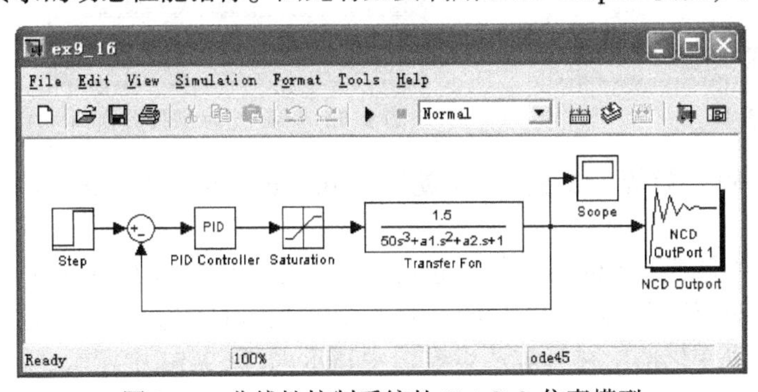

图 9-47 非线性控制系统的 Simulink 仿真模型

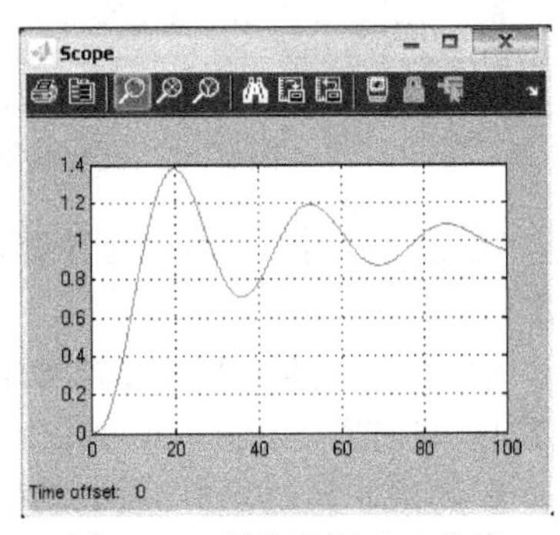

图 9-48 单位阶跃响应曲线

⑥ 根据系统给定的时域性能指标设置阶跃响应特性参数。在系统模型窗口图 9-47 中，用鼠标双击 NCD Outport 模块，即打开一个 NCD Outport 模块的时域性能约束窗口，如图 9-39 所示。在 NCD Outport 模块的时域性能约束窗口中，利用 Options→Step response 命令，打开设置阶跃响应特性约束参数的设置窗口。在该窗口中，设置阶跃响应曲线的调整时间(Settling time)为 25、上升时间(Rise time)为 12、超调量(Percent overshoot)为 15 和阶跃响应的优化终止时间(Final time)为 100，其余参数采用默认值，如图 9-49 所示。利用【Done】按钮接收以上数据后，时域性能约束窗口将变为如图 9-50 所示。

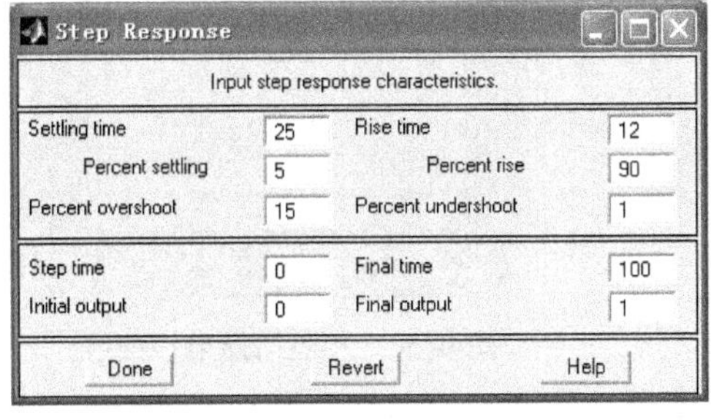

图 9-49 阶跃响应约束参数的窗口

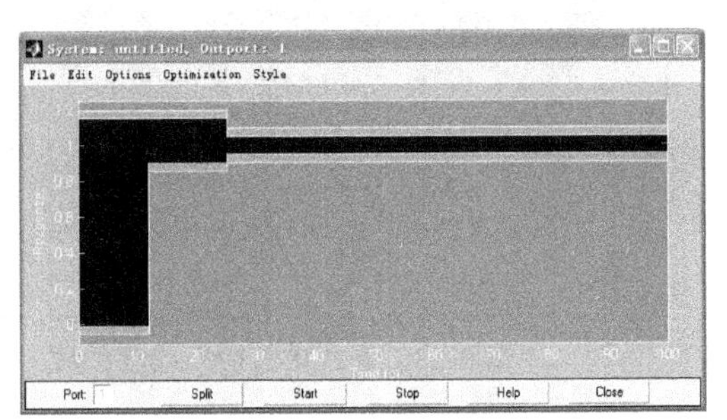

图 9-50 时域性能约束窗口

⑦ 设置优化参数。在本例中为进行 PID 控制器的优化设计，将 PID 控制器的参数 Kp、Ki 和 Kd 作为 NCD Outport 模块的优化参数。故首先利用 Optimization→Parameters 命令，打开设置优化参数(Optimization Parameters)窗口，如图 9-44 所示。然后在该窗口中的优化变量名称(Tunable Variables)对话框中填写：Kp，Ki，Kd(各变量间用逗号或空格分开)，其余参数采用默认值，如图 9-51 所示。最后利用该窗口中的【Done】按钮接收以上数据。

⑧ 设置不确定参数范围。为适应对象模型参数的不确定性，首先利用 Optimization→Uncertainty 命令，打开设置不确定参数(Uncertain Variables)窗口，如图 9-45 所示。然后在该窗口中的不确定参数(Uncertain variables)对话框中填写 a1，a2；在不确定参数的下界(Lower bounds)和不确定参数的上界(Upper bounds)对话框中分别填写 40，a2/2 和 50，2 * a2，如图 9-52 中所示。最后利用该窗口中的【Done】按钮接收以上数据。

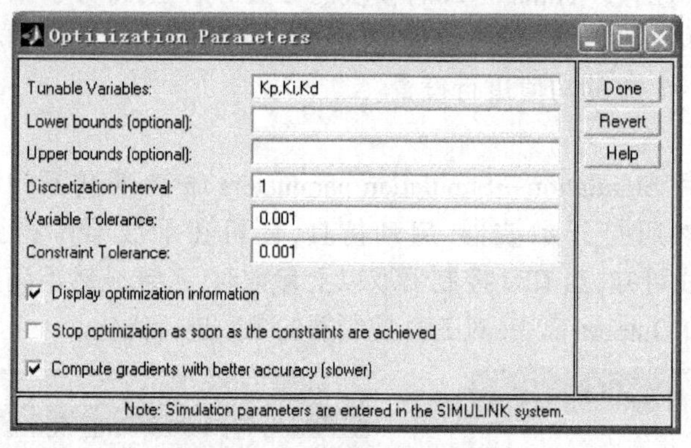

图 9-51 优化参数设置窗口

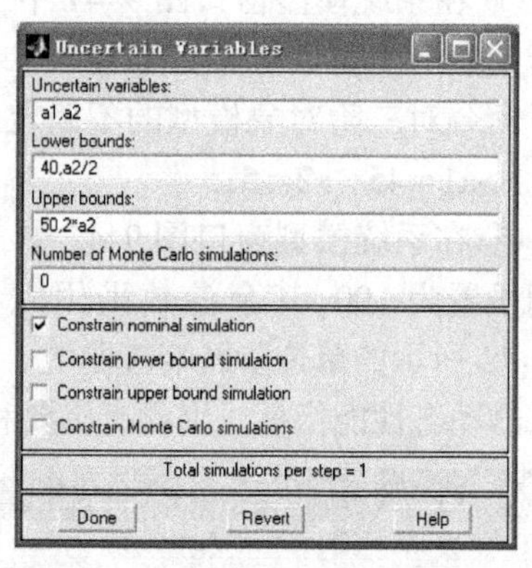

图 9-52 不确定参数设置窗口

在图 9-52 中，因为 a2 已赋值 5，故 a2/2 就等于 2.5；2 * a2 就等于 10。这里当然也可直接填写 2.5 和 10。

⑨ 开始控制器参数的优化计算。在完成上述的参数设置过程后，用鼠标单击 NCD Outport 模块的时域性能约束窗口中的【Start】按钮，便开始对系统中的 PID 控制器模块的参数进行优化计算。在优化计算过程中，系统的响应曲线变化情况在时域约束窗口中显示，如图 9-53 中所示。

从显示结果可以看出，优化过程中系统的响应曲线特性逐渐接近约束的要求。图 9-53 中的白色曲线和绿色曲线分别为优化计算前的初始曲线和优化计算后的优化曲线，优化曲线完全满足设计要求。

⑩ 优化结束后，在系统模型窗口中，再次启动仿真，在示波器中便可得到如图 9-54 所示的单位阶跃响应曲线。该曲线应该就是图 9-53 中优化结束后的最优曲线。由此可见，PID 控制器参数进行优化后，系统的动态性能指标完全满足设计要求。

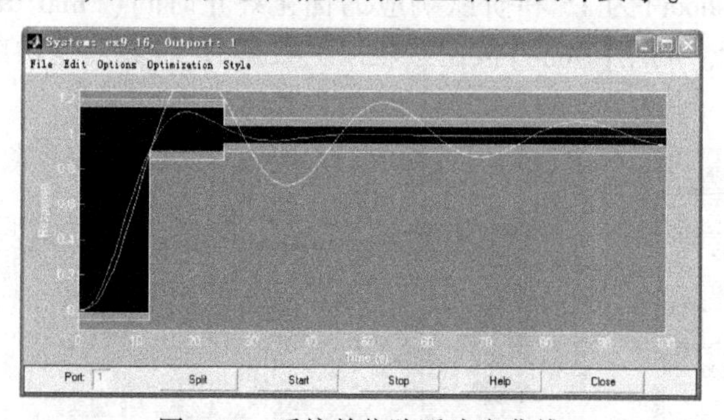

图 9-53 系统单位阶跃响应曲线

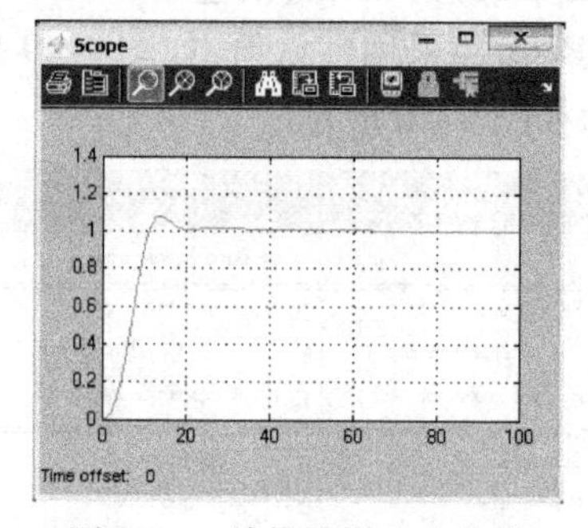

图 9-54 单位阶跃响应曲线

PID 控制器的优化参数，在 MATLAB 窗口中可以利用以下命令得到。

```
>>Kp,Ki,Kd
```

结果显示：

Kp =	Ki =	Kd =
0.8478	0.0962	4.8607

如将图 9-47 中的 PID Controller 模块换为 PID Controller(with Approximate Derivative)模块，则在相同的条件下，其参数优化结果为：Kp=0.8793；Ki=0.0973；Kd=4.9330。

尽管利用 MATLAB7.x/8.x/9.x 可以打开由 MATLAB 6.x 编辑的模型文件 ex9_16.mdl，但由于 MATLAB7.x/8.x/9.x 的 Simulink 库中不包含 NCD Outport 模块，故不可以打开该模块的时域性能约束窗口对其参数进行设置。

9.5.2 Signal Constraint 模块及其应用

在 MATLAB 7.0(R2004)~MATLAB 7.12(R2011a)中，利用 Simulink 库浏览窗口中的 Signal Constraint 模块，可对非线性系统进行优化设计，该模块的功能和使用方法与 NCD Outport 模块基本类似。但 MATLAB 7.0(R2004)~MATLAB 7.8(R2009a)与 MATLAB 7.9(R2009b)~MATLAB 7.12(R2011a)中的 Signal Constraint 模块，分别包含在 Simulink 库浏览窗口中的 Simulink 响应优化模块集(Simulink Response Optimization)与 Simulink 设计优化模块集(Simulink Design Optimization)中。

1. Signal Constraint 模块简介

将信号约束(Signal Constraint)模块复制到用户模型编辑窗口后，用鼠标双击 Signal Constraint 模块，即打开该模块的时域性能约束窗口，如图 9-55 所示。

在该窗口的图形显示部分给出了对变量的时域性能约束，横坐标为时间轴，纵坐标为约束变量的取值。水平的长条形线段用于指定变量约束的上界和下界，可以通过拖放鼠标改变各段长条的长度和水平位置，也可以利用鼠标双击长条形线段打开约束编辑窗口(Edit Constraint)，通过输入约束的位置数据来改变。

在此约束窗口中初始参数下的响应曲线、约束下的优化结果曲线均是在单位阶跃信号输入下的响应，且阶跃时刻为 0。

在 Signal Constraint 模块的时域性能约束窗口中提供以下 5 种菜单功能。

(1) 文件菜单(File)

文件菜单的功能包括：

Load——从文件中加载约束数据；

Save——保存约束到磁盘文件中；

Save As——另存约束到磁盘文件中；

Print——打印约束数据；

Close——关闭当前窗口。

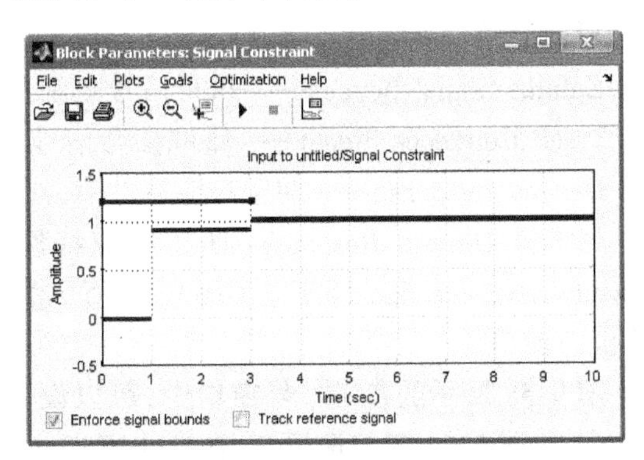

图 9-55 Signal Constraint 模块的时域性能约束窗口

(2) 编辑菜单(Edit)

编辑菜单的功能包括：

Undo Scale Constraint——撤销上次的修改操作；

Redo——重做；

Scale Constraint——约束数据的编辑窗口的比例；

Reset Constraint——复原约束数据的编辑窗口；

Axes properties——坐标轴的设置。

① 当选择 Scale Constraint 命令后，则打开如图 9-56 所示的 Scale Constraint 窗口。

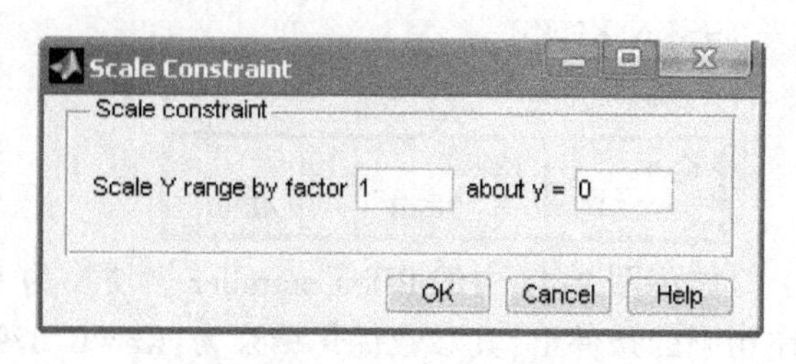

图 9-56　Scale Constraint 窗口

② 当选择 Axes properties 命令后，则打开如图 9-57(a)或(b)所示的 Axes properties 窗口。在 Axes properties 窗口中可以设置横轴和纵轴的取值范围及所表示的变量。

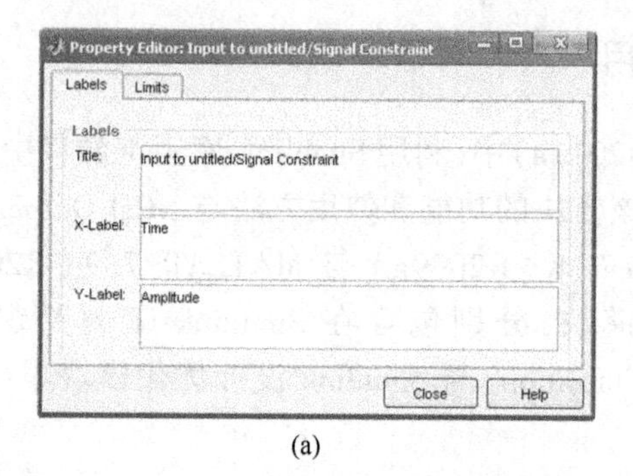

(a)

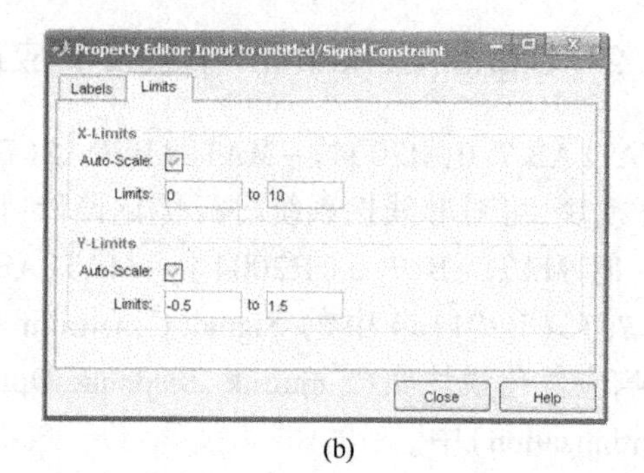

(b)

图 9-57　Axes properties 窗口

(3) 绘图菜单(Plots)

绘图菜单功能包括：

Plot Current response——绘制当前响应曲线；

Show→Initial response——显示初始响应；

Show→Intermediate steps——显示中间步骤；

Show→Reference Signal——显示参考信号；

Show→Uncertainty——显示不确定范围；

Clear Plots——清除响应曲线。

(4) 目标菜单(Goals)

目标菜单功能包括：

Enforce Signal Bounds——执行信号限制；

Track Reference Signal——跟踪参考信号；

Desired Response——期望响应特性。

当选择 Desired Response(期望响应特性)命令后，则打开如图 9-58 所示的设置参考信号(Specify reference signal)窗口和图 9-59 所示的设置期望阶跃响应特性(Specify step response characteristics)窗口。

图 9-58 所示的参考信号窗口中，可以设置参考信号的时间向量(Time vector)和幅值(Amplitude)。在图 9-59 期望阶跃响应特性窗口中，可以对阶跃信号的初始值(Initial value)、终止值(Final value)、作用时间(Step time)，以及阶跃响应曲线的上升时间(Rise time)、调整时间(Settling time)和最大超调量(%Overshoot)等特性参数进行设置，从而改变阶跃响应约束的形状。

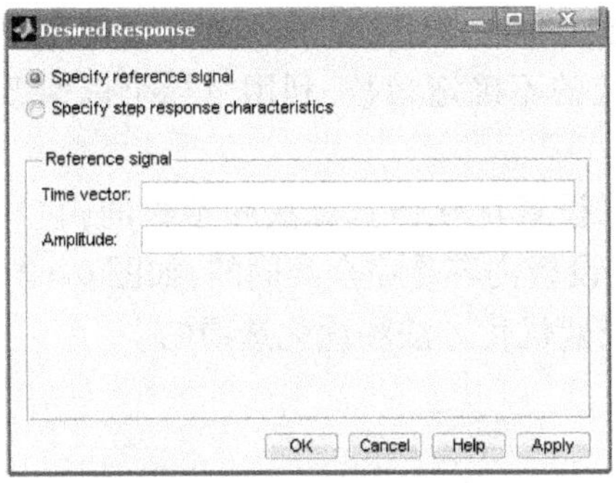

图 9-58　设置参考信号窗口

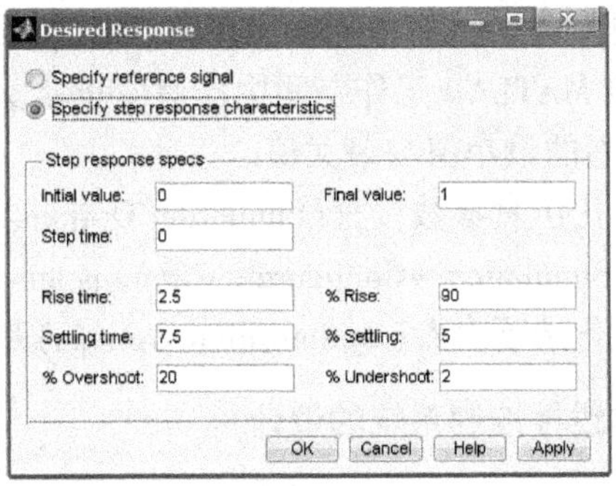

图 9-59　设置期望阶跃响应特性窗口

(5) 优化菜单(Optimization)

优化菜单功能包括：

Star——开始优化和仿真；

Stop——停止优化和仿真；

Tuned Parameters——设置优化参数；

Uncertain Parameters——设置不确定参数范围；

Smulation Options——设置优化仿真参数；

Optimization Options——设置优化选项。

① 选择 Tuned Parameters 命令后，系统弹出如图 9-60 所示的优化参数设置窗口。

在图 9-60 所示优化参数设置窗口中，可以对优化参数的初值预估(Initial guess)、最小数(Minimum)、最大数(Maximum)和平均值(Typical value)等参数进行设置。

利用图 9-60 页面中的增加按钮【Add】，可以根据增加参数(Add parameters)提示窗口中显示的信息，将 MATLAB 工作空间中已有变量定义为系统将要优化的参数。

② 实际系统的设计都存在不同程度的模型不确定性。为适应对象的不确定性，在 Signal Constraint 模块中，通过指定不确定变量可以描述非线性系统的模型不确定性。不确定性变量为对象或执行器件的参数，这些参数在一定的区间范围内变化，即具有上界和下界。选择 Uncertain Parameters 命令后，系统弹出如图 9-61 所示的不确定参数范围设置窗口。在图中，可以设置对象模型的不确定参数(Parameter)和不确定参数的变化范围(Min & Max)。

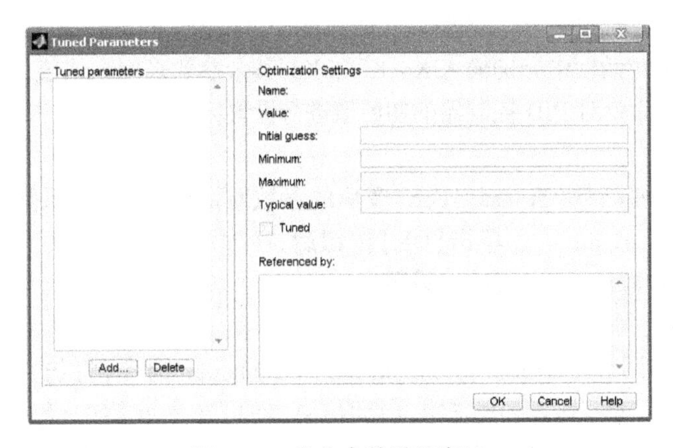

图 9-60　优化参数设置窗口

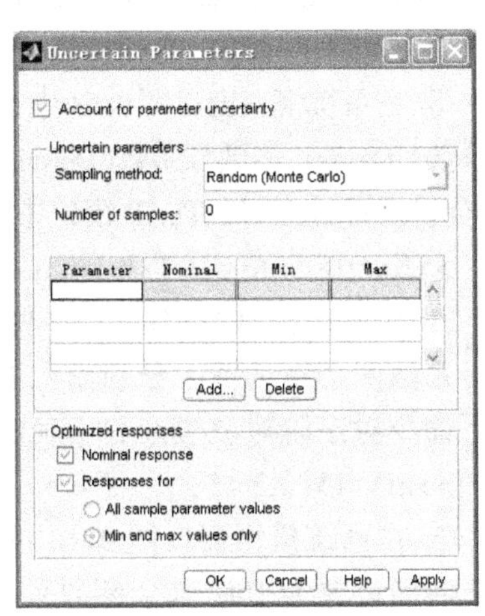

图 9-61　不确定参数设置窗口

利用图9-61页面中的增加按钮【Add】，可以根据增加参数(Add parameters)提示窗口中显示的信息，将MATLAB工作空间中已有变量定义为系统的不确定参数，利用鼠标可以修改不确定参数取值范围的最小值与最大值。

③ 优化仿真参数设置(Smulation Options)是用来设置优化仿真算法和参数的，它与利用系统模型窗口Simulation→Configuration Parameters命令的设置内容是完全类同的，如图9-62所示。

④ 优化选项设置(Optimization Options)是用来设置优化方法和优化选项的。

2. 非线性控制系统的设计

在非线性控制系统设计中，Signal Constraint模块的使用方法与NCD Outport模块完全类似。在使用Signal Constraint模块对非线性控制系统进行优化设计和仿真之前，首先需要在Simulink中建立非线性控制系统的仿真模型，然后在Signal Constraint模块上定义约束条件，以使系统的性能能够满足给定的约束条件。在完成上述的参数设置过程后，便可以使用Signal Constraint模块对系统中各模块的参数进行优化计算。在优化计算过程中，系统的响应曲线变化情况在时域约束窗口中显示。

【例9-17】 对于图9-46所示的非线性控制系统。要求系统单位阶跃响应的上升时间小于12s、过渡过程时间小于25s、最大超调量小于15%。试求PID控制器的最佳整定参数K_p、K_i和K_d。假设PID控制器的初始值$K_p=0.5$，$K_i=0.1$，$K_d=2$；三阶线性对象模型的不确定参数a_1和a_2的取值范围分别为：$40<a_1<50$，$2.5\leqslant a_2\leqslant 10$。

解 利用Signal Constraint模块设计系统的步骤如下：

① 利用Signal Constraint模块，建立如图9-63所示非线性系统的Simulink仿真模型。

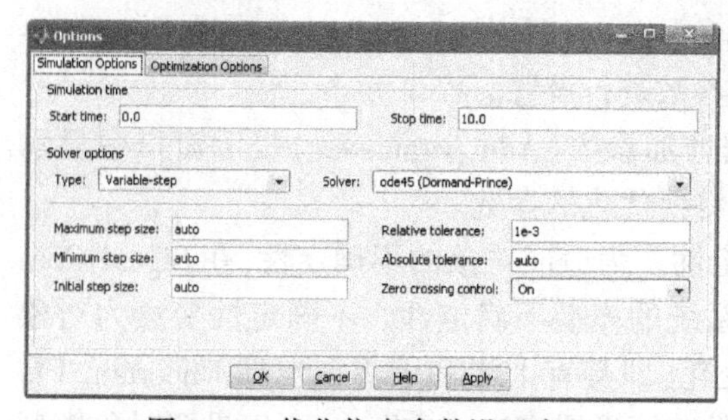

图9-62 优化仿真参数设置窗口

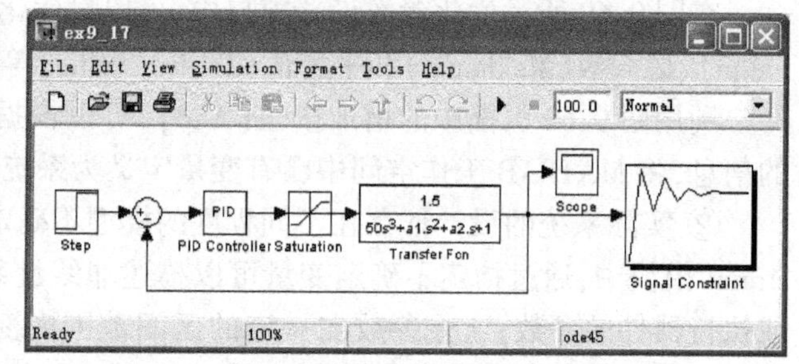

图9-63 非线性控制系统的Simulink仿真模型

② 在系统模型窗口图9-63中，打开阶跃信号(Step)模块的参数对话框，并将初始时间改为0，其余参数采用默认值，饱和特性(Saturation)模块的上下限参数由±0.5修改为±1；

③ 在系统模型窗口图9-63中，打开PID Controller模块的参数对话框，在比例系数(Proportional)、积分系数(Integral)和微分系数(Derivative)三个对话框中分别输入Kp、Ki和Kd，其余参数采用默认值。单击【OK】按钮后，在MATLAB窗口中利用以下命令对PID控制器的初始值进行设置：

```
>>Kp=0.5;Ki=0.1;Kd=2;
```

④ 在系统模型窗口图9-63中，打开传递函数(Transfer Fcn)模块的参数对话框，在分子系数和分母系数两个对话框中分别输入1.5和[50 a1 a2 1]。单击【OK】按钮后，在MATLAB窗口中利用以下命令对三阶对象模型的不确定参数a1和a2的初值进行设置：

```
>>a1=45; a2=5;
```

⑤ 在系统模型窗口图9-63中，首先利用Simulation→Configuration Parameters命令，将仿真的停止时间设置为100，其余参数采用默认值。然后打开示波器，启动仿真，便可在示波器中得到如图9-48所示的单位阶跃响应曲线。由该曲线可知，当PID控制器取以上参数时，系统显然不满足所要求的动态性能指标。因此有必要利用Signal Constraint模块，对PID控制器的参数进行优化。

⑥ 根据系统给定的时域性能指标设置阶跃响应特性参数。在系统模型窗口图 9-63 中,用鼠标双击 Signal Constraint 模块,即打开该模块的时域性能约束窗口,如图 9-55 所示。在时域性能约束窗口中,利用 Goals→Desired Response 命令,打开设置期望响应特性约束参数的窗口,并设置上升时间(Rise time)为 12、调整时间(Settling time)为 25、最大超调量(%Overshoot)为 15,其余参数采用默认值,如图 9-64所示。

当利用【OK】按钮接收以上数据后,再利用 Edit→Axes properties 命令,将图 9-48(b)中 X 坐标轴的最大值由 10 改为 100,Y 坐标轴的范围由[-0.5,1.5]改为[0,1.5],接收数据后时域性能约束窗口将变为如图 9-65 所示。

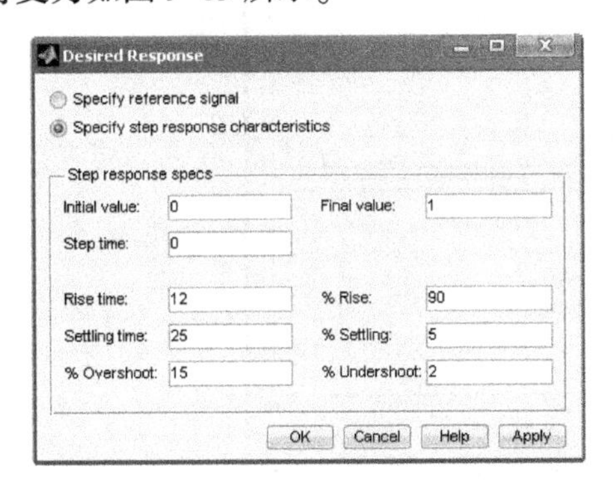

图 9-64　阶跃响应约束参数的窗口

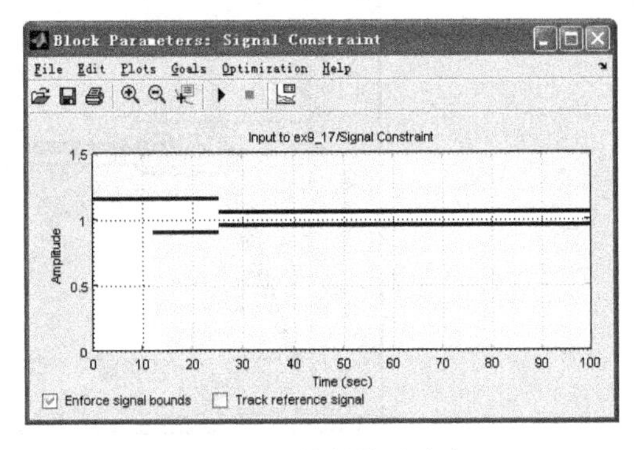

图 9-65　时域性能约束窗口

⑦ 设置优化参数。在本例中为进行 PID 控制器的优化设计,将 PID 控制器的参数 Kp、Ki 和 Kd 作为 Signal Constraint 模块的优化参数。故首先利用 Optimization→Tuned Parameters 命令,打开设置优化参数(Tuned Parameters)的窗口;然后利用该窗口中的增加按钮【Add】,根据增加参数(Add parameters)提示窗口中显示的 MATLAB 工作空间中的变量名,依次将 Kp、Ki 和 Kd 变量定义为系统将要优化的参数,如图 9-66 所示;最后利用该窗口中的【OK】按钮接收以上数据。

⑧ 设置不确定参数范围。为适应对象的不确定性,在不确定参数窗口中设置对象模型的不确定参数 a1 和 a2 及不确定参数的变化范围。首先利用 Optimization→Uncertain Parameters 命令,打开设置不确定参数(Uncertain Parameters)范围设置窗口;然后利用该窗口中的增加按钮【Add】,根据增加参数(Add parameters)提示窗口中显示的 MATLAB 工作空间中的变量名,依次将 a1 和 a2 变量定义为系统的不确定参数,并且分别将 a1 和 a2 参数的变化范围设置为[40,50]和[2.5,10],如图 9-67 所示;最后利用该窗口中的【OK】按钮接收以上数据。

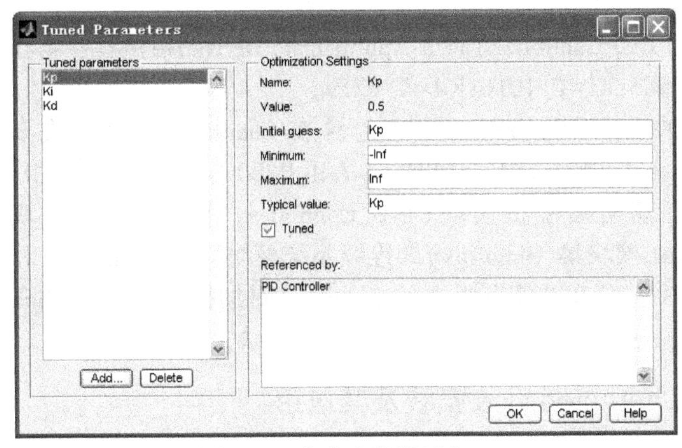

图 9-66　优化参数设置窗口

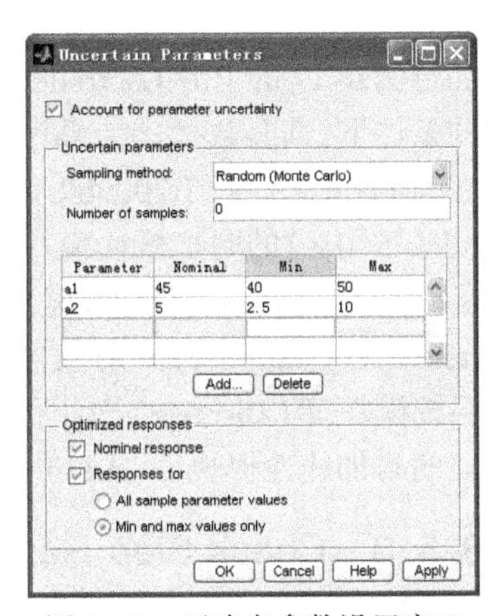

图 9-67　不确定参数设置窗口

⑨ 开始控制器参数的优化计算。利用 Signal Constraint 模块窗口中的 Optimization→Smulation Options 命令，打开优化仿真参数设置（Smulation Options）对话框窗口，将仿真的停止时间（Stop time）修改为 100，其余参数采用默认值。在完成上述参数设置程后，用鼠标单击 Signal Constraint 模块的时域性能约束窗口中的开始按钮“▶”，便开始对系统中的 PID 控制器模块的参数进行优化计算。在优化计算过程中，系统的响应曲线变化情况在时域约束窗口中显示，优化过程结束后，可得如图 9-68 中所示的一系列曲线。

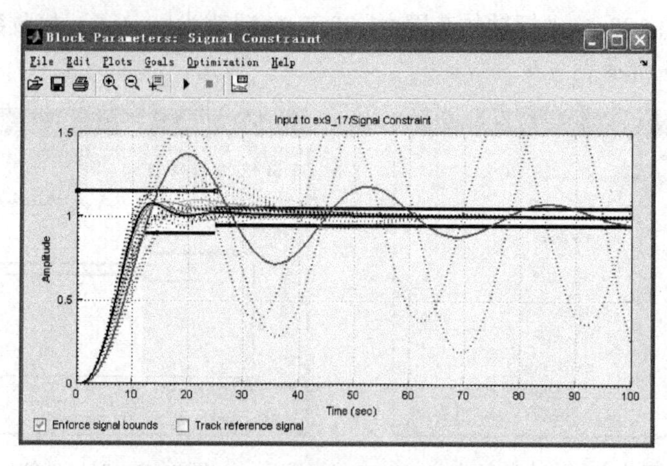

图 9-68　系统单位阶跃响应曲线

图 9-68 中的曲线分别为优化前的初始曲线、中间响应曲线和优化计算后的最优曲线。其中，初始曲线和最优曲线为粗实线，中间响应曲线为虚线。从优化过程和结果可以看出，优化过程中系统的响应曲线特性逐渐接近约束的要求，直到优化结束后的最优曲线全部限制在要求的约束范围内。

⑩ 优化结束后，在系统模型窗口中，再次启动仿真，在示波器中便可得到如图 9-54 所示的单位阶跃响应曲线。该曲线应该就是图 9-68 中优化结束后的最优曲线。由此可见，PID 控制器参数进行优化后，系统的动态性能指标完全满足设计要求。

PID 控制器的优化参数，在 MATLAB 窗口中可以利用以下命令得到。

```
>>Kp,Ki,Kd
```

结果显示：

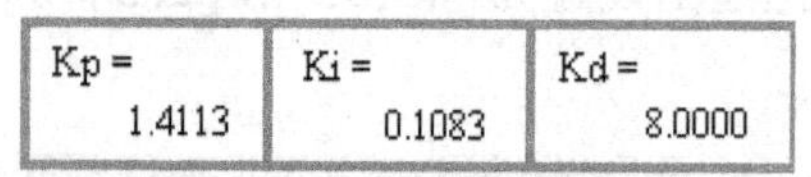

Kp =	Ki =	Kd =
1.4113	0.1083	8.0000

如将例 9-17 的 PID Controller 模块换为 PID Controller（with Approximate Derivative）模块，则在相同的条件下，其参数优化结果为：Kp = 1.2686；Ki = 0.1016；Kd = 7.6219。

在 MATLAB 7.9（R2009b）以下版本中，PID Controller 模块包含在 Simulink 附加模块集（Simulink Extras）的附加线性模块库（Additional Linear）中。MATLAB 7.9（R2009b）及以上版本中，增加了 PID Controller 模块的离散模型，且其连续模型模块（PID Controller）和离散模型模块（Discrete PID Controller）分别包含在 Simulink 模块集（Simulink）的连续系统模块库（Continuous）和离散系统模块库（Discrete）中。但 MATLAB 7.9（R2009b）版本的 Simulink 附加模块集（Simulink Extras）的附加线性模块库（Additional Linear）中，仍然保留了 PID Controller 模块。

9.5.3　Check Step Response Characteristics 模块及其应用

在 MATLAB 7.13（R2011b）～ MATLAB 9.x 中，将如图 9-69 所示的 Simulink 库浏览窗口的

Simulink 设计优化模块集(Simulink Design Optimization)中的信号约束模块库(Signal Constraints)打开,便可得到如图 9-70 所示的 Signal Constraints 窗口。利用 Signal Constraints 窗口中的 Check Step Response Characteristics 模块,同样可对非线性系统进行优化设计,该模块的功能和使用方法与 NCD Outport 和 Signal Constraint 模块基本类似。

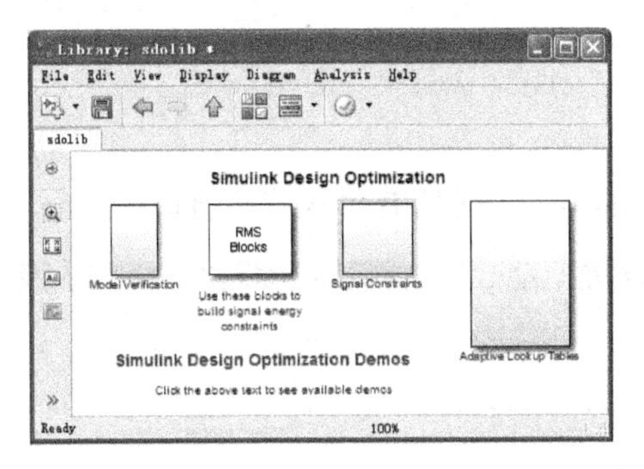

图 9-69 Simulink Design Optimization 窗口

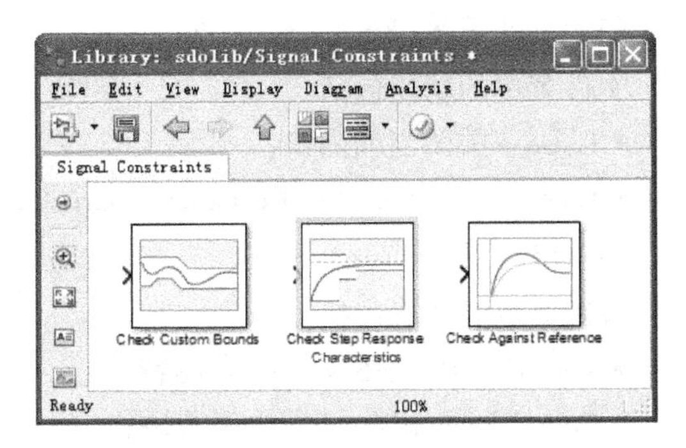

图 9-70 Signal Constraints 窗口

1. Check Step Response Characteristics 模块简介

将阶跃响应特性(Check Step Response Characteristics)模块复制到用户模型编辑窗口后,用鼠标双击 Check Step Response Characteristics 模块,可打开该模块的阶跃特性性能窗口,该窗口包含 Bounds 和 Assertion 两个页面,如图 9-71(a)和图 9-71(b)所示。

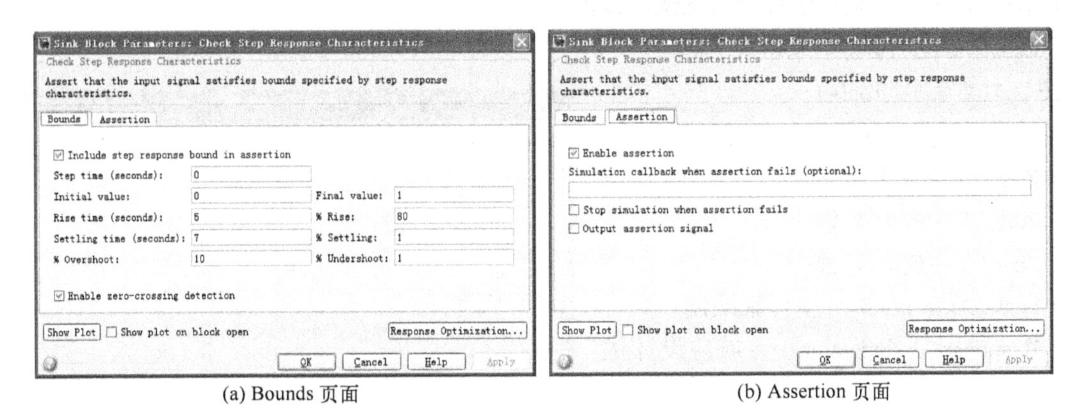

(a) Bounds 页面 (b) Assertion 页面

图 9-71 Check Step Response Characteristics 模块的时域性能设置窗口

在图 9-71(a)所示窗口的 Bounds 页面中,可以对阶跃信号的作用时间(Step time)、初始值(Initial value)和终止值(Final value),以及阶跃响应曲线的上升时间(Rise Time)、调整时间(Settling Time)和最大超调量(%Overshoot)等特性参数进行设置,从而改变阶跃响应约束的形状。

1)利用图 9-71 窗口中左下角的【Show Plot】按钮,可打开如图 9-72 所示的时域性能约束窗口。

在该窗口的图形显示部分给出了对变量的时域性能约束,横坐标为时间轴,纵坐标为约束变量的取值。水平的长条形线段用于指定变量约束的上界和下界,可以通过鼠标拖拉改变各段长条的长度和水平位置,也可以利用鼠标双击长条形线段打开约束编辑窗口(Edit Bound)通过输入约束的位置数据来改变。

在此约束窗口中初始参数下的响应曲线，约束下的优化结果曲线均是在单位阶跃信号输入下的响应，且阶跃时刻为0。

在 Check Step Response Characteristics 模块的时域性能约束窗口中提供如下4种菜单功能。

(1) 文件菜单(File)

文件菜单的功能包括：

- Close—关闭当前窗口；
- Close All Check Step Respense Characteristics Windows—关闭所有阶跃特性窗口。

(2) 编辑菜单(Edit)

编辑菜单的功能包括：

- Assertion Properties… —声明特性；
- Bound Properties… —约束特性；
- Axes Properties… —坐标轴特性。

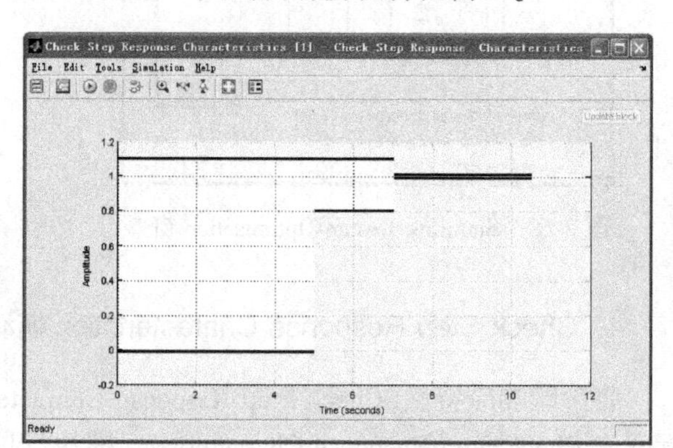

图 9-72　时域性能约束窗口

当选择 Bound Properties … 或 Assertion Properties…命令后，则打开如图 9-71(a)或图 9-71(b)所示的 Bounds 或 Assertion 页面窗口；当选择 Axes Properties…命令后，则打开如图 9-73 所示的 Axes properties 窗口。

在 Axes properties 窗口中可以设置横轴和纵轴的取值范围以及所表示的变量和单位。

(3) 工具菜单(Tools)

工具菜单功能包括：

- Zoom In—放大窗口；
- Zoom X—放大 X 轴；
- Zoom Y—放大 Y 轴；
- Scale Axes Limits—坐标轴限制；
- Response Optimization…—响应设计优化窗口。

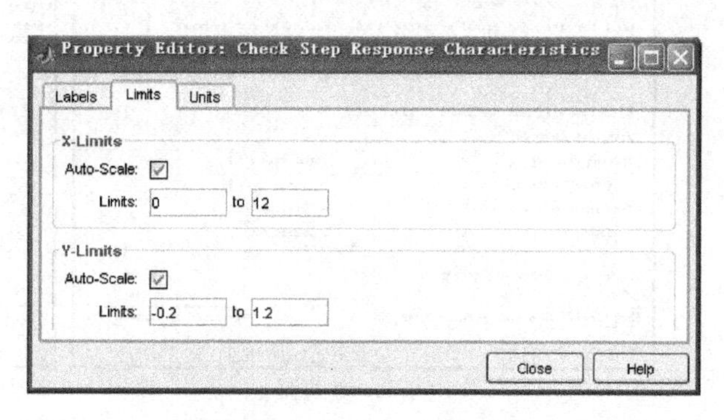

图 9-73　Axes properties 窗口

(4) 仿真菜单(Simulation)

仿真菜单功能包括：

- Start/Run—开始优化；
- Stop—停止优化。

2) 利用图 9-71 窗口中右下角的【Response Optimization】按钮或图 9-72 窗口中的菜单命令 Tools → Response Optimization，可打开如图 9-74 所示的响应设计优化窗口。

(1) 利用图 9-74 窗口中左上角的设计变量设置(Design Variables Set)后边的设置按钮【None ▾】可选择打开，如图 9-75 所示的优化参数设置窗口。

利用图 9-75 中的增加按钮【 】，可以将图 9-75 中右半平面选定的 MATLAB 工作空间中已有变量增加到左半平面，从而定义为系统将要优化的参数。在左半平面的优化参数设置窗口中，可以对优化参数的初值(Value)、最小数(Minimum)和最大数(Maximum)等参数进行设置。利用该图中的删除按钮【 】，可以将其左半平面选定的优化参数删除。

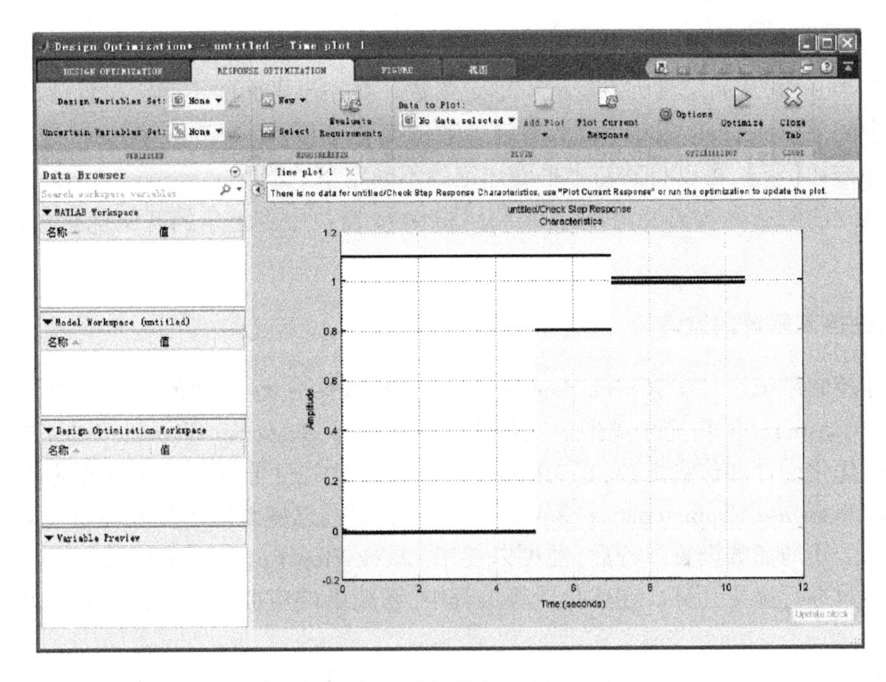

图 9-74　设计优化窗口

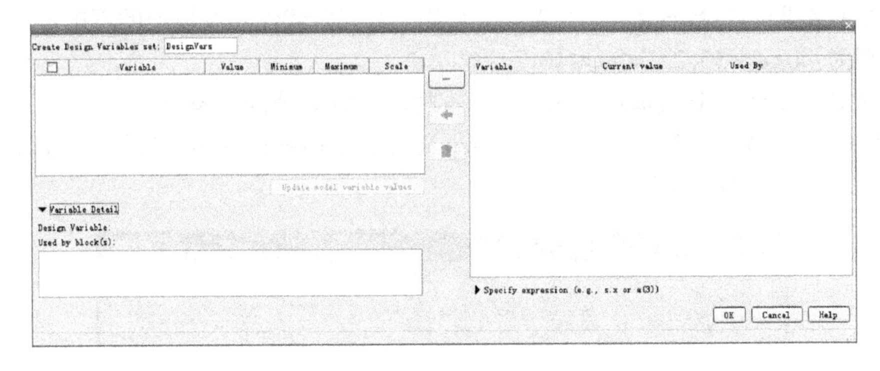

图 9-75　优化参数设置窗口

(2) 利用图 9-74 窗口中左上角的不确定变量设置(Uncertain Variables Set)后边的设置按钮【None ▾】可选择打开,如图 9-76 所示的不确定参数设置窗口。

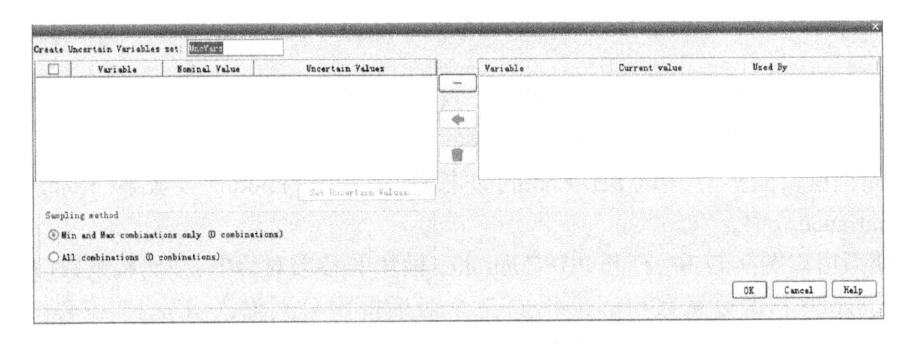

图 9-76　不确定参数设置窗口

利用图 9-76 中的增加按钮【 】,可以将图 9-76 中右半平面选定的 MATLAB 工作空间中已有变量增加到左半平面,从而定义为系统的不确定参数。在左半平面的不确定设置窗口中,可以对不确定参数的中间值(Nominal Value)和不确定参数的变化范围(Uncertain Values)进行设置。利用该图中的删除按钮【 】,可以将其左半平面选定的不确定参数删除。

(3) 当系统的所有参数都设置好后,可利用图 9-74 窗口中右上角的开始优化按钮【 】,对系统进行优化。

2. 非线性控制系统的设计

在非线性控制系统设计中,Check Step Response Characteristics 模块的使用方法与 NCD Outport 模块和 Signal Constraint 模块完全类似。在使用 Check Step Response Characteristics 模块对非线性控制系统进行优化设计和仿真之前,首先需要在 Simulink 中建立非线性控制系统的系统模型,然后在 Check Step Response Characteristics 模块上定义约束条件,以使系统的性能能够满足给定的约束条件。在完成上述的参数设置过程后,便可以使用 Check Step Response Characteristics 模块对系统中各模块的参数进行优化计算。在优化计算过程中,系统的响应曲线变化情况在时域约束窗口中显示。

【例 9-18】 对于图 9-46 所示的非线性控制系统。要求系统单位阶跃响应的上升时间小于 12 秒、过渡过程时间小于 25 秒、最大超调量不大于 15%。试求 PID 控制器的最佳整定参数 K_p、K_i 和 K_d。假设 PID 控制器的初始值 $K_p=0.5$,$K_i=0.1$,$K_d=2$;三阶线性对象模型的不确定参数 a_1 和 a_2 的取值范围分别为:$40<a_1<50$,$2.5\leqslant a_2\leqslant 10$。

解 利用 Check Step Response Characteristics 模块设计系统的步骤如下:

① 利用 Simulink 库浏览窗口中的 Check Step Response Characteristics 模块,建立如图 9-77 所示非线性系统的 Simulink 仿真模型;

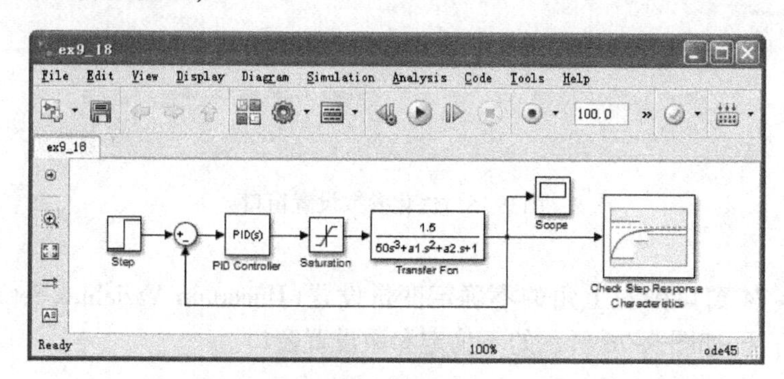

图 9-77 非线性控制系统的 Simulink 仿真模型

② 在系统模型窗口图 9-77 中,打开阶跃信号(Step)模块的参数对话框,并将初始时间改为 0,其余参数采用默认值;饱和特性(Saturation)模块的上下限参数±0.5 修改为±1;

③ 系统模型窗口图 9-77 中的 PID Controller 模块,复制于 Simulink 模块集(Simulink)的连续系统模块库(Continuous)中。

在系统模型窗口图 9-77 中,打开 PID Controller 模块的参数对话框,在比例系数(Proportional)、积分系数(Integral)和微分系数(Derivative)三个对话框中分别输入:Kp、Ki 和 Kd,其余参数采用默认值。按【OK】按键后,在 MATLAB 窗口中利用以下命令对 PID 控制器的初始值进行设置:

```
>>Kp=0.5;Ki=0.1;Kd=2;
```

④ 在系统模型窗口图 9-77 中，打开传递函数(Transfer Fcn)模块的参数对话框，将分子系数和分母系数两个对话框中分别输入：[1.5]和[50 a1 a2 1]。单击【OK】按键后，在 MATLAB 窗口中利用以下命令对三阶对象模型的不确定参数 a1 和 a2 的初值进行设置：

```
>>a1=45; a2=5;
```

⑤ 在系统模型窗口图 9-77 中，首先将仿真的停止时间(stop time)设置为 100，其余参数采用默认值。然后打开示波器，启动仿真，便可在示波器中得到如图 9-48 所示的单位阶跃响应曲线。由该曲线可知，当 PID 控制器取以上参数时，系统显然不满足所要求的动态性能指标。因此有必要利用 Check Step Response Characteristics 模块，对 PID 控制器的参数进行优化。

⑥ 根据系统给定的时域性能指标设置阶跃响应特性参数

在系统模型窗口图 9-77 中，用鼠标双击 Check Step Response Characteristics 模块，即打开该模块的时域性能参数设置窗口。在该窗口中，设置上升时间(Rise Time)为 12、调整时间(Settling Time)为 25、最大超调量(%Overshoot)为 15，其余参数如图 9-78 所示。

利用图 9-78 窗口中左下角的【Show Plot】按钮，可打开如图 9-79 所示的时域性能约束窗口。其中图 9-79 中的曲线即为系统在 PID 控制器的初始值为 $K_p=0.5$，$K_i=0.1$ 和 $K_d=2$ 时的单位阶跃响应曲线，与图 9-48 中的曲线是一样的。

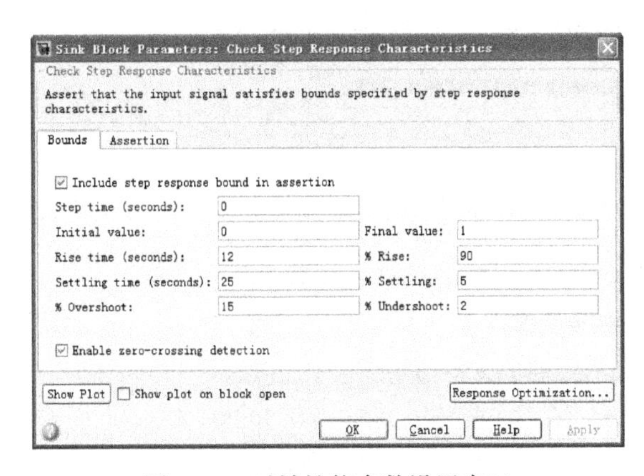

图 9-78　时域性能参数设置窗口

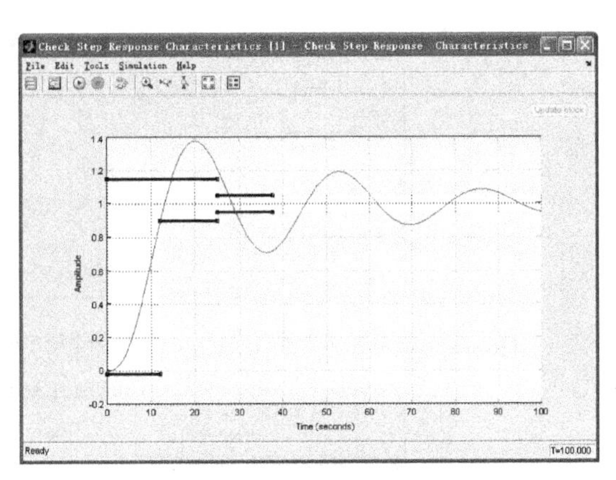

图 9-79　时域性能约束窗口

⑦ 设置优化参数

利用图 9-78 窗口中右下角的【Response Optimization】按钮或图 9-79 窗口中的菜单命令 Tools→Response Optimization，可打开如图 9-80 所示的响应设计优化窗口。其中图 9-80 中的曲线是利用该图窗口中的【Plot Current Response】或【Plot Model Response】按钮绘制的，它与图 9-79 中的曲线是一样的，均为系统在 PID 控制器的初始值为 $K_p=0.5$，$K_i=0.1$ 和 $K_d=2$ 时的单位阶跃响应曲线。

在本例中为进行 PID 控制器的优化设计，将其参数 K_p、K_i和 K_d作为 Check Step Response Characteristics 模块的优化参数，故首先利用利用图 9-80 窗口中左上角的设计变量设置(Design Variables Set)后边的设置按钮【None ▾】，打开如图 9-81 所示的优化参数设置窗口。

利用图 9-81 中的增加按钮【 】，可以将该图右半平面选定的 MATLAB 工作空间中已有变量 Kp，Ki 和 Kd 分别增加到左半平面，从而定义为系统的优化参数。这些参数的初值(Value)、最小数(Minimum)和最大数(Maximum)等均采用默认值。最后利用该窗口中的【OK】按键接收以上数据。

⑧ 设置不确定参数范围

利用图 9-80 窗口中左上角的不确定变量设置(Uncertain Variables Set)后边的设置按钮【None ▾】，打开如图 9-82 所示的不确定参数设置窗口。

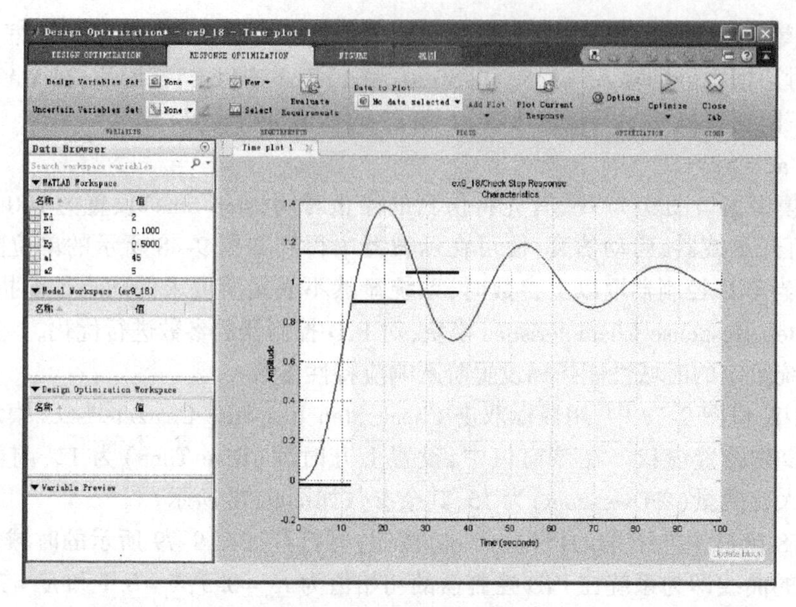

图 9-80　响应设计优化窗口

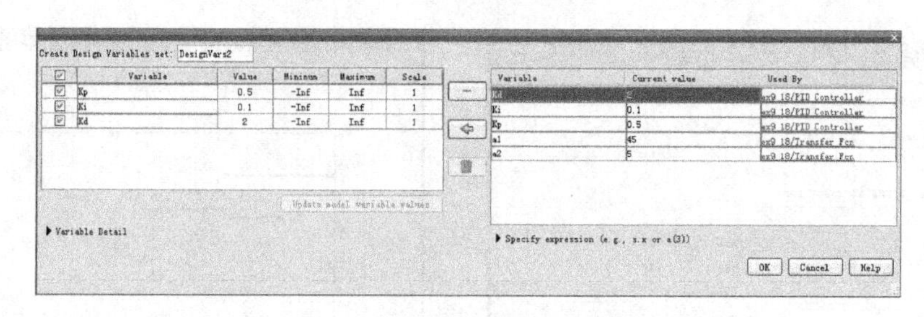

图 9-81　优化参数设置窗口

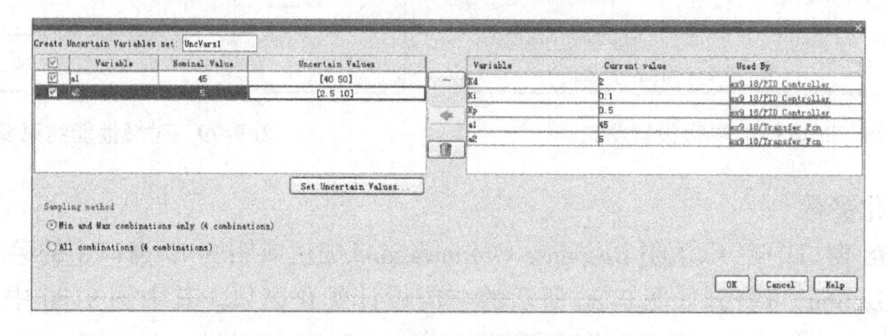

图 9-82　不确定参数设置窗口

利用图 9-82 中的增加按钮【 】,可以将该图右半平面选定的 MATLAB 工作空间中已有变量 a1 和 a2 增加到左半平面,从而定义为系统的不确定参数。在左半平面的不确定设置窗口中,依次将变量定义为系统的不确定参数,并且分别将 a1 和 a2 参数的变化范围设置为[40,50]和[2.5,10]。最后利用该窗口中的【OK】按键接收以上数据。

⑨ 开始控制器参数的优化计算

在完成上述参数设置后,用鼠标单击图 9-80 窗口中右上角的优化按钮【 】,便开始对系统中的 PID 控制器模块的参数进行优化计算。在优化计算过程中,系统的响应曲线变化情况在时域约束窗口中显示,优化过程结束后,可得如图 9-83 中所示的一系列阶跃响应曲线。

图 9-83 中的曲线分别为优化前的初始曲线、中间响应曲线和优化计算后的最优曲线。其中最优曲线为粗实线,初始曲线和中间响应曲线为虚线。从优化过程和结果可以看出,优化过程

中系统的响应曲线特性逐渐接近约束的要求，直到优化结束后的最优曲线全部限制在要求的约束范围内。

⑩ 优化结束后，在系统模型窗口中，再次启动仿真，在示波器中便可得到如图 9-54 所示的单位阶跃响应曲线。该曲线应该就是图 9-83 中优化结束后的最优曲线。由此可见，PID 控制器参数进行优化后，系统的动态性能指标完全满足设计要求。PID 控制器的优化参数，在 MATLAB 窗口中可以利用以下命令得到。

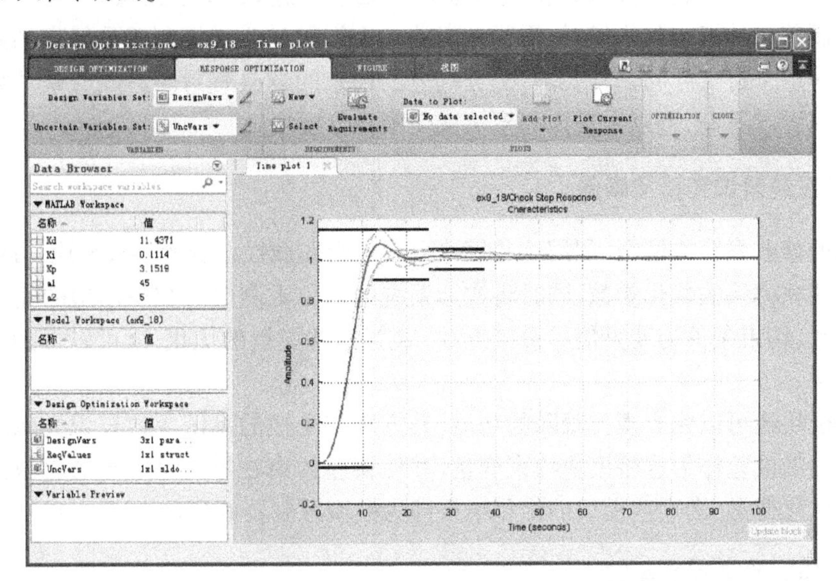

图 9-83　系统单位阶跃响应曲线

```
>>Kp,Ki,Kd
```

结果显示：

Kp =	Ki =	Kd =
3.1519	0.1114	11.4371

由以上可知，利用 NCD Outport 模块、Signal Constraint 模块或 Check Step Response Characteristics 模块所得 PID 控制器的优化参数 Kp、Ki 和 Kd 是不一样的。其实就是采用相同的模块，在不同的 MATLAB 版本中，PID 控制器的优化参数 Kp、Ki 和 Kd 也可能不一样的。这一点不难理解，因为对同一系统，满足相同性能指标的优化参数可能有多种组合。

9.5.4　其他非线性控制系统的设计问题

利用 NCD Outport 模块、Signal Constraint 模块或 Check Step Response Characteristics 模块，还可求解如下其他非线性控制系统的设计问题。

1. 具有物理约束和设计约束的非线性系统设计

所谓物理约束是指系统的输出受到物理执行器件的约束，而设计约束则是指对闭环系统的状态的性能指标约束。

对于物理约束问题，可以通过在系统的 Simulink 仿真框图中添加相应的非线性特性来实现，而不需在这些模块中指定约束参数，常见的物理约束是饱和约束，与饱和约束对应的 Simulink 模块为 Saturation Block。对于设计约束问题，则需要将这些模块与对应的约束变量连接起来。

2. 控制能量的极小化

在许多控制器设计问题中,往往要求控制能量满足极小化指标。控制能量对应的信号为控制输入的积分。如果系统方框图中存在着这样的信号,就可通过将该信号与这些模块连接来实现控制能量的约束;如果系统方框图中不存在控制输入的积分信号,可以添加 Simulink 的绝对值(Abs)和积分(Integrator)模块,然后将控制量的绝对值积分信号与这些模块连接。

在选择控制能量的极小化指标时,需要考虑的一个问题是添加控制能量约束的必要性。对控制能量的约束一般来自实际问题的要求,并且响应的约束问题具有封闭形式的解。如果实际问题对控制能量约束要求不高,可以采用饱和模块或受限积分模块。

3. 非线性系统辨识和模型跟随

通过适当的修改系统方框图,利用这些模块可以进行非线性系统的参数辨识,方法是将非线性系统参数作为这些模块的优化参数,同时将实际系统的输出观测值与辨识模型的输出之差作为这些模块约束变量,约束条件为变量值尽量接近 0。经过这些模块的优化,就可以得到对非线性系统的参数辨识结果。

利用这些模块还可以完成模型跟随的功能,其方法与上述的系统参数辨识类似。通过将期望轨迹与系统输出的误差作为这些模块约束变量,并使误差约束在零的一个小的邻域内。同时将控制器参数作为优化变量,则这些模块的优化结果即为模型控制器的参数。

4. 自适应控制和多模态控制

在自适应控制器中,参数估计的遗忘因子和采样周期参数等都是可调的控制器参数,并且对闭环系统的性能具有重要的影响,利用这些模块可以实现对自适应控制系统的参数优化和仿真,但模型的阶次不能作为这些模块的优化参数,因为模型阶次的优化属于整数优化问题,而这些模块不具有进行整数优化的功能。

多模态控制设计要求设计一个或多个控制器,使对象的动态特性在较大范围变化时闭环系统能够保持稳定性和一定的性能指标。通常的多模态控制器设计方法是将对象的非线性特性在多个操作点附近分别进行线性化处理,并根据各个线性化模型设计对应的控制器,然后在闭环系统中添加一个逻辑切换器,用于根据对象的操作点变化选择不同的操作器。Simulink 中的逻辑模块可以用于实现逻辑切换器的功能。

利用这些模块可以大大简化多模态控制器的设计,主要体现在两点,即提供一种设计逻辑切换器的参数的手段和减少控制器的数量。这些模块参数优化功能可以有效的对多模态控制器的逻辑切换参数进行优化设计,同时这些模块直接基于非线性模型的控制器设计能力避免了基于线性化模型设计导致的控制器数量较多的问题。

5. 控制器极点配置

利用这些模块可以使设计的线性控制器极点满足一定的约束条件,方法是将 Simulink 的零极点增益模块或传递函数模块中的极点参数作为这些模块的优化参数。对于共扼的两个复数极点$a+\mathrm{j}b$ 和 $a-\mathrm{j}b$,可以采取两种形式来施加参数约束。一种形式为$(s-a+\mathrm{j}b)(s-a-\mathrm{j}b)$,另一种形式为$(s^2-2as+a^2+b^2)$。前一种形式产生一种等价的重复参数问题,但可以明显的给出极点实部的约束。

6. 重复参数优化

所谓重复参数问题是指在控制器设计或系统辨识中，某些设计参数在系统模型中多次出现。重复参数问题往往难以求解。

这些模块提供了求解重复参数优化问题的功能，且用户对重复参数的处理与非重复参数相同，只需在优化参数对话窗口输入一次重复参数的名称即可。

本 章 小 结

本章在 LTI 对象的基础上，详细介绍了控制系统工具箱和非线性控制器设计模块集的使用方法及其应用。通过本章学习应重点掌握以下内容：

(1) LTI 对象的三种表示方法及其相互转换；

(2) 采用多个分离变量进行描述的系统模型与 LTI 对象模型之间的相互转换；

(3) 线性时不变系统观测器(LTI Viewer/Linear Systom Analyzer)的使用方法及其在线性和非线性系统分析中的应用；

(4) 线性控制系统设计器(SISO Design Tool/Control System Designer)的使用方法及其在线性系统分析和设计中的应用；

(5) 利用 Simulink 的 NCD Outport 模块、Signal Constraint 模块或 Check Step Response Characteristics 模块对系统输出信号具有约束的作用，实现对具有不确定参数的非线性系统进行控制器的优化设计。

习　　题

9-1　设单位反馈的开环传递函数为

$$G(s)=\frac{4}{s(s+2)}$$

试求系统的单位阶跃响应和各项性能指标。

9-2　设负反馈系统中的前向环节传递函数和反向环节传递函数分别为

$$G(s)=\frac{K}{s^2(s+1)(s+3)},\quad H(s)=1$$

(1) 试利用 MATLAB 绘制 K 从 $0\to+\infty$ 时系统的根轨迹图，并判断闭环系统的稳定性。

(2) 若使 $H(s)=1+5s$，重做(1)，并讨论 $H(s)$ 的变化对系统稳定性的影响。

9-3　利用线性控制系统设计器 SISO Design Tool/Control Systom Designer，验证习题 8-1、习题 8-2 和习题 8-3 的校正后系统的性能指标是否满足要求，并求其校正后系统的所有时域性能指标。

9-4　已知单位反馈系统的开环传递函数为

$$G(s)=\frac{4}{s(2s+1)}$$

试利用非线性控制系统设计模块，附加串联校正装置，使系统阶跃响应的超调量小于 10%，上升时间小于 1 s，调整时间小于 2 s。

习题 9 解答

本章习题解答，请扫以下二维码。

第 10 章 Simulink 的扩展工具——S-函数

S-函数无疑是 Simulink 最具魅力的地方，它完美地结合了 Simulink 框图简洁明快的特点和编程灵活方便的优点。它提供了增强和扩展 Simulink 能力的强大机制，同时也是使用 RTW(Real Time Workshop)实现实时仿真的关键。实际上 Simulink 许多模块所包含的算法均是用 S-函数编写的，用户当然可根据需要编写自己的 S-函数，进行封装后便可得到具有特定功能的模块。S-函数支持 MATLAB，C，C++，FORTRAN 以及 Ada 等语言，使用这些语言，按照一定的规则就可以写出功能强大的 S-函数模块。

10.1 S-函数简介

1. S-函数的基本概念

S-函数是系统函数(System Function)的简称，是指采用非图形化的方式(即计算机语言，区别于 Simulink 的系统模块)描述的一个功能块。用户可以采用 MATLAB，C，C++，FORTRAN 或 Ada等语言编写 S-函数。S-函数由一种特定的语法构成，用来描述并实现连续系统、离散系统以及复合系统等动态系统。S-函数能够接收来自 Simulink 求解器的相关信息，并对求解器发出的命令做出适当的响应，这种交互作用非常类似于 Simulink 系统模块与求解器的交互作用。一个结构体系完整的 S-函数包含了描述动态系统所需的全部能力，所有其他的使用情况都是这个结构体系的特例。通常 S-函数模块是整个 Simulink 动态系统的核心。

S-函数作为与其他语言相结合的接口，可以使用这个语言所提供的强大能力。例如，MATLAB 语言编写的 S-函数可以充分利用 MATLAB 所提供的丰富资源，方便地调用各种工具箱函数和图形函数；使用 C 语言编写的 S-函数则可以实现对操作系统的访问，如实现其他进程的通信和同步等。

所以说，当需要开发一个新的通用模块，作为一个独立的功能单元时，使用 S-函数实现是一种相当简便的方法。另外，由于 S-函数可以使用多种语言编写，因此可以将已有的代码结合进来，而不需要在 Simulink 中重新实现算法，从而在某种程度上实现了代码移植。此外，在 S-函数中使用文本方式输入公式和方程，非常适合于对复杂动态系统的数学描述，并且在仿真过程中可以对仿真进行更精确的控制。

2. S-函数的工作原理

(1) 动态系统的描述

Simulink 中的大部分模块都具有一个输入向量 $\boldsymbol{u}$、一个输出向量 $\boldsymbol{y}$ 和一个状态向量 $\boldsymbol{x}$，如图 10-1 所示。

状态向量可能包括连续状态、离散状态或连续状态与离散状态的组合。输入、输出和状态之间的数学关系可以用以下关系表示。

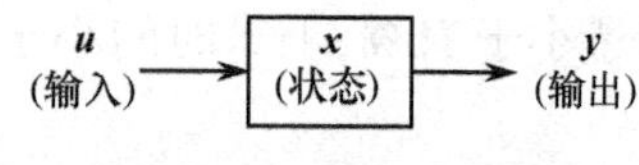

图 10-1 Simulink 模块

输出方程： $\boldsymbol{y}=f_0(t,\boldsymbol{x},\boldsymbol{u})$

连续状态方程： $\mathrm{d}\boldsymbol{x}=f_\mathrm{d}(t,\boldsymbol{x},\boldsymbol{u})$

离散状态方程： $\boldsymbol{x}_{k+1}=f_\mathrm{u}(t,\boldsymbol{x},\boldsymbol{u})$

其中，$\boldsymbol{x}=[\mathrm{d}\boldsymbol{x},\boldsymbol{x}_{k+1}]$。

Simulink 将状态向量分为两部分：连续时间状态和离散时间状态。连续状态占据了状态向量的第一部分，离散状态占据了状态向量的第二部分。对于没有状态的模块，$\boldsymbol{x}$ 是一个空的向量。在 C MEX S-函数中，有两个独立的状态向量，一个是连续状态向量，另一个是离散状态向量。

在 S-函数中利用以下子函数对用状态空间表达式所描述的系统特性进行详细的描述。

① S-函数中的连续状态方程描述。状态向量的一阶导数是状态 $\boldsymbol{x}$、输入 $\boldsymbol{u}$ 和时间 t 的函数。在 S-函数中，状态的一阶导数是在 mdlDerivatives 子函数中计算的，并将结果返回供求解器积分。

② S-函数中的离散状态方程描述。下一步状态 $\boldsymbol{x}_{k+1}$ 的值依赖于当前的状态 $\boldsymbol{x}_k$、输入 $\boldsymbol{u}$ 和时间 t。这是通过 mdlUpdate 子函数完成的，并将结果返回供求解器在下一步使用。

③ S-函数中的输出方程描述。输出值是状态、输入和时间的函数。这个方程不应当包含任何动态方程（微分或差分）在内。输出值是在 mdlOutputs 子函数中计算的，并通过求解器传递给其他模块。

（2）仿真过程

Simulink 的仿真过程包含两个主要阶段。第一个阶段是初始化，初始化所有的模块，这时模块的所有参数都已确定。初始化过后，进入仿真的第二个阶段——运行阶段，仿真开始运行。仿真过程是由求解器和系统（Simulink 引擎）交互控制的。求解器的作用是传递模块的输出，对状态导数进行积分，并确定采样时间。系统的作用是计算模块的输出，对状态进行更新，计算状态的导数，产生过零事件。从求解器传递给系统的信息包括时间、输入和当前状态；反过来，系统为求解器提供模块的输出、状态的更新和状态的导数。计算连续状态包含两个步骤：首先，求解器为待更新的系统提供当前状态、时间和输出值，系统计算状态导数，传递给求解器；然后求解器对状态的导数进行积分，计算新的状态的值。状态计算完成后，模块的输出更新再进行一次。这时，一些模块可能会发出过零警告，促使求解器探测出发生过零的准确时间。实际上求解器和系统之间的对话是通过不同的标志来控制的。求解器在给系统发送标志的同时也发送数据。系统使用这个标志来确定所要执行的操作，并确定所要返回的变量的值。

S-函数是 Simulink 的重要组成部分，由于它同样是 Simulink 的一个模块，所以说它的仿真过程与 Simulink 的仿真过程完全一样。即 S-函数的仿真过程也包括初始化阶段和运行阶段。当初始化工作完成以后，在每个仿真步长（time step）内完成一次求解，如此反复，形成一个仿真循环，直到仿真结束。在一次仿真过程中，Simulink 在以下的每个仿真阶段调用相应的 S-函数子程序。

S-函数的仿真过程，可以概括为：

1）初始化：在仿真开始前，Simulink 在这个阶段初始化 S-函数。

① 初始化结构体 SimStruct，它包含了 S-函数的所有信息；

② 设置输入/输出端口数；

③ 设置采样时间；

④ 分配存储空间。

2）数值积分：用于连续状态的求解和非采样过零点。如果 S-函数存在连续状态，Simulink 就在 minor step time 内调用 mdlDerivatives 和 mdlOutput 两个 S-函数的子函数。如果存在非采样过零点，Simulink 将调用 mdlOutput 和 mdlZeroCrossings 子函数（过零点检测子函数），以定位过零点。

3）更新离散状态：此子函数在每个步长处都要执行一次，可以在这个子函数中添加每一个仿真步都需要更新的内容，如离散状态的更新。

4）计算输出：计算所有输出端口的输出值。

5）计算下一个采样时间点：只有在使用变步长求解器进行仿真时，才需要计算下一个采样时间点，即计算下一步的仿真步长。

6）仿真结束：在仿真结束时调用，可以在此完成结束仿真所需的工作。

3. S-函数的工作方式

引入S-函数的目的是为了使Simulink有能力构造一般的仿真框图，去处理如下各种系统的仿真，如连续系统、离散系统、离散-连续混和系统、多频采样系统、嵌套系统等。

S-函数所包含的信息可用以下调用格式进行查看

$$sys=model(t,x,u,flag)$$

其中，model为系统的模型文件名；t，x，u分别为当前的时刻、状态向量和输入向量；而变量flag的值控制返回变量sys的信息，如表10-1所示。

在flag=0时，调用S-函数的格式为

$$[sys,x0]=model(t,x,u,flag)$$

这时返回参数x0表示状态向量的初始值。返回参数sys各分量的含义如下：

sys(1)——连续状态变量数；

sys(2)——离散状态变量数；

sys(3)——输出变量数；

sys(4)——输入变量数；

sys(5)——系统中不连续根的数量；

sys(6)——系统中有无代数循环的标志（有置1）；

sys(7)——采样时间数。

表10-1 flag各选项的作用

flag	S-函数的表现
0	返回系统的阶次信息和初始状态
1	返回系统的状态导数 dx/dt
2	返回下一个离散状态 $\boldsymbol{x}(k+1)$
3	返回系统的输出向量 y
4	更新下一个离散状态的时间间隔
9	仿真任务结束

所谓代数循环就是几个直通模块构成了一个反馈环节，当发生这种情况后，仿真速度将大大变慢，甚至将无法进行下去。下面是几个常见的直通模块。

① 比例模块；

② 大多数非线性模块，如查表模块（Look Up Table）、限幅模块（Limiter）等；

③ 分子、分母同阶的传递函数；

④ $\boldsymbol{D}$ 矩阵不为0的状态方程（State Space）模块。

在运用S-函数进行仿真运算时，必须清楚地知道系统不同时刻所需要的信息。例如，开始进行仿真时，应首先知道系统有多少状态变量，其中哪些是连续变量，哪些是离散变量，这些变量的初始条件等信息，这些信息的获取，可由在S-函数中设置flag=0获取。若系统是连续的，那么在每一个仿真步长中还需要知道给定时刻的系统状态导数（令flag=1可得）和系统输出（令flag=3可得）。若系统是严格离散的（不含连续环节），那么只需令flag=2，获得下一个离散状态，令flag=3获取离散系统的输出。

10.2 S-函数的建立

S-函数从本质上讲是具有特殊调用格式的MATLAB函数，它表征系统动态特性。用户在建立Simulink系统模型框图时，Simulink就会利用该框图中的信息生成一个S-函数（即mdl文件）。S-函数是Simulink如何运作的核心所在，每个框图都有一个与之同名的S-函数，而该S-函数正是

Simulink 在仿真和分析中交互作用的载体。简单地说,S-函数代表 Simulink 模型,S-函数模块是整个 Simulink 动态系统的核心。

考虑著名的范德蒙德方程(ven del pol Equations)

$$\frac{d^2x}{dt^2}+(x^2-1)\frac{dx}{dt}+x=0$$

写成状态方程的形式为

$$\begin{cases}\dot{x}_1=x_1(1-x_2^2)-x_2\\ \dot{x}_2=x_1\end{cases}$$

于是可构造如图 10-2 所示的 Simulink 方框图。

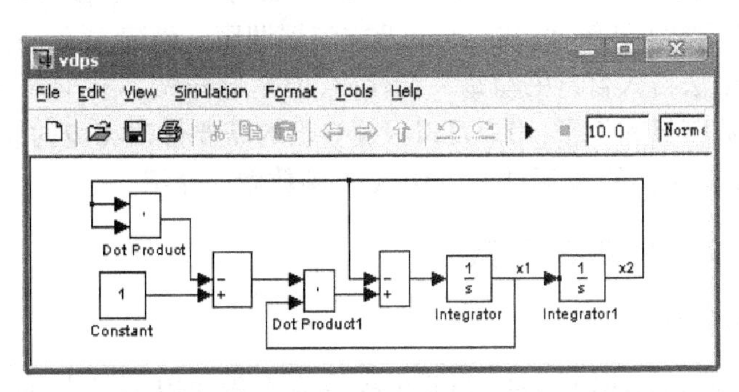

图 10-2　范德蒙德方程(方框图)的 Simulink 描述

其中,要求选定仿真参数菜单中工作空间 I/O 页面中的初始状态(Initial states) 编辑框,并设其初值为[0.25,0.25]。

在方框图形成的同时,与之相应的 S-函数(即 mdl 文件)也随之产生。当生成的框图被保存后,相应的 S-函数就被记录在磁盘上,这个 mdl 文件包含了该方框图所有的图形及数学关系信息。然而,当在框图视窗中进行仿真时,MATLAB 并非去解释并运行该 mdl 文件,而是运行保存于 Simulink 内存中的 S-函数映像文件。

当此方框图以 vdps.mdl 文件存盘后,就可以在 MATLAB 中访问该系统,并通过设置 flag 的值得到系统的动态信息。

【例 10-1】 设置 flag=0, 查询图 10-2 所示系统中 vdps.mdl 的维数和初始条件。

解 在 MATLAB 指令方式下,运行以下命令

```
>>[sys,x0]=vdps([ ],[ ],[ ],0)
```

结果显示:

```
    sys=
        2
        0
        0
        0
        0
        0
        2
    x0=
```

0.2500

0.2500

返回变量 sys 的各分量表明,该系统有两个连续状态,没有离散状态,没有输入和输出,状态是连续的,没有代数循环,变量 x0 给出两个状态的初始值。

由方框图创建的 S-函数的映像文件,即 mdl 文件比较烦琐,因这一函数除了用来对原始模型进行描述外,还可以绘制出系统的框图结构。若用户只想对系统进行仿真分析,而不想得到系统的结构图,则用户可利用标准的 M 文件,C,C++,FORTRAN,以及 Ada 等语言编写S-函数,即按照规则建立某种简单的描述方法。S-函数不管用什么方式创建,一旦建立,它既可以在框图中使用,也可以在指令中使用。

由上可知,S-函数是由一些仿真功能模块(函数)组成的。这些函数就是 S-函数所有的语法构成,用户的任务就是编写这些函数,供 Simulink 及求解器调用。创建 S-函数源文件有多种方法,当然可以按照 S-函数的语法格式自行书写每一行代码,但是这样做容易出错且麻烦。Simulink 为用户提供了大量的 S-函数模板和例子,用户可以根据自己的需要修改相应的模板或例子即可。限于篇幅,下面仅对最常用的 M 文件 S-函数和C MEX S-函数做一介绍。

10.2.1 用 M 文件创建 S-函数

1. M 文件 S-函数的模板

在 MATLAB\toolbox\simulink\blocks 目录下保存有大量的用 M 文件编写的S-函数。其中,包含一个用 M 文件编写的 S-函数的模板文件 sfuntmpl.m。表 10-2 列出了这些用 M 文件编写的 S-函数及其简要说明。

表 10-2 M 文件 S-函数

文件名	说明
sfuntmpl.m	模板文件
csfunc.m	以状态空间形式定义一个连续系统
dsfunc.m	以状态空间形式定义一个离散系统
limintm.m	实现连续限定积分器,其输出被限制在上下边界内,初值也限定
mixedm.m	实现由一个连续积分器和一个单位延迟串联的混合系统
simom.m	一个具有 ***A***,***B***,***C***,***D*** 内部矩阵的状态空间 M 文件 S-函数
simom2.m	一个具有 ***A***,***B***,***C***,***D*** 外部矩阵的状态空间 M 文件 S-函数
sfun_varargm.m	显示如何使用 MATLAB vararg 灵活性的 M 文件 S-函数例子
vdpm.m	实现 Van del Pol 等式
vsfunc.m	实现一个变步长延时,第一个输入延时由第二个输入确定的时间
vlimintm.m	连续限定积分器,提供动态输入/状态宽度的 S-函数
vdlmintm.m	一个离散限定积分器,与 vlimintm.m 一样,但积分器是离散的

模板文件 sfuntmpl.m 定义了 S-函数完整的框架结构,此文件中包含 1 个主函数和 6 个子函数,在主函数内程序根据标志变量 flag,由一个开关转移结构(Switch-Case)根据标志将执行流程转移到相应的子函数。flag 标志量作为主函数的参数由系统调用时给出。在 MATLAB 窗口中输入以下命令可打开此模板文件。

```
>>edit sfuntmpl
```

以下是删除了部分注释的模板文件 sfuntmpl.m 的内容。

```
%sfuntmpl. m
%主函数
function [sys,x0,str,ts] = sfuntmpl(t,x,u,flag)
switch flag,
case 0,
  [sys,x0,str,ts] = mdlInitializeSizes;
case 1,
  sys = mdlDerivatives(t,x,u);
case 2,
sys = mdlUpdate(t,x,u);
case 3,
  sys = mdlOutputs(t,x,u);
case 4,
  sys = mdlGetTimeOfNextVarHit(t,x,u);
case 9,
  sys = mdlTerminate(t,x,u);
otherwise
  error(['Unhandled flag=',num2str(flag)]);
end

%mdlInitializeSizes              %初始化子函数
function [sys,x0,str,ts] = mdlInitializeSizes
sizes = simsizes;                %生成 sizes 数据结构
sizes. NumContStates = 0;        %连续状态数,默认为 0
sizes. NumDiscStates = 0;        %离散状态数,默认为 0
sizes. NumOutputs = 0;           %输出量个数,默认为 0
sizes. NumInputs = 0;            %输入量个数,默认为 0
sizes. DirFeedthrough = 1;       %是否存在代数循环(1—存在,0—不存在,默认为 1)
sizes. NumSampleTimes = 1;       %采样时间个数,每个系统至少有一个
sys = simsizes(sizes);           %返回 sizes 数据结构所包含的信息
x0 = [ ];                        %设置初值状态
tr = [ ];                        %保留变量置空
ts = [0  0];                     %采样时间,即[采样周期 偏移量],采样周期为 0 表示是连续系统

%mdlDerivatives   %计算导数子函数:它根据 t,x,u 计算连续状态的导数
function sys = mdlDerivatives(t,x,u)
sys = [ ];        %sys 表示状态导数,即 dx,用户应在此给出连续系统的状态方程

%mdlUpdate        %更新离散状态子函数:它根据 t,x,u 计算离散系统下一时刻的状态值
function sys = mdlUpdate(t,x,u)      %更新离散状态子函数
sys = [ ];                    %sys 表示下一个离散状态,即 x(k+1)
                              %用户应在此子函数中给出离散系统的状态方程

% mdlOutputs                  %计算输出子函数:它根据 t,x,u 计算系统
function sys = mdlOutputs(t,x,u)
sys = [ ];                    %sys 表示输出,即 y,用户应在此子函数中给出系统的输出方程

%mdlGetTimeOfNextVarHit   %计算下一个采样点子函数:它仅在系统是变采样时间时调用
```

```
function sys=mdlGetTimeOfNextVarHit(t,x,u)
sampleTime=1;              %设置采样时间
sys=t+sampleTime;          %sys 表示下一个采样时间点
%mdlTerminate  %仿真结束子函数:仿真结束时调用,可以在此完成结束仿真所需的工作
function sys=mdlTerminate(t,x,u)
sys=[];
```

【例 10-2】 利用 M 文件 S-函数实现以上范德蒙德方程。

解 ① 利用以上模板用 M 文件编写的范德蒙德方程的 S-函数 vdpm. m 如下。

```
%vdpm. m
%Example m-file system for Van der Pol equations
function [sys,x0,str,ts]=vdpm(t,x,u,flag)
switch flag,
case 0,
    [sys,x0,str,ts]=mdlInitializeSizes;
case 1,
    sys=mdlDerivatives(t,x,u);
case {2,3,9},
    sys=[]; % do nothing
otherwise
    error(['unhandled flag=',num2str(flag)]);
end
% mdlInitializeSizes
function [sys, x0,str,ts]=mdlInitializeSizes
sizes=simsizes;
sizes. NumContStates=2;
sizes. NumDiscStates=0;
sizes. NumOutputs=0;
sizes. NumInputs=0;
sizes. DirFeedthrough=0;
sizes. NumSampleTimes=1;
sys=simsizes(sizes);
x0 =[.25  .25];
str=[];
ts =[0  0];
% mdlDerivatives
function sys=mdlDerivatives(t,x,u)
sys(1)=x(1) . * (1 - x(2).^2) - x(2);
sys(2)=x(1);
```

② 在 MATLAB 指令方式下,运行以下命令可得范德蒙德方程在初始状态 $x_0=[0.25\quad 0.25]$时的状态导数值。

```
>>sys=vdpm([],[0.25  0.25],[],1)
```

结果显示：

```
sys =
      -0.0156      0.2500
```

2. M 文件 S-函数的模块化

在动态系统设计、仿真与分析中，用户可以使用 User-Defined Function Tables 模块库中的 S-function模块来调用S-函数。S-function 模块是一个单输入单输出的系统模块，如果有多个输入与多个输出信号，可以使用 Mux 模块与Demux 模块对信号进行组合和分离操作。在 S-function 模块的参数设置对话框中包括了调用的 S-函数名和用户输入参数值列表，如图 10-3 所示。因 S-function 模块仅仅是以图形的方式提供给用户的一个使用 S-函数的接口，故 S-函数中填写的源文件应由用户自行编写。S-function 模块中S-函数名和参数值列表必须与用户建立的 S-函数源文件的名称和参数列表完全一致(包括参数的顺序)，并且参数值之间必须用逗号隔开。

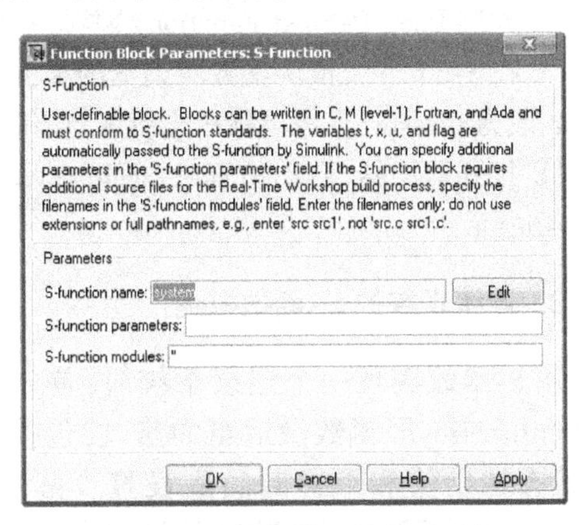

图 10-3　S-函数模块参数对话框

用任何一种方式创建的 S-函数文件，在经过用 S-函数模块(S-function)处理后，将转变为用户创建的 Simulink 模块，并且利用这种新模块仿真不会降低效率。

此外，用户也可以使用 Simulink 的子系统封装功能对 S-函数进行封装，以增强系统模型的可读性。

【例 10-3】　采用 S-函数实现系统：$y=2u$。

解　① 利用以上模板用 M 文件编写的函数 timestwo. m 如下。

```
%timestwo. m
function [sys,x0,str,ts]=timestwo(t,x,u,flag)
switch flag,
case 0
   [sys,x0,str,ts]=mdlInitializeSizes;
case 3
   sys=mdlOutputs(t,x,u);
case {1,2,4,9}
   sys=[];
otherwise
   error(['Unhandled flag=',num2str(flag)]);
end
function [sys,x0,str,ts]=mdlInitializeSizes()
sizes=simsizes;
sizes. NumContStates=0;
sizes. NumDiscStates=0;
sizes. NumOutputs=-1;%dynamically sized
sizes. NumInputs=-1;%dynamically sized
```

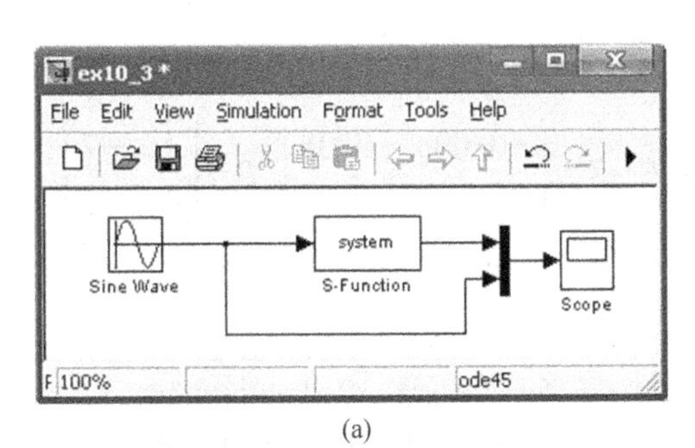

(a)

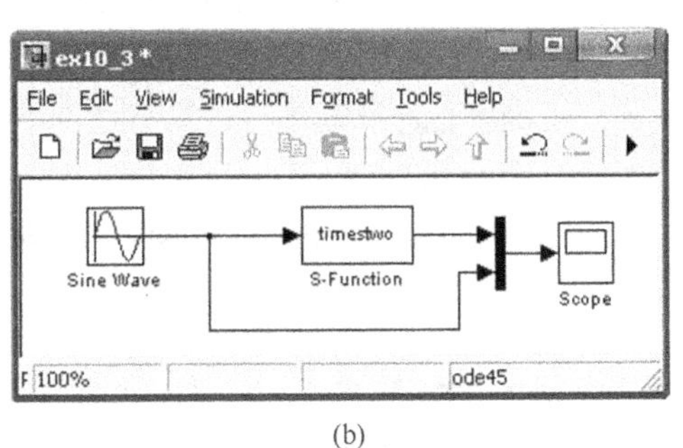

(b)

图 10-4　系统图

```
sizes.DirFeedthrough=1;
sizes.NumSampleTimes=1;
sys=simsizes(sizes);
str=[];
x0 =[];
ts =[-1  0];   %inherited sample time
function sys=mdlOutputs(t,x,u)
sys=u*2;
```

② 利用User-Defined Function模块库中的S-Functions模块构造如图10-4(a)所示系统。

③ 在S-function模块参数对话框的S-函数名一栏中填写以上编写的M文件S-函数文件名,即将system改为timestwo。用鼠标单击【OK】按钮后,图10-4(a)变成了图10-4(b)所示的形式。

④ 打开示波器,启动仿真后,便可在示波器上看到输入的正弦信号被放大为原来的2倍,如图10-5所示。

3. 连续系统的S-函数描述

用S-函数实现一个连续系统时,首先应对模板中的mdlInitilizeSizes子函数做适当的修改,包括连续状态的个数、状态初始值和采样时间的设置。另外,还需要编写mdlDerivatives子函数,将状态的导数向量通过sys变量返回。对于多变量系统,可以通过索引$x(1)$,$x(2)$,…得到各个状态,当然就会有多个导数与之对应,在这种情况下,sys为一个向量,它包含所有连续状态的导数。最后在mdlOutputs子函数中,对系统的输出方程做一修改。

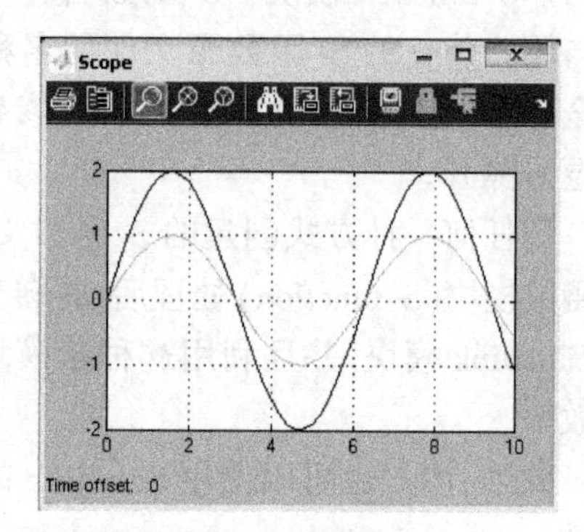

图10-5 输出波形

【例10-4】 用M文件S-函数实现以下连续系统的状态方程

$$\begin{cases}\dot{\boldsymbol{x}}=\boldsymbol{A}\boldsymbol{x}+\boldsymbol{B}\boldsymbol{u}\\ \boldsymbol{y}=\boldsymbol{C}\boldsymbol{x}+\boldsymbol{D}\boldsymbol{u}\end{cases}$$

其中,$\boldsymbol{A}=\begin{bmatrix}-0.09 & -0.01\\ 1 & 0\end{bmatrix}$,$\boldsymbol{B}=\begin{bmatrix}1 & -7\\ 0 & -2\end{bmatrix}$,$\boldsymbol{C}=\begin{bmatrix}0 & 2\\ 1 & -5\end{bmatrix}$,$\boldsymbol{D}=\begin{bmatrix}-3 & 0\\ 1 & 0\end{bmatrix}$。

解 以状态方程形式表示的以上连续系统的M文件S-函数csfunc.m如下。

```
% csfunc.m
function [sys,x0,str,ts]=csfunc(t,x,u,flag)
A=[-0.09  -0.01;1  0];B=[1  -7;0  -2];
C=[0  2;1  -5];D=[-3  0;1  0];
switch flag,
  case 0,
    [sys,x0,str,ts]=mdlInitializeSizes(A,B,C,D);
  case 1,
    sys=mdlDerivatives(t,x,u,A,B,C,D);
  case 3,
    sys=mdlOutputs(t,x,u,A,B,C,D);
  case {2,4,9},
```

```
        sys=[];
    otherwise
        error(['Unhandled flag=',num2str(flag)]);
end

function [sys,x0,str,ts]=mdlInitializeSizes(A,B,C,D)
sizes=simsizes;
sizes.NumContStates=2;
sizes.NumDiscStates=0;
sizes.NumOutputs=2;
sizes.NumInputs=2;
sizes.DirFeedthrough=1;
sizes.NumSampleTimes=1;
sys=simsizes(sizes);
x0=zeros(2,1);
str=[];
ts =[0  0];

function sys=mdlDerivatives(t,x,u,A,B,C,D)
sys=A*x+B*u;

function sys=mdlOutputs(t,x,u,A,B,C,D)
sys=C*x+D*u;
```

4. 离散系统的 S-函数描述

用 S-函数实现一个离散系统时，首先应对模板中的 mdlInitializeSizes 子函数进行适当的修改，包括离散状态的个数、状态初始值和采样时间的设置。然后再对 mdlUpdate 和 mdlOutputs 子函数进行适当的修改，分别输入要表示系统的离散状态方程和输出方程。

【例 10-5】 用 M 文件 S-函数实现以下离散系统的状态方程

$$\begin{cases}\boldsymbol{x}[(k+1)T]=\boldsymbol{A}\boldsymbol{x}(kT)+\boldsymbol{B}\boldsymbol{u}(kT)\\ \boldsymbol{y}(kT)=\boldsymbol{C}\boldsymbol{x}(kT)+\boldsymbol{D}\boldsymbol{u}(kT)\end{cases}$$

其中 $\boldsymbol{A}=\begin{bmatrix}-1.3839 & -0.5097\\ 1 & 0\end{bmatrix}$，$\boldsymbol{B}=\begin{bmatrix}-2.5559 & 0\\ 0 & 4.2382\end{bmatrix}$，$\boldsymbol{C}=\begin{bmatrix}0 & 2.0761\\ 0 & 7.7891\end{bmatrix}$，$\boldsymbol{D}=\begin{bmatrix}-0.8141 & -2.9334\\ 1.2426 & 0\end{bmatrix}$。

解 以状态方程形式表示的以上离散系统的 M 文件 S-函数 dsfunc.m 如下。

```
% dsfunc.m
function [sys,x0,str,ts]=dsfunc(t,x,u,flag)
A=[-1.3839  -0.5097;1.0000  0];B=[-2.5559  0;0  4.2382];
C=[0  2.0761;0  7.7891];D=[-0.8141  -2.9334;1.2426  0];

switch flag,
  case 0,
    [sys,x0,str,ts]=mdlInitializeSizes(A,B,C,D);
  case 2,
    sys=mdlUpdate(t,x,u,A,B,C,D);
  case 3,
    sys=mdlOutputs(t,x,u,A,C,D);
```

```
    case 9,
        sys=[]; % do nothing
    otherwise
        error(['unhandled flag=',num2str(flag)]);
end
function [sys,x0,str,ts]=mdlInitializeSizes(A,B,C,D)
sizes=simsizes;
sizes.NumContStates=0;
sizes.NumDiscStates=size(A,1);
sizes.NumOutputs=size(D,1);
sizes.NumInputs=size(D,2);
sizes.DirFeedthrough=1;
sizes.NumSampleTimes=1;
sys=simsizes(sizes);
x0 =ones(sizes.NumDiscStates,1);
str=[];
ts =[1  0];
function sys=mdlUpdate(t,x,u,A,B,C,D)
sys=A*x+B*u;
function sys=mdlOutputs(t,x,u,A,C,D)
sys=C*x+D*u;
```

5. 混合系统的S-函数描述

所谓混合系统,就是既包含离散状态,又包含连续状态的系统。在仿真的每个采样时间点上,Simulink都要调用mdlUpdate和mdlOutputs子函数,如果是变步长则还需要调用mdlGetTimeOfNextVarHit子函数,所以在mdlUpdate和mdlOutputs子函数中需要判断是否需要更新离散状态和输出。因为对于离散状态并不是在所有的采样点上都需要更新,否则就是一个连续系统。

【例10-6】 用M文件S-函数实现一个连续积分环节串联一个离散单位延迟环节的混合系统,系统框图如图10-6所示。

解 利用M文件编写的S-函数mixedm.m如下。

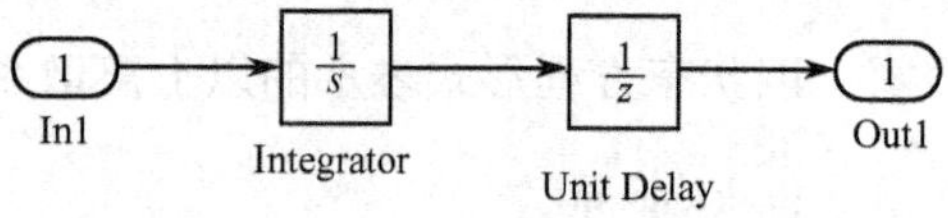

图10-6 例10-6的系统框图

```
% mixedm.m
function [sys,x0,str,ts]=mixedm(t,x,u,flag)
dperiod=1;       %离散采样周期
doffset=0;       %偏移量
switch flag
    case 0
        [sys,x0,str,ts]=mdlInitializeSizes(dperiod,doffset);
    case 1
        sys=mdlDerivatives(t,x,u);
    case 2,
        sys=mdlUpdate(t,x,u,dperiod,doffset);
    case 3
```

```
    sys=mdlOutputs(t,x,u,doffset,dperiod);
  case 9
    sys=[];        % do nothing
  otherwise
    error(['unhandled flag=',num2str(flag)]);
end

function [sys,x0,str,ts]=mdlInitializeSizes(dperiod,doffset)
sizes=simsizes;
sizes.NumContStates=1;
sizes.NumDiscStates=1;
sizes.NumOutputs=1;
sizes.NumInputs=1;
sizes.DirFeedthrough=0;
sizes.NumSampleTimes=2;        %两个采样时间
sys=simsizes(sizes);
x0=ones(2,1);
str=[];
ts=[0,  0;dperiod  doffset];  %采样时间为[0,0]表示为连续系统;离散系统的采样周期和偏移量

function sys=mdlDerivatives(t,x,u)
sys=u;                         %连续系统

function sys=mdlUpdate(t,x,u,dperiod,doffset)
if abs(round((t - doffset)/dperiod) - (t - doffset)/dperiod) < 1e-8
  sys=x(1);                    %离散系统
else
  sys=[];
end

function sys=mdlOutputs(t,x,u,doffset,dperiod)
if abs(round((t - doffset)/dperiod) - (t - doffset)/dperiod) < 1e-8
  sys=x(2);                    %离散系统
else
  sys=[];
end
```

6. 含外部输入参数系统的S-函数描述

Simulink除了传递$t,\boldsymbol{x},\boldsymbol{u}$和flag参数外,还可以传递用户自定义的外部参数,这些参数需要在S-函数的输入参数中列出。当需要外部参数输入时,首先在编写S-函数时,要注意主函数应做适当的修改,以便将用户自定义的参数传递到子函数中。同时某些子函数的定义也应当进行相应的修改,以便通过输入参数接收用户的参数。另外,当利用User-Defined Function Tables模块库中的S-function模块来调用该S-函数时,不要忘记在S-function模块的参数值列表框中输入外部参数值,多个参数值之间用逗号隔开,它们必须与用户建立的S-函数源文件的参数列表完全一致(包括参数的顺序)。

【例10-7】 用M文件编写一个限幅积分器的S-函数,并借助通用S-函数模块(S-function)调

用此 M 文件。限幅积分器的数学模型为

$$\dot{x}=\begin{cases}0, & x\leqslant lb, u<0;\text{或 } x\geqslant ub, u>0\\ u, & \text{其他}\end{cases}$$

其中,x 为状态;u 是输入;lb 和 ub 分别表示积分的下限和上限。

解 （1）根据数学模型,编写 limintm. m 文件如下。

```
%limintm. m
function [sys,x0,str,ts]=limintm(t,x,u,flag,lb,ub,xi)
switch flag
  case 0
    [sys,x0,str,ts]=mdlInitializeSizes(lb,ub,xi);
  case 1
    sys=mdlDerivatives(t,x,u,lb,ub);
  case {2,9}
    sys=[]; % do nothing
  case 3
    sys=mdlOutputs(t,x,u);
  otherwise
    error(['unhandled flag=',num2str(flag)]);
end
function [sys,x0,str,ts]=mdlInitializeSizes(lb,ub,xi)
sizes=simsizes;
sizes. NumContStates=1;
sizes. NumDiscStates=0;
sizes. NumOutputs=1;
sizes. NumInputs=1;
sizes. DirFeedthrough=0;
sizes. NumSampleTimes=1;
sys=simsizes(sizes);
str=[];
x0 =xi;
ts =[0  0]; % sample time: [period, offset]
function sys=mdlDerivatives(t,x,u,lb,ub)
if (x <=lb & u < 0) | (x>=ub & u>0 )
  sys=0;
else
  sys=u;
end
function sys=mdlOutputs(t,x,u)
sys=x;
```

（2）在 MATLAB 指令方式下直接运行以下命令。

```
>>lb=-0.5;ub=0.5;xi=0; [sys,x0]=limintm([],[],[],0,lb,ub,xi)
```

结果显示:

```
sys=
```

    1   0   1   1   0   0   1
x0 =
    0

(3) 利用 S-函数模块调用 M 文件。

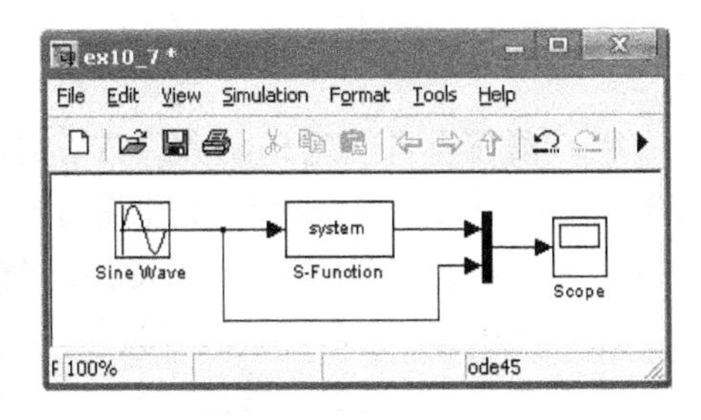

图 10-7　Simulink 窗口

① 创建如图 10-7 所示的 Simulink 窗口,其中正弦信号模块(Sine Wave)复制于信号源模块库(Sources),并且利用其默认值; S-函数模块(S-Function)复制于用户自定义函数模块库(User-Defined Function)。

② 用鼠标双击新复制的 S-函数模块图标,打开如图 10-8 所示的对话框。

在对话框的 S-系统函数名(S-function name)栏中填入 S-函数文件名 limintm,在 S-函数参数(S-function parameters)栏中填入要传送的三个变量名 lb,ub,xi(假若 S-函数文件除了 t,u,x 和 flag 输入变量外再没有其他的输入变量,那么最后一栏不用填写),然后单击【OK】按钮。这样处理后,原通用 S-函数模块图标符就自动改写为limintm,该模块也就成了有限积分模块。这样,经过 S-函数对话框定义后的 M 文件就可以像其他标准模块一样直接在框图窗口中参与运作。

③ 双击示波器图标,打开示波器,然后运行Simulation→Start命令,就开始仿真了,这时就可以从示波器上看到一个如图 10-9 中所示的经限幅积分后的截顶正弦波。

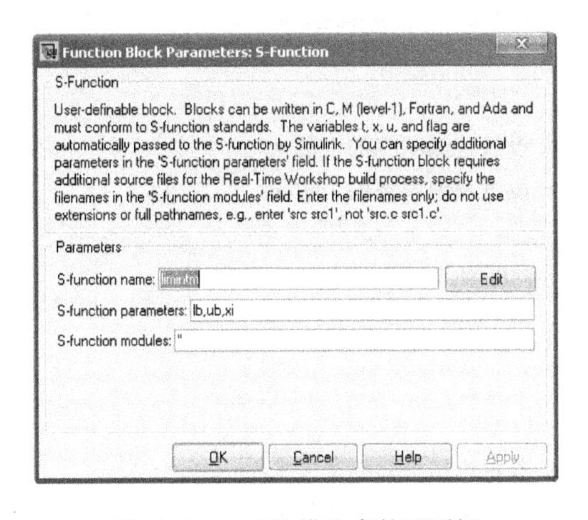

图 10-8　S-函数模块参数对话框

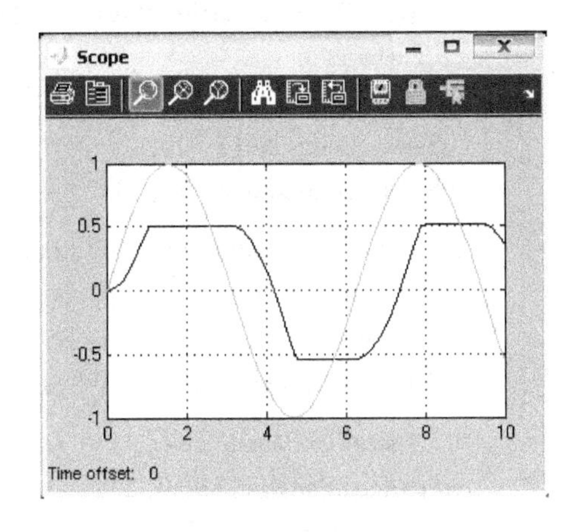

图 10-9　正弦波及限幅积分后的截顶正弦波

同样利用“封装”命令,可以把上面定义的限幅积分模块 limintm 封装成一个真正的 Simulink 模块(参 PID 模块的封装)。

10.2.2　用 C 语言创建 S-函数

尽管 M 文件 S-函数非常容易编写和理解,但是由于它在每个仿真步都要激活 MATLAB 解释器,使得仿真的速度变慢。另外,当需要利用 RTW 从 Simulink 框图生成实时代码时,框图中不能包含 M 文件 S-函数。而 C MEX S-函数不仅执行速度快,而且可以用来生成独立的仿真程序,对一些用 C 语言编写好的程序还可以方便地通过包装程序结合到 C MEX S-函数中。这样的 S-函数由于结合了 C 语言的优势,可以实现对操作系统和硬件的访问,这种特性可以用来实现与串口或网络的通信,以及编写设备的驱动程序等。

1. C MEX S-函数的模板

用C语言也可创建S-函数(MEX文件),在MATLAB、simulink、src目录下保存有大量的用C语言编写的S-函数。与利用M文件编写S-函数一样,Simulink同样也为用C语言编写S-函数提供了模板文件。对于一般的应用,通常使用模板文件sfuntmpl_basic.c。虽然该文件只包含了几个常用的子程序,但它提供了用C语言编写S-函数的基本框架结构。模板文件sfuntmpl_doc.c,则包含了所有的子程序,并有详细的注释。在MATLAB窗口中输入以下命令可打开模板文件sfuntmpl_basic.c。

```
>>edit sfuntmpl_basic.c
```

以下是删除了部分注释的模板文件sfuntmpl_basic.c的内容。

```
#define S_FUNCTION_NAME sfuntmpl_basic     /* S-函数名 */
#define S_FUNCTION_LEVEL 2                 /* S-函数适用的Simulink版本 */
#include "simstruc.h"
static void mdlInitializeSizes(SimStruct *S)     /* 各种数量信息子函数 */
{
    ssSetNumSFcnParams(S, 0);                 /* 设置用户参数 */
    if (ssGetNumSFcnParams(S) != ssGetSFcnParamsCount(S)) {
        /* Return if number of expected != number of actual parameters */
        return;
    }
    ssSetNumContStates(S, 0);                 /* 设置连续状态的个数 */
    ssSetNumDiscStates(S, 0);                 /* 设置离散状态的个数 */

    if (!ssSetNumInputPorts(S, 1)) return;
    ssSetInputPortWidth(S, 0, 1); /* 设置输入信号的宽度 */
    ssSetInputPortRequiredContiguous(S, 0, true);
    ssSetInputPortDirectFeedThrough(S, 0, 1);

    if (!ssSetNumOutputPorts(S, 1)) return;
    ssSetOutputPortWidth(S, 0, 1);            /* 设置输出信号的宽度 */
    ssSetNumSampleTimes(S, 1);                /* 设置采样时间的个数 */
    ssSetNumRWork(S, 0);                      /* 设置实工作向量的维数 */
    ssSetNumIWork(S, 0);                      /* 设置整数工作向量的维数 */
    ssSetNumPWork(S, 0);                      /* 设置指针工作向量的维数 */
    ssSetNumModes(S, 0);
    ssSetNumNonsampledZCs(S, 0);
    ssSetOptions(S, 0);
}

static void mdlInitializeSampleTimes(SimStruct *S) /* 采样时间子函数 */
{
    ssSetSampleTime(S, 0, CONTINUOUS_SAMPLE_TIME);
    ssSetOffsetTime(S, 0, 0.0);
}

#define MDL_INITIALIZE_CONDITIONS
```

```
#if defined(MDL_INITIALIZE_CONDITIONS)
static void mdlInitializeConditions(SimStruct *S)    /* 初始状态子函数 */
{
}
#endif

#define MDL_START  /* Change to #undef to remove function */
#if defined(MDL_START)
static void mdlStart(SimStruct *S)          /* 开始子函数 */
{
}
#endif /* MDL_START */

static void mdlOutputs(SimStruct *S, int_T tid)     /* 计算输出子函数 */
{
const real_T *u=(const real_T*) ssGetInputPortSignal(S,0);
real_T       *y=ssGetOutputPortSignal(S,0);
y[0]=u[0];
}

#define MDL_UPDATE        /* Change to #undef to remove function */
#if defined(MDL_UPDATE)
static void mdlUpdate(SimStruct *S, int_T tid)        /* 状态更新子函数 */
{
}
#endif     /* MDL_UPDATE */

#define MDL_DERIVATIVES    /* Change to #undef to remove function */
#if defined(MDL_DERIVATIVES)
static void mdlDerivatives(SimStruct *S)        /* 计算导数子函数 */
{
}
#endif     /* MDL_DERIVATIVES */

static void mdlTerminate(SimStruct *S)        /* 仿真结束子函数 */
{
}

#ifdef MATLAB_MEX_FILE
#include "simulink.c"
#else
#include "cg_sfun.h"
#endif
```

由此可见,每个用C语言编写的S-函数的开头都应包含下列语句:

```
#define S_FUNCTION_NAME   your_sfunction_name
#define S_FUNCTION_LEVEL 2
#include "simstruc.h"
```

其中,your_sfunction_name 是用户要编写的 S-函数的名字,也就是在 S-function 模块中要输入的 S-函数名。S-函数格式随着 Simulink 版本的更替而略有不同,S_FUNCTION_LEVEL 就说明了该 S-函数适用的 Simulink 版本。对于 Simulink 4.0 版本,S_FUNCTION_LEVEL 应定义为 2。头文件 simstruc.h 则定义了重要数据结构 SimStruct。它还包含有其他重要的头文件,如 tmwtypes.h,它定义了各种数据类型。

另外,在文件的顶部还应包含适当的头文件或其他的宏或者变量,就和编写普通的 C 程序一样。

函数中间是几个子函数,它们的功能与用 M 文件编写的 S-函数中相应子函数的功能类似,在此不再介绍。

在函数的尾部应包含下列语句:

```
#ifdef MATLAB_MEX_FILE      /* Is this file being compiled as a MEX-file? */
#include "simulink.c"       /* MEX-file interface mechanism */
#else
#include "cg_sfun.h"        /* Code generation registration function */
#endif
```

其中,MATLAB_MEX_FILE 用于告诉编译器该 S-函数正被编译成 MEX 文件(Windows 下为.dll文件),包含头文件 simulink.c。如果正在使用 RTW 将整个 Simulink 框图编译成实时的独立程序(Windows 下为 .exe 文件),包含头文件 cg_sfun.h。

【例 10-8】 利用以上模板用 C 语言编写的范德蒙德方程的函数 vdpmex.c 如下。

```
%vdpmex.c
%Example MEX-file system for Van der Pol equations
#define S_FUNCTION_NAME vdpmex
#define S_FUNCTION_LEVEL 2
#include "simstruc.h"
static void mdlInitializeSizes(SimStruct *S)
{
    ssSetNumSFcnParams(S, 0);    /* Number of expected parameters */
    if (ssGetNumSFcnParams(S) != ssGetSFcnParamsCount(S)) {
      return;                    /* Parameter mismatch will be reported by Simulink */
    }
    ssSetNumContStates(S, 2);    /* 设置连续状态的数为 2 */
    ssSetNumDiscStates(S, 0);
    if (!ssSetNumInputPorts(S, 0)) return;
    if (!ssSetNumOutputPorts(S, 0)) return;
    ssSetNumSampleTimes(S, 1);
    ssSetNumRWork(S, 0);
    ssSetNumIWork(S, 0);
    ssSetNumPWork(S, 0);
    ssSetNumModes(S, 0);
    ssSetNumNonsampledZCs(S, 0);
        /* Take care when specifying exception free code - see sfuntmpl_doc.c */
    ssSetOptions(S, SS_OPTION_EXCEPTION_FREE_CODE);
```

```
}

%mdlInitializeSampleTimes
static void mdlInitializeSampleTimes(SimStruct *S)
{
    ssSetSampleTime(S, 0, CONTINUOUS_SAMPLE_TIME);
    ssSetOffsetTime(S, 0, 0.0);
}

%mdlInitializeConditions
static void mdlInitializeConditions(SimStruct *S)
{
    real_T *x0=ssGetContStates(S);
    x0[0]=0.25;x0[1]=0.25;          /* 设置系统初始值 */
}

%mdlOutputs
static void mdlOutputs(SimStruct *S, int_T tid)
{
    UNUSED_ARG(S);    /* unused input argument */
    UNUSED_ARG(tid);  /* not used in single tasking mode */
}

#define MDL_DERIVATIVES
%mdlDerivatives
static void mdlDerivatives(SimStruct *S)
{
    real_T *dx =ssGetdX(S);
    real_T *x =ssGetContStates(S);
    dx[0]=x[0] * (1.0 - x[1] * x[1]) - x[1];
    dx[1]=x[0];
}
%mdlTerminate
static void mdlTerminate(SimStruct *S)
{
    UNUSED_ARG(S);          /* unused input argument */
}

#ifdef MATLAB_MEX_FILE      /* Is this file being compiled as a MEX-file? */
#include "simulink.c"       /* mex-file interface mechanism */
#else
#include "cg_sfun.h"        /* Code generation registration function */
#endif
```

对于用 M 文件编写的 S-函数,在 MATLAB 环境下可以通过解释器直接执行。而对于用 C 语言或其他语言编写的 S-函数,则需要首先编译成可以在 MATLAB 环境下运行的二进制代码,即动态链接库或静态链接库,然后才能使用。这些经过编译的二进制文件就是所谓的 MEX 文件。在 Windows 系统下 MEX 文件的后缀为 .dll。要将 C 语言编写的 S-函数编译成动态库,需在 MATLAB 命令下利用 MATLAB、bin、win32 目录下的批处理文件 mex.bat。

例如,在 MATLAB 指令方式下,利用以下命令可将以上源文件编译成 vdpmex. dll 文件。即

>>mex vdpmex. c

动态链接库文件 vdpmex. dll 是 Windows 下的可执行映像,可以在 MATLAB 下调用。

首次使用 mex 命令时,需要利用以下命令在系统中安装一个 C 编译器。

>>mex -setup

在 MATLAB\simulink\src 目录下除了模板文件 sfuntmpl_basic. c 和 sfuntmpl_doc. c 外,还保存有大量的用 C 语言编写的 S-函数。表 10-3 列出了这些用 C 语言编写的 S-函数及其简要说明。

表 10-3　C MEX S-函数例子

文 件 名	说　明
csfunc. c	定义一个连续系统的 C MEX S-函数
dsfunc. c	定义一个离散系统的 C MEX S-函数
mixedm. c	实现由一个连续积分器和一个单位延迟串联的混合系统
mixedmex. c	实现一个具有一个单输出和双输入的混合系统
quantize. c	向量化模块
resetint. c	复位积分器
sftable2. c	二维查找表 S-函数
simomex. c	实现一个单输出和双输入的状态空间系统的例子
sfun_dynsize. c	动态确定 S-函数输出的大小的例子
sfun_errhdl. c	使用 mdlCheckParams S-函数自程序如何检查参数的例子
sfun_fcncall. c	配置函数调用子系统的例子
sfun_multiport. c	具有多个输入输出端口的例子
sfun_multirare. c	如何指定基于端口采样时间的例子
sfun_zc. c	执行 abs(u)的具有非采样过零点的例子
sfun_zc_sat. c	使用过零区间的饱和的例子
sfunmem. c	一个积分步延迟和保持“存储”函数的例子
stspace. c	实现一组状态方程,由 S-函数模块和模板可将其转为一个新模块
stvctf. c	执行一个连续传递函数,传递函数多项式由输入向量传递
timestwo. c	输入放大 2 倍
limintc. c	实现连续限定积分器
dlimintc. c	一个离散时间限定积分器
vlimintc. c	实现一个向量化限定积分器
vdlmintc. c	实现一个离散时间向量化限定积分器
vdpm. c	实现 Van del Pol 等式
vsfunc. c	实现一个变步长延时,第一个输入延时由第二个输入确定的时间

2. C MEX S-函数的模块化

在动态系统设计、仿真与分析中,同样也可以利用 User-Defined Function Tables 模块库中的 S-function模块来调用 C MEX S-函数,以形成用户自行定义的 S-函数模块。

【例 10-9】 利用 C MEX S-函数实现系统：$y=2u$

解 ① 利用以上模板用 C 语言编写的函数 timestwo. c 如下。

```
/* timestwo.c */
#define S_FUNCTION_NAME timestwo
#define S_FUNCTION_LEVEL 2
#include "simstruc.h"

static void mdlInitializeSizes(SimStruct *S)
{
    ssSetNumSFcnParams(S, 0);
    if (ssGetNumSFcnParams(S) != ssGetSFcnParamsCount(S)) {
        return;     /* Parameter mismatch will be reported by Simulink */
    }

    if (!ssSetNumInputPorts(S, 1)) return;
    ssSetInputPortWidth(S, 0, DYNAMICALLY_SIZED);
    ssSetInputPortDirectFeedThrough(S, 0, 1);

    if (!ssSetNumOutputPorts(S,1)) return;
    ssSetOutputPortWidth(S, 0, DYNAMICALLY_SIZED);
    ssSetNumSampleTimes(S, 1);
    /* Take care when specifying exception free code - see sfuntmpl_doc.c */
    ssSetOptions(S, SS_OPTION_EXCEPTION_FREE_CODE |
                 SS_OPTION_USE_TLC_WITH_ACCELERATOR);
}

static void mdlInitializeSampleTimes(SimStruct *S)
{
    ssSetSampleTime(S, 0, INHERITED_SAMPLE_TIME);
    ssSetOffsetTime(S, 0, 0.0);
}
static void mdlOutputs(SimStruct *S, int_T tid)
{
    int_T i;
    InputRealPtrsType uPtrs = ssGetInputPortRealSignalPtrs(S,0);
    real_T      *y    = ssGetOutputPortRealSignal(S,0);
    int_T       width = ssGetOutputPortWidth(S,0);

    for (i=0; i<width; i++) {
        *y++ = 2.0 * (*uPtrs[i]);
    }
}

static void mdlTerminate(SimStruct *S)
{
}

#ifdef MATLAB_MEX_FILE    /* Is this file being compiled as a MEX-file? */
#include "simulink.c"     /* mex-file interface mechanism */
```

```
#else
#include "cg_sfun.h"              /* Code generation registration function */
#endif
```

② 利用以下命令可将以上源文件编译成 timestwo. dll 文件。即

```
>>mex timestwo. c
```

③ 利用 User-Defined Function 模块库中的 S-Functions 模块构造如图 10-4(a)所示的系统。

④ 在 S-function 模块参数对话框的 S-函数名一栏中填写以上编写的 C MEX S-函数文件名 timestwo (. dll 文件),用鼠标单击【OK】按钮后,图 10-4(a)同样变成了图 10-4(b)的形式。

⑤ 打开示波器,启动仿真后,同样可在示波器上看到如图 10-5 所示的正弦信号被放大为原来的 2 倍。

上述三种方式所创建的 S-函数都可以用于仿真,但运行速度不同。C MEX 文件形成的 S-函数运行速度最快;框图的仿真表示比较直观,容易构造,运行速度次之;由 M 文件形成的 S-函数编写灵活,适用面宽,但运行速度最慢。因此,使用何种方式应视具体情况而定。在解决较复杂问题时,常常需要多种方法交叉使用。如果存在相同名字的 M 文件和 C MEX 文件,S-函数优先使用 C MEX 文件。

10.3 S-函数编译器

为了方便 S-函数的使用和编写,Simulink 的 User-Defined Function 模块库中为用户编写常用的 C MEX S-函数提供了一个图形化的集成开发环境 S-Functions Builder 模块,用户无须了解众多的宏函数,只要在对应的位置填入所需的信息和代码,S-Function Builder 就会自动生成 C MEX S-函数,同时也会生成对应的 C 源文件。

在用户模型编辑窗口中双击 S-Functions Builder 模块的图标,即可打开如图 10-10 所示的 S-Function Builder 模块的界面。

从图 10-10 中可知,在 Initialization、Outputs、Continuous Derivatives 和 Discrete Update 4 个页面中对应着 S-函数的四个最常用的子函数。打开 S-Function Builder 为用户生成的 C 源文件,就会发现在各个页面填入的信息和代码被放入了对应的子函数中。

下面给出用户使用S-Function Builder编写 S-函数的步骤。

(1) 首先在 S-function name 编辑栏里填入 S-函数名。

(2) 如果存在用户参数,在 S-function parameters 栏填入用户参数默认值。

(3) 在图 10-10 所示的 S-Function Builder 的 Initialization 页面中按照提示填入仿真相关信息。这里 Continuous states IC 和 Discrete states IC 分别指的是连续状态初值和离散状态初值。

(4) 在 Libraries 页面中填入所需要的库文件(包括目录)、要包含的头文件,以及外部函数声明。

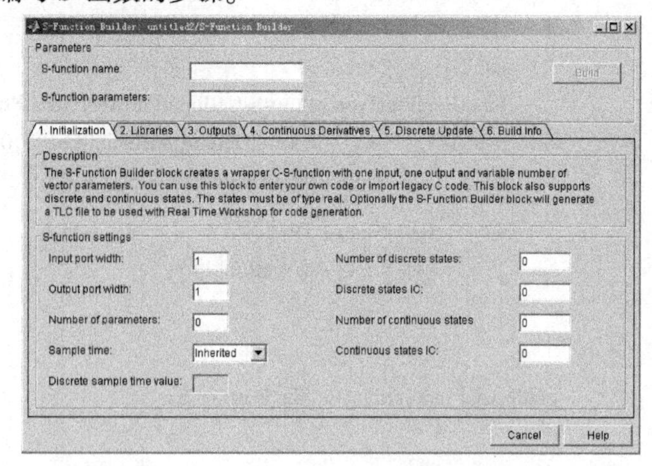

图 10-10 S-Function Builder 模块参数对话框

（5）在 Outputs，Continuous Derivatives 和 Discrete Update 页面中填入输出方程、连续状态方程和离散状态方程，以及其他用户代码。

（6）用鼠标单击【Build】按钮，开始生成 C 代码、编译链接等工作。

【例 10-10】 利用开发工具 S-Functions Builder 实现系统：$y=2u$。

解 ① 利用 S-Function Builder 模块构造如图 10-11(a)所示的系统。

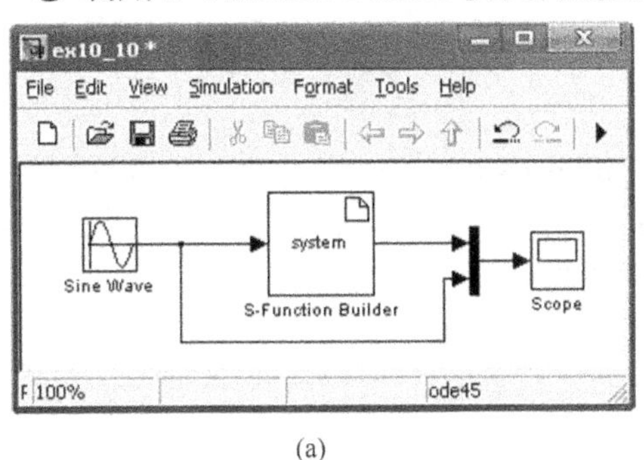

(a)

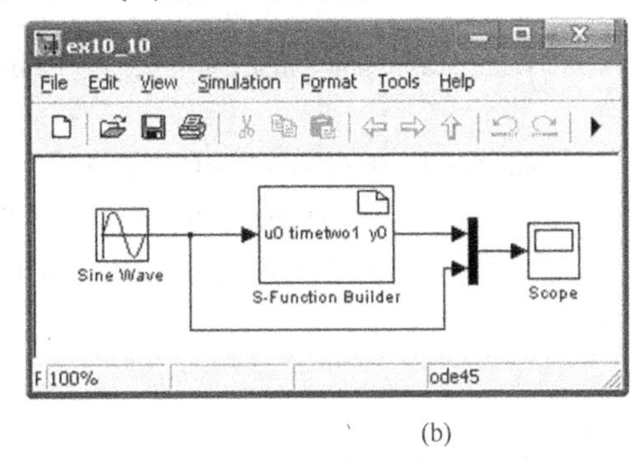

(b)

图 10-11 例 10-10 的图

② 首先在 S-Function Builder 模块参数对话框的 S-函数名一栏中填写文件名 timestwol，然后在 Output 页面中最后一行的下面增加一条命令：$y[0]=2*u0[0]$；最后在保持其余页面内容默认的情况下，用鼠标左键单击【Build】按钮，编译成功后图 10-11 (a)将变成图 10-11 (b)的形式。

③ 打开示波器，启动仿真后，同样可在示波器上看到输入的正弦信号被放大为原来的 2 倍，如图 10-5 所示。

10.4 S-函数包装程序

当用户需要将已有的程序、算法集成到 Simulink 框图模型中时，通常使用 S-函数包装程序(MEX S-function Wrappers)来完成这个任务。所谓的 S-函数包装程序就是一个可以调用其他模块代码的 S-函数，实际就是通过 S-函数的形式来调用其他语言(MATLAB 语言除外)编写的程序。使用外部模块时，需要在 S-函数中将已有的代码声明为 extern(即外部函数)，并且还必须在 mdlOutputs子函数中调用这些已有的代码，因为只有在 mdlOutputs 中才能实现模块输出的更新。由此可以看出，包装实际上就是用 S-函数来封装或者包装已有的算法，并将其作为一个模块在 Simulink中使用。Simulink 在与 S-函数交互作用时，不仅需要调用 mdlOutputs 子函数，还需要调用其他几个必需的子函数，如 UpDate 子函数，即使这个子函数中什么也没有；而用户使用 S-函数的目的仅仅是想利用已有的程序。这种多余的调用无疑影响了仿真的效率。解决这个问题的办法是使用 TLC S-function Wrapper，有关内容请读者参考相关 MATLAB 文献。

例如，利用 S-函数的包装程序可将以下 C 源文件 myfile. c 包装到 C MEX S-函数 myfun 中。

C 源文件 myfile. c 如下。

```
/* myfile.c */
double myfile(double input)
{
    return(input * 2.0);    /* 输入信号放大 2 倍 */
}
```

C MEX S-函数源文件 myfun. c 如下。

```
/* myfcn. c */
#define S_FUNCTION_NAME myfun
#define S_FUNCTION_LEVEL 2
#include "simstruc. h"
extern real_T myfile(real_T u);   /* 声明函数 myfile 为外部函数 */
        ⋮
static void mdlOutputs(SimStruct *S, int_T tid)
{

    InputRealPtrsType uPtrs = ssGetInputPortRealSignalPtrs(S,0);
    real_T *y = ssGetOutputPortRealSignal(S,0);
    *y = myfile(*uPtrs[0]);      /* 调用外部函数 myfile */
}
        ⋮

#ifdef MATLAB_MEX_FILE
#include "simulink. c"
#else
#include "cg_sfun. h"
#endif
```

在编译带有外部函数的S-函数时,只需将已有程序的源文件加在S-函数源文件的后面即可,如下所示。

```
>>mex myfun. c myfile. c
```

本章小结

本章主要介绍了MATLAB中具有特殊调用格式的S-函数。从本质上讲,S-函数是Simulink如何运作的核心所在。通过本章学习应重点掌握以下内容:

(1) S-函数的基本概念和工作原理;

(2) 掌握M文件S-函数的建立及其使用;

(3) 了解C MEX S-函数的组成;

(4) S-函数模块化的方法,利用S-function模块可形成用户自行定义的S-函数模块;

(5) 利用S-函数编译器建立C MEX S-函数的方法及C MEX S-函数的使用。

习　　题

10-1　什么是S-函数? S-函数的仿真过程包括几个阶段?

10-2　采用S-函数实现系统 $y=\sin t$。

10-3　利用开发工具S-Fuction Builder实现系统 $y=\cos t$。

本章习题解答,请扫以下二维码。

习题10解答

附录 A　MATLAB 函数一览表

函数名	功能
+	加
-	减
*	矩阵乘
.*	向量乘
^	矩阵乘方
.^	向量乘方
\	矩阵左除
/	矩阵右除
.\	向量左除
./	向量右除
:	向量生成或子阵提取
()	下标运算或参数定义
[]	矩阵生成或空矩阵
{}	定义传递函数阵
.	结构字体获取符
…	续行标志
,	分行符(该行结果显示)
;	分行符(该行结果不显示)
%	注释标志
!	操作系统命令提示符
'	矩阵转置
.'	向量转置
=	赋值运算
==	关系运算之相等
~=	关系运算之不等
<	关系运算之小于
<=	关系运算之小于等于
>	关系运算之大于
>=	关系运算之大于等于
&	逻辑运算之与
|	逻辑运算之或
~	逻辑运算之非
A	
abs()	绝对值或幅值函数
acos()	反余弦函数
acosh()	反双曲余弦函数
acot()	反余切函数
acoth()	反双曲余切函数
acsc()	反余割函数
acsch()	反双曲余割函数
addpath	增加一条搜索路径
airy()	airy 函数
align()	坐标轴与用户接口控制的对齐工具
all()	测试向量中所有元素是否为真

函数名	功能
allchild()	获取所有子对象
alim()	透明比例
alpha()	透明模式
alphamap()	透明查看表
angle()	相位函数
and()	逻辑与
ans	缺省的计算结果变量
any()	测试向量中是否有真元素
area()	区域填充
asec()	反正割函数
asech()	反双曲正割函数
asin()	反正弦函数
asinh()	反双曲正弦函数
atan()	反正切函数
atan2()	四个象限内反正切函数
atanh()	反双曲正切函数
auread()	读 .au 文件
auwrite()	写 .au 文件
axes()	坐标轴标度设置
axlimdlg()	坐标轴设限对话框
B	
bar()	条形图绘制
bar3()	三维条形图绘制
bar3h()	三维水平条形图绘制
barh()	水平条形图绘制
besselh()	bessel 函数(hankel 函数)
besseli()	改进的第一类 bessel 函数
besselj()	第一类 bessel 函数
besselk()	改进的第二类 bessel 函数
bessely()	第二类 bessel 函数
beta()	beta 函数
betainc()	非完全的 beta 函数
betaln()	beta 对数函数
bitand()	位求与
bitcmp()	位求补
bitget()	位获取
bitmax()	求最大无符号浮点整数
bitor()	位求或
bitset()	位设置
bitshift()	位移动
bitxor()	位异或
blanks()	设置一个由空格组成的字符串
bone()	带有蓝色调的灰度的调色板

续表

函数名	功能	函数名	功能
box()	坐标轴盒状显示	colstyle()	用字符串说明颜色和风格
break	中断循环执行的语句	comet()	彗星状轨迹绘制
brighten()	图形亮度调整	comet3()	三维彗星状轨迹绘制
btndown()	组按钮中按钮按下	compan()	生成伴随矩阵
btngroup()	组按钮生成	compass()	罗盘图
btnpress()	组按钮中按钮按下管理	compose()	符号表达式的符合运算
btnstate()	查询组按钮中按钮状态	computer	运行 MATLAB 的机器类型
btnup()	组按钮中的按钮弹起	cond()	求矩阵的条件数
builtin()	执行 MATLAB 内建的函数	condest()	估算 $\lVert * \rVert_1$ 范数
C		coneplot()	三维流管图
camlight()	创建和设置光线的位置	conj()	共轭复数函数
campos()	相机位置	contour()	等高线绘制
camproj()	相机投影	contour3()	三维等高线绘制
camtarget()	相机目标	contourc()	等高线绘图计算
camup()	相机抬升向量	contourf()	等高线填充绘制
camva()	相机视角	contrast()	灰度对比度设置
capture()	屏幕抓取	conv()	卷积与多项式乘法
cart2pol()	笛卡儿坐标到极坐标转换	conv2()	二维卷积
cart2sph()	笛卡儿坐标到球面坐标转换	cool()	以天蓝色、粉色为基色的调色板
case	与 Swith 结合实现多路转移	copper()	线性铜色调的调色板
cat()	数组连接	copyobj()	图形对象复制
caxis()	坐标轴伪彩色设置	corrcoef()	相关系数计算
cbedit()	回调函数编辑器	cos()	余弦函数
cd	改变当前工作目录	cosh()	双曲余弦函数
cdf2rdf()	复块对角阵到实块对角阵转换	cot()	余切函数
cedit	设置命令行编辑与回调的函数	coth()	双曲余切函数
ceil()	沿+∞ 方向取整	cov()	协方差计算
cell()	单元数组生成	cplxpair()	依共轭复数对重新排序
cell2struct()	单元数组转换成结构数组	cputime	所用的 CPU 时间
celldisp()	显示单元数组内容	cross()	矩阵的叉积
cellplot()	单元数组内容的图形显示	csc()	余割函数
char()	生成字符串	csch()	双曲余割函数
chol()	Cholesky 分解	cumprod()	向量累积
cla()	清除当前坐标轴	cumsum()	向量累加
clabel()	等高线高程标志	curl()	向量场的卷曲和角速率
class()	生成一个类对象	cylinder()	圆柱体生成
clc	清除命令窗口显示	**D**	
clear	删除内存中的变量与函数	date()	日期
clf	清除当前图形窗口	datenum()	日期(数字串格式)
clock	时钟	datestr()	日期(字符串格式)
close()	关闭图形窗口	datevec()	日期(年月日分离格式)
clruprop()	清除用户自定义属性	dbclear	清除调试断点
contourslice()	切片面板中的等值线	dbcont	调试继续执行
colmmd()	列最小度排序	dbdown	改变局部工作空间内容
colorbar()	颜色条设置	dblquad()	双重积分
colormap()	调色板设置	dbmex	启动对 MEX 文件的调试
colperm()	由非零元素的个数来排序各列	dbquit	退出调试模式
collect()	合并符号表达式的同类项	dbstack	列出函数调用关系
colordef()	颜色默认设置	dbstatus	列出所有断点的情况

续表

函数名	功能
dbstep	单步执行
dbstop	设置调试断点
dbtype	列出带命令行标号的 m 文件
dbup	改变局部工作空间内容
ddeadv( )	设置 DDE 连接
ddeexec( )	发送要执行的串
ddeinit( )	DDE 初始化
ddepoke( )	发送数据
ddereq( )	接收数据
ddeterm( )	DDE 终止
ddeunadv( )	释放 DDE 连接
deblank( )	删除结尾空格
dec2hex( )	十进制到十六进制的转换
deconv( )	因式分解与多项式乘法
delete	删除文件
demo	运行 MATLAB 演示程序
det( )	求矩阵的行列式
determ( )	符号矩阵行列式运算
diag( )	建立对角矩阵或获取对角向量
dialog( )	对话框生成
diary	将 Matlab 运行命令存盘
diff( )	符号微分
diffuse( )	图象漫射处理
digits( )	设置可变精度
dir	列出当前目录的内容
disp( )	显示矩阵或文本
divergence( )	向量场的差异
dmperm( )	Dulmage-Mendelsohn 分解
doc	装入超文本文档
dot( )	矩阵的点积
double( )	转换成双精度型
drawnow( )	清除未决的图形对象事件
dsolve( )	符号微分方程求解
E	
echo	显示文件中的 MATLAB 命令
edit	编辑 m 文件
edtext( )	坐标轴文本对象编辑
eig( )	求矩阵的特征值和特征向量
eigs( )	求稀疏矩阵特征值和特征向量
eigensys( )	符号矩阵的特征值与特征向量
ellipj( )	jacobi 椭圆函数
ellipke( )	完全椭圆积分
ellipsoid( )	创建椭球体
else	与 if 一起使用的转移语句
elseif	与 if 一起使用的转移语句
end	结束控制语句块
eomday( )	计算月末
eps	浮点数相对精度
eq( )	等于
erf( )	误差函数
erfc( )	互补误差函数
erfcx( )	比例互补误差函数
erfinv( )	逆误差函数
errorbar( )	误差条形图绘制
error	显示信息和终止功能
errordlg( )	错误对话框
etime( )	所用时间函数
etree( )	给出矩阵的消元树
etreeplot( )	画消元树
eval( )	符号表达式转换为数值表达式
exist( )	检测变量或文件是否定义
exp( )	指数函数
expand( )	对符号表达式进行展开
expint( )	指数积分函数
expm( )	矩阵指数函数
eye( )	产生单位阵
ezcontour( )	简易等值线生成器
ezcontourf( )	简易填充等值线生成器
ezgraph3( )	简易一般表面绘图器
ezmesh( )	简易三维网格绘图器
ezmeshc( )	简易三维网格图叠加等值线图生成器
ezplot( )	函数画图
ezplot3( )	简易三维参数曲线绘图器
ezpolar( )	简易极坐标绘图器
ezsurf( )	简易三维彩色绘图器
ezsurfc( )	简易三维曲面叠加等值线图绘图器
F	
factor( )	对符号表达式进行因式分解
fclose( )	关闭文件
feather( )	羽状图形绘制
feof( )	文件结尾检测
ferror( )	文件 I/O 错误查询
feval( )	执行字符串指定的文件
fft( )	离散 Fourier 变换
fft2( )	二维离散 Fourier 变换
fftshift( )	fft 与 fft2 输出重排
fgetl( )	读文本文件(无行结束符)
fgets( )	读文本文件(含行结束符)
fieldnames( )	获得结构的字段名
figure( )	生成图形窗口
fill( )	填充二维多边形
fill3( )	三维多边形填充
filter( )	一维数字滤波
filter2( )	二维数字滤波
find( )	查找非零元素的下标
findall( )	查找所有对象
findobj( )	查找对象
findstr( )	子串查找
finverse( )	符号表达式的反函数运算
fix( )	舍去小数至最近整数

续表

函数名	功能
flag()	以红、白、蓝、黑为基色的调色板
fliplr()	按左右方向翻转矩阵元素
flipud()	按上下方向翻转矩阵元素
floor()	沿 $-\infty$ 方向取整
flops	浮点运算计数
fmin()	一元函数的极小值
fmins()	多元函数的极小值
fminsearch()	多元函数的极小值
fminunc()	多元函数的极小值
fopen()	打开文件
for	循环语句
format	设置输出格式
fourier()	Fourier 变换
fplot()	函数画图
fprintf()	写格式化数据到文件
frame2im()	将动画框转换为索引图片
fread()	读二进制流文件
frewind()	文件指针回绕
fscanf()	从文件读格式化数据
fseek()	设置文件指针位置
fsolve()	非线性方程组求解
ftell()	获得文件指针位置
full()	稀疏矩阵转换为常规矩阵
function	MATLAB 函数定义关键词
funm()	矩阵任意函数
fwrite()	写二进制流文件
fzero()	一元函数的零点值
G	
gallery()	生成一些小的测试矩阵
gamma()	gamma 函数
gammainc()	非完全 gamma 函数
gammaln()	gamma 对数函数
gca()	获得当前坐标轴句柄
gcbo()	获得当前回调对句的句柄
gcd()	最大公约数
gcf()	获得当前图形的窗口句柄
gco()	获得当前对象的句柄
gcbf()	获得当前回调窗口的句柄
ge()	大于等于
getappdata()	获得结构的数据值
get()	获得对象属性
getenv	获得环境参数
getfield()	获得结构的字段值
getframe()	获取动画帧
getptr()	获得窗口指针
getstatus()	获取窗口中文本串状态
getuprop()	获取用户自定义属性
ginput()	获取鼠标输入
global	定义全局变量
gplot()	绘制图论图形
gradient()	梯度计算
gray()	线性灰度的调色板
graymon()	灰度监视器图形默认设置
grid()	坐标网络线开关设置
griddata()	数据网络的插值生成
gt()	大于
gtext()	在鼠标位置加文字说明
guide()	GUI 设计工具
H	
hadamard()	生成 hadamard 矩阵
hankel()	生成 hankel 矩阵
help	启动联机帮助
helpdlg()	帮助对话框
hess()	求 Hessenberg 矩阵
hex2dec()	十六进制到十进制的转换
hex2num()	十六进制到 IEEE 标准下浮点数的转换
hidden()	网络图的网络线开关设置
hilb()	生成 hilbert 矩阵
hist()	直方图绘制
hold()	设置当前图形保护模式
home	将光标移动到左上角位置
horner()	转换成嵌套形式的符号表达式
hot()	以黑、红、黄、白为基色的调色板
hsv()	色度饱和度亮度调色板
I	
i	复数中的虚数单位
ilaplace()	Laplace 反变换
if	条件转移语句
ifourier()	Fourier 反变换
ifft()	离散 Fourier 逆变换
ifft2()	二维离散 Fourier 逆变换
im2frame ()	将索引图片转换为动画框
imag()	求虚部函数
image()	创建图像对象
imagesc()	数据比例化并图形显示
imfinfo()	获得图形文件信息
imread()	从文件读取图像
imwrite()	保存图像到文件
ind2rgb()	将索引图片转换为 RGB 图片
inf	无穷大
inferiorto()	建立类的层次关系
inline()	建立一个内联对象
input()	请求输入
inputdlg()	输入对话框
inputname	输入参数名
int()	符号积分
int2str()	变整数为字符串
interp1()	一维插值(查表)
interp2()	二维插值(查表)
interp3()	三维插值(查表)

续表

函数名	功能
interpft()	基于 Fourier 变换的一维插值
interpn()	多维插值(查表)
interpstreamspeed()	内插源于速度的流线顶点
inv()	矩阵求逆
invhilb()	生成逆 hilbert 矩阵
ipermute()	任意改变矩阵维数序列
isa()	判断对象是否属于某一类
isappdata()	核对结构的数据是否存在
iscell()	如果是单元数组则返回真
isempty()	若参数为空矩阵,则结果为真
isfield()	如果字段属于结构则返回真
isglobal()	若参数为全局变量,则为真
ishold()	若当前绘图状态为 ON,则结果为真
isieee	若有 IEEE 算术标准,则为真
misinf()	若参数为 inf,则结果为真
isletter()	若字符串为字母组成,则为真
isnan()	若参数为 NaN,则结果为真
isobject()	如果是一个对象则返回真
isocaps()	等表面终端帽盖
isocolors()	等表面和阴影颜色
isonormals()	等表面法向
isosurface()	等表面提取器
isreal()	若参数 A 无虚部,则结果为真
isspace()	若参数为空格,则结果为真
issparse()	若矩阵为稀疏,则结果为真
isstr()	若参数为字符串,则结果为真
isstruct()	如果是结构则返回真
iztrans()	z 反变换
J	
j	复数中的虚数单位
jordan()	符号矩阵约当标准型运算
K	
keyboard	启动键盘管理
kron()	kronecker 乘积函数
L	
laplace()	Laplace 变换
lasterr()	查询上一条错误信息
lcm()	最小公倍数
le()	小于等于
legend()	图形图例
legendre()	legendre 伴随函数
length()	查询向量的维数
light()	光源生成
lighting()	光照模式设置
lightangle()	光线的极坐标位置
limit()	符号极限
line()	线生成
linsolve()	奇次线性代数方程组求解
linspace()	构造线性分布的向量
listdlg()	列表选择对话框

函数名	功能
load	从文件中装入数据
log()	以 e 为底的对数,自然对数
log10()	以 10 为底的对数
log2()	以 2 为底的对数
logical()	将数字量转化为逻辑量
loglog()	全对数二维坐标绘制
logm()	矩阵对数函数
logspace()	构造等对数分布的向量
lookfor	搜索关键词的帮助
lower()	字符串小写
lscov()	最小二乘方差
lt()	小于
lu()	矩阵的 LU 三角分解
M	
magic()	生成 magic 矩阵
makemenu()	生成菜单结构
material()	材料反射模式
matlabrc	启动主程序
matlabroot	获得 MATLAB 的安装根目录
max()	求向量中最大元素
mean()	求向量中各元素均值
median()	求向量中中间元素
menu()	菜单生成
menubar()	设置菜单条属性
menuedit()	菜单编辑器
mesh()	三维网格图形绘制
meshc()	带等高线的三维网格绘制
meshgrid()	构造三维图形用 xy 阵列
meshz()	带零平面的三维网格绘制
methods()	显示所有方法名
min()	求向量中最小元素
more	控制命令窗口的输出页面
movie()	播放动画帧
moviein()	初始化动画框内存
msgdlg()	消息对话框
N	
NaN	非数值常量(常有 0/0 或 Inf/Inf)获得
nargchk()	函数输入输出参数个数检验
nargin	函数中参数输入个数
nargout	函数中输出变量个数
ndgrid()	N 维数组生成
ndims()	求矩阵维数
ne()	不等于
nextpow2()	找出下一个 2 的指数
nnls()	非负最小二乘
nnz()	稀疏矩阵的非零元素个数
nonzeros()	稀疏矩阵的非零元素
norm()	求矩阵的范数
normest()	估算 $\Vert * \Vert_2$ 范数
not()	逻辑非

续表

函数名	功能	函数名	功能
now	当前日期与时间	pow2()	基2标量浮点数
null()	右零空间	ppval()	分段多项式求值
num2cell()	将数值数组转换为单元数组	pretty()	以简便方式显示符号表达式
num2str()	变数值为字符串	print()	打印图形或将图形存盘
numden()	提取分子与分母	printpreview()	创建打印对话框
numeric()	符号表达式转换为数值表达式	printdlg()	打印对话框
nzmax()	允许的非零元素空间	printopt()	设置打印机为默认值
O		prism()	光谱颜色表
ode23()	微分方程数值解法	prod()	对向量中各元素求积
ode45()	微分方程数值解法	propedit()	属性编辑器
odefile()	对文件定义的微分方程求解	**Q**	
odeget()	获得微分方程求解的可选参数	qr()	矩阵QR分解
odeset()	设置微分方程求解的可选参数	qrdelete()	QR分解中删除一行
ones()	产生元素全部为1的矩阵	qrinsert()	QR分解中插入一行
openfig()	打开益友的拷贝	qrwrite()	保存一段Quick Time电影文件
orient()	设置纸的方向	quad()	低阶数值积分法(Simpson法)
or()	逻辑或	quadl()	高阶数值积分法(Cotes法)
orth()	正交空间	questdlg()	请求对话框
otherwise	多路转移中的缺省执行部分	quit	退出MATLAB环境
P		quiver()	矢量图
pack	整理工作空间内存	quiver3()	三维矢量图
pade()	纯时延系统的pade近似	qz()	QZ算法求矩阵特征值
pagedlg()	页位置对话框	**R**	
pareto()	pareto图绘制	rand()	产生随机分布矩阵
pascal()	生成pascal矩阵	randn()	产生正态分布矩阵
patch()	创建阴影	randperm()	产生随机置换向量
path	设置或查询MATLAB路径	rank()	求矩阵的秩
pause()	暂停执行	rat()	有理逼近
pcolor()	伪色绘制	rats()	有理输出
permute()	任意改变矩阵维数序列	rcond()	LINPACK倒数条件估计
pi	圆周率π	real()	求实部函数
pie()	饼状图绘制	realmax	最大浮点数值
pie3()	三维饼图	realmin	最小浮点数值
pink()	粉色色调的调色板	rectangle()	创建矩阵
pinv()	求伪逆矩阵	reducepatch()	减少阴影表面个数
plot()	线性坐标图形绘制	reducevolume()	减少体积数据
plot3()	三维线或点型图绘制	refresh()	图形窗口刷新
plotedit()	编辑和标注图形工具	rem()	求除法的余数
plotmatrix()	散点图矩阵	remapfig()	改变窗口中对象的位置
pol2cart()	极坐标到笛卡儿坐标转换	repmat()	复制并排列矩阵元素
polar()	极坐标图形绘制	reset()	重新设置对象属性
poly()	求矩阵的特征多项式	reshape	改变矩阵维数
poly2sym()	将等价系数向量转换成它的符号多项式	residue()	部分分式展开
poly2str()	将等价系数向量表示成它的符号多项式	return	返回调用函数
polyder()	多项式求导	rmfield()	删除结构字段
polyeig()	多项式特征值	rmpath	删除一条搜索路径
polyfit()	数据的多项式拟合	rmappdata()	删除结构的数据值
polyval()	多项式求值	rgbplot()	灰色图
polyvalm()	多项式矩阵求值	ribbon()	带形图
popupstr()	获取弹出式菜单选中项的字符串	roots()	求多项式的根

函　数　名	功　　能
rose( )	极坐标(角度)直方图绘制
rosser( )	典型的对称矩阵特征值测试
rot90( )	将矩阵旋转 90 度
rotate( )	旋转指定了原点和方向的对象
rotate3d( )	设置三维旋转开关
round( )	截取到最近的整数
rref( )	矩阵的行阶梯型实现
rrefmovie( )	消元法解方程演示
rsf2csf( )	实块对角阵到复块对角阵转换
S	
save	将工作空间中的变量存盘
saxis( )	声音坐标轴处理
scatter( )	散点图
scatter3( )	三维散点图
schur( )	Schur 分解
script	MATLAB 语句及文件信息
sec( )	正割函数
sech( )	双曲正割函数
selectmove-resize( )	对象的选择、大小设置、拷贝
semilogx( )	x 轴半对数坐标图形绘制
semilogy( )	y 轴半对数坐标图形绘制
set( )	设置对象属性
setappdata( )	设置结构的数据值
setfield( )	设置结构的字段值
setptr( )	设置窗口指针
setstr( )	把 ASCII 码值变成字符串
setstatus( )	设置窗口中文本串状态
setuprop( )	设置用户自定义属性
shading( )	设置渲染模式
shg( )	显示图形窗口
shiftdim( )	矩阵维数序列的左移变换
shrinkfaces( )	减少阴影表面大小
sign( )	符号函数
simple( )	对符号表达式进行化简
simplify( )	求解符号表达式的最简形式
sin( )	正弦函数
singvals( )	符号矩阵奇异值运算
sinh( )	双曲正弦函数
size	查询矩阵的维数
slice( )	切片图
smooths( )	平滑三维数据
solve( )	代数方程求解
sort( )	对向量中各元素排序
sortrows( )	对矩阵中各行排序
sound( )	将向量转换成声音
spalloc( )	为非零元素定位存储空间
sparse( )	常规矩阵转换为稀疏矩阵
spaugment( )	最小二乘算法形成
spconvert( )	由外部格式引入稀疏矩阵
spdiags( )	稀疏对角矩阵

函　数　名	功　　能
specular( )	设置镜面反射
speye( )	稀疏单位矩阵
spfun( )	为非零元素定义处理函数
sph2cart( )	球面坐标到笛卡儿坐标转换
sphere( )	球体生成
spinmap( )	旋转色图
spones( )	用 1 代替非零元素
spline( )	三次样条插值
spones( )	将零元素替换为 1
spparms( )	设置稀疏矩阵参数
sprand( )	稀疏均匀分布随机矩阵
sprandn( )	稀疏正态分布随机矩阵
sprandsym( )	稀疏对称随机矩阵
sprank( )	计算结构秩
sprintf( )	数值的格式输出
spy( )	绘制稀疏矩阵结构
sqrt( )	平方根函数
sqrtm( )	矩阵平方根
squeeze( )	去除多维数组中的一维变量
sscanf( )	数值的格式输入
stairs( )	梯形图绘制
std( )	对向量中各元素标准差
stem( )	针图
stem3( )	三维火柴杆图
str2mat( )	字符串转换成文本
str2num( )	变字符串为数值
strcmp( )	字符串比较
stream2( )	二维流线图
stream3( )	三维流线图
streamline( )	二、三维向量数据的流线图
streamparticles( )	流沙图
streamribbon( )	流带图
streamslice( )	切片面板中叠加流线图
strings( )	MATLAB 字符串函数说明
strrep( )	子串替换
strtok( )	标记查找
struct( )	将对象转换为结构数组
struct2cell( )	将结构数组转换为单元数组
subs( )	替换表达式的值
subexpr( )	符号表达式的替换
subplot( )	将图形窗口分成几个区域
subspace( )	子空间
sum( )	对向量中各元素求和
superiorto( )	建立类间的关系
surf( )	三维表面图形绘制
surf2patch( )	将表面数据转换为阴影数据
surface( )	表面生成
surfc( )	带等高线的三维表面绘制
surfl( )	带光照的三维表面绘制
surfnorm( )	曲面法线

续表

函数名	功能
svd()	奇异值分解
svds()	稀疏矩阵奇异值分解
swith	与 case 结合实现多路转移
symbfact()	符号因子分解
symmd()	对称最小度排序
symrcm()	反向 Cuthill-McKee 排序
symsum()	符号序列求和
sym()	建立或转换符号表达式
sym2poly()	将符号多项式转换成它的等价系数向量
symadd()	符号加法
symdiv()	符号除法
symmul()	符号乘法
sympow()	符号幂运算
symsub()	符号减法
syms	建立符号表达式
symvar()	求符号变量
T	
tan()	正切函数
tanh()	双曲正切函数
taylor()	泰勒级数展开
tempdir	获得系统的缓存目录
tempname	获得一个缓存(temp)文件
text()	在图形上加文字说明
textlabel()	文本标签
tic	启动秒表计时器
title()	给图形加标题
toc	读取秒表计时器
toeplitz()	生成 toeplitz 矩阵
trace()	求矩阵的迹
trapz()	梯形法求数值积分
transpose()	符号矩阵转置
treeplot()	画结构树
tril()	取矩阵的下三角部分
trimesh()	网格图形的三角绘制
trisurf()	表面图形的三角绘制
triu()	取矩阵的上三角部分
type	列出 M 文件
U	
uicontextmenu()	创建内容式菜单对象
uicontrol()	建立用户界面控制的函数
uigetfile()	标准的打开文件对话框
uimenu()	创建下拉式菜单对象
uint8()	转换成无符号单字节整数
uiputfile()	标准的保存文件对话框
uiresume()	继续执行
uisetcolor()	颜色选择对话框
uisetfont()	字体选择对话框
uiwait()	中断执行
umtoggle()	菜单对象选中状态切换

函数名	功能
unicontrol()	生成一个用户接口控制
unix	执行操作系统命令并返回结果
unwrap()	相角矫正
upper()	字符串大写
V	
vander()	生成 Vandermonde 矩阵
varargin	函数中输入的可选参数
varargout	函数中输出的可选参数
version	显示 MATLAB 的版本号
view()	设置视点
viewmtx()	求视转换矩阵
sympow()	符号幂运算
vissuite()	可视组合
volumebounds()	为体积数据返回颜色限制
voronoi()	voronoi 图绘制
vpa()	可变精度计算
W	
waitbar()	等待条显示
waitfor()	中断执行
waitforbut-terpress()	等待按钮输入
warndlg()	警告对话框
warning	显示警告信息
waterfall()	瀑布型图形绘制
wavread()	读 . wav 文件
wavwrite()	写 . wav 文件
weekday()	星期函数
what	列出当前目录下的所有文件
whatsnew	显示 MATLAB 的新特性
which	找出函数与文件所在的目录
while	循环语句
who	列出工作空间中的变量名
whos	列出工作空间中的变量及详细情况
wilkinson()	生成 wilkinson 特征值测试矩阵
wimenu()	生成 windows 菜单项的子菜单
wklread()	读一 Lotus 123 WK1 数据表
wklwrite()	将一矩阵写入 Lotus 123 WK1 数据表
X	
xlabel()	给图形的 x 轴加文字说明
xlgetrange()	读 Excel 表格文件的数据
xor()	逻辑异或
Y	
ylabel()	给图形的 y 轴加文字说明
Z	
zeros()	产生零矩阵
zlabel()	给图形的 z 轴加文字说明
zoom()	二维图形缩放
ztrans()	Z 变换

附录 B　MATLAB 函数分类索引

1. 常用命令函数

（1）管理用命令：addpath；demo；doc；help；lasterr；lastwarm；lookfor；path；rmpath；type；version；what；whatsnew；which

（2）管理变量与工作空间用命令：clear；disp；length；load；pack；save；size；who；whos

（3）文件与操作系统处理命令：!；cd；delete；diary；dir；edit；getenv；matlabroot；tempdir；tempname；unix

（4）窗口控制命令：cedit；clc；echo；format；home；more

（5）特殊变量与常量：ans；computer；eps；flops；i；inf；inputname；j；NaN；nargin；nargout；pi；realmax；realmin；varargin；varargout

（6）时间与日期：clock；cputime；date；datenum；datestr；datevec；eomday；etime；now；tic；toc；weekday

（7）启动与退出命令：matlabrc；quit

2. 运算符与操作符函数

（1）运算符号与特殊字符：+；-；*；.*；^；.^；\；/；.\；./；:；()；[]；{}；.；…；,；;；%；!；'；.'；=

（2）关系与逻辑操作符：==；~=；<；<=；>；>=；&；|；~

（3）关系运算函数：eq()；ne()；lt()；gt()；le()；ge()

（4）逻辑运算函数：and()；or()；not()；xor()；any()；all()

（5）转换函数：logical()

3. 测试与判断函数

（1）测试函数：isempty()；isglobal()；ishold()；isieee；isinf()；isletter()；isnan()；isreal()；isspace()；issparse()；isstr()

（2）判断函数：isa()；exist()；find()

4. 语言结构与调试函数

（1）编程语言：builtin()；eval()；feval()；function；global；nargchk()；script

（2）控制流程：break；case；else；elseif；end；error；for；if；otherwise；return；swith；warning；while

（3）交互输入：input()；keyboard；menu()；pause()；uicontrol()；uimenu()

（4）面向对象编程：class()；double()；inferiorto()；inline()；isa()；superiorto()

（5）调试：dbclear；dbcont；dbdown；dbmex；dbquit；dbstack；dbstatus；dbstep；dbstop；dbtype；dbup

5. 数学函数

（1）三角函数：sin( )；asin( )；sinh( )；asinh( )；cos( )；acos( )；cosh( )；acosh( )；tan( )；atan( )；tanh( )；atanh( )；sec( )；sech( )；asec( )；asech( )；csc( )；acsc( )；csch( )；acsch( )；cot( )；acot( )；coth( )；acoth( )；atan2( )
（2）指数函数：exp( )；pow2( )；log10( )；log2( )；log( )
（3）复数函数：abs( )；imag( )；angle( )；real( )；conj( )
（4）数值处理：fix( )；round( )；floor( )；rem( )；ceil( )；sign( )
（5）其他特殊数学函数：airy( )；besselh( )；besseli( )；besselj( )；besselk( )；bessely( )；beta( )；betainc( )；betaln( )；ellipj( )；ellipke( ) erf( )；erfc( )；erfcx( )；erfinv( )；expint( )；gamma( )；gammainc( )；gammaln( )；gcd( )；lcm( )；legendre( )；rat( )；rats( )；sqrt( )

6. 矩阵函数

（1）常用矩阵函数：eye( )；zeros( )；ones( )；rand( )；randn( )；diag( )；compan( )；magic( )；hilb( )；invhilb( )；gallery( )；pascal( )；toeplitz( )；vander( )；wilkinson( )；linspace( )；logspace( )
（2）矩阵分析函数：cond( )；condest( )；cross( )；det( )；dot( )；eig( )；inv( )；norm( )；normest( )；rank( )；orth( )；rcond( )；trace( )
（3）矩阵转换函数：cdf2rdf( )；rref( )；rsf2rdf( )；reshape( )
（4）矩阵分解函数：chol( )；eig( )；hess( )；lu( )；null( )；qr( )；qz( )；tril( )；triu( )；schur( )；svd( )；svds( )
（5）矩阵特征值函数：poly( )
（6）矩阵翻转函数：fliplr( )；flipud( )；rot90( )
（7）矩阵超越函数：expm( )；logm( )；sqrtm( )；funm( )
（8）矩阵运算函数：cat( )；hadamard( )；hankel( )；kron( )；lscov( )；nnls( )；pinv( )；qrdelete( )；qrinsert( )；rosser( )；repmat( )；reshape ；rrefmovie( )；subspace( )

7. 稀疏矩阵函数

（1）基本稀疏矩阵：spdiags( )；sprand( )；sprandn( )；speye( )；sprandsym( )；spones( )
（2）稀疏矩阵转换：find( )；sparse( )；full( )；spconvert( )
（3）处理非零元素：issparse( )；spalloc( )；nnz( )；spfun( )；nonzeros( )；spones( )；nzmax( )
（4）稀疏矩阵可视化：gplot( )；spy( )；etree( )；etreeplot( )；treeplot( )
（5）排序算法：colmmd( )；randperm( )；colperm( )；symmd( )；dmperm( )；symrcm( )
（6）范数、条件数：condest( )；normest( )；sprank( )
（7）特征值与奇异值：eigs( )；svds( )
（8）其他：spaugment( )；symbfact( )；spparms( )

8. 数值分析函数

（1）基本运算：cumprod( )；cumsum( )；prod( )；max( )；min( )；mean( )；median( )；sort( )；sortrows( )；std( )；sum( )
（2）积分运算：trapz( )；quad( )；quadl( )
（3）微分运算：gradient( )；diff( )

(4) 方差处理:corrcoef();cov();subspace()

(5) 数值变换:abs();angle();deconv();conv();conv2();cplxpair();ifft();ifft2();nextpow2();fftshift();filter();filter2();fft();fft2();unwrap()

9. 多项式运算与数据处理函数

(1) 多项式处理:conv();deconv();poly();polyder();polyfit();polyval();polyvalm();polyeig();residue();roots();ppval()

(2) 数据插值与拟合:interp1();interp2();interp3();interft();interpn();interpft();spline();griddata();polyfit();meshgrid()

10. 非线性数值方程函数

dblquad();ode113();ode15s();ode23();ode23s();ode45();fmin();fmins();fzero();odefile();odeset();odeget();fminsearch();fminunc()

11. 字符串处理函数

(1) 字符串处理:strings();isstr();deblank();str2mat();strcmp();findstr();upper();lower();isletter();isspace();strrep();strtok();setstr();eval()

(2) 字符串与数值转换:num2str();str2num();int2str();sprintf();sscanf();blanks()

(3) 进制转换:hex2num();dec2hex();hex2dec()

12. 符号工具箱函数

(1) 符号表达式运算:sym();syms;numden();symadd();symsub();symmul();symdiv();sympow();compose();finverse();symvar();numeric();eval();sym();poly2sym();sym2poly();poly2str();subexpr();subs();symsum()

(2) 符号可变精度运算:digits();vpa()

(3) 符号表达式的化简:pretty();collect();horner();factor();expand();simple();simplify()

(4) 符号矩阵的运算:transpose();det ();determ();inv();rank();eig();eigensys();svd();singvals();jordan()

(5) 符号微积分:limit();diff();int();taylor()

(6) 符号画图:ezplot();fplot()

(7) 符号方程求解:solve();linsolve();fsolve();dsolve()

(8) 符号变换:laplace();ilaplace();ztrans();iztrans();fourier();ifourier()

13. 图形绘制函数

(1) 基本二维图形:plot();polar();loglog();semilogx();semilogy()

(2) 基本三维图形绘制:plot3();mesh();surf();fill3()

(3) 坐标轴控制:axis();hold();axes();subplot();box();zoom();grid();caxis();cla();gca();ishold()

(4) 图形注解:colorbar();xlabel();gtext();ylabel();text();zlabel();title();plotedit();legend();textlabel()

(5) 拷贝与打印:print();orient();printopt()

(6) 坐标转换:cart2pol();cart2sph();pol2cart();sph2cart()

14. 特殊图形函数

（1）特殊二维图形：area( )；feather( )；bar( )；fplot( )；barh( )；hist( )；pareto( )；polar( )；compass( )；pie( )；comet( )；rose( )；stem( )；errobar( )；stairs( )；fill( )；ezplot( )；ezpolar( )；plotmatrix( )；scatter( )

（2）等值线图形：contour( )；contourc( )；pcolor( )；contourf( )；contour3( )；quiver( )；voronoi( )；clabel( )；ezcuntour( )；ezcuntourf( )

（3）特殊三维图形：bar3( )；bar3h( )；comet3( )；ezgraph3( )；ezmesh( )；ezmeshc( )；ezplot3( )；ezsurf( )；ezsurfc( )；meshc( )；pie3( )；ribbon( )；scatter3( )；stem3( )；slice( )；meshc( )；surf( )；surfc( )；meshz( )；trisurf( )；trimesh( )；quiver3( )；waterfall( )

（4）图形显示与文件 I/O 函数：brighten( )；colorbar( )；imwrite( )；contrast( )；colormap( )；imfinfo( )；imread；image( )；imagesc( )；colormap( )；gray( )

（5）实体模型函数：cylinder( )；sphere( )；ellipsoid( )；patch( )；surf2patch( )

15. 图形处理函数

（1）图形窗口创建与控制：clf( )；gcf( )；close( )；refresh( )；figure( )；shg( )；openfig( )

（2）处理图形对象：axes( )；surface( )；figure( )；text( )；image( )；unicontrol( )；uimenu( )；line( )；light( )

（3）颜色函数：brighten( )；hidden( )；caxis( )；shading( )；colormap( )；colordef( )；graymon( )；spinmap( )；rgbplot( )；colstyle( )；ind2rgb( )

（4）三维光照模型：diffuse( )；surfl( )；lighting( )；surfnorm( )；specular( )；material( )

（5）三维视点控制：rotate3d( )；viewmtx( )；view( )

（6）标准调色板设置：bone( )；hot( )；cool( )；hsv( )；copper( )；pink( )；flag( )；prism( )；gray( )

（7）透明控制函数：alpha( )；alphamap( )；alim( )

（8）相机控制函数：campos( )；camtarget( )；camva( )；camup( )；camproj( )；camlight( )；lightangle( )

（9）动画函数：capture( )；movie( )；getframe( )；moviein( )；rotate( )；frame2im( )；im2frame ( )

（10）体积和向量函数：vissuite( )；isosurface( )；isonormals( )；isocaps( )；isocolors( )；contourslice( )；slice( )；streamline( )；stream2( )；stream3( )；quiver3( )；quiver( )；divergence( )；curl( )；coneplot( )；streamribbon( )；streamslice( )；streamparticles( )；interpstreamspeed( )；volumebounds( )；reducevolume( )；smooths( )；reducepatch( )；shrinkfaces( )

（11）其他：copyobj( )；gcbo( )；delete( )；gco( )；drawnow( )；get( )；findobj( )；reset( )；gebf( )；set( )

16. GUI 图形函数

（1）GUI 函数：ginput( )；selectmove-resize( )；uiresume( )；uiwait( )；waitforbut-terpress( )；waitfor( )

（2）GUI 设计工具：align( )；cbedit( )；guide( )；menuedit( )；propedit( )

（3）基本图形界面对象函数：uicontrol( )；uimenu( )；uicontextmenu( )

（4）对话框：dialog( )；axlimdlg( )；errordlg( )；helpdlg( )；inputdlg( )；listdlg( )；msgdlg( )；pagedlg( )；printdlg( )；printpreview( )；questdlg( )；uigetfile( )；uiputfile( )；uisetcolor( )；uisetfont( )；waitbar( )；warndlg( )

(5) 菜单:makemenu();menubar();umtoggle();wimenu()
(6) 组按钮:btndown();btngroup();btnpress();btnstate();btnup()
(7) 自定义窗口属性:clruprop();getuprop();setuprop()
(8) 图形对象句柄函数:gcf();gca();gco();gcbo();gcbf();findobj();
(9) 其他应用:allchild();edtext();findall();getptr();getstatus();popupstr();remapfig();setptr();setstatus();drawnow();copyobj();isappdata();getappdata();setappdata();rmappdata();set();get();reset();delete();figure();axes();line();rectangle();light();text();patch();surface();image()

17. 声音处理

sound();saxis();auread();auwrite();wavread();wavwrite()

18. 文件输入输出函数

(1) 基本文件输入输出:fclose();fopen();fread();fwrite();fgetl();fgets();fprintf();fscanf();feof();ferror();frewind();fseek();ftell();sprintf();sscanf()
(2) 特殊文件输入输出:imfinfo();imread();imwrite();qrwrite();wklread();wklwrite();xlgetrange();xlsetrange()

19. 位操作函数

bitand();bitcmp();bitget();bitmax();bitor();bitset();bitshift();bitxor()

20. 复杂数据类型函数

(1) 数据类型:char();double();inline();sparse();struct();uint8()
(2) 结构操作:fieldnames();getfield();isfield();isstruct();rmfield();setfield();struct();struct2cell()
(3) 多维数组的操作:cat();ipermute();ndims();ndgrid();permute();shiftdim();squeeze()
(4) 单元数组操作:cell();celldisp();cellplot();cell2struct();num2cell();struct2cell();iscell()
(5) 面向对象函数:class();isa();isobject();inferiorto();methods();struct();superiorto()

21. 动态数据交换函数

ddeadv();ddeexec();ddeinit();ddepoke();ddereq();ddeterm();ddeunadv()

参考文献

1 卢伯英等译．现代控制工程（第五版）．北京：电子工业出版社，2011
2 李友善主编．自动控制原理．北京：国防工业出版社，1981
3 李国勇．智能控制与 MATLAB 在电控发动机中的应用．北京：电子工业出版社，2007
4 翁思义．自动控制系统计算机仿真与辅助设计．西安：西安交通大学出版社，1987
5 李国勇等编著．最优控制理论及参数优化．北京：国防工业出版社，2006
6 涂健主编．控制系统的数字仿真与计算机辅助设计．武汉：华中工学院出版社，1985
7 李国勇编著．智能控制及其 MATLAB 实现．北京：电子工业出版社，2005
8 夏德钤主编．自动控制理论．北京：机械工业出版社，1996
9 李国勇，程永强主编．计算机仿真技术与 CAD-基于 MATLAB 的控制系统（第 4 版）．北京：电子工业出版社，2016
10 谢麟阁主编．自动控制原理（第二版）．北京：水利电力出版社，1991
11 谢克明，李国勇主编．现代控制理论（第 2 版）．北京：清华大学出版社，2016
12 尤昌德．线性系统理论基础．北京：电子工业出版社，1985
13 谢克明，李国勇等编．现代控制理论基础．北京：北京工业大学出版社，2000
14 刘豹主编．现代控制理论（第二版）．北京：机械工业出版社，1988
15 李国勇，李虹主编．自动控制原理（第 3 版）．北京：电子工业出版社，2017
16 孙增圻，袁曾任编著．控制系统的计算机辅助设计．北京：清华大学出版社，1988
17 李国勇，何小刚，杨丽娟主编．过程控制系统（第 3 版）．北京：电子工业出版社，2017
18 熊光楞等．连续系统仿真与离散事件系统仿真．北京：清华大学出版社，1991
19 李国勇，谢克明编著．控制系统数字仿真与 CAD. 北京：电子工业出版社，2003
20 薛定宇．控制系统计算机辅助设计-MATLAB 语言及应用．北京：清华大学出版社，1996
21 李国勇，卫明社编著．可编程控制器实验教程．北京：电子工业出版社，2008
22 楼顺天等．基于 MATLAB 的系统分析与设计-控制系统．西北电子科技大学出版社，1998
23 李国勇主编．最优控制理论与应用．北京：国防工业出版社，2008
24 苏金明，黄国明，刘波编著．MATLAB 与外部程序接口．北京：电子工业出版社，2004
25 李国勇，卫明社编著．可编程控制器原理及应用．北京：国防工业出版社，2009
26 徐昕等．MATLAB 工具箱应用指南-控制工程篇．北京：电子工业出版社，2000
27 李国勇，李维民编著．人工智能及其应用．北京：电子工业出版社，2009
28 杨丽娟，李国勇，阎高伟主编．过程控制系统（第 4 版）．北京：电子工业出版社，2021
29 李国勇编著．神经模糊控制理论及应用．北京：电子工业出版社，2009
30 姚俊等．Simulink 建模与仿真．西安：西安电子科技大学出版社，2002
31 李国勇主编．过程控制实验教程．北京：清华大学出版社，2011
32 李国勇主编．现代控制理论习题集．北京：清华大学出版社，2011
33 李国勇，杨丽娟编著．神经模糊预测控制及其 MATLAB 实现（第 4 版）．北京：电子工业出版社，2018
34 张晓华主编．控制系统数字仿真与 CAD（第 3 版）．北京：机械工业出版社，2010
35 李国勇，李虹主编．自动控制原理习题解答及仿真实验．北京：电子工业出版社，2012